러시아의
우크라이나 침공 이후 1년

우크라이나 전쟁의 시사점과 한국의 국방혁신

현인택
권태환 김광진 김규철 김진형
박재완 박종일 박주경 방종관
송운수 송승종 박철균 안재봉
양 욱 윤원식 이홍석 장태동
장원준 장광호 조현규 유형곤

| 서 문 |

러시아가 우크라이나를 침공한지 1년이 지나고 있다.

우크라이나 전쟁은 막대한 인명 피해와 참혹한 인권 침해는 물론 코로나 펜데믹에 더해 세계 경제 침체를 가중시키고 있으며, 미국과 유럽을 비롯한 국제사회의 노력에도 불구하고 전쟁 종결은 물론 예측조차 어려운 상황이 지속되고 있다. 최근에는 금지된 화생방 무기와 핵 사용마저 우려되고 있다.

현인택 | 고려대 명예교수
(전 통일부장관)

한편 한반도를 둘러싼 동아시아 안보 정세 또한 엄중하다. 북한은 핵무장과 함께 탄도미사일 발사 등 무차별적인 군사적 도발로 겁박하고 있으며 중국은 대만 침공 훈련과 군사적 시위를 상시화하는 등 안보 불안을 자극하고 있다. 한편 일본은 전략 3문서 개정을 통해 반격 능력 보유와 획기적인 전력증강을 추구하는 등 역내 군비경쟁도 본격화되는 추세이다. 실제 우크라이나 전쟁은 재래식 무기는 물론 우주전, 사이버전, 전자전은 물론 드론, AI 등 최첨단 전쟁 양상을 보이고 있다.

이러한 관점에서 본서는 안보군사 전문가들이 마음을 합하여, 우크라이나 전쟁에 대한 분석과 평가를 통해 시사점을 도출하고 이를 토대로 우리의 국방혁신과 방위산업 활성화를 위한 정책적 제언을 제시하고자 하였다. 특히 금년도는 6.25 정전협정 70주년이자 한미동맹 70주년이 되는 뜻깊은 해이다. 「글로벌 중추국가」를 실현하기 위해서는 특정 국가의 힘에 의한 일방적 현상 변경을 단호히 반대하면서 가치 연대와 국제공조도 중요하지만, 이를 힘으로 뒷받침할 수 있는 우리의 실전적인 군사대비태세가 기본이 되어야 할 것이다.

'Freedom is not free' 한반도 평화는 거저 이루어진 것이 아니다. 순국선열들의 피와 땀, 동맹국인 미국을 비롯한 유엔 참전국의 자유를 지키기 위한 숭고한 희생과 헌신이 있었기 때문이다. 우크라이나 전쟁 1년을 직시하면서, 한반도의 평화와 안정을 위한 작은 초석이 되기를 기원한다. 이를 위해 우리 모두의 지혜를 모아야 할 때이다.

Contents

| 특별기고 |

우크라이나 전쟁과 한반도 안보 함의

현인택(고려대 명예교수, 전 통일부장관)

우크라이나 전쟁 1주년을 맞이한 지금 우크라이나 전쟁의 양상을 점검하고 한국의 국방혁신에 어떠한 중요성을 갖는 지를 점검해보는 것은 매우 중요함.

무엇보다도 우크라이나 전쟁은 다음의 세 가지 점에서 매우 중요한 시사점을 가지고 있음.

첫째, 전쟁의 양상

둘째, 국제정치적 의미

셋째, 동아시아 및 한반도의 함의

1. 전쟁의 양상

우크라이나 전쟁은 '21세기의 20세기 전쟁'으로 특징지을 수 있음.

이런 의미에서 다음의 세 가지가 매우 독특함.

1) 구식 재래식 전쟁

① 미국이 이미 1990년대 초 걸프전이나 2000년대 초 이라크전에서 보여주었던 전자전/정교한 미사일전/인명살상 최소화 전과는 매우 다른 전쟁.

- 일부 드론이 사용되고 있으나 러시아의 첨단(?) 무기가 효용성을 전혀 발휘하지 못하는 전쟁이 되고 있음.

② 준비되지 않는 무모한 전쟁

- 전쟁의 양상을 보면 러시아가 전쟁의 기획, 작전, 동원, 병참, 무기체제 운용에 있어 정교한 사전 플랜이 있는 지 의심스러울 정도의 무계획/무모한 전쟁

③ 지도부의 망상

- 푸틴은 지정학적 세력균형과 러시아의 패권이라는 망상에 지나치게 빠져있고, 군부 지도자들은 전쟁 수행 능력이 현저히 결여된 채 구식 전선 돌파전에

고, 군부 지도자들은 전쟁 수행 능력이 현저히 결여된 채 구식 전선 돌파전에 의존하는 양상.

2) 소모전

① 인명피해

- 양측의 인명피해가 수십만인 소모전. 전쟁이 계속됨에 따라 인명피해는 계속해서 늘어날 전망

② 우크라이나는 국토가 완전히 초토화 되었고, 그 복구에 천문학적인 자금과 시일이 필요할 전망

③ 러시아도 서방의 경제제재로 경제가 완전히 피폐화 되었고, 경우에 따라서는 전쟁 배상금 문제도 향후 떠오를 것이고, 전쟁 이후에도 경제제재의 해제 문제가 러시아의 회복에 중요한 관건이 될 것.

3) 준세계대전

① 직접 전쟁은 러시아와 우크라이나 간에 진행되고 있으나, 실질적으로는 우크라이나를 군사적으로 지원하고 있는 서방 세력이 있기 때문에 준세계대전이라고 말할 수 있음.

② 우크라이나를 지원하기 위한 국가들의 모임인 뮌헨회의 참가국이 수십 개국에 이르는 것으로 볼 때도 이것은 단순히 2개국에 의한 전쟁이 아님.

2. 국제정치적 의미

1) 러시아의 몰락

- 전쟁 이후 러시아는 국제정치의 한 축에서 완전히 사라질 것.
- 푸틴의 리더십이 사라지거나 적어도 상당히 약화될 것.

2) 나토의 확대 및 공고화

3) 미국 주도 질서의 지속

- 지금까지의 미 vs 중+러에서 러시아의 의미가 축소됨.

4) 자유진영의 확대

- 나토의 확대는 자유진영이 군사적으로도 더욱 결속이 강화됨을 의미
- 중앙아시아에서도 러시아의 영향력을 축소될 것.

5) Energy Security의 중요성이 부각

- 러시아에 대한 천연가스 의존이 감소할 것
- 유럽에서의 원자력에 대한 의존 심화될 것
- 각국에서 '에너지 자립'이 중요한 문제로 대두될 것
- 전세계적으로 에너지 공급망 문제가 이슈화 될 것

3. 동아시아 및 한반도의 함의

1) 중국에게 가장 큰 시사점을 줄 것

① 중국은 미국이 얼마나 이 전쟁에 commitment 할지 면밀히 보고 있을 것.
- 같은 초강대국인 러시아가 자국의 국가이익을 위해 저지른 전쟁에서 미국이 어떻게 반응하는 지가 중국으로서는 최대의 관심사가 될 것.

② 대만 침공 시나리오가 가능한 지 가늠할 것.
- 러시아/우크라이나와는 다른 전장 상황인 중국/대만에서 군사적 측면을 더 면밀히 볼 것.

③ 자유진영의 협력의 강도를 가늠할 것
- 대만 유사시 미국, 일본, 호주, Eu 및 한국 등이 어떻게 반응 할지

④ Energy Security 문제도 심각
- 중국 자체가 거대한 에너지 수입국이기 때문에 전쟁 발발 시 에너지 문제가 심각하게 떠오를 것.

⑤ 세계경제 침체 불가피
- 중국이 세계 경제에 차지하는 비중으로 국제경제에 엄청난 타격을 가져올 것.
- 중국 경제도 붕괴의 위험이 도사리고 있고, 전세계 공급망도 붕괴할 가능성이 있음.

2) 미국의 대만 commitment는 더욱 강해질 것.

- 대만 유사시 가져올 국제정치적, 국제경제적 여파가 상상을 초월할 수 있기 때문

에 미국의 대만 commitment는 더욱 강해질 수밖에 없음.
- 미중의 대만과 남중국해를 놓고 패권경쟁은 더욱 치열해 질 것.

3) 한반도에서의 함의

① 국제정치적 함의

- 국제질서가 불가피하게 재편될 것
  - 완전한 재편은 아니나 러시아가 초강대국에서 탈락하고 나토가 보다 단합된 세력으로 부상하는 변화가 올 것.
  - 미·중이 패권을 다투는 양상에서 미+나토 세력이 중+러시아 세력보다 강해지는 결과가 됨.
- 이것이 한반도에서의 지정학을 바꿀 정도의 변화는 아님. 그러나 한국으로서는 불리하지 않는 세력 변화

② 군사적 함의

- 여전히 재래식 전쟁의 중요성을 일깨움
  - 보다 정교한 첨단 재래식 war plan을 준비해야 됨.
- 동아시아 유사시, 주한 미군 전력이 빠져나가는 공백을 어떻게 메울 것이냐는데 대해 보다 정교한 contingency plan이 필요.
- 한국으로서는 국방혁신이 '반드시' 가야할 방향

요약 및 정책 제언

요약 및 정책 제언

01 우크라이나 전쟁 판세와 전망

김규철 박사(전 주러육군무관)

1. 우크라이나 전쟁 평가 및 전망

1) 전쟁이 장기화되면서 다음과 같은 특징을 보여주고 있음.

• 총력전 양상
- 양국은 군사력, 정보전과 외교, 경제 등 자국이 보유한 모든 수단을 이용하여 상대국 군대를 격파하고 승리를 얻으려 하고 있음.
- 특히, 정보전 양상이 두드러지고 있는바, 러시아는 미국을 위시한 서방이 러시아 국가정체성과 국력을 약화시키려 하고 있다고 믿고 적극 대응하고 있음.

• 폭력성 심화
- 러시아는 초기에 전쟁이 아닌 작전으로 군사행동을 개시했으나 상황이 진전되면서 결국 4개 지역에 전시상태를 선포하면서 전쟁체제로 돌입함.
- 또한 초기에는 민간시설을 제외한 군사시설만 공격한다는 방침을 내세웠으나 현재는 우크라이나의 전쟁 지속능력을 제거하기 위해 전기, 난방, 급수시설을 파괴하여 키이우의 40% 지역을 암흑으로 만들고 있음.
- 우크라이나 또한, 초기에는 러시아의 민간시설 폭격을 비인도적 행위로 비난했으나 현재는 지원받은 고성능 무기로 러시아의 학교, 병원 등 민간시설에 폭격하는가 하면 요인 암살, 교량, 발전소 등에 폭격하고 있음.

• 전쟁의 세계화
- 우크라이나 전쟁은 서방이 우크라이나를 지원하면서 점차 러시아와 서방의 전쟁이 되고 있음.
- 서방(NATO)은 불행한 확전을 예방하기 위해 직접 참전하지는 않지만, 무기 공급, 우크라이나군 훈련, 전쟁에 필요한 전략정보와 전투정보 제공, 작전 지도 등의 모습으로 러시아와 간접 전쟁을 하고 있음.

2) 장차 전망

- 전쟁의 결말은 양국의 전쟁지속능력, 전술전략, 국내외 여건, 정보전 능력 등 요소의 영향을 받음.
- 장차 시나리오 세 가지
  ① 러시아의 승리
  ② 현 상태에서 긴장 상태 지속
  ③ 우크라이나의 승리
  ※ ①번과 ②번 시나리오 가능성이 더 크다고 판단함.

2. 한국 안보에 대한 함의와 시사점

1) 한반도에 주는 함의

① 동북아 지역 영토분쟁이 전쟁으로 비화할 가능성 상존
② 전투력은 무력전과 비무력전 통합 필요: 그러나 비무력전은 보조적 역할

2) 한국 군사안보 관심 요망 사항

① 핵무기 역할 인식하 북한 억제 방안 발전
- 확장억제를 포함하여 공포의 균형을 이루는 방안, 전술핵 도입 또는 핵 개발 등 다양한 선택 방안을 토의할 필요가 있음.

② 시가전의 중요성을 인지하고 대비
- 한국의 군사훈련이나 작전 토의는 대부분 야지와 산악 환경을 상정하고 있기 때문에 전반적인 작전 또는 전술 교리의 검토

③ 공중우세, 드론, 포병화력 운용 시스템 발전
- 과학기술 수단을 활용한 화력전투 준비할 필요

④ 민사작전 계획 보완
- 유사시 반격작전 후 북한 지역에서 합리적인 안정화 작전 준비

⑤ 독자적인 정보전 교리 발전
- 한국의 국민성과 문화적 여건에 맞는 토착적 교리 정립
- 정보전, 심리전, 네트워크중심전, 전자전, 전략커뮤니케이션 등 유사한 교리들을 통합하고, 그러한 통합 교리에 의하여 편성, 장비, 훈련, 작계 수립

02 우크라이나 전쟁 관련 미국의 대응과 향후 전망

박철균 박사(국방부 국제정책차장)

1. 미국의 우크라이나 안보 정책 개관

- 지난 30여 년간 미국의 대우크라이나 정책은 시장경제에 기반한 친서방 우크라이나를 만들어 나간다는 대원칙에는 일관성을 유지
- 그러나 구체적인 정책추진에 있어서는 정부의 성향과 정책 의지, 당시 미국의 대러 관계 등에 따라 차이를 보였음.
- 미국은 바이든 정부 출범 이후 러시아의 우크라이나에 대한 공격을 예상하고 우크라이나와의 전략적 동반자 관계 설정과 헌장 합의 등 전쟁 억제를 위한 마지막 노력을 하였으나 푸틴의 무모한 행동을 막지 못했음

2. 전쟁 발발과 미국의 대러 봉쇄 정책

미국의 미국이 러시아의 우크라이나 침공에 대한 근본적인 인식과 정책 기조는 블링컨 국무장관의 발언에서 확인됨.

- (위협 인식) 러시아의 우크라이나 침공은 국제평화와 안보에 핵심 기조와 가치를 흔드는 심각한 위협으로 인식함.
- (영토·주권 보존) 무력에 의한 국경, 영토의 완전성은 침해는 불가, 우크라이나의 독립, 주권과 영토 보전에 대한 미국의 약속은 철통같음. 우크라이나가 스스로 방위할 수 있도록 지원할 것임.
- (번영 추구) 민주국가의 시민은 자신은 미래를 결정할 수 있는 고유의 권한을 가지고 있음. 우크라이나 국민의 번영된 미래를 위해 지원할 것임.
- (대러 책임) 국제상회의 모든 구성원은 국제사회의 엄숙한 국제사회의 공동의 규칙과 질서 위반에 대해 책임을 져야 함. 러시아의 행동은 국제사회의 질서와 안보 체계, 미국의 파트너와 동맹에 대한 심각한 도전임. 러시아는 이에 대한 책임을 져야 할 것임.
- 미국은 위에 언급된 정책 기조를 구현하기 위해 외교력을 동원하여 러시아 침범의 불법성을 국제사회에 알리고 이를 통해 전례 없이 강력한 대러시아 경제 제재를 주도
- 미국은 또 나토의 회원국 확대는 물론 실질적인 대비 태세 강화를 통해 러시아에 대한 봉쇄 정책의 강도를 높이고 있음

3. 미국의 대우크라이나전쟁 지원

- 미국은 2014년 러시아의 크림반도 합병 이후부터 비살상용 장비를 중심으로 우크라이나에 대한 안보 지원을 개시
- 지난 1월 26일 자 CRS Report에 따르면 2014년 러시아의 우크라 침공 이후 2023년 1월 25일까지 우크라이나의 영토 보존과 국경 회복, 나토와의 상호운용성을 위한 예산 지원에 총 299억 달러, 한화 약 38조 원(1270원/달러 기준)을 집행
- 미국은 우크라이나전쟁 개시 이후 전투 현장의 상황 변화에 따라 우크라이나에 대한 장비 지원의 범위와 규모에 상당한 변화를 견인
- 현재 미국은 미사일 방어를 위한 패트리엇 포대와 고기동포병로켓 시스템(HIMARS) 38대, 그리고 추가 공격용 무기인 브래들리 보병 전투차량과 31대의 중기갑 M1 애브람스 탱크 등 우크라이나의 공세 전환과 실지 회복에 필요한 무기를 전격 제공하기로 약속
- 독일의 레오파드 2 전차는 유럽의 주요국이 주력 전차로 운용하는 전차이며 독일과 폴란드에 이어 유럽의 몇몇 나라가 더 우크라이나에 대한 전차 지원을 할 예정
- 한편 바이든 대통령은 또 러시아군이 원래 있던 자리로 돌아간다면 러시아에 대한 공격적인 위협은 없을 것이라고 언급하며 확전을 경계하기도 했음

4. 전망

- 미국은 외교전을 통해서는 대러시아의 정당하지 않은 우크라이나 공격에 대한 불법성을 부각해 대러 봉쇄에 대한 명분을 지속 유지할 것임
- 이를 통해 나토는 물론 국제사회의 결집을 견인할 것이며 대러 경제 제재 역시 틈이 발생하지 않도록 더 많은 정교한 노력을 할 것임
- 우크라이나에 대한 안보 지원 역시 현재 상당은 수준에 와있고 미국은 러시아를 약화하기 위한 포괄적 노력을 해 나갈 것임
- 냉전 종식 이후 잊히는가 했던 조지 케넌의 봉쇄전략이 러시아의 우크라이나 침공으로 부활하고 있음. 향후 미국의 러시아에 대한 봉쇄는 외교, 정보, 군사, 경제, 문화 분야에 이르기까지 국력의 모든 요소가 포함될 것임.
- 미국은 촘촘한 대러시아 봉쇄 정책을 추진하며 동시에 우크라이나 전쟁으로 한껏 격상된 나토와 자국의 위상을 최대한 활용하여 유럽의 대러시아 안보 구도를 강화해 나갈 것임.

5. 정책 시사점

- 변화되는 상대국의 힘과 균형된 우리의 힘을 보유해야 우리의 안전이 보장되며 상대국과의 힘에 대한 균형을 잃고 균형에 틈이 생기는 순간 커다란 안보 위기를 맞게 됨. 러시아의 우크라이나 침공 사태는 이를 잘 설명해 주는 실증적 사례임.
- 북한의 핵 위협은 우리의 가장 큰 안보 위협이자 힘의 균형을 와해시킬 수 있는 비대칭 전력임. 그 어느 때보다 더 긴밀한 한미 간 북한 핵 능력에 대한 정보 공유와 대응 공조, 확장억제 전략의 실행력 강화가 필요함.
- 러시아의 우크라이나 침공을 보며 한미동맹이 한반도는 물론이고 동북아의 평화와 안정을 유지해 온 더없이 소중한 자산이라는 것을 확인함. 이러한 소중한 자산이 앞으로도 제대로 기능 발휘를 할 수 있도록 철저한 관리가 필요함.

03 우크라이나 전쟁에 대한 유럽·NATO 대응과 전망

송승종 교수(대전대학교, 전 유엔 참사관)

1. 연구 결과 요약

- 우크라이나·러시아 전쟁(이하, 우·러전쟁)은 "1945년 이후 유럽대륙에서 벌어진 가장 파괴적 분쟁" ☞ '불가피한' 전쟁이었나?
- 넓은 의미에서 이번 전쟁은 미국·서방진영과 푸틴·러시아의 쌍방 과실에 기인
  - 미국·서방진영: 억제의 실패 (반복적 경고에도 불구, 러시아가 침략전쟁 강행)
  - 러시아·푸틴: 이번에도 시리아·조지아·크름반도에서와 같은 손쉬운 승리 속단
- 전쟁원인의 상당부분 귀책사유는 유럽국들에게도 돌아가야 함
  - NATO는 GDP/국방비 면에서 '러'의 10배 ☞ 그런데도 안보불안에 시달림
  - 침략전쟁 직전까지 유럽 주요국들의 수수방관과 지리멸렬 대응의 문제점 노출
    ※ 유럽 분열에 대한 푸틴의 낙관적 기대가 억제의 실패(침략전쟁)로 귀결
- 서방진영은 러시아를 '몰락하는 국가'로 오판 ☞ 약점 과대평가, 강점 과소평가
  - 최소 10~20년간 미·서방측 안보이익을 위협할 수 있는 의지·능력 과소평가
  - '죽은 산유국'으로 오판하여, 에너지 무기화(weaponization) 가능성 간과
- '냉전 종식' 환상 ☞ '러'의 침략은 2차대전 이후 세계질서가 현재진행형임을 상기

- ‘탈냉전’에도 세상은 그대로: 한반도 분단, 대만위기, 중국 1당독재 등 지속
- “소련 해체와 함께 냉전 종식”이라는 환상/오판이 그릇된 외교정책 선택, 나아가 러시아의 우크라이나 침략을 유발한 원인 중 하나로 지목

• 독일 딜레마의 교훈
- 유럽의 부국(富國) 독일은 여전히 몽유병 상태 ☞ 독일통일 승리에 아직도 도취
- 그릇된 역사적 교훈 도출 ☞ “무역을 통한 평화”라는 기능주의 환상에 빠짐
- 對우크라 탱크지원 한사코 거부 ☞ 스스로 ‘레드라인’ 설정한 자기검열적 행위

• 유럽 내부의 분열 조짐
- 주전파(獨·佛·伊 등) 대 주화파(英·발트3국 등) ☞ 러 전력/위협인식에 차이
- ‘탈린 서약국’ 그룹의 출현 ☞ 자국 안보를 우크라 안보와 동일시

• NATO의 신전략: ‘2020 전략개념(Strategic Concept, 2022년 6월)’
- 러시아: ‘최대 안보위협,’ 중국: ‘체계적(systemic)’ 도전

2. 시사점 및 정책 제언

1) 시사점

• 독일은 전쟁 직후, ‘Zeitenwende(시대전환)’ 기치 하에 ‘러’ 침략 대응을 공언
- 그러나 여전히 우크라 탱크지원, 국방비 대폭 증액, 군비 확장 등에 소극적
- 소련 붕괴 관련, 미국은 ‘힘을 통한 평화’의 교훈을 도출한 반면, 독일은 아직도 ‘무역·교류·협력’이 평화를 가져다 준다는 기능주의적 평화주의에 매몰된 상태
- 냉전시 GDP 5%였던 국방비를 1.3% 수준으로 급감 ☞ 평화배당금 잔치

※ 교훈 ☞ 한번 무너진 안보의식·국방태세는 되살리기가 매우 곤란

• 독일이 탱크지원에 끝까지 소극적이었던 진짜 이유는 유럽 방산시장에서 미국과 경쟁관계에 있었기 때문 ☞ 美 ‘에이브럼스’의 ‘레오파드’ 시장 잠식을 우려
- 우·러전쟁 장기화로, 미·서방국의 전쟁 물자·무기.장비 등이 ‘충격적 속도’로 고갈 예상 ☞ 예: 성능이 입증된 K2 등이 유력 대안으로 고려될 여지 충분

• NATO의 ‘2020 전략개념’은 유럽-인·태지역 간 연계성을 가시화
- 전쟁 계기로 인·태지역에 대한 유럽의 전략적 이해관계가 확대되는 추세
- 한·NATO는 다자주의, 지역 안정, 규범기반 국제체제, 분쟁 예방, 차세대 경제 성장의 동력 모색, 민주주의 인권, 법치, 시장경제 등, 목표·가치 공유
- 인·태지역에서 유럽과 가치·안보이익 공유하는 파트너로서의 입지를 굳힐 수 있음

- 시대착오적 '실지회복(irredentism)' 전쟁의 위험성에 경각심을 가져야 함
  - 우·러전쟁은 "푸틴의, 푸틴에 위한, 푸틴을 의한" 전쟁
  - 푸틴·갈티에르·후세인 등은 '역사적 부당성' 이유로 '실지회복' 전쟁을 감행
  - 교훈 ☞ 독재자가 작심한 전쟁은 막을 방법 없음(김정은의 무력적화통일 의지)
- 우·러전쟁 과정에서 푸틴의 반복적 핵위협·핵협박 ☞ 핵무기 터부·금기를 훼손
  - 전황 불리 또는 절망적 상황에서 푸틴이 전술핵 사용 가능성이 갈수록 커짐
  - 북한의 실제 전술핵 사용 가능성(E2D 맥락)에 철저히 대비할 필요

2) 정책 제언

- 주요국들의 국방비·군사력 증강 추세에 유념하면서, 북핵 대응 및 '글로벌 중추국가' 역할에 부합되도록, 국방비·군사력 증강을 위한 정교한 대국민 설득 논리 정립
- '무역을 통한 평화'는 실패하는 경우에 플랜 B가 없는 위험한 기능주의적 발상
  - 상호의존성이 치명적 취약성으로 급변할 가능성 상존
  - 특히 對중국관계 관련, 비대칭적 한·중 관계 완화를 위해 무역의존도 축소에 우선순위를 부여할 필요 ☞ 더 이상 정경분리/안미경중(安美經中) 불가능
- 우·러전쟁에서 금년 춘계공세를 계기로, 시간이 지날수록 對우크라 지원을 위한 무기·장비 면에서 대량손실이 발생할 전망
  - 탱크의 경우, 프랑스 MBT(Leclerc)와 독일 MBT(LP-2)를 대체하는 차세대 전차를 개발하려는 佛·獨의 계획은 무능한 관료주의에 의해 좌절 가능성
  - 그 외에 유럽에는 계획된 전차 개발·생산 라인이 부재
  - 따라서, 탱크 뿐 아니라 야포·장갑차·탄약·미사일 등 전분야 무기체계를 망라, △ 전쟁의 추이, △ 예상되는 무기·장비 손실률, △ 미국·서방국의 무기·장비 조달 능력 및 지속가능성 등 고려한「방산수출 마스터플랜」구상 필요
  - 전쟁 참화를 이용한 무기판매상이 아니라 유럽 안보를 위한 Peacekeeper라는 점을 각인시키는 주도면밀한 '이미지 메이킹' 노력이 매우 중요
- "좋은 전쟁보다 나쁜 평화가 낫다"는 안보 포퓰리즘 위험성을 지속 환기시켜야 함
  - 사실, "나쁜 평화는 좋은 전쟁"보다 "훨씬 더 위험". 이유는 '나쁜 평화'를 구걸하는 유화정책이 오히려 전쟁을 유발하는 결과를 초래하기 때문
  - 자발적 무장해제와 굴욕적 복종을 강요하는 '나쁜 평화론'의 위험성을 끊임없이 환기시키는 노력을 지속할 필요
- 우·러전쟁에서 억제의 실패는 우리에게 최상의 반면교사

- 서구적 관점에서 정립된 억제의 개념에는 근본적 결함이 내재되어 있음
- 구체적으로, '억제' 3요소로 3C(능력, 의사소통, 신뢰성)가 강조됨
- 현실세계에서 3C가 충족되더라도 억제가 '자동적으로' 달성되지 않음
- 이유는 의지(W)라는 요인이 누락되었기 때문
- 미국·서방국이 우크라이나 침략 억제에 실패한 가장 큰 원인은 '의지의 대결'에서 러시아에 밀렸기 때문
- 요약하면, 3C는 억제의 필요조건에 불과, W가 포함되어야 충분조건을 충족

※ 그러므로, 북한의 침략 억제와 관련해서도 "잃을 것이 너무 많은 부자 몸조심"으로는 절대로 전쟁을 억제/방지할 수 없다는 점을 명심해야 함

04 우크라이나전 관련 일본의 대응과 향후 전망

권태환 KDDA 회장(전 주일 국방무관)

1. 일본 정부의 대응

• 일본은 러시아의 우크라이나 침공과 관련 미국과 일체화된 대응을 신속히 발표함과 동시에 우크라이나 지원에 적극적 입장과 역할을 견지하고 있음.

* 1억 달러 차관, 긴급인도지원 2억 달러, 복구부흥지원 5억 달러, 재정지원 6억 달러를 지원하는 한편 우크라이나 난민을 수용하고 있음.

* 55억불 추가 지원 발표(2월 20일)

• 방위성은 무기제공이 법적 제한을 받고 있음을 명분으로 방탄복과 비상식량 등 전투물자를 지원하고 있음.

⇒ 일본은 국가안보전략의 기축인 미일 동맹을 강화하고, '인도 태평양' 전략의 핵심가치인 힘에 의한 일방적인 질서변경과 국제법 준수에 대한 국가 의지를 대변하는 것으로 특히 최근 중국-러시아-북한의 연계된 위협을 주목하고 있음.

2. 일본 전략 3문서 개정의 쟁점과 시사점

• 전략 3문서 개정의 쟁점

- 쟁점 1: 일본의 국가안보전략과 미일 동맹의 전략적 역할 분담 확대

* 중국의 위협에 초점을 두고 있던 미일 공동작전태세에 있어 미군 전력의 NATO 지역에로의 전략적 분산이 불가피하게 되었음.

* 러시아의 중국, 북한과의 반미 군사적 연계가 강화되면서, 동아시아 역내 불안정이 심화되며, 대만 문제로 미중 군사적 충돌 우려 증대

- 쟁점 2: 북한 및 러시아의 '핵 선제 사용'

* 러시아의 침공 억제에 실패한 이유를 우크라이나의 비핵화와 푸틴의 '핵 사용 위협'으로 인식하고, 향후 북한과 중국의 핵 위협에 대처하기 위해서는 미국의 핵확장억제의 실효성을 제고하고, 일본 스스로 반격능력(적 기지 공격)을 보유하여 도발 억제력과 대처능력을 갖출 수 있는 국방전략과 전력증강 추진.

- 쟁점 3: 첨단전력 운용과 군수지원 능력 등 국방혁신 반영 노력

* 러시아군은 초전에 우크라이나의 핵심 시설과 목표물을 타격하고, 지상작전을 위해 대대전술단(Battalion Tactical Group)을 운용했음에도 불구하고, 우크라이나군은 열세한 군사력으로 첨단전력을 가진 러시아군 방어에 성공하였으며, 미국 등 서방의 지원과 예비전력을 활용한 장기전에 대처 가능
* 방위성은 전략 3문서 개정에 미래전장에 대비한 국방혁신 교훈 반영

- 쟁점 4: 군사적 대비태세의 실효성 확보

* 자위대의 글로벌 역할 확대를 수행하기 위해 2027년까지 43조엔의 획기적인 방위비(GDP 1%→2%)와 공격형 전력수단 도입, 방산수출 등 추진 본격화

• 시사점

- 역내 안보정세의 불안정과 미중 군사적 충돌 가능성이 우려되는 가운데 전쟁 억제 및 대처를 위한 대비책 마련이 우선되어야 함
- 한국군의 역할을 한반도를 넘어 글로벌 차원으로 확대 발전 추진
- 미래전장 대비와 국방혁신을 위한 전략증강 및 포괄적 동맹 강화를 위한 역할 분담을 구체적으로 검토해야 함
- 국민적 공감대를 확보하기 위한 국가안보전략 및 국방정책 수립에 있어서 공론화 과정을 적극 추진해야 함

3. 정책제언

• 한반도 및 역내 유사 관련 군사적 대비태세(Readness)에 대한 실효적 대비

* 북-중-러의 군사적 연대 강화 및 대만문제, 센카쿠문제, 한반도 안보정세가 상호 연계된 미래전장에 대비한 실효적 대비태세

• 국방혁신 4.0을 위한 실질적인 추진으로서 현실적 대비와 함께 미래전 대비를 위한 실질적인 국방혁신을 가속화시켜 나가야 한다.

* 미래전에 대비하기 위한 안보역량 구축에도 한미일 역할 분담을 포함

• 역내 해공역상 우발적 충돌 및 사고 방지를 위한 다자안보대화 추진

* 회색지대 전술을 억제하며, 불필요한 위기 및 충돌방치를 통한 테세 유지

• 한미일 안보협력을 위해서는 한일 관계의 조기 정상화를 위한 동시다층적 협력이 행동으로 구현되어야 함.

* 에너지문제 등을 포함한 경제안보 차원의 전략적 대처가 필요하며, 이를 위한 민군협력의 체계적 통합이 검토, 외교+국방장관회담(2+2) 등 추진
* 한일 방산협력 기반을 통해 한미일 상호운영성 및 유사시 대처역량을 제고

• 국가안보에 있어 국제적 가치 연대 및 한미일 안보협력에 대한 국민적 공감대를 확대하는 노력을 확대해 나가야 함.
  * 우크라이나에 대한 국제사회의 지원과 국민적 공감대는 전장의 핵심

05 우크라이나 전쟁 관련 중국의 대응 과 중·러 협력 전망

조현규 교수(신한대학교, 전 주중육군무관)

• 우크라이나전쟁에 대한 중국의 인식
  - 러시아의 우크라이나 침공을 '우크라이나 위기','러시아-우크라이나 충돌'등으로 지칭. '전쟁'표현 회피, 푸틴의 '특별군사작전'주장 일맥상통
  - 문제의 배경과 원인을 러시아에 두지 않고, 오히려 러시아를 두둔하면서 세력간의 구조적 측면에서 인식

• 우크라이나전쟁에 대한 중국의 입장
  - 러시아의 침공 직후 일방적으로 러시아를 옹호하는 입장을 취하다가, 국제사회에 의한 러시아의 주권국가 침략 행위 규탄 및 이를 두둔하는 중국 태도 비난, 서방의 강도 높은 대 러시아 제재 시행 등으로 인해 '대화를 통한 문제 해결'입장으로 선회 및 대 우크라이나 인도적 지원 병행
  - 우크라이나전쟁 지속에 따라 전쟁의 책임을 미국과 NATO에 전가하는 태도 표명, 대 러시아 제재 반대, 러시아 입장지지

• 중국의 대응과 중-러 협력 전망
  - 중-러 밀월관계 및 미-중 전략경쟁 등 국제정세를 감안, ①중국은 중-러 외교적 공조 강화, ②다자기구를 활용한 러시아 지원, ③서방 주도의 경제 제재에 불참, ④중-러 전략안보협의 등의 방식으로 대응
  - 향후 중-러는 2021년 〈2021-2025 중국과 러시아의 군사분야 협력 발전을 위한 로드맵〉과 2022년 양국 최고지도자간 합의에 의거, 더욱 긴밀한 군사 및 군사기술 협력과 연합훈련을 통해 중-러 '신시대 전면적전략동반자관계'협력 강화 전망

• 정책 제언
- 최근 중국의 대러 군수물자 지원 정황에 따른 추가 지원(전투장비) 가능성 추적
- 중-러 협력이 북-중-러 협력(권위주의 연합)으로의 확대 가능성 주시
- 전쟁 이전 중-우크라이나 '장기적·포괄적 협력 전략' 변화 가능성 주목
- 중-러 협력 강화가 한반도 안보에 미치는 영향 연구 및 대응책 강구

06 우크라이나 전쟁 관련 북러 관계와 북한 핵전략의 진화

이흥석 교수(국민대학교)

• 북러 관계의 밀착
- 우크라이나전쟁은 세계를 체제(자유주의 vs 권위주의) 대결로 유인, 북한과 러시아는 지구 핵종말 시기를 단축한 주요 동인으로 지목
- 북러는 정치군사적 협력 강화, 북한은 비핵화의 후과와 강압 핵전략의 교훈을 핵무력정책법에 환류
- 북러 밀착은 비핵화에 부정적 영향, 북한 미사일 기술 지원 가능성 우려

• 북한 핵전략의 진화
- 북한은 세계질서를 제국주의와 사회주의간 체제 대결로 인식, 제국주의(미국과 동맹)는 전쟁의 근원이므로 투쟁은 필연
- 핵무력정책법: 삼각억제 구현을 위한 강압 핵교리의 법제화
- 복합 핵지휘통제체계 구축: 중앙집권적 + 위임적 지휘통제체계
- 전술핵 능력 확충, 핵 실전전력화 추진: 발사체 전력화, 부대 편성, 핵 교리/태세 반영
- 2023년 당 정책 기본방향 '핵무력 및 국방발전의 변혁전 전략'을 표명, 전술핵무기 다량 생산과 핵탄두 보유량 기하급수적으로 증가

• 정책제언
- 북한체제 내구성과 세습 가능성 진단
- 북한 핵미사일 능력과 핵 지휘통제체계 평가
- 북한 핵미사일 생존성 감소 노력(stalking 전략)
- DIME요소를 통합한 정부 의사결정체계 구축
- 유연한 연합방위태세 확립과 재래식전력 우세 유지

07 새로운 패러다임의 전쟁, 전략적 함의 및 정책 제언

안재봉 부원장(연세대학교 ASTI)

1. 전략적 함의

1) 확고한 한미동맹을 더욱 공고히 해야 할 필요성을 인식시켜 주었음.

- 우크라이나전에서 보여주고 있는 미국의 역할은 지대함.
- 지난 해 12월 21일, 전격적으로 미국을 방문한 젤렌스키 대통령은 조 바이든 미국 대통령과 정상회담을 통해 패트리엇 방공미사일 1개 포대 등 18억 5,000만 달러(약 2조 3,000억원) 규모의 추가 지원을 약속 받았음.
- 또한 지난 1월 25일에는 바이든 대통령이 M1A1 에이브람스 전차를 우크라이나에 31대를 지원할 것이라고 발표하였음. 결국 러시아-우크라이나전이 미국을 비롯한 유럽 연합과 러시아 간 대리전쟁으로 치닫고 있는 것임.
- 북 핵 위협이 상존하고 있는 가운데, 대만해협에서 중국과 대만 간 긴장이 고조되고 있는 중차대한 시점에서 한미동맹의 중요성은 아무리 강조해도 지나치지 않음.

2) 현재 한국군이 추진 중인 '국방혁신 4.0'의 방향성을 제시해 주고 있음.

- 러시아가 금번 전쟁에서 고전하고 있는 이유 중의 하나가 2008년 조지아전에서 승리한 이후에 추진했던 국방개혁에 실패했기 때문임.
- 러시아군은 조지아전에서 드러난 무기체계의 노후화, 전투부대의 반응속도 지연, 지휘통제의 혼선, 전투원의 훈련부족 등 문제점을 개선하기 위해 2009년부터 2019년까지 무기체계의 현대화, 부대구조 개편, 지휘체계 단순화, 우주방어시스템 구축 등 국방개혁을 강도 높게 추진했으나 군사력의 효율적 운용을 위한 군사교리 등 소프트파워의 개혁에는 소홀했음.
- 따라서 현재 우리 군이 추진하고 있는 「군사혁신 4.0」의 추진방향과 과제가 현대전 수행 개념과 미래전에 대비한 개념인지(?) 총체적인 진단이 선행되어야 함.

3) 북 핵 위협에 대한 실질적인 대비책을 전면 재검토해야 한다는 점을 인식시켜 주었음.

- 북한은 우크라이나 사례를 반면교사로 핵을 절대 포기하지 않을 것임.

- 북한은 과거 우크라이나가 핵보유국이었음을 고려하여 북한의 생존과 체제 유지를 위해 개발 중인 핵을 절대로 포기하지 않을 것이며, 지속적으로 더욱 고도화하고 소형화해 나갈 것임.
- 따라서 우리는 북한의 핵·미사일 위협에 보다 실질적이고 실현가능한 대응책을 강구해 나가야 함.

4) 공중우세와 항공우주력의 중요성을 입증해 주었음.

- 러시아 항공우주군은 우크라이나 공군에 비해 질적으로나 양적으로 압도적인 항공력을 보유하고 있었음에도 불구하고 초기에 공세적으로 운용하지 않아 우크라이나 상공에서 공중우세 확보에 실패했음.
- 그러다 보니 러시아의 항공우주군은 우크라이나 지역에서 자유로운 항공작전을 수행하지 못했고, 개전초에 공격기세를 유지한 채 종심깊게 침투했던 러시아의 기동부대는 항공력의 후속 지원을 받지 못했음.
- 우주력은 항공력과 반대로 우크라이나는 미국을 비롯한 서방의 군사용 위성과 상업용 위성을 이용하여 광범위하게 군사작전에 활용하고 있으며, 러시아는 100여기의 군사위성을 이용하여 작전에 활용하고 있어 많은 제한을 받고 있음.
- 따라서 균형적인 항공우주력의 구비가 요구됨.

5) 무인기가 전장(戰場)의 게임체인저로서 실질적인 대응책 강구 필요성을 입증해 주었음.

- 러시아-우크라이나전에서 게임체인저로 등장한 무인기가 안보를 위협하는 비대칭 무기로서 더욱 진가를 발휘할 것임.
- 지난 해 12월 북한의 무인기가 우리 영공을 침범 하자, 국민들은 불안했으며, 정치인들은 여·야로 나뉘어 네 탓, 내 탓 책임공방을 벌였음. 안보에는 여·야가 따로 없다는 불문율을 깨고 자당(自黨)의 유·불리에 따라 정쟁에 몰두했음. 이는 북한이 의도했던 목적이었다고 생각함.
- 무인기는 적은 비용으로 상대방에게는 물리적 파괴와 심리적 붕괴를 동시에 초래할 수 있는 전략적 목표를 달성할 수 있는 비대칭 무기가 되었음. 이에 다차원적으로 대비할 수 있는 방안을 시급히 모색해야 함.

6) 주요 무기체계의 자체 생존성이 매우 중요해졌음.

- 러시아-우크라이나전에서 러시아의 최첨단 전투기가 우크라이나 민병대의 MANPADS에 의해 격추되고, 러시아의 주력 전차들이 휴대용 대전차미사일 재블린에 의해 피격되는 등 주요 장비의 생존성이 매우 중요하게 대두되었음.
- 최근 K-방산 무기 및 장비의 수출이 활발히 진행되고 있는데, 주요 장비에 대한 생존장비도 함께 강구하는 방안이 모색되어야 함.

2. 정책 제언

1) 한미동맹을 바탕으로 북한의 핵·미사일 위협에 실질적으로 대비할 수 있는 확고한 억제력을 구비해야 함.

- 최근 북한의 핵 위협이 점증되면서 정치권 뿐만 아니라 국민들도 자체 핵무장이 필요하다는 목소리가 커지고 있음. 지난 1월 30일, 최종현학술원이 한국갤럽에 의뢰해 조사한 '북 핵 위기와 안보상황 인식' 여론조사에서 76.6%의 국민이 독자적인 핵개발이 필요하다고 답했음.
- 이는 지난해 북한이 핵무력 법제화를 선언하고, 한국에 대한 핵 선제공격 가능성을 공언하면서 국민 대다수가 핵에는 핵으로 대응하는 공포의 균형(balance of terror) 전략이 필요하다고 본 것임.
- 그러나 자체 핵무장은 그리 쉬운 문제가 아님. 자체 핵무장론이 대두될 경우에 핵확산금지조약(NPT)에 의한 제재와 한미동맹에도 문제가 발생할 수 있음. 따라서 신중한 접근이 필요하며, 우선 굳건한 한미동맹을 바탕으로 확장억제를 강화하면서 동시에 현 북핵 대비책인 한국형 3축체계(3K)와 핵대응태세를 점검하여 유사시 3축체계와 함께 북한의 핵 관련 지휘통제체계를 무력화할 수 있는 사이버작전 역량도 강화해 나가야 함. 이를 위해 필요한 핵억제 교리를 정립하고 실질적이고 실현가능한 대비책을 확립해야 함.

2) 군사전략, 군사교리 등 소프트파워 증강을 위한 실질적인「국방혁신 4.0」을 강도 높게 추진해야 함.

- 윤석열 정부는 「튼튼한 국방, 과학기술 강군」을 목표로 제2창군 수준으로 국방태세 전반을 재설계하여 AI 과학기술 강군을 육성하고, AI 기반의 유·무인 복합 전투체계 발전과 국방 R&D 체계 전반을 개혁하는데 중점을 두고 추진하고 있음.

- 그동안 정부가 출범할 때 마다 변화와 개혁을 천명하면서 국방개혁을 추진해 왔으나, 매 번 제대로 추진되지 못했음. 그 이유는 현존하는 대북 위협과 미래의 잠재적 위협에 동시 대비하는 개념 하에 '어떻게 싸워 이길 것인가?(How to win?)'에 중점을 두어야 하나, 주로 병사들의 복무기간 단축과 봉급 인상 등 정치적 목적에 따라 표를 의식한 개혁이었기에 실패했던 것임. 군사력 운용에 있어서 핵심인 군사전략과 군사교리의 개정 없이 국방정책과 제도, 절차 등에 중점을 두고 추진해 왔기 때문임.
- 따라서 군사력 건설, 군 구조 및 부대 개편 등 외형적인 혁신에 앞서, 현재의 한국군 군사전략과 군사교리를 전면 검토하여 현재 및 미래 안보환경에서 '어떻게 싸워 이길 것인가?(How to win?)'에 대하여 제2창군 수준으로 재정립하고, 이를 구현하기 위한 방안을 찾는데 중점을 두고 「국방혁신 4.0」을 강도 높게 추진해야 함.

3) 북한의 소형 무인기 침범에 대비한 실질적인 대책을 수립해야 함.

- 소형 무인기 자체는 북한의 핵·미사일 위협에 비해 상대적으로 우선순위가 떨어지지만 소형무인기에 방사능이나 생화학탄을 탑재할 경우에는 대량살상무기로 분류됨.
- 이러한 소형 무인기를 탐지하고 격추하는 것은 쉽지 않지만 전혀 불가능한 것도 아님. 금번 러시아-우크라이나전에서 우크라이나는 러시아의 드론 공격에 전투기까지 동원하여 격추하였음.
- 따라서 우리 군은 전방지역에 배치되어 있는 국지방공레이다 성능을 개선하여 보다 확대 배치하고 지상군 전술데이터링크(KVMF), 차세대 군용무전기(TMMR)로 연동되는 비호복합, 차륜형 대공포 천호와 함께 열영상장비(TOD: Thermal Observation Device), 레이저 요격체계, 드론 재머를 연동하는 AI 기반의 대(對)드론 방공체계를 구축해야 함.
- 이와 함께 휴대용 방공체계(MANPADS), 무인기에 효과적으로 대응할 수 있는 야시장비(NVG) 등을 구비하고, 동시에 지휘통신체계를 일원화하고 전투요원들은 공·지 합동훈련을 실전적으로 실시하여 고도로 숙달해야 함.

4) 주요 무기 및 장비에 대한 생존장비를 강구해야 함.

- 러시아 항공우주군은 초기에 공중우세를 확보하지 못한 상태에서 우크라이나 방공망이 복구되자, 중고도 전술을 저고도 전술로 전환하고, 표적 공격시 비유도 폭탄과 로켓을 이용해 조종사들이 육안으로 공격하였음.

• 그러다 보니 최첨단 전투기가 MANPADS에 의해 격추되는 수모를 당했음. 저고도에서 저속으로 임무를 수행하는 헬리콥터도 마찬가지였고, 지상전을 수행하는 전차의 경우도 능동방호체계(APS)가 장착되어 있지 않아 우크라이나의 휴대용 무기에 속수무책이었음.
• 따라서 현재 개발 중이거나 수출을 추진 중인 K-방산 무기 및 장비들은 최우선적으로 지향성 적외선 방해장비(DIRCM)와 APS 등 자체 생존장비를 구비해야 함.

5) AI와 MUM-T 기술을 적용한 차세대 전차 개발을 서둘러야 함.

• 차세대 전차는 미래 유·무인 복합(MUM-T) 운용환경을 고려하여 전차의 3대 요소인 기동력, 화력, 방호력 측면에서 AI 기반의 차량 운용체계와 첨단 기술을 적용한 360도 상황인식장치, 능동방호장치, 고에너지 무기, 드론 탐지레이다, 하이브리드 엔진 등을 융복합적으로 구비해야 함.

6) KF-21 전투기의 AI 기반 후속 모델을 지속적으로 개발해야 함.

• 지난 1월 17일, 우리 기술로 만든 4.5세대 전투기 KF-21 보라매가 초음속 비행에 성공함으로써 세계에서 8번째로 초음속 전투기를 개발하는 국가가 되었음.
• 2026년까지 체계개발이 완료되면 28년까지 1차 도입분 '블록 1' 40기가 실전 배치되고, 2026년부터 28년까지는 무장 확보능력을 통한 공대지용 '블록 2' 개량사업이 진행됨. 성능이 개량된 KF-21 전투기는 2029년부터 32년까지 양산을 진행, 80대가 우리 공군에 실전 배치됨.
• 이후 해군이 도입을 추진 중인 항모탑재용 KF-21N 개발과 함께 무장탑재능력과 스텔스성능 향상, AESA 레이다, EOTGP, IRST, 전자전 성능이 향상된 AI 기반의 KF-21 '블록 3' 개량사업이 지속적으로 추진되어야 함.

08 우크라이나 전쟁이 주는 위기관리체제 시사점과 우리의 대응

김진형 박사(전 합참전략기획부장)

1. 우크라이나 위기와 SNS

- 젤렌스키의 동영상을 시작으로 우크라이나인들의 공포와 분노와 항전 의지는 전 세계인들과 거의 실시간으로 공유되고 있다. 21세기 테크(Tech) 시대의 총아인 사회관계망서비스(SNS)가 그들의 전쟁이 마치 우리의 전쟁으로 인식
- 세계 각국의 시민이 사회관계망서비스(SNS)를 통해 우크라이나를 응원하며 '여론전', '심리전'을 펼치고 있다. 자국 통신 인프라가 무너진 우크라이나 군이 해외 기업이 제공한 장비로 인터넷도 사용한다. 국가가 모든 권력을 전유하던 시대가 막을 내리고 IT에 기반한 새로운 '힘'의 시대 도래
- 볼로디미르 젤렌스키 우크라이나 대통령 또한 러시아에 맞서 SNS를 효과적으로 활용하고 있다. 러시아를 비난하는 한편, 국민을 결집하는 수단으로 SNS를 적절히 활용

2. IT환경과 자발적 국제협력

- 우크라이나를 지원하는 가장 적극적으로 대응하고 있는 민간 세력은 미국 실리콘밸리의 빅테크 기업이다. 대표적으로 스타링크(Starlink) 서비스를 제공하는 스페이스X(우주기업 스페이스X의 위성 인터넷 서비스)
- 메타(Meta)는 자사 SNS인 페이스북과 인스타그램에서 러시아 정치인을 규탄하는 발언 허용을 위해 폭력적 콘텐츠 관련 규정을 일시적으로 완화
- 트위터도 전쟁 발발 이후 러시아 국영 매체 콘텐츠에 경고 표식을 달고, 가짜 뉴스를 유포하는 계정 7만5,000여 개를 삭제
- 어나니머스를 비롯한 우크라이나를 지원하는 해커들이 자발적으로 양국 간의 사이버전에 대거 참전

3. 디지털 시대의 다양해진 전쟁 양상

- 새로운 시대의 '디지털 전쟁', '#StandWithUkraine(우크라이나를 지지합니다)' 해시태그를 붙여 우크라이나를 응원하는 국제적인 운동

- 러시아의 공격으로 은행과 금융기관 등이 폐쇄된 우크라이나 정부는 암호화폐를 이용한 각국의 후원
- 빅테크(Big Tech)와 글로벌 IT기업들의 우크라이나 지원, 지지가 이어지고, 스위프트는 한 나라의 국부를 타깃으로 한 경제제재, 이미 상설화된 IT 글로벌 인프라와 네트워크를 활용한 정부 차원의 테크 제재

4. 정책 제언

- 첫 번째는 스마트폰의 활용을 통한 위치 추적으로 집단의 움직임 파악은 물론 병력의 이동, 집결 현황까지도 실시간 파악이 가능해짐에 따라 지금 우리나라의 병사들까지 들고 다니는 스마트폰에 대한 철저한 운용 방침 정립
- 위기 시 국제적 연대를 위한 국가, 단체, 개인 차원의 네트워크 구축
- 상설화된 SNS, IT 글로벌 인프라와 네트워크를 활용한 새로운 위기관리 시스템을 구축

09 우크라이나의 선전과 러시아의 고전이 남긴 교훈

양 욱 박사(산정책연구원)

1. 우크라이나-러시아 전쟁의 전략변화와 군사혁신

- 러시아군은 대규모 병력을 동원하여 레짐체인지를 위한 군사작전을 시작하였으며, 우크라이나 군은 개전초 명백한 전력차를 인지하고 방어에 주력하였음.
  - 러시아군은 '정치적 중심 전복을 통한 속전속결'을 전략으로 BTG를 중심으로 한 기동전을 추구하였으나, 4개의 전선 가운데 2개를 키이우 공략에 할당함.
  - 우크라이나는 '핵심거점 위주의 공세적 다중방어' 전략으로 다중 방어선에 따라 도심과 도로를 활용한 매복과 섬멸로 대항하였음.
  - 러시아의 BTG 체제는 군수지원에 결정적 한계가 있었으며, 우크라이나는 적 보급망 차단과 전투력소모에 집중한 결과 키이우 공세를 돈좌시켰음.
- 키이우 공세 실패후 러시아는 돈바스 점령과 크림반도와의 연계에 집중하였으며, 우크라이나는 영토탈환을 위해 역량을 집중함에 따라 현재도 치열히 교전 중임.

- 전선이 돈바스로 바뀜에 따라 양측은 치열한 화력전과 기갑전을 치뤘으며, 5월부터 8월까지 팽팽한 대결이 지속되었으며 전선의 변화는 거의 없었음.
- 우크라이나군이 9월 이후 HIMARS 등 서구지원 무기를 증강하고 우수한 C4I에 기반하여 전투를 수행함에 따라 전선은 급격히 변화하여, 하르키우와 헤르손 전선에서 엄청난 성과를 거두었음.
- 러시아는 실패를 만회하기 위하여 돈바스의 동부전선에서 치열한 반격에 나섰으며, 이에 따라 전쟁은 당분간 격화될 것으로 보임.

• 우크라이나-러시아 전쟁은 21세기 전쟁으로서 군사혁신의 결과가 급격히 반영되었으나, 오히려 지휘통제와 군수지원 등 전쟁의 기본기가 중요함이 다시 확인되었음.
- 우크라이나군은 드론의 집중적 활용, 위성통신망을 활용한 C4I의 효율적 운용 등으로 군사혁신을 전쟁에 적용하였음. 특히 모자이크전 개념이 실전에서 본격적으로 적용됨으로써 군사혁신의 패러다임 변환이 서서히 일어나고 있음.
- 러시아는 우크라이나보다 훨씬 더 많은 첨단무기를 보유했음에도 지휘통제의 혼란, 합동성의 부재, 군수지원의 후진성, 병사들의 숙련도 부족 등으로 인하여 실전에서 고전을 면하지 못했음.
- 한편 미국과 NATO의 지원은 우크라이나가 선전할 수 있었던 핵심원인이었으며, 특히 직접적인 군사개입이 불가능함에도 위성통신이나 위성영상 등 민간서비스를 우크라이나에 제공하면서 전쟁 승리의 원동력을 제공하였음.

2. 시사점과 정책 제언

• 군사혁신이 적용되는 미래전에도 전쟁의 원칙은 여전히 중요함.
- 우크라이나-러시아 전쟁에서 확인되듯이 미래전도 버튼 하나로 해결되는 첨단전장이 아님.
- 지휘통제와 군수지원 등 전쟁의 기본원칙은 여전히 중요하며, 과학기술과 첨단무기체계도 전쟁원칙에 기여할 때 의미를 가짐.
- 현대전에서는 정보우위에서 결심우위로 진화하지 못하면 강력한 군대도 패배할 수 있다는 점이 우크라이나 군의 모자이크전 수행을 통하여 확인되었음.

• 우리의 국방혁신 4.0은 기술만능주의의 한계를 가지고 있으며, 더욱 전쟁의 원칙과 교리 발전이라는 사상적 기반에 바탕하여 발전시킬 필요가 있음.
- 국방혁신 4.0은 국방과학기술의 R&D와 전력증강에만 방점이 찍혀 있으며, 첨단무기의 획득과 첨단 트렌드의 추구에 대한 편향이 우려됨.

- 군사혁신의 핵심은 군사작전의 성격과 수행에서 혁신을 적용하여 패러다임을 바꾸는 것임. 단순히 과학기술과 무기체계 만으로 군사혁신이 이뤄지지 않으며, 혁신적 무기체계의 충분한 양산과 보급이 이뤄진 가운데 적절한 혁신 작전개념으로 뿌리내려야만 군사혁신이 승리에 기여할 수 있음.
- 군사혁신은 선도보다 빠른 실현이 훨씬 중요하므로 우크라이나-러시아 전쟁 등 국제분쟁과 주변국 동향에서 군사혁신의 향방을 추적하여 미래를 대비할 수 있어야 함.

10 우크라이나 전쟁 교훈에 기초한 한국군 전력건설 발전방향

방종관 장군(전 육본기획관리참모부장)

1. 이론

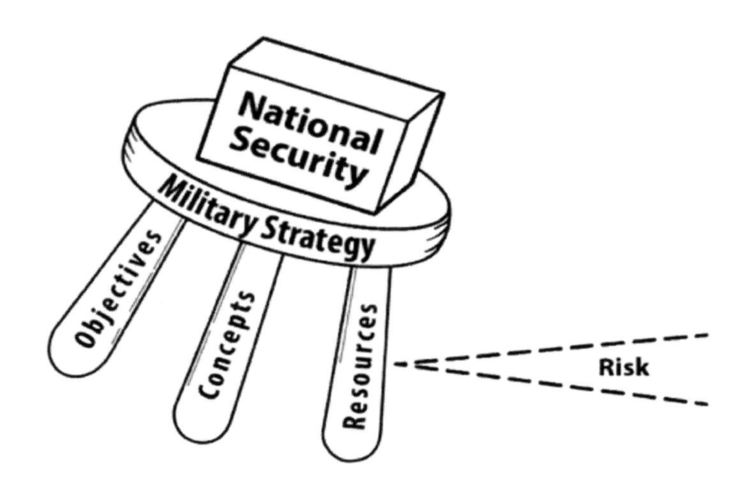

☞ 군사전략은 '다리가 3개 달린 의자' 처럼 목표(Objectives) · 방법(Concept) · 수단(Resources)로 구성됨. 이들 요소가 '균형'을 이루어야(must find balance) 군사전략이 성공할 수 있음. 무기체계는 수단의 일부로서 목표 · 방법 등과 균형성과 연계성(combined with)을 유지해야 함.

2. 우크라이나 전쟁의 시사점

- 러시아는 군사혁신(전력건설)의 목표 설정에 실패했음. 푸틴이 설정한 목표와 우크라이나 전쟁의 규모 사이에 심대한 간격이 존재함. 예를 들면, 우크라이나는 체첸에 비해 인구는 30배, 영토는 45배 크기임.
- 러시아는 군사혁신 과정에서 예산배분도 실패했음. 해 · 공군과 항공우주 분야의 예산 비중이 17∼26%로 높은 반면, 육군은 14%에 불과함. T-14 신형 전차의 개발지연 등도 이러한 영향을 받았을 가능성이 높음.
- 러시아군의 무기설계 개념이 시대 변화를 따라가지 못함. 예를 들면, 서방 전차는 기동성 · 화력 · 생존성의 균형을 추구함. 반면, 러시아는 기동성 · 화력은 극대화, 생존성은 최소로 고려함. 이것이 대규모 장비 및 인명 손실로 연결됨.
- 냉전이후 우크라이나 군대의 와해는 위협에 대한 인식의 부재가 가장 큰 원인이었음. 2014년부터, 크림반도를 상실하고 돈바스 분쟁에 직면한 이후에야 '비대칭 전략'에 기초한 전력건설(예: 넵튠 지대함 미사일)을 추진함.

3. 한국군 전력건설 발전방향(①~④는 방법 측면, ⑤~⑩은 내용 측면)

① '첨단 과학기술군'은 당위론 · 일반론이므로 국방개혁 또는 국방혁신 4.0의 목표로 부적절함. 목표는 '위협'과 이를 극복한 '최종상태'가 포함되어야 함.

② 목표 설정을 위한 '위협의 재평가'가 필요함. 이를 위한 국가 정보조직의 개편, 범국가적이고 정파를 초월한 위협의 재평가, 국가 대전략 차원의 결단(예: 미국 공화당과 민주당의 대 중국 전략은 일치함) 등이 긴요함.

③ 방위사업제도를 혁신해야함. 방위사업의 정책기능은 국방부로 일원화하고, 방사청은 순수 사업조직(예: 조달청)이 되어야 함. 합참은 차장을 4성(2작전사령관은 4 → 3성)으로 격상하여 미래업무수행체계를 보강해야 함.

④ 전투실험을 활성화해야 함. 전투실험 부대를 개방하여 민군협업의 플랫폼(전력소요 창출, 시험적용을 통한 진화적 개발 등)으로 발전시켜야 함.

⑤ 한국형 3축 체계가 한국의 독자 핵능력 논의를 억압하거나, 3축 체계를 위한 과도한 예산지원이 재래식 전력 발전에 불균형을 초래하지 않도록 유의해야함. 우선순위는 KMPR · Kill Chain · KAMD 순(順)이 바람직함.

⑥ SM-3 도입은 THAAD(L-SAM) + 패트리어트(천궁-2) 조합의 높은 효율성, L-SAM 진화적 개발, SM-6 도입 결정(KDX-Ⅲ 2차 3척) 등을 고려 시 부적합하

며, 원자력 협정 등에서 미국의 양해가 있을 경우에만 설득력 있음.

⑦ 경 항공모함도 중국의 핵 추진 잠수함('74년) ↔ 항공모함('12년) 전력화 사이에 약 40년의 간격 발생 사례, 비대칭 전략 측면에서 설득력이 부족함.

⑧ 유 · 무인 협업체계의 발전은 혁신적인 접근방법을 필요로 함. 무인기 분야의 시행착오가 반면교사가 될 수 있음. 구체적인 기술적 검토, 광범위한 전투실험, 민군협업 기반의 진화적 개발 등이 수반되어야 성과를 낼 수 있음.

⑨ '기반전력'의 발전은 합참이 주도해야 함. 전장기능에서는 전장인식(예: 수풀 / 지하 투과 레이더) · 지휘통제(예: 저궤도 통신위성) · 방호(예: 산악 갱도와 연결된 비행장), 전장영역에서는 우주 · 사이버 · 전자전 분야가 해당됨.

⑩ 개인 전투원이 하나의 소규모 '부대(Unit)'라는 인식이 필요함. 병역자원 감소와 인명중시 경향은 더욱 강해질 것임. 따라서 개별 전투원의 임무수행 능력과 생존성 향상을 위한 전력건설에 각별한 노력이 필요함.

11 우크라이나 전쟁 시사점과 한국의 핵방호체계

박재완 박사(국민대학교 교수)

1. 우크라이나 전쟁 시사점

- 러시아의 우크라이나 침공은 세계 안보정세에 큰 영향을 미침. 특히 러시아 푸틴의 전술핵무기 사용 위협으로 핵사용 문턱(nuclear threshold)이 낮아짐.
- 러시아 푸틴의 핵사용 위협은 김정은에게 반면교사가 될 것임. 러시아의 핵 위협뿐만 아니라 북한의 핵·미사일 위협도 세계 안보정세, 동북아 정세에 많은 영향을 미치고 있음.
- 북한은 2022년 9월 8일 핵무력정책법을 법제화하면서 공세적이고 선제적인 핵공격 교리를 채택하였으며, 2022년 12월 말 제8기 제6차 전원회의를 통해 더욱 공세적인 핵태세를 강조함.

☞ 우크라이나 전쟁 시사점을 통해 핵사용 문턱이 낮아지고 있는 상황을 고려 북한의 공세적 핵태세에 따른 한국의 대응방안 중 한국의 핵방호 교육과 대피시설에 대한 핵방호체계 발전방안 모색 필요

2. 소결론: 정책 제언

• 북핵 위협 억제 및 예방, 요격에 실패했을 경우에 대한 방호대책 필요
• 국민보호를 위한 국가핵방호체계 전반에 대한 고찰 및 개선 필요
• 북한의 완전한 비핵화 협상과 확장억제 신뢰성 제고, 한국형 3축체계 구축과 더불어 핵피격 시에 대비한 핵방호 및 피해 최소화 방안이 강구되어야 함.
• 핵민방위 태세 및 핵방호 교육발전
  - 민방위대 소집대상을 만 20에서 40세 남성을 대상으로 하는 것과 별개로 전국민 보호를 위해 핵민방위 교육 대상은 남녀노소를 불문으로 해야 함.
  - 실질적인 연습 및 훈련 시행(전국적, 계획보다 실행이 중요)
  - 경보전파 체계 발전과 더불어 경보발령 시 대피 요령, 핵방호 행동요령 등 생존을 위한 필수 교육 컨텐츠 및 교육방법 다변화(동영상, 만화 등), 내실화
  - 핵방호 생존요령 등에 대한 교육 시간과 방법, 내용 등을 권장사항이 아니라 법제화 등으로 기본 소양교육을 의무화 필요
• 민방위 대피시설 발전
  - 기존 재래식 민방공 대비가 아니라 핵·WMD 대비를 위한 민방위 대피시설 재설계(스위스, 핀란드, 덴마크, 구소련 국가들 참조)
    * 기존 항공기, 폭탄 방호를 위해 설정한 민방공 대응체계와 시설기준을 핵 ·WMD 방호를 위한 체계와 시설기준으로 전면 개편 필요
    * 급수, 개인 용무 해결 등 2주 이상 생존 가능토록 설계
  - 가용예산 고려 창의적 방안으로 전 국민 고려 충분한 대피시설 구비
    * 평시 주차장, 수영장, 체육시설 등 이중용도 활용방안 강구
  - 민방위 대피시설 내 필수 비치품목(조명, 손전등, 양초, 식량 등) 현실화

☞ 기존 재래식 위협 대비에서 핵·WMD 위협에 대비하기 위한 핵민방위체계 개선과 내실있는 교육훈련 및 민방위 대피시설 구비로 국민의 생존성 보장

12 우크라이나 전쟁으로 보는 미래 사이버전 대응방안

박종일 장군(전 사이버사령부 연구소장)

1. 우크라이나 전쟁은 군사작전과 연계된 사이버전으로서 미래에 펼쳐질 사이버전을 예고

- 하이브리드전의 선두주자인 러시아는 사이버전이 어떻게 물리적 전쟁수단과 통합되는지 보여주었다.
  - 러시아는 침공을 전후하여 파괴형 공격, 마비형 공격, 사이버 심리전 및 정보수집 목적의 사이버 공격을 하였으며 초기에는 물리적 군사작전 이상의 파급력이 있었다.
  - 침공 후에는 서방의 지원을 받는 우크라이나의 공세적인 대응으로 제한적인 공격 효과만 얻을 수 있었다.
- 우크라이나는 사이버전 능력이 열세였지만 국제협력으로 신속히 초기 피해를 복구하고 자발적인 민간세력과 글로벌 IT기업의 지원을 받아 공세로 전환하였다.
  - 스타링크에 의한 인터넷 접속, 클라우드 서비스에 의한 핵심 데이터 보호, 딥페이크에 대한 신속한 대처 등 미래 사이버전의 모습을 보여주었다.
  - 우크라이나는 방어와 공격에 자발적으로 참여한 민간세력과 글로벌 IT기업의 지원에 힘입어 자국이 보유한 능력 이상의 사이버전을 수행할 수 있었다.
- 개전 이후 전쟁이 지속되는 시기에는 파괴형 공격보다 마비형 공격, 사이버 심리전 및 정보수집 목적의 공격이 주로 이루어졌다.
- 미래 사이버전은 이번 전쟁에서 선보인 새로운 전술과 앞으로 나타날 첨단기술이 접목된 양상으로 전개될 것으로 예상된다.
  - 사이버전은 군사작전과 함께 통합하여 전개되는 하나의 주요 전쟁수단이 될 것이다.
  - 사이버전에 민간참여가 확대되고 글로벌 사이버전으로 확전이 될 것이다.
  - 위성에 대한 사이버 공격 등 우주공간으로 사이버전의 전장이 확대될 것이다.
  - AI기술이 접목된 가짜뉴스가 손쉽게 대량 유포될 수 있어 혼란이 가중될 것이다.
  - 디도스 공격은 미래 사이버전에서도 지속될 것이다.
  - 군사작전과 연계된 랜섬웨어 및 와이퍼 등의 파괴형 공격이 강화될 것이다.
  - 첨단 AI기술이 접목된 강력한 사이버무기가 등장할 것이다.

- 자율주행차량, 드론, 로봇 등 무인전투체계에 대한 사이버 공격이 강화될 것이다.
- 사이버전의 수행도구 및 공격대상으로서 스마트폰의 중요성이 증가할 것이다.

2. 정책 제언

• 군사작전과 유기적으로 연계, 통합된 사이버전 수행능력을 구축해야 한다.

* 우리 군은 평시 국방 영역의 사이버 위협 대응 위주에서 전시 군사작전 차원의 사이버전 수행역량 강화로 전환이 필요함.

* 전장 확대가 예상되는 미래 사이버전 대비를 위해 군 사이버전의 범위를 국방을 넘어 공공과 민간 지원으로까지 확대할 필요가 있음.

• 사이버 복원력을 강화하여 사이버 공격을 당하더라도 피해가 확산하지 않도록 조기에 대응하고 작전 중단이 되지 않도록 백업체계를 마련하고 신속한 복구 프로세스를 사전에 훈련하는 등 대응 역량을 구비해야 한다.

* 클라우드 서비스는 복원력 강화를 위한 좋은 방안 중의 하나이다.

* 위성 인터넷 등 우주공간의 인프라에 대한 보안과 복원력 강화가 중요하다.

• 미래 전쟁에서는 무인전투체계가 더욱 증가할 것으로 예상됨에 따라 드론 제어권 장악에 의한 강제 탈취, 전파방해, GPS 신호 교란, 허위신호 전송, 악성코드 주입 등으로 적의 드론을 추락 또는 무력화할 수 있는 사이버전자전 역량을 강화해야 한다.

* EMP 공격으로부터 우리의 정보통신체계와 국가기반체계를 보호할 수 있는 EMP 방호역량 강화가 필요하다.

* 사이버전자전으로 적의 미사일을 발사 이전 단계에서 무력화하는 발사의 왼편(Left of Launch) 작전능력 구비를 위한 추진전략 수립이 필요하다.

• 미래 사이버전에서 협력이 필요한 민간인력 및 글로벌 인력을 동원하여 활용할 수 있는 역량구축이 필요하다.

* 미래 글로벌 동원역량을 강화할 수 있는 전략을 마련해야 한다.

* 미래 사이버전에서 글로벌 리더십을 바탕으로 자발적으로 참여한 민간인력들과 원활히 소통하면서 작전관리, 위험관리를 할 수 있는 역량구축이 필요하다.

• 첨단기술 활용 및 기술보안 강화

* AI, 양자컴퓨팅, 메타버스 등 첨단기술과 접목한 사이버전 역량 강화가 필요하다.

* 미래 사이버전에 대비하기 위해서는 아직 경험해보지 못한 최첨단 기술을 활용하는 방안을 마련하고 노출되지 않은 전술에 대해서는 엄격한 보안관리를 하여야 한다.

13 우크라이나 전쟁에서 드론전이 미래전에 주는 함의

송승종 교수(대전대학교, 전 유엔 참사관)

1. 연구 결과 요약

- 우크라이나·러시아 전쟁(이하, 우·러전쟁)의 특징적 현상 ☞ △ 유럽에서 벌어진 21세기 최초의 국가간 전쟁, △ 21세기에 최초로 벌어진 1차 세계대전 형태의 참호전, △ 21세기의 빨지산 전쟁, △ 스타링크 같은 위성인터넷이 연결성을 제공한 최초의 전쟁, △ 핀란드·스웨덴의 중립국 전통 포기를 유발한 불법적 침략전쟁
- 특히 「워싱턴포스트(WP)」는 우·러전쟁을 "인류 역사상 최초의 '알고리즘 전쟁'"으로 분석 ☞ 핵심: 미국 기업 '팔린티어'가 우크라이나에 제공한 첨단 S/W를 스타링크/드론과 결합시켜 '디지털 전장에서 전자 킬체인이 형성'하였으며, 이로써 '전쟁의 혁명(revolution in warfare)'이 이뤄짐
- WP와 유사한 견해들: △ 드론이 "군사분야의 무인 혁명"을 촉발하여 지역적·국제적 안정에도 영향을 줄 수 있음, △ 드론은 "마법의 탄환" 또는 "전술적 게임체인저," △ 드론이 "전장과 지정학을 재구성," △ "드론이 인적·재정 비용을 대폭 낮추기 때문에" 국가가 정치적으로 "항구적 전쟁상태"에 놓이게 됨, △ "대규모 지상전이 무기화된 드론 전단들의 전투로 대체," △ 드론의 사용은 "육군력의 본질을 변화"시킬 것임 ☞ 상기 견해들은 공히 '드론혁명'의 가능성을 주장
- '드론혁명'의 테제(thesis) 검증을 위해 ① 공격-방어 균형, ② 드론의 평준화 효과, ③ 군사력 운용과 근접전투의 필요성 감소·제거 등 3개의 종속변수 선정
- 우·러전쟁에 3개 종속변수를 적용시킨 결과 ☞ ① 공격-방어 균형: 부분적으로만 지지, ② 드론의 평준화 효과: 지지됨, ③ 군사력 운용과 근접전투: 지지되지 않음
- 동일한 '드론혁명' 테제를 對리비아 공격(2019-2020), 시리아 내전(2011-2021), 아르메니아-아제르바이잔 분쟁(2020) 등 3개 사례에 적용한 결과 (선행연구 참고)
  - 對리비아 공격과 시리아 내전: ①~③번 공히 지지되지 않음
  - 아르멘-아제르 분쟁: ①번 지지됨, ②~③번 지지되지 않음
- 결론적으로 '드론혁명' 테제는 공격-방어 균형 면에서만 유의미한 결과를 보인 반면, 평준화 효과에서는 매우 제한적인 적실성, 그리고 군사적 운용 및 근접전투 면에서는 아무런 적실성도 보이지 못했음

2. 시사점 및 정책 제언

1) 시사점

• 4개 사례 연구의 결과에 의하면 드론혁명은 여전히 미완성 상태
- 'Hider-Finder 경쟁'의 다이내믹스를 고려할 때, 향후 AI와 스텔스 기술이 결합된 '킬러 드론'의 등장은 상기의 방정식을 대폭 변화시킬 수 있음
- 그러나 '킬러 드론' 같은 단일무기가 '게임체인저'로 등극할 가능성은 낮음

• '평준화 효과'가 과거 3개의 사례와 달리 우·러전쟁에서 가시화된 점이 중요
- 강자의 일방적 우세 강화보다는 약자의 열세를 보완할 가능성이 더 큼
- 향후 '드론 군비경쟁'의 심화(예: AI, 스텔스 결합 등)에 대비할 필요

• 4개 사례 모두에서 '군사력 운영과 근접전투' 테제가 지지되지 못하였음
- 불연속적·비약적인 퀀텀 점프식 군사혁신·군사혁명 못지 않게, 재래식·전통적인 덕목(예: 군사적 역량, 리더십, 사기, 응집력 등)이 21세기에도 여전히 중요
- 전쟁을 "나의 의지를 상대방에게 강요하기 위한 폭력행위"로 볼 때, 푸틴이 결사항전하는 우크라인들에 "의지 강요"에 성공(즉, 전쟁 승리)할 가능성은 전무

• 클라인(Ray S. Cline)의 '국력방정식'에 의하면, 국력(P)은 (C+E+M) × (S+W)
- 핵심은 (S+W) ☞ (C+E+M)이 크더라도, 베트남·아프간처럼 (S+W)이 제로로 수렴하는 국가는 패망. 과연 러시아와 우크라이나의 그것은 얼마인가?

2) 정책 제언

• 대다수는 "항공기를 격추시키는 무기보다 항공기에 더 많은 관심"을 보임. 그러나 우·러전쟁에서도 "지상배치 방공체계가 전쟁 승패를 좌우하는 관건"임이 확인됨
☞ 따라서, AI-스텔스 기반의 드론이 등장할 것에 대비, 차세대 지상배치 방공체계의 연구·개발 및 실전배치에 지속적으로 투자

• '자폭 드론'의 광범위한 활용에 대비 ☞ 심리적 공포를 노리는 '테러 도구'

• '드론 군집(drone swarms)'의 등장에 대비 ☞ 저가·로우엔드·저공비행 드론군집이 대량 투입될 경우, 현재로서는 어떤 방공체계로도 100% 막기 곤란

• 우크라이나인들은 탁월한 디지털 문해력(digital literacy), 스타링크, 자원봉사자 등에 힘입어 창의적 방식으로 전쟁을 "재창조(remaking)"함 ☞ 한국은 디지털 분야의 '경쟁력' 면에서 세계 1위임. 우리의 뛰어난 디지털 경쟁력이 실전에서 '전력승수(force multiplier)' 효과를 발휘하는 방안을 발전시킬 필요

- 우크라이나군은 스타링크-드론 결합으로 '네트워크 중심전(NCW)'을 실전에서 구현하는 능력을 과시 ☞ 우리도 소부대 단위의 실질적 NCW를 상정한 훈련 실시
- 우크라이나 국민들은 식당주인, 팝아티스트, IT 전문가, 전직 공무원 등, 연령·성별·직업을 가리지 않고 對러시아 저항운동에 동참하여, 소위 'DIY 전쟁'을 수행
  ☞ 갈수록 군인·민간인, 전투원·비전투원 구분이 모호해지는 추세에 따라, 향후의 미래전쟁은 전국민이 참여하는 '총력전(total war)' 양상이 될 것인 바, 평소부터 민방위 훈련, 예비군 훈련 및 민·관·군 훈련/연습시 참고
- 우·러전쟁에서 전투원들의 '역량(competence)'이 '최고의 군사력'이라는 점 입증
  - 첨단무기 플랫폼의 획득 못지 않게, 임무형지휘, 독립작전·분권화 조직편성, 전투원들의 창의력·유연성·적응력 극대화 등, 전투역량 극대화 방안이 중요
  - 우크라이나가 임무형지휘 개념의 수용, 비대칭 무기체계(TB-2, 재블린 등) 도입, 독립작전·분권화 위주의 조직 편성 등 국방혁신을 통해 전투원 역량 극대화를 위해 노력한 사례는 귀중한 통찰력을 제공함
- 또한 이번 전쟁에서 드러난 시가전의 4가지 특징에 주목할 필요
  - 도심지 작전지역(urban area of operations)에 도착하는 것조차 곤란
  - 시가전에서 공중·지상·지하 및 전자적 스펙트럼이 포함되는 다영역작전 전개
  - 과거 수십년에 비해 전투력이 월등하게 향상된 정규군·비정규군 혼합의 등장
  - 재밍 등으로 상대방 드론 같은 장비와 통신체계를 겨냥하여 전자적 스펙트럼 통제를 위해 싸운 최초의 실전 사례인 점 등

    ※ 미래 시가전 대비에 참고

14 우크라이나 전쟁의 다중적 성격과 군사안보 쟁점

김광진 장군(전 공대총장)

1. 우크라이나 전쟁의 성격

- 우크라이나 전쟁은 당사국의 전쟁 목표의 변화에 따른 단계 구분 가능: 2014년 4월~2022년 2월 러시아의 목표는 돈바스 분리 독립 지원이었고 우크라이나 목표는 분리 독립 저지였음. 2022년 2월~4월 러시아의 목표는 키이우 정권 교체이었음. 2022년 4월~8월 러시아의 목표는 돈바스 지역 점령으로 전환되었음. 2022년

8월 이후 우크라이나는 반격 개시와 함께 2014년 이래 상실한 영토 회복으로 목표를 확대하였음. 이와 같은 목표 변화에 따라 우크라이나 전쟁은 최소 4단계 이상으로 구분

• 전쟁의 각 단계에서 미국과 러시아의 지정학적 대결을 배경으로 한 서방의 지원과 우크라이나 군의 자체적인 개선 노력을 통해 우크라이나는 러시아에 대해 지속적인 저항 가능

• 우크라이나 군은 서방의 지원 속에서 우주, 공중, 지상, 사이버, 전자, 심리/인지 전장 영역의 연결을 강화시키는 네트워크 체계의 구축과 개선을 지속해왔고, 그 결과 전쟁의 각 단계에서 군사력이 우월했던 러시아에 대해 효과적인 저항작전을 수행할 수 있었음.

• 우크라이나 군의 네트워크 체계 유지를 위해서는 우주로부터의 광범위한 통신, 감시정찰, PNT 정보 지원이 필요했는데, 우크라이나는 취약한 스스로의 국방 우주력을 해외 민간 우주 기업의 상업 우주력으로 보완했고, 그 결과 우크라이나는 러시아와 우주에서 대등한 대결을 할 수 있었고, 상업 우주력의 전쟁 기여 가능성을 세계적으로 알리게 되었음.

☞ 우크라이나 전쟁에는 2014년 이래 많은 민병대가 창설되어 투입되었으며, 2022년 이후부터는 재래식 군사력의 기동전과 소모전이 혼재된 양상을 보이기는 했지만, 그런 가운데서도 1990년대부터 전 세계 군사혁신의 방향이 되어왔던 네트워크 전쟁 특성도 식별되고 있음. 특히 우주라는 전장 영역이 네트워크를 통해 다중 전장 영역들과의 결합이 강화되었다는 것과 이 과정에 민간 기업이 크게 관여했다는 현상은 향후 국방 혁신에 있어 네트워크 전쟁 수행을 위한 투자를 지속하면서 동시에 다양한 우주역량 개발을 위한 투자 필요성을 시사하고 있음.

2. 정책 제언

• 민군 겸용 국가우주전략 개발

- 과학기술 연구 개발 중심의 민간 우주력 발전과 국가안보를 위한 국방 우주력 발전, 그리고 우주 시장 진입을 위한 상업 우주력 발전을 단일 프레임워크 내에서 조합하는 국가우주전략 정립 필요
- 국가우주전략을 위한 미래 전략 환경 평가에서는 위협과 동맹 분석 뿐 아니라, 민군 이중 용도 우주과학기술 발전 전망과 민간 기업이 보유한 상업 우주력을 예

비 국방 우주력으로 전환하는 방안까지 포함하여 군사안보, 과학기술, 우주 시장까지 망라하는 종합적인 검토가 필요

- 이와 같은 미래 전략환경 평가를 기초로 국가우주전략은 우주에서의 과학기술 연구개발, 우주에서의 군사안보, 우주 시장에서의 경쟁력 확보를 조율한 통합적인 발전 방향을 식별해야 함.
- 국가우주전략은 과학기술, 군사안보, 상업적 활동 목표간 상호 시너지를 극대화하면서도 국가안보에 총합적으로 기여할 수 있도록 개발되어야 함.

• 뉴 스페이스 시대 상업 우주력을 군사 안보 능력으로 신속하게 전환할 수 있는 협의 체계와 상호 협력 인프라 구축
  - 예측하지 못한 안보 위협 등장에 따른 대안 마련 개발 시, 신속하고 효율적으로 민군 이중용도 우주 기술과 상업 우주력을 활용할 수 있도록 국내외 관계자와 전문가 간 협업 플랫폼 마련
  - 다국적 민간 우주 기업과 해당 기업들이 위치한 국가들과의 평시 연구개발 협력 및 공동 투자 협의 채널 구축
  - 국방우주 관련 프로그램들과 제4차 우주개발 진흥 기본계획에서 제시된 우주 과학기술 발전 프로그램 간 상호 공통점 및 공동의 목표 지향점 식별 후 상생 프로그램 개발

15 우크라이나 전쟁으로 보는 하이브리드-정보전 발전방향

송운수 장군(전 777사령관)

1. 우크라이나 전쟁에서의 복합적인 전쟁양상

• 전쟁 개시 이전에 사이버공격, 국제 해커들이 개입한 국제 사이버전, SNS를 통한 여론전, 민간 빅테크 기업 및 민간위성의 전쟁참여, 원격 정상외교 등 다양한 군사·비군사적 방식이 하이브리드전의 대표적인 사례가 됨.

• 또한, 역정보와 허위정보, 정보의 차단, 사이버심리전에 의한 정보의 조작 등 정보작전을 통해 정치외교적 혼란을 야기시키는 정보전이 강하게 전개됨.

2. 하이브리드-정보전 접근방법의 타당성

- 일반적으로 보면, 정보전의 개념도 하이브리드전의 개념 속에 포함하여 '하이브리드전'이라고 통칭하는 경우가 대부분임.
- 그러나 본 고에서는 하이브리드전 개념과 연계하여 '정보전'의 비중을 강조하고자 하였음. 그 이유는 두 가지임.
  - 첫째, 정보전의 수단과 방법이 확대됨. 사이버 및 민간위성을 통한 정보수집, SNS를 통한 정보조작 등 그 수단이 확대되어 정보작전의 영역이 넓어짐.
  - 둘째, 확대된 정보전의 개념에 따라 교리발전 및 수행방안 구체화 요구됨.
- 따라서, 정보전의 개념을 하이브리드전 개념에 단순히 포함하기보다는 '하이브리드-정보전'의 개념으로 접근하여 정보전을 개념과 중요성을 좀 더 강조할 필요성 있음.

3. 하이브리드-정보전 능력 제고를 위한 시사점과 정책 제언

① 한·미 사이버동맹 및 글로벌 IT기업들과 사이버 국제안보 협력을 위한 관계구축 필요함.

② 주요 사안별 역정보, 허위정보, 대중매체 조작 등 정보작전 요소들을 활용할 수 있는 정보작전 가이드라인이 필요함.

③ 국지도발과 같은 상황에서도 SNS 수단을 국내외적으로 활용할 수 있는 SNS 활용 여론전 매뉴얼이 요구됨.

④ 확대된 '하이브리드-정보전'에 대한 교리발전 및 구체적인 대응력 강화가 요구됨.

4. 우크라이나 전쟁을 통해서 본 하이브리드-정보전의 유형과 방법(종합)

- 하이브리드-정보전의 유형을 도표화함으로써 하이브리드 전쟁양상을 좀 더 구체적으로 이해하고, 한반도에 적용을 위한 연구 및 군사적 대응책을 강구하기 용이한 가이드를 제공하기 위함임.
- 교리적인 내용을 망라하기보다 우크라이나 전쟁에서 실제로 사용되었던 사례위주로 제시한 것임.

〈표〉 우크라이나 전쟁에서의 하이브리드-정보전 유형과 방법

구 분	유 형	세부 유형	수단 및 방법
하이브리드전	1.사이버전	① 국제 IT민병대	개인해커 및 집단해커(어나니머스)
		② 민간 빅테크기업 동참	애플, 구글, 테슬라 등
		③ 자국내 해커	
	2.여론전	① SNS	유튜브, 틱톡, 페이스북 등
		② 개인 휴대폰	문자, 동영상
		③ 신문, 방송 등 공식매체	
	3.비정규전	① 국적불명 군인	표시없는 군복병력
		② 민간게릴라전 참여	주민 전투 참여
	4.외교전	① 영상 정상외교	화상회의(UN연설, 정상회담)
		② 무기 지원 외교	군사외교
정보전	1.정보작전	① 역정보	SNS, 사이버, 언론
		② 허위정보(가짜뉴스)	
		③ 대중매체조작	
	2.민사심리전	① 국가전복	SNS, 사이버, 언론, 주민
		② 주민홍보여론전	
	3.민간위성 정보지원	① 민간위성 적정보지원	표적정보 제공
		② 민간위성 아통신지원	스타링크 위성
	4.군사정보 지원	① 군사위성 정보지원	표적정보 제공
		② 전자전 지원	통신, 신호정보 지원

16 우크라이나 전쟁 군수지원과 군수 발전방향

박주경 장군(전 군수사령관)

1. 군수분야 전쟁 준비

- 러시아군
  - 국방개혁 문제점: 고질적인 부정부패, 국제사회 제재로 충분한 국방비 미투입, 투입된 국방비의 우선순위 문제, 선전(홍보)과 실제의 차이, 냉전 이후 방위산업 기반 붕괴, 병력 규모 축소와 군수부대의 아웃소싱 영향, 대대전술단의 취약성, 징집병의 전문성 문제 발생
  - 러시아군의 평시 군수분야 전쟁 능력과 준비 상태: 군수부대 규모와 능력 부족, 전면전 경험 부족, 비전투원을 천시하는 군사문화와 대량군주의의 영향, 중앙집권화된 명령체계와 할당보급시스템 문제, 군수부대의 현대화 미흡, 이전 전쟁 이후 전쟁 물자 보충 지연, 정밀유도무기의 성능 미흡
  - 우크라이나 전쟁 자체에 대한 군수분야 전쟁 준비: 전쟁이 조기 종결될 것으로 오판, 장기 사전훈련과 공격개시 일자의 변경, '우크라이나' 자연 · 국력 등에 대한 준비 부족, 작전계획과 지원계획 부적절
- 우크라이나군
  - 국방개혁: 2014년 이후 '개혁'이라고 하지만 '새로운 군대의 창설'에 가까움. 서구의 지원, 역대 최대 국방비, 도네츠크와 루한스크 반군 상대로 실전 경험
  - 우크라이나군의 평시 군수분야 전쟁 능력과 준비 상태: 세계 10위권의 방산제품 수출국가였으나 러시아와 협력 중단, 신형무기 부족, 다수 구형 지상무기, 국방개혁을 통해 서방으로부터 지원받은 전투장비와 물자를 상당량 보유
  - 우크라이나 전쟁 자체에 대한 군수분야 전쟁 준비: 일정 수준의 견고한 방어전태세와 효과적인 보급망 구비, 초기 러시아군 기만 성공(주요 장비 대피)

2. 전쟁 수행 간 군수전

- 러시아군: 보급 · 수송 · 정비 등 문제점 노출(초기, 동원령 후), 그러나 다수 예비장비 보유, 우크라이나 군수·산업·기반시설 파괴와 보급로 차단작전 수행 중
- 우크라이나군: 보급로 차단작전 성과, 국제사회 러시아 제재와 우크라이나 지원

3. 한국군 군수 발전방향

• 국방혁신 과정에서 군수에 대한 인식 전환
  - 아마추어는 전략을 얘기하고, 프로는 군수를 얘기한다
  - 미래전력과 현존전력의 균형 필요: 국방혁신 과제나 국방부 별도 과제로 '현존전력 내실화'를 추가하여 실질적으로 검토 및 관리
  - 기술만능주의에서 탈피하여 기본에 충실
• 획득 및 비축체계 보완 및 발전
  - 국외 획득 체계 보완 및 발전
    - 군수품 생산을 위한 해외 원자재 조달원의 안정성 확인
      (방탄 · 난연물자, 전력지원체계 장비 중 통신, 드론, 특장차량 부품 등)
    - 정보화시대에 맞는 획득 활동 발전: 글로벌 기업 · 커뮤니티 사전 확인 및 교류협력 강화(민 · 관 · 군 협력), 국가지도자 획득 활동을 SC와 연계 발전
    - 노획 북한장비 활용 발전
    - 획득 품목에 대한 사전 검토: 지속지원분야와 교육훈련 기간 등
    - 획득된 물품들의 접수 및 분배체계 수립
  - 국내 획득 체계 보완 및 발전: 무기체계나 전력지원체계 획득에서 향후는 저장관리나 수송 소요의 감소 등 지속지원 고려 필요
    - 정밀유도탄약 개발 및 수량 확대, 신뢰성 증진
    - 사거리가 길고 정밀도가 높은 포 개발 보급
    - 하이브리드 엔진, 태양전지, 효율성 높은 배터리 등 개발
    - 해외 의존을 줄이기 위한 국내 생산 강화
  - 비축 체계 보완 및 발전
    - 비축에 대한 상위조직의 관심과 군수, 기획, 전력, 작전, 동원 등 종합 노력
    - 비축·치장장비에 대한 관리 강화 및 장비의 실효성 검토
    - 비축 원자재에 대한 정확한 소요 파악 및 확보, 관리 대책 강구
• 군수부대 편성 및 능력 보강: 한국군 군수부대의 편성률 보강 또는 동원체제의 정비, 한국군 군수부대의 C4I와 통신능력 보강, 전문성 있는 군수인력 획득 및 양성을 위한 조치, 군수부대의 실질적인 능력 보강, 군수부대 민영화 신중 접근
• 전쟁지속능력 보존 대책 강구: 대형 군수 · 방산 · 산업 · 물류시설의 피해 예방 및 복구 대책, 보급로 방호 및 호송 대책

17 우크라이나 전쟁 관련 豫備戰力 평가와 우리의 대응

장태동 박사(국방대예비전력 센터장)

2월 24일은 러시아가 우크라이나를 기습 침공한지 꼭 1년이 되는 날이다. 우크라이나와 러시아 양국 모두 전쟁의 상흔은 매우 커지기만 하고 전쟁의 끝은 한치 앞도 내다 볼 수 없는 국면으로 치닫고 있는 형국이기도 하다.

이제 1년이라는 장기간의 전쟁을 치루고 있는 두 나라의 전쟁 참상을 꼼꼼히 살펴 우리에게 주는 전쟁의 교훈 등을 도출해 보고, 특히 우크라이나에게 전황우세의 결정적 요인으로 작용했던 예비전력 관점에서의 시사점을 도출해 보았다. 그리고 이를 종합적으로 분석 및 평가하여 우리의 주적인 북한의 위협과 주변 안보상황의 불확실성에 대비하는 미래 우리나라의 예비전력 혁신방향에 대한 정책적 과제들을 제시 하고자 하였다.

이번 전쟁이 예비전력 분야에 주는 시사점을 다음과 같이 정리 해 볼 수 있겠다. 먼저, 예비전력이 현대전에서도 여전히 전쟁 승패의 핵심역할을 하고 있고, 전쟁이 장기화 되면서 그 중요성이 더욱 증가 있더라는 것이다.

그리고, 러시아와 우크라이나의 전쟁수행 능력을 예비전력 역할 관점에서 분석해 보면, 이러한 예비전력 중요성이 더욱 부각되어짐을 알 수가 있을 것이다. 러시아는 상비전력을 주요 핵심전력으로 운용하고 있었으며, 2,500만 명이나 되는 전체 예비군중에서도 일부만을 부분동원하여 상비전력의 부족분을 채우겠다는 개념 즉, 예비전력을 상비전력의 보조적 전력으로 운용하고 있음을 알 수가 있었다. 그러다보니 위기상황에서 예비전력을 동원하고 조직하며 적시적으로 운용하는데 많은 어려움이 있을 수밖에 없었다는 것을 잘 유념할 필요가 있을 것이다.

반면, 소수의 상비전력을 보유한 우크라이나는 상비전력은 전쟁 초기 국경선에 배치하여 러시아 공격의 즉응 대응전력으로 운용하였고, 국가 총동원령 선포를 통해 예비군 등 인적자원과 물자동원을 통한 국가 총력전 수행태세를 갖추고 러시아의 공격에 예봉을 피한 다음부터, 예비전력을 운용하여 장기전(소모전) 개념으로 대응하고 있다는 것이다. 이러한 우크라이나의 끈질긴 전쟁수행 개념은 60개 대대 전술단을 투입하여 단기속전속결전을 도모했던 러시아를 지치게 만들고, 시간이 흐를수록 전쟁지속 분야에 있어 한계 상황에 봉착하게 되는 등 매우 어려운 전쟁국면에 이르게 했다는 것이다.

이렇듯 우크라이나-러시아 전쟁에서 우크라이나가 군사력의 열세에도 불구하고 전쟁을 유리하게 이끌고 있는 원동력은 전쟁의 핵심전력을 상비전력이 아닌 예비전력 중심으로 운용하고 있다는 점도 주목해야 할 부분이라는 것이다. 그렇지만 우크라이나도 전쟁초기 대응은 미흡하였다는 것도 여러 분야에서 식별되고 있었다. 먼저, 동원령 선포 절차와 전시 동원에 대한 평시 훈련의 부실 등도 커다란 문제점 중에 하나였다는 것이다. 그리고 예비전력 운영계획이 제대로 수립되어 있지 않아서, 러시아의 기습 공격을 받고나서야 동원령을 선포하는 등 초기 대응에 실패하였다는 것이다. 그리고 전쟁 개시 후 추가 소요되는 자원에 대한 지속지원을 위한 동원즉응태세가 정립되지 않았다는 것이다. 또한, 평시 전쟁을 대비한 예비군들의 장비와 물자가 준비되어 있지 않아 병력을 동원하고 나서도 즉각적인 무장과 훈련을 시킬 수 없다보니 적시적 전선투입이 제대로 이루어지지 않았다는 것도 큰 문제점으로 지적할 수 있겠다.

상기 두 나라의 전쟁수행 간 도출된 예비전력 분야에서의 교훈 등 시사점을 토대로, 우리의 주적인 북한과 남한의 예비전력을 비교하여 북한 예비전력의 강점과 우리의 취약점들을 도출해 보았다.

주요 비교요소로는 먼저 동원체계와 관련된 요소로서 "동원조직 및 기구편성과 운영 실태, 인원동원 면, 물자동원 면"에 주안을 두고 비교해 보았다. 또한, 예비전력 부대 역량에 대해서도 "규모와 편성, 교육 훈련, 사기 및 복지 분야 등" 전투력 발휘의 핵심 요소에 주안을 두고 상호 비교하여 북한의 강점과 남한의 취약점을 도출해 보았다.

그리고 결론분야에서는, 앞선 우크라이나와 러시아 전쟁 교훈, 그리고 북한과 남한의 예비전력 비교분석 결과들을 토대로 북한 강점에 대비하고 우리 취약점을 보완하는데 중점을 둔 우리 예비전력 혁신 방향을 구상해 보았다.

동원체계 혁신을 위한 과제로는 "동원체계 개선, 동원과 관련된 법령의 보완, 동원 전쟁연습 체계 구축과 훈련강화" 등을 大과제로 제시하였고, 이를 부연하는 세부 과제들도 함께 알아보았다.

예비전력부대의 역량 강화 분야로서는 "예비전력 부대의 편성 및 구조 발전, 예비군들의 훈련 및 운영 체계 보완, 그리고 예비전력 부대들의 작전수행을 위한 지원여건 개선" 등에 주안을 두고 혁신과제들을 大과제와 세부과제로 구분하여 제시하였다

결론적으로 현 정부 출범이후 제시하고 있는 국방혁신 4.0 추진의 성공적 보장을 위해서는 예비전력 분야 혁신이 선행되어야만 가능하다는 것을 강조하였다. 또한, 예비전력이 제대로 정예화 되어야만, 예비전력을 활용하여 평시에는 적국에 의한 침략을 사전 억제하게 될 것이며, 전시가 되더라도 침공한 적들을 섬멸하는 전쟁 수행의 핵심전력이 될 수 있다는 정책제언과 대국민 메시지로 글을 마무리 하였다.

18 우크라이나 전쟁을 통해 본 전쟁 전략적 커뮤니케이션

윤원식 박사(전 국방부 부대변인)

1. 우크라이나 전쟁과 전략커뮤니케이션(Strategic Communication)

1) 전략커뮤니케이션(Strategic Communication)

오늘날 국가 간의 전쟁은 국제정치의 역학관계가 다방면으로 작용되고 있어 어느 지역에서의 전쟁이든 단순히 군사력의 우위만으로 승패가 결정되는 것은 아님.

또한 평시 국가 간의 부분적인 군사적 충돌이나 또는 전면적인 전쟁 발생시 국가위기관리의 첫 번째 열쇠는 언론을 통해 형성되는 여론 관리에 달려 있음. 심지어 사실 여부와는 상관없이 특정 여론의 향방이 전쟁 승패 전반에 영향을 미치게 됨. 따라서 언론 취재 및 보도를 통해 이루어지는 위기관리전략 즉 전략커뮤니케이션(SC)을 발전시키는 것은 중요함. 전략커뮤니케이션은 2001년 미국의 9.11 테러 이후 등장한 것으로서 국력의 제반 요소를 동시통합하여 유리한 환경 및 여건의 조성, 강화, 유지 등을 통해 국가전략 목표를 달성하기 위한 절차와 수단, 과정 전반을 일컫는 포괄적인 개념임.

이러한 SC의 효과적인 구현을 위해서는 먼저 이를 실행할 수 있는 조직이나 기구 등의 전반적인 여건이 구비되어야 함. 한편 불비한 여건에서는 수행 주체의 리더십이나 미디어 전략이 중요하게 작용됨. 즉 SC의 수행은 구체적으로 누구(who)가 주체가 되어, 누구를 대상으로(whom), 어떤 메시지로 무엇을(what), 어떤 수단과 방법으로 어떻게(how) 할 것인지가 잘 설정되어야 효과적으로 나타날 수 있음.

2) 우크라이나 전쟁에서 나타난 전략커뮤니케이션

우크라이나가 SC를 위해 어떤 조직과 기구를 가동하고 있는지에 대한 본질과 내부 여건은 확인할 수 없으나, 결과(효과)로 나타나는 현상만을 중심으로 볼 때 다음과 같이 분석할 수 있음.

지난 1년 간 젤렌스키 대통령은 전 세계를 대상으로 100여 차례 이상 연설을 했음. 최근 그의 연설문이 『우크라이나에서 온 메시지: 젤렌스키 대통령 항전 연설문집』이라는 책으로 나왔음. 그의 연설은 뛰어난 수사법, 진정성 있는 메시지, 공감으로 인해 여론 형성과 SC 수행에 큰 역할을 하였으며 심지어 푸틴의 총보다 강했다는 평가를 받고 있음.

- 전략커뮤니케이션 수행의 주체(who)는 젤렌스키 대통령 자신임.
- 젤렌스키 대통령은 전략 커뮤니케이션 차원에서 볼 때 탁월한 역할을 하고 있는 것으로 평가됨. 이는 젤렌스키 대통령 개인의 커뮤니케이션 역량이 매우 뛰어남에 따라 효과적으로 작용된 것으로 볼 수 있음.
- 젤렌스키 대통령의 일관된 핵심 메시지(what)는 두 가지로 나타나고 있음. 대내적으로는 국민의(whom) '결사항전 의지를 결집'시키는 것이며, 대외적으로는 서방 국가(whom)들에게 '반러 연합전선 구축을 통한 무기지원'을 촉구하는 것이라고 할 수 있음.
- 수행 수단(how)으로는 기존의 신문 방송 같은 매스 미디어 뿐만 아니라 각종 SNS 등 가용한 수단과 방법을 동원하여 자국민과 세계인들을 대상으로 여론전과 심리전 효과를 구현하고 있는 것으로 보임.

2. 한국의 군사안보 분야 전략커뮤니케이션 발전 과제

1) 미디어 전략 수행을 위한 제도 및 체계 정비

한반도 안보 상황은 우크라이나 보다 더욱 첨예함. 정전상태의 지속과 남북 간의 직접적인 군사적 대결 및 북한의 각종 위협과 도발로 인해 전·평시 대비태세에 대한 국가안보 전략 차원의 SC가 더욱 필요함.

효과적인 SC 구현을 위해서는 국가안보전략 전반에 걸친 여건과 조직 및 체계의 정비 등이 선행되어야 함. 아울러 포괄안보의 큰 비중을 차지하고 있는 군사안보 분야에서 즉시 시행 가능한 미디어 전략 관련 단기 과제를 도출해보면 다음과 같음.

- 전쟁 취재에 대한 방침과 취재지원 방식에 따라 여론의 향방과 전쟁의 승패에 커다란 영향을 주게 되므로 국내외 언론의 취재와 보도를 어떻게 통제하고 지원할 것인가 하는 부분을 발전시켜야 함.
- 예를 들면 기존의 '종군기자단'이라는 형태로 운영할 것인지 아니면 이라크전 때의 미국이 운영했던 임베딩 (embedding, 일종의 '동행취재단' 개념)방식으로 할 것인지에 대해 체계를 세워야 함.
- 정부의 언론관련 총괄 기구격인 전시홍보본부와 국방부가 운영해야하는 전쟁 보도본부의 역할과 기능을 재점검하고, 계획과 방침을 구체화해야 함.
- 국방부·합참을 비롯한 전쟁지도본부는 걸프전 당시 미국의 슈와츠코프 대장처럼 전황브리핑을 자신 있게 할 수 있는 미디어 역량을 갖추도록 해야 함.

• 이러한 것들을 제대로 구현하기 위해서는 작전사급 이상 대규모 연합 및 합동 훈련 시에는 모의전황 브리핑 등의 공보연습을 제도화해야 함.

2) '불편한 진실'의 직시와 연습을 통한 검증 및 수정 보완

전략커뮤니케이션의 발전을 논하기 위해서는 먼저 제도의 미비나 개개인의 부족한 역량 등에 대해 '불편한 진실'을 마주하고 이에 대한 대책을 강구해야 함. 그런 가운데 평상시 훈련과 연습을 통해 검증하고 수정 보완해야 함.

실전적인 훈련과 연습이 전투적 요소에만 해당되는 것이 아님. 여론형성과 관리를 통한 미디어 전략이 전략커뮤니케이션 구현에 매우 큰 비중을 차지하고 있음. 즉 언론의 취재 및 보도를 둘러싼 위기관리 커뮤니케이션이 곧 군사안보 분야 전·평시 전략커뮤니케이션의 시작이 될 것임.

전쟁시 국지적인 전투에서의 승리를 넘어 궁극적인 전쟁 승리의 바탕이 되는 것은 국민의 지지와 국내외 여론임. 따라서 여론 형성과 확산에 핵심적으로 기능하는 미디어 전략은 더욱더 중요해지고 있음.

19 우크라이나 전쟁 이후 글로벌 방위산업 변화와 전망

장원준 박사(산업연구원)

1. 우크라이나 전쟁 이후 글로벌 방산시장의 변화와 전망

• 2022년 2월 러시아의 우크라이나 침공은 지난 30여년간 지속되어 온 '탈냉전 시대'를 끝내고 새로운 '신냉전(New Cold War) 시대'를 여는 서막으로 작용

• 러-우 전쟁을 기점으로 전 세계적으로 국방예산과 무기획득예산이 급증하는 등 당분간 2차 세계대전 이후 가장 큰 호황세가 지속될 전망

- 향후 10년(2023~32)간 글로벌 국방예산은 매년 2.2~2.5조 달러, 같은 기준 전 세계 무기획득예산은 매년 6,000~8,000억 달러에 이를 전망

• 무기 수요 측면에서 폴란드 등 동·북유럽, 대만, 일본, 호주, 인도, 중동의 사우디아라비아, UAE, 이집트 등에서의 무기수요가 크게 확대될 전망

• 반면, 무기구매국들이 요구하는 높은 성능과 품질, 합리적인 가격, 신속한 납기능력, 안정적 군수지원, 그리고 기술이전과 산업협력(절충교역) 등을 충족시킬 수 있

는 국가는 한국을 포함하여 극소수에 불과

☞ 최근 러-우 전쟁 발발은 글로벌 방위산업 측면에서 유래가 없을 정도의 커다란 변화를 가져다 주었으며, 향후 수년간 '글로벌 방위산업의 골드 러시(Gold Rush) 시대' 선점을 위한 무기수출국들의 선의의 경쟁이 확대될 전망

2. 정책 제언

① 권역별 방산수출 거점국가 확대

- 방산수출의 락인(lock-in) 특성을 고려하여 작년 폴란드의 대규모 무기수출을 지렛대로 삼아 권역별 무기수출 거점(Hub) 마련에 역량 집중
- 산업연구원(2022)에 따르면, 지난 10여년간 우리나라는 북미(미국), 아시아·태평양(인니, 인도, 필리핀), 오세아니아(호주), 중동(터키, UAE, 사우디, 이라크) 유럽(폴란드, 핀란드), 아프리카(이집트, 세네갈), 중남미(콜롬비아, 페루) 등 15개국 이상의 방산수출 거점(Hub)을 확보한 것으로 평가
- 이를 기초로 권역별 방산수출 거점국가들과 보다 긴밀한 방산협력을 통해 기술이전, 현지생산, 주변국 수요를 고려한 무기체계의 공동개발·생산, 공동수출에 이르는 전략적 방산협력을 강화해 나갈 필요

② 새로운 수출주력제품 발굴

- 산업연구원(2022)에 따르면, 국내 70여개 주요 방산제품 중 글로벌 경쟁력(미국=100)이 90% 이상인 품목은 30여개가 넘는 것으로 조사
  - 주요 품목으로 현궁(대전차화기), 탄약류, 비궁(로켓포), 군수지원함, 레드백 장갑차, 비호복합, 신궁, 120미리 자주박격포, 대공포 등을 포함
- 향후 방산수출의 지속가능성(sustainability)을 강화하기 위해서는 기존 수출주력제품에 대한 신속 성능개량과 정부의 적극적 지원, 그리고 새로운 수출주력제품 발굴과 이에 대한 해외 홍보, 마케팅 등 수출 연계 노력 긴요

③ 방산수출 틈새시장 공략 강화

- 러-우 전쟁과 미중 전략경쟁등을 통해 기존 방산수출강국인 러시아와 중국의 위상이 크게 줄어들고 있는 것은 우리나라에 상당한 호기로 작용할 전망
- 러-우 전쟁 이후 러시아와 중국의 주요무기수입국인 인도, 베트남, 이집트, 태국, 사우디아라비아 등에서 주요 경쟁제품에 대한 홍보와 수출 마케팅을 강화하는 노력을 배가할 필요
- 아울러, 탄약류, 미사일 등에서 자국 공급물량이 충분치 않은 미국, 캐나다 등 우

방국과의 협력을 통해 '자유민주주의의 무기고' 위상을 제고할 필요

④ 방산공급망 리스크 대응체계 구축

- 미국 등 주요국들이 우크라이나 군사지원에 집중하면서 재블린, 스팅어, HIMARS 등 주요 미사일과 탄약류 부족이 심각한 상황
- 향후 방위사업청을 중심으로 주기적인 '방위산업 기반조사'를 통해 공급망 관련 취약분야 식별과 조기경보시스템 구축(산업부 공동), 핵심소재·부품에 대한 산업 생태계 구축 등 공급망 리스크 관리 대응체계를 강화할 필요

⑤ 컨트롤 타워 강화를 통한 '글로벌 방산수출 4강' 진입

- 방위산업의 '정부간 계약(GtoG)' 특성을 고려하여 선진국 수준의 방위산업 컨트롤 타워를 강화해 나갈 필요
- 특히, 새 정부 국정과제에 포함된 범부처 방산수출지원체계 구축과 맞춤형 기업 지원, 도전적 R&D 환경 조성과 방산수출방식 다변화, 한미 RDP-A 체결 등에 집중할 필요
- 이를 통해 2027년 '글로벌 방산수출 4강' 진입에 국가역량 집중 필요

20 우크라이나 전쟁 이후 미국 방산전략 평가와 전망

장광호 박사(전 주미군수무관)

1. 우크라이나 전쟁을 통해 본 미국 방산 현황 및 전망

- 바이든 정부가 우크라이나 전쟁 발발 후 현재까지 지원액 249억달러, 약 31조 3천억원
- 전쟁초기 자브린 대전차 미사일, 휴대용 대공미사일 등 경량급 무기를 지원하던 미국은 전세가 진행됨에 따라 대전차 미사일, 장갑차, 전투장갑차, 화포, 하이마스 MLRS와 방공전력을 포함, 최근 아브라함 전차까지 중량급 무기 지원
- 과거 무기 거래 추이를 살펴보면 동구,인도 및 중국은 구소련 영향을 받아 러시아산 무기를 다수 보유, 중동 산유국과 유럽 및 미 동맹국들은 미국산 무기로 국방력 강화 이러한 무기 무역 상호의존도는 우크라이나 전쟁을 조기 종식시키는데 복잡한 이해관계가 작용하여 전쟁을 장기화시킴
- 전쟁이 장기화 되면서 미국은 자국의 방산분야 공급망이 부실하다는 것을 절실히

깨달음, 비축탄약 및 장비가 급속도로 소모되어 미래전장에 필요한 탄약이 불충분하다고 분석한 미국은 재래식 장기전 준비에 소홀함을 인지하고 대책을 마련하기 시작

- 미국 방산업체는 우크라이나 전쟁으로 지난해 무기 판매 금액이 전년도 비해 48% 급증, 이는 우크라이나 전쟁으로 안보 위협이 높아진 유럽과 중국의 대만 침공 가능성 때문에 유럽 각국은 물론, 대만과 동아시아 국가들도 미국산 무기 구매 대폭 증가

☞ 우크라이나 전쟁 후 미국 방산은 당분간 호황을 누릴 것이다. 방산물자의 주문식 생산 방식으로 인해 전력화 기간을 고려 한국산 방산물자가 최근 호평을 받으며 시장 점유율을 높여 가지만 독일 등 역대 방산 강국들이 공장 가동율을 높이고 미 업체들도 재래식 무기 생산 시설 현대화 및 증산하면 또 다른 양상이 전개될 것이다.

2. 소결론: 미 방산 전망

- 러시아의 반격 및 인도, 중국, 러시아, 유럽 등 다양한 국방협력관계는 전쟁을 장기전으로 이끌 확률이 높음
- 미국은 앞으로도 우크라이나에 대한 군사 지원을 더욱 늘린 전망, 미 의회는 우크라이나에 각종 무기와 전쟁 관련 물자를 신속히 보내기 위한 무기대여법을 통과 시켰을 뿐만 아니라 2023회계연도 국방예산에 우크라이나 군사 지원금 449억 달러 포함
- 미국 정부는 록히드마틴, 레이시온, 보잉, 노스럽그루먼, GD 등 미 5대방산업체 무기를 구매 우크라이나 지원 계획
- 우크라이나뿐만 아니라 잠재적으로 대만에 대한 중국의 위협은 미국의 탄력적인 방위산업 기반 구축을 위한 조치 촉구
  ① 두 개 이상의 전역에서 고강도 전투에 요구되는 탄약 소비 분석을 통한 대책 마련, 리드타임을 고려한 전략적 탄약 비축 추진
  ② 현재 및 미래의 요구사항을 충족하기 위해 지속 가능한 군수품 조달 계획 수립
  ③ 러시아, 중국 등을 억지하고 대응하기 위한 타격, 방공, 미사일 방어와 같은 특정 무기 시스템에 대한 투자 집중
  ④ 방산업체들에 대한 공급망 확충에 투자 확대, 인적 물적 자원 확보
  ⑤ 주요 동맹국에 대한 FMS/ITAR 절차 간소화, 주요 동맹국과 파트너에게 능력을 신속하게 제공, 특히 유럽과 인도 태평양에 대한 미국산 무기 수출 확대

☞ 미국 방산 전망은 당분간 긍정적이며 장기적으로 이를 더욱 공고히 하고 비효율성과 부조함을 극복하기 위하여 미 정부, 의회가 합심하여 미국 방산 활성화에 적극 나설 것이다.

21 우크라이나 전쟁 이후 한국 방산 평가와 발전방향

유형곤 센터장(국방기술학회)

1. 최근의 방산수출 성과와 수출 양상

- 방산수출은 크게 방산물자, 국방과학기술, 군용 전략물자 수출 등을 의미
- 국내 방산수출 규모는 지난 2011~2020년 간 연 평균 약 29.7억 규모였으나 2021년 72.5억 달러, 2022년에는 173억 달러로 급증
- 이러한 성과는 미-중 간 대립 심화와 우크라이나-러시아 간 전쟁 발발에 따라 안보불안이 가중된 폴란드 등 일부 국가로부터 국내 주력 수출 무기체계의 수요가 단기간 내 급증한 데서 기인
- 그런데 최근 수출양상은 국내개발·국내생산된 완성장비의 직접 수출 대신 국방기술이전을 통한 수출국 현지생산 방식이 보편화되고 있는 양상
- 한편 호주 수출용 레드백(Redback) 장갑차 사례처럼 기존 내수용 무기체계를 일부 개조하는 대신 아예 수출용 무기체계를 글로벌 방산업체와 협력하여 별도 개발하는 사례도 발생
- 따라서 우크라이나 전쟁 이후에도 국내 방산수출이 지속적으로 성사되기 위해서는 주요 수출대상국(호주, 폴란드, 사우디, UAE, 인도 등)의 요구대로 해당국 내에 현지생산을 위한 거점을 마련하고, 해당국 업체로의 국방기술이전이 이루어지는 것이 불가피하게 필요한 상황
- 하지만 현지생산 방식과 수출용 무기체계의 국제공동개발이 확대될수록 수출에 따른 국내 낙수효과 축소, 기술이전에 따른 유출위험성 등 부작용도 증가

☞ 수출대상국 확대와 이로 인한 현지생산 요구 증가, 수출용 무기체계의 국제공동개발 등 최근의 방산수출 양상을 고려하여 향후 국내 방위산업의 글로벌 진출을 촉진하면서도 부작용을 최소화할 수 있는 정책·제도 시행 필요

2. 정책 제언

- 국내 방산업체의 현지거점 설립 및 운영 확대
  ① 국내 방산업체가 주요 수출대상국 내 현지 생산법인(단독 법인, J/V) 설립이 불가피한 상황이기 때문에 정부 차원에서 이를 뒷받침할 수 있도록 법률적·행정

적·업무적인 사항 지원체계 마련

② 국제 방산군수협력 체결국 중 현지생산을 요구하는 국가들과 공동개발·생산 협력을 위한 의제를 발굴·협의하여 상호 방산협력 활성화 도모

③ 국내 방산업체가 현지 법인 설립 및 운영, 수출활동 등에 소요되는 비용을 지원하는 사업을 신설하여 시행

• 글로벌 방산중소기업 육성 역량 강화

① 글로벌 진출이 가능한 방산강소기업 육성을 체계적으로 시행하기 위해 현행 "부품국산화종합계획" 대신 "국방부품산업 육성 종합계획" 수립

② 고난이도 핵심부품 생산역량 보유 기업을 별도 지정하여 중점 육성

③ 국내 방산중소기업이 외국정부의 무기체계 획득사업에 참여토록 지원

• 수출된 국방과학기술 보호역량 강화

① 이제는 현지생산 및 수출용 무기체계의 국제공동개발 등이 확대되고 있어서 국방과학기술의 수출이 빈번하게 발생될 예정인 바 우리 정부가 수출된 국방과학기술 관리 및 보호 등을 위한 가이드라인 마련, 준용

② 수출대상국 내 국내법인의 기술보호체계 구축 및 운영비용 지원, 현지에 구축된 기술보호체계에 대한 정기적인 실태조사·점검 실시, 미비 시 보완조치 이행 요구 및 엄격한 심사활동 시행

③ 국내 방산업체의 수출대상국 현지법인 내 관계자(현지고용인원 포함) 대상 보안관리 및 기술보호 관련 정기적인 교육활동 시행

• 현지생산과 국내 무기체계 획득제도과의 연계·활용

① 수출대상국 현지법인에서 생산된 장비·부품의 역수입 시 국내업체의 생산물량 축소로 국내 고용감소, 방산기반 약화 등으로 귀결되는 부작용이 우려되는 바 현지 생산물량의 국내 활용에 대한 가이드라인 마련

② 전시 해외 현지법인 생산물량의 국내 전환·활용에 대해 해당국 정부와의 협의, 약정체결

1부

우크라이나 전쟁 대응 관련 주요국의 대응과 향후 전망

01 우크라이나 전쟁 판세와 전망

김 규 철 박사(전 주러육군무관)

Ⅰ. 서 론

러시아와 우크라이나의 전쟁이 장기화되고 있다. 전쟁은 비록 동유럽에서 진행되고 있으나, 세계 전 지역에 영향을 미치고 있다. 우크라이나 전쟁은 군사력을 이용한 무력전을 기본으로 하면서 선전전 등 비무력전과 어울려 총력전의 모습을 보이고 있다. 특히 여론을 이용한 선전전의 영향으로 전쟁의 판세에 대하여 서방의 전문가는 물론 러시아 내부에서도 의견이 분분하다. 특정 지역에서는 우크라이나군이 우세를 점하는가 하면, 다른 지역에서는 러시아군이 우세하다. 전쟁 발발 후 1년 동안 수많은 뉴스, 방송, 전문가들의 다양한 의견 개진 등으로 우크라이나 전쟁은 일반인에게도 익숙해져 있지만, 정확한 판세를 파악하지 못하고 있는 것으로 보인다. 따라서 이 글은 복잡한 정세 속에서 과연 전쟁이 어떻게 진행되고 있는지를 알기 위한 목적을 가지고 있다. 전쟁의 판세를 분석하는 것은 결국 '누가 이기고 있는가'를 알기 위함이다. 전쟁의 판세는 군사력을 이용한 무력전뿐만 아니라 여론을 이용한 심리전 등 비무력전 활동의 영향도 받고 있다.

무력전을 볼 때, 러시아는 1년 동안 상황 진전에 따라 작전 목표와 개념을 바꾸어 가면서 몇 단계에 걸쳐 작전을 수행하고 있다. 이 글에서는 전쟁 양상과 작전 목표에 따라 3단계로 구분하여 분석하되, 각 단계별로 러시아와 우크라이나의 상대적 전투력, 작전 개념, 작전 경과 및 진출선(접촉선), 쌍방의 피해 등을 분석하여 누가 이기고 있는지 판별해보고자 한다. 작전 단계는 주로 러시아의 개념과 발표에 기반하여 구분하였다. 분석을 진행함에 있어, 양측의 허위 또는 과장된 전과 보고로 인하여 정확한 현황 파악이 제한됨에도 불구하고 최대한 객관성을 가지고 전반적인 전투력과 대외로부터 지원받는 무기 등을 종합적으로 고려할 필요가 있다. 전쟁의 판세에 대해 다양한 주장이 있을 수 있겠으나 가장 설득력 있는 자료는 작전 상황도일 것이다. 따라서 단계별 작전 상황도를 제시하면서 작전 추이를 설명하고자 한다.

비무력전 분야에서는 주로 정보전 교리에 근거하여 당사자들의 주요 목표와 활동을 분석하고자 한다. 러시아 정보전의 주요 목표는 적 군대 및 적국의 주민뿐만 아니라 자국 군대와 국민에 대해서도 효과적인 선전을 통하여 군사력 운용에 유리한 여건을 조성하는 것이다. 러시아는 자국민을 단합시키고 적국의 군인과 국민에게 영향을 미치기 위한 각종 활동들을 정보전으로 칭하면서 러일전쟁, 제1, 2차 세계대전에서부터 현대에는 체첸전, 크림합병, 시리아 IS 격멸 작전과 현재의 우크라이나전에서 정보전을 수행하고 있다. 러시아와 우크라이나는 과거 소련의 구성원으로서 군사학과 무기체계가 유사하며, 따라서 군사력 사용(작전술) 및 정보전 수행의 모습도 비슷하게 나타나고 있다. 단지, 보유 자원을 비롯한 전반적 국력과 전쟁 지도부 간에 능력의 차이가 있을 뿐이며, 이러한 내용도 분석의 대상으로 하겠다. 분석에 참고한 자료는 러시아와 우크라이나 국방부의 발표내용, 전쟁 지도부의 발언, 러시아 및 서방 학자들의 분석 내용, SNS 발표자료 등이다.

이 글의 목표는 러시아나 우크라이나 중 한 국가를 정당화하거나 선악과 시시비비를 가리는 것은 아니며, 오직 현실주의적 입장에서 전장이 어떻게 진행되고 있는지를 분석하고자 한다. 이 글에서 우크라이나 전쟁에 관한 최대한 객관적 내용과 시각으로 분석함으로써 분석자들이나 정책결정자들의 판세 오판과 이에 따른 그릇된 정책 수립을 예방하는 데 일조하고자 한다.

Ⅱ. 무력전 판세

1. 제1단계 작전(2022. 2.24~3.25)

1단계(2.24~3.25)는 초기 작전으로서 러시아는 '특수군사작전'이라는 이름으로 우크라이나 영토의 북부, 동부, 남부에 병력을 투입하며 공격을 개시했다. 러시아의 작전 목적은 돈바스 지역 주민을 해방하는 것이며, 이를 위해 우크라이나의 비군사화 및 탈나치화를 수행하는 것이 목적이다.[1] 특수군사작전은 전쟁과는 다른 개념이다. 코시킨(Кошкин)에 의하면 현행 특수작전이 전쟁과 다른 점은 첫째, 작전지역에서 완전한 말살을 추구하지 않고 선별적인 타격을 한다는 것이다. 러시아군은 우크라이나 지역에서 민간인 피해 예방에 우선하면서 우크라이나군의 군사시설 위주로 타격하여 소위 '비군사화'를 지향하였다. 둘째, '특수군사작전'은 영토 점령이나 지도부 교체를 목적으로 하지 않고 러시아 국민 보호를 목적으로 하였다. 이에 따라, 돈바스 지역 주민을 보호하

1) 푸틴 대통령 대국민 연설, "Обращение Президента Российской Федерации," http://www.kremlin.ru/events/president/news/67843(검색일: 2022.2.24.)

기 위해 돈바스 지역에서 '인종학살'을 저지른 신나치주의자들을 격멸하는 특수목적을 수행하는 특수작전을 수행하고 있다고 주장했다.[2] 러시아가 전쟁을 선포하지 않고 작전으로 범위를 좁힌 것은 제한된 역량으로 제한된 목적을 달성한다는 것을 의미한다. 이에 따라 러시아는 전쟁을 선포하지 않고 병력 동원도 시행하지 않았다. 특히, 러시아는 돈바스 주민에 대한 군사적 지원을 위해 공격 지역을 검토한 결과 돈바스 지역만 공격할 경우 다른 지역의 지원 병력이 지속해서 돈바스 지역으로 유입될 상황을 고려하여 전 지역의 비군사화를 계획했다.[3]

러시아군 총병력은 90만 명이지만 작전에 투입된 병력은 정확한 수치를 발표하지 않았다. 군사전문가 바라네츠(Б а р а н е ц)는 약 12~15만 명이라고 언급했지만[4] 서방 전문가들의 분석과 각종 자료를 종합해볼 때 러시아 국가근위대의 작전 참가 병력과 돈바스의 인민경찰대 34,000명 등을 합산하면 약 20만 명으로 추산된다. 반면, 우크라이나군은 레즈니코프 국방장관이 발표한 것처럼 전면 동원을 통해 원래 병력 20만 명, 준 군사부대 10만 명, 동원 병력은 70만 명으로 총병력은 약 100만 명이다.[5] 러시아는 작전이 위태롭거나 전쟁을 선포할 때 200만 명을 동원할 수 있으나 스스로 '특수군사작전'으로 작전 성격을 규정함으로써 우크라이나군보다 수적으로 열세의 병력으로 작전을 실시했다.

러시아군의 기동부대 운용은 초기의 계획대로 북부 지역에 동부군관구와 중부군관구가 고착견제를 하고, 돈바스 지역의 루한스크주와 도네츠크주에서는 각각 지역 인민경찰대가 군단급 편성으로 공격하고 러시아의 서부군관구가 지원하였으며, 헤르손과 니콜라예프, 남동부 해안의 마리우폴은 러시아 남부군관구 예하 부대가 공격을 실시했다.

작전 결과, 러시아는 작전 목적을 성공적으로 달성했다고 평가했다. 먼저 '돈바스 지역 해방' 차원에서는 이전의 37%에서 74%로 점령지역을 확대했다. 러시아는 1단계 작

---

2) "Полковник: почему события на Украине — спецоперация, а не война," https://ura.news/articles/1036284034(검색일: 2022.6.24.)

3) "Брифинг Министерства обороны Российской Федерации о текущих результата х проведения специальной военной операции на Украине," https://telegra.ph/Tezisy-vystupleniya-nachalnika-Glavnogo-operativnogo-upravleniya-General nogo-shtaba-Vooruzhennyh-Sil-Rossijskoj-Federacii-genera-03-25(검색일: 2022.3.26.)

4) "Военкор Баранец оценил численность контингента ВС РФ в Украине в 125-150 ты с. военных," https://topdaynews.ru/polotics/1153581?utm_source=yxnews&utm_medium=de sktop(검색일: 2022.11.11)

5) "Министр обороны Украины Резников оценил численность ВСУ более чем в милл ион человек," https://ria.ru/20220708/vsu-1801307373.html(검색일: 2023.2.7.)

전을 통해 대부분의 돈바스 지역을 장악하고 남부의 크림반도와 돈바스를 연결하는 육상 벨트를 점유하면서 흑해 일대를 통제할 수 있게 되었다. 또한, 우크라이나의 '비군사화'를 위해 러시아는 3월 28일 기준 미사일 1,300발 발사(킨잘, 칼리브르, 이스칸데르, 오닉스 등)하여 주요시설을 타격했으며, 무기 및 탄약, 유류 등 우크라이나 전쟁물자 보유량의 70%를 무력화했다.[6] 탈나치화는 돈바스 지역에서 8년간 주민에 대해 인종학살을 자행한 극우 나치주의자(아조우부대 등) 59,300명 중에서 사망 7,000명을 포함하여 16,000명을 격멸했다. 작전 간 러시아군의 피해는 사망 1,351명, 부상 3,825명으로 발표했다.[7]

〈그림 1〉 1단계 작전 결과(3월 25일)

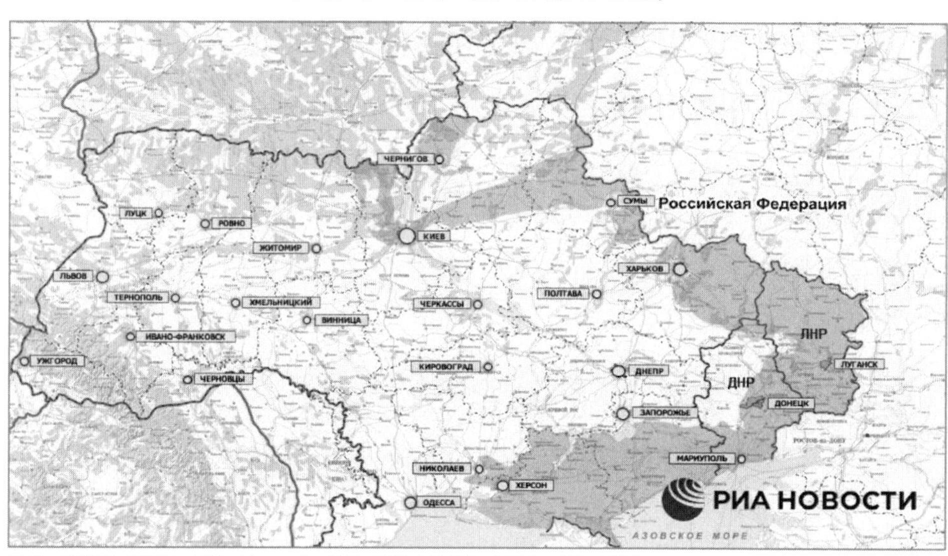

출처: 러시아 국방부; RIA Novosti, 황색 채색 부분이 러시아 점령지역임.

러시아의 자체 평가와는 반대로 서방 언론 및 전문가들은 러시아가 고전하고 있는 반면에 우크라이나는 국민이 일치단결하여 잘 싸우고 있다고 평가했다. 대체적인 평가는 첫째, 러시아가 월등한 군사력으로 단시간 내에 키이우를 점령하고 친러정권을 수립할 것으로 예상했으나 그러지 못했기 때문에 전쟁에 실패했다고 평가했다. 둘째, 러시아군

6) 김규철, "우크라이나 전쟁에서 러시아의 작전 분석," pp.86-93.

7) "Брифинг Министерства обороны Российской Федерации о текущих результатах проведения специальной военной операции на Украине," https://telegra.ph/Tezisy-vystupleniya-nachalnika-Glavnogo-operativnogo-upravleniya-Generalnogo-shtaba-Vooruzhennyh-Sil-Rossijskoj-Federacii-genera-03-25(검색일: 2022.3.26.)

의 피해가 대량으로 발생하여 전투 능력에 차질이 있으며, 조만간 공세 종말점에 도달할 것으로 예상했다. 셋째, 러시아의 기동부대 운용에 있어 공지 협동, 보급 수행, 통신 보안, 초기 공군력 사용 등 제반 문제에 있어 조직적인 부대 운용을 하지 못하는 등 전반적인 전술 전기 발휘 수준이 불량하다고 보았다. 러시아의 미숙한 군사력 사용에 비해 우크라이나는 조직적 방어를 통해 러시아군의 키이우 지역 후퇴를 강요하는 데 성공했다고 평가했다.[8)]

이러한 전반적인 평가는 러시아의 '특수군사작전' 개념을 고려하지 않기 때문에 나온 것으로 보인다. 첫째, 키이우 점령 문제는 러시아의 목표가 아니었다. 러시아는 2월 24일 푸틴 대통령이 언급한 바와 같이 명시된 작전 목표는 키이우가 아니라 돈바스의 해방이며, 키이우를 포함, 우크라이나를 점령할 의도가 없다는 것을 러시아의 지도부가 수시로 언급했다.[9)] 군사적 차원에서도 러시아는 성동격서, 군사적 압박, 우크라이나군 병력 약화 등을 위해 키이우 방향으로 기동한 것으로 보인다. 키이우의 면적은 839㎢로서 서울의 605㎢보다 더욱 광대하며 인구도 약 300만을 가진 대도시여서 시가전으로 점령하는 것은 러시아의 현 지상군 병력으로는 불가능하다. 러시아군은 총 투입 병력 20만 명 중 전략예비를 제외하면 키이우 지역으로 투입한 병력은 최대 2~3만 명(2개 사단 규모)에 불과하여 대도시를 점령하는 것은 거의 불가능하다.

둘째, 러시아의 대량 피해와 이로 인한 전투 능력 차질 관련 평가는 다소 과장된 면이 있다. 우선 러시아는 3월 25일 현재 우크라이나의 발표와 달리 사망 1,351명을 발표한 이후 피해 현황을 발표하지 않고 있어서 정확한 현황을 알 수 없다. 일부 서방 전문가는 러시아군 투입부대의 10%가 피해를 입었기 때문에 전투 임무 수행이 매우 제한된다고 언급한 적이 있다. 그러나 러시아는 지속적으로 작전을 수행하였다.

셋째, 조공 지역으로 투입한 러시아군 기동부대의 다양한 문제와 허점들이 지적되었다. 이러한 문제들은 대부분 타당한 지적들로 보인다. 다만, 초기 공군력을 적극적으로 사용하지 않은 것, 그리고 전차와 보병, 항공기 등이 협력하여 통합된 작전을 수행하지 않은 것은 민간인 피해 방지, 전쟁이 아닌 '특수작전' 개념의 군사행동에 기인한 것으로 보인다.

---

8) Andrew Bowen, "Russia's War in Ukraine: Military and Intelligence Aspects," *CRS Report*(2022.4.27.).

9) "Путин заявил, что Россия не намерена оккупировать Украину," https://ria.ru/20220316/ukraina-1778481793.html(검색일: 2022.3.17.)

2. 제2단계 작전(2022.4.19.~8월)

러시아는 제1단계 작전 종료 후 약 20일간에 걸쳐 부대 재배치와 정비 활동을 하며 별다른 공세 행동을 하지 않다가 4월 19일부터 공세를 재개했다. 키이우 방향에 투입했던 부대들을 재배치하여 하르키우 방향으로 투입했다. 2단계 작전에서는 전술을 수정했다. 1단계 작전에서 러시아의 초기 예상과 현저히 달랐던 점은 첫째, 민간인 요소였다. 즉, 러시아는 전반적으로 러시아어를 사용하는 주민들이 작전에 호응할 것으로 예상했으나 대부분 국민이 항전 의식으로 뭉쳐 러시아군에 항거했다. 게다가 돈바스 지역의 아조우연대는 민간인을 최대한 방패막이로 사용함으로써 작전에 차질을 빚었다. 러시아는 우크라이나 측과 협력하여 인도적 통로를 통해 주민들을 후송시키고 나서 그 이후에 작전을 실시하려 했으나 통로설치 장소 및 시간에 관한 합의 미흡, 또는 합의되었더라도 준수상태 불량 등으로 원활한 작전을 수행하지 못하는 경우가 많았다. 이를 거울삼아 2단계 작전부터 러시아는 작전지역 내에 있는 민간인을 최대한 후송시키는 동시에 점령지역 주민에 대해서는 회유와 민사 작전을 더욱 강화하였다.[10] 두 번째 문제점은 소위 '특수작전'이라는 개념 때문에 정식 군사교리에 입각한 군사력 운용을 하지 않아 제병종 합동작전을 실행하지 않음으로써 작전이 지연되거나 아군 피해가 대량 발생하게 된 점이다. 이에 따라 2단계 작전에서는 피해를 방지하고 우크라이나군의 유생역량을 말살하기 위하여 소모전 전략에 입각하되, 군사력 운용은 포병 및 항공기로 최대한 적 방어진지를 무력화한 후 기동부대가 전진하는 방식을 사용하였다. 이에 따라 러시아군의 피해도 현저히 감소했다. 러시아 두마 국방위원장 카르타폴로프(Картаполов) 상장은 3월까지 사망자 1,351명 발생 이후 피해 관련 발표를 하지 않은 것은 철저히 전술 교리에 입각한 병력 운용으로 러시아군 사망자가 거의 발생하지 않기 때문이라고 언급했다.[11] 반면 우크라이나의 피해는 심대하다. 전반적인 현황은 알려지지 않지만, 우크라이나 국방부 장관 레즈니코우(Reznikov)는 6월 12일 "하루 평균 전사자 100여 명, 부상자 약 500명이 발생하고 있다"라고 발표했다.[12]

---

10) 김규철, "우크라이나 전쟁에서 러시아의 작전 분석," pp.93-94.

11) "Россия практически перестала нести потери на Украине, заявил Картаполов," https://ria.ru/20220601/spetsoperatsiya-1792413875.html(검색일: 2022.6.2.)

12) "희생자 너무 많다… 평화협상 고려해야, 키이우서 고개 드는 휴전론," 『동아일보』, 2022.6.16.

〈그림 2〉 돈바스 점령지역 변화(2022.6월)

출처: BBC, 2022.6.13.

2단계 작전에서 러시아는 마리우폴을 완전 해방했다. 아조우부대는 제철공장 '아조우스탈'에 거점을 설치하고 3개월 동안 저항했으나 결국 5월 16일부터 20일까지 총 2,439명이 투항을 했다. 이에 따라 〈그림 3〉에서 보는 것처럼 돈바스의 점령지역은 지속해서 확대되었다.

〈그림 3〉 작전상황도(2022.8월)

출처: 『중앙일보』, 2022.8.31.

러시아는 유생역량 말살 위주 작전으로 자국 피해는 최소화하고 상대방의 피해를 극대화하기 위해 포병, 항공, 미사일 타격에 중점을 두었다. 우크라이나 국방부는 6월 9일 페이스북 등 사회관계망서비스에서 “서방의 무기 지원 속도와 양이 불만스럽다”라고 언급하였으며[13], 군 정보국 부국장은 6월 10일 ‘가디언’지와 인터뷰에서 우크라이나군이 “오로지 서방 지원 무기에 의존하고 있으며 포격전에서 지고 있다”라고 밝혔다.[14] 또한, 우크라이나 국방차관 카르펜코(Karpenko) 소장은 군사 전문지 내셔널디펜스와 인터뷰에서 우크라이나군은 보유 무기의 약 50%인 약 1,300대의 보병전투차량(BMP), 400대의 전차, 700대의 포병시스템을 잃었다고 말했다. 또한, 서방의 무기 지원량은 소요량의 10~15%만 충족하고 있으며, 예를 들어 포병의 경우 700문이 필요하나 100

13) “Dear Ukrainians!,” https://www.facebook.com/MinistryofDefence.UA(검색일: 2022.6.10.)

14) “Guardian: ВСУ проигрывают российским военным в артиллерийском противостоянии в Донбассе,” https://polit.info/23480910-guardian_vsu_proigrivayut_rossiiskim_voennim_v_artilleriiskom_protivostoyanii_v_donbasse(검색일: 2022.6.11.)

문만 지원받았으며, 미국이 100문 지원한 M777 곡사포의 경우 사용 후 정비가 필요하나 현장에 부품이 없어 후방으로 후송하고 있다고 언급했다.[15] 이처럼 우크라이나는 서방의 지원에도 불구하고 전반적인 무기 운용에 곤란을 겪었다.

돈바스 지역에서 러시아군이 점령지역을 확대하고 있는 제2단계 작전을 목격한 국내외 언론들도 조금씩 논조를 바꾸기 시작했다. 미국 연구기관 CNA의 러시아 전문가인 마이클 코프만은 "이번 전쟁은 기동전보다는 포격을 통한 소모전이어서 누가 더 많은 탄약을 갖고 있느냐가 승패를 가르는 결정적 요인이 될 것"이라고 설명했다. 워싱턴포스트는 전쟁이 러시아에 유리하게 작용하고 있다고 분석했으며, 뉴욕타임스는 "러시아 포격이 너무 많아 우크라이나군 포 소리는 들리지도 않는다"라고 현장 상황을 전했다.[16]

3. 제3단계 작전(2022. 9월~현재)

9월부터 상황이 변하기 시작했다. 러시아군의 공격 기세가 둔화한 반면, 우크라이나군은 반격 작전으로 북부와 남부 일대에서 주요 도시들을 재탈환하는 데 성공했다. 우크라이나군은 9월 10일에 러시아군의 주요 보급로에 있는 쿠피얀스크와 동부 전선의 보급 기지인 이줌을 탈환하였다.[17] 뉴욕타임스(NYT)는 이번 전쟁의 최대 지지층인 푸틴 충성파들의 불만이 극에 달한 상태이며, 러시아 내부에선 전쟁 실패를 지적하는 분노가 터져 나오고 있다고 보도했다.[18] 전세 변화의 원인은 러시아군의 병력 부족과 우크라이나에 대한 서방의 대량 무기 지원으로 보인다.

15) "BREAKING: Ukraine to U.S. Defense Industry: We Need Long-Range, Precision Weapons," https://www.nationaldefensemagazine.org/articles/2022/6/15/ukraine-to-us-defense-industry-we-need-long-range-precision-weapons(검색일: 2022.6.16.)

16) "전황이 변하고 있다… 탄약 부족, 병력 피해에 신음하는 우크라이나," 『경향신문』, 2022년 6월 12일.

17) 우크라이나군은 이후 10월 1일에는 리만 지역을 탈환했으며, 러시아 국방부는 포위를 회피하기 위해 리만을 철수했다고 발표했다.

18) "반격의 우크라, 서울 5배 면적 탈환.. 러선 '전쟁 실패' 성토 커져," 『동아일보』, 2022년 9월 13일.

〈그림 4〉 우크라이나, 주요 도시 탈환(2022. 9월)

출처: 『동아일보』, 2022.9.13.

러시아는 이러한 상황에 대응하기 위해 일련의 조치를 취했다. 첫째, 병력 부족 현상을 해결하기 위해 9월 21일 부분 동원령을 선포하여 전쟁 유경험자 위주로 30만 명을 동원하여 훈련에 들어갔다. 쇼이구 장관의 10월 28일 대통령 보고에 의하면, 총 30만 명을 동원하여 82,000명은 전투에 투입하고 218,000명은 훈련을 받고 있다.[19] 둘째, 러시아가 점령한 4개 지역(루한스크, 도네츠크, 자포리자, 헤르손)에서 합병을 위한 주민투표를 시행하여 대다수가 찬성한 이후[20] 9월 30일에 합병을 선언했다. 합병에 따라 푸틴은 영토를 지키기 위해 모든 수단을 다 할 것이라고 언급했으며, 모든 수단이란 핵무기 사용 가능성까지 포함한 것으로 이해된다. 셋째, 10월 19일에는 4개 지역에 대해 전시상태(계엄령)를 선포한 이후 해당 지역은 전시상태에서 주민 출입 제한, 경제 동원, 지역 수장에게 관련 조치에 대한 전권 부여, 지역별 작전본부 설치 운용 등 법령을 시행하고 있다. 이와 같은 조치들은 러시아가 그동안의 '특수작전'에서 본격적인 '전쟁' 상태로 진입함을 의미한다.

러시아는 11월 9일 헤르손 주의 일부(드네프르강 서안)에서 병력과 주민을 철수하였

---

19) "Встреча с Министром обороны Сергеем Шойгу," http://www.kremlin.ru/events/president/news/69703(검색일: 2022.10.29.)

20) 주민투표 결과 루한스크 98%, 도네츠크 99%, 자포리자 93%, 헤르손 87%의 찬성 비율을 보였다.

다. 이는 헤르손 지역의 보급 여건 제한, 우크라이나가 카호프카 댐 폭파 시 홍수 위험으로 인한 피해 발생, 병력의 포위 가능성을 고려한 결과로 보고되었다.[21] 러시아군은 11월 12일 병력 3만 명, 장비 5천 대, 주민 11만 5천 명의 철수를 완료하였으며, 이후 우크라이나의 공격에 대비하여 교량 2개소를 폭파하였다. 병력 철수에 따라 헤르손 주의 행정수도를 헤르손에서 게니체스크(흑해 연안)로 변경하였다.

〈그림 5〉 작전상황도(2023.2.7)

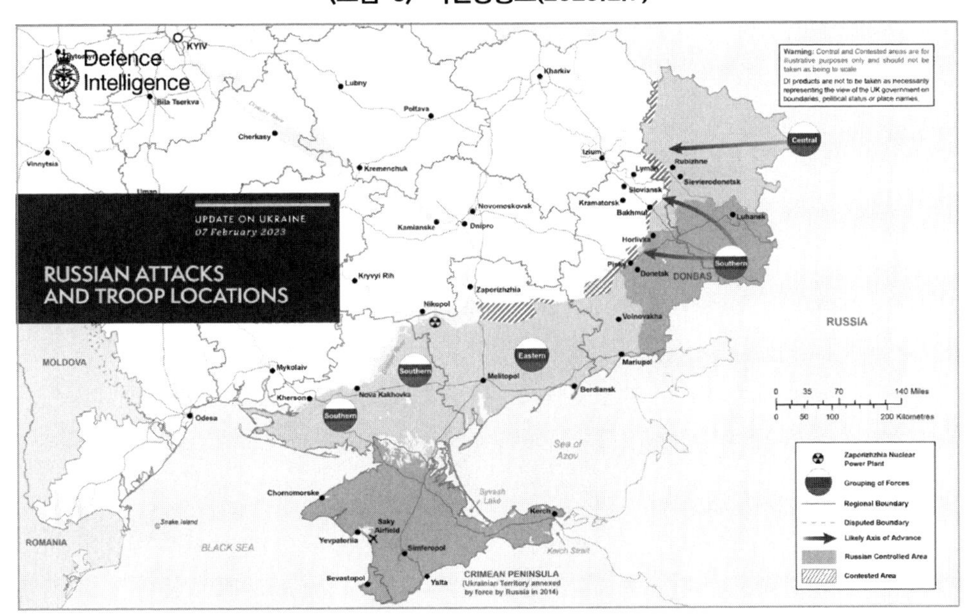

출처: 영국 국방부 페이스북(검색일: 2023.2.7.)

작전상황도에서 보는 것처럼 러시아는 여전히 4개 지역을 장악한 가운데 동원훈련이 완료될 때까지 주로 방어 태세로 돌입한 가운데, 우크라이나의 전기, 가스, 급수, 통신 기반 시설을 파괴하면서 우크라이나의 전쟁지속능력을 약화하고 있다. 젤렌스키 대통령은 러시아의 공습으로 우크라이나의 발전소 등 에너지 인프라 약 40%가 파괴되었다고 밝혔다.[22]

---

21) "Доклад генерала Суровикина Сергею Шойгу о ситуации в районе проведения спецоперации 9 ноября 2022: полная стенограмма," https://www.kp.ru/daily/27469/4675087/(검색일: 2022.11.10.)

22) "마크롱, 젤렌스키와 통화…우크라 인프라 복원 돕겠다," 『뉴시스』, 2022.11.2.

〈표 1〉 양국 피해(2023년 2월 7일까지 누계)

구분	러시아 피해 (우크라이나 발표)	우크라이나 피해 (러시아 발표)
전차/장갑차	9,688	7,771
대포/박격포	2,232	4,020
다연장포	461	1,010
대공포	227	403
항공기	294	382
헬기	284	206
무인기	1,958	3,036
차량	5,107	8,282

출처: 우크라이나 국방부; 러시아 국방부 보고자료

양측이 발표하는 상대국 피해 현황은 자국군의 사기 앙양과 상대국의 전투의지 약화를 위해 과장하는 경우도 있을 것으로 보인다. 미국을 비롯한 서방의 정보기관은 양국의 피해를 비슷하게 평가하는 것으로 알려져 있다. 그러나 최근에 이스라엘의 모사드가 터키 언론 '후르세다(Hurseda haber)에 노출한 양국의 피해 현황에 의하면, 전사자의 경우 우크라이나는 15.7만 명, 러시아는 1.8만 명이라는 주장도 있다.[23]

러시아군은 유생역량 말살 방침을 지속하고 있으며, 일일 상황 보고에서도 적 피해 현황 위주로 발표하고 있다. 현재까지의 작전 경과를 보면 우크라이나군의 일부 지역 재탈환에도 불구하고 여전히 4개 점령지역 대부분을 자국 영토로 만들었고, 초기에 목표로 제시한 돈바스 지역도 거의 해방했기 때문에 작전 목표를 거의 달성한 것으로 평가된다. 이러한 성과를 바탕으로 러시아는 전반적인 방어 태세로 돌입하여 합병 지역에 대한 관리와 동원 병력 훈련에 중점을 두면서 춘계 대공세를 준비하고 있으며, 우크라이나는 무기와 물자 등 서방의 지원에 의존하여 부분적 반격 작전을 지속하고 있는 것으로 보인다.

---

23) "İddia: MOSSAD'a göre Ukrayna ve Rusya kayıpları,"
https://hurseda.net/gundem/246987-iddia-mossad-a-gore-ukrayna-ve-rusya-kayiplari.html
(검색일: 2023.2.7.)

Ⅲ. 비무력전 판세

러시아와 우크라이나는 전장뿐만 아니라 자국 및 전 세계를 대상으로 다양한 형태로 정보전을 수행하고 있다. 러시아는 정보전을 어느 전쟁에 국한되어 수행하지 않고, 전반적인 국가안보전략의 하나로 수행하고 있다. 러시아의 정보전 활동은 활동 목적과 대상에 따라 다양하게 수행되고 있으며, 대체로 심리전(선전전), 정치작전(민사작전), 정보작전 및 전복전, 사이버전, 전자전 등으로 구분할 수 있다. 우크라이나의 경우, 과거 구소련 시절 러시아와 함께 소련군을 구성했던 경험과 전통 때문에 정보전 운용 교리와 운용 능력에서 유사할 것으로 보인다. 정보전의 형태는 다양하지만, 우크라이나 전쟁에서 가장 두드러지게 나타나고 있는 것은 심리전, 전략정보전 및 전복전, 전투정보작전 및 전자전이다.

1. 여론을 이용한 심리전(선전전)

우크라이나 전쟁에서 심리전은 대체로 ① 자국 활동의 정당성을 홍보하여 민심 결집, 상대국 국민의 반전 여론을 유도하여 세계적 지원 확보, 유리한 여건을 조성하고, ② 상대방 상황을 저평가하여 자국군 사기를 앙양하는 것을 목표로 수행하고 있는 것으로 관찰된다. 심리전 차원에서 국제적 상황을 보면, 일반 대중매체는 물론 SNS(사회관계망서비스)에서도 러시아의 언로는 거의 막혀 있지만 서방과 우크라이나의 그것은 압도적으로 통용되고 있다. 예를 들면, 한국에서 미국이나 우크라이나의 국방부 홈페이지 접속은 가능하지만, 러시아 국방부는 접속이 불가하며, 일반 신문 방송에서도 미국을 비롯한 서방 매체의 논조가 주류를 이루고 있다.

그러나, 러시아 국내 및 돈바스 지역에서의 선전전은 비교적 효과적으로 수행하고 있다. 예를 들어, 우크라이나 전쟁 개시 이후 푸틴 지지도는 60%에서 80%로 상승했으며, 일부 반전 여론에도 불구하고 대다수 국민은 전쟁(특수군사작전)을 지지하고 있다. 러시아는 점령지역에 대한 정치작전(민사작전)을 적극적으로 수행하여 9월에 시행한 합병 관련 주민투표에서 다수를 확보하여 결국 합병에 성공하였다.

이와 같은 선전전을 평가해볼 때, 세계적 차원에서는 미국 등 서방 여론이 단연 우세하다. 그러나, 러시아 및 돈바스 지역에서는 러시아의 선전 활동이 우세한데다 러시아의 적극적 민사활동과 합병 조치로 점령지역은 실제로 러시아화 되었다.

2. 전략정보작전 및 전복전

정보작전 및 전복전의 중점은 국제기관 및 정보원을 활용하여 상대국의 첩보 수집, 능력 범위 내에서 전복전 실행으로 상대국의 전쟁 지속능력을 파괴하는 것이다. 러시아 측 보도에 의하면, 미국은 2014년 이후 '저항작전개념'을 만들어 우크라이나의 특수부대와 훈련받은 민간 요원 등을 활용하여 게릴라전을 수행하도록 했다. 이에 따라 우크라이나는 비전통적 수단을 활용하여 크림반도 지역의 비행장 폭파, 국경지대 일대 러시아 도시지역에 화재 발생 등 혼란을 발생시켰다. 미 특수사령관 리처드 클라크 장군은 미국 특수부대가 18개월간 우크라이나의 전복작전 요원을 훈련했다고 언급했다.[24]

최근 러시아에 합병된 도네츠크 검찰은 OSCE(유럽안보협력기구)를 간첩행위로 기소하였다. 즉, OSCE 정전감시팀이 도네츠크군의 배치 및 활동 상황을 우크라이나 정보기관에 제공했으며, 사진 촬영 등으로 우크라이나군의 포병사격 시 표적으로 활용했다고 주장했다. 루한스크 정부에서도 OSCE와 우크라이나가 정보 협력을 했다는 증거문서를 확보했다고 발표했으며, UN 차석대표 폴랸스키는 "OSCE가 간첩행위를 했다"라고 비판하였다.[25] 그 밖에도 러시아는 8월 20일 러 지정학자 두긴의 딸 두기나에 대한 자동차 폭파 테러와 10월 8일 크림 대교 폭파는 우크라이나의 테러활동이라며 비난하였다.

러시아도 우크라이나 인구의 약 25%를 차지하는 이점을 활용하여 다양한 첩보활동 및 전복전을 전개하고 있다. 최근 우크라이나 인구 4,100만 명 중 러시아인은 833만 명(2001년 기준)이나 학자에 따라서는 1,300만 명으로 주장하기도 한다. 도시 기준으로 볼 때 키이우와 오데사 주민의 절반, 하르키우 주민의 60%는 러시아인으로서 각종 첩보활동에 러시아가 유리하다. 7월 18일 우크라이나에서 국가보안국과 검찰 직원들의 반역죄 651건을 조사하였으며, 관계자 60여 명이 반우크라이나 활동으로 기소되었다. 젤렌스키 대통령은 이에 대한 책임을 물어 바카노우 국가보안국장과 베네딕토바 검찰총장을 해임했다.[26] 이는 우크라이나 정부 기관 및 고위직에 러시아 간첩이 대량으로 침투했음을 의미한다. 이를 종합해 볼 때, 미국은 2014년 이후 8년간 우크라이나군을 훈련했으나, 현지 사정에 밝고 다수 인구를 보유하고 있는 러시아가 우크라이나 내에서의 정보 운용에서 유리한 위치를 점하고 있는 것으로 보인다.

---

24) "Пентагон заранее готовил Украину к тотальной партизанской войне," https://t.me/riafan_everywhere/12509(검색일: 2022.8.28.)

25) "ГП ДНР завела дело о шпионаже из-за передачи Киеву данных СММ ОБСЕ," https://ria.ru/20220425/delo-1785323327.html?in=t(검색일: 2022.8.28.)

26) "정보 다 샜다…우크라 정보·검찰조직에 러 간첩 득실,"『연합뉴스』2022.7.19.

3. 전투정보작전 및 전자전

정보 및 전자전의 중점은 인간, 영상, 신호 등 각종 정보자산을 이용하여 적의 기도와 위치를 식별하여 작전부대 운용 및 표적을 타격하고, 적 통신망 감청 또는 허위 명령 하달로 아군에 유리하게 적 행동을 유도하는 것이다. 미국은 2014년부터 위성영상 자료를 우크라이나에 제공해왔다. 백악관 대변인 프사키는 "수개월간 러시아의 행동을 우크라이나에 실시간 전투정보를 제공하고 있다"라고 언급하였으며, 4월 14일 모스크바함 격침 이후 미 국방성 대변인 존 커비는 "침몰 현장 위성사진이 있다"라고 언급한 바 있다.[27] 미 국방장관 로이드 오스틴도 "우크라이나에 정보를 제공하여 돈바스 작전을 지원하고 있다"라고 언급한 바 있다.[28] 이처럼 우크라이나는 전반적인 러시아군 부대 운용 정보를 미국 · 영국으로부터 받는 동시에, 튀르키예 및 미국이 지원한 무인기를 자체적으로 운용하여 표적정보를 획득하여 타격하고 있다.

러시아는 우크라이나에 거주하고 있는 러시아인, 친러 주민, 주민을 가장한 정보요원 등을 활용하여 우크라이나군의 동향 파악 및 타격을 실시하고 있다. 러시아는 후방지역에 있는 우크라이나군 부대와 무기고 위치 등 현황을 대부분 파악하고 있다. 영상정보에서도 이란산 무인기뿐만 아니라 자체 개발한 다양한 무인기를 활용하여 표적을 타격하고 있다. 11월 12일 기준 양국 무인기 피해는 러시아 1,506대, 우크라이나 2,492대이며, 이는 양국 모두 무인기를 적극 운용하고 있음을 의미한다.[29] 러시아는 군사위성을 활용하여 전반적인 적 부대 운용 파악 능력을 보유하고 있다. 신호정보 운용에 있어 러시아는 최근 훈련에서 볼 수 있듯이 다양한 전자전 장비를 운용하여 적 통신을 감청, 활용하고 있다. 러시아는 작전에서 전자전으로 적이 무선망을 사용하지 못하게 하여 인터넷을 사용하게 만든 다음, 인터넷 내에서 허위 정보 또는 허위 명령을 하달하여 적의 실수를 유도하는 등 전자전, 사이버전, 심리전을 통합 운용하는 경향도 보인다.[30] 요컨대, 미국 및 영국은 전반적인 전투정보를 우크라이나에 제공하고 있으나, 러시아도

---

27) "Псаки: США передают Украине разведданные о боевой обстановке в режиме реального времени," https://tass.ru/mezhdunarodnaya-panorama/13958525(검색일: 2022.8.26.)

28) "Знаем о русских все. Как западные разведки помогают украинской армии," https://ria.ru/20220511/razvedki-1785791456.html?in=t(검색일: 2022.8.27.)

29) 우크라이나 국방부, https://www.facebook.com/MinistryofDefence.UA; 러시아 국방부 보고자료, https://t.me/mod_russia/21689(검색일: 2022.11.13.)

30) "露軍の電子・サイバー戦の一体的展開が判明無線遮断し偽メールで誘導､火力制圧," https://www.sankei.com/article/20200510-NVNOZWK6HVONNGQYFESYLRTYLU/(검색일: 2022.11.12.)

정보자산을 효과적으로 운용하여 유생역량 말살 목표를 달성하고 있는 것으로 보인다.[31)]

러시아와 우크라이나는 과거 소련의 구성 공화국이었으며, 소련 붕괴 이후에도 우크라이나는 러시아와 우호적 관계를 맺고 고급 장교들이 러시아의 각급 군사학교 기관에서 수학했기 때문에 정보전 관련 이론 습득과 수행 면에서 러시아와 별반 차이가 없을 것으로 보인다. 차이가 있다면, 그들이 보유하고 있는 수단과 능력의 우열에서 비롯된 정보전의 수행범위와 효과 면에서 양적 질적 차이가 있을 것이다. 2014년 이후 양국이 수행한 정보전 양상 중에서 먼저 기술적 방법을 보면, 상대국을 비판하기 위한 사진이나 영상의 반복 송출, 상대국의 TV, 라디오 등 매체의 봉쇄, 자국에 불리한 내용을 언급하는 언론인에 대한 검열 및 통제 강화 등을 하고 있다. 심리전 차원에서도 자신에게 유리하게 사건을 확대하기 위한 허위 정보, 불완전한 정보의 제공, 사건의 과장, 적대심 조장, 자국민의 감정에 호소하여 상대방에 대한 공포심과 증오를 조장하는 방법 등을 통하여 대내적 결속을 끌어내기 위해 노력하고 있다.[32)]

Ⅳ. 평가 및 전망, 시사점

1. 우크라이나 전쟁 특징 평가

우크라이나 전쟁이 장기화되면서 보여주는 특징을 평가해보면 첫째 총력전 양상이다. 양국은 군사력은 물론이고 정보전과 외교, 경제 등 자국이 보유한 모든 수단을 이용하여 상대국 군대를 격파하고 승리를 얻으려 하고 있다. 특히, 정보전 양상이 두드러지고 있는바, 러시아는 미국을 위시한 서방이 러시아 국가정체성과 국력을 약화시키려 하고 있다고 믿고 적극 대응하고 있다. 러시아는 우크라이나 전쟁에서 단순히 일부 영토를 확장하기 위해서가 아니라 국가의 생존과 번영된 미래를 위해 대응하는 차원에서 전

---

31) 10월 18일 러시아 총사령관 수로비킨 대장은 인터뷰에서 우크라이나군의 피해 규모가 매일 600~1,000명이라고 밝혔다. Полный текст интервью генерала Сергея Суровикина, командующего Специальной военной операцией на Украине, https://www.kp.ru/daily/27459/4664120(검색일: 2022.10.22.)

32) "ОБ ОСОБЕННОСТЯХ ИНФОРМАЦИОННОЙ ВОЙНЫ НА УКРАИНЕ," https://odnarodyna.org/content/ob-osobennostyah-informacionnoy-voyny-na-ukraine(검색일: 2022.11.10.)

쟁을 수행하고 있으며 우크라이나도 이와 유사한 입장이다.

둘째, 무력 충돌이 계속되면서 점차 전쟁의 논리 중 하나인 폭력성이 심화하고 있다. 러시아는 초기에 전쟁이 아닌 작전으로 군사행동을 개시했으나 상황이 진전되면서 결국 4개 지역에 전시상태를 선포하면서 전쟁체제로 들어갔다. 또한 초기에는 민간시설을 제외한 군사시설만 공격한다는 방침을 내세웠으나 현재는 우크라이나의 전쟁 지속능력을 제거하기 위해 전기, 난방, 급수시설을 파괴하여 키이우의 40% 지역을 암흑으로 만들고 있다. 우크라이나 또한, 초기에는 러시아의 민간시설 폭격을 비인도적 행위로 비난했으나 현재는 지원받은 고성능 무기로 러시아의 학교, 병원 등 민간시설에 폭격하는가 하면 요인 암살, 주요 교량, 발전소 등에 폭격하고 있다.

셋째, 우크라이나 전쟁은 서방이 우크라이나를 지원하면서 점차 러시아와 서방의 전쟁이 되고 있다. 서방은 불행한 확전을 예방하기 위해 직접 참전하지는 않지만, 무기 공급, 우크라이나군 훈련, 전쟁에 필요한 전략정보와 전투정보 제공, 작전 지도 등의 모습으로 러시아와 간접 전쟁을 하고 있다. 최근 모사드가 제공한 자료에 의하면, 우크라이나군의 전사자 중에 미국 및 영국 출신 교관 234명, 독일, 폴란드, 리투아니아 병사 2,456명 등 NATO 국가의 군사력이 포함되어 있으며, 이는 NATO 국가들이 비공식적으로 전쟁에 참여하고 있다는 사실을 방증한다.

2. 장차 전망

우크라이나 전쟁의 결말을 예측하기는 쉽지 않지만 양국의 전쟁지속능력, 전술전략, 국내외 여건, 정보전 능력 등 요소의 영향을 받을 것이다. 첫째, 전쟁지속능력은 병력, 무기 및 물자, 방위산업능력에 의해 좌우될 것으로 보인다. ① 투입 병력에 있어, 러시아는 초기에 약 20만명을 투입하여 전면동원을 시행한 우크라이나의 100만 군대에 비해 전적으로 열세였으나, 30만명의 동원 병력이 훈련을 마치고 전원 투입할 경우 현재 러시아군 20만 명에 30만 명이 추가되어 50만 명의 전투 병력을 보유하게 되어 전쟁의 판세가 러시아에 유리하게 전개될 가능성이 크다. ② 무기 및 물자에 있어, 우크라이나는 전적으로 서방의 대규모 지원에 의존하고 있으며, 러시아는 자체 생산 능력을 보유하고 있다. 게다가 우크라이나에 대한 서방의 지원에도 불구하고 무기 및 물자 보유량에 있어 우크라이나가 열세에 놓여있다. 특히, 우크라이나는 서방으로부터 지원받은 다양한 무기 및 장비에 대한 조작요령 교육과 정비 소요가 추가적인 부담으로 작용한다. ③ 방위산업능력은 러시아가 월등하게 우세하며, 시간이 갈수록 우크라이나에 불리하게 작용할 것으로 보인다. 이와같이 전쟁지속능력은 러시아가 장기적으로 유리하며, 우크라이나는 단기간에 작전 성과를 내야 하는 입장에 놓여 있다.

둘째, 전략전술 면에 있어, 우크라이나는 서방의 작전 조언을 받고 있어 사실상 러시아와 미국의 전략이 대결하는 상황으로 볼 수 있다. 전투원 및 동원병력의 훈련도 우크라이나는 나토 국가(폴란드, 독일, 영국 등)에서 훈련을 받고 있으며, NATO 국가 출신의 군사고문단의 도움을 받고 있다. 현 상황에서 전략전술의 우열은 가리기 어려우며, 전황은 양국의 병력 상황과 보유 무기의 영향을 받고 있다.

셋째, 국내외 여건 면에서 우크라이나는 물심양면의 국제적 지원을 받고 있고, 국내적으로도 단결이 잘 된 상태이다. 러시아는 CSTO 국가와 중국, 이란, 북한의 지원을 받고 있어 수적으로는 열세에 놓여있으나, 국내적으로는 비교적 단결이 잘 된 것으로 평가된다. 전쟁을 위한 자원 확보 차원에서 러시아가 보유하고 있는 에너지 자원과 무기 생산능력, 기본적 경제력으로 전쟁 수행에 큰 문제가 없는 것으로 보인다. 반면, 우크라이나의 경제는 매우 악화한 것으로 평가되며, 서방의 원조 없이는 국가 운영이 불가능한 상태이다. 이를 종합할 때, 국내외 여건은 단기적 측면에서 대등한 것으로 보인다. 단지, 우크라이나는 서방의 지속적인 지원을 유지해야 하는 부담을 가지고 있다.

넷째, 정보전 측면에서 볼 때, 앞에서 언급한 것처럼, 선전전 측면에서는 미국이 지원하는 우크라이나가 우세하며, 첩보수집 기능을 지칭하는 전투정보전 측면에서는 양측이 대등하다. 러시아와 미국은 공히 첩보위성, 영상 및 신호정보 자산을 보유하고 있어 쌍방의 상황에 대한 첩보수집이 가능하며, 미국은 러시아군의 활동에 관한 첩보를 우크라이나에 제공하고 있다. 인간정보 측면에서는 우크라이나 인구의 약 20% 이상을 점유하는 러시아가 유리하여 간첩 운용, 전복전, 정보요원 확보가 용이하다. 전반적인 정보전 여건은 국제적으로는 우크라이나가 유리하나, 우크라이나 내에서는 러시아가 유리한 것으로 보인다.

상기 분석한 각종 요소를 종합하여 장차 시나리오를 전망해보면 ① 러시아의 승리, ② 현 상태에서 긴장 상태 지속, ③ 우크라이나의 승리 등 세 가지를 상정할 수 있다. 첫째, 러시아의 승리란 평화협정을 통해 전쟁을 중지하되 지난 2014년 크림반도 합병 후 서방이 별다른 조치를 취하지 못하고 경제제재만 하는 가운데 러시아가 실효적 지배를 해 온 것처럼 현재 러시아가 합병을 선언한 4개 지역(약 10만 제곱킬로미터)이 현실적인 러시아 영토로 굳어지는 것을 의미한다. 이러한 결과를 위해서 러시아는 아직 점령하지 못한 경계선을 완성하기 위해 동원 병력 훈련이 완료되는 춘계에 50만 병력을 이용하여 대규모 공세를 전개할 가능성이 크다.

둘째, 현 상태에서 긴장 상태 지속이란 상호 전투행위를 지속하지만 무력 충돌의 강도는 점차 약화하는 상황이다. 양국 모두 병력 피해와 전비의 감소가 필요한 상황이기 때문에 대규모 군사작전을 회피하고 접촉선에서 소규모 접전을 지속하는 경우이다. 이러한 상황이 지속되다가 양국 지도부의 교체 시에는 평화협정으로 넘어갈 가능성도 있다.

셋째, 우크라이나의 승리는 서방의 지속적인 대규모 지원으로 러시아의 합병 선언 지역을 재탈환하는 경우를 말한다. 여기에는 서방 지원의 견고성과 지속성이 뒷받침되어야 하지만, 국익 위주의 실용주의를 우선하는 유럽 국가 지도부 및 국민들이 우크라이나에 무기한 자금과 무기 지원을 할 것인지는 의문의 소지가 크다. 러시아 입장에서도 합병 지역을 다시 반환하는 것은 강대국 정체성, 영토 완전성, 국민 보호라는 기본원칙을 파괴하는 결과이기에 용납할 수 없는 결과이다. 핵무기 사용 가능성 관련, 국가 존립이 위태로울 때만 핵무기를 사용한다는 핵 정책을 가진 러시아가 현 단계에서는 공멸로 이끄는 핵무기를 사용할 가능성이 매우 작지만, 최악의 경우에는 핵 카드를 사용할 수도 있다. 요컨대 위에서 언급한 첫째와 둘째 시나리오는 발생 가능성이 크지만 셋째 시나리오의 가능성은 희박하다고 본다.

3. 함의 및 시사점

우크라이나 전쟁이 한반도와 우리에게 주는 함의를 살펴보면 다음과 같다. 첫째, 영토분쟁의 전쟁 비화 가능성을 항상 염두에 두어야 한다는 사실이다. 우크라이나 전쟁은 본격적인 전쟁의 모습을 보이면서 소모전에 입각한 유생역량 말살과 동시에 영토쟁탈전의 모습을 띠고 있다. 주요 지형의 확보 여부에 따라 이후 작전 양상이 달라지는 경우가 많으며, 러시아는 영토 확보를 위해 우선적으로 유생역량 말살과 포위 및 봉쇄로 상대방의 전투역량을 차단하는 데 중점을 두고 있으며, 우크라이나도 실지 회복을 위해 반격을 하고 있다. 러시아군은 작전 능력에 대한 서방의 비판에도 불구하고 2월 현재 돈바스 지역의 대부분을 점령하고 크림반도와 돈바스 지역을 연결하는 육상 벨트를 완성했다. 미래전 형태에 대한 다양한 논의에도 불구하고 영토 확보를 위한 전쟁은 21세기에도 유효하며, 특히 영토분쟁 지역이 산재해 있는 동북아에서도 영토 확보를 위한 전쟁 가능성이 크다는 사실을 일깨워준다.

둘째는 무력전과 비무력전을 합하여 전투력으로 나타난다는 사실이다. 우크라이나 전쟁은 소모전, 화력전, 심리전, 여론전, 보급전, 외교전 등 국가가 보유하고 있는 모든 무력과 비무력을 총동원하는 모습을 보여준다. 무력전과 비무력전의 관계를 규정한다면, 비무력전이 무력전의 보조 역할을 수행한다는 점이다. 러시아는 2022년 10월 이후 지속적으로 우크라이나 후방의 전력, 수도, 지역난방 시설을 정밀무기로 타격하여 우크라이나가 어려움을 겪고 있으며, 추운 겨울을 맞아 항전 의지의 약화가 우려되고 있다. 이런 경우 미사일 공격이 심리전보다 더 효과적이라 할 수 있다. 전쟁의 승리는 무력전과 비무력전을 효과적으로 통합할 때 가능하지만, 무력전이 성공할 때, 비무력전이 더욱 효과를 볼 수 있음을 명심해야 한다. 따라서 핵 및 비핵 군사력의 증강과 유사시 즉각 사용할 수 있는 대비태세의 중요성을 명심할 필요가 있다.

우크라이나 전쟁 양상을 고려해 볼 때, 한국 군사안보 측면에서 관심을 둘 사항은 다음과 같다. 첫째, 핵무기의 국제정치적, 안보적 역할을 이해하고 장단기적 대응책을 고려할 필요성이 있다. 만일 우크라이나가 핵보유국이었다면, 러시아의 침공을 억제할 수 있었으리라는 가정이 가능하다. 또한, 러시아의 입장에서도 미국을 비롯한 NATO 국가들의 전쟁 개입을 억제할 수 있었던 것은 러시아가 핵강국이기 때문일 것이다. 러시아는 지금도 NATO의 개입으로 인한 러 · NATO 전쟁 발발 가능성에 대응하기 위해 전체 투입 병력에서 전략예비를 보유하고 있으며, NATO 개입을 미연에 방지하기 위해 전쟁 초기부터 핵무기 사용 가능성을 암시하면서 핵무기 사용태세 강조 및 핵무기부대 훈련, 극초음속 ICBM '사르마트' 시험발사 등을 통해 상대국을 억제해왔다. 한국의 경우, 북한의 핵무장 강화에 따라 확장억제를 포함하여 공포의 균형을 이루는 방안, 전술핵 도입 또는 핵 개발 등 다양한 선택 방안을 토의할 필요가 있다고 본다.

둘째, 시가전이다. 현대사회와 문명이 발달할수록 도시 지역은 확대되고 우크라이나에서도 모든 작전지역은 규모의 차이만 있을 뿐, 대부분 시가지로 형성되어 있다. 시가지의 인공구조물들은 모두 화기 진지나 매복 진지의 역할을 하고, 주민들이 거주하고 있어 신속한 점령이 매우 어렵다. 그러나 한국의 군사훈련이나 작전 토의는 대부분 야지와 산악 환경을 상정하고 있기 때문에 전반적인 작전 또는 전술 교리의 검토가 필요하다고 본다.

셋째, 공군의 공중우세 확보의 중요성과 드론을 활용한 포병 화력 운용은 작전의 대세와 아군 피해 규모를 결정하는 중요한 요소이다. 러시아는 1단계에서는 대규모 피해를 입었으나, 제2단계부터는 화력을 우선하는 부대 운용으로 피해를 최소화하고 있으며, 우크라이나군에 대한 유생역량 말살과 점령지역 확대를 지속하고 있다. 우크라이나에서 보여주는 전쟁 양상은 지상, 해상, 공중 드론을 이용한 과학기술전의 서막으로 보이며, 이에 대한 준비가 실로 긴요하다.

넷째, 민사작전의 중요성이다. 일부 언론에서는 거의 나타나지 않고 있지만, 러시아는 전방에서 치열한 전투를 벌이면서도 점령한 지역에서는 주민들의 마음을 얻기 위해 다양한 조치를 취해 왔다. 생필품과 식수 제공, 환자 치료, 전쟁의 잔재 제거, 건물 신축, 지뢰 및 폭발물 제거, 새로운 행정책임자 임명, 심지어 시민권(여권) 부여 등 조치를 통해 점령지역을 러시아화하고 결국 합병을 단행했다. 한국도 유사시 반격 작전 후 북한 지역에서 합리적인 민사 작전 또는 안정화 작전을 수행해야 하기 때문에 면밀한 관찰과 교훈 도출, 아군 작전계획의 보완이 필요하다.

마지막으로, 한국적 정보전 교리의 발전이 필요하다. 한국은 과거부터 미국의 교리를 적시적절하게 도입하는데 많은 노력을 기울였다. 예를 들면, 전장정보분석(IPB), 공지작전에서 비롯하여 최근에는 네트워크중심전, 효과중심작전, 다영역작전, 전략커뮤니케이션 등을 연구하여 국방정책 및 작전계획에 반영하고자 노력하고 있다. 동맹 차원에서 이러한 노력은 물론 중요하지만, 정보전 차원에서 한국의 국민성과 문화적 여건에 맞는 토착적 교리 정립도 고려해봐야 할 것이다. 또한, 전쟁 대비 관련 다양한 요소들이 혼재된 상황을 고려하여 정보전, 심리전, 네트워크중심전, 전자전, 전략커뮤니케이션 등 유사한 교리들을 통합할 필요가 있으며, 그러한 통합 교리에 의하여 편성, 장비, 훈련, 작계 수립이 이루어져야 할 것이다.

저자소개

김규철 | 전 주러 육군무관

한국외국어대학교 러시아연구소 초빙연구위원, 한국국방외교협회 러시아센터장, 육군사관학교 노어과 졸업, 러시아 총참모대 안보과정 졸업, 국방대학교 국제관계학 석사, 한국외대 국제지역대학원 박사, 전 주러시아 한국대사관 육군무관, 전 국방정보본부 러시아 분석관 등을 역임했다.

주요 논문 및 저서로는 "러시아의 군사전략: 위협인식과 군사력 건설 동향"(2020), 『러시아의 사이버안보』(공저, 2021), "우크라이나 전쟁에서 러시아의 작전 분석"(2022), 『미중러 전략경쟁과 우크라이나 전쟁』(공저, 2022) 등이 있다.

02 우크라이나 전쟁 관련 미국의 대응과 향후 전망

박 철 균 박사(전 국방부 국제정책차장)

Ⅰ. 미국의 우크라이나 안보 정책 개관

1. 우크라이나 탄생과 미·우크라이나 관계의 시작

1991년 구소련의 붕괴로 태어난 우크라이나는 러시아 다음으로 많은 핵무기를 승계한 국가였다. 이러한 이유로 우크라이나는 탄생 직후부터 미국과 긴밀한 정치·외교적, 군사·기술적 관계를 맺게 된다. 당시 미국은 구소련 연방의 해체로 독립국이 된 15개 국가 중 러시아 외에 핵무기를 승계한 3개국에 대해 핵무기를 포함한 대량살상무기를 안정하게 폐기하는 협력적 위협 감소프로그램을 추진하였다. 우크라이나는 민족주의 성향이 강한, 전통적으로 러시아와는 갈등 관계에 있었던 국가였다.

당시 미국은 고르바초프와 핵 군축과 독일 문제 등에 전격적으로 협력하며 큰 틀에서의 안정적인 안보 구도를 선호했기 때문에 부시 대통령은 우크라이나의 수도를 방문하여 우크라이나의 강한 민족주의에 대해 거리를 두고 이에 대해 경고하기도 했었다.

미국은 1991년 이후 우크라이나와 공식 외교관계를 유지해왔고 현재 양국 관계는 전략적 동반자 관계이다. 미국은 유럽, 유럽-대서양 체제에 통합된 민주적이고, 번영하는, 안전한 우크라이나를 원하고 있다. 양국은 국방, 안보, 경제, 무역, 에너지 안보 등에서 협력하고 있으며 특히 미국은 현재 러시아의 우크라이나 침공 이후 우크라이나에 대한 자국의 지원과 나토 차원의 강화된 안보 지원에 집중하고 있다.33)

2. 미국의 우크라이나 안보 정책 변화

냉전 종식의 여파가 남아 있던 1990년대와는 달리 2000년대 초부터 미·러 관계는 악화하기 시작하였다. 푸틴의 권위주의 체제 강화, 미국의 이라크 전, 우크라이나의 나토 가입 추진 등이 주된 원인이었다. 2008년 8월에 발발한 그루지야 군과 친러 성향의 남오세티아 분리주의자들 사이의 전쟁에 러시아가 개입하는 사태가 발생했다. 미국의 부시 대통령은 우크라이나는 물론 그루지야의 나토 회원 가입 요청을 지원하며 세계 언론의 주목을 받았다.

---

33) 미·우크라이나 전략적동반자관계 헌장과 안보 분야 합의 내용은 후술함.

부시 이후 등장한 오바마 대통령은 본인의 정치적 이상이었던 핵 없는 세상을 추구하기 위해 취임 첫해부터 러시아와의 새로운 핵 군축 협상을 제안하며 대러 관계 개선에 나서게 되고 미국은 우크라이나 나토 가입을 추진하지 않기로 한다. 당시 미국은 러시아와의 관계 개선이 필요하기도 했지만, 우크라이나의 나토 가입은 러시아와의 군사적 충돌 가능성을 높일 수 있다는 우려 때문이기도 했다. 러시아의 크림반도 합병 이후 오바마 대통령은 한 인터뷰에서 우크라이나가 러시아에는 핵심 이익이지만, 미국에는 그렇지 않다는 견해를 분명히 밝히기까지 하였다.[34]

2014년 우크라이나의 유로마이단 혁명으로 우크라이나의 친러 정권이 축출되었고 러시아는 돈바스 내 친러 성향의 분리주의 공화국을 지원하고 크림반도를 합병했다. 푸틴 대통령의 무모한 공격적 도발로 미 의회의 강력한 대러시아 제재가 이행되고 있고 트럼프 대통령의 대러 관계 개선 노력에도 불구하고 미·러 관계는 악화 일로의 길로 들어서게 된다.

바이든 정부 출범 이후 미국은 러시아와 우크라이나의 상황이 예사롭지 않게 진행되고 있음을 간파하고 있었다. 이에 미국과 우크라이나는 2021년 10월에 전략적 동반자 관계에 대한 헌장에 서명했는데 헌장은 전문과 총 3부 29개 항으로 되어 있으며 내용의 범위 면에서 매우 포괄적이면서도 사안별로는 상당히 구체적인 합의였다. 특히 2부에서는 안보와 러시아의 침략 대응(Security and Countering Russian Aggression)이라고 구체적으로 안보 상황을 적시하기까지 하였다. 미국으로서는 예상되는 러시아의 도발을 방지하기 위한 마지막 외교적 노력을 한 셈이다. 헌장 2부의 핵심 분야의 합의 내용은 다음 표와 같다.

구분	미국과 우크라이나의 안보협력과 대러 대응 합의 내용[35]
기본 방향	우크라이나가 위협으로부터 자국을 방어하고 영토적 완전성을 유지하는 능력을 강화하며 유럽-대서양 기구에 통합을 심화시킨다.
미국의 기존 양해 각서 의무	미국은 우크라이나의 핸 비확산 노력을 인식하고 1994년 5월 헝가리 부다페스트에서 서명한 우크라이나의 핵 비확산 조약 가입과 안전 보장 양해 각서에 대한 미국의 의무를 재확인한다.
우크라이나 나토 가입	2008년 나토 정상회의 선언, 2021년 나토 정상회의 공동성명 따라 미국은 우크라이나가 열망하고 있는 나토 가입을 포함한 자국의 외교정책에 대한 결정권이 외부로부터의 간섭 없이 자유롭게 보장되어야 한다

34) Jeffrey Goldberg, “The Obama Doctrine,” The Atlantic, April 2016.

35) 미 국무부 홈페이지. https://www.state.gov/u-s-ukraine-charter-on-strategic-partnership/

구분	미국과 우크라이나의 안보협력과 대러 대응 합의 내용[35]
러시아 공동 대응	• 미국과 우크라이나는 우크라이나에 대한 외부로부터의 직접적이고 하이브리드 적인 공격에 대한 일련의 실질적인 대응 조치를 지속할 것임 • 미국은 러시아의 무력 침략, 경제 및 에너지 파괴, 악의적인 사이버 활동에 대응하기 위한 우크라이나의 노력을 지원할 계획임
러시아 도발과 강점 지역 문제	• 러시아의 크림반도 합병 시도, 도네츠크와 루한스크 지역에서 러시아 주도하는 무력 충돌 등 국제법 위반에 대한 책임은 러시아에 있다. • 미국은 러시아의 크림반도 합병 시도를 인정하지 않으며 앞으로도 인정하지 않을 것이다. • 미국은 러시아에 대한 제재를 유지하고 국제적으로 인정되는 범위 내에서 우크라이나의 영토적 완전성이 회복될 때까지 관련 조치를 적용한다.

지난 30여 년간 미국의 대우크라이나 정책은 시장경제에 기반한 친서방 우크라이나를 만들어 나간다는 대원칙에는 일관성을 가졌으나 구체적인 정책추진에 있어서는 정부의 성향과 정책 의지, 당시 미국의 대러 관계 등에 따라 차이를 보였다. 2014년 러시아가 크림반도를 강제 합병했을 때, 1994년 헝가리 부다페스트에서 미국, 영국, 러시아와 우크라이나 등 3개국이 서명한 핵 폐기·안전 보장 양해 각서는 그 효력을 발휘하지 못했다. 바이든 정부가 들어선 이후 미국과 우크라이나와의 전략적동반자 관계 설정과 이에 따른 구체적인 헌장까지 체결하는 등의 외교적 노력을 하였으나 결국 푸틴의 우크라이나 침공이라는 무모한 행동을 막을 수 없었다.

Ⅱ. 전쟁 발발과 미국의 대러 봉쇄 정책

1. 러시아의 우크라 침공에 대한 미국의 외교전

트럼프 시기의 우려와 달리 바이든 정부가 들어선 이후 전략적 안정성을 유지하기 위해 New Start 조약을 연장한 것은 미·러 관계 개선의 가능성을 보인 것인가 하는 희망을 품게 하였다. 안보 상황의 변화에 따라 미국의 국익과 정책도 변화하게 되는데, 러시아의 우크라이나 침공 후, 미국의 대러 정책은 적극적인 봉쇄와 무력 공격에 대한 적극적인 대응 정책으로 선회하게 된다.

사실 2008년 러시아의 그루지야 사태 개입, 2014년의 크림반도 합병 등도 개별 국가의 영토에 대한 침공이었으나 2022년 2월 24일 러시아의 우크라이나 침공은 그 이전의 상황과는 다른 미국으로서 더 이상 좌시할 수 없는 매우 중대한 사안이었다. 우크라이나는 유럽 대륙으로 진입하는 관문으로 나토 회원국인 폴란드와 인접한 매우 전략적으로 중요한 위치에 있다. 그리고 이러한 미국의 대러 정책 변화는 너무도 당연하게 우크라이나에 대한 적극적인 지원으로 이어지게 된다. 이제 러시아로부터 자국 영토에 대한 전면적인 공격받는 우크라이나를 지원하고 우크라이나의 영토를 회복시키는 것은 미국의 핵심 이익이 된 것이다.

미국의 미국이 러시아의 우크라이나 침공에 대한 근본적인 인식과 정책 기조는 블링컨 국무장관의 발언에서 확인된다.36) 그 내용을 요약하면 아래와 같다.

- (위협 인식) 러시아의 우크라이나 침공은 국제평화와 안보에 핵심 기조와 가치를 흔드는 심각한 위협으로 인식함.
- (영토·주권 보존) 무력에 의한 국경, 영토의 완전성은 침해는 불가, 우크라이나의 독립, 주권과 영토 보전에 대한 미국의 약속은 철통같음. 우크라이나가 스스로 방위할 수 있도록 지원할 것임.
- (번영 추구) 민주국가의 시민은 자신은 미래를 결정할 수 있는 고유의 권한을 가지고 있음. 우크라이나 국민의 번영된 미래를 위해 지원할 것임.
- (대러 책임) 국제상회의 모든 구성원은 국제사회의 엄숙한 국제사회의 공동의 규칙과 질서 위반에 대해 책임을 져야 함. 러시아의 행동은 국제사회의 질서와 안보 체계, 미국의 파트너와 동맹에 대한 심각한 도전임. 러시아는 이에 대한 책임을 져야 할 것임.

조 바이든 미 대통령은 러시아의 우크라이나 침공 직후 이를 아무런 이유 없고 정의롭지 않은(unprovoked & unjustified) 사전에 준비된 불법 공격으로 규정하였다. 또 바이든 대통령은 작년 9월 제77 유엔 총회 연설에서 유엔 안보리 상임이사국인 러시아가 인접 국가를 침공하여 유엔 헌장에 대해 심각한 위반을 하였다고 러시아를 비난하였다. 또 미국의 국무부가 주도하고 많은 회원국의 지지로 러시아의 우크라이나 침공을 규탄하는 유엔 총회 결의안이 2022년 10월에 143개 회원국의 지지로 통과되었다. 이 결의안에서는 러시아의 우크라이나 공격을 어떠한 국제법에서도 효력이 없는 불법적 행동이라고 규정하고 유엔 총회가 우크라이나의 주권, 독립, 영토의 완전성을 위한 지원을 할 것임을 확인해 주었다.37)

미국은 적극적인 외교전을 전개하며 러시아의 우크라이나 공격의 불법성, 우크라이

36) 미 국무부 홈페이지, https://www.state.gov/united-with-ukraine/

37) UN General Assembly Resolution ES-1114, 2022.10.12.

나의 주권과 영토 보존의 필요성을 호소했고 국제사회의 결집을 유도했다. 이를 통해 국제사회의 러시아에 대한 경제 제재 조치는 물론 우크라이나에 대한 다양한 안보 지원을 견인하고 있다.

2. 대러 경제 제재 조치

미국이 가장 먼저 대러 봉쇄를 위해 행동으로 옮긴 것은 경제 제재였다. 미국과 EU, 영국, 노르웨이 등 유럽 주요국, 케나다, 한국, 호주, 일본, 뉴질랜드 등이 대러 경제 제재의 필요성에 동의하고 전면적 경제 제재 조치에 동참했다. 경제 제재의 범위, 속도, 협력의 강도는 2차 대전 이후 전례 없다는 평가이다. 대러 제재는 △러시아산 에너지 등에 대한 수입 금지 △주요 기업들의 러시아 철수 △국제금융결제망인 스위프트(SWIFT)에서 러시아 배제 △러시아 중앙은행의 외환 보유고 동결 등이다. 이 가운데 러시아에 대한 금수와 기업 철수는 실물 부문, 금융망 배제와 외환 보유고 동결은 금융에 대한 제재라 할 수 있다.[38]

제재가 발효된 이후 제재에 동참하지 않은 중국, 인도, 사우디 등을 포함한 국가와의 러시아와의 경제활동 등이 거론되며 그 실효성에 대한 논란은 일부 있었으나 러시아의 우크라이나전쟁이 1년이 되어가고 있는 현재 러시아에 많은 경제적 어려움을 주고 있는 것은 사실이다. 주요 사례는 △러시아의 금융기관 등은 수천억 달러의 손실을 보았으며 △러시아 군은 주요 장비에 대한 부품 조달에 어려움을 겪고 있고 △수많은 러시아의 공장들이 외국산 부품 부족으로 제품 생산을 무기한 연기하였고 △그 결과 생산공장의 근로자에 대한 임시 휴가가 늘어나고 있으며 △수백여 개의 미국을 포함한 외국회사들이 러시아 시장을 떠났으며 △러시아의 원유는 일반적인 시장 가격보다 저가에 매매되고 있다.[39]

이러한 어려움에도 불구하고 IMF에서는 2022년 10월 경제 전망에서 러시아의 경제력이 예상 보다는 제재를 잘 견디어 내었다고 평가하였다. 2008년부터 2010년까지 글로벌 금융위기 시의 마이너스 성장률(7% 후반) 보다는 적은 3%의 마이너스 성장률을 기록했다고 공개 한 바 있다.[40] 반면 러시아 중앙은행에 따르면 러시아는 2022년 4분기 기준 7.1%의 마이너스 성장을 기록했는데 이는 전분기인 3분기 마이너스 성장률인

---

38) "실물·금융 옥죄는 역대급 대러 제재…" 한겨레. 2022.4.19.

39) "The Economic Impact of Russia Sanctions", CRS Report , 2022.12.13.

40) "World Economic Outlook, October 2022.", https://www.imf.org/en/Publications/WEO/Issues/2022/10/11/world-economic-outlook

약 4%보다 매우 가파른 마이너스 성장률이었다. 이는 경제 제재의 효과가 시간을 두고 누적되어 나타난 것이다. 또 제재 효과는 물론 러시아가 진행 중인 전쟁을 위해 민간 생산품과 노동자들을 동원하고 내수 경제를 위한 계획들을 연기하는 등의 활동이 러시아 경제에 더 큰 부담일 수 있다.

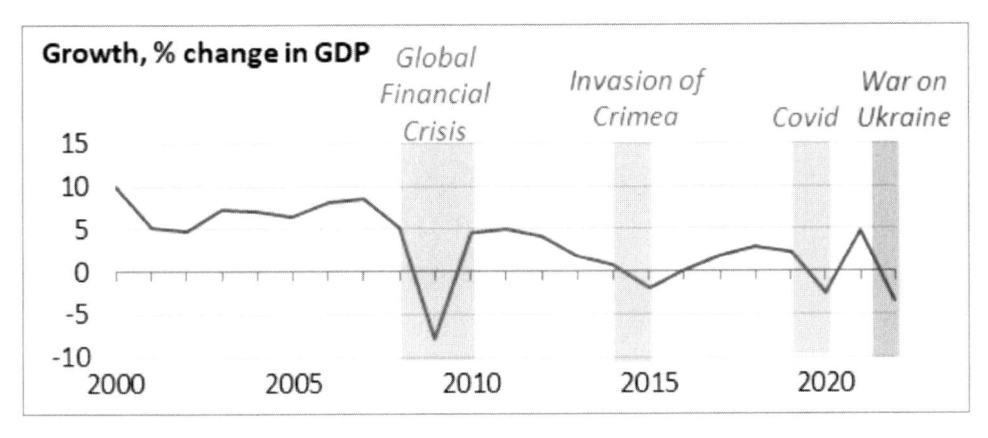

출처: "The Economic Impact of Russia Sanctions", CRS Report, 2022.12.13. https://crsreports.congress.gov/product/pdf/IF/IF12092

작년 12월 EU와 G7, 호주는 러시아 원유의 상한가를 정하고 EU 차원에서 대부분의 러시아 원유 수입을 금지하는 추가 제재에 합의했다.[41] 이는 향후 러시아 정부의 수입을 직접적으로 감소시켜 러시아의 전쟁 수행 비용에 상당한 압박을 줄 것이다.

3. 나토 확장과 대비 태세 강화

러시아의 우크라이나 침공으로 오히려 나토는 회원국을 확장하고 있다. 전시는 물론 수십 년간 중립국을 유지하고 군사동맹의 외곽에 있었던 핀란드와 스웨덴이 러시아의 우크라이나 침공 이후 러시아의 위협에 대해 안보 불안을 느끼고 공식적으로 나토 가입을 결정했다. 지난 1년간 나토 가입 절차를 진행해 왔으며 현재 30개 나토 회원국 중 헝가리와 터키의 승인 절차만 남은 상태이다. 독일 외무장관은 2월 13일 핀란드 외무장관과의 회담 뒤 가진 공동 기자회견에서 핀란드와 스웨덴이 나토를 강화할 것이라며 헝가리와 터키에 핀란드와 스웨덴의 북대서양조약기구(NATO·나토) 가입에 길을 열어줄 것을 촉구했다.[42]

41) "우크라이나 전쟁: G7·EU·호주, 러시아 원유 상한액 배럴당 60달러로 합의", BBC News 코리아, 2022.12.3., https://www.bbc.com/korean/news-63844871

올해 안에 이 두 나라가 나토에 가입하게 된다면 이전과는 달리 이 두 나라는 나토의 한 회원국에 대한 공격을 모든 회원국에 대한 공격으로 간주하는 나토 조약 5조에 따라 핵보유국에 의해 자국의 안보를 보장받게 된다.[43] 이미 핀란드는 나토 회원국 간의 약속인 GDP의 2%를 국방비로 쓰고 있다. 핀란드는 또 러시아와 1,340km의 국경선을 맞대고 있는데 핀란드의 나토 가입에 따른 러시아에 대한 봉쇄 효과는 상당한 수준에 이를 것으로 보인다.

2022년 11월 29일 NATO가 이틀 일정으로 루마니아 수도 부쿠레슈티에서 외무장관 회의를 개최했다. 나토는 첫날 성명을 통해 우크라이나 민간인과 에너지 시설에 대한 러시아의 지속적이고 비양심적인 공격을 비난하고 우크라이나에 대한 실질적인 지원을 지속하고 강화할 것이라고 밝혔다. 이어 나토는 우크라이나가 주권과 자국 영토를 계속 수호할 수 있도록 필요할 때까지 지원을 유지할 것이라고 다짐했으며 또 우크라이나를 회원국으로 받아들이겠다는 의지도 재확인했다. 나토는 지난 2008년 미 부시 대통령의 적극적인 지원으로 우크라이나의 나토 가입을 약속한 바 있었다.[44]

미국은 나토의 실질적인 대비 태세를 강화하며 러시아에 대한 봉쇄의 고삐를 더 죄고 있다. 우선 미국은 기존에 배치되어 있던 유럽 주둔 미군을 동진시켰다. 공격헬기 부대를 독일에서 리투아니아로, 공중 강습 대대를 이탈리아에서 라트비아로 스트라이커 여단 일부를 각가 루마니아, 불가리아, 헝가리로, 패트리엇 포대를 독일에서 슬로바키아와 폴란드로 영국의 F-15 전투기를 폴란드로 이동시켰다.[45]

미국은 또 기존의 순환 배치 부대의 주기를 일부 연장하고 순환부대를 추가 배치하는 방식으로 유럽 주둔 미군 약 20,000여 명을 증가시키며 러시아의 추가 도발에 대한 억제력을 강화하고 있다. 현재 유럽 전역에는 육군, 해군, 공군, 해병, 사이버 우주군 등 약 100,000여 명의 미군이 주둔하고 있다. 항모전단의 순환 주기를 늘렸고, 추가적인 전투비행 대대와 수송/재급유기, 해병 기동군과 해군 상륙준비단을 배치했다. 또 육군 군단사령부, 사단사령부, 보병여단 전투단과 기갑 여단 전투단, 그리고 고기동포병로켓시스템(HIMARS) 대대를 추가로 배치하고 기존 배치된 부대들의 완전성을 보충해 주었다. 또 나토 차원의 대응 전력도 지정하고 나토와의 협력에 적극적으로 참여하고 있다.[46]

---

42) "독일, 핀란드·스웨덴 나토 가입 승인 터키·헝가리에 촉구", VOA, 2023.2.14.

43) "Sweden and Finland's journey from neutral to Nato", BBC News, 2022.6.29.

44) "NATO 사무총장, 우크라이나 언젠가 나토 회원국 될 것", VOA 뉴스, 2022.11.30.

45) FACT SHEET - U.S. Defense Contributions to Europe, 2022.6.29., https://www.defense.gov/News/Releases

46) FACT SHEET - U.S. Defense Contributions to Europe, 2022.6.29.,

미군 자체의 전력 증강은 물론 2022년 2월 러시아의 우크라이나 침공 이후, 동부 유럽에 주둔한 나토의 지휘권 아래에 있는 다국적군 전력은 5,000명에서 40,000명으로 늘어났다. 에스토니아, 라트비아, 리투아니아 등 발트해 3국과 폴란드, 슬로바키아, 헝가리, 루마니아, 불가리아 등 8개국이 다국적군으로 참가하고 있다.

발트해 3국과 폴란드는 유럽 동부지역에 더 강화된 상시 주둔하는 나토 전력을 원하고 있다. 나토의 세력 확장과 대비 태세 강화는 러시아의 위협에 대비하여 동맹의 실질적인 억제력을 강화하였고 이러한 억제력은 러시아의 위협으로 불안한 나토 회원국에는 안보를 담보해 주는 핵심 축 역할을 하고 있다. 겨울을 지나며 연료 문제 등으로 유럽의 단결이 와해할 것이라는 일부의 우려도 있었으나 나토는 현재 러시아의 연료 압박과 사이버 위협에도 불구하고 미국과 주요 동맹국의 지도하에 단결력을 유지하며 러시아를 고립시키고 우크라이나를 지원 중이다.

Ⅲ. 미국의 대우크라이나전쟁 지원

1. 미국의 대우크라이나 안보 지원

미국은 2014년 러시아의 크림반도 합병 이후부터 비살상용 장비를 중심으로 우크라이나에 대한 안보 지원을 시작했다. 미국의 안보 지원 패키지는 우크라이나 군 스스로 국방 능력을 신장시킬 수 있도록 훈련하고, 장비를 갖추게 하고 또 이에 대한 조언과 지도를 하는 것이다. 이러한 우크라이나 내에서의 우크라이나 군에 대한 훈련과 지도는 러시아의 우크라이나 침공 직후 무기한 연기되었고 2022년 4월부터 우크라이나 외의 지역에서 진행 중이다. 특히 미국이 우크라이나에 전투 장비를 지원하면서 미국의 우크라이나 군에 대한 훈련은 미군과 나토의 장비와 시스템을 운용 능력을 훈련하는 데 집중하고 있다.

지난 1월 26일 자 CRS Report[47]에 따르면 2014년 러시아의 우크라이나 침공 이후 2023년 1월 25일까지 우크라이나의 영토 보존과 국경 회복, 나토와의 상호운용성을 위한 예산 지원에 총 299억 달러, 한화 약 38조 원(1270원/달러 기준)을 집행했다. 이 중 우크라이나전쟁 개시 이후 바이든 정부의 지원이 271억 달러로 현재까지 지원액의

47) “US Security Assistance to Ukraine”, CRS Report , 2023.1.26., https://crsreports.congress.gov/product/pdf/IF/IF12040

90%에 육박한다. 이는 전쟁 이전과 이후의 미국의 우크라이나 안보 상황에 대한 인식의 변화와 우크라이나 상황에 대한 미국의 인식을 정확히 보여주는 수치라고 할 수 있다.

2. 미국의 대우크라이나 군사 장비 제공과 진화하는 전략

미국은 우크라이나전쟁 개시 이후 전투 현장의 상황 변화에 따라 우크라이나에 대한 장비 지원의 범위와 규모를 변화시켜 왔다. 개전 초기에 미국은 재블린 대전차 미사일 수백여 기, 자폭 공격 드론 수백여 기, 장갑차 수백 대, 헬리콥터 등으로 장비 지원을 시작했다. 이후 미국은 미사일 방어를 위한 패트리엇 포대와 고기동 포병로켓 시스템(HIMARS) 38대, 그리고 추가 공격용 무기인 브래들리 보병 전투차량과 31대의 중기갑 M1 애브람스 탱크 등 우크라이나의 공세 전환과 실지 회복에 필요한 무기를 제공하기로 전격 약속했다. 미 국방부 대변인 라이더 장군은 브래들리 전차가 우크라이나 군이 방위 임무를 계속 수행해나감에 있어서 전장에서 필요한 우세한 기갑 능력과 대전차 화력을 제공할 것이라고 언급하기도 했다.[48]

〈표 1〉 미국의 우크라이나 군사 장비 제공 현황 종합[49]

구분	내용
기갑 및 기동	• M1 Abrams Tanks 31대 • Bradley Infantry Fighting Vehicle 109대 • M113 Armored Personnel Carrier 90대 • Stryker Armored Personnel Carriers 90대
방공	• Patriot 1개 포대와 탄 • Stinger anti-aircraft systems 1,600기 이상
대전차	• Javelin anti-armor systems 8,500기 이상 • TOW, HARMS 등 대전차 무기 2,590여 기 • 기타 대 기갑 무기 50,000여 기 이상
화력	• HIMARS 38대와 탄 • 155 mm 곡사포 160대 / 곡사포 포탄 150만 발 이상 • 105 mm 곡사포 72대
무인기	• Phoenix Ghost 전술 무인기 1,800대 이상 • Switchable Tactical 전술 무인기 700대 이상, 기타 무인기
기타	• 통신, 레이더, 정보 관련 장비 등

48) "US has made 'substantive' change in weaponry provided to Ukraine, officials say", CNN Politics, 2023.1.10.
https://edition.cnn.com/2023/01/10/politics/us-ukraine-weaponry/index.html

49) 출처 미 국방부 홈페이지, Fact Sheet, 2023.1.6.,

특히 그동안 후속 군수지원의 어려움 등으로 미국이 공식 발표 1주일 전까지만 해도 우크라이나의 장비 제공에 유보하는 태도를 보여왔던 취했던 M1 애브랍스 전차의 전격 지원 발표는 미국의 대우크라이나 전략이 진화하고 있음을 보여주는 극적인 사례이다. 언론보도 등을 종합해 보면 미 국방부나 군사 전문가들은 애브람스 탱크의 우크라이나 제공에 반대했던 것으로 알려져 있고 우크라이나에 대한 탱크 지원 결정은 바이든 대통령의 정치적 결심에 의한 것이었다고 알려졌다. 우크라이나는 줄 곳 서방의 전차 지원을 요청해 왔으나 독일, 미국에서 쉽게 결정하지 못했는데 영국의 챌린저 2호 지원 공개와 폴란드의 자국 소유 레오파드 2 우크라이나 지원 요청 등이 알려지면서 본격적인 미국과 독일의 논의가 시작되었다.

독일로서는 자국의 우크라이나에 대한 전차 지원에 미국도 미국의 전차 지원을 원했다. 독일은 자국의 전차가 유럽 대륙에서 러시아와 교전하게 되는 건 2차대전 시절을 연상할 수 있다는 부담도 있었지만 미국의 보호 없이 러시아와 충돌할 수 있다는 가능성에 대한 부담도 상당했을 것이다. 많은 유럽의 나토 회원국이 우크라이나에 대한 미국의 전차 지원을 원하고 있었고 이 문제로 나토 내부의 단결을 우려한 바이든 대통령은 미국의 전차 지원을 결심하게 된다. 독일의 레오파드2 전차는 유럽의 주요국이 주력전차로 운용하는 전차이며 독일과 폴란드에 이어 유럽의 몇몇 나라가 더 우크라이나에 대한 전차 지원을 할 예정으로 보인다. 그러나 확전을 우려한 바이든 대통령은 또 러시아군이 원래 있던 자리로 돌아간다면 러시아에 대한 공격적인 위협은 없을 것이라고 언급하기도 했다.

더 나아가 뉴욕타임스지는 지난 1월 18일 기사에서 그동안 크림반도에 대한 우크라이나의 공격에 대해 선을 그어왔던 미국이 바이든 정부가 미묘한 기류 변화가 보인다고 보도한 바 있다. 현재 군사적 중요성이 있는 표적은 크림반도 외에 지역에 더 많으나, 러시아 수만의 군, 주요 기지들이 크림반도에 있고 미국은 아직도 크림반도가 우크라이나의 영토라는 생각에는 변화가 없다고 백악관 NSC 대변인이 공개적으로 언급하기도 했다.[50]

우크라이나는 늘 크림반도를 공격해야 한다고 미국에 주장해왔고 러시아에 대한 압력은 자국 전략의 중요한 부분이라고 했다. 우크라이나의 군 고위급들은 특히 크림반도에 있는 러시아 후방지역에 대한 압력을 증가하는 것이 얼마나 중요한지 늘 역설해 왔다. 만약 우크라이나가 실제로 크림반도를 공격하지 않더라도 크림반도까지 위협할 수 있다는 능력을 보여준다면 향후 정전 협상에서 유리한 위치를 점할 수도 있다. 미국이 개전 초 스팅어 대공 미사일을 우크라이나에 조심스럽게 제공했던 기억을 떠올린다면

---

50) "U.S. Warms to Helping Ukraine Target Crimea",New York Times, 2023.1.18.

이러한 논의 자체가 미국의 대우크라이나 지원 전략에 얼마나 커다란 변화가 있었는지를 알 수 있다.

〈그림 1〉 2023년 2월 16일 08시 현재 우크라이나 전황 지도[51]

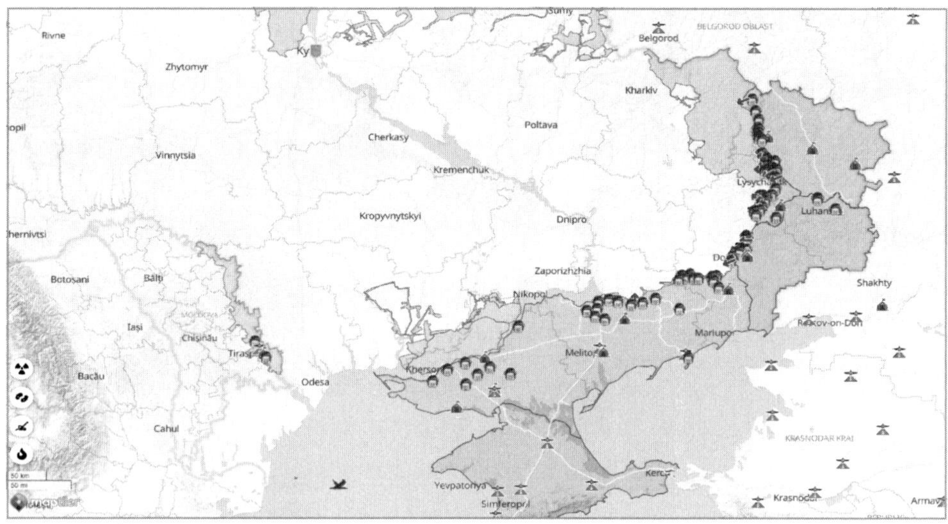

출처: https://deepstatemap.live/en#6/49.438/32.053

미국이 우크라이나에 지원한 무기는 우크라이나에서 생산할 수 없지만 즉각 전개할 수 있는 첨단무기 들이다. 이러한 무기 지원으로 우크라이나 군은 전쟁 지속능력을 유지하고 있다. 미국은 무기 지원을 통해 미군 무기체계에 대한 우크라이나 군의 운용 능력이 신장 되는 것을 목도하고 있다. 주지하다시피 여기에는 공격 무기도 포함되어 있다. 이러한 미군 무기체계에 대한 실전 운용 경험은 자연스럽게 나토 무기체계와의 상호운용성이 향상됨을 의미하며 이는 우크라이나가 나토에 가까이 가는 중요한 계기가 될 것이다. 우크라이나는 중장거리 미사일, 더 많은 탱크, 전투기, 추가적인 방공·미사일 방어 무기를 원하고 있다.

51) 일부 내용은 사실과 다를 수 있음

Ⅳ. 전 망

1. 미국의 정책

러시아의 침공 이전 현상 유지를 하고 있었던 우크라이나는 현재와 같은 미국의 관심과 지원을 받지 못했으나 러시아의 침공을 받는 우크라이나의 상황은 자칫 잘못하면 기존의 국제사회를 유지하고 있는 질서를 무력화 시킬 수 있는 중대한 사안이 되었다. 미국은 앞에서 언급했던 외교전, 경제 제재, 우크라이나에 대한 안보 지원 등 국력의 제반 요소들을 동원하여 대러 봉쇄 정책을 지속 추진해 나갈 것이다. 외교전을 통해서는 대러시아의 정당하지 않은 우크라이나 공격에 대한 불법성을 부각해 대러 봉쇄에 대한 명분을 지속 유지할 것이다. 이를 통해 나토는 물론 국제사회의 결집을 견인할 것이며 대러 경제 제재 역시 틈이 발생하지 않도록 더 많은 정교한 노력을 할 것이다.

우크라이나에 대한 안보 지원 역시 현재 상당은 수준에 와있다. 로이드 오스틴 장관은 2022년 4월 폴란드 방문 시 우리는 러시아가 다시는 주변국에 침공과 같은 행동을 못 할 정도로 약화하기를 원한다고 발언한 바 있다.[52] 미국은 지속해서 우크라이나에 대한 첨단 군사 장비를 지원할 것이다. 현재까지는 개전 초와 달리 전장 상황 변화에 따라 방어용 장비 외에 기갑·화력장비 등 공격용 무기까지 지원하고 있다. 늘 우크라이나는 미국이 지원하는 것 이상 많은 무기를 원하고 있으나 미국은 적절한 선에서 우크라이나의 요구를 거절할 것이다.

러시아의 불법적인 공격에 대한 책임 소재를 어디까지 할지도 중요한 변수가 될 것이다. 인명 피해가 커지고 전쟁 비용이 증가하면서 경제 상황이 악화한다면 대두될 수 있는 국제적인 반전 여론인데 이러한 압력은 당분간은 쉽게 드러나지 않을 것이다.

현재까지 미국을 포함한 서방의 지원을 받은 우크라이나는 특유의 민족성과 단결력으로 일부 잃어버린 영토회복을 하는 등 상당한 능력과 의지를 보여주고 있다. 다만 크림반도를 포함한 우크라이나 영토의 모든 곳에 러시아 군을 축출하는 문제는 미국과 우크라이나 나토 회원국 모두에게 절대 쉽지 않은 과업이 될 것이다. 앞으로 펼쳐질 여러 안보, 경제적 상황 등을 고려하여 미국은 우크라이나와 나토 회원국들이 합의할 수 있는 선에서 출구전략을 마련하려고 할 것이지만 상당한 시간이 걸릴 수도 있다. 6.25 전쟁의 경우도 정전 협상을 개시한 이후 정전협정에 이를 때까지 만 2년의 세월이 걸린 바 있다.

---

52) "U.S. wants Russian military 'weakened' from Ukraine invasion, Austin says", Washington Post, 2022.4.25., https://www.washingtonpost.com/world/2022/04/25/russia-weakened

2. 신기루 같은 출구전략

러시아가 원했던 우크라이나에 대한 완전한 굴복과 친러시아화 달성 불가능해졌다면 큰 틀에서 두 개의 출구전략을 예상해 볼 수 있다. 우크라이나에 원하는 무기 등을 다 제공하고 러시아 군을 자국의 영토에서 완전히 축출하는 우크라이나의 일방적 승리와 우크라이나의 승리에는 이르지 못하지만, 최소한 전쟁 자체를 멈추는 협상에 의한 평화적 해결 방안이다.[53] 두 개안 모두 결코 쉽게 합의에 이르기 쉽지 않은 해결책이다.

우크라이나에 대한 일방적인 승리를 위해서는 많은 제한 요소가 있는데 현실적으로 미국을 포함한 서방의 지원을 합의하는 것도 쉽지 않은 일이겠지만 이러한 지원을 통해 나토와 미국이 러시아와 직접적인 무력 충돌을 포함한 확전 가능성이 커진다는 위험성도 있다. 미국 대통령이 러시아 군이 원래 자리로 돌아간다면 러시아에 대한 공격 위협을 없을 것이라고 언급한 것, 또 고기동 포병로켓시스템을 우크라이나에 제공하면서 사거리가 약 300km 이르는 육군 전술미사일 시스템(ATACMS)을 제거한 것은 이러한 확전 우려에서 비롯된 것이다. 또 전투 현장에서 서방의 첨단무기가 러시아의 손에 넘어가는 것 또한 부담이 아닐 수 없다.

두 번째 전쟁 자체를 멈추는 평화적 해결책 역시 러시아와 우크라이나의 인식과 생각의 차이가 너무 커서 절대 쉽지 않다. 푸틴은 기회가 될 때 매우 성의 없는 태도로 우크라이나를 제외하고 미국과 일대일로 자신의 영토적 야심을 논의하려고 시도했었다. 젤렌스키 대통령 역시 1991년에 합의된 우크라이나 영토 이외의 다른 안에 대한 평화협상은 있을 수 없다고 여러 차례 밝힌 바 있다. 이러한 그의 주장은 우크라이나 국민에게서 상당한 지지를 받고 있다. 미국 역시 우크라이나와 합의한 전략적 동반자 관계 헌장에서 러시아의 우크라이나 합병 등에 대해 인정하지 않을 것이라고 한 바 있다.

3. 미국의 중장기 전략

냉전 종식 이후 잊히는가 했던 조지 케넌의 봉쇄전략이 러시아의 우크라이나 침공으로 부활하고 있다. 향후 미국의 러시아에 대한 봉쇄는 외교, 정보, 군사, 경제, 문화 분야에 이르기까지 국력의 모든 요소가 포함될 것이다. 촘촘한 봉쇄 정책을 추진하며 미국은 러시아의 영향력 약화를 추구할 것이다. 미국은 우크라이나 전쟁으로 한껏 격상된 나토와 자국의 위상을 최대한 활용하여 유럽의 대러시아 안보 구도를 강화해 나갈 것이

53) Ivo H. Daadler & James Goldgeier, "The Long War in Ukraine", *Foreign Affairs,* 2023.1. https://www.foreignaffairs.com/ukraine/long-war-ukraine-russia-protracted-conflict

다. 우크라이나의 EU 가입과 NATO 가입 문제도 고려할 것이다.

2022년 폴란드는 60억 달러에 달하는 250대의 M1 애브람스 탱크를 독일은 84억 달러 상당의 F-35 전투기와 관련된 장비를 주문했다. 양국 모두 러시아에 대한 억제력 강화 차원에서 나토의 통합과 러시아에 대한 신뢰할 수 있는 억제력이 필요하다고 언급했다.[54] 이러한 미국 무기의 유럽 수출 확대는 나토에서의 미국의 위상과 지도력을 더욱 격상시킬 것이다.

미국은 강력한 억제력을 바탕으로 유럽의 안정을 유지하면서도 극적인 위기가 도래하여 필요하다고 판단할 때는 외교적 접근도 병행할 것이다. 1960년대 초 쿠바 미사일 사태도 그렇게 해결했고 구소련의 SS-20 지상 발사 중거리 핵미사일 배치로 촉발되어 유럽을 핵전쟁의 공포로 몰아갔던 유럽의 미사일 위기도 대화와 협상으로 해결한 바 있다. 이미 바이든 정부는 러시아와 New START 조약 연장으로 전략적 안정성에 대한 대화채널과 검증 채널을 가동하고 있다.[55]

4. 미국의 국가안보 전략과 러시아 대응 전략[56]

미국은 2022년 10월 22일 국가안보 전략을 발표하며 중국과 러시아가 점점 더 서로 공조하고 있으나 양국의 도전은 다르다고 정의하고 중국에 대해서는 경쟁에서 승리하고 여전히 심각하게 위험스러운 러시아는 억제하겠다(constrain)고 했다. 중국에 대해서는 국제 질서를 재편하려는 의도가 있는 유일한 경쟁자이며 점진적으로 경제적, 외교적, 군사적, 그리고 기술력을 지닌 국가가 될 것이라고 평가하고 미국의 유일한 경쟁 상대임을 분명히 했다.

러시아는 국제사회의 평화와 안정을 위협하는 즉각적이고 지속적인 위협이라고 했다. 미국은 동맹국과 함께 러시아의 전쟁을 전략적 실패가 되도록 할 것이라고 하며 5개 항의 대응 기조를 명시했다.

① 미국은 우크라이나의 자유를 위한 전쟁을 지속 지원할 것이며, 우크라이나의 경제적 회복과 EU와의 통합을 지원할 것임

② 미국은 나토 회원국의 한 치의 땅도 방어할 것이며 동맹과 파트너와의 관계를 심화하며 유럽의 안보와 민주주의, 기구들에 대한 러시아로부터의 추가 피해를 방지할 것임

---

54) US arms export approvals soared in 2022 https://www.defensenews.com/pentagon

55) New START 조약은 미·러 간의 전략 핵무기 감축 조약으로 미국과 러시아 모두 상대국에 대한 18회의 현장사찰이 허용되어 있다.

56) US National Security Strategy 2022.10. 미 백악관 홈페이지.

③ 미국은 러시아가 우리의 핵심 이익에 대한 위협을 가하는 행동을 억제하고 필요시 대응할 것임.
④ 미국은 러시아든 또 어느 나라든 자신들의 목적 달성을 위해 핵무기를 사용하거나 핵무기의 사용을 위협하는 것을 용납하지 않을 것임.
⑤ 미국은 러시아와 상호 호혜적일 수 있는 사안들에 대해 실용적인 상호 소통 방식을 유지하고 발전시킬 것이다.

Ⅴ. 정책 시사점

1. 균형 전략의 중요성

서독 슈미트는 수상은 자신의 유명한 저서, 『방어인가 보복인가』를 출간했다. 그는 저서에서 힘의 균형과 억제에 대해서 다음과 같이 주장하고 있다.

> '힘의 균형은 결코 정적이지 않고 늘 변한다. 모든 국가는 어떠한 시기에도 요구되는 대응적 균형력을 창출하는데 사활적 이익을 걸어야 한다. 서방은 소위 군사적 균형만을 유지하고 다른 노력은 하지 않으려고 하면 안 된다. 서방이 군비통제나 군축, 베를린 문제나 독일 통일 등 쟁점이 되는 문제를 실질적으로 논의하려면 정치, 경제, 군사적으로 지속적인 노력을 집중하여 모든 수준에서의 균형을 달성해야 한다.'57)

정치인들은 정치의 변화무쌍함을 빗대 정치를 생물이라고 한다. 그러나 슈미트 수상의 말대로 한 국가의 힘 역시 늘 정적이지 않고 늘 변화한다는 걸 망각해선 안 된다. 슈미트 수상이 말하는 한 국가의 힘은 국력의 제반 요소를 포함하는 포괄적인 힘을 말한다. 변화되는 상대국의 힘에 따라 균형된 우리의 힘을 보유해야 우리의 안전이 보장되고 평화를 논할 수 있다. 상대국과의 힘에 대한 균형을 잃고 균형에 틈이 생기는 순간 커다란 안보 위기를 맞게 된다. 러시아의 우크라이나 침공 사태는 이를 잘 설명해 주는 실증적 사례이다.

2. 확장억제 실행력 강화와 북한 핵 억제

2022년 9월 8일 만수대의사당에서 진행된 북한 최고인민회의에서 '조선민주주의 인

57) Schmidt, Helmut. 1962. *Defense or Retaliation A German View.* New York: Praeger. 206쪽.

민공화국 핵무력 정책에 대하여'가 심의·채택되고 핵무력 정책이 법령화되었음을 공표하였다는 조선중앙통신의 보도가 있었다. 북한은 이 문건에서 자국에 대한 핵 공격은 물론 재래식 공격에도 핵무기로 대응할 수밖에 없는 불가피한 상황이 조성된다면, 전·평시를 막론하고 자신들이 생각하는 위급한 상황에서 선제적으로 핵을 사용하겠다는 원칙을 분명히 밝혔다.

이제 북한의 핵 위협은 우리의 가장 큰 안보 위협이자 힘의 균형을 와해시킬 수 있는 비대칭 전력이다. 그리고 이러한 저들의 전력은 지속해서 진화하고 있다. 이에 대한 균형을 유지하기 위해서는 그 어느 때보다 더 긴밀한 한미 간 북한 핵 능력에 대한 정보공유와 대응 공조, 확장억제 전략의 실행력 강화가 필요하다. 군사적 억제력과 함께 정보력, 외교력, 경제력 등 국력의 제반 요소에 대한 미국과의 공조와 협력이 중요하다. 이러한 포괄적 공조와 협력으로 북한과의 힘의 균형을 유지하고 억제력을 유지해야 한다.

3. 한미동맹의 소중함, 향후 안정적 관리

러시아의 우크라이나 침공을 보며 한미동맹이 한반도는 물론, 동북아의 평화와 안정을 유지해 온 더없이 소중한 자산임을 다시 확인하게 되었다. 한미동맹도 6.25 전쟁이라는 희생을 통해 소중하게 만들어진 것이라는 것도 잊어서는 안 될 것이다. 현재의 미국과 우크라이나 관계와 한미동맹 관계를 아래 도표를 통해 비교해 보자.

〈표 2〉 한미동맹과 미·우크라이나 관계 비교

구 분	한미 관계	미·우크라이나 관계
공식 명칭	동맹	전략적 동반자 관계
관계 문서/ 서명권자	한미상호방위조약(국회 비준) / 외교장관·국무장관	전략적 동반자 관계 헌장 / 국무장관·외교장관
유사시 개입 조항	제2조 어느 1국의 정치적 독립, 안전이 외부 무력공격에 위협 받고 있다고 어느 당사국이든지 인정할 때… 단독, 공동으로 자조(自助), 상호원조하에 무력 공격 저지수단 지속 강화. 제3조 각 당사국은 … 타 당사국에 대한 태평양 지역에 있어서의 무력 공격을 자국의 평화와 안전을 위태롭게 하는 것이라 인정하고 공통한 위험에 대처하기 위하여 각자의 헌법상의 수속에 따라 행동할 것을 선언.	2부1항 미국과 우크라이나는 우크라이나에 대한 외부의 직접적이고 하이브리드 적인 공격에 대한 일련의 실질적인 대응 조치를 지속할 것임 미국은 러시아의 무력 침략, 경제 및 에너지 파괴, 악의적인 사이버 활동에 대응하기 위한 우크라이나의 노력을 지원할 계획임
조항 구속력	있음	없음
미군 주둔	28,500명 수준 / 단일 전투사령부 지휘	없음

한미동맹은 중요한 만큼 더 기능을 잘 발휘할 수 있도록 앞으로 관리를 더 잘해 나가야 한다. 늘 긴밀하게 소통하고 대화하며 동맹의 단결력을 강화해 나가야 한다. 주한 미군은 항상 많은 훈련 기회를 바라고 있으나 여러 가지 현실적인 제약으로 이를 충족시켜주지 못하고 있다. 창의적인 방법으로 훈련 기회 등을 제공하며 철저하게 한미동맹을 강화해 나가야 할 것이다.

미국이 현재는 우크라이나 전쟁에 집중하는 듯이 보이나, 자신들의 국가안보 전략에서도 밝혔듯이 필요한 분야는 중국과도 협력하지만, 중국과의 대결과 경쟁에서 승리하기 위한 정책을 전개할 것이다. 우리도 이러한 미·중 경쟁 구도 속에서 중국과의 갈등을 최소화하면서도 기술 협력 등 미국에 도움이 될 수 있는 분야가 있다면 적극적으로 동참해야 할 것이다.

저자소개

박철균 | 전 국방정책실 국제정책차장

전 국방부 정책실 국제차장은 1986년 육군사관학교 영어영문학과를 졸업했다. 이후 미국 워싱턴 D.C.에 있는 조지타운 대학에서 국가안전 보장학(National Securities Studies) 석사학위를 수료했고 2017년에는 대한민국 경남대학에서 북한핵 문제 해결을 위한 6자회담 참여국 국의 협의 방식을 연구 주제로 정치학 박사학위를 수료했다. 국바어 정책실 재직 시에는 한미일 안보협력, 미사일 사거리 연장 협상, 한미 방위비 협상, 전작권 전환 협의, 억제전략 위원회 등 한미간의 긴요한 안보 현안들을 관리하는 중요한 역할을 했다. 국방부 군비통제검증단장 재직 시에는 북한의 다양한 핵 위협에 대한 위협감소 분야에 관한 많은 연구와 과학적 정책 대안을 개발했다.
(이메일: pcheolkyun@gmail.com)

03

우크라이나 전쟁에 대한 유럽·NATO 대응과 전망

송 승 종 교수(대전대학교, 전 유엔 참사관)

Ⅰ. 서 론

21세기 최대의 비극 중 하나는 러시아가 저지른 우크라이나 무력침략이 '불가피한' 전쟁이 아니었다는 점일 것이다. 나이(Joseph S. Nye) 교수에 의하면, 우크라이나·러시아 전쟁(이하, 우·러전쟁)은 1945년 이후 유럽대륙에서 벌어진 가장 파괴적인 분쟁이다.[58] 실제로 2022년 2월 4일 러시아의 우크라이나 침공은 2차 세계대전 이후 유럽에서 발생한 '최초의 대규모 침략전쟁'(the first large-scale war of aggression)이다.[59] 서방세계는 푸틴이 무력침략을 선택했다고 보는 반면, 푸틴은 2008년 NATO가 우크라이나의 가입을 찬성한 결정[60]이 자국에 실존적 위협을 초래했다고 주장한다. 제1차 세계대전이 100년전 벌어졌지만, 역사가들은 여전히 전쟁의 원인을 둘러싸고 갑론을박을 계속하고 있다.[61] 1914년 세르비아 테러범이 페르디난드 공을 암살했기 때문에 전쟁이 시작되었는가? 아니면 영국에 도전하는 독일의 부상? 아니면 유럽 전역에서 본격화되기 시작한 민족주의 열풍? 아마도 대답은 "상기의 모든 것, 플러스 그 이상(all of the above, plus more)"일 것이다. 분명한 것은 1914년 8월에 시작되기 전까지, 그 전쟁은 '불가피'하지 않았다는 점이다. 그 이후 4년간 벌어진 대량살상 역시 '불가피'한 귀결이 아니었다.

'불가피'하지 않은 비극이 벌어졌다면, 대개 그 원인을 어느 일방에게 돌리기는 불가능하다. 대부분의 전쟁은 '쌍방 과실'의 결과다. 그러나 인류 전쟁사에서 일관되게 나타나는 일반적 현상에 의하면, 자신의 능력을 과대평가하는 반면, 상대의 저항을 과소평가하는 교전당사자는 거의(또는 반드시) 패배의 구렁텅이에 빠진다. 한마디로 전쟁은 억제 실패의 결과다. 우·러전쟁에서도 마찬가지다. 바이든 행정부가 표방한 '통합 억제'의 프레임워크는 전쟁을 막는데 실패했다. 미국의 반복적 경고(억제 노력)에도 불구하

---

58) Joseph S. Nye, Jr., "What Caused the Ukraine War?," *Project Syndicate*, 4 October 2022.

59) Sonya Angelica Diehn, "5 Ways the War Changed the World," *DW*, 3 June 2022.

60) Camille Gijs and Lili Bayer, "Ukraine Formally Applies for Fast-track NATO Membership," *Foreign Policy*, 30 September 2022.

61) Annette Mcdermott, "Did Franz Ferdinand's Assassination Cause World War I?," *History.com*, 27 June 2022. https://www.history.com/news/did-franz-ferdinands-assassination-cause-world-war-i

고 러시아는 침략전쟁을 강행했다. 문제는 그런 실패를 예방할 수 있었는지 여부다. 혹자는 對러시아 제재 위협의 실패를 거론한다. 다른 혹자는 미국의 성급한 아프간 철군이나 2021년 1월 6일의 '미 의회 폭동' 사건 등에서, 푸틴이 미국식 민주주의 붕괴와 미국 패권의 최종적 붕괴를 지나치게 확신한 점을 지적한다.[62] 반대로, 푸틴이 이번의 침략전쟁에서도 시리아, 조지아, 크름반도 등에서 거두었던 손쉬운 군사적 승리의 패턴이 반복될 것으로 속단했음을 뒷받침하는 증거들이 발견된다.[63]

우·러전쟁 원인 중에서 상당부분의 귀책사유는 유럽국가들에게도 돌아가야 할 것이다. 이런 측면에서 또 하나의 비극적 아이러니는 러시아가 외형상 유럽과 비교의 대상이 되지 못함에도 불구하고 유럽대륙에서 침략전쟁을 감행했다는 점이다. 일례로, 2021년 기준으로 NATO의 총 GDP가 약 18.35조달러인데 비해, 러시아는 한국보다 규모가 작은 1.7조달러에 불과하다. 연간 국방비도 NATO가 1조달러(미국이 약 80% 지출)인데 비해, 러시아는 700억달러에도 미달한다. GDP와 국방비 면에서 NATO는 러시아를 10배 이상 앞선다. 상기 수치에서 미국의 몫을 제외하더라도 러시아보다 훨씬 많다. 그런데도 유럽대륙은 2014년 러시아의 크림반도 강탈 이후, 냉전시대를 연상시키는 러시아의 안보위협에 시달리고 있다. 우크라이나 무력침략이 벌어지기 직전까지 드러난 유럽 주요국들의 수수방관과 지리멸렬한 대응[64]은 푸틴으로 하여금 적전분열의 어부지리에 대한 기대감을 높이기에 손색이 없었을 것이다. 요컨대, 유럽의 분열에 대한 푸틴의 낙관적 기대치가 억제의 실패, 나아가 침략전쟁으로의 귀결에 기여했다는 점은 분명해 보인다. 본고의 핵심 주제는 대부분 '유럽의 딜레마'에 초점을 맞춘다. 아울러 글로벌 안보위기를 고조시키는 러시아의 핵위협 문제도 함께 다뤄볼 것이다.

62) Daniel W. Drezner, "Why Did Deterrence Fail in Ukraine?," *Washington Post*, 27 March 2022.

63) Alistair Coleman, "Ukraine Crisis: Russian News Agency Deletes Victory Editorial," *BBC News*, 28 February 2022.

64) Mark Temnycky, "Europe's Dangerous Divide on Ukraine," *Wilson Center*, 28 January 2022; Holly Ellyatt, "US Puts Troops On Alert Amid Fears Of Russia-Ukraine Conflict. Europe Watches On," *CNBC News*, 25 January 2022.

Ⅱ. 우·러전쟁 관련 주요 이슈에 대한 유럽·NATO의 대응

1. 서방진영의 과오-1: 對러시아·푸틴 오판

무엇보다도 미국·서방국이 냉전 종식 이후에 러시아를 '몰락하는 국가'로 성급하게 단정하며, 서방세계에 대한 러시아의 적대감과 적대적 의도를 과소평가한 점이 지적되어야 한다. 예를 들어, 한때 바이든 대통령은 러시아를 "핵무기와 유정" 외에는 별다른 것이 없는 나라로 폄하했다. 미 상원의원인 존 매케인은 러시아를 "국가를 가장한 주유소(gas station masquerading as a country)"라고 깎아 내렸다. 러시아가 2014년 우크라의 크름반도(크림반도)를 '무혈점령'한 이후에도, 시리아 전쟁, 2016년 미국 대선, 베네수엘라의 정치적 위기, 리비아 내전 등에 개입했지만, 러시아를 '종이 호랑이'로 보는 인식은 여전했다. 문제는 러시아의 '쇠퇴/몰락'이 과대평가되었다는 점이다. 예를 들어, 지정학자로 알려진 피터 자이한(Peter Zeihan)에 의하면, 탈냉전 시대에 들어 러시아는 출산율의 급락, 인구감소와 노령화, 군대 유지를 위한 모병의 한계, 의료체계 붕괴 등으로 인해 "이미 황혼기에 접어든 국가"이다.[65]

나아가 미국의 안보기관, 전문가, 정치인들은 미국이 소련을 상대로 '냉전에서의 완벽한 승리'를 거두었으므로, 다시는 러시아가 강대국 경쟁으로 복귀할 가능성이 없다는 결론을 내렸다. 이들에 의하면, 미국의 우세는 이념적·군사적·경제적·외교적 경쟁의 측면을 모두 포괄하여, 다음과 같이 5가지 측면에서 냉전 종식의 '변혁적(transformational) 효과'를 초래했다. 첫째, 냉전에서의 패배와 함께, 소련식 공산주의 사상도 치명상을 입었다. 동유럽 위성국가들은 시장경제와 민주주의를 수용하여 소련체제로의 복귀를 거부했다. '역사의 종말'은 공산주의를 상대로 결정적 승리를 거둔 내러티브를 상징한다. 둘째, 냉전 종식을 전후로 소련(러시아)은 명백한 군사적 후퇴를 경험했다. 미국과의 군비경쟁으로 자원이 고갈되어, 10년간 벌인 아프간 전쟁을 중단해야 했다. 체첸 분리세력의 도전 등으로 러시아는 영토보전도 위태로운 지경이 되었다. 셋째, 소련 말기에 국가경제의 근간이 회복불가 상태로 붕괴되었다. 더욱이 1998년 금융위기로 러시아는 끝없는 빈곤과 절망적 상황을 맞이했다. 넷째, 인구통계학적인 노동력 부족과 고령화로 인해 경제력과 군사력의 회복이 곤란한 지경에 이르렀다. 다섯째, 러시아는 1990년대 말부터 중동, 아시아·태평양, 아프리카 및 서반구에 걸친 대외공약의 철회와 함께 외교적 고립에 돌입했다. 그 결과로 과거 중유럽 위성국들이 NATO와 EU의 문을

---

65) 피터 자이한(홍지수 역), 『21세기 미국의 패권과 지형학』 (서울: 김앤김북스, 2018), pp.176-222.

두드리고 있다.[66)]

상기의 평가에 기초하여, 대다수 전문가들은 국제무대에서 러시아가 분쟁과 적대행위를 일으킬 능력도 곧 줄어들 것이라고 속단했다. 크렘린이 공격적 외교정책의 수행을 위해 국가자원을 고갈시키는 자해행위를 하지 않을 것으로 본 것이다. 그러나 이러한 단편적 관점들은 더 큰 그림을 놓치고 있었다. 즉, 러시아의 약점을 과대평가한 반면, 강점을 과소평가한 것이다. 요컨대, 미국은 러시아를 쇠퇴하는 강대국이 아니라 최소한 10년~20년 동안 미국의 국가안보 이익을 위협할 의지와 능력이 있는 끈질긴(persistent) 강대국으로 판단했어야 옳았다는 것이다.[67)] 서방국들은 러시아를 '몰락한 석유국가(dead petrostate)'로 속단한 나머지, 러시아가 자신들을 겨냥하여 휘두를 수 있는 에너지 무기화(weaponization)의 위력을 제대로 인식하지 못했다. 실제로 향후 10년~20년 사이에 글로벌 탈탄소(decarbonization)를 지향한 에너지 전환은 다음 몇 가지 측면에서 석유기업이 상당한 지정학·경제적 영향력을 행사할 수 있는 절호의 기회를 제공한다. 첫째, 이 기간은 상당한 가격 변동성을 특징으로 할 것이며, 단기간에 더 많은 석유·가스를 공급할 수 있는 매우 제한적 생산자에게 추가적인 지정학적 영향을 제공할 것이다. 둘째, 서구의 대규모 상장기업들이 새로운 석유·천연가스 개발을 축소함에 따라, 방대한 자원이 발견된 나라에서 국영기업의 영향력이 높아질 것이다. 일례로, Shell, Chevron, Exxon, BP, Total과 같은 글로벌 메이저 기업의 전세계 석유·가스 생산량은 전체 수요의 15%에 불과하다. 이렇게 되면 OPEC와 국제 카르텔(사우디의 Aramco, UAE의 National Oil, 러시아의 Rosneft 등)의 글로벌 공급량이 증가하고 이들이 세계 석유시장에 미치는 영향도 커질 것이다. 셋째, 순제로(net-zero, 탄소중립) 경제에서도 상당량의 석유·가스가 에너지 믹스에 여전히 필요할 것이다. 국제에너지기구(International Energy Agency)에 의하면, 세계가 2050년까지 '순제로'의 기후목표에 도달하더라도, 지금의 약 25% 석유와 50%의 천연가스를 사용할 것으로 전망된다. 이는 OPEC과 그 파트너들(특히 러시아 국영기업)은 줄어드는 파이에서 점점 더 많은 부분을 차지하게 되어, 수요가 대폭 낮은 수준으로 떨어질 때까지 엄청난 영향력을 행사할 것임을 예고한다.[68)] 요약하면, 미국을 비롯한 유럽국들은 러시아를 '몰락

66) Eugene Rumer and Richard Sokolsky, *Grand Illusions: The Impact of Misperceptions About Russia on Policy* (Washington DC: Carnegie Endowment for International Peace, 2021). https://carnegieendowment.org/2021/06/30/grand-illusions-impact-of-misperceptions-about-russia-on--policy-pub-84845

67) Michael Kofman and Andrea Kendall-Taylor, "The Myth of Russian Decline," *Foreign Affairs*, Vol. 100, No. 6 (November/December 2021), pp.142-152.

68) Meghan L. O'Sullivan, "Russia Isn't a Dead Petrostate, and Putin Isn't Going Anywhere,"

하는 국가'로 속단하여, 21세기 최대 규모의 침략전쟁에 돌입할 가능성을 과소평가한 것이다.

2. 서방진영의 과오-2: '냉전 종식'의 환상[69)]

프린스턴大 코트킨(Stephen Kotkin) 교수에 의하면, 우크라에 대한 러시아의 반복적 무력침략은 단순한 '역사의 반복'이 아니라, 그 이전의 '역사가 지금도 현재진행형'이라는 사실을 강력히 암시한다. 러시아 침략을 단지 NATO 확장이나 서구 제국주의에 대한 적대적 대응으로 보는 것은 단순한 시각이다. 모든 것이 "왜 원래 냉전의 종식이 신기루였나(why the original Cold War's end was a mirage)"를 설명해 준다. 코트킨은 1989-91년에 벌어진 일련의 역사적 사건이 엄청난 것이었지만 대부분의 관찰자들이 생각했던 것만큼 중요하지 않았다고 주장한다. 예컨대, 1989년~1991년의 기간 동안 NATO에 가입한 독일의 재통일에 성공, 베를린 장벽 붕괴, 소련의 급격한 쇠퇴과 제국의 해체 등의 드라마틱한 사건들이 잇따라 발생했다. 이 사건들은 독일/러시아 및 동구권 국가들의 삶을 극적으로 변화시켰지만, 세상은 그때나 지금이나 거의 그대로다. 냉전 종식 후, 러시아와 서방세계 간의 '짧은 휴식(brief respite)'은 역사적으로 '눈 깜빡할 사이'에 불과했다. 한반도는 여전히 분단된 상태이고, 중국은 여전히 공산당 일당독재 체제를 유지하는 중이고, 대만은 아직도 중국의 '강제통일' 대상으로 남아 있다. 뿐만 아니라, 아시아를 훨씬 넘어, 미국/서구의 이상과 가치를 둘러싼 이념적 대결과 저항이 지속되는 중이다. 무엇보다 냉전의 가장 큰 특징이었던 '핵전쟁 아마겟돈'의 가능성도 여전하다.

문제는 "냉전이 소련 해체와 함께 끝났다"는 잘못된 믿음이 미국의 잘못된 외교정책 선택을 촉발했다는 것이다. 이 무렵 미국이 저지른 가장 큰 과오는 루즈벨트가 중국을 P-5에 포함시키고, 그에 앞서 중국에 패한 장개석 군대에 8억달러의 자금, 40개사단 훈련, 무기/장비 등을 지원하여 얼마 후 이것이 고스란히 마오쩌둥의 손에 들어가도록 만든 결정이다. 1970년대 이후 중국은 미·중 수교를 통해 미국과 국교를 수립했지만, 한때 '전략적 동반국'으로 간주되던 중국이 '전략적 경쟁국'를 넘어 오늘날에는 미국의 '전략적 적대국'으로 그 위상이 상전벽해(桑田碧海)처럼 드라마틱하게 변했다. 오늘날

New York Times, 27 January 2022.

69) Stephen Kotkin, "The Cold War Never Ended," *Foreign Affairs*, Vol. 101, No. 3 (May/June 2022), pp.64-78.
https://www.foreignaffairs.com/reviews/review-essay/2022-04-06/cold-war-never-ended-russia-ukraine-war

중국인들의 속내는 우크라전에서 러시아의 승리를 고대한다. 이들은 러시아의 성공이 대만 점령과 미국 패권의 좌절과 서구진영 분열로 이어지는 신호탄이 되기를 열망한다. 이런 의미에서 탈냉전 또는 냉전 종식은 잘못된 '환상(illusion)'이었던 셈이다. 제2차 세계대전 이후의 국제질서는 아직도 현재진행형이다. 요컨대, '냉전이 끝났다'는 주장은 글로벌 갈등을 '소련이라는 국가'로 한정시킨 편협한 시각이다. "냉전이 소련 해체와 함께 끝났다"는 잘못된 믿음이 미국의 잘못된 외교정책 선택을 촉발했고, 이러한 오판이 러시아의 우크라이나 침략을 유발한 원인 중 하나라는 것이다. 그러나 신쟁전이 구냉전의 재판(再版)으로 나타나지는 않을 것이다. 일례로 혹자는 극성, 구조적 압력의 방향성, 경제·안보기제 등 7대 요소를 중심으로 분석한 결과를 토대로, 구냉전보다 신냉전에서 글로벌 안보상황이 더욱 악화될 것으로 전망한다.[70]

3. 對우크라이나 탱크지원 과정에서 드러난 독일의 딜레마

200년 전 독일의 그림 형제(Brothers of Grimm)가 기록한 동화에는 독일 중부 하르츠 산맥(Harz Mountains)에 살던 '칼 카츠(Karl Katz)'란 이름의 염소 목동이 등장한다. 어느 날 밤, 길 잃은 염소를 찾아 나서던 카츠는 동굴 깊숙한 곳으로 들어갔다가, 낯선 남자의 유혹에 이끌려 물약을 마시고 깊은 잠에 빠진다. 깨어난 그는 몇 시간이 아닌 몇 년이 흘렀음을 깨닫는다. 그동안 세상이 달라진 것이다. 「이코노미스트(Economist)」에 의하면, 카츠가 느꼈던 당혹감을 이제 많은 독일인들도 공유하다. 얼마 전까지 유럽에서 가장 부유했던 독일은 아직도 몽유병 상태에 빠졌다는 것이다.[71] 이유는 탈냉전 시대에 갑자기 찾아 온 독일통일의 승리에 여전히 도취해 있기 때문이다. 통일 이후 경제적·외교적 성공으로 샴페인을 일찌감치 터뜨린 독일은 자신들의 세계관과 시스템이 완벽히 작동된다는 편안한 확신에 안주했다. 그 결과 정부의 정책은 실용주의가 아닌 자기기만(self-deception)으로 인도되기 시작했다. 러시아 탱크의 굉음 소리에 잠에서 깨어난 독일은 카츠와 달리 미래의 몇 년이 아니라 수십 년전의 과거를 발견한 것이다. 독일 지도자들은 자유민주주의에서 일탈하여 포퓰리즘에 빠져들었다. 독일의 번영은 독일인들의 근면성 못지 않게, 값싼 러시아산 에너지 덕분이었다. 푸틴의 '선물'로 위장한 천연가스 파이프라인은 독일을 물어뜯는 '늑대'로 돌변했다. 푸틴은 독일 기업과 정치인들을 감언이설로 유혹하여 러시아산 천연가스 비중을 20년 전의

70) 반길주, "냉전과 신냉전 역학비교: 미·중 패권경쟁의 내재적 역학에 대한 고찰을 중심으로," 「국가안보와 전략」, 제21권 1호 (2021년 봄), pp.1-54.

71) Staff Writer, "Germans Have Been Living in A Dream," *Economist*, 21 July 2022.

30%에서 55%로 끌어올렸다. 독일은 앞으로도 상당기간 동안 허황된 몽상의 대가를 치러야 할 것이다.

문제는 여전히 독일에 역사적·지리적·지정학적 사각지대(blind spots)가 남아있다는 점이다. 히틀러의 정권에 의한 '나치즘'이라는 민족주의의 남용으로 인해 민족주의에 알레르기를 갖고 있던 독일인들은 1988-91년 민중저항으로 공산주의가 붕괴하자 화들짝 놀랐다. 공산주의를 몰아낸 동유럽인들은 "민족주의자"였기 때문이다. 베를린 장벽의 붕괴와 소련 해체라는 전대미문의 역사적 사건에 직면한 독일은 재빨리 스스로에게 이 모든 공로가 소련과의 화해·신뢰구축에 초점을 맞춘 1970년대~80년대의 '동방정책(Ostpolitik)' 덕분이라고 확신시켰다. 소련이 동독에서 군대를 철수하고 통일이 달성되자, 이들은 한 점의 의구심이나 경계심도 남기지 않고 감사와 기쁨에 충만했다. 그로부터 국방비 삭감과 군사력 축소는 부동의 대세로 확고히 자리잡았다. 냉전 당시 GDP 5%에 이르던 국방비는 2005년에 이르러 1% 수준으로 급감했다(2021년에도 1.3%). '평화배당금(peace dividend)'에 도취한 독일은 모든 갈등이 "시대착오적 대결이 아닌 대화로 해결"되어야 한다고 주장했다. 이들에 의하면 갈등을 피하는 최선의 방책은 무역과 투자를 늘리는 것이다. 러시아는 절대로 '고객(교역대상국)'을 공격하지 않을 것으로 확신했다. 우·러전쟁은 독일의 '확신'이 '오판'이었음을 분명하게 보여준 셈이다.[72)]

또한 독일은 역사에서 잘못된 교훈을 도출했다. 미국은 레이건의 '힘을 통한 평화(peace through strength)' 전략이 소련을 붕괴시켰다고 평가한 반면, 독일은 '무역을 통한 평화(change through trade)'가 동·서 분열을 극복하고 냉전을 종식시킨 '승리공식(winning formula)'이라고 확신(오판)했다. 이는 당시 독일의 정책결정자들에게 중국이나 러시아 같은 非민주·非자유국가들과 교류·협력을 확대하면 이들을 민주주의로 '전향(conversion)'시킬 수 있다는 주장을 뒷받침하는 편리한 명분이 되었다. 일례로 앙겔라 메르켈 전 총리는 "연동을 통한 변화(change through interlocking)"라는 개념을 도입하여, 특히 러시아와의 무역·에너지 파트너십을 통해 경제협력을 추진함으로써, 독·러 간 '불가역적(irreversible)' 상호의존관계의 구축에 몰두했다. 메르켈이 주창한 독일식 평화주의에 의하면, 경제적 상호의존성이 러시아의 국제규범 위반을 억제해야 한다. 그러나 러시아의 조지아 침공(2008년), 크림반도 강탈(2014년), 우크라 침략(2022년) 등, 현실세계에서는 그 한계가 극명하게 드러났다. 한마디로 '독일식 평화주의'는 전형적인 기능주의적 접근방식. 즉, '접근·교류·무역을 통한 변화'로 신뢰가 구

72) Edward Lucas, "Why Germany Has Learned the Wrong Lessons From History," *Foreign Policy*, 27 December 2022.

축되면 평화를 이룰 수 있다는 순진무구하고 위험천만한 탁상공론에 불과하다.[73]

이러한 독일의 그릇된 역사적 교훈, 안이한 평화주의(pacifism) 몽상, '무역을 통한 평화'의 착각은 對우크라이나 탱크지원 문제를 결정하는 과정에서 드라마틱하게 드러났다. 독일은 영국·폴란드·리투아니아 등이 우크라이나에 탱크지원을 결정했음에도 불구하고, 미국이 먼저 에이브럼스(Abrahams) 탱크를 제공한다고 공언하지 않는 한, 자국의 레오파드(Leopard) 탱크 지원은 불가능하다며 마지막까지 고집을 부렸다. 숄츠 총리는 2차 세계대전 당시 철십자(iron cross) 표식의 독일군 탱크가 유럽대륙과 모스크바까지 짓밟았던 역사적 트라우마(실제로는 러시아 자극에 대한 두려움), 훈련·유지·보수의 어려움, 소극적인 국내 여론, 나치 전쟁범죄에 대한 역사적 죄의식, NATO의 방위력 공백, 레오파드 지원이 확전(escalation)으로 이어질 가능성, 우·러전쟁 이전 유럽질서로의 복귀에 대한 미련 등, 갖가지 이유로 한사코 독일의 '선 탱크지원'을 거부했다.[74] 또 다른 이유는 독일이 '총대를 메고' 러시아와 직접 대결하는 모양새를 한사코 피하고 싶었기 때문이다. 요컨대, 독일은 탱크 지원을 러시아와의 관계에서 결코 넘지 말아야 할 '레드라인'으로 설정하는 자기구속적·자기검열적 결정을 내렸던 것이다.[75] 다른 중요한 이유로, 거대 방산시장을 놓고 독일이 미국과 치열한 경쟁관계에 있다는 점을 들 수 있다. 유럽은 독일이 1992년~2010년 사이 2,399대의 탱크를 판매한 거대 수출시장이다. 독일은 제3국(특히 폴란드 등)이 보유한 레오파드의 對우크라이나 지원도 강력히 반대했다. 만일 제3국이 레오파드를 우크라에 지원하게 되면, 대체 장비로 미국산을 구입할 것이고, 결국 자국의 방산수출 시장이 미국에게 잠식당하게 될 것을 우려한 것이다.[76]

지난 1월 21일 람슈타인 미 공군기지에서 열린 50개국 회의에서도, 독일은 "세계 최강 군사대국이자, 독일 핵억제력 보장국(as the world's biggest military power but also Germany's guarantee for nuclear deterrence)"인 미국의 對우크라 탱크 지원이 선행되지 않는 한, 절대로 동참할 수 없다는 입장을 고수했다.[77] 이런 상황에서

---

73) Liana Fix and Thorsten Benner, "Germany's Unlearned Lessons," *Foreign Affairs*, 15 December 2022.

74) Laura Pitel, "Why Olaf Scholz Is Reluctant to Send Battle Tanks to Ukraine," *Financial Times*, 13 January 2023.

75) Natasha Bertrand, "'They Have Us Over A Barrel': Inside the US and German Standoff over Sending Tanks to Ukraine," *CNN*, 20 Januay 2022.

76) Christoph Bluth, "Why Germany really shied from sending Leopards to Ukraine," *Asia Times*, 27 January 2023.

77) Alexander Ward and others, "Inside Washington's about-face on sending tanks to Ukraine," *Politico*, 25 January 2023.

숄츠 총리와 ‘先 레오파드’ 對 ‘先 에이브럼스’를 놓고 갈등을 빚던 바이든 대통령은 당초 에이브럼스 지원에 따른 연료·훈련·정비 등의 난점을 들어 부정적이었으나, 독일의 단호한 입장, 미 의회의 초당적 지지, 우호적 미국내 여론(54% 찬성) 등에 따라, ‘先 에이브럼스 지원’으로 정책방향을 180도 수정했다.[78]

4. 유럽 내부의 분열 조짐

개전 3개월에 접어들어 전쟁이 장기화될 조짐이 가시화되자, 서방진영에서는 ‘주화파(主和派, peace party)’와 ‘주전파(主戰派), justice party)’가 대립하는 양상이 드러나기 시작했다.[79] 독일·이태리·프랑스 등 EU 핵심국들로 구성된 ‘주화파’는 협상을 통한 조속한 전투 중단을 주장했다. 특히 독일은 조속한 휴전, 이태리는 정치적 타결을 위한 4단계 계획, 프랑스는 러시아에 굴욕감을 주지 않는 평화협정 등을 제안했다. 젤렌스키 대통령은 전쟁 이후 러시아가 강탈한 영토를 놓고 “한 치의 땅도 러시아에 내어줄 수 없다”는 입장이지만, 주전파 그룹은 “일부 (영토의) 양보 불가피”를 전제로, “전쟁이 장기화될수록 우크라이나와 서방이 치러야 할 비용이 증가”될 것을 우려했다. 반면, 영국·발트3국·폴란드 등 러시아와 지근거리 또는 접경지역에 위치한 국가들 중심의 ‘주전파’는 러시아가 침략전쟁에 대한 “혹독한 대가를 치러야 한다”고 주장한다. 주화파가 전쟁 장기화에 따른 비용의 증가를 걱정한 반면, 주전파는 對러시아 제재효과가 발휘되기 시작했고, 각종 무기제공으로 시간이 지날수록 우크라의 승리 가능성이 높다고 반박한다.

이처럼 주화파-주전파가 근본적 이견을 갖는 배경에는 러시아군의 전력(戰力)과 관련된 상반된 우려가 깔려있기 때문이다. 주화파는 러시아군 전력은 생각보다 훨씬 허약(brittle)하다고 본다. 그래서 러시아가 전쟁에서 지면 패전의 책임을 모면하려 화학무기나 심지어 핵무기에 의지할 수도 있다고 본다. 그래서 마크롱 프랑스 대통령은 “장기적으로 유럽이 러시아와 함께 상생하는 길을 모색”해야 한다고 주장한다. 반대로 주전파는 실제로 러시아군은 여전히 강력(strong)하다고 본다. 그러므로 “푸틴에게 굴복하는 것은 그를 도발하는 것보다 훨씬 더 위험”하다는 것이다.[80]

서방측의 對우크라 탱크지원 문제를 둘러싸고 미국-독일 간 암묵적 힘겨루기가 지속되는 과정에서 ‘탈린 서약국(Tallin Pledge states)’이라는 새로운 그룹이 등장하여 주

---

78) David E. Sanger and others, “How Biden Reluctantly Agreed to Send Tanks to Ukraine,” *New York Times*, 25 January 2023.

79) Staff Writer, “When And How Might the War in Ukraine End?,” *Economist*, 26 May 2022.

80) Yana Dlugy, “Getting Back to Peace Talks,” *New York Times*, 17 June 2022.

목을 끌었다. 금년 1월 29일 에스토니아 수도 탈린에서 회동한 영국·폴란드·네덜란드 등 서방 9개국 국방장관/대표들은 "전쟁범죄를 구성할 수 있는…의도적 공격을 포함하여 우크라이나 국민을 위협하기 위해 자행된 러시아의 공격"을 비난하며, "자국 영토로부터 러시아를 축출하기 위한 우크라이나의 저항을 계속 지원할 것"을 서약했는데, 이들 국가가 '탈린 서약국'으로 알려진 것이다.[81] 참여국은 영국, 에스토니아, 라트비아, 리투아니아, 폴란드, 덴마크, 네덜란드, 슬로바키아, 체코 등이며, 일각에서는 이들을 'NATO 2.0'으로 지칭하기도 한다. 포르투갈·스페인 등과 함께 '탈린 서약국'들은 강대국인 미국·독일 등이 동맹국들의 요구에 떠밀려, 마지못해 뒤늦게 對우크라 지원에 나서는 미온적·소극적 태도를 지적했다. 특히 발트3국(에스토이나·라트비아·리투아니아)과 북구 4국(노르웨이·스웨덴·핀란드·덴마크)은 △ 러시아의 전쟁 승리 가망이 없고, △ 우크라이나의 패배는 용납불가인 상황에서, △ 우크라이나에 평화협정이 '강요'되어, 상당한 영토를 침략자에 양보해야 하는 상황을 '최악의 시나리오'로 간주한다. 대표적 주전론자에 속하는 이들 국가는 "러시아가 반드시 패배당해야 함"을 확신한다. 발트3국의 경우, 20세기에 자국 의사와 무관하게 소련제국에 편입을 강요당한 역사적 트라우마가 남아 있고, 폴란드·체코·슬로바키아는 냉전기간 동안 소련의 위성국으로 전락했으며, 북구(北歐) 4국, 특히 그 중에서도 핀란드는 'finlandization'이라는 경멸적 용어를 감내하면서까지 러시아 충돌을 피하려 했으나, 침공 이후에 NATO 가입을 서둘렀다. '탈린 서약국'들의 공통점은 '자국 안보'를 '우크라이나 안보'와 동일시한다는 점이다. 즉, 이들은 러시아의 우크라이나 침략을 자국에 대한 '실존적 위협'으로 간주한다. 따라서, 시간이 지날수록 상기 주전파와 독일·프랑스·이태리 등 등 주화파 간의 갈등은 지속적으로 확대될 것으로 보인다.

5. NATO의 신전략: '2022 전략개념(Strategic Concept)'

우·러전쟁이 4개월차에 접어들 무렵, 마드리드 NATO 정상회의(6.29-30일)에서 30개 회원국은 개정된 '2022 전략개념'을 12년만에 채택했다. 핵심은 2가지다. 첫째, 러시아 관련사항이다. 소련이 해체된 이후 30년 이상의 세월이 지나, 다시금 러시아를 '최대 안보위협'으로 정조준한 것은 역사의 아이러니다. 안보상황이 단지 직진(개선)하는 것이 아니라, 드라마틱하게 후진(악화)할 수도 있음을 보여준다. 러시아는 우크라이나 침략명분으로 NATO의 동진(東進)을 내세웠다. 하지만 푸틴의 속셈은 러시아 제국

81) Phillips Payson O'Brien, "Tanks for Ukraine Have Shifted the Balance of Power in Europe," *Atlantic*, 27 January 2023.

의 건설이며, 우크라이나 침략은 '러시아夢' 실현의 필요조건이다. '전략적 파트너'였던 러시아가 이번에는 우크라이나 침략을 계기로 NATO의 '최대 안보위협'으로 지목되었다. 둘째, 지금까지 전략개념에 중국 위협이 거론되지 않았으나, 이번에는 '체계적(systemic) 도전'으로 적시되었다. 이는 기존 질서의 '전복(subvert)'을 시도하는 수정주의적 적대국을 말한다.[82)]

신전략개념에 의하면, 러시아는 안정적·예측가능한 유럽 안보질서에 기여한 규범과 원칙을 위반한 바, 동맹국의 주권과 영토보전에 대한 공격의 가능성을 무시할 수 없다. 오늘날 안보환경의 특징은 전략적 경쟁, 만연한(pervasive) 불안정성, 반복적(recurrent) 충격, 위협의 범세계적 연결성이다. 러시아는 동맹국 안보와 유럽-대서양 지역의 평화와 안정에 가장 중요하고 직접적인 위협이다. 강압·전복·침략·합병을 통해 '세력권(sphere of influences)'을 설정하고 직접적인 통제를 추구하며, 동맹국·우방국들을 겨냥하여 사이버 및 하이브리드 수단을 사용한다. 러시아의 강압적 군사태세, 레토릭, 정치적 목표를 추구하기 위해 무력사용에 의존하려는 의지 등이 규칙기반의 국제질서를 훼손한다. (러시아의) 적대적인 정책·행동에 비추어 볼 때, 러시아를 NATO의 '파트너'로 생각할 수 없다.

한편, 중국(PRC)의 야망과 강압정책은 미국의 이익, 안보 및 가치에 도전한다. 전략·의도 및 군사력 증강에 불투명(opaque) 상태를 유지하면서 글로벌 입지(footprint)와 국력투사를 증가시키려 광범위한 정치·경제·군사 도구를 사용한다. 악의적 하이브리드 및 사이버활동과 적대적 레토릭 및 허위정보는 동맹국을 표적으로 삼고 동맹안보를 손상시킨다. 중국은 주요 기술·산업 부문, 핵심 인프라, 전략적 자재 및 공급망을 통제하려고 한다. 경제적 영향력을 앞세워 전략적 종속관계의 조성 및 영향력 강화하며, 우주·사이버·해양 도메인을 포함하여, 규칙기반 국제질서를 전복(subvert)시키 위해 노력한다. 나아가 중·러 전략적 동반자관계의 심화와 규칙기반 국제질서의 약화를 노리는 상호관계의 강화는 미국의 가치·이익를 위협한다. 그러나 투명성 구축 등을 포함하여 중국과 건설적 관여에 열려있다. 미국은 책임감 있게 협력하여, 중국이 유럽-대서양 안보에 제기하는 '체계적 도전과제(systemic challenges)'를 해결하고 동맹국 방위·안보를 보장하는 NATO의 지속적 능력을 보장할 것이다. 끝으로 신전략은 공동의 상황인식 제고, 회복탄력성과 대비태세 강화, 동맹 분열을 노리는 중국의 강압적 전술·노력으로부터의 보호를 추진할 것이며, 항행의 자유를 포함하여 공유된 가치·규칙에 기반한 국제

---

82) NATO, "2022 Strategic Concept," Adopted by Heads of State and Government at the NATO Summit in Madrid, 29 June 2022.
https://www.nato.int/nato_static_fl2014/assets/pdf/2022/6/pdf/290622-strategic-concept.pdf

질서를 옹호할 것임을 강조했다.83)

특히 중국·러시아와 관련하여 NATO 신전략의 전략적 함의는 다음과 같이 요약된다. 무엇보다 2022 신전략의 가장 큰 특징은 중국과 러시아를 '사실상의 주적'으로 명기했다는 점이다. 2010에는 러시아를 '진정한 전략적 동반자'로 언급한 반면, 이번에는 "가장 중요하고 직접적인 위협"으로 표현했다. 중국에 대해서는 2010년 전략개념에 아무런 언급도 없었다. 중국이 대외정책 기조로 내세운 '화평굴기(和平崛起)'84)를 액면 그대로 받아들였기 때문이다. 그러나 2022 전략개념은 중국을 '체계적 도전자'로 적시했다. 원래 미국은 중국을 '적대국(adversary)'으로 부를 것을 주장했지만, 독일·프랑스의 반대로 '도전국(challenger)'이란 표현으로 타협한 것이다. 사실 중국은 당초 NATO의 설립 이념이나 목적과는 거리가 먼 국가이다. 그럼에도 불구하고 NATO가 중국-러시아를 한 묶음으로 '주적'으로 규정하게 된 결정적 이유는 우크라이나전에서 드러낸 중국의 위협적 행보 때문이다. 중국·러시아는 우크라이라전 직전에 개최된 베이징 동계올림픽을 계기로 '무제한 우정'을 선언했다.85) 그로부터 1개월도 되지 않아 러시아는 우크라이나 침략을 감행했다. 특히 중국은 중·러 정상회담에서 NATO의 동진에 대한 러시아의 우려가 '합법적'이라고 두둔하고, 유엔 총회의 對러시아 규탄 결의 표결에 기권하며 러시아와 동반자 관계를 넘어 '공동운명체'가 된 모습을 과시했다. 이런 이유로 많은 전문가들은 러시아가 우크라이나 침공 이전에 중국의 묵시적 동의를 받았을 것으로 의심한다.

NATO는 '강력한 억제력 시대로의 회귀'를 선언했지만, 〈그림 1〉에서 보듯, 여전히 다양한 종류의 대비태세(즉, 억제태세)를 유지하는데 소요되는 비용, 그리고 채택한 정책이 실패할 위험 간의 딜레마에 처해 있다. 이는 NATO가 억제보장을 위해 필요한 최소한의 노력(즉, 미국 핵무기에 기반한 응징적 억제에 의존)과 NATO 영토의 재래식 방어력 유지에 소요되는 최대의 노력(즉, NATO 자력에 의한 거부적 억제에 의존) 간의 균형을 취해야 하는 문제를 암시한다. 일례로 러시아 침공에 취약한 동측방(eastern flank)의 대비태세를 낮추고 미국의 핵전력에 기초한 응징적 억제에 대한 의존도를 높인다면, 최악의 경우, 패배를 받아들이거나 아니면 핵전쟁을 벌여야 하는 딜레마에 빠

83) Ibid.

84) 화평굴기(和平崛起)는 '평화적 부상'을 뜻한다. 그러나 미어샤이머 교수는 중국의 '평화적 부상'이 불가능하다고 단언한다. John Mearsheimer, "Can China Rise Peacefully?," *National Interest*, 20 September 2016. https://nationalinterest.org/commentary/can-china-rise-peacefully-10204

85) 보다 구체적으로, 중·러는 시진핑-푸틴 정상회담(2022.2.4.) 직후의 공동성명에서 "양국의 우정에는 한계가 없으며, 협력에는 어떠한 '금지' 분야도 없다. (Friendship between the two States has no limits, there are no 'forbidden' areas of cooperation.)"고 공표했다. Tony Munroe and others, "China, Russia partner up against West at Olympics summit," *Reuters*, 5 February 2022.

질 수 있다. 상기의 '이중 딜레마'는 쉽게 해결되기 어렵다. 특히 우크라이나 전쟁이 장기화되면 이 문제의 심각성이 갈수록 표면화되는 양상을 보이게 될 것이다.

〈그림 1〉 NATO의 '억제 딜레마(deterrence dilemma)'

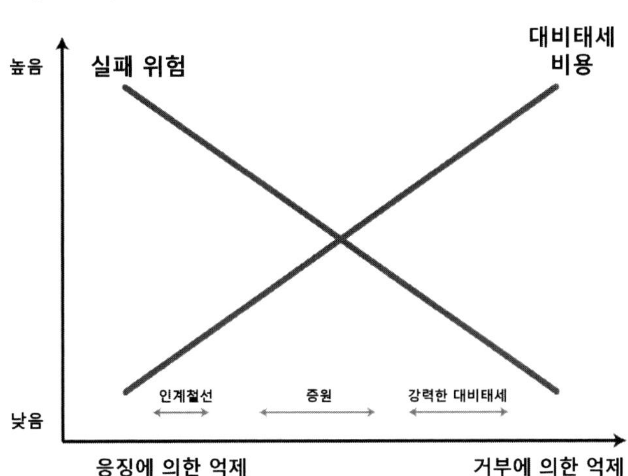

출처: Eva H. Frisell (ed), "Deterrence by Reinforcement" FOI-R—4843—SE, Nov 2019, p.50. https://www.fo I .se/rest-api/report/FOI-R—4843--SE

NATO의 2022 신전략개념과 러시아의 무력침략은 전쟁-평화의 담론에 중대한 함의를 갖는다. 하리리(Yuval Hariri)는 자신의 저서에서 "설탕(당뇨병)이 화약(전쟁)보다 위험하다"는 도발적 결론을 도출했다.[86] 이는 전쟁의 위험성을 희화화한 매우 경박한 주장이다. 라이트(Quincy Wright)는 1500~1942년 사이에 매년 1번씩 전쟁이 벌어졌다고 밝혔다.[87] 또한 듀란트(Durants)에 의하면, 지난 3421년의 역사에서 전쟁이 없었던 기간(1년 동안 전쟁 無)은 268년에 불과했다. 즉, 92%의 세월 가운데 적어도 1년에 최소 1회의 전쟁이 벌어진 것이다.[88] 이처럼 인류 역사에서 전쟁이 더 보편적이고 일상적 현상인 반면, 평화는 이례적이고 특수한 현상이다. 지난 세월 이 땅에서는 "좋은 전쟁보다 나쁜 평화가 낫다"는 평화 근본주의의 광풍이 휩쓸었다. 이런 식의 맹목적 평화주의는 과격한 전쟁주의보다 훨씬 더 위험하다. 자발적 무장해제와 굴종을 강요하기 때문이다. 분명한 것은 "평화는 오직 그것을 지킬 수 있는 힘을 가진 자(者)만이 누릴 수 있는 특권"이라는 점이다.

---

86) Yuval N. Harari, *Sapiens: A Brief History of Humankind* (New York: Harper, 2015).

87) Quincy Wright, *Study of War* (Chicago, IL: Chicago University Press, 1964).

88) Will and Ariel Durant, *The Lessons of History* (New York: Simon and Shuster, 1968)

Ⅲ. 결론: 평가와 전망

첫째, 본고에서는 지면 제한으로 다루지 못했지만, 우·러전쟁에서 가장 심각한 문제는 러시아의 반복적인 핵위협·핵협박이다. 일례로 러시아는 우크라이나에 대한 불법적 무력침략(2월 24일)과 동시에, "제3차 세계대전이 일어난다면 파멸적인 핵전쟁이 될 것"이라고 협박했다.[89] 서방 전문가들은 "푸틴이 서방세계의 단결을 와해시키고, NATO 회원국들의 결의를 시험"할 목적으로 저위력(low-yield) 비전략핵무기(소위, 전술핵)를 실제로 사용할 수도 있음을 지적했다.[90] 푸틴이 궁지에 몰릴 경우에는, "영국-덴마크 중간의 북해 일대에 핵무기를 투하"할 가능성도 제기되었다.[91] 미 DNI 국장은 "(대러시아) 경제제재 여파로 재래식 전력이 약화되면, 서방에 신호를 보내고 국내외에 힘을 과시하기 위해 핵 억제력에 더욱 의존하게 될 것"이라고 경고했다.[92] 구테흐스 유엔 사무총장도 "한때 상상불가했던 핵전쟁의 전망이 이제 다시 가능성의 영역으로 복귀"했다고 우려를 나타냈다.[93] 상기 배경에서, 특히 북한의 E2D(Escalate to De-escalate), 즉 전술핵을 실제로 사용할 가능성에 대비해야 한다. 이미 김정은은 노동당 대회에서 "핵기술의 고도화·소형화·경량화·전술무기화"를 강조하며, 핵 선제타격/보복타격 능력의 고도화를 목표로 제시했다. 또 아산정책연구원과 RAND 연구소가 발표한 시나리오에는 △ 핵협박으로 NLL 포기 강요, △ 서해5도 중 일부 점령 후, 핵공격 경고, △ 서울을 핵인질화하고, 주요도시 핵공격으로 주한미군 철수 강요, △ 정치·군사목표 핵타격 후 미국의 개입/반격 차단 등, 북한이 실전에서 전술핵을 사용할 가능성을 경고했다.[94] 요컨대, 러시아는 우·러전쟁에서 전술핵무기의 금기와 터부를 뿌리째 흔들었다. 실제 핵무기가 사용되어 핵금기가 파기될 가능성이 고조되고 있는 것이 문제다.[95]

---

89) Matthew Loh, "Russian foreign minister says possibility of nuclear conflict and outbreak of World War III over Ukraine is 'serious, real'," *Business Insider,* 26 April 2022.

90) Alexander Hill, "Is Russia increasingly likely to use nuclear weapons in Ukraine?," *Conversation,* 9 May 2022.

91) David E. Sanger and William J. Broad, "Putin's Threats Highlight the Dangers of a New, Riskier Nuclear Era," *New York Times*, 1 June 2022.

92) Julian Borger, "Putin could use nuclear weapon if he felt war being lost – US intelligence chief," *Guardian,* 10 May 2022.

93) Edith M. Lederer, "The World Is One Step From 'Nuclear Annihilation,' Warns the UN Secretary-General," *Time,* 2 August 2022.

94) 브루스 베넷 외, "북핵 위협, 어떻게 대응할 것인가," RAND-AIPS, 2021.4월. https://www.asaninst.org/contents/아산정책硏-아산-rand-공동연구-북핵위협-어떻게-대/

둘째, 러시아의 우크라이나 침략은 미국·서방국들이 푸틴의 전쟁도발을 막지 못한 '억제의 실패' 사례다.[96] 바이든 행정부가 제시한 '통합억제(integrated deterrence)' 전략의 요체는 미국과 동맹국·우방국들이 보유한 모든 군사적·경제적·외교적 및 기타 국력요소들을 결합하여 경쟁국 또는 적대국들이 감당할 수 없는 고통의 패키지로 동기화하여 이들로 하여금 '도발이나 침략을 재고하도록 강요'하는 것이다.[97] 그러나 통합억제는 침략을 억제하지 못했다. 서구적 관점에서 정립된 억제의 개념에 결함이 있기 때문이다. 셸링(Thomas Shelling)에 의하면 억제는 "위험감수 경쟁(competition in risk-taking)"이다.[98] 그러나 현실세계에서 이런 개념은 '자동적으로' 이뤄지지 않는다. 억제이론의 대전제는 행위자의 합리성(rationality)이다. 도발/침략으로 얻는 득보다 잃는 실이 많음을 확신시키는 것이 전제조건이다. 하지만 이해득실의 합리적 판단은 억제의 성패를 좌우하는 결정적 변수가 아니다. 일례로 종교적 신념을 위해 기꺼이 죽으려는 자살폭탄 테러범을 무슨 수로 '억제'할 것인가? 우크라이나 전쟁에서 미국과 서방국들은 우크라이나의 '비행금지구역(no-fly-zone)' 설정 요구를 한사코 거부했다. 이로 인해 NATO-러시아 간 무력충돌이 벌어질 것을 우려하기 때문이다. '억제'에는 3C(능력, 의사소통, 신뢰성)에 추가하여 '의지(willingness)'의 요소가 포함된다. 의지(W)가 빠진 3C는 그 자체로 필요조건에 불과하다. 3C가 충족된다고 해서 억제가 성공하는 것이 아니란 의미다. 즉, W가 최종 성패를 좌우하는 충분조건이다. 이 점이 우크라이나 사례에서 극명하게 입증되었다. 미국·서방국은 군사력/GDP 면에서 10분의 1에도 미치지 못하는 러시아에 시종일관 주도권을 빼앗기고 있다. 우크라이나전에서 미국·서방국이 러시아의 우크라이나 침략을 억제하는데 실패한 가장 큰 원인은 '의지의 대결'에서 러시아에 밀렸기 때문이다.

셋째, 신전략개념 발표를 계기로 EU의 '전략적 자율성(strategic autonomy: SA)'에 제동이 걸릴 가능성이다. 이는 미국에 크게 의존하지 않고 EU가 스스로의 힘으로 자신을 방위할 수 있는 능력을 의미한다. SA 용어의 창시자는 프랑스다. 1994는 프랑스 「국방백서」에 "핵 억제를 점차 없애고 대서양 동맹의 보장에만 기대는 경우 전략적 자율성의 원칙에 위배되는 의존성을 야기"한다고 언급되면서, SA를 '정치적 행동의 독립·자

95) Peggy Noonan, "Putin Really May Break the Nuclear Taboo in Ukraine," *Wall Street Journal,* 28 April 2022.

96) Mike Gallagher, "Biden's 'Integrated Deterrence' Fails in Ukraine," *Wall Street Journal,* 29 March 2022.

97) Lloyd J. Austin, " The Pentagon Must Prepare for A Much Bigger Theater of War," *Washington Post*, 5 May 2021.

98) Thomas Shelling, *Arms and Influence* (New Haven, CT: Yale University Press, 2020), p.94.

유를 달성하기 위한 수단'으로 규정했다.[99] 그 이후 NATO의 동진, 미국의 '아시아 회귀전략', 트럼프 행정부의 일방주의, 협력자·경쟁자로서의 중국의 부상과 EU의 위상 약화 같은 요인들로 인해 '전략적 자율성'이 주요 현안으로 등장했다. 그러나 EU 내부에서도 SA 개념에 대한 컨센서스가 형성되지 못하고 있다. 프랑스는 독자적 국방주권을 추구해야 한다는 주장을 펼치며 군사안보적 측면에서 자율성 담론을 주도하고 있다. 반면, 폴란드 등 동유럽국가들과 독일은 미국이 제공하는 핵억제 역할이 대체불가하며, SA 논의 자체가 미국의 안보공약을 훼손하는 것으로 간주한다.[100]

넷째, 시대착오적 '실지회복(redentism)' 전쟁의 위험성이다. 우크라이나 침략전쟁은 "푸틴의, 푸틴에 위한, 푸틴을 의한(of the Putin, by the Putin, for the Putin)" 전쟁이다. 푸틴이 없었다면 전쟁도 일어나지 않았을 가능성이 높다. 전쟁이 개시되기 전날 열렸던 러시아 보안위원회 회의 참석자들이 충격을 받은 모습을 보면, 상당수 측근들조차도 푸틴의 결정에 당황한 것으로 보인다. 푸틴의 행동은 무제한 권력을 행사하는 독재자의 결정이 끔찍한 재앙을 초래할 수 있음을 보여준다. 칼티에리 아르헨티나 전 대통령의 포클랜드 섬(영국령) 공격, 사담 후세인의 쿠웨이트 공격 등은 독재자들이 '역사적 부당성'을 바로잡겠다며 '실지회복' 전쟁을 벌인 대표적 사례다. 모두가 실패했음에도 독재자들은 똑같은 실수를 반복한다. 이런 사례에서 얻을 수 있는 교훈은 독재자가 작심한 전쟁은 마땅히 방지할 방법이 없다는 것이다.[101] 이런 점에서 김정은이 여러 차례에 걸쳐 한반도의 무력·적화통일을 강조하고 있음을 절대로 가벼이 여기지 말아야 한다.

다섯째, 평화의 망상에서 벗어나야 한다. 미국이 소련 붕괴와 냉전 종식으로부터 '힘을 통한 평화'의 교훈을 도출한 것과 반대로, 독일은 '무역/연동을 통한 평화'라는 편리한 교훈을 도출했다. 이는 교류·협력·무역이 평화·신뢰·번영을 가져다 준다는 기능주의적 발상이다. 한때 대한민국에서는 "나쁜 평화가 좋은 전쟁보다 낫다."는 '가짜 평화' 프레임이 지배적 담론으로 등극했다. 그러나 아무런 정당한 이유도 없이 벌어진 우·러 전쟁은 여전히 '강자의 권리'가 국제정치의 핵심이라는 점을 보여주었다. 이번의 전쟁이 어떤 결말을 맞이할 것인지는 아직 불확실하지만, 한 가지 분명한 것은 전쟁이 단지 우크라이나 영토에만 국한되지 않을 가능성이 갈수록 높아질 것이라는 점이다. 이미 대

99) 한승완, "유럽의 '전략적 자율성' 논의와 시사점," 「INSS 연구보고서」, 2021-20 (2020), p.24. https://inss.re.kr/publication/bbs/rr_view.do?nttId=410278

100) Ibid, pp.10-23.

101) Daniel Treisman, "6 lessons the West Has Learned in the 6 Months After Russia's Invasion of Ukraine" *CNN*, 3 August 2022.

다수 전문가들은 장기 소모전·지구전 양상을 예상한다. 앞서 NATO의 신전략 개념이 역사상 최초로 중국을 '위협'으로 지목한 점에도 유념해야 한다. 이미 중국은 단지 '무제한의 우정'이라는 레토릭을 넘어 우·러전쟁에 은밀하고 실질적으로 개입하고 있음이 드러났다.[102] 우·러전쟁은 우크라이나-러시아의 양국간의 전쟁을 넘어, 새로운 세계질서의 등장을 예고하는 중대한 사건이다. 이런 점에서 「월스트리트저널(WSJ)」이 '전광석화' 같이 빠른 속도로, 불과 개전 3주만에 미국·영국·호주·한국 등 자유민주진영 국가들이 '러시아 타도'의 기치 아래, 10억달러 규모의 무기·장비를 우크라이나에 지원하겠고 발표한 대목을 가리켜, "제2.5차 세계대전이 이미 벌어지는 중"이라고 평가했다.[103] 누구도 3차 세계대전을 원치 않을 것이다. 하지만 젤렌스키가 말한 대로, "이미 3차 세계대전이 시작되었는지 여부는 아무도 모를" 것이다.

여섯째, 우·러전쟁을 계기로 유럽대륙-인도·태평양 지역 간의 연계성이 가시적으로 부각된점이 주목된다. NATO의 2022 신전략개념은 유럽-아시아 국가들이 유럽-인·태 지역의 물리적·지리적 공간을 넘어, 글로벌 안보 기여자로서 협력할 수 있는 기반을 제공했다. 작년 6월 NATO 정상회의에 초청된 아시아·태평양 국가 중에서 인도·태평양 지역의 기본적 가치(자유, 평화, 번영)를 공유하는 4개국이 'AP4(Asia-Pacific Partners)'란 명칭의 새로운 그룹을 창설했다. 이들의 목적은 인·태지역 및 글로벌 안보 위협에 대응하기 위해 긴밀한 소통 및 공조 체제를 유지하는 것이다.[104] 우·러전쟁을 계기로 유럽이 對중국 위협 인식을 확고히 정립하고, 인·태지역에 대한 유럽의 전략적 이해가 확대되었으며, 글로벌 안보 이슈가 유럽의 당면 과제로 부상하면서 한국-유럽 간 안보면에서의 공동분모가 급격히 증가하였다. 한국은 유럽과 다자주의 증진, 지역 안정에 기여, 규범기반의 국제체제 지지, 폭력적 분쟁 예방, 차세대 경제성장의 동력 모색 등의 과제뿐 아니라, 가치 면에서도 민주주의와 인권, 법치, 시장경제라는 등의 기본가치를 공유하고 있다. 그러므로, 한국은 인도·태평양에서 유럽과 가치와 안보 이해관계를 공유하는 파트너로서의 입지를 굳힐 수 있는 호기를 맞이한 것으로 보인다.[105]

---

102) Peter Martin and Jenny Leonard, "U.S. Confronts China Over State-Owned Companies' Support for Russia's War Effort," *Time,* 25 January 2023.

103) Daniel Henninger, "Ukraine Is World War 2½," *Wall Street Journal*, 16 March 2022.

104) "아시아태평양파트너 4개국(AP4, 한·일·호·뉴) 차관회의(12.2) 결과," 「대한민국 정책브리핑」, 2022.12.2. https://www.korea.kr/news/pressReleaseView.do?newsId=156540369

105) 전혜원, "러시아·우크라이나 전쟁과 유럽 안보 지형 변화 전망," 「주요국제문제분석」, 2022-42, p.22.

저자소개

송승종 | 대전대학교 군사학과 교수

대전대학교 교수 겸 한국국가전략연구원(KRINS)의 미국 센터장으로 활동중이다. 육사 졸업(37기) 후 국방대학원(국방대)에서 석사학위, 미국 미주리 주립대(University of Missouri-Columbia)에서 국제정치학 박사학위를 받았고, 하버드대 케네디스쿨의 국제안보 고위정책 과정을 수료했다. 주요 연구분야는 한·미동맹, 미·중관계, 미국 국방·안보정책 및 군사전략, 북한 핵문제, 민군관계 등이다. 국방부 미국정책과장, 유엔대표부 참사관(PKO 담당), 駐바그다드 다국적군사령부(MNF-I) 한국군 협조단장, 駐제네바 대표부 군축담당관 등을 역임하였다. 전역 이후, SSC/KCI 등재·등재후보 저널에 30여편의 논문 게재, 『전쟁과 평화(Peace and Conflict Studies, 공역)』 출간 등, 활발한 학술활동을 벌이고 있다. 당면 관심사는 우크라이나·러시아 전쟁에서의 교훈 분석(국제정치학적 시각에 초점), 코로나 팬데믹과 우크라이나·러시아 전쟁 이후의 국제질서, 한·미의 인도·태평양전략, 중국 스파이 풍선(Spy Balloon) 사건의 전략적 함의, 북핵 능력 고도화에 따른 우리의 핵무장 필요성·가능성 검토 등이다.

04 우크라이나 전쟁 관련 일본의 대응과 향후 전망
- 전략 3문서 개정과 전력증강을 중심으로

권 태 환 회장(KDDA, 전 주일 국방무관)

Ⅰ. 서 문

2022년 2월 24일 러시아가 우크라이나에 대한 전면적 무력침공을 시행하였다. 초전 전쟁의 조기 종결을 계획한 푸틴 대통령의 의도와 달리 젤렌스키 대통령을 비롯한 우크라이나 국민들의 항전 의지는 국력과 군사력의 열세에도 불구하고 전쟁의 흐름을 바꾸었으며, 어느덧 개전 1년이 지나고 있다. 현재 러시아는 대규모 공세를 준비하고 있으며, 우크라이나도 영토 회복을 위한 결전 태세를 강화하고 있어 미국을 비롯한 서방국가들과 전문가들은 이로 인한 참혹한 민간인 피해와 전술핵 사용 가능성마저 우려하고 있다.

이와 함께 타이완을 둘러싼 중국의 무력시위 등이 격화되고 북한의 무차별적인 미사일 발사 등 군사적 도발이 지속되면서 동아시아의 안보 불안정도 심화되고 있다. 이로 인해 글로벌 공급망을 비롯한 국제안보 질서가 심각한 위협에 직면하고 있으며, 인도태평양 지역을 둘러싼 미중의 전략적 경쟁이 심화되면서 군사적 충돌이 우려되고 있다. 특히 중국-러시아-북한의 군사적 연대 강화와 핵사용 불배제 원칙 등은 한반도는 물론 대만 해협과 남중국해 등 역내 안보에 심대한 영향을 미치는 사안으로 전 세계가 관련 동향을 주목하고 있다. 무엇보다 지난 1990년대 이후 핵과 미사일 개발을 추진해 온 북한이 지난해 SLBM과 ICBM을 포함한 다양한 미사일 발사는 물론 핵무력 정책법을 제정하고 핵 타격 훈련에 이르는 총력적인 도발 태세를 강화하고 있다.

이러한 시점에서 일본 정부는 지난해 12월 16일 각의 결정을 통해 전략 3문서(국가안보전략, 국가방위전, 방위력정비계획) 개정을 공포하였다. 금번 개정은 '일본 안보정책의 획기적 변화'이자 '방위력의 근본적 변화'로 평가되고 있으며, 특히 반격 능력(적기지 공격 능력) 보유와 향후 5년 이내 방위비의 획기적 증가(GDP 1%→2%, 23-27년 43조엔) 등은 국내는 물론 주변국들의 주목이 집중되고 있다. 이러한 일본의 위협인식 변화 등 국제 안보정세 판단, 미일 동맹의 일체화 강화와 일본의 글로벌 역할 확대를 추구하는 자위대의 근본적인 방위력 정비, 특히 최근 북한의 핵전력 및 미사일 고도화 등에 대한 반격 능력은 역내 군비경쟁 등을 자극하는 한편 북한의 군사적 도발을 억제하는 측면 등 한반도 안보와 깊은 상관성을 기지고 있다.

본고는 우크라이나 전쟁과 관련한 일본 정부의 대응과 주요 쟁점을 살펴보고자 한다. 한일 양국은 공동의 위협인식과 미국을 동맹으로 한 안보현안을 공유하고 있기 때문이다. 특히 우크라이나 전쟁과 금번 개정된 일본의 전략 3문서에 대한 평가와 전망을 중심으로 시사점을 도출하여, 우리의 국가안보전략과 국방혁신 등 실효적 군사대비태세와 향후 대응에 있어 정책적 소견을 제시해 본다.

Ⅱ. 우크라이나 전쟁 관련 일본 정부의 대응과 주요

1. 우크라이나 전쟁 관련 일본 정부의 대응[106]

구 분	일 본
일본 정부	• 3.16 1억 달러 규모의 차관, 4.1 우크라이나 난민물자 지원[107] • 우크라이나 긴급인도지원(보건, 의료, 식량 등) 2억 달러 • 곡물수출촉진지원 1,700만 달러 • 복구 부흥지원 결정: 5억 달러 • 우크라이나의 소말리아 밀 지원 관련 수송과 현지 지원 1,400만 달러 • 우크라이나 재정 지원 6억 달러 • 월동지원을 위한 발전기 등 지원 257만 달러 • 우크라이나의 일본 난민 수용[108] • 러시아 관련자 비자 발급 중지 • 드론, 방탄조끼, 헬멧, 방한복, 위생자재, 민생차량 등 제공
대러 제재 조치 및 무역 조치	• 2.21일 외무성 대러 제재 조치[109], 2.24일 대러 추가 제재 • 4.12일 러시아 자산동결 조치: 개인 398명, 단체 28개 투자금지 • 러시아 중앙은행과 거래 제한 • SWIFT(국제은행 통신협회)로부터 러시아 배제, 국제금융 격리 참여 • 러시아의 신규투자 금지 조치 도입 • 신탁과 회계 등 러시아 관련 서비스 제공금지 • 러시아산 석유에 대한 프라이스 캡(상한가격 초과한 원유 및 석유의 수입금지, 서비스 금지) • '최혜국 대우' 철회, 러싱 수출 제재: 반도체, 첨단제품, 석유정제품 • 기계류, 금, 사치품 수출 금지

106) 日本 外務省, https://www.kante l .go.jp/jp/content/jp_stands_with_ukraine_jpn.pdf (검색일: 2023.2.5.)

107) 인도적 UNHCR 요청에 의거 모포 5,000매, 슬리핑매트 8,500매 등 물자지원 각의결정하고, 3.12일 현재 60여 명의 우크라이나 난민을 수용하고 있다.

108) 21년 체류자 1,915명, 22년 우크라이나 피난민 수용 2,277명이며 23년 2월 1일 현재 체류자 2,167명, 일시체류시설 입소자 58명이며, 일본 정착을 위한 교육과 지원을 실시하고 있다.

구 분	일 본
벨라루시 등	• 4 금융기관 및 자회사의 국내자산 동결 • 루카센코 대통령 등 관련자 비자발급 정지 및 자산동결 등 제재 • 군사관련 단체에 대한 수출, 국제적 규제품목에 대한 수출 제재 • 도네츠크 및 루한스크에 대한 제제 조치 지속 * 비자 발급 중지, 자산동결, 무역 및 금융 규제 등

2. 우크라이나 전쟁 관련 주요 쟁점

가. 일본의 국가안보전략과 미일 동맹의 전략적 역할 분담

일본의 대러시아 제재 관련 입장은 단호하다. 2014년 러시아의 크리미아 강제병합 이후 미국과 EU 등의 대러 제재가 있을 때에도 일본은 미국 등 각국과의 제재에 동참하면서도 한편으로 '북방영토 반환'에 대한 수면 하 협상을 지속해 왔지만,금번 러시아의 우크라이나 침공에 대한 일본의 태도는 달라졌다.[110] 러시아의 일방적인「도네츠크 인민 공화국」및「르한스크 인민 공화국」의 독립 서명에 대해 즉각적으로 우크라이나 주권에 대한 침해라며 비판과 함께 독자적 제재조치를 선언하였다. 이는 동맹인 미국 및 우방인 EU와 조율된 대처였으며, 이후 우크라이나 전쟁이 시작되자 유엔을 비롯한 다자회담과 정상회담을 통해 본격적인 우크라이나 지원과 대러시아 제재 조치에 돌입하였다. 이러한 일본 정부의 입장은 개정된 국가안보전략에 반영되어 있다. 미중 전략적 경쟁 가운데 부상하고 있는 대만해협의 위기와 연계된 중국의 군사적 시나리오를 포함한 인도 태평양 지역에서의 일본의 군사적 역할 확대가 명시되고 있다. 한편 미국이 2022년 2월 13일 발표한 '미국의 인도 태평양 전략'과의 역할분담을 중심으로 '인도 태평양 전략'에 새로운 과제를 던져주고 있다. 중국의 위협에 초점을 두고 있던 미국의 군사적 전개에 있어, EU 지역에로의 전략적 분산이 불가피하며, 이는 중동 및 아프간 철수 과정에서 시험대에 올랐던 바이든 행정부가 다시 한번 국제사회의 안정과 관련한

---

109) 2월 21일 러시아가 우크라이나의 일부인「도네츠크 인민 공화국」및「르한스크 인민 공화국」의 독립과 러시아군에 군사기지 등의 건설·사용 권리 을 주는「우호 협력 상호 지원 협정」에 서명하자 이는 우크라이나 주권에 대한 침해로 규정하고, 이와 관련 (1)「도네츠크 인민 공화국」및「르한스크 인민 공화국」관계자에 대한 사증의 발급 정지 및 일본 국내에 있는 자산의 동결 등을 실시 (2)「도네츠크 인민 공화국」및「르한스크 인민 공화국」과의 수출입 금지 조치 (3) 러시아 정부에 의한 새로운 소블린채의 일본에서의 발행·유통 등을 금지하는 제재조치를 발표

110) 時事通信, https://news.yahoo.co.jp/articles/0a11b5c411d167027f86de50e794f4bc151b7f5e (검색일: 2023년 2월 8일) 1956년 일-소 공동성언 이후 2020년 일러 정상회담에 이르기까지 북방영토를 둘러싼 양국간 협상이 지속되고 왔으나, 러시아의 우크라이나 침공 이후 중단상태이며, 2월 7일 '북방영토 반환 요구 전국대회'에서 불법점거로 비판 수위를 높였다.

군사적 도전에 처한 것을 의미하기 때문이다. 북한의 핵 능력과 미사일 고도화가 최근의 무차별적인 도발로 이어지고 있는 상황과 결코 무관하지 않다.

나. 러시아의 '핵 선제 사용' 위협과 대응

우크라이나 전쟁에서 가장 주목되는 쟁점은 '핵 선제 사용'에 대한 대응 문제이다. 우크라이나에 대한 미국과 서방의 대러시아 경제 제재와 군사적 지원이 가속화되자, 2022년 2월 27일 푸틴 러시아 대통령은 핵무기 운용부대에 경계태세 강화를 지시하는 이른바 '핵사용 카드'를 제기하였으며, 이러한 푸틴 대통령의 핵무기 위협은 서방이 우크라이나 전쟁에 개입하는 것을 막기 위한 위협인 동시에 기대한 만큼의 성과를 내지 못함에 대해 긴장 고조라는 국내 정치적 목적도 내포된 것으로 보인다.[111]

러시아의 '핵사용 카드'와 관련 일본 내에서도 '핵 공유론'을 제기하였다. 독일 등 북대서양조약기구(NATO) 회원국 일부가 자국에 미국의 핵무기를 배치하고 공동운용하는 핵 공유를 일본에도 적용할 수 있다는 주장이다. 미국의 '핵 확장억제'에 일방적으로 의존하고 있는 일본에 있어 중국, 러시아, 북한의 핵 위협 억제를 위해 확실한 보장을 요구하는 문제로서 향후 관련 동향이 주목된다. 특히 북한의 '핵무기 카드'가 금번 푸틴 대통령에게서 제기된 바와 같이, 한반도 국지전 또는 우발사태시 북한에 의한 일방적 위협으로 거론될 가능성을 결코 배제할 수 없기 때문이다. 동일한 위협에 직면하고 있는 한일 양국이 동맹국 미국과 함께 북한의 '핵사용 카드'에 대한 심도 깊은 전략적 대화가 절실하다.[112] 이제 핵전쟁은 더 이상 논의가 아닌 현실적인 대응 과제라는 인식이 확산되고 있다.

다. 첨단전력 운용과 군수지원 능력 등 국방혁신 반영 노력

우크라이나 전쟁을 통해 러시아의 극초음속 미사일을 비롯한 첨단무기 뿐 아니라 드론을 비롯한 세계 최첨단전력의 운용이 주목되고 있다. 한편 러시아 국방개혁의 상징인

111) 러시아의 '핵사용 카드'로 미국과 서방은 우크라이나에 대한 직접적인 군사개입을 하지 못하고 있으며, 러시아의 핵사용을 포함한 훈련 등을 공개적으로 실시하는 것은 러시아에 대한 미국의 공격 등을 가정하면서 이를 통해 국내 불만과 반대 여론을 통제하기 위한 국내 정치적 목적도 동시에 달성할 수 있는 수단이 되고 있다.

112) 데일리안, https://www.dailian.co.kr/news/view/1105003/?sc=Naver(22년 4월 20일 검색). 북한은 핵 선제공격 능력을 통해 미국의 한반도 관여 의지를 저하시키려하며, 주미대사를 역임한 안호영은 4월 4일 담화에서 "북한은 남북 간 전쟁이 발생할 경우, 자신들의 전투력 보존 차원에서 전쟁 초기에 핵무기를 사용해 한국군을 섬멸할 계획이라고 밝혔다"며 핵무기의 선제타격에 의한 위협 대처가 시급하다는 점을 지적하였다.

대대전술단(Battalion Tactical Group)이 개전시 우크라이나를 조기 장악한다는 목표를 설정했으나, 오히려 무력화되었으며, 우크라이나군은 열세한 군사력으로 첨단전력을 가진 러시아군을 상대하면서 전쟁의지가 재부각되었다. 한편 장기화되면서 탄약, 물자 등 후방전투지원과 예비전력에 대한 중요성이 재조명되고 있다.

일본 방위성은 우크라이나 전쟁 교훈과 시사점을 도출하여 새로운 국가방위전략에 반영하였다. 전략적으로는 북-중-러시아의 연계에 의한 대만 및 동중국해에 있어 군사적 충돌 시나리오 등을 상정하고, 전술적으로는 각종 AI 등 첨단 무기체계와 부대 운용, 인재와 예비전력 양성 등이다. 한편으로 중국 등 반미연대와 미일을 중심으로 한 가치연대의 대립이 확산되면서 글로벌 공급망의 재편은 물론 방위산업 육성과 방산수출의 본격화도 가속화되고 있다. 국내외 공감대 확보를 위한 전략적 커뮤니케이션을 국가안보전략의 가이드라인으로 강조되고 있다.

라. 군사적 대비태세의 실효성 확보 본격 추진

미중 경쟁이 심화되는 가운데 우크라이나 전쟁의 장기화로 '대만해협에 대한 미국의 군사적 개입' 보장에 의문이 제기되고 있다. 북-중-러시아의 군사적 연대가 강화되는 등 일본을 둘러싼 역내 안보정세는 '그 어느 때보다 엄중하다'는 인식 하에 방위력의 근본적 변화를 모색하고 있다. 특히 억제력과 대처력을 우선하면서 어떠한 상황과 여건 하에서도 싸울 수 있는 자위대 운용과 글로벌 차원의 자위대 역할을 확대해 나가야 한다는 인식이다. 이를 위한 군사적 대비태세의 실효성을 제고하는 것이 주요 쟁점이 되고 있다. 향후 미일 동맹 강화가 일본의 군사적 역할 분담과 실효적 능력 보유 동향이 주목되는 이유이며, 이는 한반도 안보에 중대한 영향을 미칠 것이다. 한국 정부의 새로운 국가안보전략 구상에 있어서도 중요한 관심사가될 것이다. 이러한 관점에서 우크라이나 전쟁은 일본 뿐 아니라 세계 각국에 다양한 교훈과 시사점을 제시하고 있다. 특히 핵전쟁 우려가 현실화될 가능성이 제시되고 있으며, 에너지 및 식량 등에 대한 글로벌 공급망 혼란이 가중되고 있다. 일본은 금번 전략 3문서 개정에 이를 적극 반영하고 있다.

Ⅲ. 일본의 전략 3문서 개정 평가와 전망

일본 정부는 지난해 12월 16일 각의 결정을 통해 전략 3문서(국가안보전략, 국가방위전, 방위력정비계획) 개정을 공포하였다. 국가안보전략은 2013년에 최초 제정되어 9년 만의 개정이다. 국가방위전략(이전 방위계획대강)은 방위정책의 방향과 전력증강 목표를 제시하는 전략문서로서 1976년 최초 제정되어, 1995년, 2004년, 2010년, 2013년, 2018년에 이어 금번 6번째 개정이다. 방위력정비계획(이전 중기방위력정비계획)은 전력증강 목표를 현실적으로 구현하기 위해 5년 단위로 소요예산과 도입장비를 연도별로 구체화한 문서이다. 그러나 금번 개정은 '일본 안보정책의 획기적 변화'이자 '방위력의 근본적 변화'로 평가되고 있으며, 특히 반격 능력(적 기지 공격 능력) 보유와 향후 5년 이내 방위비의 획기적 증가(GDP 1%→2%, 23-27년 43조엔) 등은 국내는 물론 주변국들의 주목이 집중되고 있다. 전략 3문서의 관계를 정리하면 다음과 같다.

〈표 1〉 전략 3문서의 상호관계[113)]

구 분	주요 내용
국가안보 전략	• 국가안전보장 최상위 정책문서(10년 판단) • 외교, 방위, 경제안보, 기술, 사이버, 정보 등 국가안보전략 분야별 정책의 전략적 지침 부여
국가방위 전략	• 방위목표를 설정, 전략적 접근과 수단 제시 • 방위력의 근본적 강화(7개 중시 능력) • 국가 전체의 방위체제 강화 • 동맹국, 우방국(동지국) 등과의 협력 강화
방위력정비 계획	• 일본 방위력 보유 수준을 제시, 이를 달성하기 위한 중장기적인 정비계획 • 자위대의 체제(대략 5년 및 10년 후 체제) • 5년 방위비 총액, 주요장비품 정비수량 * 연구개발, 배비 목표연도 등을 본문 명시

113) 일본 방위성(홈페이지), https://www.mod.go.jp/

1. 일본의 전략 3문서 개정 평가

가. 국가안보전략 개정

국가안보전략은 일본 정부가 주체가 되어 정책 분야별 전략적 지침을 부여하는 문서이다. 목표가 되는 국익을 ① 주권과 독립유지, 영토보전, 국민의 생명과 신체, 재산의 안전확보 ② 경제성장과 번영과 공존공영의 국제적 환경 실현 ③ 보편적 가치와 국제법에 기초한 국제질서로서 특히 자유롭고 열린 인도태평양을 제시하고 있다. 기본 원칙으로 ① 적극적 평화주의 유지 ② 보편적 가치를 유지, 옹호하는 안보정책 추구와 국제협력 ③ 전수방위, 비핵 3원칙 견지 등 기본방침 불변 ④ 일본 안보정책의 기축은 미일동맹 ⑤ 우방국과의 연계 및 다국간 협력의 중시 등을 제시하고 있다.

목표 달성을 위해 우선할 전략적 접근으로서 ① 자유롭고 열린 인도태평양 전략을 위한 외교적 대처, ② 일본 방위체제 강화로서 방위력의 근본적 강화와 종합적 방위체제 강호, ③ 방위산업 재검토, ④ 미일 동맹의 억제력과 대처 능력의 강화가 제시하였다. 이를 위해 사이버, 해양, 해상보안능력, 우주안보, 첨단과학기술과 정보능력 향상, 유사시 국내대처 능력, 해외 자국민 보호, 에너지 등 전략자원 확보 등과 함께 경제안보정책을 촉진하며, 국제적 연대를 강화해 나갈 것을 표명하였다. 또한 국가방위전략과 방위력정비계획을 통해 통합운용 태세의 강화, 육해공 자위대의 체제 정비와 구상, 전력증강 구상을 제시하였다

나. 국가방위전략의 개정

국가방위전략은 방위성이 주체가 되어 국가안보전략 수행을 위해 방위목표를 설정하고 이를 달성하기 위한 전략적 접근과 수단을 제시하고 있다.

첫째, 근본적 방위력 강화는 일본에 대한 침공 억제에 중점을 두고 미일 동맹의 억제력 대처력 강화와 함께 우방국들과의 글로벌 방위협력을 확대해 나가며, 주요 쟁점인 반격능력은 자위대의 스탠드 오프 방위능력을 의미한다고 본다. 이를 위해 무력행사 3요건을 준수해 전수방위 원칙을 견지해 나간다. 또한 전체의 방위체제 강화에는 국가총력전 구상이 주목된다. 외교력, 정보력, 경제력, 기술력 등 국력통합과 함께 정책 수단과 전략적 커뮤니케이션에 의한 일원화와 국민적 공감대를 염두에 두고 있다. 특히 미래전장 성패의 핵심으로 영역횡단작전 능력의 강화로서 우주, 사이버, 전자파 등과 민군 협력 중요성을 제기한다. 지난 2007년 제정된 국민 보호법 등을 반영한 자위대의 기동 전투력을 위한 민간선박 항만 임대 등이 구체적으로 명시되었다. 해상 교통로 중

요성과 지부티 등 해외 거점의 안정적 장기적 운용, 부대 배치 조정에 있어 지역의 특성 현지 경제 여건 등이 지침으로 반영되었다.

〈그림 1〉 일본의 국가방위전략 구상과 주안

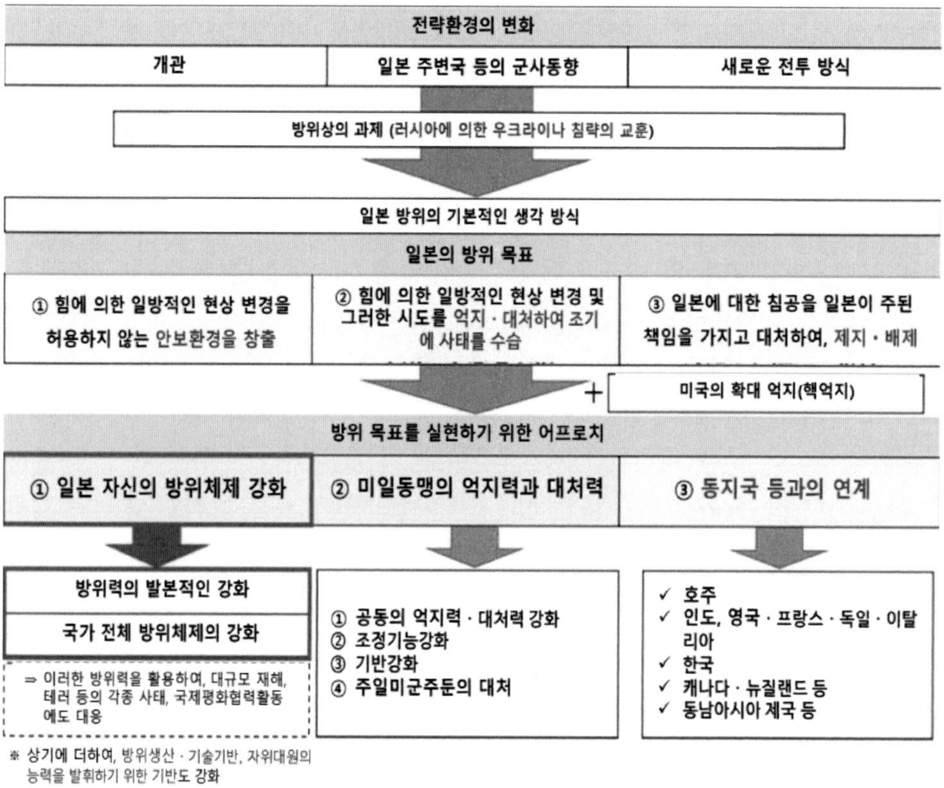

전략환경의 변화

개관	일본 주변국 등의 군사동향	새로운 전투 방식

방위상의 과제 (러시아에 의한 우크라이나 침략의 교훈)

일본 방위의 기본적인 생각 방식

일본의 방위 목표

① 힘에 의한 일방적인 현상 변경을 허용하지 않는 안보환경을 창출	② 힘에 의한 일방적인 현상 변경 및 그러한 시도를 억지 · 대처하여 조기에 사태를 수습	③ 일본에 대한 침공을 일본이 주된 책임을 가지고 대처하여, 제지 · 배제

+ 미국의 확대 억지(핵억지)

방위 목표를 실현하기 위한 어프로치

① 일본 자신의 방위체제 강화	② 미일동맹의 억지력과 대처력	③ 동지국 등과의 연계
방위력의 발본적인 강화 국가 전체 방위체제의 강화 ⇒ 이러한 방위력을 활용하여, 대규모 재해, 테러 등의 각종 사태, 국제평화협력활동에도 대응	① 공동의 억지력 · 대처력 강화 ② 조정기능강화 ③ 기반강화 ④ 주일미군주둔의 대처	✓ 호주 ✓ 인도, 영국 · 프랑스 · 독일 · 이탈리아 ✓ 한국 ✓ 캐나다 · 뉴질랜드 등 ✓ 동남아시아 제국 등

※ 상기에 더하여, 방위생산 · 기술기반, 자위대원의 능력을 발휘하기 위한 기반도 강화

향후 자위대의 체제정비 구상 방향은 ① 통합운용능력의 강화로서 기존 조직의 재검토를 통해 상설 통합사령부를 창설, 통합 운용에 이바지하는 장비 체계 검토 ② 육상자위대는 스탠드오프 방위능력, 신속한 기동·분산 전개, 지휘통제·정보 관련 기능을 중시한 체제 정비.사이버를 중심으로 한 영역 횡단 작전 기여 ③ 해상자위대는 방공 능력, 정보전 능력, 스탠드·오프 방위 능력 등의 강화, 강인화, 무인화 추진 수중 우세를 획득·유지할 수 있는 체제 정비 ④ 항공자위대는 기동 분산 운용, 스탠드·오프 방위 능력 등의 강화.우주 이용의 우위성을 확보할 수 있는 체제를 정비하고 항공자위대를 항공우주자위대로 확대 ⑤ 정보본부는 정보전 대응의 중심적인 역할을 담당하는 동시에 타국의 군사활동 등을 파악하고 분석·발신 능력을 근본적으로 강화할 수 있도록 체제를 정비해 나갈 것을 명시하였다.

〈표 2〉 향후 자위대 체제정비 구상 방향

구분	향후 자위대 정비체제 구상 방향
통합운용 능력강화	기존 조직의 재검토를 통해 상설 통합사령부를 창설, 통합 운용에 이바지하는 장비 체계 검토
육상 자위대	스탠드오프 방위능력, 신속한 기동·분산 전개, 지휘통제·정보 관련 기능을 중시한 체제 정비.사이버를 중심으로 한 영역 횡단 작전 기여
해상 자위대	방공 능력, 정보전 능력, 스탠드·오프 방위 능력 등의 강화, 성인화·무인화 추진 수중 우세를 획득·유지할 수 있는 체제 정비
항공 자위대	기동 분산 운용, 스탠드·오프 방위 능력 등의 강화.우주 이용의 우위성을 확보할 수 있는 체제를 정비하고 항공우주자위대로 개편
정보본부	정보전 대응의 중심적인 역할을 담당하는 동시에 타국의 군사활동 등을 파악하고 분석·발신 능력을 근본적으로 강화

다. 일본 방위력정비계획과 주요 내용

일본 방위력정비계획은 방위성이 주체가 되어 일본 방위력 보유 수준을 제시하고, 이를 달성하기 위한 중장기적인 정비계획을 명시한 것이다. 대략 5년 및 10년 후 자위대의 체제를 염두에 두고, 향후 5년간 방위비 총액, 주요 장비품과 정비 수량을 명시하고 있으며, 국가방위전략에서 제시한 자위대 체제를 구체화하고 있다. 자위대 정원을 15만 1,000명에서 14만 9,000명으로 2,000명을 삭감하고 있으며, 7가지 능력에 대해 구체적인 도입 및 배비 등 관련내용을 제시하고 있으며, 관련 소요예산을 적시하고 있다. 특히 주목되는 점은 소요예산으로 2023년에서 2027년까지 43조엔을 제시하였다. 이는 GDP 1% 수준이었던 방위비 규모를 GDP 2% 수준으로 높이는 군비확장으로 현행 세계 5위의 자위대가 획기적인 전력을 보유하게 될 것이다.

〈표 3〉 방위력 정비계획 중점사업

구분	분야	사업비	
		5년간 사업비	2023년 사업비
스탠드오프 방위능력		약5조엔	약1.4조엔
통합방공미사일 방위능력		약3조엔	약1.0조엔
무인장비 방위능력		약1조엔	약0.2조엔
영역횡단작전능력	우주	약1조엔	약0.2조엔
	사이버	약1조엔	약0.2조엔
	차량, 함선, 항공기 등	약6조엔	약1.2조엔
기동전개능력·국민 보호		약2조엔	약0.2조엔
지휘통제정보 관련 기능		약1조엔	약0.3조엔
지속성·강인성	탄약·유도탄	약2조엔	약0.2조엔
	장비품 등의 유지정비비·가동성확보	약9조엔	약1.8조엔
	시설의 강인화	약4조엔	약0.5조엔
방위생산기반의 강화		약0.4조엔	약0.1조엔
연구개발		약1조엔	약0.2조엔
기지대책		약2.6조엔	약0.5조엔
교육훈련비, 연료비 등		약4조엔	약0.9조엔
합 계		약43.5조엔	약9조엔

2. 향후 전망과 시사점

우크라이나 전쟁에 대한 전망은 ① 현상 유지 ② 러시아의 대규모 공세나 우크라이나의 실지 회복을 위한 확전 ③ 휴전 협정 ④ 핵 사용에 의한 확전(Plan B) 등의 시나리오가 있지만 대체적으로 조만간 협상의 주도권 장악을 위해서도 대규모 공세가 우려하는 시각이 지배적이다. 이와 관련 일본 정부도 오는 5월 G-7 정상회의(히로시마) 대비 차원에서도 기시다 총리의 우크라이나 방문 등이 거론되고 있으며, 향후 복구지원을 포함한 장기전 대응 체제 대응이 예상된다.114)

앞서 제기한 바와 같이 일본 정부는 우크라이나 전쟁 교훈과 시사점을 반영한 전략 3문서를 공표하고, 이를 위한 재원 마련과 실질적인 전력 증강 및 미일공동훈련 등을 강화해 나가고 있다. 미일동맹 강화는 물론 인도태평양전략 차원에서 일본의 군사적 역

114) 現代ビジネス,
https://news.yahoo.co.jp/articles/5eff4c2afdcfb89c93aee882b5061946104c6a1e
(검색일: 2023년 2월 8일) G-7 의장국으로서 우크라이나 방문의 당위성 주장이 제기되고 있다.

할을 확대해 나가면서, 자위대의 독자적 작전 역량을 강화해 나갈 것이며, 특히 북한의 핵 사용을 억제하기 위한 반격 능력을 조기에 확보해 나가기 위한 노력이 가시화될 전망이다. 재원 확보 및 전수방위 원칙 관련 국내적 쟁점화가 예상되지만 전쟁에 말려들 가능성을 우려하는 국내 반전의식과 주변국 반발 등을 고려하여 헌법 개정은 논의 수준이 유지될 것으로 보인다. 그러나 이와 같은 변화는 한반도 안보에도 다양한 시사점과 영향을 줄 것으로 보인다.

첫째, 역내 안보정세의 불안정과 미중 군사적 충돌 가능성이 우려되는 가운데 전쟁 억제 및 대처를 위한 대비책 마련이 우선되어야 한다. 향후 북한의 군사적 도발이 한일 양국의 직접적 위협으로 제기될 가능성이 높아지고 있다. 구체적으로 북-중-러의 군사적 연대 강화로 인한 대만문제, 센카쿠문제, 한반도 안보정세가 상호 연계성을 가지게 되면서 향후 한일 안보협력은 양자 관계가 아닌 국제안보정세와 역내 불안정에 의해 상호 유기적인 협력이 불가피하게 된다는 점이다. 따라서 한미일 안보협력은 이러한 정세 인식 하에 공동목표 설정과 역할분담과 이를 토대로 실효적인 대비가 시급하다. 특히 한일 안보협력은 한미일 안보협력의 관건이며, 한편으로 북-중-러의 의도적 도전에 직면할 수도 있다. 한반도 유사시 시나리오 등에 대한 전략적 의사소통이 그 어느 때보다 중요한 시점이다.

둘째, 한국군의 역할을 한반도 뿐 아니라 글로벌 차원으로 발전시켜 나아가야 한다는 점이다. 이를 위해 일본(자위대)의 글로벌 역할 확대를 예의 주시해야 한다. 구체적으로 대만 문제는 역내 뿐 아니라 인도태평양 전략 차원에서 미중 군사적 충돌의 직접적인 쟁점이 될 것이다. 이를 둘러싼 일본의 군사적 역할은 해상교통로 확보라는 자국의 이해관계 뿐 아니라 '자유롭고 열린 인도 태평양'이라는 가치연대에 의해 향후 NATO를 비롯한 국제질서와 경제안보 차원에서의 글로벌 공급망에 심대한 영향을 미치게 될 것이다. 우크라이나 전쟁은 이러한 관점에서 이미 에너지와 식량 등 국제질서에 많은 혼란을 가중시킨 바 있다. 향후 반도체와 밧데리, 차세대 통신망 등 크고 작은 쟁점은 우리에게도 예외가 아니다. 윤석열 정부의 인도태평양 전략이 구체화되는 현 시점에서 일본의 대응은 타산지석이자 전략적 동반자로서 보다 깊이 있는 연구와 상호 운용성을 확대해 나갈 수 있는 기회로 삼아야 한다.

셋째, 미래전장 대비와 국방혁신을 위한 전략증강 및 동맹 강화를 위한 역할 분담이다. 일본은 향후 5년에 방위비를 GDP 1% → 2%인 43조엔을 활용한 전력증강을 추진한다. 그럼에도 불구하고 이는 중국의 군사비에는 비교할 수 있는 수준이 되지 못한다. 결국 미국을 축으로 한 역할 분담이 불가피하며, 우리의 경우도 마찬가지이다. 대북 위주의 전력증강에서 벗어나 우리 또한 글로벌 차원의 국방전략과 전력 증강이 불가피하며 이를 위해 역할 분담에 의한 체계적 전력 증강이 필요한 시점이다. 금번 일본의 전략 3문서도 미래 전장에 대한 대비 뿐 아니라 현실적인 위협에 대처하는 전력 증강을 제시하고 있다. 우리의 국가안보전략 책정 및 국방전략 및 국방혁신 과정에서 이를 충분히 반영해 나가는 노력이 필요할 것이다.

넷째, 국민적 공감대를 확보하기 위한 국가안보전략 및 국방정책 수립에 있어서 공론화 과정을 선행해야 한다. 전략적 커뮤니케이션이 금번 일본 전략 3문서에서 강조되었다. 정책과 전략, 전술 및 국제적 공조 등이 제반 분야에서 상호 연계성을 유지하기 위해서는 국민적 공감대 선행이 바람직하다. 이를 통해 우크라이나는 젤렌스키 대통령이 국제사회의 엄청난 지원을 이끌어 냈으며, 일본(방위성)은 전후 일본 안보정책의 변곡점인 전략 3문서에 대한 국민적 공감대를 이루었다.

Ⅳ. 결론: 정책 제언을 중심으로

우크라이나 사태의 가장 중요한 교훈은 미국과의 동맹에 기초한 핵확장억제의 중요성을 재인식하게 되었다는 점이다. 핵을 보유한 러시아의 '핵사용 카드'와 '유엔안보리 상임 이사국의 거부권 행사'로 우크라이나 전쟁의 억제는 결국 무산되었다. 그 결과는 참혹하며 전쟁이 장기화될수록 많은 희생과 국토의 피폐를 가져오고 있다. 특히 향후 북한의 핵선제 타격론이 중국과 러시아의 핵사용 위협과 연계된다면, 미국의 연합전시 증원(RSOI)과 미일 가이드라인에 의한 자위대의 후방지원이 시험대에 오를 수 있다. 이를 극복하기 위한 동맹관리 및 전략적 역할 분담이 더욱 중요해지고 있다. 특히 일본의 전략 3문서 개정은 전후 일본 국가안보전략의 변곡점으로서 동아시아 안보 지형에 새로운 지각변동이 예상된다. 향후 인도태더욱 평양 지역에 있어 일본의 군사적 역할 확대와 자위대의 '근본적 방위력 전환' 모색이 본격적으로 추진될 것으로 예상되며, 이에 대한 역내 군비경쟁의 가속화도 우려된다. 이러한 일본의 움직임은 한반도 안보에 영향을 미치게 될 것이며, 윤석열 정부가 추진하는 '국방혁신 4.0'에도 중요한 과제를 던져주고 있다. 이러한 관점에서 한반도 전쟁을 억제하며, 인도태평양전략에 있어 역내 안정을 위한 우리의 대응을 한미일 협력방안을 중심으로 제시해 본다.

첫째, 군사적 대비태세(Readness)에 대한 실효적 대비이다. 앞서 제기한 바와 같이 핵을 보유하지 못하는 한국과 일본이 핵을 보유한 북한, 나아가 북-중-러의 군사적 연계에 대처하기 위해서는 한미 동맹의 핵확장 억제는 물론 실질적인 한미일 안보협력이 중요하다. 불과 3분, 7분 이내에 북한의 핵과 미사일 공격에 직면하는 한일 양국이 이에 대비하기 위한 한일 및 한미일 협력에 의한 실질적인 군사적 논의와 대비태세의 확립이 시급하다. 우크라이나 전쟁과 대만 위기라는 유동적 변수를 포함한 가상 시나리오에 대한 검토도 필요할 것이다. 미국과의 동맹을 비롯한 인도태평양 전략 등

둘째, '국방혁신 4.0'을 위한 실질적인 방안 연구 노력이다.115) 현실적 대비와 함께 미래전 대비를 위한 실질적인 국방혁신을 가속화시켜 나가야 한다. 자위대의 근본적 방위태세 변화는 질적+양적 변화가 불가피한 안보상황을 의미하며, 이는 결코 우리와 무관하지 않다. 지난해 12월 28일 한국정부는 향후 5년간 군 구조 개편과 군사력 건설 등 국방비로 총 331조 4000억 원을 투입하는 것을 포함, 국방정책과 각종 사업 추진계획을 연도·사업·부대·기능별로 구체화 한 '2023 ~2027 국방중기계획'을 확정·발표했다. 이를 추진하는 과정에서 국방혁신은 부단히 보완되고 국제안보정세 변화를 적극 반영해 나가야 한다. 이러한 관점에서 미래전에 대비하기 위한 한미일 역할 분담을 포함한 안보역량 구축이 시작되어야 한다.

셋째, 한미일 안보협력을 위해서는 한일 관계의 조기 정상화를 위한 동시다층적 협력이 행동으로 구현되어야 한다. 이는 윤석열 정부의 새로운 한일 관계가 신뢰를 회복하고 미래지향적 관계로 발전되기 위해서도 필요하다. 북한의 군사적 위협에 대한 국민적 위협인식을 토대로. 다양한 한미일 공동훈련을 통해 국민적 신뢰를 회복하는 일이야말로 한일관계 개선의 지름길이라 할 수 있다. 현재 한일 정상회담 및 국방장관회담 추진과 함께 한일 및 한미일 외교+국방장관회담(2+2)을 추진하는 방안도 검토해야 한다. 일본도 국가안보전략 개정을 통해 중국 견제 뿐 아니라 우크라이나 사태를 계기로 글로벌 안보현안에 대한 역할 확대를 제시하고 있다. 특히 에너지문제 등을 포함한 경제안보 차원의 전략적 대처가 필요하며, 이를 위한 민군협력의 체계적 통합이 검토되어야 한다. 아울러, 한일 방산협력 기반 강화를 통해 한미일 상호운영성을 확보하여 유사시 대처역량을 제고해야 한다. 최근 한국의 K-방산에 대한 성과가 국제적 관심사가 되고 있으며, 일본의 3문서 개정에도 국가 차원의 중시 의지가 담겨있다. 향후 양국의 방산협력은 미국과의 동맹을 강화하고 유사시 상호운용성을 확보할 수 있으며, 첨단 과학기술분야 특히 우주, 사이버, 전자파 등 미래전장에서의 국제적 룰을 유지할 수 있는 기반

115) 홍규덕, 「한반도의 미래 안보환경과 '한국형 상쇄전략'」 (2022년 3월). pp.58-62. 한반도를 둘러싼 안보위협의 심화에 대한 국방혁신 대전략 차원에서 '한국형 상쇄전략'을 비롯한 국방혁신 방안을 제시하고 있다.

이 된다. 우크라이나 전쟁에서 제기된 탄약 및 장비의 수급 등에 협력도 중요하다. 이를 위해 한국 방사청과 일본 방위장비청, 한일 방산업체간 긴밀한 인적교류를 위한 조치가 시급하다.

넷째, 역내 우발적 충돌을 방지할 수 있는 신뢰구축 조치(Shapping)로서 해공역 우발적 충돌 및 사고방지를위한 다자안보대화 추진이다.

한반도를 둘러싼 해공역이 주변국과 남국관계의 이해관계와 맞물려 분쟁 도발의 직접적인 매개체가 되고 있다. 최근 중국이 서해안에서 군사훈련 뿐 아니라 실사격 훈련을 실시하고 있으며, 중러 연합훈련에 이어 북중 및 북중러의 군사훈련 가능성도 조심스럽게 제기되고 있다. 이러한 시점에 도발 빌미를 사전에 예방하고, 역내 우발적인 군사적 충돌을 방지하기 위해서는 신뢰구축 차원의 해공역 관리 문제와 원전의 방사능 누출 등 비전통적 차원의 다자안보대화가 긴요하다. 또한 이를 통해 '해공역을 둘러싼 우발적 충돌 및 사고방지를 위한 협정'이 체결되어야 하며, 여기에는 한미일은 물론 중국과 러시아, 북한도 참여하는 것이 바람직하다고 본다.

마지막으로 국가안보에 있어 한미일 안보협력에 대한 국민적 공감대를 확대하는 노력이다. 금번 일본의 반격능력에 대한 일본내 여론조사 결과를 보면 찬성이 과반수 이상을 보이고 있다. 이는 전후 일본 국민들의 반전 의식, 전수방위 원칙에 대한 우려를 고려한다면 놀라운 결과이다. 이러한 배경에는 시대적 요구 뿐 아니라 일본 정부(방위성)의 국민적 공감대 확보를 위한 많은 노력이 있다는 점을 간과해서는 안될 것이다. 한반도 안보 정세의 엄중함과 한미일 안보협력의 현실적 의미 등에 대한 인식과 전략적 공감대를 위해 정부(국방부)의 설명 및 실질적인 대안 제시가 필요하다. 국제사회에서 전쟁의 명분을 확보하고 국내적으로 국민적 지지를 확보하기 위해서는 언론과 군의 상관관계를 바르게 인식하고 이에 필요한 인재양성과 운용능력을 확보하는 노력이 중요하다.

위기를 기회로 만들기 위해서는 한일 양국이 미국을 축으로 실질적인 한미일 안보협력 태세를 만들어 나가는 노력이 중요한 시점이다. 미일 양국은 안보현안에 있어 글로벌 차원의 역할 분담을 통해 전략적 포괄 동맹을 강화시켜 나가고 있다. 우크라이나 사태와 관련한 일본의 대응을 보면 미국과의 동맹 강화, 핵 확장 억제의 담보, 중국-러시아-북한의 연계된 군사적 위협에 대한 대처 등이며 이는 한미일의 공동관심이기도 하다. 일본의 '국제적 협력주의에 기초한 적극적 평화주의'와 한국의 '힘으로 뒷받침되는 평화'는 상호 신뢰를 토대로 할 때 그 의미와 가치를 발휘할 수 있다. 러시아의 우크라이나 침공이 우리에게 주는 시사점과 교훈의 본질이기도 하다. 평화는 만들어 지는 것이 아니라 만들어 나가는 것임을 결코 잊지 말아야 한다.

저자소개

권태환 | 한국국방외교협회 회장, 예비역 육군준장

육군사관학교를 졸업한 후, 서강대 정책대학원에서 북한 및 통일정책 석사, 일본 다쿠쇼쿠대학에서 안전보장학 박사과정을 수료했다. 국방부 정책실에서 대외정책 총괄을 담상했고, 일본 자위대에서 지휘참모대와 국방대학원 과정을 연수하고, 오카자키 연구소 객원연구원, 주일본 한국대사관에서 국방무관과 육군무관 등을 역임했다. 전역 후 세종연구소에서 객원연구원, 국방대학교 초빙교수 등을 통해 국내외 외교안보 경험을 토대로 2018년 한국국방외교협회를 설립하였다. 현재 한국군사학회 부회장, 한일군사문화학회 회장, 북극성연구소 부소장, 합참 및 육군 정책자문위원과 한국군사문제연구원의 객원연구위원으로 국방외교 발전과 후진양성을 위해 활동하고 있다. 저서로는 '새로운 안보환경과 한국의 생존전략', '통일한국의 비전과 군의 역할', '한일 새로운 미래, 어떻게 만들것인가?'와 번역서로 '근대일본의 군대' 이외 '일본의 군사전략' 등 다수의 논문이 있다. '주간국게안보군사정세'를 2019년 이후 발행하고 있으며, 국제안보정세와 일본의 안보군사, 한일 및 한미일 안보협력 등 국방외교를 주로 연구하고 있다.

우크라이나 전쟁 관련 중국의 대응과 중러 협력 전망

조 현 규 교수(신한대학교, 전 주중육군무관)

Ⅰ. 들어가는 말

우크라이나는 발칸반도와 중동 · 유럽을 잇는 길목이다. 서방과 러시아 사이에 위치하며, 역사적으로 러시아와 서방이 만나는 전선이다. 작금의 우크라이나전쟁은 러시아의 일방적인 주장에 근거하면, 전쟁을 촉발한 원인은 1991년 소련 붕괴 후 우크라이나의 '우크라이나화 및 탈러시아화'이다. 역내 러시아계의 민족주의로 인한 분열과 러시아의 구소련으로의 기억 회귀(回歸), 북대서양조약기구(NATO)의 동진(東進)으로 인한 러시아의 불안감도 우크라이나전쟁의 원인 중 하나다. 구소련 지역에서 러시아의 영향력을 회복하려는 것도 우크라이나전쟁의 심리적 요인이고, 러시아의 팽창주의 전통 역시 우크라이나전쟁의 본질적 요인 중 하나이며, 러시아의 침공은 우크라이나의 NATO 가입 시도와도 관련이 있다.

NATO의 동진이 러시아에 대한 위협으로 이어지는 것은 사실과 다르며, 러시아가 NATO 회원국을 공격하지 않는 한 러시아에 대한 NATO의 공격은 근거가 없다. 러시아는 제2차 세계대전 당시 독일 나치와의 동유럽 침범을 내세워 생존 공간을 확보하기 위해 영토 확장을 계속하고 있다. 러시아와 인접해 있는 NATO 국가 간의 중립 완충지대 축소도 러시아의 일방적인 주장일 뿐이다.

푸틴은 최근 몇 년간 민의(民意) 기반이 약해진 만큼 전쟁을 통해 민심의 지지를 얻는 것이 시급했다. 서방 각국이 취하고 있는 제재 수단과 태도는 확실히 러시아가 우크라이나전쟁에서 손을 뗄 지 말지를 가늠하는 관건이다. 유럽연합(EU)의 제재가 더디고 손대기 어려운 실질적인 이유는 러시아가 유럽 전체의 가스 공급을 주도하고 있기 때문이다. 우크라이나는 NATO 회원국 아니기 때문에 NATO는 동맹국이 공격받은 것으로 간주해 직접 전쟁을 벌여 우크라이나를 보호할 권리가 없으며 바로 옆에 있는 리투아니아, 폴란드, 루마니아에 군대를 주둔시켜 러시아를 위협할 수 있을 뿐이다. 푸틴의 국가 개념은 서방의 다문화 국가 개념과 강한 대조를 이루는 민족과 독재에 기반을 두고 있으며, 그의 대러시아 민족주의는 분명히 우크라이나전쟁의 매우 중요한 관건 중 하나이다.

러시아의 우크라이나 침공 이후 중국은 러시아의 안보적 관심에 주목해야 한다고 강조하며 공개적으로 러시아를 비판하지 않고 중 · 러 '신시대 전면적전략동반자 관계'를 유지하겠다고 선언했다. 더욱이 중국은 러시아의 불법 무력사용과 우크라이나 철수를 즉각 중단하라는 유엔 총회 결의안에 기권표를 던짐으로써 유엔에서 세계평화 유지에 대한 중국의 역할을 비판을 초래했다. 또한, NATO의 동진에 대한 중국의 반대, 미국과 유럽 국가들의 러시아에 대한 경제 제재, 그리고 전쟁으로 실추된 러시아의 중국 의존도 상승은 서방국가들로 하여금 중국의 외교적 입장에 대한 의구심을 커지게 했다.

본고에서는 우크라이나전쟁에 대한 중국의 인식과 입장을 살펴보고, 중국의 대응을 분석 한 연후에 향후 우크라이나전쟁 지속 여부와 밀접한 관계가 있는 중-러 양국간 군사협력의 실제와 전망을 집중적으로 조망해 보기로 한다.

Ⅱ. 우크라이나전쟁에 대한 중국의 인식

우크라이나전쟁에 대한 중국의 인식은 전쟁에 대한 공식 명칭에서부터 드러난다. 중국 정부와 관영 매체들은 러시아의 우크라이나 침공을 '우크라이나 위기'(烏克蘭危機),[116] '러시아-우크라이나 충돌'(俄烏沖突) [117]등으로 지칭한다. 즉, 러시아가 우크라이나를 침략했다는 인상을 주지 않고, '전쟁'이라는 표현을 회피함으로써 전쟁이 아닌 '특별군사작전'이라는 푸틴의 주장과 일맥상통한다. 중국은 일찍이 우크라이나의 친러시아 정권이 붕괴했던 2004년 '오렌지 혁명'에서부터 이러한 표현법을 사용해 왔는데, 문제의 배경과 원인을 러시아에 두지 않고, 러시아를 두둔하면서 장기적이고 구조적인 측면에서 바라보고 있다는 점을 알 수 있다.

우크라이나 전쟁에 대한 중국의 시각은 2022년 2월 24일 러시아가 우크라이나를 침공한 다음 날인 2월 25일 왕이(王毅) 중국 국무위원 겸 외교부장의 5가지의 입장에 잘 나타나 있다. 첫째, 중국은 각국의 주권과 영토보전을 존중하고, 유엔 헌장의 취지와 원칙을 성실히 준수할 것을 주장하며, 우크라이나 문제에서도 이 입장은 일관되고 분명하게 적용된다. 둘째, 중국은 공동·통합·협력·지속가능한 안보관을 옹호하며, 냉전적 사고를 버리고 각국의 합리적인 안보 우려는 존중받아야 하며, 5차례에 걸친 NATO의 동진 상황에서 러시아의 정당한 안보요구는 중시되어야 한다. 셋째, 중국은 우크라이나 문제의 전개에 주목하며 현재의 상황은 우리가 원하던 것이 아니다. 우크라이나 사태가

116) 中国外交部：回应美方要求中方在乌克兰危机中"选边站" 外交部——中国一向站在和平正义一边(2022.2.25.), 《腾讯视频》, https://V.qq.com/x/page/v3325r73jou.html(검색일: 2023.1.30.)

117) 外交部：俄乌冲突真正的冲突方是俄罗斯和美国代表的北约(2022.4.29.), 《环球网》, https://baijiahao.baidu.com/s?id=1731435162922804856&wfr=spider&for=pc(검색일: 2023.1.30.)

지속적으로 악화되거나 통제 불능으로 치닫지 않도록 자제하는 것이 급선무이다. 일반인의 생명과 재산의 안전이 보장되어야 하고 특히 대규모 인도주의적 위기를 막아야 한다. 넷째, 우크라이나 위기를 평화적으로 해결하려는 모든 외교적 노력을 지지하고 격려한다. 러시아와 우크라이나의 조속한 직접 대화 협상을 환영한다. 그리고 유럽과 러시아가 유럽 안보문제에 있어 평등한 대화를 통해 최종적으로 균형 있고 효과적이며 지속가능한 유럽안보기제를 창출할 것을 지지한다. 다섯째, 중국은 유엔(UN) 안전보장이사회가 우크라이나 문제 해결을 위해 건설적인 역할을 해야 하며, 지역의 평화와 안정, 각국의 보편적 안보를 최우선으로 해야 한다고 여긴다. 또한, 안보리는 상황을 고조시키기보단 긴장을 완화하는 외교적 해결을 촉진하는 데 도움이 되어야 한다. 이런 점에서 안보리 결의가 무력 사용과 제재의 권한을 부여하는 UN 헌장 7장을 인용하는 것에 반대한다는 것이 중국의 공식 입장이다.118)

중국 정부의 이와 같은 발표는 우크라이나 침공이 러시아의 합리적 안보 우려에서부터 비롯되었다는 것을 우회적으로 옹호하며, UN의 무력 사용 및 제재 결의에 관해 비판적인 시각을 내비친 것이다. 중국 정부의 이 같은 러시아 편향적인 인식은 2022년 3월 18일 시진핑 중국 국가주석과 바이든 미국 대통령과의 화상 정상회담에서 약간의 변화가 일어났다. 바이든은 중국이 물질적으로 러시아를 지원할 경우 결과와 대가에 관한 메시지를 전달했고, 중국은 이에 명시적인 답변을 회피한 채, 충돌은 누구에게도 이익이 되지 않는다는 의견을 내놓았다.119)

중국의 인식 변화와 함께 주목해 볼 것은 중국이 우크라이나 전쟁을 바라보는 시각이 달라졌다는 점이다. 전쟁이 장기화되어 가면서 그 범위와 제재로 인한 영향력이 러시아와 우크라이나 양자 간의 대립에서 점차 민주주의 진영과 권위주의 진영의 대립으로까지 확대되어 국제전 양상을 띠고, 중국도 전쟁의 성격이 변화됨에 따라 이해득실에 관심을 가지기 시작했다는 것이다. 이번 전쟁을 안보문제의 시각에서 본다면 EU와 러시아가 해결해야 할 문제를 넘어 미국이 개입함으로써 중국에 영향을 미치게 되며 이는 곧 국제질서 변화에 영향을 미칠 것이라는 인식이 중국 내부에서 확산되고 있는 것이다. 또한, 미국과 서방이 진영 대립을 꾀하며 대만 문제와 연결 짓고 있다고 인식한다.120)

---

118) 王毅阐述中方对当前乌克兰问题的五点立场(2022.2.26),《外交部》, http://www.goV.cn/govweb/guowuyuan/2022-02/26/content_5675705.htm(검색일: 2023.2.1.)

119) 习近平同美国总统拜登视频通话(2022.3.18.),《中华人民共和国中央人民政府》, http://www.goV.cn/xinwen/2022-03/18/content_5679795.htm(검색일: 2023.1.30.)

120) 성기영 외(2022). 러시아-우크라이나 전쟁 평가와 향후 국제질서 전망. pp.64-65.

왕이 중국 국무위원 겸 외교부장은 2022년 9월 22일 UN에서 우크라이나 문제에 대한 중국의 입장은 일관되고 명확하다고 강조하면서, 모든 국가의 주권과 영토 보전은 유지되어야 하고, 유엔 헌장의 목적과 원칙은 모든 당사자의 합리적인 안보 관심사를 중시해야 하며, 평화적 위기 해결에 도움이 되는 모든 노력은 지지를 받아야 한다고 말했다. 동시에 그는 우크라이나전쟁에 대해 대화와 협상 고수, 당사국과 국제사회의 국면 완화 추진, 사실에 기초한 인도적 상황 완화, 에너지 · 식량등 외부 유출 방지 등을 주장했다. 또한, "안보리는 객관적이고 공정한 기본 원칙을 갖고 휴전회담의 올바른 방향을 따라야 한다", "중재 도구를 우선적으로 활용해 정치적 해결을 추진해야 한다"고 밝혔다.

이상에서 살펴 본 바와 같이 중국의 우크라이나전쟁에 대한 인식은 사태의 본질인 러시아의 침공이라는 사실을 외면하고 있다는 것이다. 대신 NATO의 동진, 미국의 배후 지원을 전쟁의 원인으로 돌리고, 러시아의 안보 우려를 옹호하면서 서방의 제재를 반대하고 있다.

Ⅲ. 우크라이나전쟁에 대한 중국의 입장

우크라이나전쟁에 대한 중국의 입장은 중국 외교부의 발표와 논평, 그리고 중국 고위층 인사들의 여러 발언에서 잘 나타나 있다. 중국 정부의 공식적인 입장을 전쟁 발발 전과 후로 나누어 그 추이를 살펴보면 다음과 같다.

1. 전쟁 발발 이전

시진핑 중국 국가주석은 북경 동계올림픽 직전인 2022년 2월 4일 북경에서 개최된 푸틴 대통령과의 정상회담에서 "NATO의 동진에 반대한다"며 러시아의 입장을 공식적으로 지지했다.[121] 왕이 중국 국무위원 겸 외교부장은 2022년 2월 21일 블링컨 미국 국무장관과 전화통화에서 "우크라이나 문제에서 중국 입장은 일관적이다. 어떤 국가의 합리적 안보 우려는 모두 존중받아야 하고, 유엔 헌장의 종지와 원칙에 따라 보호받아야 한다", "중국은 사안 자체의 시비곡직(是非曲直)에 비추어 각 측과 접촉을 계속하겠

121) 习近平同俄罗斯总统普京会谈(2022.2.4.),《中华人民共和国中央人民政府》, http://www.goV.cn/ xinwen/2022-02/04/content_5671973.htm(검색일: 2023.1.30.)

다"고 말함으로써 중립적인 모양새를 강조했다. 이어 "우크라이나 상황은 악화 추세에 있다. 중국은 다시금 각 측이 자제를 유지하고, 안보와 영토 불가분 원칙 실천의 중요성을 인식할 것을 호소한다"라고 강조했다. 즉, 중국은 우크라이나 분리 독립을 명분으로 내세운 러시아를 공개적으로 지지할 경우 러시아에 대한 안보 우려를 가진 EU와 대립하게 되며, 미·중 경쟁에서 EU를 중국 편으로 끌어들이려는 전략에 차질이 생기는 것을 감안했던 것이다.

2. 전쟁 발발 이후

중국은 2022년 2월 24일 우크라이나를 침공한 러시아를 두둔하고, 미국에 반대하는 입장을 분명히 했다. 화춘잉(華春瑩) 중국 외교부 대변인은 2월 25일 정례브리핑에서 "러시아는 유엔 안보리 상임이사국이며 독립 자주의 대국으로, 자신의 판단과 그들의 국가 이익에 기반해 자신의 외교와 전략을 자주적으로 결정하고 시행한다"라며 러시아를 옹호했다. 또한, "중·러 관계는 '비동맹, 비대항, 제3국을 겨냥하지 않는' 기초 위에 이루어 졌다", "이데올로기로 선을 그어 '소집단' 패거리를 맺고 집단 정치, 대결과 분열을 조장하는 미국과 근본적·질적으로 다르다. 냉전적 사고와 소위 동맹과 '소집단'을 끌어 모으는 방식에 중국은 흥미도 없고 흉내 낼 생각도 없다"고 강변함으로써 중국이 러시아 규탄에 동조하지 않겠다는 입장도 분명히 했다. 122) 또한 중국은 러시아의 군사행동을 '침공'으로 인정하지 않았다. 중국의 주요 관영매체들은 러시아의 전면적인 우크라이나 침공에 대해 '군사 행동', '출병'(出兵), '무장 충돌', '기습'등으로 보도하였고, 세계 각지에서 러시아의 침공을 비판하는 반러시아 시위에 대해서는 보도하지 않았다.

우크라이나 침공 이틀째인 2022년 2월 25일 시진핑 중국 국가주석은 푸틴 러시아 대통령과의 전화 통화에서 "현재 상황에서 러시아 지도자가 취하는 행동을 존중한다. 중국은 러시아가 우크라이나와의 협상을 통해 문제를 해결하는 것을 지지한다. 각국의 안보 우려는 존중받아야 한다"고 말했다. 그러면서도 시 주석은 "주권 및 영토 보존을 존중하고 유엔 헌장의 취지와 원칙을 준수한다는 중국의 기본 입장은 일관된 것"이라고 말했다. 이는 시 주석이 러시아를 두둔하고 러시아의 우크라이나 침공을 인정하는 것 아니냐는 국제사회의 비난 여론을 의식한 발언으로 보였다.

2022년 3월 18일 화상으로 개최된 미-중 정상회담에서 조 바이든 미국 대통령은

122) 外交部发言人就乌克兰局势等回答记者提问(2022.2.25.),《新华社》, https://baijiahao.baidu.com/s?id=1725686555834864409&wfr=spider&for=pc(검색일 2023.1.30.)

시진핑 중국 국가주석과 영상 회담에서 중국이 러시아를 물질적으로 지원하면 미국은 물론이고 전 세계적으로 좋지 못한 결과에 직면할 것이라고 경고하였다. 시진핑 중국 국가주석은 “우크라이나 위기는 우리가 보고자 했던 것이 아니다”라며 “그러한 충돌은 누구의 이익도 되지 않는다”고 말했다. 전쟁이 지속돼선 안 된다는 메시지를 발신했지만 러시아에 대한 군사적 지원이 없을 것이란 명시적 답변은 없었다. 또한, 우크라이나 사태를 ‘침공’이나 ‘전쟁’이란 표현 대신 ‘위기’라고 말해 수위를 조절한 것으로 보인다. 이어 “국가관계는 군사적 대치로 나아가지 않아야 하며 충돌과 대항은 누구의 이익에도 부합하지 않는다”며 “평화와 안전이야말로 국제사회의 소중한 자산”이라고 지적했다. 시 주석은 나아가 "미국과 NATO도 러시아와 대화해야 한다"고 주장했다. 그는 "전방위적이고 무차별적인 제재로 고통받는 것은 국민들"이라며 "가뜩이나 어려운 세계 경제에 설상가상이 되고, 돌이킬 수 없는 손실을 초래할 것"이라고 했다. 현재 가동되고 있는 미국 등 서방의 대(對)러시아 제재와 미국이 경고한 대중국 제재에 대한 반대 입장을 분명히 한 것으로 풀이된다. 시 주석은 이날 처음으로 “우크라이나 위기(crisis)”라는 용어를 사용했는데, 이것은 러시아의 우크라이나 침공을 보는 중국의 입장이 다소 조정된 것으로 볼 수 있다. 중국 외교부가 우크라이나 사태에 대해 2월 25일 푸틴 러시아 대통령과 전화 통화에서는 ‘우크라이나 문제(issue)’, 3월 8일 에마뉘엘 마크롱 프랑스 대통령, 올라프 숄츠 독일 총리와 화상 회담에서는 ‘우크라이나 정세(current situation)’라고 발표했던 것과 달라졌기 때문이다.

한편, 중-러 관계에 미묘한 변화도 감지되었다. 친강(秦剛) 주미 중국대사는 2022년 3월 24일 "중국과 러시아의 협력에는 금지구역이 없지만 마지노선은 존재한다"며 "이 마지노선은 유엔 헌장의 원칙이자 공인된 국제법과 국제관계의 기본 원칙으로서 우리가 따르는 행동 지침"[123]이라고 밝혔다. 중국은 그동안 주권과 영토 보전 존중 등을 '유엔 헌장의 원칙'으로 지칭해왔다. 친 대사의 발언은 2022년 2월 4일 중-러 정상회담의 공동성명에서 언급된 '양국간 우호에는 한계가 없다'는 문구에 비해 입장이 보다 유연해 진 것이다. 이것은 중·러 양국 간 협력에 한계가 없다고 하더라도 국제관계 등을 고려했을 때 중국이 할 수 없는 영역이 존재한다는 취지의 설명이며, 중국이 무조건 러시아를 도울 수 없다는 고민이 담겨 있음을 시사한다.

2022년 3월 30일 왕이 중국 외교담당 국무위원 겸 외교부장은 중국을 방문한 세르게이 라브로프 러시아 외교장관과의 회담에서 우크라이나의 인도주의적 위기를 거론하

123) 中俄之间合作没有禁区，但也是有底线的(2022.3.25.),《知乎》, https://zhuanlan.zhihu.com/p/487265674(검색일: 2023.1.30.)

고 "상황이 조속히 완화되길 지지한다"고 하면서, 이번 사태가 "유럽의 안보 모순이 오래 누적된 결과이자 냉전적 사고의 집단 대립이 만들어 낸 결과"라고 함으로써 여전히 전쟁 발발의 책임이 미국과 NATO에 있다는 취지로 말했다.

2022년 4월 1일 자오리젠(趙立堅) 중국 외교부 대변인은 "NATO는가 냉전의 산물로서 소련 붕괴 때 역사가 되어 버렸다. .미국은 우크라이나 위기의 진원지이자 최대 주역이다. 작금의 세계는 '신냉전'을 필요로 하지 않으며, 유럽도 '신냉전'을 필요로 하지 않는다. 우크라이나 사태가 한 달 넘게 지속되면서 국제사회의 절대다수 국가들은 조속한 휴전을 희망하며 대화를 촉구하고 있다. NATO는 유럽 안보 문제와 우크라이나 사태에서 자신의 역할을 반성해야 한다"고 밝혔다.

2022년 5월 19일 왕이 중국 외교담당 국무위원 겸 외교부장은 "우크라이나 위기가 여전히 지속되고 있으며, 중국의 일관된 입장은 평화적인 협상을 통해 담판을 촉진시키는 것이다"라고 강조하면서 "무기 지원은 우크라이나의 평화를 바꿀 수 없고, 제재와 압박은 유럽의 안보 딜레마를 해소할 수 없다. 국제사회는 평화적 화합을 위해 불난 집에 부채질하기보다는 실제 행동으로 갈등을 완화해야 한다. 중국은 러시아와 우크라이나가 어려움을 극복하고 대화를 계속하기를 지지하며 NATO와 EU가 러시아와 전면적인 대화를 시작할 것을 촉구한다"라고 밝혔다.

2022년 6월 6일 자오리젠(趙立堅) 중국 외교부 대변인은 "제재가 우크라이나 문제를 해결하는 올바른 길이 아니며, 제재가 격상 및 지속되면서 유럽 국가들은 더 큰 대가를 치르고 세계는 에너지 위기·식량 위기 등 더 큰 도전에 직면할 것으로 우려된다."고 말했다. 그는 유럽 국가들이 우크라이나전쟁이 조속히 완화되기를 바란다는 뜻을 수차례 밝힌 점에 주목했다고 밝히고, 중국은 유럽이 대화 촉진을 권고하는 과정에서 적극적인 역할을 할 것을 지지하며, 이를 통해 궁극적으로 균형 있고 효과적이며 지속 가능한 유럽 안보의 틀을 구축해 나갈 수 있을 것이라고 말했다.

2022년 7월 7일 인도네시아 발리에서 열린 G20 외교장관 회의에 참석한 왕이 국무위원 겸 외교부장은 "기회를 틈타 냉전적 사고를 선동하고 진영 대립과 '신냉전'을 조장하는 것에 반대하며, 이중 잣대를 적용하여 중국의 주권과 영토 보전을 훼손하는 것에 반대하고, 타국의 정당한 발전 권리와 이익을 해치는 것에 반대한다"고 밝혔다.124)

2022년 9월 2일 자오리젠(趙立堅) 중국 외교부 대변인은 "우크라이나 위기가 본격화된 지 반년이 넘도록 미국과 서방의 일방적 제재가 문제를 해결하지 못하고 있다. 우크

124) 中印外长就乌问题交换意见，王毅谈中方围绕乌克兰局势的三点关切(2022.7.8), 《文汇报》, https://baijiahao.baidu.com/s?id=1737736723708746566&wfr=spider&for=pc(검색일: 2022.3.29.)

라이나 위기의 원흉인 미국이 강 건너 불구경하며 어부지리를 챙기는 최대 승자가 된 것은 세계가 생각하고 경계해야 할 일이다"라고 밝혔다.[125]

2022년 9월 15일 우즈베키스탄 사마르칸트에서 개막한 상하이협력기구(SCO, Shanghai Cooperation Organization) 정상회의에서 중-러 정상회담에서 시진핑 주석은 "대국의 책임을 보여주기 위해 러시아와 협력할 것"이라고 강조했다. 그러나 시 주석은 푸틴 대통령을 향해 우크라이나전쟁이 장기화 되는데 대한 불만으로'우려'를 표시하고, 또 푸틴 대통령이 중국의 이러한 '우려'를 이해한다는 발언을 공개한 것은 매우 이례적이다.

2022년 10월 28일 왕원빈(汪文斌) 중국 외교부 대변인은 중-러 외교장관 전화 통화 시 "러시아가 우크라이나·미국 등과 대화를 통해 협상을 재개할 용의가 있다고 제안했으며, 중국은 이를 환영하며 협상 등 정치적 경로를 통해 조속히 국면 완화 내지 해결을 위한 외교적 노력을 강화하기를 희망한다"라고 밝혔다.

2022년 11월 25일 마오닝(毛寧) 중국 외교부 대변인은 "중국은 우크라이나의 인도적 정세 문제를 항상 중시하고 있다. 대화와 협상을 통해 조속히 상황을 냉각시키는 것이 급선무이자 문제 해결의 근본적인 길이다. 중국은 국제사회가 함께 상황을 완화하고 위기를 정치적으로 해결하는 데 건설적인 역할을 하기를 바라고 있으며, 중국도 그렇게 해 왔다"라고 강조했다.

2022년 12월 25일 왕이 중국 국무위원 겸 외교부장은 '국제 정세와 중국 외교 심포지엄' 연설에서 "중국은 작금의 우크라이나 위기에 대해 평화적 해결을 견지하며, 편가르기를 하거나 불난 집에 부채질을 하지 않을 것이다"라고 역설했다.

2023년 1월 22일 왕원빈(汪文斌) 중국 외교부 대변인은 정례브리핑에서 우크라이나 전쟁과 관련하여 "우크라이나 문제는 역사적 경위와 현실적 요소가 복잡하게 얽혀 있다. 우크라이나 문제에 대한 중국의 입장은 일관되고 명확하며 변화가 없으며, 중국은 UN 헌장의 원칙에 따라 분쟁을 평화적으로 해결하기를 주장하며 협상을 통해 이견을 해소하고 상황을 악화시키지 않도록 자제를 촉구한다."고 말했다.

2023년 1월 30일 마오닝 중국 외교부 대변인은 "우크라이나 문제에 있어 중국은 항상 객관적이고 공정한 입장을 갖고 있으며, 평화의 편에 서서 우크라이나 위기를 정치적으로 해결하는 데 건설적인 역할을 하고 있다. 우리는 수수방관하지 않고, 불난 집에 부채질하지도 않으며, 더욱이 기회를 틈타 이익을 얻지도 않는다"라고 말하고 ,"우크라

---

125) 美国作为乌克兰危机的始作俑者却成了坐收渔利的最大赢家(2022.9.2.),《环球网》, https://baijiahao.baidu.com/s?id=1742842490713534172&wfr=spider&for=pc(검색일: 2023.1.30.)

이나 위기의 진원지이자 최대 주역인 미국은 중화기와 공격용 무기를 지속적으로 우크라이나에 보내면서 갈등의 길이와 강도를 높이고 있다. 미국은 자신들의 행동을 반성하기보다 중국을 의심하고 비난하고 있다. 미국이 위기가 하루빨리 종식되고 우크라이나 인민의 생명과 안전에 진정으로 관심이 있다면 무기 수송과 전쟁 돈벌이를 중단해야 한다. 그리고 책임 있는 방식으로 상황을 조속히 냉각시켜 평화협상에 유리하고 필요한 환경과 여건을 조성해야 한다"고 밝혔다.[126] 이것은 우크라이나전쟁의 책임을 미국으로 돌리는 발언으로 해석된다.

상술한 바와 같이 러시아의 우크라이나 침공 직후 중국 정부는 일방적으로 러시아를 옹호하는 입장을 취하다가, 국제사회의 러시아의 주권국가에 대한 침략 행위 규탄, 이를 두둔하는 중국에 대한 비난, 서방국가들의 러시아에 대한 강도 높은 제재에 직면하자 한 발 물러나서 '대화를 통한 문제 해결'이라는 양다리 걸치기식 입장으로 선회하고 우크라이나에 대한 인도적 지원도 진행하고 있다. 그리고 중국 정부는 우크라이나전쟁 발발 이후 점차 전쟁의 책임을 미국과 NATO에 전가하는 태도를 보이고 있다. 우크라이나 전쟁이 장기화되고 있는 가운데 중국은 사태 해결을 위해서는 대화가 필요하고 러시아에 대한 제재에 반대한다는 기존 입장을 계속 되풀이 하면서, 내부적으로는 러시아의 입장을 지지하면서 미국을 위시한 서방 진영에 맞서서 중-러 '신시대 전면적전략동반자관계' 차원의 협력을 강조하고 있다.

Ⅳ. 우크라이나 전쟁에 대한 중국의 대응 분석

2022년 2월 24일 우크라이나-러시아 전쟁이 발발한 직후 양측은 여러 차례의 협상을 진행했으나 별다른 성과를 거두지 못했다. 오히려 쌍방의 전쟁이 점점 더 격렬해지면서 교착 상태에 빠져 있고, 심지어 국제 인도주의 법규를 위반하는 사건들도 발생했기 때문에 세계 각국과 유엔이 나서서 러시아의 침략 행위를 규탄하고 전쟁을 중단하도록 촉구하였다.

과거 중국-우크라이나 관계는 매우 원만했으며, 우크라이나는 중국이 일대일로를 통해 유럽으로 진입하는 중추로서 군사무기 및 경제무역 교류에 있어서 중국에게 매우 중요한 위상을 차지하고 있다. 그러나 우크라이나가 침공을 당한 후 중국에게 지지를 호

---

126) 外交部 : 在乌克兰问题上不接受毫无根据的讹诈(2023.1.30.), 《光明网》, https://m.gmw.cn/baijia/2023-01/30/1303267643.html(검색일: 2023.1.30.)

소했지만 중국은 과거 우크라이나와의 우정을 외면하고 우크라이나가 전쟁에 시달리도록 하면서 내부적으로는 러시아의 입장을 지지하고 있다.

오랫동안 세계 대국임을 자처해 온 중국은 러시아의 침공을 공개적으로 비난하지 않음으로써 국제사회의 빈축을 사고 있다. 중국은 한편으로는, 국제적으로 화해를 위해 노력하겠다고 대외적으로 선언하면서, 자신을 위기 속의 중립적 중재자로 묘사하고 있으며, 다른 한편으로 중국 지도부가 러시아의 입장에 호응하여 전쟁을 일으킨 책임을 NATO로 몰아가고, 심지어 NATO가 냉전 종식 때 러시아와 약속한 'NATO의 동진 금지'를 어겼기 때문에 전쟁이 발발한 것이라고 주장하고 있다. 지금의 우크라이나 전쟁에서 중립이란 결코 존재하지 않는다. 러시아의 침략을 규탄하지 않는 것은 러시아 편에 서는 것을 선택한 것이다. 중국은 우크라이나와 러시아 양쪽 모두에게 미움을 사지 않고, 중국이 독선적으로 중립적 화해자가 되는 것은 불가능한 일이다. 중국은 한편으로는 자신을 고상한 중립자로 형상화하여 역할을 연기하고, 배후에서는 언론을 통해 미국과 NATO를 비난하며 러시아를 지원하고 있다.[127)]

중국은 러시아와의 밀월관계와 미-중 전략경쟁 등 국제정세를 감안해 러시아를 지원하는데 있어 추가적으로 고려해야 할 요소가 매우 많은 상황이다. 우크라이나 전쟁이 장기화 되는 현재의 정세 속에서 중국이 기본적으론 러시아와의 관계를 고려하여 외교안보적인 대응책을 마련해 나가는 과정에서 선택할 수 있는 대응 방식은 다음과 같이 요약될 수 있을 것이다.

1. 러시아와의 외교적 공조 강화

중국은 러시아와 오랜 시간 다져온 긴밀한 협력관계를 토대로, 전쟁이 발하기 이전부터 러시아 측과 우크라이나 문제에 관한 소통을 지속했다. 2022년 2월 4일 베이징 동계올림픽을 계기로 푸틴이 중국을 방문해 시진핑과 정상회담을 개최하고, 그 직후 우크라이나 문제를 포함한 공동성명을 발표한 것이 대표적이다. 비록 공동성명에는 '우크라이나' 라는 단어가 삽입되진 않았으나, 중-러 양국이 NATO의 팽창을 반대하며 냉전시대의 이데올로기를 버릴 것을 촉구한다면서, 개별 국가나 군사정치연합 혹은 동맹이 일방적인 군사적 우위를 앞세워 타국의 안보를 훼손하며 지정학적 경쟁을 심화시킨다는 내용이 포함되었다.

2022년 2월 24일 러시아가 우크라이나를 본격적으로 침략한 당일, 중국 외교부 측

127) 中國在烏克蘭議題上的兩面手法(2022.3.25.),《自由時報》, https://talk.ltn.com.tw/article/breaking news/3871717(검색일: 2023.2.1.)

은 러시아의 '특별군사행동'을 '침략'이라고 규정하는 것에 대해 부정적인 입장을 피력하면서, 미국이 UN의 승인없이 이라크와 아프가니스탄에 대해 불법적인 군사행동을 벌일 당시 어떤 서방의 언론도 '침략'이란 용어를 쓰지 않은 점을 거론했다. 불과 하루 뒤인 2월 25일에는 중-러 정상이 전화통화를 통해 우크라이나 사태에 대한 의견을 교환하며 양국의 긴밀한 공조를 대내외에 과시하기도 했다. 당시 푸틴은 미국과 NATO가 오랜 기간 러시아의 합리적인 안보 우려를 무시한 채 군사력을 동진하였기 때문에 러시아의 전략적 인내심이 한계에 도달하였다고 말하는 한편, 우크라이나측과 고위급 협상을 원한다는 입장을 피력했다. 이에 시진핑은 냉전적 사고를 버리고 각국의 합리적인 안보 우려를 존중해야 된다고 언급하며 러시아의 입장을 배려하는 모습을 보였다.

러시아의 우크라이나 침공이 한창이던 2022년 3월 7일에도 왕이 중국 외교부장은 중-러가 세계에서 가장 중요한 양자관계 중 하나이며, 중 러 간 협력은 양국 국민에게 이익과 복지를 가져다 줄 뿐 아니라 세계 평화와 안정, 발전에도 도움이 된다고 발언했다.[128] 2022년 3월 30일 개최된 중-러 외교장관 회담 시에도 중국 측은 우크라이나 문제가 유럽에서 오랜 시간 누적된 안보 갈등이 폭발한 것이며, 냉전적 사고와 집단대결에서 비롯된 복잡한 역사적 맥락을 갖고 있다면서, 대규모 인도적 위기를 막기 위한 러시아와 각국의 노력을 지한다고 밝힌 바 있다.

이러한 중국의 입장은 현재까지 바뀌지 않은 것으로 확인된다. 2022년 11월 15일 개최된 중-러 외교장관회담에서 중국은 러시아의 핵위협이 커지는 것에 대해 명확한 반대의사를 표명하면서도, 흑해 식량운송협정을 재개하는 것을 환영하며 중국은 앞으로도 대화를 촉진하는 건설적인 역할을 할 것이라면서 러시아를 달래는 모습을 보여주었다.[129]

128) 外交部长王毅出席记者会 回应乌克兰危机、中美关系等问题92022.3.7),《中国青年网》, https://baijiahao.baidu.com/s?id=1726644529371577346&wfr=spider&for=pc.(검색일: 2023.2.1.)

129) 김선재(2022), 국제지역연구 26권4호, pp.113-117.

2. 다자기구를 활용한 러시아 지원

중국과 러시아는 정상회담 등 양자 간 교류 뿐 아니라, 상하이협력기구(SCO)와 브릭스(BRICS, Brazil·Russia·India·China) 등 자국이 주도해서 결성한 다자협의체를 통한 긴밀한 소통을 지속해왔다. 지금까지 시진핑과 푸틴간 40여 차례의 만남 중 다수는 SCO와 BRICS를 계기로 이루어진 양자회담이었다. 양국은 동 협의체를 지역간 협력의 매개체일 뿐만 아니라 서구의 압박에 대응하는 수단으로도 활용해왔다. 일례로 코로나-19 사태 당시 미국 등 국제사회가 중국책임론을 제기하자, 중국은 러시아의 협조 하에 SCO와 BRICS를 활용하여 적극적으로 반박하기도 했다.

양국의 이러한 외교적 행보는 우크라이나 전쟁에서도 잘 드러난다. 2022년 3월 17일 왕이 중국 국무위원 겸 외교부장은 장밍(张明) SCO 사무총장과의 회담을 통해 우크라이나 사태가 가져올 수많은 영향에 맞서 SCO는 글로벌 안보와 안정을 수호하는 데 보다 적극적인 역할을 해야 된다고 강조했다.[130] 2022년 5월 19일 개최된 BRICS 외교장관 회담을 계기로 발표한 공동성명에는 각국이 러시아와 우크라이나 간 협상을 지하며, 우크라이나 내외의 인도적 정세에 대해 관심을 갖고 논의했다는 내용이 포함되었다. SCO와 BRICS의 대응은 UN 등 여타 국제기구에서 러시아의 침략행위를 규탄하는 모습과는 상당히 대조적이며, 이는 중국이 러시아를 지원하기 위해 상당한 외교적인 노력을 경주중이라고 평가할 수 있다.[131]

3. 서방 주도의 경제 제재에 불참

미국 등 서방 국가는 경제적 수단을 활용하여 러시아를 강력히 제재하는 과정에서, 중국이 반드시 동참할 것을 압박하고 있다. 그러나 중국은 국제법상 근거를 찾을 수 없는 제재라는 수단을 통해서는 아무런 해결의 실마리를 찾을 수 없을 뿐 만 아니라 오히려 새로운 문제를 일으키며, 코로나-19 로 인해 악화된 세계 경제에 더욱 큰 충격을 줄 뿐이라는 입장을 고수하고 있다.

2022년 3월 15일 중국 외교부 대변인은 상술한 입장을 표명하면서, 미국 측이 러시아와의 관계를 처리하는 과정에서 중국의 정당한 권익을 훼손해서는 안 되며, 중-러 양국은 앞으로도 상호존중과 평등호혜의 정신에 입각해 정상적인 경제무역 협력을 지속

---

130) 王毅会见上海合作组织秘书长张明(2022.3.17.),《中国政府网》, http://www.goV.cn/xinwen/ 2022-03/17/content_5679606.htm(검색일: 2023.2.1.)

131) 위 논문, p.117.

할 것이라고 강조했다.[132] 3월 17일 중국 상무부 역시 러시아 및 우크라이나와 정상적인 경제무역 협력을 지속할 것이라는 입장을 밝혔다.

2022년 3월 18일 바이든 미국 대통령은 시진핑과의 전화통화를 통해 제재의 동참을 요구했으나, 시진핑은 대국의 지도자는 국제사회의 안정과 수십억 인구의 생산생활을 먼저 생각해야 된다면서, 전면적이고 무차별적인 제재로 인해 피해를 입는 것은 서민이라고 언급하며 미국의 요구를 사실상 거절했다.

2021년 1~10월간 중 러 간 교역규모는 1,500억 달러를 넘어서며 사상 최고치를 경신했다. 이는 전년 대비 35% 급증한 것이며, 2021년 연간 교역액인 1,468억 달러를 넘어선 수치이다. 러시아 측은 2022년 양국 간 교역액이 1,700억 달러를 돌파할 가능성이 있다고 언급했으며, 중국 상무부 역시 러시아와 정상적인 무역교류를 지속할 것이며 디지털경제·녹색발전·생물의약 등 새로운 접점을 모색할 것이라고 설명하였다. 이는 중국이 러시아에 대한 경제 제재에 실제로 불참하고 있음을 잘 보여주며, 오히려 우회적으로 지원해주고 있다는 추론마저 가능하게 한다.[133]

4. 중-러 전략안보협의 개최

2000년 중국과 러시아가 체결한 〈선린우호협력조약〉 제9조는 "만일 조약 당사국 중 일방이 평화가 위협이나 훼손을 받는다고 판단하거나, 안보이익이 개입되어 있다고 판단하는 상황이 발생할 경우, 혹은 침략의 위협에 직면할 경우 계약 당사국은 그

러한 문제를 해결하기 위해 즉시 연락 및 협의를 해야 한다"고 규정했다. 이 조항은 향후 양국 간 군사동맹의 법적 근거를 제공할 수도 있다는 점에서 주목을 받아왔다.

'전략안보협의'는 양국이 위 조약 제9조에 의거해 설립한 최초이자 최고위급의 협의체이며, 2005년 이후 2021년까지 총 16차례가 개최되었다. 양국은 협의체를 통해 공동의 국제적 위협에 대한 소통을 꾸준히 강화해오고 있다. 일례로 2006년 열린 제2차 협의는 북한이 첫 번째 핵실험을 한지 불과 4일 만에 이루어진 바 있 있으며, 2016년 미국이 한반도에 사드를 배치하겠다는 의사를 밝힌 이후부턴 양국 협의 의제에 한반도 문제가 꾸준히 포함된 바 있다. 또한 트럼프 행정부 출범 이후 '미국 우선주의' 등 일방주의적 노선이 짙어지자, 2017년 이후 협의부터는 '다자주의'가 협의 전면에 등장하기

---

132) 3月15日外交部发言人赵立坚主持例行记者会(2022.3.15),《国务院新闻办公室网站》, http://www.scio.goV.cn/xwfbh/gbwxwfbh/xwfbh/wjb/Document/1721811/1721811.htm(검색일: 2023.2.4.)

133) 위 논문, p.117-118.

도 했다. 회의에서 논의되는 내용 역시 아시아·태평양 지역의 전략적 협력과 군사안보 협력, 미국의 INF 탈퇴 비판을 다루는 등 보다 구체화되는 추세이다. 즉, 전략안보협의는 중-러 간 준(準)동맹 수준의 협력을 상징적으로 보여주는 매우 중요한 협의체로 평가할 수 있다.

2022년 9월 개최된 제17차 전략안보협의는 러시아의 우크라이나 침공 이후 처음으로 개최되었다는 점에서 큰 주목을 받았다. 협의에서 양측은 시진핑과 푸틴의 전략적 지도하에 양국관계가 언제나 왕성한 발전의 모멘텀을 유지해 왔다면서, 서로의 핵심이익과 주요 관심사에 관한 문제에 대해 상호가 확고히 지해 왔다고 밝혔다. 또한 항상 그래왔듯이 다양한 분야에서 양국의 협력을 지속적으로 강화할 것이며, UN을 핵심으로 하는 국제시스템과 국제법에 기초한 국제질서를 공동으로 수호할 것이라고 강조하였다. 아울러 연합훈련 및 순찰을 수행하고 참모진 간의 접촉을 강화하기로 하는 등 높은 수준의 군사협력을 유지하기로 합의하였다.[134)]

2022년 제17차 협의는 두 가지 측면에서 지난 협의들과 차별성을 지니고 있다. 첫째, 양국이 처음으로 베이징·모스크바·상하이 등이 아닌 대만을 마주보고 있는 푸젠성(福建省)에서 회의를 개최했다는 점이다. 양안간 갈등이 최고조로 격화된 시점에서 중-러가 대만과 인접한 지역인 푸젠성에서 회의를 연 것은 매우 중요한 의미를 가지는데, 이는 양국이 향후 대만문제를 대응하는 과정에서 공동의 협력을 강화할 것이라는 의지를 대내외에 드러냈다고 해석될 여지가 있기 때문이다. 실제로 협의 당시 러시아 측은 중국 정부가 주권과 영토보전을 수호하기 위해 대만에 취하는 조치를 단호히 지지할 것이라는 종전의 입장을 재천명하였다. 둘째, 전략안보협의 차원에서 우크라이나 사태가 논의된 점이다. 협의 직후 발표된 보도자료에는 양측이 글로벌 차원에서의 안정, 아태지역 정세, 아프가니스탄, 그리고 우크라이나 등 공통의 관심사인 국제지역 문제에 대해 심도 있는 의견을 교환했다는 내용이 포함되었다. 위협에 직면한 경우 그 즉시 협의를 개최해야 한다는 양국간 조약을 기초로 한 전략안보협의에서 대만과 우크라이나 문제가 논의된 것은, 향후 중-러가 미국이라는 위협을 견제하는 과정에서 대만과 우크라이나를 연계한 협력을 시도할 수 있다는 점을 시사했다는 점에서 중요한 의미를 갖는다.[135)]

한편, 중국의 대응에 대한 러시아의 입장도 눈여겨 볼 필요가 있다. 중-러 관계의 역

---

134) 杨洁篪主持中俄第十七轮战略安全磋商(2022.9.19),《中华人民共和国外交部》, https://www.fmprc.goV.cn/web/zyxw/202209/t20220919_10767887.shtml(검색일: 2023.2.4.)

135) 위 논문, pp.118-121.

사와 중요성을 고려하면, 러시아가 중국의 미온적 태도에 강력하게 반감을 표출할 경우에는 중국으로서도 큰 부담이 될 수밖에 없다. 그러나 최소한 표면적으로 러시아는 중국을 이해한다는 입장이다. 안드레이 이바노비치 데니소프 중국 주재 러시아대사가 2022년 7월 11일 러시아 일간지 〈이즈베스티야〉와 진행한 인터뷰에서 러시아의 공식 입장을 확인할 수 있다. 데니소프 대사는 중국이 서구의 제재에 반대하면서도 미국의 세컨더리 보이콧(secondary boycott)을 피하기 위해 조심하고 있는데, 중국의 미국 및 유럽에 대한 무역량이 러시아 무역량의 10배인 상황에서 자신의 경제이익을 보호하려는 것이기 때문에 이해할 수 있다고 발언했다. 또한 현재 중국의 입장은 돈바스 내전과 크림반도 합병이 발생했던 2014년과 크게 다르지 않으며, 미-러 관계의 정상화가 필요하듯이 미-중 관계도 정상화되어야 한다고 말했다. 일각에서 흘러나오는 중-러 동맹의 가능성에 대해서는 양국의 입장이 완전히 일치하기 때문에 동맹이 굳이 필요하지 않다고 밝혔다. 푸틴 대통령도 2022년 9월 15일 우즈베키스탄에서 개최된 중-러 정상회담에서 "우크라이나에 대한 중국의 균형 잡힌 입장을 높이 평가하고 중국의 질문과 우려를 이해한다"고 말했다. 러시아로서는 배신감과 섭섭함을 느낄 수 있지만, 중국마저 등을 돌리게 할 수는 없을 것이다.[136]

이와 같이 현재까지 중국의 대응을 살펴보면, 중국은 외교적 레토릭과는 다르게 실제 행동으로 러시아의 우크라이나 침공을 물질적으로 지원하지 않았다. 경제무역 중심의 일상적인 교류협력을 침공과 관련된 정치, 군사안보 분야와 분리하려고 하였다. 또한 당사자는 물론, 협상의 중재자로도 나서지 않고 있다. 왜냐하면 러시아의 우크라이나 침공이 중국의 국제질서 재편 전략과 국익에 부응하지 않는 것으로 판단하고 있기 때문이다.

V. 향후 중-러 군사 협력 전망 - 연합훈련을 중심으로

1. 2000년 이후 중-러 연합훈련 추이

중-러 연합훈련은 2005년 여름 블라디보스토크에서 황해와 자오둥반도(胶东半岛)[137] 에 이르는 광범한 지역에서 실시되었던 훈련명칭'평화 사명'(중국명칭은 和平使

136) 조형진; 송승석(2022), 국제지역연구 26권4호, p.95.

137) 자오둥반도(胶东半岛)는 산둥성(山東省)에 위치한다. 자오둥반도는 지리적으로 자오라이허(胶莱河) 동쪽에 있는 지역을 말하며, 행정 구역상으로는 옌타이(煙台), 웨이하이(威海), 그리고 칭다오(青岛) 일부 지역

命) 으로 시작되었다. 이후 중-러 연합훈련은 점차 제도화되었고 훈련 지역도 양국 '집 앞'에서 일본해·남중국해·발트해·지중해로, 러시아 시베리아 대초원에서 중국 내몽골 훈련기지로 확장되었다. 훈련 분야는 육·해·공에서 정보보안·연합미사일대응·사이버보안 등 신흥 분야로 확대되었고, 훈련 수준도 전역·전술훈련에서 전략훈련으로 격상되었다.[138]

'평화 사명' 연합훈련은 2007년부터 상하이협력기구(SCO) 틀 안에서 실시되는 다자간 연합 대테러훈련으로 발전하였다. 2014년부터 2년마다 이 훈련이 실시되는 곳은 러시아 첼랴빈스크주의 체바르쿠르 훈련장, 하바롭스크, 중국 선양(沈阳)군구 타오난(洮南)전술훈련기지, 네이멍구(内蒙古) 주르허(朱日和) 기지, 키르기스스탄 바렉치시의 에젤리비스 훈련센터 등이다. 수년간의 발전을 거쳐 '평화 사명'시리즈 연합 군사훈련은 상하이협력기구의 틀 안에서 대테러 안보 협력의 중요한 상징 중 하나가 되었으며 회원국 간 대외 군사교류를 촉진하는 중요한 창구가 되었다.[139]

2009년에는 중국 해군 호송전단과 러시아 해군 호송전단이 아덴만 서부 해역에서 훈련명칭 '평화의 푸른 방패(和平滥盾)-2009' 연합훈련을 실시했다. 2012년부터 중국인민해방군 해군과 러시아 해군은 비전통적 해상 분야 안전과 세계 해양 전략의 안정성에 중점을 두고 연례 연합훈련을 실시하고 있으며 훈련 명칭은 '해상 연합'(중국명칭은 海上聯合)이다. '해상 연합'훈련 장소는 러시아 주변 지중해와 발트해 해역부터 중·러 주변 일본해 해역, 중국 주변 황해·동중국해·남중국해까지이고, 훈련 내용은 연합방공, 연합 대잠, 연합 상륙, 조난 잠수함 구조 등이다.[140]

또한, 러시아가 주도하는 '동방-2018', '중부-2019', '캅카스-2020' 등의 훈련에 중국인민해방군을 초청하였다. 2019년 7월 24일 중국 국방부 대변인은 중국과 러시아 공군이 동북아 지역에서 첫 연합공중전략초계(哨戒)를 실시했다고 확인했다.[141][142] 2022년 11월 30일 중-러 연합공중전략초계 기간 중 러시아 Tu-95MS 폭격기가 중국 기지에, 중국 훙(轰)-6K 폭격기가 러시아 기지에 각각 착륙했는데, 양국 연합초계임무를 수행하는 군용기가 상대국 기지에 착륙한 것은 이번이 처음이다.

을 포함한다.

138) 中俄军事关系70年回顾与思考 : 下一步怎么走(2019.8.7.), 《澎湃新闻》.

139) 国防部: 今年没有"和平使命"多边联合反恐军事演习(2017.6.29.), 《人民网》.

140) 陈彦名(2017), 作战研究 - 对中俄'海上联合-2017' 军演战略意涵之研究, pp.75-89.

141) 白皮书首提大国军事关系 : 中俄关系排位第一(2019.7.24.), 《环球网》.

142) 中俄两军空中战巡 互降对方机场(2022.12.2.), 《大公报》.

2. 우크라이나 전쟁 발발 이후 중-러 연합훈련

중-러의 아시아·태평양 지역 해상 및 공중전략초계는 이미 정상적 군사행동으로 발전하고 있다. 2019년 7월부터 시작된 중-러의 아시아·태평양 지역 해상 및 공중 전략초계를 보면, 2022년 5월과 11월에 동중국해와 일본해에서 각각 훈련을 진행했고, 전술한 바와 같이 11월 훈련에서는 양국 전투기가 처음으로 상대방 공군기지에 착륙했다. 중-러 아시아·태평양 해상연합초계는 2022년 9월 태평양 지역에서, 2021년 10월에 이어 올해 9월에는 베링해에 처음 도착하여 7,000여 해리를 항해했다. 앞으로 아시아·태평양 지역 중-러 해·공 연합 군사행동이 빈번해 질 전망이다.

중-러 양국 해군은 2022년 12월 21일부터 27일까지 중국 저장성(浙江省) 저우산(周山)에서 장수성(江蘇省) 타이저우(臺州)에 이르는 해역에서 '해상연합-2022' 훈련을 실시하였다. 이번 훈련의 과제는 '연합 해상안전 수호', '합동 봉쇄', '검문 및 나포' '연합 방공', '연합 구조', '연합 대잠수함' 등이었으며, 양국은 각각 국내에 연합훈련지휘부를 개설하고, 각자 지휘함에 집행부를 설치했다. 중국 국방부는 "이번 연합훈련은 해상안보 위협에 공동 대응하고 국제 및 지역 평화와 안정을 수호하기 위한 양측의 결단력을 과시하는 것이며, 중-러의 '신시대 전면적전략동반자관계'를 더욱 심화시키기 위한 것"이라고 밝혔다.143)

세르게이 라브로프 러시아 외무장관은 2022년 12월 1일 NATO의 아시아·태평양 지역에서의 도발을 규탄하면서, NATO의 위험한 불장난이 러시아의 해안과 해역에서 가깝고 러시아에 위협을 준다고 판단했기 때문에 러시아와 중국이 연합훈련, 대테러훈련, 공중초계훈련 등의 예방조치를 취하고 있다고 강조했다. 따라서 '해상연합-2022'는 언뜻 보면 라브로프의 발언에 호응한 것처럼 보이지만, 최근 중-러 해·공 연합훈련을 거슬러 올라가면 양국이 그 동안 진행해 온 맥락과 의미를 파악할 수 있다. 우크라이나전쟁 기간 중인 2022년에도 중국과 러시아는 아시아·태평양 지역에서 해·공군 연합훈련을 활발히 벌여왔으며, '해상연합-2022'훈련은 작년 중-러 양국 연합훈련의 대미를 장식했다.

3. 연합훈련과 외교활동을 연계하여 서방에 대응

중-러 연합 훈련은 줄곧 양국의 정치적 메시지를 전달하는 통로로 작용해 왔는데, 최

143) 国防部 : 中俄"海上联合-2022"展示双方维护国际和地区和平稳定能力(2022.12.29.), 《中国新闻网》, https://baijiahao.baidu.com/s?id=1753534574029874401&wfr=spider&for=pc(검색일: 2023.2.4.)

근의 해·공군 연합훈련과 외교활동이 의도적으로 협조하는 것을 보여주었다.

2022년 5월 중-러 아시아·태평양 지역 연합공중전략초계는 '쿼드'(QUAD) 도쿄 정상회의 기간(2022.5.24.)에 진행되었다. 블라디미르 푸틴 러시아 대통령과 시진핑 중국 국가주석이 2022년 9월 우즈베키스탄 사마르칸트에서 우크라이나 전쟁 발발 후 첫 회동을 했을 때 중-러 해군은 태평양 연합초계훈련을 진행했다. 중-러 '해상연합-2022'는 그 훈련장소가 대만에 가장 근접했다는 것 외에, 연합봉쇄훈련 과목도 2022년 8월 낸시 펠로시 전 미 하원의장이 대만을 방문한 이후 중국인민해방군 동부전구가 대만 주변 해역에서 훈련한 연합봉쇄작전을 연상케 하였다. 이 외에도 러시아 국가안보회의 부의장 메르베데프는 '해상연합-2022'에 맞춰 2022년 12월 21일 베이징에서 시진핑 주석을 만났다.144) 메르베데프는 푸틴 대통령의 친서를 전달하였으며, 동시에 볼로디미르 젤렌스키 우크라이나 대통령이 같은 날 백악관에서 조 바이든 미국 대통령을 만난 외교적 효과와 균형을 맞추었다.

최근 중국과 러시아의 해상 및 공중 연합훈련을 종합해보면, 중국과 러시아가 의도적으로 훈련 수준을 점차적으로 높여서 외부의 관심을 지속적으로 끌면서 이를 통해 대서방 위협 효과를 유지하고 있다는 것을 알 수 있다.

예를 들어 2022년 9월 연합 해상훈련시 베링해로 순항한 것은 러시아가 북극과 북방항로의 주도권을 선점했다는 의미였고, 2022년 11월 연합공중초계시 양국 전투기가 전례없이 처음으로 상대방 기지에 착륙한 것은 '상호 운용성'(interoperability)을 강화한 것으로 세계의 주목을 받았다. 또한 2022년 12월 '해상연합-2022'훈련의 미사일 실사훈련은 같은 해 9월 '동방-2022'(Vostok-2022) 훈련의 미사일 모의발사훈련과 비교하면 훨씬 더 진전된 것이었다. '해상 연합-2022'는 동중국해 해역에서 훈련함으로써 중국의 대서방 견제에 러시아가 동참하는 모습을 보여 주었고, 이 훈련 장소는 양국군이 전장(戰場)을 운영하는데 있어 큰 의미를 부여했다. 즉, 동중국해 해역에는 각국의 함정과 항공기 활동이 빈번하고 전자기 환경이 복잡하며 매년 12월은 기상 악화의 계절이기 때문에, 양국군은 소위 현대전의 '복잡한 조건'하에서의 훈련 경험을 축적할 수 있었다.

이처럼 중국은 러시아는 외교활동과 결합된 연합훈련 강화 및 훈련수준 격상을 통해서 미국을 포함한 서방 진영을 견제, 위협하고 또한 그들의 이익에 직접적인 영향을 미치고 있다.

---

144) 习近平会见俄罗斯统一俄罗斯党主席梅德韦杰夫(2022.12.21.), 《新华网》, http://www.xinhuanet.com/2022-12/21/c_1129223637.htm(검색일: 2023.2.5.)

4. 향후 중-러 군사협력 전망

중-러 군사협력 발전의 동인을 분석해 보면 다음과 같다. 첫째, 안보적 동인으로 국제사회는 지정학 및 다자적 협력기구의 질서로 변화하고 있다. 지정학적 시각에서 동북아 지역에서 보면 중국과 러시아는 대륙국가이다. 시진핑 체제는 중국의 이러한 지정학적 위치를 고려하여 일대일로 정책을 추진하고 있으며, 4,300km의 국경선을 맞대고 있는 중-러 양국은 인접한 대륙국가로서 미국, 일본 등의 해양세력과 대항하기 위해서는 지정학적으로 대륙세력 간 연대가 불가피하다. 둘째, 경제적 동인으로 중-러의 에너지 및 국가 경제발전을 위한 국가이익 차원에서 찾을 수 있다. 중러는 인접한 국가로서 갈등보다는 협력과 무역을 통해서 경제적 발전을 추구할 수 있다. 이동하는 운송비를 절감할 수 있고, 인접한 지역의 자원을 활용할 수 있어 상호 유리한 조건이 된다. 특히, 2019년 12월 러시아 동부 시베리아와 중국 북부를 잇는 천연가스 공급관인 '시베리아의 힘 파이프라인'의 개통은 유럽으로의 가스 수출이 막힌 러시아의 가스가 중국과 이해가 서로 맞아 떨어져, 미국이 주도하는 세계 경제질서에 중-러가 더 밀착하는 경제협력이 이뤄졌다는 평가이다. 셋째, 군사적 동인으로 중-러 국방현대화 및 방위산업 발전이라는 목표가 일치하고 있는 것이다. 중국의 입장에서 러시아로부터 우수한 과학기술과 첨단 무기체계 수입과 기술 이전을 받는 것은 중요하다. 따라서 방위산업 진흥을 위해서도 중-러 간의 군사협력 증진은 중요한 동인인 것이다. 특히 연합훈련은 자국 군대의 군사작전 수행 능력을 향상시킬 수 있으며, 상대국의 우수한 무기체계에 대해서 알고 나아가 전략 및 전술을 배우는 좋은 기회이다. 무엇보다도 중요한 것은 잠재 가상적국에 대하여 연합작전 능력을 과시할 수 있는 좋은 기회를 제공한다.[145]

향후 중-러간 군사분야 협력과 발전 추세는 양국 고위 지도자간의 회동과 합의에서 분명하게 확인되고 있다.

2021년 11월 24일 웨이펑허(魏鳳和) 중국 국방부장과 세르게이 쇼이구 러시아 국방장관은 화상회담을 통해 〈2021-2025년 러시아와 중국의 군사분야 협력 발전을 위한 로드맵〉에 합의하였다. 이 로드맵의 주 내용은 향후 5년간 양국 연합훈련을 대폭 확대하는 것이며, 또한 전략적 군사훈련과 연합초계를 통해 양국군의 교류를 강화하기로 합의하였다. 러시아 국방부는 "쇼이구 장관과 웨이펑허 부장은 상호우호 불가침과 러시아와 중국 간의 유대의 힘을 강조했다. 그들은 최고 수준의 합의를 이행하고 국방부 간의 접촉을 확대할 준비가 되어 있음을 재확인했다"라고 밝혔다. 중-러 양국은 이 로드맵에

145) 송재익, 중·러 군사협력 심화단계(2020년대)와 발전 동인 분석(2022.1.14.), 《뉴스투데이》, https://www.news2day.co.kr/article/20221014500088(검색일: 2023.2.5.)

의거하여 우크라이나전쟁이 발발한 이후에도 2022년 전반에 걸쳐 다양한 연합훈련을 실시했다.

한편, 시진핑 중국 국가주석과 푸틴 러시아 대통령은 2022년 12월 30일 화상회담에서 러시아와 중국은 군사 및 군사기술 협력을 발전시킬 것이라고 강조했다. 푸틴 대통령은 "러시아와 중국 간의 전체적인 협력 범위에 있어서 군사 및 군사기술 협력은 특별한 위상을 차지하고 있으며, 이는 우리 국가의 안보를 보장하고 핵심 지역의 안정을 유지하는 데 기여한다. 우리는 러시아와 중국 양국 군대의 상호 작용을 강화하는 것을 목표로 한다"라고 강조하였다. 시진핑 주석은 "우리의 영도 하에 신시대 양국 협력의 내적 힘과 특수한 가치가 더욱 좋은 전통이 되었으며, 중-러 '신시대 전면적전략동반자관계'는 더욱 성숙하고 확고해졌으며 뚜렷해졌다"라고 말했다. 미국 국무부는 이 회담 직후 성명을 통해 "우리는 중국과 러시아의 협력에 대해 우려하고 있다"고 밝혔다.

상술한 바와 같이 향후 중국과 러시아는 더욱 긴밀한 군사 및 군사기술 협력과 연합훈련을 통해 미국의 제재와 압박에 맞서는 군사적 협력을 한층 더 강화해 나갈 것으로 전망된다. 그럼에도 불구하고 일부 군사 전문가들은 양국 간 국경분쟁 재발 우려, 정치·경제·사회·문화적 비대칭성, 중국의 러시아 군사과학기술의 무단 복제와 러시아가 2류급 군사 과학기술만을 중국에 주는 러시아의 '과학기술 민족주의(technological nationalism)'경향, 러시아의'프리마코프 독트린'(Primakov Doctrine)[146] 등을 이유로 중-러 군사협력이 동맹 수준으로 발전하기에는 제한이 많다는 의견도 제시하고 있다.

〈최근 중국의 對 러시아 군사장비 지원 이슈〉

미국 월스트리트저널(WSJ)은 2월 4일 중국이 군수 장비를 공급하는 방식으로 러시아의 우크라이나 침공을 지원해온 것으로 드러났다고 밝혔는데, 중국 국영 방산업체들이 항법 장비, 전파방해 기술, 전투기 부품 등을 러시아 국영 방산업체에 수출해온 사실이 2022년 러시아 세관자료에서 확인되었다.

WSJ가 미국 워싱턴에 본부를 둔 비영리 싱크탱크 선진국방연구센터(C4ADS, Center for Advanced Defense Studies)로부터 입수한 작년 4~10월 러시아 세관 자료에는 러시아로 수출된 항목의 수출국, 운송일자, 운송업체, 수령자, 구매자, 주소, 상품 상세내역 등이 담겨 있다. 이 자료에 따르면 2월 24일 침공 이후 국제제재로 대러시아 수출이 제한된 품목만도 8만 4천 건이나 러시아에 유입된 것으로 드러났으며, 러시아·중국의 제재 대

146) 프리마코프 독트린 1990년대에 제정된 러시아의 정치적 독트린으로서, 러시아 연방의 국가안보가 초강대국 지위에 의존하고 있어 러시아가 미국 주도의 단극적 국제질서 형성을 허용할 수 없다는 것이다.

상 기업 10여곳이 활발하게 무역을 벌인 사실도 파악되었다.

중국 국영 방산업체 '바오리그룹'(保利集团, Poly Group)은 2022년 8월 31일 러시아 국영 군사장비업체 'JSC로소보넥스포트'에 M-17 군용헬기의 항법장치를 수출했다. 같은 달 중국 '푸젠 난안 바오펑 전자'(福建南安宝锋电子)도 동일한 러시아 업체에 장갑차용 통신방해 망원안테나를 판매했다. 10월 24일에는 중국 국영 항공기제조사 중국항공공업그룹(中國航空工業集團, AVIC[Aviation Industry Corporation of China])가 러시아의 거대 방산업체 로스텍의 자회사에 Su-35 전투기 부품 120만 달러(약 15억원)어치를 넘기기도 했다. 미국의 제재 대상인 중국시노그룹(中電電氣集團, Sino Electricity)는 4~10월에만 1천 300건, 총액 200만 달러(약 25억원) 이상 물품을 러시아에 공급한 것으로 나타났다. 이런 품목은 중국이 러시아에 수출한 '이중 용도' 상품 수만 종 중에서 일부에 불과하다고 WSJ은 전했다. 이중 용도 상품은 군사적 용도로 전용할 수 있는 상품을 일컫는 말이다. 현대전 수행에 필수적인 반도체가 대표적인 이중용도 상품이다. 특히, 반도체의 경우 대러시아 수출 규모는 2월 서방의 첫 제재 부과 후 통상의 절반 이하 수준으로 급감했지만 수개월 만에 기존 수준을 회복한 것으로 파악되었다. 이 기간 대러시아 반도체 수출의 절반 이상은 중국산으로 드러났다.

드미트리 페스코프 크렘린궁 대변인은 이와 관련하여 "러시아는 자국의 안보확립과 특수 군사작전 수행에 필요한 기술적 잠재력을 충분히 보유하고 있다"는 원론적인 답변을 내놓았고, 러시아 외무부, 국방부 등은 WSJ의 관련 질의에 응답하지 않았다.

내오미 가르시아 C4ADS 애널리스트는 "국제적 제재에도 불구하고 중국 국영 방산업체가 군사 목적으로 활용할 수 있는 부품을 러시아 방산업체로 수출한 사실이 글로벌 무역 데이터에 포착되었다", ""러시아 업체들이 우크라이나 전쟁에서 바로 이런 형태의 부품을 사용했다"라고 지적했다.

토니 블링컨 미국 국무부 장관은 2023년 2월 5~6일로 계획했던 방중 기간에 중국의 러시아 지원 문제를 의제로 다룰 예정이었으나, 중국의 정찰 풍선 사태로 인해 방중이 연기된 상태이다.147)

WSJ 보도가 사실이라면, 중국이 우크라이나 전쟁에서 러시아를 지원하지 않는다고 공식적으로 밝히면서도 내부적으로는 제재 회피를 통해 러시아를 간접적으로 지원해 왔다는 것이 발각된 것으로 보인다. 아직 군사무기까지 지원한 단계는 아니지만 미-중 간 디커플링이 심화된다면 무기지원 가능성도 높다는 점에서 미국이 촉각을 곤두세우고 있으며, 그렇다면 중국에 대한 미국과 서방 진영의 경제 제재도 본격화될 수밖에 없을 것이며, 중국과의 거리 두기가 더욱 본격화될 것으로 전망된다.

147) 중국, 러시아에 군사장비 공급해 우크라 침공 지원(2023.2.5.), 《연합뉴스》, https://www.yna.co.kr/view/AKR20230205004151009?input=1195m(검색일: 2023.2.5.)

Ⅵ. 맺는말

우크라이나전쟁 발발 이후 중국은 표면적으로는 러시아와 우크라이나 사이에서 균형을 맞추는 것처럼 보이지만, 실질적으로는 러시아의 입장을 옹호하는데 무게가 더 실려 있다. 중국은 러시아의 우크라이나에 대한 '침공'이라는 표현 사용을 거부하고, 우크라이나 문제의 역사적 경위를 이해해야 한다고 주장하고 있다. 중국이 러시아의 합리적 안보 우려 존중을 강조하며 러시아측 입장을 옹호하고 있는 것은 러시아와의 전략적 협력이 여전히 중요하다고 판단하고 있기 때문으로 분석된다. 중국은 미국의 대중국 억제 전략이 쉽게 바뀌지 않을 것으로 판단하고, 이에 대응하기 위해 러시아와의 전략적 협력이 여전히 중요하다고 판단하고 있다.

한편 중국이 러시아와 전략적 협력의 중요성을 인식하고 있음에도 불구하고, 우크라이나의 주권, 독립 및 영토보존의 중요성을 강조하는 것은 미국의 지원 하에 중국 내 대만, 신장 및 티벳의 분리주의 세력에게 잘못된 신호를 보낼 수 있다는 우려 때문인 것으로 분석된다. 중국은 표면적이지만 균형적인 입장을 취함으로써 미국·EU 및 러시아 등 각측으로부터 협력 요청을 받을 수 있고, 이에 따라 자국의 전략적 이익 실현에 유리한 입지를 구축할 수 있다. 러시아로부터는 서방의 경제제재로 인한 지원 요청을 수용하면서 에너지 및 금융 협력을 통해 자국의 경제적 이익과 영향력을 확대할 수 있을 것이다.

현재 중국은 유엔 안보리의 역할을 강조하면서도 안보리의 무력 사용 및 제재가 우크라이나 정세를 더욱 악화시킬 것으로 인식하고, 급선무는 현재의 긴장 정세를 완화시키기 위해 대화와 협상을 통한 외교적 노력을 다하는 것으로 판단하고 있다. 중국은 제재가 오히려 더 많은 문제를 만들어 낸다고 인식하고 있으며, 특히 국제법적 근거가 없는 미국 및 서방의 일방제재에는 강력히 반대하고 있다.

끝으로, 우크라이나전쟁이 한창인 가운데 중-러 군사협력은 중단되지 않고 있으며, 오히려 더욱 빈번해지고 확대되는 동향을 보이고 있다. 중-러 양국은 연합훈련을 통해 친밀감과 협력을 증진시켜 왔으며, 양국은 군사동맹을 체결하지 않아도 주변 정세에 영향을 미칠 수 있는 역량을 보유하고 있다. 중-러 군사협력은 궁극적으로 미국을 표적으로 삼고 있으며 고도의 글로벌 전략적 함의를 가지고 있다.

미국이 인도·태평양 전략 하에 남중국해 항해의 자유 작전을 계속하고, 일본과 호주 등 태평양 동맹국들과의 관계 강화를 통해 중국의 제해권을 견제하는 상황 하에서 중국 입장에서는 러시아와의 군사협력이 대미 억지력 강화에 큰 도움이 될 것이다. 보다 근본적인 차원에서 볼 때, 중국은 미-중 전략경쟁의 주무대인 태평양에 집중하기 위해 자국 영토 북쪽을 접하고 있는 대국 러시아와의 관계를 안정적으로 관리해야 할 전략적 수요가 절실한 형편이다. 따라서 현재 북-중-러 전체주의 국가와 한-미-일 자유민주주의 국가간 진영 대립이 형성되고 있는 상황에서 향후 중-러 군사협력은 더욱 밀착되고 강화될 것으로 전망된다.

저자소개

조현규 | 전 주중육군무관

한국국방외교협회 중국센터장, 중국 復旦大 객좌교수, 국제정치학박사.
육군사관학교(41기) 졸업 후 한국외국어대학교에서 중국어를 전공하였고, 中國人民大學 國際關係學院에서 국제정치학 석사 졸업 및 박사 과정을 수료했으며, 단국대학교 대학원 정치외교학과에서 국제정치학 박사학위를 취득하였다. 육군정보학교에서 중국어/중국정세 교관, 국방정보본부에서 중국분석총괄장교, 아시아과장, 중동아과장을 역임했다. 주중한국대사관 무관, 주대만한국대표부 무관으로 근무함으로써 양안(兩岸)에서 모두 무관생활을 한 기록을 세웠다. 전역 후에는 국방일보 '최근 세계 군사동향' 칼럼의 중국분야 고정 집필진으로 활약했고, 현재 한국국방외교협회 중국센터장, 신한대학교 특임교수 겸 법무감사실장, 중국 복단대(復旦大) 객좌교수, 한국군사학회(KAOMS) 이사로 활동 중이며, 중국 문제(군사·정치·대외관계), 한중 관계, 북중 관계, 미중전략경쟁, 동아시아 및 아태지역 안보 문제를 주로 연구하고 있다. 저서 및 번역서로는 『중국군사총람』, 『러시아의 우크라이나 침공과 한국의 국방혁신』, 『중국의 정보조직과 스파이활동』, 『중국 국방백서』 등이 있고, 주요 논문으로는 '냉전 이후 중국의 안보전략 연구','시진핑 시대의 중국인민해방군 연구', '중국의 국가안보전략평가', '중국군 개혁이 지역안보에 미치는 영향', '중국의 반접근지역거부 전략', '대만해협 위기와 대한반도 안보 영향'등이 있으며, 주요 기고문으로는 '초한전(超限戰)', '삼전전략(三戰戰略)', '중국해상민병과 회색지대전략', 'FIVE EYES, QUAD, AUKUS 연구', '미중 전략경쟁과 대한반도 함의', '인도태평양 전략에 대한 이해', '중국공산당 20차 당 대회 분석', '미국의 2022년 중국군사력보고서 평가', '미 CSIS의 중국의 대만침공 워게임 결과 분석'등이 있다.

06 우크라이나 전쟁 관련 북러 관계와 북한 핵전략의 진화

이 흥 석 교수(국민대학교)

Ⅰ. 들어가며

최근 미국 핵과학자협회는 'Doomsday Clock'(지구종말의 시계)가 90초로 당겨졌으며, 지구종말의 시계가 앞 당겨진 주요원인으로 러시아와 북한의 핵위협을 지목했다.

러시아는 우크라이나를 침공하면서 서방의 개입을 차단하기 위하여 핵무기 사용 가능성을 시사하며 핵미사일을 담당하는 전략군에 대해 경계태세 강화지시를 내렸다. 러시아가 우크라이나를 침공한 지 1년이 다가오지만 장기전 국면의 조짐이 보이는 가운데 최근에 미국과 EU가 우크라이나에 대한 전차 지원을 발표하자 러시아는 핵 사용 가능성을 재점화하고 있다.

북한은 2022년에 80여 회의 미사일을 발사하고 핵무력정책법을 법제화하면서 선제핵사용 전략을 공식화했다. 특히 핵을 실전전력(war-fighting capability)으로 사용할 수 있는 전술핵 능력을 확충하면서 핵 지휘통제체계를 개선하는 행보를 계속하고 있어 우리에 대한 핵위협은 심화되고 있는 현실이다.

러시아와 북한은 역사적·지정학적으로 밀접한 관계를 유지해 왔으나 1990년대 소련이 해체되자 양국관계는 소원해졌다. 푸틴이 집권하면서 다방면에서 협력을 도모해 왔는데 우크라이전쟁을 계기로 외교와 군사분야에서 실질적인 협력과 지원을 강화하고 있다.

외교면에서 보면 러시아는 북한의 장거리미사일 발사를 비난하는 유엔결의에 반대를 했고, 북한은 러시아의 우크라이나 침공을 비난하는 유엔의 대러 비난성명에 동참하지 않았다. 군사적으로는 북한이 러시아에 전쟁물자를 지원하는 현장이 확인되어 비난을 받고 있다. 무엇보다도 북한이 작년 9월에 발표한 핵무력정책법의 상당 부분이 러시아가 지난 2020년 발표한 핵정책을 인용한 점이 중요한 대목이다.

북한은 우크라이나전쟁을 통해 우크라니아가 겪고 있는 비핵화의 후과와 러시아가 사용하는 확전비확전 전략을 반면 교사로 삼아 한미동맹을 억제하고 필요시 한반도에서 상황을 주도하기 위하여 핵전략의 진화를 도모하는 것으로 보인다.

Ⅱ. 북한의 인식과 북러 밀착 동향

1. 북한의 대외 상황 인식

북한의 외교 원칙은 자주권의 존중이다. 강대국이 힘을 바탕으로 약소국을 위협하거나 침공하는 것을 비난해 왔고, 특히 미국에 대해 '제국주의 원수'로 폄하하여 적대시해오고 있다. 3대에 이르는 권력의 세습 과정에서 핵미사일 능력을 고도화하면서 그 명분도 미국의 핵위협에 대응하는 자위권이라고 일관되게 주장해왔다.

북한이 가지고 있는 미국에 대한 편향된 인식은 러시아가 우크라이나를 침공한 원인을 설명하는 데 그대로 나타났다. 북한은 역사적으로 자주권을 중요한 가치로 상정하고, 미국이 이라크·리비아·아프가니스탄에 대해 개입할 때는 제국주의적 침략으로 비난했지만, 러시아의 우크라이나 침공에 대해서는 정반대의 행보를 보이고 있다.

북한이 주장해 온 '자주권의 존중' 관점에서 보면 강대국 러시아가 약소국 우크라이나를 침공한 것을 비난해야 하지만 오히려 미국을 침공의 원인으로 지목했다. 작년 2월 28일 북한 외무성 대변인은 '우크라이나 사태가 발생하게 된 원인은 전적으로 다른 나라들에 대해 강권과 전횡을 일삼고 있는 미국과 서방의 패권주의 정책'이라고 발표했다.

북한은 국제질서도 제국주의와 사회주의의 대결로 인식하고 있다. 2022년 9월 최고인민회의 제14기 제7차 회의에서 김정은은 핵무력정책법을 공식화하는 배경을 설명했다. 그는 국제정세를 사회주의와 제국주의간 대립으로 보고 제국주의를 타도하기 위한 투쟁의 불가피성을 강조했다. 미국과 그 동맹을 제국주의로 규정하고, 국제사회에서 침략과 약탈을 수단화하는 제국주의를 전쟁의 근원으로 평가했다.[148]

특히, 제국주의 미국의 목적은 북한 핵을 악마화하여 불량국가로 만들고 결국 핵을 포기하게 함으로써 정권을 붕괴시키는 것으로 비난했다. 따라서 핵무기는 북한체제를 지켜주는 절대병기이므로 협상 대상이 아니라고 강조했다. 북한은 국제정세를 신냉전으로 평가하면서, 유엔제재 해제와 자위권의 수단인 핵무기를 거래하는 비핵화협상은 폐기되었다고 선언했다.

148) 홍민 등, "북한 제14기 제7차 최고인민회의 김정은 시정연설 분석" 『Online Series』 CO22-26(통일연구원, 2022.9.15)

2. 북러 밀착 동향

북한은 반미 노선을 견지하면서 우크라이나 전쟁에서 촉발된 미러 갈등을 이용하여 북러 협력을 래버리지로 미국에 대응하는 친러시아적 행보를 하고 있다. 북한은 2022년 3월 2일 유엔총회에서 열린 '러시아의 침공을 규탄하고 즉각 철군을 요구하는 결의안'과 3월 24일 '우크라이나 인도주의 위기에 대한 결의안'에 대해 벨라루스·시리아·에리트레아와 공조하여 러시아를 지지했다.

또한 북한 내각 기관지 민주조선은 작년 3월 17일 '제국주의자들의 만행에 맞서 나라의 자주권을 지키는 길에서 두 나라는 공동보조를 맞추는 유대'를 선전하며 북러 연대를 강조하였다.[149] 10월 4일 북한 외무성은 러시아가 무력으로 점령한 우크라이나 동부 도네츠크 등 점령지 4곳을 합병한 러시아의 입장도 지지했다.[150]

북한의 러시아 지지는 외교를 넘어 군사분야까지 확대되었다. 북한이 포탄 등 전쟁물자를 러시아에 지원하는 다양한 보도에도 북한과 러시아는 부인하였으나 결국 미국이 전쟁물자를 거래하는 위성영상을 공개하면서 군사협력이 사실로 확인되었다.[151]

올해 1월에는 미국과 독일이 우크라이나에 전차 지원을 결정하자 김여정이 직접 나서 이를 서방의 '대리전'이라고 비난하면서 러시아와 '한 참호에 있을 것'이라는 강력한 지원 의지를 표명했다.[152] 북한에서 대미와 대남정책을 총괄하는 김여정이 직접 러시아 지지를 선언한 것은 우크라이나전쟁의 동향을 심각하게 인식하고 있는 대목이다. 미국의 전차 지원을 비난한 것은 러시아에 대한 전쟁물자 지원의 정당성을 우회적으로 강조한 것이며 이는 김정은의 의지가 반영된 것으로 볼 수 있다.

러시아도 북한의 외교군사적 지원에 호응하는 모습이다. 러시아는 유엔에서 북한의 미사일 도발에 상응하는 조치에 반대하고 있다. 북한이 2022년 5월 25일 ICBM을 포함한 탄도미사일을 17차례 발사한 것에 대해 중국과 공동으로 대북제재안 채택을 막았다. 또한 11월 21일 북한의 ICBM을 비롯한 탄도미사일 발사에 대해 유엔안보리에서 대북제재 결의안을 추진하자 러시아는 북한의 ICBM 발사가 미국의 대북제재가 원인이라며 반대하였다. 최근에는 라브로프 러시아 외무장관이 한반도내 핵무기 재배치 가능

149) "북한 "러시아 지지·연대성 더욱 강화…친선 발전시킬 것", YTN』(2022.3.17.) www.ytn.co.kr/_ln/0101_202203171801211135(검색일: 2022.3.20.)

150) 『조선중앙통신』(2022.10.4)

151) "위성에 찍힌 수상한 열차…미, 북러 무기거래 사진 전격공개", 중앙일보(2023.1.21.) https://www.joongang.co.kr/article/25135268(검색일: 2023.1.25.)

152) "북, '미 우크라 지원과 북러 무기거래설' 왜 싸잡아 비난했나", 연합뉴스(2023.1.29.) https://www.yna.co.kr/view/AKR20230129024000504(검색일: 2023.2.1.)

성을 직접 경고하며 한미동맹을 견제하는 행보를 보였다.

러시아는 그동안 한반도 문제에 대하여 남북간 균형 외교를 표방하면서 6자회담에서도 중요한 역할을 해왔다. 하지만 우크라이나전을 계기로 러시아의 대한반도 기조가 변경될 가능성을 살펴보아야 한다. 북러 관계의 밀착은 북한 비핵화에 부정적 영향을 가져올 것이고, 유엔제재의 실효성을 반감시키며, 급기야 북한이 필요로하는 ICBM과 SLBM의 기술적 완성을 지원할 수 있다.

Ⅲ. 북한 핵전략의 진화

푸틴은 우크라이나전쟁을 시작하면서 서방의 개입을 차단하기 위하여 선제적으로 핵 사용 가능성을 시사하였고, 바이든 미 대통령은 미국과 EU가 직접적인 군사 개입을 한다면 세계 3차 대전으로 촉발할 것을 염려하며 간접적 지원을 표명하였다. 결과적으로 보면 푸틴의 강압 핵전략은 우크라이나에 대한 서방의 직접적인 군사 개입을 차단하는 결과를 가져왔으며, 전쟁중에도 서방의 주요 군사 지원이나 전쟁의 불리한 국면을 해소하기 위하여 핵 사용 위협을 정치군사적 수단으로 활용하고 있다.

특히 작년 9월 8일 북한이 발표한 핵무력정책법은 선제 핵공격을 법제화 한 것인데, 핵무력정책법의 상당 부분이 러시아가 2020년 발표한 핵 정책의 기본원칙을 참고한 것으로 보인다. 아마도 북한은 우크라이나전쟁에서 비핵화의 위험성과 핵의 유용성을 학습하고, 러시아가 촉발한 핵전쟁의 위험성을 최대한 이용하였다. 핵정책법을 법제화하여 삼각억제를 구현하기 위한 강압 핵확전교리를 구체화하면서, 복합 핵 지휘통제체계를 구축하고, 전술핵 능력을 확충함으로써 핵 실전전력화를 추진하여 체제유지와 한반도내 주도권 확보를 도모한 것으로 보인다.

1. 핵무력정책법: 삼각억제 구현을 위한 강압 핵확전 교리 법제화

북한은 미국과 한국을 동시에 대응하는 전략적 환경에 있다. 핵능력은 미국과 격차가 크고 재래식전력도 한미연합전력에 미치지 못한다. 따라서 북한은 핵전략을 구상함에 있어 전력비교를 기반으로 이를 상쇄하기 위한 비대칭전략을 도모할 가능성이 높다.

하카비(R. Harkavy)는 핵약소국의 억제 행태를 설명하면서 삼각억제를 주장한다. 삼각억제는 핵약소국이 핵강대국의 핵공격을 억제하기 위한 비대칭전략으로서, 핵무기가 없는 핵강대국의 동맹을 공격하겠다고 위협함으로써 핵강대국의 핵공격을 억제하는 간접억제 접근방법이다. 즉 핵약소국이 핵강대국을 직접 공격할 능력이 없으므로, 핵약소국과 인접한 핵강대국의 동맹 또는 우방국을 인질로 삼아서 핵강대국의 공격을 억제하는 개념이다.[153]

삼각억제는 미국의 확장억제가 목표이다. 미국과 적대적인 관계에 있는 국가가 미국의 동맹국이나 우방국을 공격하겠다고 위협할 수만 있다면, 미국의 확장억제를 차단하여 미국과 동맹을 분리할 수 있다. 불량국가는 필요하다면 어떤 비합리적인 방법도 선택할 수 있다는 점에서 삼각억제는 실효적인 전략이 될 수 있다.[154]

북한은 삼각억제를 구현하기 위하여 강압 핵확전교리를 채택한 것으로 보인다. 강압은 핵약소국이 핵강대국이나 재래식전력이 열세인 상황에서 채택할 수 있는 핵 독트린이다. 국지도발을 했을 경우 기정사실화 전략으로 정치군사적 목적을 달성하고, 전면전 상황에서는 핵 사용 위협으로 전쟁의 교착상태를 유도하여 재래식전쟁에서 패배를 방지함으로써 정권을 유지하는 데 그 목적이 있다.[155]

김정은은 작년 4월 25일 열린 인민혁명군 창건 90주년 열병식에서 선제 핵사용 전략을 공식화했다. 만약 근본이익이 침해받는다면 2번째 사명에 따라 선제 핵사용 가능성을 선언한 점은, 핵 사용 임계점을 낮은 수준으로 설정하여 한국을 강압하고 미국을 통제하려는 핵전략을 시사한 것이다. 핵무력의 기본사명이 억제에 있지만 근본이익에 따라 강압의 수단으로 사용할 수 있는 수령의 교시를 하달한 것이다.

국가이익은 생존이익, 핵심이익, 중요이익, 부차적이익으로 구분하며 핵심이익과 중요이익의 경계선에서 군사력 사용 여부가 결정된다.[156] 김정은이 언급한 근본이익은 핵심이익 수준으로 볼 수 있으나 북한이 처한 안보환경과 전략문화에 따라 가변적일 수 있다. 북한은 근본이익의 전략적 모호성을 유지하면서 대외정책 또는 군사적 조치의 명분으로 유연하게 적용하려는 의도로 보인다.

김정은의 선제 핵사용 교시는 작년 9월 8일 최고인민회의 제14기 제7차 회의에서 법령 '핵무력정책에 대하여'(이하 핵무력정책법)로 법제화되었다. 이번에 나온 법령은 2013년 4월에 공개한 법령 '자위적 핵보유국의 지위를 공공히 할 데 대하여'를 대체하

---

153) Harkavy, Robert, "Triangular or Indirect Deterrence/Compellance: Something new in a Deterrence Theory." *Comparative Strategy*, 1998. Vol. 17. p.64.

154) Wesley, Kevin R, "Triangular Deterrence: a Formidable Rogue State Strategy." *Master's Thesis*, 1999. Naval Postgraduate School of the US. p.79.

155) Lieber, Keir A, and Daryl G Press. 2013, "coercive nuclear campaign in the 21st century" PASCC Report 2013-001.

156) 박창희, 『군사전략론』(서울: 플래닛미디어, 2018), pp.110~111.

는 법령이다. 2019년 미국과의 비핵화 협상이 성과없이 끝나고 정면돌파전을 내세우며 추진했던 핵미사일 능력의 고도화에 따른 핵전략의 변화를 반영한 북한식 핵정책의 바이블이다.

북한은 당이 국가를 선도하는 당국가체제이므로 헌법(법령)은 당의 결정을 법제화하여 정책으로 시행하기 위한 규범이다. 따라서 핵무력정책법은 작년 4월 25일 조선인민혁명군 창건 90주년 열병식에서 김정은이 언급했던 '근본이익이 침해받을 경우 2번째 사명에 따라 선제 핵공격'을 공식화한 수령의 교시를 법제화한 것이다.

핵무력정책법은 핵무기를 응징보복 중심에서 전쟁에서 결정적 승리를 도모하는 실전전력(war-fighting capability)으로 실행할 수 있는 사용조건과 핵 지휘통제체계를 구체적으로 명시하였다. 이번 법령과 2013년 법령의 가장 큰 차이점은 핵무기의 사용조건을 5가지로 적시한 것인데, 작년 4월 김정은이 밝혔던 근본이익이 침해받는 상황을 핵사용 조건으로 구체화한 것으로 보인다. 임박·필요·불가피한 상황 등 상대방의 핵공격이나 재래식공격과 상관없이 포괄적으로 핵무기를 사용할 수 있도록 자의적 조건을 명시했다.

5가지 핵무기의 사용조건 중에서 특이한 점은 북한지도부에 대한 공격이 임박한 경우에는 자동적으로 핵공격이 가능하도록 법제화하여 핵 지휘통제체계가 절멸된 상황에서도 자동 핵타격을 명시하고 있어 소위 죽은 손(Dead Hand) 프로토콜을 채택하고 있다.

또한 핵무기의 사용조건에 국가나 국민 또는 전략적 표적 그리고 전쟁에 추가하여 김정은을 포함한 점은 북한 수령체제의 특징을 반영한 것이다. 북한에서 김정은은 당정군위에 존재하는 무소불위의 절대권력자로서 당이자 국가이므로, 김정은과 북한을 동일시하는 역사적 맥락이 자리하고 있다.

김정은이 작년 9월 8일 최고인민회의 연설에서 '미국의 궁극적인 목적은 북한 정권의 붕괴이므로 절대로 핵을 포기하지 않겠다'는 의지를 피력하고, '핵무력을 국가방위의 기본역량'으로 명시하면서 '미국의 위협으로부터 체제를 보위하기 위한 자위권'으로 주장했다. 이러한 행보는 최근 한미동맹의 공고화에 대한 북한의 위기의식을 반영한 결과물이다. 바이든 미 대통령은 작년 5월 한미정상회담에서 북한 핵에 대해 '핵대응' 원칙을 분명히 한 바 있고, 한미가 공동으로 참수작전을 시행하는 훈련과 연합연습을 재개하고 있다.

핵무력을 공세적으로 사용할 수 있는 핵태세도 명시했다. 자동 핵타격은 핵무기 사용권한이 김정은 중심의 중앙집권적 지휘체계에서 핵운용부대 지휘관에게 위임이 되어야 가능하다. 또한 경상적인 동원태세는 상시 핵태세를 유지할 수 있는 지휘통제체계와 높은 수준의 훈련이 요구된다.

북한은 이미 당중앙군사위원회에서 '핵무력을 고도의 격동상태'에서 운용하기 위한 새로운 방침을 하달하고, '임무와 표적에 따라 타격수단의 주도성'을 강조한 것으로 보아 핵전력을 운용하는 지휘체계가 상당 부분 위임되었을 가능성이 있다. 또한 2021년 8차 당대회에서 당규약을 개정하여 핵전력지휘기구의 구성원으로 볼 수 있는 당정치국 상무위원회와 당중앙군사위원회의를 사안에 따라 유연하게 운영할 수 있도록 만들었다. 특히 당 제1비서를 신설하면서 당 총비서의 대리인으로 명시하여 수령 유고에 대비한 대리체제를 제도화했다.

핵무력정책법은 러시아 핵전략의 영향도 받은 것으로 보인다. 우선 핵무력정책법의 기본원칙이나 핵사용 조건 등 상당 부분이 러시아가 2020년도에 발표한 국가 핵정책 기본원칙을 답습하고 있다. 러시아의 국가 핵정책 기본원칙은 러시아가 주도하는 분쟁에서 전술핵으로 위협하여 미국이나 NATO의 개입을 차단하는 확전을 통한 비확전 교리를 반영하고 있다. 푸틴이 우크라이나를 침공하면서 핵사용을 위협하여 미국과 NATO의 군사개입을 차단한 전훈도 북한이 차용했을 것으로 보인다.

미국의 핵전략도 영향을 준 것으로 보인다. 바이든 정부는 핵무기의 단일목적 정책을 폐기하고 극단적 상황에서 핵무기를 사용할 수 있는 기존정책을 유지하면서, 전략핵무기의 빈 공간을 상쇄할 수 있는 전술핵무기 전력화를 계속하고 있다. 북한은 러시아의 핵 사용원칙을 참고하면서 미국이 공개한 극단적 상황이라는 전략적 모호성으로부터 김정은체제를 유지하기 위해 법령을 마련한 것으로 보인다.

핵무력정책법은 미국(핵전력)과 한미동맹(재래식전력)에 대한 이중열세를 상쇄하기 위하여 극단적으로 핵 사용 문턱을 낮게 설정함으로써 억제효과를 극대화할 수 있는 공세적 법령을 대외적으로 공개한 것이다. 즉 핵무기를 실전전력으로 활용하는 북한식 확전비확전전략을 도모하는 강압 핵독트린을 구상한 것인데, 전략핵과 전술핵을 겸비하고 있어 핵사용 가능성이 높아지고 있다는 점을 간과할 수 없다.

북한은 대륙간탄도미사일부대의 능력을 점검하며 전략핵을 강화하였다. 작년 11월 18일에는 화성-17형 ICBM 발사에 성공하자 김정은은 '대륙간탄도미사일부대는 고도의 경각심을 가지고 훈련을 강화하여 임의의 정황과 시각에도 전략적 임무를 완벽하게 수행'할 것을 강조한 점으로 보아 전략군 산하에 대륙간탄도미사일부대가 편성된 것으로 추정할 수 있다.

하지만 핵무력정책법의 간극도 보인다. 북한이 내세운 핵무력정책법은 핵강대국이 채택한 선언적 전략을 모방한 것으로, 미국과 러시아처럼 대등한 핵균형하에서 가능하다. 북한의 전략핵은 미국에 대한 확증보복을 장담할 수 없는 수준이므로 능력과 의지(태세, 교리)간 괴리가 존재한다.

북한은 2017년 ICBM과 수소탄개발에 성공하면서 국가핵무력을 완성한 것으로 선전하였으나, 냉전시대 미소간 핵경쟁과 중국의 대미 핵억제력에 대한 연구는 북한이 보유한 전략핵이 대미 억제력 확보에는 제한적이라고 설명한다.[157]

북한이 보유한 핵무기는 대략 40~60개 수준이고[158], ICBM은 재진입기술이 입증되지 않았다. 또한 북한의 좁은 영토는 미국의 감시정찰자산에 취약하여 북한이 보유한 핵전력의 생존성에 대한 신뢰성은 낮은 수준으로 수렴된다.[159] 추가하여 미국의 선제타격능력과 미사일방어체계를 고려하면 단기간에 미 본토에 대한 응징억제 능력을 확증보복 수준으로 확보하기 어려울 것으로 보인다.

현재 북한이 보유한 전략핵의 능력을 고려해 볼 때 미국의 선제공격을 억제할 수 있는 2차 공격능력을 확보하기 위해서는 핵전력의 생존성을 높여야 한다. 핵전력의 생존성을 높이는 방법은 지하 사일로를 건설하는 견고화, 다량의 핵탄두 보유, 적의 감시정찰로부터 은폐하는 방법이다.[160]

하지만 북한의 경제 여건을 고려하면 견고화는 제한되고, 다량의 핵탄두 보유도 현 보유량(40~60)과 연 생산량(12~18)을 고려하여 냉전시기 소련의 핵탄두 보유량의 1% 수준을 확보하는 데 20년 이상이 소요될 것으로 추산된다.[161] 따라서 북한이 선택할 수 있는 최적의 생존성 방안은 이동발사대를 활용하는 은폐이다.

하지만 은폐도 미국의 정찰감시능력을 고려하면 녹녹하지 않을 것으로 보인다. 2016년 기준으로 북한 내 ICBM이 기동할 수 있는 도로는 2천여km 수준으로 전체 도로의 약 8%에 불과하다.[162] 따라서 미국과 동맹이 정찰위성 정보를 실시간 공유한다면 북한 ICBM이 은폐 가능한 시간은 최대 24분이며, 만약 북한의 내륙과 해상에서 UAV 8대를 동시에 운용할 경우 북한 도로망의 90%를 감시할 수 있다고 설명한다.[163] 또한, 북한

---

157) Lieber, Keir A, and Daryl G Press. 2017. “The new era of counterforce: Technological change and the future of nuclear deterrence.” *International Security*, Vol. 41, No. 4; Wu, Riqiang. 2020. “Living with Uncertainty: Modeling China's Nuclear Survivability.” *International Security*, Vol. 44, No. 4.

158) 브루스 베넷 외, “북핵 위협, 어떻게 대응할 것인가.” (RAND & 아산 정책연구원, 2021), pp.34~35.

159) Lieber, Keir A, and Daryl G Press. 2017, pp.42~46.

160) Lieber, Keir A, and Daryl G Press. 2017, p.16.

161) 유철종, “러 군사전문가 ‘北. 4~5년 뒤 미 본토 타격 핵전력 갖출 것’.” 연합뉴스, (2017.10.10).

162) 박용석, 『한반도 통일이 건설산업에 미치는 영향』(서울: 한국건설산업연구원, 2016), pp.20~22.

163) Lieber, Keir A, and Daryl G Press. 2017, pp.40~45.

이 보유한 TEL은 250여대로 미사일 보유량에 비해 상대적으로 부족하여 전략작전적 목적에 따라 선택적으로 사용해야 한다.[164)]

그러므로 냉전시대 미소간 확증보복 능력에 대한 연구와 최근 중국의 사례와 비교해 보면 북한이 보유한 핵미사일 능력으로 미국에 대해 확증보복이 가능한 응징억제력이 확보되었다고 볼 수 없다. 최근 북한이 신형단거리미사일, 극초음속미사일, SLBM, 고체ICBM, MIRV 등 새로운 전략무기 개발을 계속하는 배경을 이해할 수 있는 것이다.

핵무력정책법은 파키스탄의 사례와 유사하게 핵약소국이 핵무기를 보유한 초기에 나타나는 공세적 핵전략과 강압적 핵교리를 반영한 것으로 보인다. 북한은 한미동맹의 공격을 억제하고, 만약 억제가 실패하여 전쟁이 발발했을 경우에는 패배를 방지하여 체제를 유지하려는 전략적의도를 가지고 있다. 그러므로 핵무기의 선제불사용(NFU)원칙을 거부하고, 한미동맹에 비해 열세인 재래식전력에서의 격차를 상쇄하기 위하여 핵 선제공격이나 확전 불사 등 가능한 핵 옵션을 구체화한 핵전략을 공개한 것이다. 다만 핵약소국이 모호한 전략을 구사하는 것과는 다르게 북한이 선언적 전략을 선택한 것은 능력의 열세를 의지(전략, 교리, 태세)로 만회하려는 의도로 보인다.

2. 하이브리드 핵 지휘통제체계 구축

핵 지휘통체제계는 적의 공격을 경계하는 경보장치, 핵 사용과 관련된 정치적 결정을 군대에 전달하는 통신망, 핵전력을 통제하는 사령부, 그리고 이러한 조직들을 통합적으로 연결하는 계획과 절차로 구성된다.[165)] 핵 지휘통제체계는 필요시 핵무기를 사용하기 위해서 평시에 핵전력을 관리하고 훈련시켜 핵전략을 시행하는 핵심체계이므로 핵전략에 영향을 미친다.

핵 지휘통제체계는 2가지의 딜레마(dilemma)를 가지고 있다. always와 never 딜레마이다. 즉 핵 사용에 대한 정책 결정이 이루어진다면 반드시(always) 핵을 사용해야 하는 딜레마와 정상적인 핵 사용 명령이 없는 경우에는 군부가 자의적으로 핵 사용이 불가능(never)하도록 핵 지휘통제체계를 구축해야 하는 것이다.[166)]

핵 지휘통제체계에 대한 2가지 딜레마는 중앙집권적 또는 위임적 지휘통제체계와 밀접한 관련이 있다. never 딜레마를 해소하기 위해서는 중앙집권적 핵 지휘통제체계를

164) 이유정·이근욱, "냉전을 추억하며" 『국가전략』 제24권 3호(세종연구소, 2018), p.12.

165) 이근욱, "북한의 핵전력 지휘통제체계에 대한 예측: 이론 검토와 이에 따른 시론적 분석" 『국가전략』 제11권 2호 (세종연구소, 2005), p.99.

166) 상게서, pp.100~101.

유지해야 하지만, 핵 대응의 반응시간을 최소화하기 위해서는 위임적 핵 지휘통제체계를 채택해야 한다. 확증보복의 관점에서는 중앙집권적 지휘통제체계가 유리한 반면에 핵무기를 전쟁수행전력으로 활용하기 위해서는 위임적 지휘통제체가 적절하지만 군부의 자의적 핵 사용 가능성을 높이는 딜레마를 초래한다.

북한이 작년 9월에 발표한 핵무력정책법도 2가지 딜레마가 공존한다. 핵무력의 지휘통제에 대해 국무위원장(김정은)의 유일적 지휘권과 의사 결정권을 보장하고 있다. 또한 국가핵무력지휘기구-당중앙군사위원회-가 핵무기와 관련한 결정부터 집행 과정에 대해 보좌하는 체계를 명시하고 있다. 이는 never 딜레마를 해소하기 위한 중앙집권적 핵 지휘통제체계를 지향한다.

한편 핵 지휘통제체계가 위험해지는 경우에는 사전에 결정된 작전계획에 따라 자동 핵타격을 명시하고 있어 위임적 핵 지휘통제체계도 수렴한 것으로 보인다. 특히 핵무기의 5가지 사용조건을 보면 그 대상을 정권, 국가지도부, 국가핵무력지휘기구, 전략표적, 전쟁의 확대와 장기화 방지, 전쟁의 주도권 확보를 위한 작전전 소요, 국가와 인민에 대한 핵 또는 비핵공격이 임박하거나 감행시 사용하는 것으로 구체화했다.

이는 2020년 러시아가 발표한 핵 사용원칙과 매우 유사하며, 대상과 무기 그리고 상황을 확대하여 법제화함으로써 핵 사용 임계점을 낮게 만들어 강압 핵확전교리를 적용할 수 있는 법적 기틀을 마련한 것이다. 또한 경상적인 동원태세를 명시하여 핵무기 사용 명령이 하달되면 어떤 조건과 환경에서도 즉시 사용할 수 있도록 강조하고 있어 always딜레마를 수렴하면서 위임적 핵 지휘통제체계를 지향한다.

그렇다면 북한은 어떤 핵 지휘통제체계를 지향하고 있을까? 북한이 처한 안보환경과 국내정치 그리고 전략문화를 살펴볼 필요가 있다. 안보환경에서 보면 북한은 미국의 핵 위협을 두려워해 왔으며 핵 보유의 명분도 자위권으로 설명한다. 북한이 미국에 대한 확증보복을 중요시한다면 중앙집권적 핵 지휘통체제체를 지향할 것으로 보인다.

북한은 도발을 정치군사적 수단으로 활용하는 공세 성향의 전략문화를 가지고 있다. 북한이 신형단거리 미사일을 개발하고, 전술핵운용부대의 훈련을 공개하는 행보는 재래식전력의 열세를 만회하면서 한반도내 다양한 상황에서 주도권을 확보하기 위하여 전술핵 사용을 기반으로 강압 핵교리를 지향하는 것으로 보인다. 그렇다면 북한은 위임적 핵 지휘통체계를 구축할 가능성도 있다.

국내정치의 관점에서 보면 북한체제는 김정은에게 권력이 집중되어있는 세습체제이다. 수령 1인이 소수의 당정군 엘리트를 이용하여 주민을 통제하는 독재체제이다. 따라서 김정은의 생존은 체제 유지에 직결된다. 따라서 권위주의적 체제의 속성상 김정은에게 핵 결정권이 집중된 중앙집권적 지휘통제체계를 수렴할 것이다. 하지만 1인에게 핵 사용 권한이 집중된 중앙집권적 지휘통제체계는 참수작전으로 리더십이 공백이 발생할 경우 핵전력이 무용지물이 될 수 있다. 북한이 한국형 3축체계의 하나인 KMPR 즉 참수작전을 강하게 비난하는 배경으로 볼 수 있다. 이럴 경우 북한은 참수작전의 위험을 상쇄하기 위하여 위임적 지휘통제체계를 구축하여 억제를 도모할 수 있다.

북한의 핵 지휘통제체계를 확인하기 위한 정보는 매우 제한적이다. 북한이 발표한 핵무력정책법과 최근에 미사일 부대 훈련을 고려해 보면 아마도 하이브리드 핵지휘통제체계를 구축할 가능성이 있다.167) 전술핵 사용은 김정은이 결정을 하게 되면 핵부대에 위임이 되어 적시적인 사용을 보장하고, 전략핵은 김정은이 결정권을 가지고 중앙집권적으로 사용하는 체계로 추정된다.

3. 전술핵 능력을 확충하여 핵 실전전력화 추진

만약 핵약소국이 삼각억제를 달성하기 위해 확장억제 제공국을 억제할 수 있는 전략핵과 피제공국을 강압할 수 있는 전술핵을 겸비한다면 억제력은 배가 될 수 있다. 북한이 지향하는 삼각억제의 승패는 强韓封美로 전술핵으로 한국을 강압하고, 전략핵으로 미국을 봉쇄하여 한미동맹을 분리할 수 있는 보복억제력과 거부억제력을 완성하는 데 있다.

북한은 군사적 도발을 정치외교적 수단으로 활용하는 공세적 성향의 국가이다. 삼각억제를 구현하기 위한 강압 핵교리는 북한이 정치군사적 목적을 달성하기 위하여 국지도발이나 재래식전쟁을 일으킨 경우 패배를 방지하기 위하여 전술핵 능력을 기반으로 핵 실전전력화를 추진해야 한다.

만약 북한이 국지도발이나 재래식 전쟁에서 패배한다면 과거 이라크나 리비아와 유사하게 체제 특성상 정권의 붕괴로 이어질 수 있고 리더십의 안전도 보장할 수 없다. 따라서 전술핵을 이용한 강압 핵확전 교리는 북한이 다양한 위기상황에서 체제를 유지하면서 피해를 방지하는 데 효과적이다. 이에 따라 핵 실전전력화를 구현하기 위하여 신형단거리미사일 3종 세트를 전력화하여 전술핵운용부대를 편성하고 핵지휘체계를 보완한 것으로 보인다.

북한은 북미 비핵화협상이 결렬된 후 기존의 ICBM급 미사일 능력 확보가 핵 무력의 완성이라는 입장에서 벗어나, 2차 타격능력의 확보 또는 미국 본토와 한반도를 방어하

167) Shane, Smith, August 2022. "North Korean nuclear command and control: alternatives and implications" *STRATEGIC TRENDS RESEARCH INITIATIVE*, HDTRA1137878, DTRA.

는 미사일방어체계를 돌파할 수 있는 새로운 주체무기 개발을 시작했다.

북한은 2019년 12월 당중앙위원회 제7기 5차 전원회의를 개최하여 김정은이 선택했던 경제건설집중노선을 폐기하고, 정면돌파전을 채택하며 대병력위주 전략에서 핵미사일 기반의 신방위전략으로 전환했다.

2019년 북한의 미사일 발사 양상을 보면 북미간 합의한 핵미사일 모라토리움 범위내에서 신형단거리미사일과 SLBM 전력화에 집중하면서 전술핵 발사체를 개발하는데 노력했다.

또한 신방위전략에 맞도록 신형무기체계를 운용할 수 있는 지휘체계와 부대를 개편했다. 2019년 12월 당 중앙군사위원회에서 전략군과 포병부대를 신형무기체계에 맞게 재편성하는 결정을 했다. 2020년 5월 당중앙군사위원회 확대회의에서 '전략무력을 고도의 격동상태에서 운용하기 위한 새로운 방침을 결정'하면서, 이병철을 당중앙군사위원회 부위원장, 박정천을 총참모장에 임명하여 차수로 진급시켰다. 핵미사일 전문가와 포병전문가를 중용한 것은 필요시 전략무기를 신속하게 운용하기 위한 포석으로 보인다.[168]

북한은 2021년 1월 제8차 당대회에서 강력한 사회주의 국가건설을 향한 최우선적 전략목표로 '국가핵무력 건설 대업 완성'을 제시했다. 김정은은 '전술핵 능력을 강화하기 위하여 핵무기의 소형경량화, 전술무기화를 앞당겨 현대전에서 작전 임무의 목적과 타격 대상에 따라 다양한 수단으로 적용할 수 있는 핵무기를 실전전력화' 하도록 지시했다. 전술핵 사용 임계점(threshold)을 낮게 설정하여 한미연합군이 가진 재래식 군사행동의 주도권과 그 동인을 제거하려는 의도로 보인다.[169]

전술핵 전력화와 병행하여 전술핵운용에 필요한 핵교리와 부대 편성도 이루어졌다. 2022년 4월부터 김여정과 박정천이 공세적인 대남 담화문을 발표하였고, 김정은은 4월 25일 조선인민혁명군 90주년 연설에서 선제 핵공격을 공식화했다. 6월 당중앙군사위원회 확대회의에서는 국방력 강화를 위해서 '전방부대들의 작전임무에 중요 군사행동계획 추가, 작전 수행 능력을 높이기 위한 군사적 대책 논의, 작전계획 수정 사업 진행, 전쟁억제력을 강화하기 위한 군사조직 편제개편안을 비준'함으로써 핵교리 변화에 따른 전술핵운용부대의 임무와 조직을 정비했다.

북한이 2019년부터 준비해 온 전술핵 능력과 핵 실전전력화는 2022년에 질양적으로

168) 군사력 구성에서의 불합리한 기구, 편제적 결함을 개편하고 새로운 부대를 편성하여 군사적 억제능력을 완비한 것으로 설명.『로동신문』(2021.1.9.).

169) 황일도, "핵 교리 진화의 공통 경로와 최근 북한의 핵 확전 개념,"『국가전략』 제27권 3호(세종연구소, 2021), p.13.

변화된 도발 양상으로 나타났다. 양적으로 보면 미사일도발은 40여회 90여발, 대규모의 공중 기동훈련, 동서해 NLL 완충구역내 포병도발 등 복합 도발행태를 보였다. 미사일 도발은 ICBM을 포함하여 전시 수준의 다양한 종류의 미사일을 동시다발적으로 발사하면서 핵미사일 모라토리움도 위반했다. 질적으로도 한미일 연합훈련이 진행된 9월과 10월에 전술핵운용부대, 11월에 대륙간탄도미사일부대를 전면에 내세우며 핵미사일 능력의 고도화를 기반으로 대담한 도발 양상을 보였다.

경험적으로 보면 북한은 한미연합훈련이 진행되는 기간에는 준전시태세를 발령하고 방어태세를 점검하면서 비난 성명을 발표하였다. 하지만 작년 9월 핵무력정책법을 발표한 다음부터 질적으로 변화된 양상으로 나타났는데, 미국의 전략자산이 전개된 한미 또는 한미일 연합훈련 기간에도 불구하고 전술핵운용부대를 중심으로 군사적 대응으로 맞섰다.

김정은은 한미연합훈련에 맞추어 9월 25일부터 10월 9일까지 전술핵운용부대의 군사훈련을 지도했다. 전술핵운용부대의 훈련 양상은 전시 미군 전력이 전개하는 양육공항만과 군사 지휘시설에 대해 다양한 종류의 미사일을 이용하여 표적별로 다른 타격방법으로 진행하였다. 북한매체는 훈련의 성과를 '전술핵운용부대가 전쟁을 억제하고 전쟁 주도권을 쟁취하는 군사적 임무를 수행'한 것으로 평가했다. 김정은은 '조선반도의 불안정한 안전환경과 적들의 군사적 움직임을 예리하게 주시하며 필요한 경우 모든 군사적 대응조치를 강력히 실행'할 것을 강조하였다.170)

또한 작년 11월 한 달 동안 화성-17형 ICBM 2차례 발사를 포함해 38발의 미사일을 발사했다. 38발 중 35발은 한미 연합공중훈련(비질런트 스톰) 기간이던 3일(2~5)동안 집중적으로 발사되었는데, 그중 한 발은 정전협정 이후 처음으로 북방한계선(NLL) 남방에 탄착되었다. 김정은은 고도의 경각심을 가지고 훈련을 강화하여 어떠한 상황에도 임무 수행이 가능하도록 준비할 것을 강조했다. 북한은 전술핵운용부대의 작전수행능력을 점검하면서 한미동맹의 연합훈련을 경고하고 한국이 추진하는 3축체계에 대한 상쇄능력을 현시한 것으로 보인다.

4. 향후 북한 핵전략 변화 전망

북한의 핵미사일 폭주는 계속될 것으로 보인다. 북한은 작년 12월 제8기 제6차 당 전원회의에서 2022년 주요 성과로 핵무력정책 법령화와 국방력 강화를 제시하고, 한국

170) "경애하는 김정은동지께서 조선인민군 전술핵운용부대들의 군사훈련을 지도하시였다" 『노동신문』(2022.10.10)

을 명백한 적으로 규정하면서 국방력 강화와 대미·대남 대적 행동을 표방했다. 특히 '2023년도 핵무력 및 국방발전의 변혁적 전략'의 기본방향으로 '전술핵무기 다량 생산'과 '핵탄두 보유량을 기하급수적으로 늘리는 것'을 발표했다.[171] 따라서 당 정책의 초점이 '강대강, 정면승부의 대적 투쟁원칙'이라는 군사적 공세성임을 분명히 한 것을 보면 한반도 정세는 매우 불안정할 것으로 전망된다.

국방력 강화는 4가지 목표를 제시했다. 먼저 핵무력의 2가지 임무인 억제와 전쟁수행능력을 재확인했는데 핵무력정책법을 기반으로 핵교리를 구체화하여 실전전력화에 중점을 둘 것으로 보인다.

둘째, 신속한 핵반격능력을 기본사명으로 하는 대륙간탄도미사일체계 개발도 포함되었다. 신속한 핵반격능력은 고체연료형, 다탄두형(MIRV) ICBM을 전력화하여 미국에 대한 확증보복능력을 고도화하는 데 있다. 병행하여 미사일방어체계를 돌파할 수 있는 극초음속미사일, 장거리순항미사일, SLBM전력화를 추진하여 억제력의 신뢰성과 융통성을 확보하고자 할 것이다.

셋째, 전술핵무기 다량 생산과 핵탄두 보유량의 기하급수적 증가는 전술핵 능력을 고도로 확충하여 핵 실전전력화를 완성함으로써 대남 대적 행동의 핵심수단을 강화하려는 의도로 보인다. 전술핵무기의 다량 생산은 기존에 개발한 신형단거리미사일 3종 세트를 포함하여 전술핵 탑재 미사일의 대량 생산을 추진할 것으로 보인다. 김정은은 연말연시에 KN-25(초대형방사포)발사 후 가진 증정식에서 KN-25는 '전술핵을 탑재하여 남한 전역을 타격할 수 있는 핵심적인 공격형 무기'로 언급한 것으로 보면 그 의도를 엿볼 수 있다. 다만 핵탄두의 기하급수적 증가는 북한 핵물질 보유량과 생산시설을 고려해 보면 단기간 달성은 제한되지만 가용 시설을 최대한 가동할 것으로 보인다.

넷째, 군 정찰위성 개발도 제시했다. 위성은 핵무기의 정확성을 향상하는데 필수적인 무기체계이다. 이미 제8차 당대회에서 국방과학발전 5개년 목표로 제시하였고 작년에 위성 시험용 영상을 촬영하여 발표한 바 있다. 북한의 국가우주개발국이 '최단기간 내 군사위성을 발사하기 위해 4월에 최종 발사시험'을 예고한 것으로 보아 관련하여 다양한 시험과 활동이 진행될 것으로 보인다.

---

171) 통일연구원, "북한 제8기 제6차 당 중앙위원회 전원회의 분석 및 향후 정세 전망"『Online Series』CO 23-01(통일연구원, 2023.1.2)

Ⅳ. 시사점과 대응방안

론펠트(D. Ronfeldt)는 권위주의적인 지도자는 자신의 능력을 과신하고 권력욕구가 커서 스스로 운명을 결정할 수 있다는 자만심으로 가득 차 있다고 설명한다. 김정은이 집권 10년 차를 맞아 김정은주의와 인민대중제일주의를 내세우며 수령의 반열에 올랐고, 푸틴이 우크라이나전에서 보여 준 핵 강압전략의 교훈과 핵미사일 능력 그리고 핵무력정책법에 편향되어 자의적 의사결정을 할 수 있다.

다만 김정은의 딸 김주애가 화성-17형 발사 시기에 맞추어 전면에 나선 점은 주목해야 한다. 화성-17형 발사 현장에 동참한 후 발사 성공 기념식에 참석하고, 급기야 2월 8일 군 창건 75주년 기념식에서 김정은과 나란히 주석단에 올라 부대를 사열하며, 연회에서 군부 실세를 병풍으로 사진을 촬영한 점은 매우 이례적이다. 따라서 우크라이전과 맞물려 북한이 보여 준 이례적인 전략적 도발양상과 김주애의 전면 등장을 계기로 우리의 대응방안을 제시하고자 한다.

1. 북한체제 내구성과 세습 가능성 진단

김주애의 등장은 매우 이례적 현상으로 김정일과 김정은의 후계 과정과 비교해 보면 북한체제 내구성에 대한 정밀 진단과 관찰이 긴요한 시기이다. 북한은 김일성과 김정일 체제에서 수령의 유고에 대비하는 별도의 제도를 만들지 않았다. 의도적인 입법적 불비는 수령의 절대권력을 보장하여 세습체제를 유지하려는 전략이다. 하지만 2021년 제8차 당대회에서 당 제1비서를 만들어 당 총비서의 대리인으로 명시하면서 누구인지 공개하지 않았다. 시기적으로 보면 제8차 당대회는 김정은이 상당 기간 공개활동이 없는 가운데 김여정의 위임통치를 국정원에서 인정한 시기와 맞물린다. 김정은이 젊은 나이임에도 불구하고 수령 후계체제를 당규약에 명시한 점은 중요한 대목으로 볼 수 있다. 따라서 당 제1비서의 제도화는 김정은의 공백에 대비한 법적 준비로 보인다.

시간을 돌려 2009년 김정은이 후계자가 되고 나서 대포동 2호 발사를 김정은의 업적으로 선전한 사례와 김주애가 작년 11월 18일 화성 17형 발사 현장과 지난 2월 8일 군 창건 행사에 참석한 점은 짚어 보아야 한다. 그렇다면 이번에 공개한 딸이 수령 후계자일까? 라는 의문점을 가질 수 있다. 만약 수령 후계자라면 몇 가지 과정을 거칠 것으로 보인다. 먼저 수령 후계자의 정통성을 마련하기 위한 담론을 생산한다. 둘째, 수령 후계자에 맞는 새로운 호칭을 사용한다. 그리고 후계자의 업적을 홍보한다. 마지막으로 군사칭호 즉 계급을 부여한다. 현재는 '존귀스러운 자제분'이라는 새로운 호칭만 확인되고 있는데 앞으로 어떤 담론이 나올지 살펴보아야 한다.

2. 북한 핵미사일 능력과 핵 지휘통제체계 평가

북한 핵미사일 능력이 지속적으로 고도화되고 있으므로 이에 대한 정확한 질양적 분석이 필요해 보인다. 북한 핵무기 보유량에 대해서는 20~200여 개까지 다양한 연구가 있다. 연구기관마다 나름의 논리로 발표하지만 정부 차원의 정확한 평가가 있어야 이를 기반으로 우리가 북한 핵 담론을 주도할 수 있다.

또한 북한 미사일 능력에 대한 분석도 점검해 보아야 한다. 북한 ICBM의 재진입기술이 완전하지 않다는 다양한 연구가 존재한다. 하지만 북한이 2017년에 화성 15형을 발사한 후 상당 기간이 지났고, 작년에는 소위 '괴물 ICBM'이라는 화성 17형 발사에 성공했다. 특히 지난 2월 8일 당 창건 열병식에서 고체형 ICBM으로 추정되는 새로운 ICBM을 선보이는 등 최근 북한이 보여주는 일련의 행보와 북러 밀착관계를 고려하여 북한 미사일 수준을 재평가해야 한다.

핵 지휘통제체계는 핵전략과 밀접한 관련이 있다. 최근 북한 미사일 개발 동향과 핵 운용부대의 훈련 수준 그리고 핵무력정책법과 당 중앙군사위원회의 결정사항을 종합적으로 고려하여 북한의 지휘통제체계를 평가해야 한다. 핵 지휘통제체계를 제대로 평가해야 북한 핵전략의 진의를 기반으로 적절한 대응전략 수립이 가능하다.

3. 북한 핵미사일 생존성 감소 노력(stalking strategy)

북한 핵미사일 능력이 지속적으로 고도화되고 있으나, 이를 해소할 수 있는 비핵화 입구는 보이지 않고 있다. 따라서 북한 핵미사일의 생존성을 감소하는 군사적 노력을 강화해야 한다. 북한이 선택할 수 있는 최적의 생존성 방안은 이동식미사일을 활용한 은폐이다. 핵시설의 견고화나 핵무기의 보유량 증가는 경제상황을 고려하면 여의치 않아 보인다. 따라서 냉전시대 미국이 소련 전략핵무기의 생존성을 감소하기 위해 조치하였던 사례를 교훈으로 삼아 한미동맹의 통합적인 노력이 필요해 보인다. 특히, 한미동맹의 감시정찰능력을 고려하면 북한은 소련에 비해 지리적으로나 핵미사일 능력면에서 상대적으로 작은 규모이므로 효과는 훨씬 클 것으로 보인다.

4. DIME요소를 통합한 정부 의사결정체계 구축

북한의 핵사용 위협에 대비한 지도부의 의사결정체계를 진단해야 한다. 한반도에서의 핵전쟁은 사전 계획에 의해 기습적으로 발발하기 보다는 위기관리가 실패하여 발생할 가능성이 높아 보인다. 핵전쟁은 누구도 경험하지 못했다. 그동안 발생했던 국지도발이나 분쟁과는 다른 수준의 사고와 대비가 필요하므로 냉전시대 핵위기 사례를 반면교사 삼아 DIME요소를 통합하여 실질적인 워게임으로 대응능력을 키워야 한다.

5. 유연한 연합방위태세 확립과 재래식전력 우세 유지

북한 핵무력정책법은 하드웨어인 핵미사일 능력의 고도화에 맞추어 소프트웨어인 핵전략과 교리(태세)를 최신버전으로 패치한 것이다. 그러므로 이를 상쇄할 수 있도록 한미연합군도 핵 및 재래식전쟁에 대비할 수 있는 연합작전태세를 보강해야 한다.

병행하여 재래식전력의 우세를 유지해야 한다. 북한이 도발의 수위를 높일수록 국지분쟁의 가능성은 높아지는데 북한은 제한목표를 확보하면 핵위협을 통해 기정사실화전략으로 정치적 목적을 달성할 것으로 보인다. 따라서 재래식전력의 우세가 위기의 결과·승패·확전 여부에 영향을 미치므로 재래식전력의 우세를 유지하면서 상시 가동할 수 있는 태세를 점검해야 한다. 또한 북한체제의 특성을 고려하여 지도부를 겨냥한 심리전·정보작전·여론전 등 비대칭 수단을 준비하여 북한지도부의 평판과 체제의 취약점을 공략하는 방안도 유용할 것이다.

저자소개

이흥석 | 국민대학교 정치대학원 겸임교수

이흥석 교수는 국민대학교 정치대학원 교수 겸 글로벌국방연구포럼의 사무총장이다. 육군사관학교 졸업 후 전북대학교에서 석사학위, 국민대학교에서 정치학 박사학위를 받았다. 주요 연구분야는 북한체제 내구성, 핵전략/핵지휘통제체계, 국가정보 등이다. 연합사 정보생산처장, 연합사 작전효과평가처장, 합참 전비실 검열관 등을 역임하였다. 주요 저서와 논문으로 "북한 수령 3대 게임의 법칙", "맞춤형 억제 신뢰성 제고", "중국의 강군몽 추진동향과 전략", "북한의 핵무기 개발과 비핵화 동인에 관한 연구", "북한 군사전략과 군사력건설에 관한 연구" 등 활발한 학술 활동을 하고 있다.

2부

우크라이나 전쟁 양상과 한국의 국방혁신

새로운 패러다임의 전쟁, 전략적 함의 및 정책 제언

안 재 봉 부원장(연세대학교 ASTI)

Ⅰ. 서 언

러시아가 우크라이나를 침공한지 어느새 1년이 되었다. 개전 초 세계의 많은 전문가들은 양국의 군사력[172] 차이를 바탕으로 '다윗' 우크라이나와 '골리앗' 러시아의 싸움으로 판단하고, 빠르면 며칠, 길면 몇 주 만에 러시아가 일방적으로 승리할 것이라고 예측하였다. 그러나 이 같은 예측은 빗나가고 말았다. 일방적으로 패배할 것이라 생각했던 우크라이나는 볼로디미르 젤렌스키(Volodymyr Zelensky) 대통령을 중심으로 전 국민이 똘똘 뭉쳐 항전의지를 불태움으로써 러시아군의 전투의지를 약화시켰고, 세계를 놀라게 했다. 젤런스키 대통령은 미국과 유럽연합의 정치지도자들에게 SNS를 통해 지속적인 군사적 지원을 이끌어냄으로써 새로운 형태의 전쟁을 수행하고 있다.

지난 해 11월 우크라이나가 남부 요충지 헤르손을 탈환한 이후 두 달 넘게 교착상태가 이어지고 있는 가운데, 우크라이나는 늦겨울이나 봄철 즉 라스푸티차(Распутица, Rasputitsa)[173] 이전에 공세를 펼치기 위해서는 기동성이 뛰어난 중전차가 절실히 필요했다. 때 마침, 미국 바이든 대통령은 지난 1월 25일, 우크라이나에 1개 전차대대에 해당하는 M1A2 에이브럼스[174] 전차 31대를 지원하겠다고 발표했다. 이에 앞서 독일은 레오파드 2 전차 14대를 우크라이나에 제공하겠다고 밝히면서, 동시에 다른 나라가 보유하고 있는 레오파드 전차를 우크라이나에 재수출 할 경우에 승인한다고 천명했다. 이밖에도 영국은 이달 초 챌린저 2 전차를 우크라이나에 인도하겠다고 밝힌바 있으며, 프랑스는 파생형 경전차 AMX-10을 보내겠다고 약속했고, 폴란드, 네덜란드, 핀란드,

---

172) 글로벌 파이어파워(GFP)에 따르면 러시아의 군사력은 세계 2위, 우크라이나의 군사력은 세계 22위로 러시아가 절대적으로 우위를 보이고 있다. 개전 당시, 병력은 현역 기준으로 우크라이나군 25만 5,000명: 러시아군 101만 4,000명, 전투기 67대: 1,531대, 공격헬기 34대: 538대, 탱크 2,430대: 1만 3,000대, 는 장갑차 1만 1,435대: 2만 7,100대, 견인포 2,040문: 4,465문, 함정 38척: 605척이었다.

173) 러시아, 벨라루스, 북부 우크라이나 일대에서 가을(10월 중순~11월 하순)과 봄(3월 중순~4월 하순)이 되면 땅이 뻘로 변해 통행이 힘들어지는 도로, 또는 도로가 흡사 늪과 비슷한 상태로 변하는 시기를 말한다. 라스푸티차는 기후와 연관된 지리적 현상이지만 전쟁에서 적을 수렁에 빠뜨리는 천연의 무기로 작용되기도 한다. 특히 러시아쪽 라스푸티차는 대부분 늪이나 수렁, 뻘밭이 되기 때문에 여기에 걸리면 어떤 군대도 피해없이 벗어나질 못한다.

174) M1A2 에이브럼스 전차는 120mm 주포와 50구경 기관총, 7.62mm 등을 장착하고 최대 시속 42마일(67km)까지 주행할 수 있으며, 독일의 레오파드 2 전차와 함께 서방국가들의 주력 전차다.

덴마크, 스페인 등 유럽 국가들도 우크라이나에 전차와 중장갑 차량을 공급할 계획이라고 밝힌 바 있다. 이로서 우크라이나는 미국 등 서방으로부터 우수한 기동성과 화력을 갖춘 전차를 다량 확보할 것으로 전망된다. 젤렌스키 우크라이나 대통령은 이에 대해 감사한 일이라면서 신속한 지원과 함께 장거리 미사일과 전투기까지 지원해 달라고 목소리를 높이고 있다. 이에 대해 러시아는 즉각 반박하면서 이튿날 우크라이나 전역에 대해 극초음속 미사일과 자폭 드론 등으로 대대적인 공습을 감행하였다. 이로써 러시아-우크라이나 전쟁은 개전 1주년을 맞아 새로운 국면에 직면해 있다.

따라서 본 논문에서는 새로운 국면을 맞이하고 있는 러시아-우크라이나 전쟁을 새로운 관점에서 분석하고자 한다. 즉 군사교리의 핵심인 전쟁의 원칙(Principles of war)[175] 중에서 목표, 공세, 집중, 기습, 지휘통일의 원칙 측면에서 러시아-우크라이나 전쟁을 분석하고, 걸프전 이후 수행된 현대전의 특징인 항공우주력에 의한 초전 우세 달성, 단기속결전, 전쟁수행 방식의 다양화, 첨단무기전 측면에서 러시아-우크라이나 전쟁을 분석하여 전략적 함의를 도출한 후, 대한민국의 안보와 국방태세 확립을 위한 정책제언을 제시하는데 있다.

Ⅱ. 분석의 틀: 전쟁의 원칙, 현대전의 특징

러시아-우크라이나 전쟁은 군사전문가들의 예상을 뛰어 넘는 전혀 새로운 형태로 전개되고 있다. 군사교리의 핵심인 전쟁의 원칙과 걸프전 이후 발발한 현대전의 특징을 '분석의 틀'로 대입해도 공통점을 찾을 수 없는 새로운 형태의 전쟁이 수행되고 있는 것이다. 따라서 전쟁의 원칙 중에서 핵심 요소인 목표의 원칙, 공세의 원칙, 집중의 원칙, 지휘통일의 원칙 측면에서 살펴보고, 현대전의 특징은 걸프전 이후 발발한 코소보전, 아프가니스탄전, 이라크전의 특징을 살펴 본 후, 이를 통해 새로운 패러다임(paradigm)[176]으로 러시아-우크라이나전을 분석해 보고자 한다.

---

175) 전쟁의 원칙은 전쟁을 위한 계획 수립, 준비 및 수행 간에 적용해야 할 지배적인 원리이며, 전쟁의 전략적·작전적·전술적 수준에서 전쟁을 수행하는데 기준이 되는 규칙을 말하며, 주로 목표, 공세, 집중, 절용, 기동, 지휘통일, 보안, 기습, 간명의 원칙 등 9개 요소로 구성된다.

176) 패러다임이란 어떤 한 시대 사람들의 견해나 사고를 지배하고 있는 이론적 틀이나 개념의 집합체로서, 미국의 과학사학자이자 철학자인 토머스 쿤(Thomas Kuhn, 1922~1996)이 그의 저서 *The Structure of Scientific Revolution*)(1962)에서 새롭게 제시하여 널리 통용된 개념이다. '패러다임'이라는 용어는 '사례·예제·실례·본보기' 등을 뜻하는 그리스어 파라데이그마(paradeigma)에서 유래한 것으로, 언어학에서 빌려온 개념이다. 즉 으뜸꼴·표준 꼴을 뜻하는데, 이는 하나의 기본 동사에서 활용(活用)에 따라 파생형이

1. 전쟁의 원칙

전쟁은 다양한 관점에서 정의되고 논의되어 왔지만 정치적 목적을 달성하기 위해 사회적으로 용인된 폭력이다. 클라우제비츠는 전쟁을 대규모 결투, 적에게 강요하는 무력행동, 다른 수단에 의한 정치의 연속이라고 정의하면서, 전쟁의 수행에는 마찰, 기회, 불확실성이 결합된다고 하였다. 전쟁의 형태는 끊임없이 변화되어 왔으나 그 본질은 변하지 않았으며, 그 중심에 전쟁의 원칙이 자리하고 있다. 전쟁의 원칙은 전쟁을 위한 계획 수립, 준비 및 수행 간에 적용해야 할 지배적인 원리로서 전쟁의 전략적·작전적·전술적 수준에서 전쟁을 수행하는데 기준이 되는 원리와 원칙이다. 미군은 역사적으로 아래 〈표 1〉과 와 같이 9개의 원칙을 견지하고 있다.

〈표 1〉 전쟁의 원칙

목표(Objective)	**공세(Offensive)**	**집중(Mass)**
절용(Economy of Force)	기동(Maneuver)	**기습(Surprise)**
지휘통일(Unity of Command)	보안(Security)	간명(Simplicity)

위의 9개 전쟁의 원칙 중에서 목표, 공세, 집중, 기습, 지휘통일의 원칙에 대하여 살펴보고자 한다.

목표(Objective)의 원칙이란 작전 목표를 달성하기 위하여 확보 또는 달성해야 할 대상으로서, 전투력 운용의 지향점이며 전쟁원칙의 구심점이 되는 가장 중요한 요소이다. 모든 군사작전은 명확하게 정의되고 결정적이며 달성 가능한 목표를 지향해야 한다. 전쟁에서 군의 가장 궁극적인 목표는 적 부대와 적의 전투의지를 분쇄하는 것이다. 따라서 전쟁의 모든 수준에서 목표들 간의 상호연계성은 매우 중요하며, 모든 군사활동은 궁극적으로 전략목표를 달성하는데 맞춰져야 한다. 작전목표는 전쟁의 목적에 직접적으로 기여해야 하며, 명확하고 결정적이며 달성 가능해야 한다. 작전목표를 설정할 때에는 임무, 적, 지형과 기상, 가용 능력, 가용 시간, 그리고 민간 요소를 총망라해야 한다. 정치지도자에 의해 국가안보목표 등 상위 목표가 수정되거나 상황이 변화할 경우에는 작전수행 중에도 작전목표가 변경될 수 있다.

공세(Offensive)의 원칙은 아군의 의지를 적에게 강요하는 능동적이며 적극적인 작전활동이다. 공세 행동의 목적은 전장의 주도권을 탈취하고, 유지 및 활용하여 효과적

생기는 것과 마찬가지다. 이런 의미에서 토머스 쿤은 패러다임을 한 시대를 지배하는 과학적 인식·이론·관습·사고·관념·가치관 등이 결합된 총체적인 틀 또는 개념의 집합체로 정의하였다.

으로 목표를 달성하는 것이다. 목표를 효과적으로 달성하기 위해서는 주도권을 확보하여 행동의 자유를 유지하고 자신의 의지대로 전투를 이끌어 가야하며, 적의 약점에 대해서는 지속적인 공세행동으로 적의 균형을 와해하고 과오를 확대하며, 동시에 아군의 취약점을 보호해야 한다. 상황에 따라 방어를 실시할 경우에도 조기에 주도권을 탈취하여 공세로 전환할 수 있는 모든 기회를 추구해야 한다. 항공력은 본질적으로 공세적으로 운용해야 효과적이다. 공세제공작전(OCA: Offensive Counter Air)은 적의 항공기, 미사일, 발사 플랫폼, 지원체계를 그 근원지에 가장 가까운 곳에서 파괴, 격멸 또는 무력화하기 위한 작전으로서 타격(strike), 소탕(sweep), 엄호(escort), 적 방공망제압(SEAD: Suppression of Enemy Air Defence) 임무가 있다.

집중(Mass)의 원칙은 지휘관이 원하는 장소와 시간에 압도적인 전투력의 효과를 집중하는 것으로, 결정적 성과를 달성하기 위해 가장 유리한 장소와 시간에 집중해야 한다. 걸프전 이후 수행된 현대전에서 결정적 효과를 창출하기 위해 전방위 다차원에서 동시통합적으로 집중을 적용하고 있으며, 물리적 집중 보다는 전투력의 효과를 창출하는데 중점을 두고 있다. 기존의 양적인 집중으로부터 정밀성을 이용한 효과의 집중으로 변화하였다. 오늘날 F-35 스텔스 전투기 한 대가 단 1회 출격하여 정밀유도폭탄 1개를 투하하는 것은 제2차 세계대전 중 B-17 폭격기가 4,500회 출격하여 폭탄 9,000개, 월남전에서 F-4 전폭기가 95회 출격하여 폭탄 190개를 투하했을 때와 동일한 성과를 창출한다. 이러한 성과를 창출할 수 있는 가장 큰 이유는 화력의 양 대신에 기술에 바탕을 둔 정밀성과 정보에 기반을 두고 있는 무기체계의 개발에서 비롯되었다. 첨단 과학기술의 발달로 인해 무기체계도 민간 피해를 최소화하기 위하여 정밀성을 바탕으로 탈대량파괴(surgical strike)를 지향하고 있다.

기습(Surprise)의 원칙은 예상하지 못한 시간·장소·방법으로 적을 공격하는 것으로, 기습을 통해 전투력의 균형을 결정적으로 전환시킬 수 있다. 기습을 달성하기 위해서는 적이 전혀 예상치 못하게 시행하는 것도 중요하지만 너무 늦게 알아서 효과적으로 대응할 수 없도록 하는 것이 더욱 중요하다. 기습 달성의 요소에는 의사결정의 속도, 효과적인 정보, 부대 이동, 기만, 예기치 못한 전투력 운용, 작전보안 그리고 전술 및 작전 수행 방법의 변화 등 다양하다. 현대전은 우주공간을 이용한 인공위성, 유·무인 항공기 등 고도로 발달된 감시 수단 및 기술로 인해 대규모 부대의 은밀한 기동을 어렵게 하기 때문에 기습을 달성하기에는 쉽지 않다. 이에 따라 현대전에서는 우주 및 공중공간을 이용한 순항미사일, 탄도미사일, 항공기 등을 이용하여 기습을 추구하고 있다.

지휘통일(Unity of command)의 원칙은 모든 부대가 목표 달성에 책임이 있는 단일 지휘관 하에서 공동의 목적을 추구하며, 작전을 수행하는 것을 말한다. 따라서 모든 목표에 대해 지휘의 통일과 노력의 통일을 보장해야 한다. 지휘통일은 한 명의 책임있는 지휘관이 모든 부대를 통제하는 것을 말하며, 통합 목표 추구시 모든 부대들을 지휘하기 위해 필요한 권한을 가진 단일 지휘관이 전권을 행사해야 한다. 지휘통일의 원칙은 단일 지휘관에게 노력의 통일을 보장하기 위해 필수적이며, 노력의 통일은 협동과 협조를 통해 공동이익을 달성한다. 항공우주력은 중앙집권적으로 통제하고 분권적으로 임무를 수행한다. 제한된 항공우주자산을 군사전략목표와 효과에 집중할 수 있도록 지·해상군 및 연합군의 항공우주자산을 통합해서 운용해야 한다.

2. 현대전의 특징

현대전의 특징을 식별하기 위해 걸프전 이후 수행된 코소보전, 아프가니스탄전, 이라크전에 대해 간략히 살펴보고자 한다.

걸프전은 1991년 1월 17일부터 43일 동안 미국을 비롯한 다국적군에 의해 사막의 폭풍작전(Operation desert storm)이란 명칭으로, 쿠웨이트의 실지를 회복한다는 전쟁목표 하에 전략적 항공전역, 전구내 전과 확대, 지상전역 준비, 공세적 지상전역 등 4단계로 수행되었다. 첫 단계인 전략적 항공전역은 다국적군의 강점인 잘 훈련된 조종사, 스텔스 전투기, 크루즈 미사일, 정밀유도탄, 지휘 및 통제의 우세, 효과적인 야간작전 수행능력 등을 고려하여 결정하였다. 당시 이라크의 약점인 경직된 지휘 및 통제체제, 수세 위주의 작전개념 등을 고려하여 초전에 적의 전쟁지휘본부, 화생방전 능력, 공화국수비대를 무력화함으로써 공중우세를 확보하는데 목표를 두었다. 전략적 항공전역은 미국과 영국, 프랑스 등 나토(NATO) 군의 토마호크 미사일 등 장거리 정밀유도무기와 F-117 스텔스 전투기, F-15E 전투기, GR-1 토네이도 전투기 등 첨단 항공력을 이용하여 이라크의 전쟁지휘부와 C4I체계, 공화국 수비대, 방공망 등 주요 전략적 중심(Center of gravity)을 공격하였다. 걸프전쟁의 특징 중 가장 괄목할만한 것은 F-117 스텔스 전투기와 정밀유도무기(PGM)의 결합으로 작전효율성을 크게 향상시켰다는 점이다. 당시 F-117 스텔스 전투기의 출격은 전체 출격 항공기의 2%에 불과했지만 전략표적의 40%를 파괴시켰으며, 미 공군의 경우 정밀유도무기 사용은 총 사용무장의 9%였으나 전체 전략표적의 75%를 파괴하는 성과를 달성하였다. 또한 걸프전쟁에서 첫 선을 보인 합동 감시 및 표적공격레이다체계(E-8 JSTARS: Joint Surveillance and Target Attack RADAR System)와 Keyhole II 등 60여 개의 인공위성과 함께 상호 연동을 통해 C4ISR 개념을 발전시켰다.[177] 지상전은 쿠웨이트 해안에 대한 해병대의 상륙공격을 포함하여 전투기와 AH-64 아파치헬기, A-10 공격기 등 항공력을 이용한 공중공격과 M1A1 전차 등 지상 기동전력을 이용한 공격 그리고 해상에서의 함포공격을 지원받아 공세적으로 수행되었다. 지상전의 주력은 M1A1 에이브럼스 전차로서 시속 16km의 속도로 진격하여 지상전역(Ground campaign)을 수행한지 100시간 만에 쿠웨이트를 해방시켰다. 전쟁이 종료될 때까지 43일 동안 항공기는 총 118,700 소티를 비행했으며, 이중 공격임무는 41,300 소티를 수행했고, 개전 초에는 일일 평균 2,800여 소티를 수행하였다.[178]

코소보전은 코소보 해방을 전쟁목표로 설정하고 미국 및 나토(NATO) 군에 의해 1999년 3월 24일부터 78일 동안 동맹군 작전(Operation allied force)이란 명칭으로 준비단계, 여건 조성, 유고군 고립, 유고군 격멸 등 4단계로 수행되었다. 가장 큰 특징은 지상군의 투입 없이 항공력만으로 전쟁을 종결하였다. 미국을 비롯한 나토군은 항공력을 중심으로 우주자산과 정밀유도무기를 이용하여 마치 외과의사가 환자의 환부를 도려내듯 외과수술식 타격(Surgical strike)으로 인명피해를 최소화 한 깔끔한 전쟁(Clean war)을 수행하였다. 특히 위성과 유무인 정보·감시·정찰(ISR) 체계를 이용한 작전 수행으로 유고군의 위장 및 은폐된 표적과 악기상 시에도 원활한 작전을 수행하였다. 또한 탄소섬유 필라멘트를 이용한 흑연폭탄인 CBU-95(Blackout bomb) 등 비살상무기와 합동정밀직격탄(JDAM: Joint Directed Attack Munition) 등 정밀유도무기가 효과적으로 활용되었으며, 유고군의 방공체계를 제압하기 위해 적의 지휘본부 및 레이다기지, 미사일 발사대 등 방공망을 무력화하기 위해 전자전과 사이버전을 수행하였다. 전쟁이 종료될 때까지 78일 동안 항공기는 총 37,500~38,000 소티를 비행했으며, 이중 공격임무는 10,808~14,006 소티를 수행하였고, 공격 임무는 일일 평균 452 소티였으며, 일일 최대 출격은 535 소티를 수행하였다.[179]

아프가니스탄전은 탈레반정권의 축출과 알카에다 제거라는 전쟁목표를 설정하고 2001년 9월 14일부터 50일 동안 미국이 항구적 자유작전(Operation enduring freedom)이란 명칭으로 여건 조성, 초기 전투, 결정적 작전, 안정화작전 등 4단계로 수행되었다. 아프가니스탄의 작전환경은 국토의 75%가 산악지형으로서, 대부분의 지형이 평균 해발 1,000m 이상의 고산지대로 민둥산이라 지상작전을 수행할 경우에 게릴라전이 유리하여 미군의 피해가 많았다. 따라서 위성 및 무인기를 이용한 ISR 작전과

177) 안재봉, 「새로운 패러다임의 군사교리」, (대전:충남대학교 출판문화원, 2019), p.99.

178) 공군전투발전단,「이라크전쟁: 항공작전 중심으로 분석」, (계룡대: 공군전투발전단, 2003), p.45.

179) 합동참모본부,「코소보 전쟁 종합 분석」, (서울: 합동참모본부, 1999), p.59-17, p.76.

정밀유도무기를 이용한 항공작전 수행으로 작전효율성을 제고하였다. 1단계는 여건조성단계로서 주로 우방국간 군사협력 및 군사력 전개에 주안을 두었고, 2, 3단계에서 항공작전과 특수부대작전을 상호 연계하여 실시하였다. 정밀유도무기를 탑재한 폭격기와 순항미사일을 이용한 원거리 정밀공격으로 탈레반을 공격하였고, 소수 정예 특수부대를 투입하여 오사마 빈라덴을 색출 및 공격목표에 대한 정보획득 임무를 수행하였다. 항공작전의 효용성이 떨어지자 주 임무를 공중폭격에서 정찰임무로 전환하고 정예 특수부대 및 소규모 지상군을 투입하여 작전을 수행하였다. 전쟁기간 중 사용된 무장으로는 JDAM 등 정밀유도무기가 전체 사용무장의 56%를 차지했으며, 아프가니스탄전에서 새롭게 선보인 무기체계로는 헬파이어 미사일을 장착하고 고위협 상황 하에서도 공격임무를 수행하는 RQ-1B 프레데터 무인기와 지하 동굴 벙커에 침투 후 폭발을 일으키는 AGM-65, 지하 30m를 침투해 폭발하는 GBU-37 벙커버스터와 GBU-37의 자탄인 BLU-118S 지하 벙커 공격용 폭탄이 있다. 작전지역이 주로 산악지형이다 보니 무인기의 역할이 컸는데, RQ-4A(Global Hawk) 고고도 무인기와 RQ-1B(Predator) 중·저고도 무인기를 이용한 ISR 작전을 통해 실시간 의사결정에 활용함으로써 긴급표적을 효과적으로 공격할 수 있었다. 아프가니스탄전은 실제 군사작전이 수행된 기간은 77일이었으나 공식적으로 종전을 선언한 것은 13년이 지난 2014년 12월 28일이었다.

이라크전은 2003년 3월 20일 후세인 제거, 이라크 정부의 무장해제, 이라크 국민의 해방, 심각한 위협으로부터 세계를 보호한다는 명분 하에 이라크 자유작전(Operation Iraq freedom)이라는 명칭으로 전쟁 준비, 결정적 작전, 안정화작전 등 3단계로 수행되었다. 1단계는 전쟁 준비를 위해 미군이 군사력을 전개하면서 이라크의 내분을 유도하는 작전이었다. 2단계는 결정적 작전(Decisive operation)으로서 최우선적으로 후세인을 제거하는데 목표를 두고 단기속전속결전 수행, 바그다드 점령, 결정적 전투를 수행하였다. F-117 스텔스 전투기와 B-1/2/52 전략폭격기 등 항공력과 토마호크 원거리 정밀유도탄을 이용하여 군 지휘본부, WMD 시설, 방공망 등 전략적 목표에 대한 고강도 공습을 단행하였다.

걸프전에서 지상군의 진격속도가 시간당 16km였으나, 이라크전에서는 그 보다 4배가 증가된 시속 60km로 진격할 수 있었고, 걸프전에서 딱 100시간 실시한 지상전은 개전 초부터 바그다드가 함락될 때까지 21일 동안 수행되었다. 이처럼 기동속도를 크게 신장시킬 수 있었던 것은 미군을 신속화, 기동화, 첨단화시키면서 최첨단 무기와 속도전을 강조한 럼스펠드 독트린(Rumsfeld Doctrine)에서 기인한다. 병력의 규모보다 신속한 기동을 위해 지상군을 경량화 하였고, 기동하는 지상군 지원 화력을 곡사포가 아닌 크루즈 미사일, 헬기가 아닌 공군의 화력을 지원받았기 때문이다.

이라크전에서 가장 큰 특징은 정밀 항공력을 이용한 전쟁, 디지털 전장 등으로 불릴 만큼 정밀성과 파괴성이 크게 향상된 첨단 무기체계가 사용되었다는 점이다. 전쟁에서 정밀유도무기 사용률은 걸프전쟁에서 7.8%, 코소보전쟁에서 35%, 아프가니스탄전쟁에서 56%였으나, 이라크전쟁에서는 68%를 사용하였다. 그 중에서도 가장 대표적인 것은 GPS 정보를 이용하여 주야간·전천후 상황에서도 오차가 3m에 불과한 JDAM을 비롯하여 전자폭탄(E-bomb), GBU-28 벙커버스터, 소형 핵무기에 버금가는 초강력 대형 폭탄(MOAB: Massive Ordnance Air Blast)[180] 등의 신무기가 사용되었다. 이밖에도 대탄도탄 능력이 크게 신장된 개량형 패트리어트 미사일의 위력이 발휘되었으며, 정찰위성(KH-12, Lacrosse), 조기경보위성(DSP: Defense Support Program), 통신위성(DSCS[181], Milstar[182]) 등 군사위성이 작전에 본격적으로 활용되었다. 군사작전 이후 바그다드와 주요 도시를 중심으로 이라크군의 게릴라 활동이 전개되자, 안정화작전을 수행하여 군사작전을 종결한지 8년이 지난 2011년 12월 15일에야 비로소 종전이 선언되었다.

이상에서 살펴 본 바와 같이 현대전의 특징을 아래 〈표 2〉와 같이 항공우주력에 의한 초전 우세 달성, 단기속전속결전, 전쟁 수행 방식의 다양화, 첨단 무기전 등을 들 수 있다.

180) 미국이 개발한 초대형 무기로 '모든 폭탄의 어머니(mother of all bombs)'로 불린다. 무게가 2만 1천 파운드(9,525kg)로 2001년 아프가니스탄 공격에서 낙하산을 이용해 투하해 악명을 떨쳤던 데이지 커터보다 질산암모늄과 알루미늄 폭약이 더 많이 들어가 위력이 더욱 강력하다. GPS에 의한 유도 기능을 첨가하여 2003년 이라크 공습을 앞두고 투하 시험을 통해 이라크를 위협했으며, 3월 이라크 공습시 실제로 사용하였다.

181) 미군의 국방위성통신 시스템(Defense Satellite Communication System)으로서 국가전략상 중요한 의사결정을 지원하며, 합참의장이 직접 지휘한다.

182) Military Strategic Tactical And Relay는 국방부 관리 하에 전군에서 통합적으로 사용되는 밀리미터파(Extremely High Frequency) 위성통신시스템을 말한다.

〈표 2〉 현대전의 특징

- **항공력에 의한 초전 우세 달성**
  걸프전, 코소보전, 아프가니스탄전, 이라크에서 개전과 동시에 토마호크 미사일과 항공력을 이용하여 적의 전쟁지휘본부, C4I체계, 방공망, 적 공군기지 및 주력 지상부대 등 전략적 중심(Center of gravity)을 공격함으로써 공중우세를 확보하고 초전 승기를 잡아 전승 달성
- **단기속전속결전**
  원거리 정밀유도무기와 항공력을 이용하여 결정적 작전 수행에 필요한 유리한 여건을 조성한 후에 지상군을 투입해 단기전으로 전승 달성
  * 지상군 진격 속도 크게 향상: 걸프전 시속 16km, 이라크전 시속 60km
  * 걸프전 43일, 코소보전 87일, 아프가니스탄전 77일, 이라크전 43일
- **전쟁 수행 방식의 다양화**
  신속결정작전(RDO), 네트워크중심전(NCW), 효과중심작전(EBO), 전자전, 사이버전, 비정규전, 게릴라전, 시가지전 등 4세대전쟁 수행
  * 美 육군 Rangers, Delta Force, 해군 Navy Seal, 해병대 특수부대
- **첨단 무기전**
  F-117, B-1/2, JDAM, RQ-1B/4A, AH-64, M1A1, M-1A2 개량형, 브래들리 장갑차, CBU-97, BLU-114, EMP탄, BLU-82(daisy cutter), MOAB, Patriot, 정찰위성(KH-12, Lacrosse), 조기경보위성(DSP), 통신위성(DSCS, Milstar) 등

Ⅲ. 러시아-우크라이나 전쟁 분석

1. 전쟁의 원칙 관점

러시아-우크라이나 전쟁을 전쟁의 원칙 중 목표, 집중, 공세, 기습, 지휘통일의 원칙 측면에서 분석하고자 한다.

가. 목표(Objective)의 원칙

러시아 푸틴 대통령은 우크라이나 젤렌스키 정부를 전복시키고 친러정권을 세우기 위해 우크라이나를 침공한다고 천명하였다. 2022년 2월 24일, 푸틴 대통령은 TV를 통한 대국민 담화를 통해 특별군사작전(SMO)을 수행한다고 선언했다. 푸틴 대통령은 이 연설에서 우크라이나의 군사적 발전과 나토(NATO)의 확장은 용납할 수 없다고 역설하였다. 푸틴은 역사적으로 러시아의 영토였던 우크라이나가 미국과 유럽 연합으로부터 현대적 무기를 공급받아 NATO 국가의 군대가 만들어지고 반(反)러시아 국가가 들어설

것이라는 데에서 침공 명분을 찾고, 러시아가 추구하는 것은 우크라이나의 비무장화와 탈나치화라고 발표했다. 그러면서 우크라이나를 점령하지 않을 것이라면서 우크라이나 정권이 자행한 굴욕과 대량학살에 직면한 돈바스 지역의 인민보호가 이번 작전의 목적이라고 했다. 이처럼 침공의 목적이 명확하지도 않았고 군사작전의 목표도 불분명했다.

나. 공세(Offensive)의 원칙

러시아는 돈바스 지역에서 우크라이나 정부군의 포격으로 러시아계 주민들이 피난가는 모습을 담은 가짜 동영상을 제작하여 뿌리는 등 가짜 깃발작전(false flag operation)[183]을 통해 여론을 조작함으로써 침공 명분을 축적하였다. 이와 함께 재밍 장비와 전자전으로 우크라이나의 방공망을 무력화했으며, 우크라이나의 주요 정부기관 홈페이지에 대한 해킹 등 사이버작전을 수행하였다.

러시아는 개전과 동시에 우크라이나 전역에 대하여 순항미사일과 탄도미사일을 이용하여 우크라이나의 조기경보레이다와 SAM기지를 공격하였고, Su-34 전폭기와 Su-30SM/Su-35S 다목적 전투기로 우크라이나 영토 내 300km, 고도 12,000~30,000ft 상공에서 일일 140여 소티(sortie)의 전투기소탕(Fighter sweep)과 타격(Strike) 임무 등 공세제공임무(OCA)를 수행하였다.[184] 초전 3일 동안 러시아 항공우주군의 주요 공격목표는 우크라이나의 방공체계였다. 이로 인해 100개 이상의 고정형 장거리 레이다가 공격을 받았으며 군기지, 탄약고 및 이동형 장·중거리 SAM 기지가 공격을 받았으며, 러시아 군의 공수 및 헬기 강습부대가 투입되는 경로에 러시아 전투기의 임무가 집중되었다. 러시아 항공우주군은 기계획 된 표적에 대한 타격은 중·고고도에서 운용되는 Su-24MR 정찰폭격기가 담당하였다. Su-34 전폭기는 대부분 단기(單機)로 운용되었고 비유도 폭탄을 이용해 12,000ft의 중고도에서 임무를 수행하였고, 그 상공 30,000ft에서 Su-35S와 Su-30SM 전투기가 전투초계임무를 수행하였다. 이와 같이 항공력을 분산해 운용하다 보니, 전투피해평가(BDA) 등 공격 결과에 대한 평가가 제한되었고, 후속 공격이 이어지지 않았다.

183) 16세기 카리브해 해적들이 적국 또는 중립국의 깃발을 달고 적선(敵船)에 접근해서 기습공격을 가하는 기만술에서 유래한 것으로, 상대방이 먼저 공격한 것처럼 조작해서 공격의 빌미를 만드는 수법으로 침공을 정당화 하기 위해 조작하는 군사작전 또는 정치행위를 말한다.

184) RUSI Special Report, "The Russian Air War and Ukrainian Requirements for Air Defence", (London: Royal United Services Institute, 2022.11.7.), p.7.

〈그림 1〉 Su-34 전폭기/좌, Su-35S/우

출처: 네이버 지식백과

우크라이나 공군은 러시아 첨단 전투기의 위협으로부터 벗어나 소극적 방어임무로 전환하거나 초저고도로 임무를 수행하였다. 특히 러시아의 SAM이 빠르게 정비되고 북쪽의 벨라루스와 남쪽의 크름반도에 위치한 이동형 S-400 triumph SAM[185]과 돈바스지역과 남부지역에서 운용되는 러시아의 A-50MU Mainst AWACS 위협으로 인해 해당 지역에서의 항공작전은 100ft 이하의 초저고도로 비행하였다. 그럼에도 불구하고 러시아의 항공작전은 시너지를 창출하지 못하고 두 가지 측면에서 많은 제한을 받았다. 그 하나가 러시아의 A-50MU에 대한 우크라이나군의 전자공격이 실시되었고, 다른 하나는 러시아의 항공작전은 지상군에 종속되어 있기 때문에 A-50MU에서 수집된 정보가 초계비행 중인 전투기, 지상 방공전력인 S-400포대에 바로 전달되지 않고 러시아 군구사령부나 육군 제병지휘소를 통하여 IL-20M 중계항공기에 의해 정보가 전달되었기 때문에 매우 비효율적이었다.[186]

지상에서의 공세작전도 실패하였다. 푸틴은 단기전을 가정하고 며칠 안에 작전이 끝날 것으로 예상했으나, 우크라이나의 강력한 저항으로 러시아군의 무기와 장비가 우크라이나 영토 곳곳에서 고립되었다. 종심이 깊어지자 전투원에 대한 식량 보급이 끊기고 기동장비에 대한 연료가 고갈됨에 따라 러시아군은 수송 차량, 전차, 장갑차, 미사일 등 군수장비를 유기하거나 방치하였다. 그나마 기동할 수 있는 전차, 장갑차량 등이 포장도로를 따라 이동하다가 우크라이나의 재블린 대전차미사일에 피격됨으로써 어려움에 봉착하였다.

185) S-400 triumph SAM은 성능이 매우 우수하여 최소 탐지거리는 2km, 최소 탐지고도는 5m로서 초저고도 표적에 대해서도 매우 위협적이며, 탐지고도는 30km, 최대 탐지거리는 400km이다.

186) RUSI Special Report, op.cit., p.13.

〈그림 2〉 A-50M/U AWACS/좌, IL-20M/우

출처: 네이버 지식백과

다. 집중(Mass)의 원칙

러시아는 초전에 항공력과 3M-14 칼리브르(Kalibr) 순항미사일 등을 이용해 우크라이나의 주요 지휘통신시설과 방공망을 공습하였으며, 지상에서는 우세한 화력과 기동력으로 수도 키이우를 비롯하여 주요 도시를 점령하고자 했다.

남부전선에서는 크름반도를 발판 삼아 헤르손 지역을 점령하였고, 동부전선에서는 도네츠크와 루간스크를 발판으로 개전 2주까지는 주요 도시를 점령하는데 성공하였다. 북부전선에서는 체르니히우 등 주변 도시를 우회하여 키이우로 진격하여 초전 승기를 잡는 듯 했다.

그러나 러시아군은 종심이 깊어지자 개전 2주 만에 전투식량, 탄약, 유류, 장비 등 군수물자가 바닥났고, 전투원들의 사기가 말이 아니었다. 전황이 불리해지자 러시아 군은 개전 초에 방공전력을 파괴하는데 집중해서 운용했던 미사일 전력을 3월에는 정부 건물, 방송시설, 군수공장에 집중해서 운용했다. 6월에는 유류시설, 철도 등 사회 기간 시설에 중점을 두었으며, 9월 이후에는 발전소, 변전시설 등 에너지시설을 파괴하는데 중점을 두고 운영하였다. 우크라이나군은 초전에 지휘통제시설이 큰 타격을 받았으나 곧바로 NATO의 정찰자산과 일론 머스크(Elon Musk)의 스타링크(Starlink) 위성 등 민간 위성을 통한 인터넷을 통해 러시아 군의 핵심 정보들을 실시간으로 파악할 수 있었다. 특히 우크라이나 군은 우세한 정보력을 이용하여 러시아의 지휘관을 저격하고 적의 보급부대와 급유차량을 공격하는 전술을 구사하여 개전 2주만에 우크라이나 종심에 위치한 러시아 군의 물자고갈을 초래하였다.

우크라이나 공군은 러시아 항공우주군 전투기에 비해 15:1이라는 숫적 열세에도 불구하고 공군 조종사들의 항전의지와 공지통합작전 수행능력 그리고 우수한 비행기량을 이용하여 선전하였다. 우크라이나 공군은 실전적 훈련측면에서도 강점이 있었는데

1993년부터 미국에서 미 공군 전투조종사들과 지속적인 정보 교류와 함께 연합 공중전투훈련을 실시해 왔으며 미국, 폴란드 공군과도 Safe Skies 연합훈련을 실시해 오고 있었다.

라. 기습(Surprise)의 원칙

기습에서 가장 중요한 것은 적이 예상치 못한 시간과 장소에서, 창의적인 방법으로 공격해야 한다는 것이다. 러시아와 우크라이나의 전장환경을 고려한다면 개전을 위한 시기는 라스푸티차가 시작되는 3월 이전인 1월 정도가 가장 적당하였다. 그러나 러시아의 전략적 우방국인 중국 베이징에서 2022년 2월 4일부터 22일까지 제24회 베이징 동계올림픽이 개최되고 있었다. 러시아가 2008년에 체첸을 침공할 때는 베이징 하계올림픽 기간이었다. 그래서 이번에는 중국의 입장을 최대한 고려한 것으로 판단하며, 이로 인해 기습의 효과가 크게 반감되었다. 최근 우주기술의 발달로 군사위성 뿐만 아니라 민간위성을 활용하여 상대국의 군사동향을 세밀하게 파악하고 있었기 때문에 기습효과가 예전처럼 달성되기에는 한계가 있다.

따라서 현대전에서 기습을 위해 가장 효율적인 전력은 미사일과 항공력을 들 수 있다. 그러나 러시아는 우크라이나 공군보다 훨씬 우세한 항공우주군(Воздушно-космическими силами)을 보유하고 있음에도 불구하고 기습효과를 달성하지 못했을 뿐만 아니라 초전에 우크라이나에서 공중우세를 확보하지 못했다. 또한 러시아 자체 위성항법체계인 GLONASS(Global Navigation Satellite System)[187]가 우크라이나에 의해 해킹됨에 따라 장거리 항법비행과 정밀유도무기의 사용이 제한되어 기습작전에 큰 제한을 받았다.

마. 지휘통일(Unity of Command)의 원칙

'다윗과 골리앗'의 대결 같았던 러시아-우크라이나전에서 예상 밖으로 선전하고 있는 우크라이나 전력(戰力)의 핵심에는 '정치 초짜'에서 '전쟁 영웅'으로 평가 받고 있는 젤렌스키 대통령의 리더십이 있다. 젤렌스키 대통령은 개전 직전부터 지금까지 SNS를 통해 끊임없이 우크라이나 국민의 항전과 우크라이나의 승리에 대한 높은 기대감과 확신을 심어 주고 있다. 개전 직전에 SNS를 통한 영상 담화에서 러시아 푸틴 대통령에게 "당신이 우리를 공격할 때 당신은 우리의 등이 아니라 얼굴을 보게 될 것"이라며 우크

187) 미국의 GPS, 유럽 연합의 갈릴레오, 중국의 베이더우와 함께 상용으로 서비스하는 러시아의 위성위치확인 시스템으로서, 총 24기의 위성이 전세계를 커버하고 있으며, 이 중 18기가 러시아 지역 위주로 커버한다.

라이나 국민들의 항전을 독려했다.

현대전에서 가장 중요한 것은 C4ISR 자산을 바탕으로 시스템을 통합하는 능력과 실시간으로 정보를 소통하는 것이다. 러시아 군은 전구 단위의 지휘통제시스템이 확고히 구축되어 있지 못했다. 종심이 깊어지자 기동장비의 정비, 유류 보급 등 군수문제에 큰 혼란이 발생하였고, 이로 인해 전투원의 사기가 크게 떨어졌다. 더 큰 문제는 러시아군 대부분의 제대가 암호장비를 사용하지 않았고, 그나마 사용하는 일부 무선장비는 군사적 수준의 보안기능이 떨어진 중국산 부품이 장착되어 있어 항재밍 능력이 없었다. 개전 초에 우크라이나의 SAM을 무력화시키기 위해 러시아가 수행했던 전자공격은 개전 후 며칠이 지나자, 역으로 우크라이나군이 러시아군에게 수행함으로써 반전되었다.

러시아군은 개전 초에 통신망, 인터넷, 전력 네트워크를 파괴하는 물리적 공격을 적극적으로 수행하지 않았다. 러시아군이 우크라이나 민간통신 네트워크를 사용하고 있었던 관계로 이를 파괴할 경우, 작전수행이 불가능했기 때문이다. 또한 러시아 군은 저가(低價)의 워키토키와 핸드폰을 통해 암호화하지 않고 통신을 주고받음으로써 작전내용과 위치가 그대로 노출되었다. 러시아 장성들이 최전방에서 지휘하다가 숨진 배경엔 이같이 허술한 통신체계가 한 몫 했다.

반면에 우크라이나는 군 통수권자인 젤렌스키 대통령이 전 국민을 대상으로 항전의지를 지속적으로 불어넣고 있으며, 미하일로 페도로프(Mykhailo Fedorov) 부총리겸 디지털혁신부장관은 개전 이틀 후인 2월 26일, 미국의 일론 머스크에게 SNS를 통해 "당신이 화성을 식민지화 하려는 동안 러시아가 우크라이나를 점령하려고 한다. 당신의 로켓이 성공적으로 임무를 마치고 우주로부터 귀환하여 착륙하는 동안, 러시아 로켓이 우크라이나 민간인들을 공격하고 있다. 우크라이나에 스타링크 서비스를 제공하고, 제정신인 러시아인들이 푸틴에게 좀 맞서게 해 주시오."[188]라고 요청했다. 바로 다음 날 일론 머스크는 "스타링크 서비스는 지금 바로 우크라이나에서 사용 가능하고, 더 많은 수신기 터미널이 가고 있소."[189]라고 트윗했다. 이후 5,000개의 인터넷 수신을 위한 접시모양의 안테나와 터미널이 우크라이나에 제공되었고, 이중 1,330개의 터미널 비용을 바이든 행정부가 지불했다. 민간 통신 서비스가 차단되어도 통신 단절이 일어나지 않도록 한 것이다.[190] 이처럼 우크라이나는 미국의 스타링크 서비스로 위성 인터넷을

188) "while you try to colonize Mars-Russia try to occupy Ukraine! While your rockets successfully land from space-Russian rockets attack Ukrainian civil people! We ask you to provide Ukraine with Starlink stations and to address sane Russians to stand.", Twitter, 2022. 2. 26.

189) "Starlink service is now active in Ukraine, More terminals en route.", Twitter, 2022. 2. 26.

190) 최성환, '러시아-우크라이나 전쟁의 우주전 분석 및 양상 그리고 우주기술 개발시 고려사항' 『우주기술과

이용하여 우주정보지원을 받고 있으며, 군통수권자인 젤렌스키 대통령으로부터 일사불란한 군의 지휘체계가 확립되었다.

반면, 러시아 푸틴 대통령은 우크라이나 전쟁을 총지휘하는 통합사령관을 지난 해 11월에 임명했던 세르게이 수로비킨 항공우주군 총사령관을 3개월만에 발레리 게라시모프 총참모장으로 전격 교체했다. 이로써 개전 1년 만에 전쟁을 지휘하는 통합사령관이'알렉산드르 드로르니코프→세르게이 수로비킨→발레리 게라시모프'로 세 번째 교체된 것이다. 알렉산드르 드로르니코프 남부군 사령관이 개전 6주가 지나서야 통합사령관으로 임명된 점을 감안하면 사실상 개전 1년만에 4번째 전쟁지휘관이 바뀐 것이다.

2. 현대전의 특징 관점

걸프전 이후 수행된 코소보전, 아프가니스탄전, 이라크전을 통해 도출된 현대전의 특징을 크게 항공우주력에 의한 초전 우세 달성, 단기속전속결전, 전쟁 수행 방식의 다양화, 첨단 무기전으로 나누어 살펴보고자 한다.

가. 항공력에 의한 초전 우세 달성: 실패

러시아는 현대전의 특징으로 식별한 항공력에 의한 초전 우세 달성에 실패하였다. 개전 초, 순항미사일과 탄도미사일을 이용한 우크라이나 방공망 공격과 러시아 항공우주군의 최첨단 전투기를 이용한 우크라이나의 주요 전략적 중심(Center of gravity)에 대한 공세작전을 수행하였으나 충분하지는 않았다. 최소한 우크라이나 수도인 키이우 상공에서의 공중우세를 획득했어야 하나, 이 또한 충분하지 않았다.

러시아 항공우주군은 Look down 광역 감시 및 조기경보통제능력을 보유하고 있는 A-50MU AWACS를 비롯하여 최첨단 SU-35S와 SU-30SM 전투기를 보유하고 있어, 공세제공(OCA: Offensive Counter Air) 임무와 방어제공(DCA: Defensive Counter Air) 임무가 가능했으나 전쟁 초기에 집중적으로 운용하지 않아 공중우세 획득에 실패했고, 우크라이나 방공망에 대한 공격에 중점을 두다 보니 전략목표타격 임무도 제대로 수행하지 못했다. 또한 항공작전의 중점이 지상군 작전지원으로 전환됨에 따라 조종사들은 초저고도에서 공격목표를 육안으로 확인하고 공격해야 했기 때문에 오폭이 잦았다. 러시아 항공우주군의 표적인 우크라이나군의 차량과 장비, 무기체계가 러시아 군과 동일한 것이 많았기 때문이다. 또한 작전 지도가 최신화 되어있지 않아 러시

응용』, 2022년 5월.

아 조종사들은 저고도 항법과 표적 인식에 어려움이 많았다. 조종사들의 심리에도 영향을 주었는데, 러시아 조종사들은 우크라이나 지역의 SAM과 휴대용 대공미사일(MAPADS: Man Portable Air Defence System)의 위협 때문에 전선에서 멀리 떨어진 우크라이나 지역과 종심지역에 대한 임무를 기피하는 현상도 발생했다.[191] 이를 극복하기 위한 대안으로 러시아 항공우주군은 3월 9일부터 침투임무를 야간공격으로 전환하였으나, 당시 야간작전 수행에 필요한 조종석(cockpit)을 구비하고 있는 전투기는 Su-34가 유일했다. 나머지 기종은 휴대용 야간시계장비(NVG: Night Vision Goggle)를 사용해야 했으며, NVG가 절대적으로 부족해 야간공습작전은 매우 제한적으로 수행되었다. 주로 Su-34 전투기를 이용하여 체르니히브, 수미, 하르키우, 마리우폴 등 포위된 도시에 대한 단순 폭격임무를 수행하였다.

우크라이나 공군은 개전 이전에 초기피해를 최소화하기 위해 인접국인 루마니아로 전투기를 분산시키고 제한적인 공대공임무와 방공작전임무를 수행하였다. 또한 러시아에 비해 상대적으로 부족한 전투기를 대체하기 위해 전투기 운용은 일일 5~10 소티만 운용하고 주로 지대공미사일, MANPADS, 무인항공기 등을 운용했다.

나. 단기 속전속결전: 실패

푸틴 대통령은 러시아 군의 국방력을 과신한 나머지 개전과 동시에 우크라이나의 수도 키이우를 최단시간 내에 함락시킬 수 있다고 판단했으나, 우크라이나 젤런스키 대통령과 국민들의 단합된 항전의지로 인해 예상 외로 고전하였다. 러시아의 전차가 우크라이나 지역으로 기동해 들어갈수록 전투식량, 유류 등 군수보급품이 고갈되었고 우크라이나 영토 곳곳에서 고립되었다. 특히 전투원의 식량과 기동장비의 연료가 고갈됨에 따라 전차, 수송차량, 장갑차, 미사일 등을 유기하거나 방치하는 일도 비일비재했다. 그나마 기동할 수 있는 전차, 장갑차량이 포장도로로 이동하게 되면 재블린 의해 공격을 받았다.

개전 초에는 러시아 지상군이 우크라이나 지역으로 기동해 들어 갈 때, 러시아 항공력에 의해 엄호를 받았지만 우크라이나의 방공망과 SAM 이 복구된 이후에는 공중엄호작전이 현격히 감소되었다. 그나마 지원되는 항공력은 저고도 전술을 이용한 비유도 폭탄과 로켓공격이어서 작전효율성이 크게 떨어졌다. 그 결과, 전쟁 초기에 러시아가 목표로 했던 단기속전속결전은 실패하였고, 지리멸렬한 장기전을 수행하고 있다.

---

191) RUSI Special Report, op.cit., p.15.

다. 전쟁 수행 방식의 다양화: 새로운 방식의 하이브리드전 수행

러시아-우크라이나 전쟁은 새로운 방식의 하이브리드전이 매우 다양한 형태로 전개되고 있다.

가장 큰 특징으로 첫째, 하이브리드전을 수행하고 있다는 점이다. 러시아-우크라이나 전쟁은 초전에 적의 전쟁지휘본부, 지휘통제시설, 방공망 등을 집중적으로 타격하여 무력화하지 않았다. 우크라이나는 국가총력전을 전개하여 러시아가 전개하고 있는 정규전, 비정규전, 사이버전, 정보전, 경제전, 외교전 등을 융복합한 하이브리드전에 맞서 선전하고 있다. 우크라이나 지역에서 수행되고 있는 하이브리드전은 기존의 정규전과 비정규전의 이분법적인 사고에서 벗어나 테러행위, 범죄행위, 그리고 사이버 공격까지 포함하는 다양한 형태의 작전들이 동시에 복합적으로 전개되는 특징을 갖는다. 이는 기존의 제4세대 전쟁이나 복합전쟁이론 보다 발전된 개념이다. 특히 주목할 점은 비인도적 전쟁에 대한 미국과 유럽 등 서방세계는 글로벌 차원의 정부, 금융기관, 테크기업들이 앞장서 러시아에 대한제재와 금융자산 동결 등 전방위 다차원적인 제재를 실시하였다.

둘째, 정보전과 사이버전을 수행하고 있다는 점이다. 현대전에서 사이버전, 정보전, 우주전은 전쟁의 승패를 좌우했다. 국제 해커 조직인 어나니머스(Anonymous)는 2월 24일 개전과 동시에 러시아와의 사이버전쟁을 선포하였다. 이들은 2월 25일 러시아 국방부 데이터베이스를 해킹했고, 이어서 러시아 정부의 웹사이트와 관영 언론에 대한 디도스공격을 감행하였다. 2월 26일에는 러시아의 국영방송을 해킹하여 우크라이나 국기가 휘날리고 국가가 울려 퍼지게 하였다. 3월 2일에는 러시아 군사위성과 위성업무를 총괄하는 우주국을 해킹하여 통제했으며, 이를 통해 러시아 전쟁지도부와 전선사령부와의 실시간 소통이 제한 받았고 러시아 정부는 우크라이나에 대한 사이버 공격보다는 자국의 사이버 방호에 치중하였다.[192] 이로 인해 러시아는 기술정보와 지형공간정보를 얻을 수 없었고, 전술적인 정보습득 또한 제한된 상태이다.

이제 사이버전도 지상과 공중을 넘어 우주 영역까지 확장되었다. 러시아는 정보전에서 완패하여 자국의 위성조차 사용하지 못한 반면, 우크라이나는 스페이스 X 민간위성 등 서방국가의 군사·민간 정보력을 통해 러시아군을 능가할 수 있었다. 급기야 3월 10일에는 러시아 전쟁지휘소의 C41SR체계를 구성하는 암호장비를 우크라이나 측에게 해킹 당했다. 러시아는 우크라이나를 침공하기 이전에 세 차례에 걸쳐 정부 부처, 국영 은행 등에 대한 디도스공격과 랜섬웨어로 데이터 삭제 등 사이버전을 광범위하게 수행하

192) https://terms.naver.com/entry.naver?docId=6597826&cid=60344&categoryId=60344 (검색일: 2022.3.19)

였음에도 불구하고, 우크라이나가 빠르게 복구한 이유는 우크라이나의 우수한 사이버 복원력과 국제협력에 의한 신속한 복구, 글로벌 리더십 등을 들 수 있다. 러시아는 개전 이전에 우크라이나 방공망에 대한 전자공격과 정부기관 홈페이지에 대한 해킹 등 사이버공격을 감행하였다.

러시아군은 개전과 동시에 우크라이군의 방공망을 집중적으로 타격하면서 전자공격을 실시했는데, 이틀만에 전자공격을 대폭 축소하였다. 러시아가 전자전을 축소하자 우크라이나 SAM은 빠르게 재편되었고 3월 초부터는 러시아가 우크라이나의 SAM에 큰 타격을 받았다. 이로 인해 러시아는 항공작전 우선순위를 변경하였다. 초전에 우크라이나 방공망 무력화에 중점을 두었던 것을 러시아 지상군 작전을 직접 지원하는 데 중점을 두었다.

셋째, 미·군 통합 우주전을 수행하였다. 러시아는 통신위성, 정찰위성, 항법위성 등 100여 기의 군사위성을 운용하고 있으나, 정찰위성의 경우 수명주기에 도달하거나 구식 우주기술을 적용하고 있어 미국 등 서방 정찰위성에 비해 해상도가 현격히 떨어졌으며, 서방의 제재로 인해 부품 확보에도 많은 제한을 받고 있다. 특히 러시아가 운용하고 있는 자체 항법위성인 GLONASS는 총 24대 중 23대가 운용되고 있어 완전한 기능을 발휘하지 못하고 있으며, 일부는 수명주기 도달했음에도 부품이 없어 교체하지 못하고 있는 실정이다. 또한 개전 초 일시적 해킹을 당해 러시아 항공기의 장거리 항법비행과 정밀유도무기 운용에 많은 제한을 받았다.

〈그림 3〉 스페이스 X의 스타링크 운영개념/좌, 스타링크 군집위성 발사장면/우

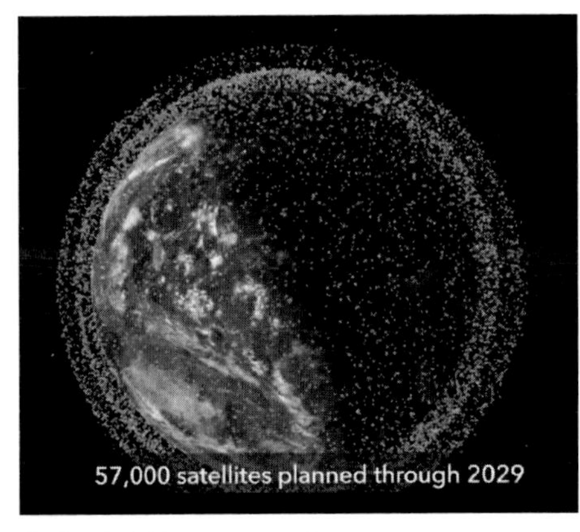

출처: 네이버/Wikimedia Commons

미국은 통신위성, 정찰위성, 항법위성 등 220여 기를 운용하고 있으며, 상용위성도 1,220여 기를 운용하고 있다. 우크라이나는 미국을 비롯한 서방의 민간기업이 보유하고 있는 초소형위성까지도 활용하여 군사작전을 수행하고 있다. 특히 스페이스 X의 스타링크를 군사작전에 활용함으로써 실시간 지휘통신을 통해 정찰, 통신, 항법 등 원활한 작전을 수행하고 있다. 특히 미국의 정찰위성의 경우 해상도 5cm로서 러시아 군용차량의 'Z'문자를 식별할 정도이다.

넷째, 러시아의 최첨단 전투기가 MANPADS에 피격 당하는 비대칭전을 수행하고 있다. 러시아는 Su-25 공격기와 Su-30SM, Su-34 등 첨단 전투기를 이용한 항공작전을 일일 140 소티 정도를 운영했는데, 우크라이나의 SAM 위협을 피해 500ft 에서 비유도 폭탄과 로켓공습 위주로 수행하였다. 저고도 비행전술로 우크라이나 SAM 위협을 피할 수는 있었으나 우크라이나 군과 민병대에 보급된 수천대의 MANPADS 사거리에 포착되었고, 작전 수행 일주일 만에 Su-25 공격기와 Su-30SM, Su-34 전투기 8대를 MANPADS 공격으로 잃었다. 러시아가 저고도 전술을 적용하여 비유도 폭탄이나 로켓 공격으로 항공작전을 수행하다 보니, 개전초에 중고도 전술을 적용했던 때보다 작전효율성이 현저히 떨어졌다.

다섯째, 주요 무기체계와 장비의 자체 생존성이 매우 중요하다는 점을 인식시켰다. 금번 러시아-우크라이나 전쟁에서 러시아의 첨단 전투기가 저고도 비행전술을 구사하다가 MANPADS에 의해 격추되었고, 저공 비행중인 헬리콥터가 MANPADS에 피격되었다. 지상작전 중인 전차가 재블린(Javelin, FGM-148) 대전차미사일에 의해 피격 받았다. 러시아 첨단 전투기에 지대공 미사일과 MANPADS에 효율적으로 대응할 수 있는 재밍(Jamming)장비나 지향성 적외선 방해장비(DIRCM: Directional Counter Measures) 등 생존 장비가 미비했기 때문이다. 또한 러시아 항공우주군의 전투기에 탑재하고 있는 적아식별장비(IFF/SIF: Identification Friend or Foe/Selective Identification Feature)가 태부족하여 항공작전 수행에 제한을 받기도 했다. 전차의 경우에도 대전차 미사일과 대전차 로켓에 효율적으로 대응할 수 있는 능동방호체계(APS: Active Protection System)가 제대로 구비되어 있지 않아 생존성이 취약한 면을 드러냈다.

여섯째, 무인기의 전략적 중요성이 높아지고 있다. 무인기는 적은 비용으로 적국에 치명상을 입힐 수 있는 비대칭 무기로 평가 받고 있다. 우크라이나는 터키제 TB-2 바이락타르 무인기와 미국으로부터 지원받은 배낭에 넣을 수 있는 정도의 작은 드론인 스위치 블레이드(Switch blade)193)와 자폭드론인 피닉스 고스티(Phoenix Ghost)194)를 운용하고 있다. 러시아는 지난 해 10월부터 자폭용 드론인 이란제 샤헤드(Shahed)-136[195], 공격용 드론인 모하제르(Mohajer)-6[196] 등 드론을 우크라이나 공습에 투입하고 있다. 특히 러시아는 우크라이나의 변전소와 전기통신시설 등 에너지 시설과 기간시설을 파괴하는데 샤헤드-136 드론을 활용하고 있어, 우크라이나 군은 고가(高價)의 미사일로 요격함으로써 비대칭전을 수행하고 있다. 이에 대해 경제성 문제가 대두되고 있으나, 드론의 공격으로 발전소 등이 파괴되거나 인명피해가 발생할 경우에는 더 큰 피해가 발생하기 때문에 이를 간과하고 있는 것이다. 실제로 이란제 자폭드론기의 가격은 약 2만 달러 수준이나 이를 요격하는 지대공 미사일 가격은 러시아제 S-300은 14만 달러, 미제 첨단 미사일 나삼스(NASAMS: Norwegian Advanced Surface-to-Air Missile System)[197]는 50만 달러 정도다. 그러다 보니 드론을 격추하기 위해 7배 또는 25배 비싼 미사일로 대응해야 하는 '비(非)비례성 전투'가 수행되고 있는 것이다.

〈그림 4〉 스위치 블레이드(Switch blade)/좌, 샤헤드-136/우

출처: 네이버

193) 스위치 블레이드는 인명 살상용(스위치 블레이드 300), 탱크·장갑차 타격용(스위치 블레이드 600)이 있으며, 스위치 블레이드 300의 경우 길이가 60cm, 무게 2.5kg 정도로 반경 10km까지 비행시간은 최대 15분이다.

194) 이름과 같이 유령처럼 날아다니다가 불사조처럼 자폭하는 드론으로, 인간이 선택한 목표물에 폭발물을 배송하는 개념으로 주·야간 6시간 동안 체공 가능하다.

195) 샤헤드-136 드론은 비행거리 1,800~2,500km 이상으로 무게 200kg, 탄두 36kg, 최대 속도 185km이며, 비행시간은 6~8시간이다.

196) 모하제르-6 드론은 정찰, 감시, 타격용으로 길이 7m, 날개 너비 10m, 최대 속도는 200km, 최대 비행고도 5.4km로 12시간 비행이 가능하다.

197) 첨단 지대공미사일체계로서 노르웨이의 콩스베르그사와 미국의 레이션사가 공동 개발한 첨단 공대공미사일이다. 최대 사거리는 16km 이상이며, 속도는 마하 4이다.

일곱번째, 러시아-우크라이나 당사국간 전쟁이 아닌 미국을 비롯한 유럽연합 국가와 러시아가 대리전을 수행하고 있다. 전장은 우크라이나-러시아 지역이지만 벨라루스를 제외한 전 유럽지역에서 러시아에 대항해 외교전, 경제전, 정보전, 군사작전을 수행하고 있다. 폴란드와 체코는 자국이 보유하고 있는 러시아제 무기를 우크라이나에 제공해주고, 독일의 레오파드 전차나 한국의 K-9, FA-50 공격기를 긴급 구매하는 등 새로운 형태의 국방태세를 구축하고 있다. 이는 우크라이나가 전개하고 있는 러시아의 명분 없는 전쟁과 우크라이나의 정의의 전쟁이라는 대외 심리전이 설득력을 얻고 있기 때문이다. 미국은 우크라이나에 병력을 지원하지 않고도 무기와 장비를 지원하면서 러시아를 견제하고 유럽연합 국가의 군비증강을 유도하는 이중효과를 얻었다. 미국은 우크라이나에 M1A2 에이브럼스 전차 31대를 지원하겠다고 밝혔으며, 독일은 레오파드 2 전차 14대를, 영국은 챌린저 2 전차를 우크라이나에 인도하겠다고 밝힌바 있다. 또한 프랑스는 파생형 경전차 AMX-10을 보내겠다고 약속했고, 폴란드, 네덜란드, 핀란드, 덴마크, 스페인 등 유럽 국가들도 우크라이나에 전차와 중장갑 차량을 공급할 계획이라고 했다.

바. 새로운 무기체계의 시험장

금번 러시아-우크라이나 전쟁에서는 우크라이나가 터키로부터 수입한 TB-2 바이락타르(Bayraktar) 무인기를 사용하고 있다. 이 무인기는 길이 6.5m, 날개폭 12m로, 최대 속도는 시속 220㎞이며, 27시간 비행이 가능하다. 무장능력은 4개의 대전차미사일이나 로켓, 정밀유도무기를 탑재할 수 있다. 우크라이나는 TB-2 무인기를 이용해 러시아군의 전차 기동을 제한했고 지대공 미사일포대를 격파하는 등 괄목할 만한 전과를 올렸다.

〈그림 5〉 TB-2 바이락타르(Bayraktar)/좌, Mig-31K에 장착된 킨잘(Kinzhal)/우

출처: 네이버 지식백과

러시아는 음속의 5배 이상 속도로 비행하는 킨잘(Kinzhal) 극초음속 미사일을 최초로 사용하였다. 우크라이나 서부 이바노 프란키우스크 지역에 있는 우크라이나군의 미사일과 항공용 탄약 지하 저장고를 파괴하는데 사용되었다. 킨잘 미사일은 2018년 푸틴 러시아 대통령이 직접 발표해 세상에 공개된 극초음속 미사일로 전술 핵탄두도 탑재할 수 있어 게임체인저로도 평가 받고 있다.

러시아가 야심차게 개발한 차세대 스텔스기 Su-57 전투기가 우크라이나전에 최초로 투입된 것이 확실시 된다는 서방의 분석이다. 영국 국방부가 지난 1월 9일, 트위터를 통해 공개한 산하 정보기관 국방정보국(DI) 일일보고서에서 “러시아 공군이 최소 지난해 6월부터 Su-57 전투기를 우크라이나를 겨냥한 임무에 사용해 온 것이 거의 확실하다.”고 전했다. 러시아는 5세대 스텔스 전투기인 Su-57이 레이다에 거의 포착되지 않고 스텔스 기능을 갖추었으며 다양한 미사일을 장착할 수 있다고 선전해 왔다. 영국 국방부는 Su-57 전투기가 우크라이나전에서 만에 하나 추락할 경우 발생할 평판 훼손과 수출 전망 악화, 기술 노출 등 위험을 피하는데 우선순위를 두고 운용했을 것으로 추정했다.[198]

〈그림 6〉 러시아 차세대 스텔스 전투기 Su-57

출처: YTN, 2023.1.11

러시아-우크라이나 전쟁에서 또 하나의 특징은 민간 트럭이나 4륜 구동차량에 중화기를 탑재한 테크니컬(Technical)[199]이 주목을 받고 있다.

198) YTN, "러시아 차세대 스텔스기 Su-57 우크라 투입 거의 확실“, 2023.1.11.

199) 정규군이 운용하는 규격화된 차량 장비가 아닌, 그 성능을 흉내낸 유사 차량 장비류를 말하며, 주로 픽업 트럭이나 1톤 트럭 같은 튼튼한 민수용 중소형 차량에 중화기를 탑재해 무장시킨다.

〈그림 7〉 우크라이나 군이 운용 중인 테크니컬

출처: 세계일보, 2023.1.29

과거 중동이나 아프리카 지역에서 벌어진 무력충돌이나 특수전 등 저강도 분쟁에서 비정규군이 사용한 적은 있으나, 우크라이나 전쟁에서는 정규군이 전면전에서 사용하고 있다. 이는 전장에서 폭증하는 수요를 군용 차량으로서는 감당하기 어렵고, 자동차 기술이 크게 발달하면서 민간 트럭과 4륜 구동차량에 중기관총, 다연장로켓, 대공포, 대전차미사일 등을 탑재하여 전쟁터에서 요긴하게 사용되고 있는 것이다.

Ⅳ. 전략적 함의 및 정책 제언

북한의 핵·미사일 위협이 현존하고 있는 한반도 안보상황을 직시할 때, 러시아-우크라이나전 분석을 통해 식별된 전략적 함의는 지대하다. 특히 지난 해 말, 북한의 소형 무인기 침범시 우리 정치권이 보여 준 극단적인 분열과 대치 사례는 안보와 국방에 시사해 주는 바가 적지 않다.

북한은 2022년 한 해 동안 대륙간탄도미사일(ICBM) 도발 8회를 포함해 탄도미사일을 총 38회에 걸쳐 70여 발을 발사함으로써 월 평균 3회 정도의 미사일 도발을 감행했다. 이처럼 지속적인 미사일 도발을 하다가 지난 해 12월 26일에는 소형 무인기 5대를 이용하여 우리 영공을 침범했으며, 그 가운데 1대는 서울 북부까지 진입한 후 돌아갔다. 소형 무인기의 영공 침범은 2017년 5월 2일 이후 5년 7개월 만이다.

금번 북한 무인기의 영공침범은 우리 군의 대비태세에 큰 경종을 울려 주었다. 당시 군은 북한의 무인기를 최전방에서 지상레이다로 탐지하고도 최초 탐지한 부대(육군 제1군단)에서 수도방위사령부에는 통보하지 않은 채, 합동참모본부에만 보고한 것으로 확인되었다. 그러다 보니, 무인기 대비태세인 ‘두루미’를 발령하기까지 무려 1시간 30분이 소요되었고, 뒤늦게 비행금지구역(P-73)을 침범한 것으로 드러나, 적지 않은 문제점을 노정하였다. 관련 작전부대들 간 상황전파가 제때 이뤄지지 않아 적절한 대응에 실패한 것이다.

여기에는 여러 가지 이유가 있겠지만 현존하는 북한의 위협인 핵·WMD·미사일과 비교했을 때 소형 무인기에 대한 군의 대비태세는 후순위로 밀려, 대비에 소홀했던 점을 간과할 수는 없다. 현실적으로 군 레이다에 시현된 물체를 새떼인지, 소형 드론인지를 구별하기가 그리 쉽지 않은 것은 사실이다. 군에서의 경험에 의하면 소형 무인기 대응에서 가장 중요한 것은 조기에 레이다로 포착하여 식별하는 것이고, 그 다음에 신속히 격추하는 것이다. 이를 위해서는 전방에 드론탐지레이다를 밀집해서 배치하고, 무인기를 탐지했을 경우에는 고속상황전파체계를 통해 신속히 전파해야 하며, 우선 지상에서 격추하는 방법(비물리적 타격, 집중 사격 등)과 공중에서 격추하는 방법(저속 고정익 항공기, 헬기)을 병행하여 이중체계로 강구하고, 이러한 훈련을 실전적으로 반복해서 실시해야 한다.

한 때 우리 군은 북한의 AN-2기가 야간에 침투할 경우에 대비하여 탐지·식별·요격·격추하는 훈련을 강도 높게 실시한 바 있다. 야간에 저고도로 항공기의 외부 라이트를 모두 점등하고 침투하는 AN-2기를 공중에서 포착하는 것은 여간 힘든 임무가 아니었다. 더군다나 AN-2기는 초저고도로 침투하다 보니, 당시 레이다가 장착된 F-4D/E 전투기로 하방(look down) 탐색시 지면(地面) 클러터(ground clutter)로 인해 숙련급 조종사도 식별이 쉽지 않았다. 그래서 가상 경로를 따라 침투하는 AN-2기 탐지 및 식별 훈련을 반복해서 지속으로 실시한 것이다.

마찬가지로 소형 무인기의 영공침범을 막기 위해서는 지상과 공중에서 레이다로 탐지하여 관련 부대에 신속히 전파하고, 지상과 공중에서 물리적·비물리적 수단을 이용해 탐지·식별·요격·격파하는 훈련을 주기적으로 실시해야 한다.

1. 전략적 함의

러시아-우크라이나전 분석을 통해 도출한 전략적 함의는 다음과 같다.

첫째, 확고한 한미동맹을 더욱 공고히 해야 할 필요성을 인식시켜 주었다. 우크라이나전에서 보여주고 있는 미국의 역할은 지대하다. 지난 해 12월 21일, 전격적으로 미국을 방문한 젤렌스키 대통령은 조 바이든 미국 대통령과 정상회담을 통해 패트리엇 방공미사일 1개 포대 등 18억 5,000만 달러(약 2조 3,000억원) 규모의 추가 지원을 약속받았다. 또한 지난 1월 25일에는 바이든 대통령이 M1A1 에이브람스 전차를 우크라이나에 31대를 지원할 것이라고 발표하였다. 결국 러시아-우크라이나전이 미국을 비롯한 유럽 연합과 러시아 간 대리전쟁으로 치닫고 있는 것이다. 북 핵 위협이 상존하고 있는 가운데, 대만해협에서 중국과 대만 간 긴장이 고조되고 있는 중차대한 시점에서 한미동맹의 중요성은 아무리 강조해도 지나치지 않다.

둘째, 현재 한국군이 추진 중인「국방혁신 4.0」의 방향성을 제시해 주고 있다. 러시아가 금번 전쟁에서 고전하고 있는 이유 중의 하나가 2008년 조지아전에서 승리한 이후에 추진했던 국방개혁에 실패했기 때문이다. 러시아군은 조지아전에서 드러난 무기체계의 노후화, 전투부대의 반응속도 지연, 지휘통제의 혼선, 전투원의 훈련부족 등 문제점을 개선하기 위해 2009년부터 2019년까지 무기체계의 현대화, 부대구조 개편, 지휘체계 단순화, 우주방어시스템 구축 등 국방개혁을 강도 높게 추진했으나 군사력의 효율적 운용을 위한 군사교리 등 소프트파워의 개혁에는 소홀했다. 따라서 현재 우리 군이 추진하고 있는「군사혁신 4.0」의 추진방향과 과제가 현대전 수행 개념과 미래전에 대비한 개념인지(?) 총체적인 진단이 선행되어야 한다.

셋째, 북 핵 위협에 대한 실질적인 대비책을 전면 재검토해야 한다는 점을 인식시켜 주었다. 북한은 우크라이나 사례를 반면교사로 핵을 절대 포기하지 않을 것이다. 북한은 과거 우크라이나가 핵보유국이었음을 고려하여 북한 생존과 체제 유지를 위해 개발 중인 핵을 절대로 포기하지 않을 것이며, 지속적으로 더욱 고도화하고 소형화해 나갈 것이다.

따라서 우리는 북한의 핵·미사일 위협에 보다 실질적이고 실현가능한 대응책을 강구해 나가야 한다.

넷째, 공중우세와 항공우주력의 중요성을 입증해 주었다. 러시아 항공우주군은 우크라이나 공군에 비해 질적으로나 양적으로 압도적인 항공력을 보유하고 있었음에도 불구하고 초기에 공세적으로 운용하지 않아 우크라이나 상공에서 공중우세 확보에 실패했다. 그러다 보니 러시아의 항공우주군은 우크라이나 지역에서 자유로운 항공작전을 수행하지 못했고, 개전초에 공격기세를 유지한 채 종심깊게 침투했던 러시아의 기동부대는 항공력의 후속 지원을 받지 못했다. 우주력은 항공력과 반대로 우크라이나는 미국을 비롯한 서방의 군사용 위성과 상업용 위성을 이용하여 광범위하게 군사작전에 활용하고 있으며, 러시아는 100여 기의 군사위성을 이용하여 작전을 지원하고 있어 많은 제한을 받고 있다. 따라서 균형적인 항공우주력의 구비가 요구된다.

다섯째, 무인기가 전장(戰場)의 게임체인저로서 실질적인 대응책 강구 필요성을 입증해 주었다. 러시아-우크라이나전에서 게임체인저로 등장한 무인기가 안보를 위협하는 비대칭무기로서 더욱 진가를 발휘할 것이다. 지난 해 12월 북한의 무인기가 우리 영공을 침범 하자, 국민들은 불안했으며, 정치인들은 여·야로 나뉘어 네 탓, 내 탓 책임공방을 벌였다. 안보에는 여·야가 따로 있을 수 없다는 불문율을 깨고 자당(自黨)의 유·불리에 따라 정쟁에 몰두했다. 이는 어쩌면 북한이 의도했던 목적인지도 모른다. 무인기는 적은 비용으로 상대방에게는 물리적 파괴와 심리적 붕괴를 동시에 초래할 수 있는 전략적 목표를 달성할 수 있는 비대칭 무기가 되었다. 이에 다차원적으로 대비할 수 있는 방안을 시급히 모색해야 한다.

여섯째, 주요 무기체계의 자체 생존성이 매우 중요해졌다. 러시아-우크라이나전에서 러시아의 최첨단 전투기가 우크라이나 민병대의 MANPADS에 의해 격추되고, 러시아의 주력 전차들이 휴대용 대전차미사일 재블린에 의해 피격되는 등 주요 장비의 생존성이 매우 중요하게 대두되었다. 최근 K-방산 무기 및 장비의 수출이 활발히 진행되고 있는데, 주요 장비에 대한 생존장비도 함께 강구하는 방안이 모색되어야 한다.

2. 정책 제언

앞에서 제시한 전략적 함의를 바탕으로 우리 정부 및 국방부 차원에서 대비해야 할 정책 제언을 제시하면 다음과 같다.

첫째, 한미동맹을 바탕으로 북한의 핵·미사일 위협에 실질적으로 대비할 수 있는 확고한 억제력을 구비해야 한다. 최근 북한의 핵 위협이 점증되면서 정치권 뿐만 아니라 국민들도 자체 핵무장이 필요하다는 목소리가 커지고 있다. 지난 1월 30일, 최종현학술원이 한국갤럽에 의뢰해 조사한 '북 핵 위기와 안보상황 인식'여론조사에서 76.6%의 국민이 독자적인 핵개발이 필요하다고 답했다.[200] 지난해 북한이 핵무력 법제화를 선언하고, 한국에 대한 핵 선제공격 가능성을 공언하면서 국민 대다수가 핵에는 핵으로 대응하는 공포의 균형(balance of terror) 전략이 필요하다고 본 것이다. 그러나 자체 핵무장은 그리 쉬운 문제가 아니다. 자체 핵무장론이 대두될 경우에 핵확산금지조약(NPT)에 의한 제재와 한미동맹에도 문제가 발생할 수 있다. 따라서 신중한 접근이 필요하며, 우선 굳건한 한미동맹을 바탕으로 확장억제를 강화하면서 동시에 현 북핵 대비책인 한국형 3축체계(3K)와 핵대응태세를 점검하여 유사시 3축체계와 함께 북한의 핵 관련 지휘통제체계를 무력화할 수 있는 사이버작전 역량도 강화해 나가야 한다. 이를 위해 필요한 핵억제 교리를 정립하고 실질적이고 실현가능한 대비책을 확립해야 한다.

200) 폴리 뉴스, "'독자적 핵 개발 필요' 국민 76.6% 찬성-북 비핵화 불가능 77.6%", 2023.1.30.

둘째, 군사전략, 군사교리 등 소프트파워 증강을 위한 실질적인 「국방혁신 4.0」을 강도 높게 추진해야 한다. 윤석열 정부는 「튼튼한 국방, 과학기술 강군」을 목표로 제2창군 수준으로 국방태세 전반을 재설계하여 AI 과학기술 강군을 육성하고, AI 기반의 유·무인 복합 전투체계 발전과 국방 R&D 체계 전반을 개혁하는데 중점을 두고 추진하고 있다. 그동안 정부가 출범할 때 마다 변화와 개혁을 천명하면서 국방개혁을 추진해 왔으나, 매 번 제대로 추진되지 못했다. 그 이유는 현존하는 대북 위협과 미래의 잠재적 위협에 동시 대비하는 개념 하에 '어떻게 싸워 이길 것인가?(How to win?)'에 중점을 두어야 하나, 주로 병사들의 복무기간 단축과 봉급 인상 등 정치적 목적에 따라 표를 의식한 개혁이었기에 실패했던 것이다. 즉 군사력 운용에 있어서 핵심인 군사전략과 군사교리의 개정 없이 국방정책과 제도, 절차 등에 중점을 두고 추진해 왔기 때문이다. 따라서 군사력 건설, 군 구조 및 부대 개편 등 외형적인 혁신에 앞서, 현재의 한국군 군사전략과 군사교리를 전면 검토하여 현재 및 미래 안보환경에서 '어떻게 싸워 이길 것인가?(How to win?)'에 대하여 제2창군 수준으로 재정립하고, 이를 구현하기 위한 방안을 찾는데 중점을 두고 「국방혁신 4.0」을 강도 높게 추진해야 한다.

셋째, 북한의 소형 무인기 침범에 대비한 실질적인 대책을 수립해야 한다. 소형 무인기 자체는 북한의 핵·미사일 위협에 비해 상대적으로 우선순위가 떨어지지만 소형무인기에 방사능이나 생화학탄을 탑재할 경우에는 대량살상무기로 분류된다. 이러한 소형 무인기를 탐지하고 격추하는 것은 쉽지 않지만 전혀 불가능한 것도 아니다. 금번 러시아-우크라이나전에서 우크라이나는 러시아의 드론 공격에 전투기까지 동원하여 격추하였다. 따라서 우리 군은 전방지역에 배치되어 있는 국지방공레이다 성능을 개선하여 보다 확대 배치하고 지상군 전술데이터링크(KVMF: Korea Variable Message Format), 차세대 군용무전기(TMMR: Tactical Multiband Multirole Radio)로 연동되는 비호복합, 차륜형 대공포 천호[201]와 함께 열영상장비(TOD: Thermal Observation Device), 레이저 요격체계, 드론 재머를 연동하는 AI 기반의 대(對)드론 방공체계를 구축해야 한다. 이와 함께 휴대용 방공체계(MANPADS), 무인기에 효과적으로 대응할 수 있는 야시장비(NVG) 등을 구비하고, 동시에 지휘통신체계를 일원화하고 전투요원들은 공·지 합동훈련을 실전적으로 실시하여 고도로 숙달해야 한다.

넷째, 주요 무기 및 장비에 대한 생존장비를 강구해야 한다. 러시아 항공우주군은 초기에 공중우세를 확보하지 못한 상태에서 우크라이나 방공망이 복구되자, 중고도 전술

201) 천호는 K808 장갑차의 차륜형과 30mm 대공포인 비호를 기초로 제작되었으며, 전자식 추적기를 도입하여 자동추적모드와 열상모드를 통해 명중률과 정확도를 크게 향상시켰다. 방공 C2A와 연동되어 있고 유효사거리는 3km이다.

을 저고도 전술로 전환하고, 표적 공격시 비유도 폭탄과 로켓을 이용해 조종사들이 육안으로 공격하였다. 그러다 보니 최첨단 전투기가 MANPADS에 의해 격추되는 수모를 당했다. 저고도에서 저속으로 임무를 수행하는 헬리콥터도 마찬가지였고, 지상전을 수행하는 전차의 경우도 능동방호체계(APS)가 장착되어 있지 않아 우크라이나의 휴대용 무기에 속수무책이었다. 따라서 현재 개발 중이거나 수출을 추진 중인 K-방산 무기 및 장비들은 최우선적으로 지향성 적외선 방해장비(DIRCM: Directional Infrared Counter Measure)와 APS 등 자체 생존장비를 구비해야 한다.

다섯째, AI와 MUM-T 기술을 적용한 차세대 전차 개발을 서둘러야 한다. 차세대 전차는 미래 유·무인 복합(MUM-T: Manned-Unmanned Teaming) 운용환경을 고려하여 전차의 3대 요소인 기동력, 화력, 방호력 측면에서 AI 기반의 차량 운용체계와 첨단 기술을 적용한 360도 상황인식장치, 능동방호장치, 고에너지 무기, 드론 탐지레이다, 하이브리드엔진 등을 융복합적으로 구비해야 한다.

여섯째, KF-21 전투기의 AI 기반 후속 모델을 지속적으로 개발해야 한다. 지난 1월 17일, 우리 기술로 만든 4.5세대 전투기 KF-21 보라매가 초음속 비행에 성공함으로써 세계에서 8번째로 초음속 전투기를 개발하는 국가가 되었다. 2026년까지 체계개발이 완료되면 28년까지 1차 도입분 '블록 1' 40기가 실전 배치되고, 2026년부터 28년까지는 무장 확보능력을 통한 공대지용 '블록 2' 개량사업이 진행된다. 성능이 개량된 KF-21 전투기는 2029년부터 32년까지 양산을 진행, 80대가 우리 공군에 실전 배치된다. 이후 해군이 도입을 추진 중인 항모탑재용 KF-21N 전투기 개발과 함께 무장탑재 능력과 스텔스성능 향상, AESA 레이다, EOTGP, IRST, 전자전 성능이 향상된 AI 기반의 KF-21 '블록 3' 개량사업이 지속적으로 추진되어야 한다.

저자소개

안재봉 | 연세대학교 항공우주전략연구원 부원장

공군제2사관학교 5기로 임관 후 제11전투비행단에서 F-4D 전투기 후방석 조종사로서 비행생활을 했고, 이후 공군전투발전단, 공군본부, 합동참모본부, 공군작전사령부에서 공군교리/합동교리/전략기획/공중전략/정책담당, 지휘관리과장, 교리발전처장, 국방개혁TF장 등 주요 보직을 역임했으며, 현 공군항공우주전투발전단장 직을 끝으로 2013년 12월 공군준장으로 전역했다.

전역 후 충남대학교 대학원에서 군사학 박사학위를 취득하였고, 국방과학연구소(ADD) 전문위원, 공군사관학교 초빙교수를 역임하였으며, 현재는 한화시스템(주) 항공우주부문 전무(비상근)와 연세대학교 항공우주전략연구원 부원장으로 재직하고 있다. 저서로는『새로운 패러다임의 군사교리』(충남대 출판문화원, 2019)가 있으며, 논문으로 '한국군의 군사기본교리 정립방안에 관한 연구' 등 다수가 있다.

08 우크라이나 전쟁이 주는 위기관리체제 시사점과 우리의 대응

김 진 형 박사(전 합참전략기획부장)

Ⅰ. 서론: 문제 제기

21세기 들어 벌어진 우크라이나-러시아 전쟁은 이전의 전쟁과는 완전히 다른 양상을 보여준다. 2003년에 벌어진 이라크전쟁 당시에 CNN은 미군이 크루즈미사일(Tomahawk)로 공격하는 장면을 TV 화면으로 실시간 생중계했다. 당시, 마치 비디오 게임을 보는 듯한 전쟁 보도를 보면서 세계인들은 전쟁의 양상과 전쟁 상황 전파가 새로운 차원에 들어섰다고 입을 모았다.

하지만 이번 전쟁은 그때와는 완전히 다른 양상이 펼쳐지고 있다. 카메라는 시시각각 변하는 전쟁터를 멀리서 크게 보여주는 데서 벗어나 전쟁터 한가운데의 사람들까지 생생하게 파고들고 있다.

우크라이나인들은 러시아의 부당한 침공이 만들어낸 이번 전쟁이 자신들의 삶을 어떻게 파괴하고 있는지를 전 세계에 실시간으로 보여주고 있는것이다. 포격으로 숨져가는 소녀, 딸에게 모자를 씌우고 전쟁터로 떠나는 아버지, 공포의 방공호에서 기적처럼 태어나는 아기, 그리고 가족을 지키기 위해 총을 들고 전선으로 나가는 많은 남녀노소 시민들의 모습이 고스란히 전파되고 있다.

젤렌스키의 동영상을 시작으로 우크라이나인들의 공포와 분노와 항전 의지는 전 세계인들과 거의 실시간으로 공유되고 있다. 21세기 테크(Tech) 시대의 총아인 사회관계망서비스(SNS)가 그들의 전쟁이 마치 우리의 전쟁으로 인식시키고 있는 것이다.
또한 사이버전, 드론전, 전쟁 후원금 모금 등 다양한 분야에서 새로운 양상의 전쟁이 진행되고 있다. 과거에 우리가 알고 있던 것과는 다른 새로운 형태의 전쟁 방식이 등장하고 있는 것이다.

이렇듯 우크라이나 전쟁은 국가의 위기관리에 대한 많은 시사점을 준다. 군사작전은 물론 국가 위기관리가 다양한 방법으로 진화되고 있음을 알 수 있다. 국가의 전반적인 위기관리 측면에서 우크라이나 전쟁의 새로운 양상과 우리에게 주는 시사점을 몇 가지 짚어보고자 한다.

Ⅱ. 우크라이나 위기와 SNS

우크라이나 전쟁은 지금까지 우리가 알던 '전쟁'의 양상을 크게 변화시키고 있다. 글로벌 빅테크 기업들이 앞장서 러시아에 대한 '자율 제재'에 나섰고, 세계 각국의 시민이 사회관계망서비스(SNS)를 통해 우크라이나를 응원하며 '여론전', '심리전'을 펼치고 있다.

자국 통신 인프라가 무너진 우크라이나 군이 해외 기업이 제공한 장비로 인터넷도 사용한다. 국가가 모든 권력을 전유하던 시대가 막을 내리고 정보기술(IT)에 기반한 새로운 '힘'의 시대가 다가오고 있다는 분석이 나온다.

과거 2003년 이라크전쟁은 CNN의 긴급 뉴스로 시작되었다.

그러나 이번 전쟁은 구글 지도에서부터 시작됐다. 워싱턴포스트에 따르면 연구팀은 2022년 2월 24일 러시아의 구글맵에서 데이터를 모니터링 하다가 새벽 시간대에 이례적인 교통 체증을 발견, 군대를 보여주는 위성 레이더 이미지를 결합해 러시아군이 이동 중이란 것을 추정할 수 있었다. 이날 러시아에서 우크라이나 국경도시 벨고로드(Belgorod)로 들어오는 도로가 새벽 3시를 기해 구글 지도에서는 점차 붉은색으로 변해갔다. 구글은 안드로이드 모바일폰 사용자를 자동 추적해 교통량 지표로 활용하고 있다.

이날 새벽 러시아 탱크와 군용차들이 국경을 넘어오자 현지 우크라이나 주민들이 자동차를 타고 뭔 일이 벌어졌는지 보려고 몰려들면서 갑자기 구글 지도에 도로 혼잡 신호가 뜬 것이다. 러시아군은 모바일폰 휴대를 금지하고 있었기 때문에 추적이 곤란하였지만, 침략자를 보러 나간 우크라이나 국민의 이동이 전쟁의 시작을 알린 셈이다.

전쟁으로 고통받는 우크라이나가 틱톡과 페이스북, 트위터 등 SNS를 무기 삼아 러시아에 대항하며, 우크라이나의 모습을 있는 그대로 세계에 알려 외부 사람들이 전쟁의 참상을 알 수 있게 전파하고 있다. 일부는 SNS의 라이브 방송 기능을 이용해 우크라이나에서 라이브 영상을 송출하기도 한다. 실시간으로 현지 모습을 세계에 알리고 있다.

볼로디미르 젤렌스키 우크라이나 대통령 또한 러시아에 맞서 SNS를 효과적으로 활용하고 있다. 러시아를 비난하는 한편, 국민을 결집하는 수단으로 SNS를 적절히 활용하고 있다.

Ⅲ. IT환경과 자발적 국제협력

2022년 3월 20일 IT업계와 외신 등에 따르면 우크라이나 편에 서서 러시아에 가장 적극적으로 대응하고 있는 민간 세력은 미국 실리콘밸리의 빅테크 기업이다.

스타링크(Starlink) 서비스를 제공하는 스페이스X가 대표적이다. 스타링크는 일론 머스크가 설립한 우주기업 스페이스X의 위성 인터넷 서비스다. 저궤도 위성 총 4만2,000대를 쏘아 올려 지구 어느 곳에서나, 누구든 24시간 자유롭게 인터넷을 사용할 수 있게 만들겠다는 머스크의 꿈이 담긴 사업이다. 초고속 인터넷망이 방방곡곡에 깔린 한국과 달리 미국과 같이 넓은 지역에서는 인터넷 연결이 되지 않는 곳이 많기 때문에 필요한 서비스이다. 2020년부터 세계 28개국에서 시범 운영에 들어갔고 현재 2,000여 기의 위성이 운용 중이다.

스타링크는 러시아의 공격으로 인터넷망이 불안정한 우크라이나에 든든한 백업 통신망이 되어주고 있다. 2022년 2월 미카힐로 페도로프 우크라이나 부총리의 'SOS' 요청에 머스크가 화답하며 스타링크 장비를 두 차례에 걸쳐 제공했다.

미 일간 워싱턴포스트(WP)에 따르면 스타링크 시스템은 우크라이나 전체 인터넷망을 복구할 만큼의 성능을 제공하지 못하지만 통신이 끊긴 시민이나 기업들이 인터넷에 접속하거나 우크라이나 군이 드론을 운용할 때 사용되고 있다.

글로벌 IT기업들도 각자 다른 방식으로 전쟁에 뛰어들었다.

메타(Meta)는 자사 SNS인 페이스북과 인스타그램에서 러시아 정치인을 규탄하는 발언을 허용하기 위해 폭력적 콘텐츠 관련 규정을 일시적으로 완화하기까지 했다. 러시아 국영 매체 계정을 강등시켜 추천 알고리즘이나 검색 결과에 나타나지 않게 하는 등 이용자의 접근을 막은 데 이은 후속 조치다. 메타 측은 "러시아의 우크라이나 침공에 대응해 '러시아 침략자들에게 죽음을'과 같이 평소 규정에 어긋난 폭력적 발언과 정치적 표현을 일시적으로 허용하기로 결정했다"고 밝힌 바 있다.

트위터도 전쟁 발발 이후 러시아 국영 매체 콘텐츠에 경고 표식을 달고, 가짜 뉴스를 유포하는 계정 7만5,000여 개를 삭제했다고 밝혔다.[202]

또한 이 전쟁에 최첨단 기술인 인공지능(AI)도 사용되고 있다. 기계가 스스로 전략을 짜고 공격을 결정하는 것은 아니지만 공격 과정에서 일부 자동화된 기술을 사용는 것이다. 포춘지에 따르면, 우크라이나는 터키에서 만든 자율주행 드론 TB2를 사용해 레이저 유도 폭탄을 투하하고 포격을 가했다. 해당 드론은 레이저를 사용해 포병 공격을 유도할 수도 있다. 레이저 유도 폭탄을 언제 투하할지 결정하는 일은 여전히 인간이 맡는다.

러시아의 무인 항공기 란셋(Lantset)은 일부 자율 기능을 가진 가미카제 드론이다. 이 드론은 발사된 후 타겟 유형을 감지할 때까지 미리 지정된 지리적 영역을 돈다. 이후 목표물에 충돌해 운반한 탄두를 폭발시킨다.

러시아에서는 AI를 사용해 트위터, 페이스북, 인스타그램, 텔레그램에서 가짜 선전 페르소나 계정을 생성하기도 했다. AI로는 방대한 양의 오픈소스 정보를 분석함으로써 전쟁을 저지할 수도 있다.

일반 우크라이나인들이 공유한 군대 부대 편성과 공격 모습에 대한 틱톡 영상, 텔레그램 게시물부터 공개적으로 사용 가능한 위성 사진을 AI로 분석하는 것. 시민 사회단체가 양국 주장에 대해 사실 관계 확인을 하고 전쟁 중 이뤄지는 잔학 행위와 인권 침해를 문서화하는데 도움을 줄 수 있다. 결과적으로 미래에 전쟁 범죄를 고발하는데 중요한 역할을 할 수 있다는 의미다.

그리고 우크라이나 전쟁터는 물리적인 지역을 넘어 사이버 공간까지 확장됐다. 러시아 해커들은 우크라이나 침공 초기 며칠 동안 악성 소프트웨어를 이용해 우크라이나 전산망을 뒤집어 놓은 바 있다. 이후 어나니머스를 비롯한 우크라이나를 지원하는 해커들이 자발적으로 양국 간의 사이버전에 대거 참전하고 있다.

미국 인공지능(AI) 스타트업 클리어뷰는 우크라이나 국방부에 러시아 간첩 등을 식별하는 용도로 안면인식 기술을 무료로 제공하기로 했다. 캐나다 위성 기업 MDA는 자사 위성으로 촬영한 러시아 군의 이동 현황을 실시간으로 우크라이나 측에 제공하고 있다.

202) 한국일보 '인터넷 제공하고 SNS 여론전 펼치고…러시아에 맞서는 'IT의 힘'(2022.03.20.)

전쟁의 구도가 물리력을 중심으로 한 국가 대(對) 국가가 아닌, IT기술을 중심으로 한 민간 대 국가의 구도로 변모한 셈이다.

Ⅳ. 디지털 시대의 다양해진 전쟁 양상

우크라이나 전쟁이 발생되자 국제사회 시민들도 새로운 시대의 '디지털 전쟁'에 동참했다. SNS에서는 '#StandWithUkraine(우크라이나를 지지합니다)' 해시태그를 붙여 우크라이나를 응원하는 국제적인 운동이 시작됐다. 이로인해 정부가 민간에 지원을 요청하는 기현상까지 벌어졌다. 미국 정부는 여론전의 승기를 잡기 위해 동영상 플랫폼 틱톡의 '스타'들의 협조를 받기 위해 동영상 플랫폼 틱톡의 상위 인플루언서 30명을 대상으로 우크라이나 전황을 브리핑했다. 이들의 영향력으로 전쟁의 참상을 많은 사람들에게 정확히 전달하려는 취지다.

또한 우크라이나 정부는 개전 초 암호화폐 업체인 에버스테이크(Everstake) 등과 협력해 암호화폐 기부 사이트를 개설, 전 세계 시민들로부터 암호화폐를 기부받고 있다. 암호화폐는 우크라이나를 돕는 온정의 손길이 되고 있다. 러시아가 우크라이나를 침공한 뒤 전 세계 사람들은 우크라이나를 돕기 위해 비트코인, 이더리움 등 암호화폐로 성금을 보낸 것이다.

러시아의 공격으로 은행과 금융기관 등이 폐쇄된 우크라이나 정부는 암호화폐를 이용한 각국의 후원을 요청했다. 영국 블록체인 분석 회사 엘립틱은 우크라이나 정부가 공개한 암호화폐 주소와 중앙은행이 마련한 특별 계좌에 상당이 많은 자금이 모이고 있다고 분석했다. 알렉스 보르냐코프 우크라이나 디지털 전환부 차관에 따르면 2022년 3월 18일 기준 기부금은 1억 달러(약 1,200억 원)를 돌파했다고 한다.

우크라이나 정부는 전쟁이 한창인 상황에서도 젤렌스키 대통령이 암호화폐 산업을 위한 법적 틀을 만드는 법안에 서명한 이유이다.

러시아의 경우 우크라이나 침공에 대한 경제 제재 조치로 미국과 서방이 러시아를 국제은행간통신협회(SWIFT)망에서 퇴출시키자, 루블의 가치는 하루 만에 30% 가까이 폭락했다. 반면 비트코인 가격이13% 정도 폭등했다. 암호화폐 가격 집계 사이트에 따르면 1비트코인은 3만8천달러선에서 4만3천 달러에 거래됐다.

외신은 서방의 제재로 루블화 가치도 폭락하자 러시아 시민들이 암호화폐를 피난처로 생각하고 대거 매입하고 있기 때문이라고 보도했다.

2023년 3월 2일에는 애플이 자사 제품의 러시아 판매 중단을 선언했다. 앞으로 아이폰 부품 조달도 중단 한다고 발표했다. 우크라이나의 상황이 더욱 심각해질 경우 애플의 구동체계인 iOS에 대한 제재도 이뤄질 것이다. 물론 구글의 구동체계인 안드로이드도 마찬가지다. 구동체계가 빠진 모바일폰은 단순한 전화기에 불과하다. 매일 모바일폰을 쓰던 러시아인들에게는 매우 힘든 일이 될 것이다. 특히 러시아 젊은이들의 좌절감이 푸틴에 대한 분노로 이어질지가 핵심이다.

외신을 통해 매일 발표되고 있지만, 이른바 빅테크(Big Tech)와 글로벌 IT기업들의 우크라이나 지원, 지지 방침이 이어지고 있다. 스위프트는 한 나라의 국부를 타깃으로 한 경제 제재로, 이미 상설화된 IT 글로벌 인프라와 네트워크를 활용한 정부 차원의 테크 제재다. 현재 전 세계 은행·금융 관련 인프라와 네트워크의 80% 정도가 미국·유럽·일본에 집중돼 있다는 것을 주목해야 한다.

이제 본격적인 새로운 양상의 디지털 전쟁이 진행되고 있는 것이다.

V. 결언, 우크라이나 전쟁이 주는 시사점

우크라이나 전쟁은 안보의 위협은 물론 국가 위기와 위기관리의 개념이 새롭게 변화되고 있다는 시대적 현상을 보여주고 있다.

푸틴이라는 독재자의 판단에는 변화되는 IT 환경과 디지털이라는 상식이 자리 잡을 공간이 없어 보인다. 독재자는 귀가 없다. 대화나 충고도 필요 없고 일방통행 명령만이 존재한다. 집단지성을 활용한다는 것은 불가능해 보인다.

효과적인 위기관리를 위한 IT 활용은 이제 선택이 아닌 필수가 된 것이다. 시간과 장소에 구애받지 않고 전파되는 SNS를 이용한 전황 홍보, 심리전은 전 세계인들에게 부당한 전쟁에 대한 단순한 분노를 넘어 개인 또는 집단 차원의 자발적 지원을 가능케 했다.

이제 우리도 새로운 디지털 전쟁에 대한 몇 가지 고민을 해 보아야 한다. 첫 번째는 스마트폰의 활용을 통한 위치 추적으로 집단의 움직임 파악은 물론 병력의 이동, 집결 현황까지도 실시간 파악이 가능해짐에 따라 지금 우리나라의 병사들까지 들고 다니는 스마트폰에 대한 철저한 운용 방침을 정해야 한다. 두 번째로는 평소에 위기 시 국제적 연대를 위한 국가, 단체, 개인 차원의 네트워크 구축에 노력을 기울여야 한다. 우리는 이미 K-Culture라는 엄청난 글로벌 네트워크와 파워를 가지고 있다. 이러한 기본 인프라를 바탕으로 잘못된 침략 전쟁에 대한 국제적 관심이 단순한 지지를 넘어 물리적 행동과 지원으로 이어질 수 있도록 해야한다.

마지막으로 이미 상설화된 SNS, IT 글로벌 인프라와 네트워크를 활용한 새로운 위기 관리 시스템을 새롭게 구축해야 한다.

우크라이나 전쟁을 보면서 큰 틀에서의 국제정세를 파악하는 것도 중요하지만 새롭게 진화되고 있는 IT환경을 이해하고 디지털 전쟁에 대비하는 국가 위기 관리체계를 만들어가야 하겠다.

09 우크라이나의 선전과 러시아의 고전이 남긴 교훈

양 욱 박사(아산정책연구원)

Ⅰ. 전쟁의 시작과 초기작전

우크라이나-러시아 전쟁은 많은 의미에서 의외성의 반복이었다. 러시아의 전격적인 우크라이나 침공도 그렇지만, 미국에 버금가는 전력을 갖췄다고 평가되는 러시아의 고전은 더욱 의외였다. 양적으로나 질적으로나 전략상 열위가 명백했던 우크라이나는 개전초 전국토를 유린당하며 절체절명의 상황을 맞이하는 듯 보였다. 그러나 1년이 지난 지금 러시아의 결정적 승리는커녕 기존에 획득한 돈바스의 영토유지도 어려운 상황을 맞이하였다.

1. 러시아의 전략문화와 개전

러시아는 소련시절부터 이어져온 전통적인 전략과 전술을 우크라이나 침공에서도 그대로 채택했다. 애초에 적백내전으로 전쟁을 시작해온 소련군은 기동전 전통을 가지고 있으며, 제2차 세계대전 이후에는 공산권의 패권국가로서 위성국가들의 정치·경제·사회·문화 등 모든 면에서 장악하며, 위성국가들을 미국과 NATO에 대한 방어지대로 인식해왔다. 따라서 1956년 헝가리 혁명이나 1968년 '프라하의 봄'에서 소련은 전차부대를 선봉으로 수도를 점령하면서 신속히 반소 시위를 진압했다. 심지어는 1979년 아프가니스탄의 공산 정권이 자신의 통제를 벗어나자 특수작전으로 대통령을 사살하고 수도를 점령하여 친소정권을 세웠다.

군사력에 의존한 폭력적인 해결방식은 러시아에서도 그대로 이어졌다. 러시아는 국제분쟁의 해결을 위하여 1992년부터 약 30여 년간 거의 30회에 가까운 군사개입을 실시했다.[203] 이는 거의 매년 1회의 군사개입을 실시한 것으로 대부분 소련 붕괴 직후 러시아연방이 혼란스러웠던 시기에 집중되어 있다. 가장 치열했던 전투로는 제1·2차 체첸전쟁을 들 수 있다. 특히 1차 체첸전쟁에서 러시아군은 체첸 공화국의 수도 그루지아로 과감히 진군하면서 냉전시기의 군사개입 양상을 반복했다. 2008년 조지아 전쟁에서

---

203) Samuel Charap et al., *Russia's Military Interventions: Patterns, Drivers, and Signposts* (Santa Monica: RAND Corporation, 2021), p.65~68

는 사이버전을 동시에 활용하면서 새로운 전쟁양상을 결합했고, 2014년 크림합병과 돈바스 전쟁에서는 하이브리드전을 수행했다.

러시아는 크림반도를 확보하여 흑해함대의 거점을 지켜냈지만 그것만으론 부족했다. 푸틴이 구상하는 위대한 국가가 되려면 우크라이나의 친NATO 정책을 꺾고 유럽으로의 교두보를 다시 확보해야만 했다. 러시아는 침공을 전쟁이라 부르지 않고 우크라이나의 비무장화와 비나치화를 위한 특수군사작전이라고 표현했다. 이는 젤렌스키 정부를 인정하지 않고 우크라이나를 손아귀에 넣겠다는 심산이다. 역사적으로 자신의 영토이자 지금도 자신의 영향권에 있어야할 우크라이나를 부당한 정치세력으로부터 되찾겠다는 것이었다.

2. 러시아의 초기 전략과 전술

우크라이나에서 러시아의 국가적 목표는 궁극적으로는 레짐체인지(Regime Change)였다. 즉 젤렌스키 정권을 무너뜨리고 새로운 친러 정권을 세우는 것이 초기 전쟁의 중요한 목표였다. 따라서 러시아군의 초기 전략은 "정치적 중심의 전복을 통한 속전속결"로 볼 수 있다. 이미 소련시절부터 수도와 지도부를 향한 기습적인 공격은 일종의 공식처럼 반복되어 왔기에 러시아의 키이우 공략은 어찌 보면 충분히 예상 가능한 일이었다. 과거 크림반도를 손쉽게 장악했던 성공의 경험도 러시아가 우크라이나에 대한 과감한 전면공격을 선택하는 계기가 되었을 것이다.

2022년 2월 24일 새벽 4시 50분 러시아는 2021년까지 준비했던 대대전술단 190개 가운데 약 110개를 투입하면서 14만여 명 규모의 지상전력을 쏟아 부었다.[204] 또한 모두 4개의 전선에서 공격을 감행했는데, 벨라루스-키이우 축선을 따라 공격하는 북부 전선은 동부 군관구, 러시아 본토에서 키이우를 향하는 북동부 전선은 중부 군관구가 담당하여 입체포위기동과 참수작전으로 우크라이나 정권을 붕괴시키고자 했다. 한편 돈바스-하르키우 축선은 서부 군관구가 담당했으나, 작전범위가 넓은 남부 전선에서는 남부 군관구와 공수군이 크림반도로부터 동쪽으로는 오데사, 북쪽으로는 자포리자, 서쪽으로는 마리우폴을 향하여 공격했다.

204) Seth G. Jones, "Russia's Ill-Fated Invation of Ukraine: Lessons in Modern Warfare", CSIS BRIEFS (June 2022). p.2

러시아의 초기작전은 대대전술단(Battalion Tactical Group, 이하 BTG)을 중심으로 한 공격이었다. 수도 키이우(Kiev)의 빠른 장악이 전쟁 초기의 핵심목표였으므로 동부와 중부 군관구 부대들이 투입되었다. 주력부대들은 고속도로를 따라 빠르게 진격하면서 주요 목표지점을 장악해 들어갔다. 러시아 공수부대가 호스토멜(Hostomel) 공항을 장악하는 가운데, 스페츠나츠는 키이우에서 젤렌스키 대통령을 제거하기 위한 참수작전을 시작했다.

〈표 1〉 전쟁 초 러시아군의 전선 형성과 부대편성

전선	공격축선	관할 군관구	투입부대
북부	벨라루스-키이우	동부 군관구	제29·35·36 제병연합군
북동부	러시아-키이우	중부 군관구	제41 제병연합군, 제2 근위집단군
동부	돈바스-하르키우	서부 군관구	제1 근위전차군, 제20·6 제병연합군
남부	동: 크림-오데사 북: 크림-자포리자 서: 크림-마리우폴	남부 군관구 공수군(VDV) 해군보병	제58·49·8 제병연합군, 제7 공중강습사단, 제11 독립근위공수여단, 제810 근위해군보병여단

키이우를 노린 북부·북동부 전선이 주공이라면 동부·남부 전선은 조공으로 간주되었다. 동부와 남부 전선의 진격은 상대적으로 느린 편이었지만, 실질적으로 중요했다. 특히 남부전선은 헤르손(Kherson)을 장악하여 크림반도이 물부족 사태를 해결함은 물론, 마리우폴(Mariupol)을 장악하여 크림반도와 돈바스지역을 연결하는데 있어 핵심이 되었다.

이에 따라 러시아군은 해군보병까지 동원하여 2월 25일 아조프해(Sea of Azov)로부터 마리우폴에 대한 상륙작전을 실시했고, 또 다른 상륙부대는 오데사 앞바다에 집결하여 상륙작전을 기만하며 양동작전을 실시했다.[205] 이로 인하여 우크라이나군은 해안선 일대에 병력을 분산 배치하도록 강요당하여, 러시아군의 헤르손 공세를 효율적으로 방어할 수 없게 되었다.

205) "UPDATED: Russian Navy Launches Amphibious Assault on Ukraine; Naval Infantry 30 Miles West of Mariupol", USNI News (Feb 27, 2022)

3. 우크라이나군의 현대적 '유적심입(誘敵深入)'

러시아군의 전면적인 기습에 우크라이나는 크게 당황한 듯 보였다. 우크라이나는 즉각 러시아와의 단교선언 후 계엄령과 총동원령을 발령하고 대응에 나섰다. 그러나 우크라이나군은 워낙 심각한 전력 격차로 인하여 대규모 기동부대를 동원한 공격축선 저지에 나서지 못했다. 자신의 한계와 능력을 충분히 이해하고 있던 우크라이나는, 러시아의 전면적 침공에 대하여 '핵심거점 위주의 공세적 다중방어'를 초기 방어전략으로 채택한 것으로 볼 수 있다.

우크라이나군은 키이우, 하르키우 등 주요도시를 핵심 방어거점으로 선정했다. 방사형의 도시구조와 주요 능선 및 수로를 활용하여 최소 3중의 방어선을 설정하였으며, 특히 도심지와 도로의 특성을 이용하여 매복과 섬멸이 가능하도록 충분한 대비를 해두었다. 특히 우크라이나군은 미국과 NATO 등과 공동기획과 훈련을 통하여, 러시아군 기본 독립전투단위인 BTG의 약점을 파악하고 전술적 대응방안을 충분히 해두었다. 특히 미국과 NATO 회원국들은 재블린·NLAW 등 휴대용 대전차 무기와 스팅어·스타버스트 등 휴대용 대공무기를 대량으로 우크라이나군에게 이전하면서 제한적이나마 실질적인 교전능력 강화도 꾀하였다.

우선 BTG는 무려 140여 대의 차량으로 구성된 기계화보병중심의 부대임에도 불구하고, 실제로 전투에 필요한 보병의 수는 지극히 제한되었다. 이러한 부족을 감당하기 위하여 2014년부터 시작된 돈바스 전쟁에서는 현지 준군사조직이 BTG의 척후와 측방 및 후위 엄호를 담당하기도 했다. 그럼에도 결국 러시아군은 보병 하차전투와 전차작전의 연계가 취약할 것이 예상되었다. 게다가 기본적으로 BTG는 철도를 활용하여 급속전개하며 보급을 받는다. 따라서 주요병참선에서 50km 이상 벗어나 도로와 교량 등을 이용하여 BTG들이 산개하는 경우, BTG는 충분한 전술급의 군수지원을 받지 못하고 더 이상 전투불능이 될 수 있음도 예측되었다.[206]

206) CPT Nicolas J. Fiore, "Defeating the Russian Battalion Tactical Group", *ARMOR* Vol.128 No.2 (Spring 2017), pp.11~12

〈그림 1〉 우크라이나 전쟁 2일차(2.25.)〈좌〉와 30일차(3.25.)〈우〉의 전황도

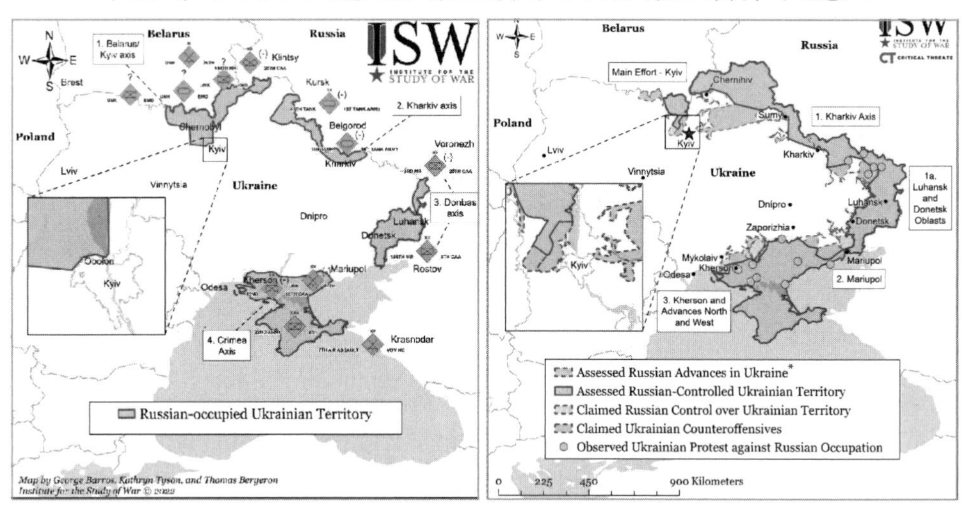

출처: Institute for the Study of War

이러한 BTG의 약점을 사전부터 파악하고 있던 우크라이나군은 구체적인 전투수단으로는 소규모의 다중전개를 통한 방어전술을 채용했다. 여러 개의 대전차 공격조와 대공화기조로 나뉘어 우크라이나군은 익숙한 지형을 이용하여 러시아군의 관측을 회피하면서 기동하며 러시아군을 소모시켰다. 약 2주 정도가 보급의 한계였던 러시아군 BTG는 3월 초순이 되자 점차 소진되기 시작했다. 게다가 애초에 전투원이 적기 때문에 전투손실이 발생하면 BTG는 전투역량이 급격히 감소되어 전투력을 발휘할 수 없다. BTG는 구조상 전투력을 보존하기 위해서는 같은 전구나 기지에 있는 다른 BTG에서 병력을 끌어다 써야만 했고 결국 신속한 부대 재편은 쉽지 않았다.207) 제1파가 2주 내에 소진되고 제2파가 또다시 2주 내에 소진되면서, 러시아군은 결국 키이우 전선에서 3월 중순경에 공세종말점에 이르렀다.

207) *ibid.*, p.9

Ⅱ. 전선의 변화와 반전된 전황

1. 돈바스로 바뀐 전역

키이우 전역에서 패배한 러시아는 전쟁의 목표를 레짐체인지에서 돈바스 확보로 바꾸었다. 4월에 들어 러시아군은 키이우 공세를 포기하고 북부와 북동부 전선의 병력을 철수시키면서 동부와 남부 전선에 역량을 집중했다. 비록 키이우 공략에는 실패했으나, 헤르손 장악에는 성공했기 때문이다. 강력한 저항으로 마리우폴을 완전히 점령하지는 못했으나, 크림반도와 돈바스의 연계가 가능했다.

그러나 러시아는 돈바스 공세에 앞서 4월 14일 흑해함대 기함 모스크바함을 격침당하기도 했다. 더욱 놀랍게도 초기작전에서 약 15명의 상급지휘관이 사망했는데, 그 가운데 장군이 4명이었다. 특히 헤르손 공세를 이끌던 49제병합동군사령관 레잔체프(Yakov Rezantsev) 중장은 3월 25일 초르노바이우카(Chornobaivka) 공항에 설치된 사령부에 우크라이나군 포격이 직격하면서 전사했다.208)

지휘통제를 일원화 하며 한편 전열을 가다듬은 러시아는 4월 18일부터 동부전역에서 대대적 공세를 시작했다. 러시아군은 동부의 철도망을 따라 병참선을 구축하고 포병화력의 우위를 바탕으로 적극적으로 공세에 나서서 돈바스와 헤르손을 연결해나갔다. 특히 5월 12일경부터는 중부에서 세베로도네츠크(Sievierodonetsk)를 목표로 지속적인 공세를 실시했으며, 포위섬멸을 목표로 포파스나(Popasna) 일대에서 돌출부를 확보하면서 공세를 준비했다.209)

이에 대항하여 우크라이나군은 러시아의 취약점을 하르키우(Kharkiv) 전선으로 파악하고 병력을 집중하였다. 특히 하르키우 인근에 배치된 러시아 예비전력인 제6제병협동군이 기능하지 못함을 파악한 우크라이나군은 이곳으로 공세를 집중했으며, 이미 5월 16일경에 이르러서는 하르키우시에서 러시아군을 완벽히 밀어내고 적 전력을 양분시킨 뒤에 일부 국경지대까지 회복하였다.210)

---

208) "Ukrainian army says Russian general has been killed in Kherson fighting", *CNN World News* (March 25, 2022)

209) "Russian Offensive Campaign Assessment, May 12", *Institute for the Study of War & AEI's Critical Threats Project 2022* (12 May 2022), p.3; p.5

세베로도네츠크에서 전황이 지극히 불리해지자 우크라이나군은 포파스나 돌출부 에 둘러쌓여 갇히는 사태를 피하기 위하여 철수를 결정했다. 러시아군은 5월 27일부터 시내로 돌입하여 시가전을 펼쳤으며, 30일에는 용병부대인 바그너 그룹이 세베로도네츠크 시청까지 접수했다고 알려지기도 했다. 하지만 6월초 우크라이나의 대 반격으로 상황은 다시 혼전을 접어드는 듯 했으나, 러시아는 막강한 포병으로 시가를 초토화시키며 공세를 이어갔다. 결국 우크라이나는 세베로도네츠크를 버리고 리시찬스크로 후퇴했으며, 6월말 러시아는 세베로도네츠크의 확보에 성공했다.211)

2. 치열한 우-러간 공방전

러시아는 7월에 이르자 리시찬스크(Lysychansk)까지도 점령하면서 루한스크 공화국을 완벽히 점령하는 듯 보였다. 러시아는 1일 평균 500m에서 1km의 진격속도로 점령지를 확장했다.212) 이는 외양상으로는 엄청난 승리로 보였지만, 실제로는 엄청난 병력소모로 얻어낸 것이었다. 실제로 러시아는 루한스크 방면에서 반격하는 우크라이나의 주공을 섬멸하지 못했으므로, 승리로 평가할 수 없다.

우크라이나는 비록 동부전선의 세베로도네츠크에서는 열세였지만, 하르키우 시가지를 확보하고 이지움(Izium) 방향으로 공격하며 북동부 전선에서 우위를 점했다. 또한 헤르손에 대한 공세도 지속하여 헤르손 시내에서 10km 지역까지 접근하는 성과를 과시했다.213) 그러나 우크라이나 군은 미국과 NATO에서 지원해준 HIMARS와 MLRS 등 신무기들을 수령하기 시작하면서 상황은 반전됐다. 우크라이나군은 신무기를 동원하여 동부전선의 러시아보급망을 정밀타격했으며, 6월말부터 한 달간의 공격으로 러시아군 탄약고 약 50개소를 격파하는 등의 성과를 거두었다.214)

---

210) "Russia Is Destroying Kharkiv", *The New York Times* (17 March 2022)

211) "Russian forces capture several more settlements in Ukraine's Luhansk region", *Reuters* (22 June 2022); "Sievierodonetsk falls to Russia after one of war's bloodiest fights", *Reuters* (25 June 2022); "Mayor Says Ukrainian Troops Have 'Almost Left' Sievierodonetsk" *Reuters* (25 June 2022)

212) "What happened in the Russia-Ukraine war this week? Catch up with the must-read news and analysis", *The Guardian* (June 11, 2022)

213) "Ukrainian Defense Official Says Russian Troops Redeploying In Southern Ukraine", *RadioFreeEurope / Radio Liberty* (27 July 2022)

214) "Ukraine Claims 50 Russian Ammunition Depots Destroyed by HIMARS", *The Defense Post* (26 July 2022)

〈그림 2〉 전쟁 50일차(4.14.)〈좌〉와 100일차(6.3.)〈우〉의 전황도

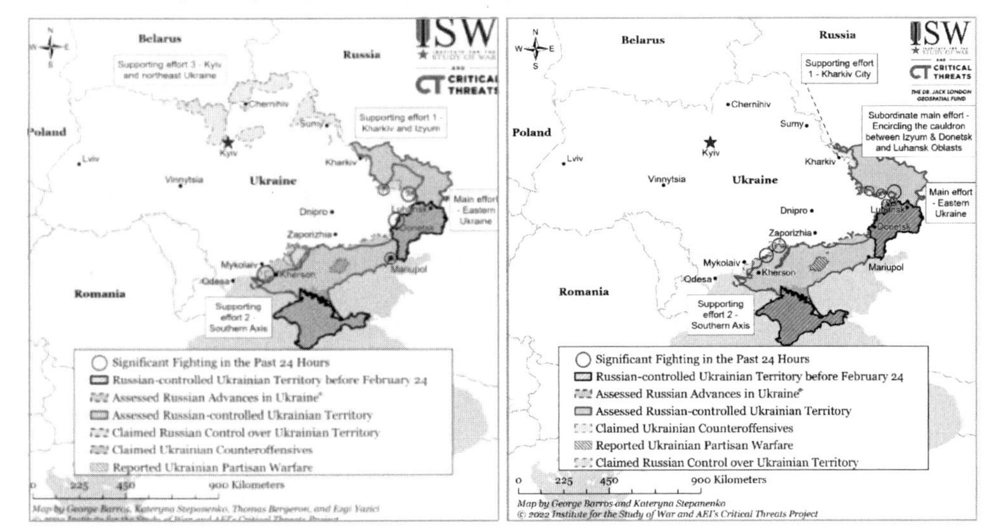

출처: Institute for the Study of War

이에 따라 하루 최대 6만발까지 포병공세를 이어가던 러시아군은 지속적인 포병지원이 어렵게 되었다. 러시아군은 화력우위를 상실한 채로 세베로도네츠크-리시찬스크 공격축선을 따라 시베르스크-슬라뱐스크로 진격해 들어가다가 우크라이나군의 막강한 방어전력에 직면했다. 7월 중순의 전투에서 러시아 제2군과 제41군은 상당한 손실을 입게 되었다.[215] 이로써 러시아군은 이제 돈바스 전체 전선에서 공세를 이어갈 수 없는 상황까지 이르렀다.

이렇게 러시아군의 압박이 줄어들자 우크라이나군은 5월말부터 시작했던 헤르손 공세에 다시 집중했다. 우크라이나군은 우선 보급로 차단부터 시작하여 4개의 주요교량을 공격했다. 이에 따라 7월 19일 안토니우(Antoniv) 대교를 시작으로 8월 중순에 마지막 교량인 노바 카후오카(Nova Kakhovka) 교량까지 파괴하는데 성공했다.[216] 공세에 대응하여 러시아는 공수군 잔존부대는 물론 신설 BTG까지 모아 헤르손 전선을 보강했다. 러시아는 8월말까지 헤르손 공세를 저지하는데 성공했지만, 돈바스 전선의 공세를 이어갈 수는 없었다. 이에 따라 5월부터 8월까지 전선은 치열한 교전에도 불구하고 사실상 커다란 변화 없이 정체된 모습을 보였다.

---

215) "Russian Offensive Campaign Assessment, July 5", *Institute for the Study of War & AEI's Critical Threats Project 2022* (5 July 2022), p.11

216) "Ukraine says it has taken out vital bridge in occupied Kherson", *BBC News* (13 August 2022)

3. 반전된 전황

우크라이나군은 전략적 예비를 최후의 순간까지 아끼고 반격의 기회를 기다렸다. 특히 7월부터 헤르손 지역에 병력이 꾸준히 증가하면서, 우크라이나군이 헤르손에서 반격할 것으로 예측되었다. 우크라이나군도 8월 29일에는 헤르손 공세가 곧 시작될 것이라고 발표했고, 실제로 전투가 시작되었다.[217] 그러나 이는 타 지역에서의 대대적 공세를 위한 기만책이었다. 헤르손 공세가 거짓은 아니었지만, 실제 대대적인 역공이 벌어질 곳은 남부의 헤르손이 아닌 북동부의 하르키우였다.

우크라이나군은 9월 6일 발라클리야(Balakiliia) 방면으로 공세를 시작하여 하르키우 시가지로 향했다. 일견 분산된 듯한 부대들은 정확한 지휘통제에 따라 적기에 목표에 도달했다. 이들은 도심을 확보하기도 전에 셰우첸코베(Shevchenkove) 방향으로 반전하여 점령했고, 보급요충지인 쿠퍈스크(Kupiansk)로 돌파구를 형성했다. 9월 12일 우크라이나군은 쿠퍈스크는 물론 북동부 최대 보급창인 이지움까지 점령했다.[218] 우크라이나 군은 남부로부터 병력증원을 막으면서 북동부 전선에서 러시아군 잔적의 소탕에 나섰다. 이후 오스킬강을 도하하여 9월 중순부터 꾸준히 리만(Lyman) 지역을 포위했으며, 결국 10월 2일 리만 탈환에 성공했다.[219]

놀라운 속도로 전진하는 우크라이나군의 전격전에 러시아군은 전투장비를 유기하고 도주했고, 방어선은 순식간에 무너졌다. 러시아는 지난 6개월 동안 힘들여 점령한 북동부 지역을 불과 일주일 만에 우크라이나에 빼앗겼다. 이렇게 전선이 정리되자, 우크라이나군은 이제 헤르손에 집중할 수 있었다. 러시아는 제한적 동원령을 발령했는데, 훈련되지 않은 병력을 전선에 투입하지 않겠다는 약속까지 어기면서 충원병력을 헤르손으로 보냈다.[220]

러시아는 헤르손을 상실할 경우 크림과 돈바스의 연결이 끊어지면서 사실상 남부전선을 상실하게 되므로 사활을 걸어야만 했다. 일련의 사태에 위기를 느낀 러시아는 형

---

217) "Ukraine's southern offensive 'was designed to trick Russia'", *The Guardian* (10 September 2022)

218) "As Russians Retreat, Putin Is Criticized by Hawks Who Trumpeted His War", *The New York Times* (10 September 2022)

219) "Russia withdraws troops after Ukraine encircles key city", *The Associated Press* (2 October 2022)

220) "Terrified, untrained Russian draftees play dead on battlefield", *New York Post* (2 November 2022)

식적인 주민투표를 통하여 루한스크, 도네츠크, 자포리자, 헤르손의 4개주를 러시아연방으로 병합하였다. 러시아가 이러한 요식적 행위를 선택한 것은, 교전지역을 러시아 영토로 편입시킴으로써 최악의 경우에는 전술핵무기의 사용을 정당화하기 위한 것으로 평가되고 있다.

〈그림 3〉 하르키우 전선〈좌〉과 헤르손 전선〈우〉의 변화

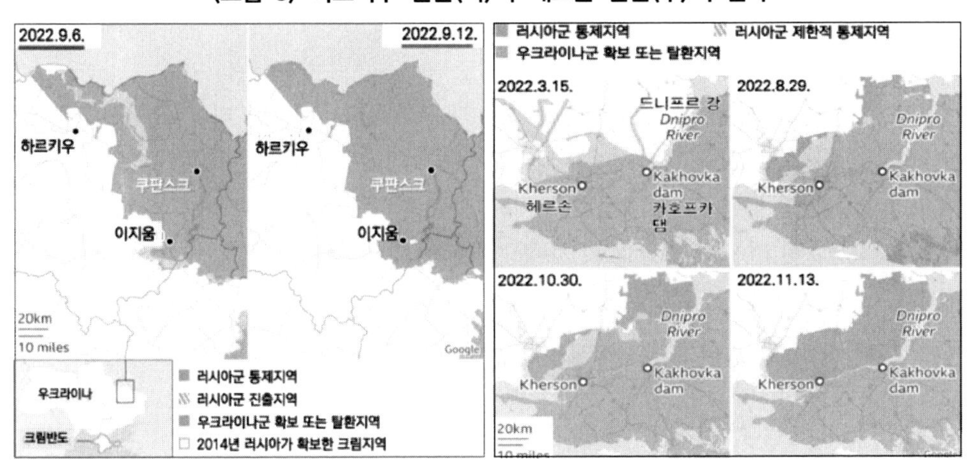

출처: Institute for the Study of War, BBC

우크라이나군은 9월부터 공방을 이어오던 아르한겔스케(Arhanhelske)와 미롤류비우카(Myrolyibivka)를 10월 2일 탈환하면서 헤르손 북부 지역의 포위망을 완성했다. 이에 따라 10월 3일부터 우크라이나의 헤르손 공세가 본격적으로 시작되었다. 그리고 우크라이나군이 불과 하루 만에 러시아의 방어거점인 두드차니(Dudchany)까지 육박하자 포위당할 것을 우려한 러시아군은 긴급히 철수했다.[221] 한편 10월 8일 우크라이나의 기습으로 크림대교가 파괴됨에 따라 크림반도를 통한 헤르손의 보급은 더욱 어려워졌다.[222]

10월 중순부터 우크라이나의 공격강도는 높아졌다. 러시아는 이미 10월 13일부터 헤르손에 민간인소개령을 내렸으며, 22일에는 긴급대피령으로 상향시켰다.[223] 우크라

221) "Russian Offensive Campaign Assessment, October 4", *Institute for the Study of War & AEI's Critical Threats Project 2022* (4 October 2022), pp.7~8

222) "Trains and cars are moving on the Kerch bridge, but not all traffic", *The New York Times* (9 October 2022)

223) "More flee Ukraine's Kherson as Russian occupiers renew warnings", *Reuters* (22 October

이나군은 정밀 포병사격과 진군을 반복하면서 10월부터 11월 10일까지 헤르손 인근에서 무려 41개소의 주요 거주지역을 해방시키고 헤르손 시에 다다랐다.[224] 결국 쇼이구 러시아 국방장관은 11월 10일에 헤르손 철수명령을 공개 하달했다. 이미 상당병력이 철수했던 러시아군은 11일 아침 마지막 병력이 부교로 도하하면서 철수를 완료했다. 우크라이나군은 저항 없이 헤르손을 탈환하는데 성공했다.[225]

4. 러시아의 재공세와 2023년 현황

하르키우 전선과 헤르손 전선에서 모두 승리를 거둠으로써 우크라이나는 전황을 뒤집는데 성공했다. 그러나 헤르손 공세에서 우크라이나군의 피해도 상당하여 상당기간 재정비를 피할 수 없게 되었다. 한편 러시아는 이제 더 이상 이 전쟁에서 승리할 수 없는 상태에 이르렀지만, 그렇다고 현 상태에서 전쟁을 끝낼 수도 없게 되었다. 푸틴에게 정치적 승리를 안겨주기 위해서라도 러시아는 전투를 거듭해야만 하는 상황이다. 푸틴은 3월까지 돈바스 지역을 점령하도록 명령했다고 우크라이나 정보당국은 전하고 있다.[226]

러시아군은 2023년 1월 중순 동부전선의 솔레다르를 점령하고 바크무트 지역까지 확장하면서 전쟁의 주도권을 되찾으려 하고 있다. 용병부대인 바그너 그룹은 수인부대까지 동원하여 과감한 소부대 침투를 통한 점령이라는 새로운 전술을 선보였다. 우크라이나의 약점을 파악한 러시아는 이후 루한스크주 방면으로 진출하여 하르키우까지 일부 확장한 후 도네츠크 북부를 포위하여 도네츠크 전체를 점령하고자 할 것으로 예측되고 있다.[227]

전황이 다시 불리하게 흐르는 가운데 우크라이나는 서구에 전차와 전투기의 지원을 강력히 요구했다. 미국과 독일이 이에 응하여 모두 45대의 M1 에이브람스와 레오파르

2022)

224) "Zelenskyy: Good news from southern Ukraine, 41 towns and villages liberated", *Ukrayinska Pravda* (10 November 2022)

225) "Russia-Ukraine war live: Zelenskiy says Kherson 'never gave up' as Ukrainian troops reach city centre", *The Guardian* (11 November 2022)

226) "'Putin Has Ordered Troops to Seize Donetsk and Luhansk by March,' Ukrainian Intel Tells Kyiv Post", *Kyiv Post* (1 February 2023)

227) "Russian Offensive Campaign Assessment, February 9, 2023", *Institute for the Study of War & AEI's Critical Threats Project 2022* (9 February 2023), pp.

드 II 전차를 제공하기로 했으며, 전투기 제공도 구체화되고 있다. 한편 병력증강도 꾸준히 이루어지고 있어, 기계화여단, 공수여단, 포병여단, 신편 영토방위여단 등을 포함하여 30여개의 여단이 새롭게 편성된 것으로 보인다.228)

〈그림 4〉 전쟁 200일차(2022.9.12.)〈좌〉와 350일차(2023.2.9.)〈우〉의 전황도

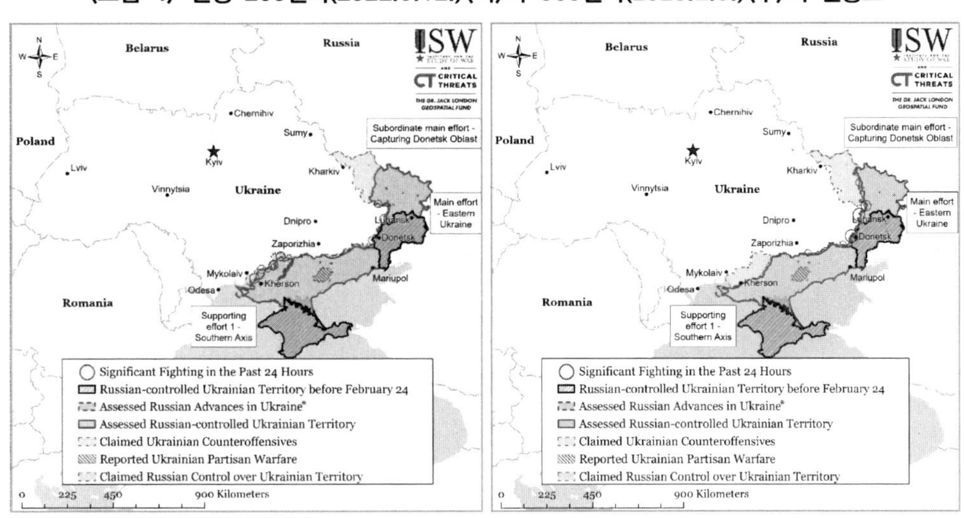

출처: Institute for the Study of War

Ⅲ. 우-러 전쟁의 특징과 교훈

1. 모자이크전의 실전적용과 군사혁신

우크라이나-러시아 전쟁은 21세기의 전쟁으로 미래전의 양상이 부각되었다. 위성통신망을 활용한 C4I의 효율적 운용, 드론의 집중적인 사용, 민간회사의 주도적 전쟁개입 등이 특징으로 나타나고 있다. 이러한 전쟁수행양상에서 특히 주목할 점은 바로 모자이크전229)의 특성이 구현되면서 승리의 견인차로 작동하고 있다는 점이다. 모자이크전은

228) "О формировании новых соединений в составе ВСУ—разбор Рыбаря", *Telegram @rybar* (1:07 AM, 7 February 2023); 우크라이나에서처럼 친러시아계 정보채널도 텔레그램과 SNS를 통해 우크라이나군 정보를 주고받고 있는데, 대표적인 채널인 'Рыбаря'는 다양한 전장정보를 공유하고 있으며 실제로는 러시아군 정보기관의 정보로 의심된다.

229) 모자이크전(Mosaic Warfare)은 다양한 전력을 창의적으로 결합하여 신속한 교전을 이어가면서 최종적으로 적의 의지를 꺾고 아군의 우위를 확장해나가는 전쟁수행방식을 가리킨다. 모자이크전에서는 단선구조의 '킬체인'에서 진정한 다채널 네트워크로 진화한 '킬웹'을 구성하여 작전을 수행하게 된다. 따라서 모자

임무형 지휘가 극단적인 자율과 효율을 갖게 되는 작전수행형태이다. 이 개념을 적용하면 '탐지-식별-결심-교전'의 순환이 가속되어 적보다 빠른 OODA루프를 완성함으로써 킬체인의 효율을 극대화할 수 있다.

〈그림 5〉 모자이크전에서 OODA 루프의 역할

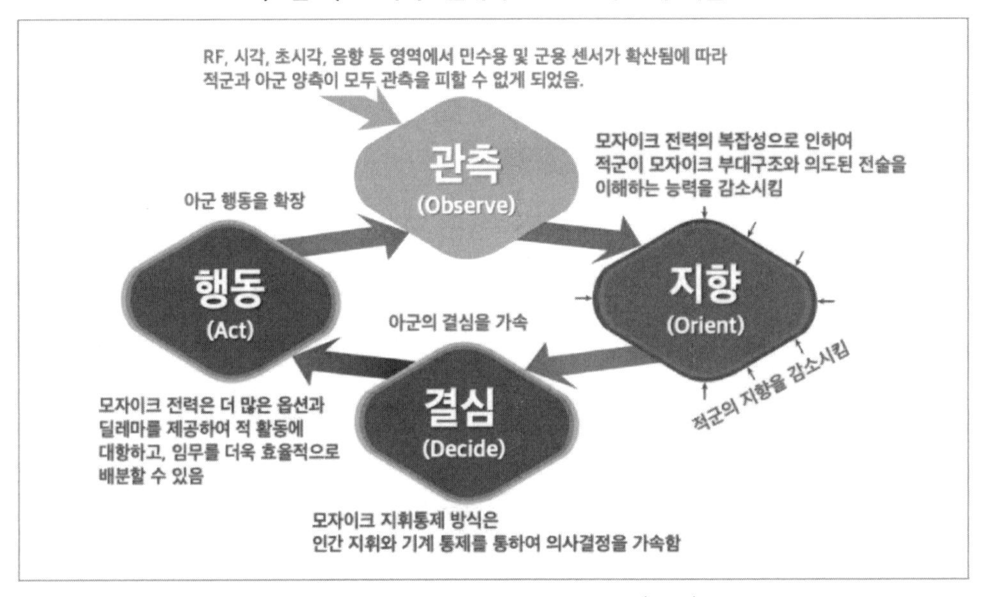

출처: Hudson Institute, Implementing Decision-Centric Warfare (2021)

우선 이러한 작전수행의 기반으로는 신뢰성을 갖춘 C4I 네트워크가 필요하다. 우크라이나군은 애초에 우주기반의 정보통신망을 갖추고 있지 않았으며, 기존의 지휘통제망은 러시아군의 타격으로 파괴되었다. 그러나 미국의 민간기업인 스페이스X의 스타링크 상용 위성통신시스템을 군용 C4I 네트워크로 활용함으로써 우크라이나군은 지휘통신을 회복했다. 특히 분대급 소부대까지 스타링크 수신기를 보유하고 작전을 수행함으로써 '모자이크 타일'을 늘려 진정한 모자이크전을 수행할 수 있었다.

여기에 더하여 탐지와 식별에서 드론의 역할은 지대했다. 바이락타르 TB-2와 같은 군용드론은 물론이고, 분대급의 소부대조차도 DJI 매빅 등의 민수용 드론을 활용면서 탐지·식별능력은 비약적으로 증대되었다. 특히 스타링크 통신망에 민수용 드론을 연결

이크전의 핵심은 대체가능한 '모자이크 타일'을 더욱 세분화하고 늘려서 창의적이고 신속하게 전투를 수행하는데 있다.

함으로써 더욱 효과적인 정보공유가 가능해졌다. 물론 드론의 역할은 탐지·식별에 그치지 않고 교전에서도 유용했다. 민수용 드론에 수류탄이나 박격포탄을 결합하여 타격수단으로 활용하는 사례가 소부대전투에서조차 일상화되었다.

그러나 가장 놀라운 발전은 결심영역의 자동화이다. 우크라이나군은 'GIS 아르타(Arta)'라는 군용소프트웨어를 사용하여 포병 등 타격자산의 운용을 조율하였다. GIS 아르타는 드론, 거리측정기, 스마트폰, NATO제공 정보 등 다양한 수단에서 제공된 표적정보들을 한데 모아 가장 적절한 타격자산들에게 우선순위에 따라 배분한다. 통상 표적처리는 아무리 빨라도 20~30분이 소요되지만 GIS 아르타를 활용하면 1분 이내로 줄어든다.[230] 우크라이나군은 바로 이러한 시스템을 차용하여 러시아군 지휘부를 신속히 포격하여 지휘관들을 사살했고, 루한시크 방면에서 시베르스키도네츠 강을 도하하는 러시아군 기계화대대를 몰살시키기도 했다.[231]

2. 전쟁의 기본기에 대한 중요성

그러나 우크라이나-러시아 전쟁은 미래전이 전부가 아님을 극명히 보여주기도 했다. 현재의 전쟁에 요구되는 기본기가 충분하지 못하면, 미래전은 허상이 될 수 밖에 없다는 사실이 다시 한 번 입증되었다. 기동전의 전통을 자랑하는 러시아군은 제한된 병력을 최대한 활용하기 위해 BTG 편제를 채용했지만, 항공전력과 지상전력이 합동성은커녕 제병협동 수준에도 미치지 못하여 서로 연계되지 못하면서 피해가 누적되기 일쑤였다.

특히 군수지원은 전쟁승리의 기반임이 다시금 확인되었다. 우크라이나에 비하여 훨씬 더 많은 첨단 무기를 보유했던 러시아군은 스스로의 보급의 한계를 감안하지 않아 실패를 자초했다. 여전히 철도 위주의 보급체계를 갖춘 러시아군은 드넓게 분산된 BTG에 대한 보급이 불가능했고, 일선부대는 장비를 전장에 유기하기까지 했다. 돈바스 점령으로 전쟁목표가 바뀜에 따라 러시아군은 전통적인 화력전과 기갑전을 수행했지만, 하루 평균 1만발 이상의 탄약소모를 감당하지 못하였기에 전쟁의 주도권을 확보할 수 없었다.

230) Kobzan Sergiy Markovych, "GIS for the Armed Forces of Ukraine: Two Components of Victory", *ResearchGate* (July 2022)

231) "A Doomed River Crossing Shows the Perils of Entrapment in the War's East", *The New York Times* (25 May 2022)

병력의 숫자와 숙련도 또한 문제였다. 러시아군의 BTG는 편제에 비해 부족한 병력으로 인하여 충분한 전투력을 갖추지 못했다. 전차는 승무원 3인을 채우지 못하는 경우도 빈번했고, 장갑차는 하차전투를 수행할 인원이 부족했다. 복무기간이 1년에 불과하여 숙련도가 지극히 떨어지는 병사들은 전술적 실수를 반복했다. 최근 솔레다드와 바크무트 등에서 전과를 올릴 수 있었던 것도, 죄수에게 면책특권을 제공하며 만든 바그너 그룹의 수인부대가 소부대 전투에 나서는 등[232] 극단적인 조치를 취했기 때문에 가능했던 일이다.

3. 민간의 역할

현대전에서 총력전이라는 단어는 잘 쓰이지 않는다. 인명중시 경향으로 인하여 더 이상 국가 차원의 희생을 강요하기보다 제한된 속전속결로 전쟁을 끝내고자 하는 경향이 강해졌다. 하지만 막강한 적의 침공으로 국가의 존망이 위태로운 우크라이나는 60세 이하의 모든 남성을 전쟁에 동원해야할 만큼 절박한 상황이었다. 그러나 경제력과 생산력이 제한된 우크라이나는 러시아에 맞설 국력이 없었다.

바로 여기서 미국과 NATO의 역할이 있다. 국제질서를 수호하고 러시아의 서진을 막아내기 위해서는 서구의 지원이 절실했지만. 우크라이나는 NATO의 회원국이 아니며 미국의 동맹국도 아니었다. 러시아의 크림반도 복속 이후 미국과 NATO의 군사지원이 강화되긴 했지만 거기가 한계였다. 전쟁 발발 후 경제와 외교 분야 등에서 러시아를 저지하기 위한 조치가 취해졌지만, 직접적인 군사개입은 불가능했다.

이러한 상황에서 민간기업의 역할은 매우 중요했다. 다국적 대기업들은 러시아와의 거래를 끊는 한편, 우크라이나에 대한 지원에 나섰다. 인도적 지원을 위한 자금지원은 물론, 공급망의 복원까지 다국적기업들이 담당했다. 그러나 전쟁에 필요한 핵심기능까지도 민간기업들이 담당하고 있다. 스페이스X는 스타링크 위성서비스를 제공함으로써 우크라이나군의 기능을 재건했을 뿐만 아니라 오히려 러시아보다 뛰어난 C4I를 제공했다. MAXAR 테크놀로지나 ICEYE 등의 민간위성서비스 회사들은 핵심적인 위성정보를 제공하면서 우크라이나의 정보우위를 보장하고 있다.

---

232) "Fighting Wagner is like a 'zombie movie' says Ukrainian soldier", *CNN World News* (1 February 2023)

Ⅳ. 결언: 대한민국에의 함의

우크라이나-러시아 전쟁은 미래전쟁의 양상을 여실히 보여주고 있다. 미래전은 버튼을 눌러 모든 것이 해결되는 첨단의 전장이 아니었다. 오히려 지휘통제와 군수지원 등 전쟁의 기본원칙이 중요하다는 것을 입증해주었다. 과학기술과 첨단무기체계는 이러한 전쟁의 원칙에 기여할 때 승리를 달성할 수 있음을 알 수 있다.

특히 모자이크전은 단순히 교리적 논의 단계를 넘어 실전에서 역량을 발휘할 수 있음이 확인되었다. 정보와 결심 우위에 바탕하여 전력을 창의적이고 유기적으로 결합하는 군대는 절대다수의 적에 대항할 수 있음이 이 전쟁으로 증명되었다. 요컨대 정보우위에서 결심우위로 진화하지 못하면 미래의 전쟁에서 패배는 예정되어 있다고 할 수 있다.

이에 따라 대한민국도 새로운 전쟁수행의 방법을 채택하고 그에 따라 군 구조를 혁신해야만 한다. 윤석열 정부가 출범하면서 국방혁신 4.0을 통하여 미래의 안보를 준비하겠다고 밝혔다. 국방혁신 4.0은 기술경쟁과 인구절벽 등의 도전요인을 극복하기 위해서 우리 국방의 과감한 체질 개선을 추구하고 있다. 이를 위하여 AI 유무인복합전투체계를 필두로 첨단과학기술과의 접목을 통하여 첨단전력 중심으로 군을 변화시킬 것을 예정하고 있다.

그러나 국방혁신 4.0은 국방과학기술의 연구개발과 전력 증강에 방점이 찍어진 반면, 미래전쟁의 양상에 대한 충분한 이해에 바탕했는지 의문이다. 우크라이나-러시아 전쟁은 첨단전력 만큼이나 병력수와 로우테크 전력도 중요함을 방증하였다. 즉 하이-로우 믹스 없이 첨단전력만 추구해서는 전쟁을 지속할 수 없으며, 오히려 우수한 지휘통제와 군수지원 등 전쟁의 기본기가 중요하다는 교훈을 얻을 수 있다.

우주, 사이버, 전자기파 등 새로운 영역에서의 작전이나 자율무기체계를 활용하는 유무인복합체계도 결국은 전쟁에서 승리하기 위한 방법과 수단일 뿐이다. 즉 국가전략에 따른 국방전략과 군사전략의 방향을 결정하고, 위협의 규모와 정도에 따라 적합한 교리와 전술을 확정하고 그에 기여할 수 있는 무기체계를 채용하고 부대편성을 한 이후 이를 숙련하기 위한 교육훈련체계를 만드는 것이 맞다. 단순히 첨단 트렌드를 뒤쫓아 가겠다는 접근은 예산과 노력의 낭비로 끝날 수 있다.

군사혁신의 핵심은 군사작전의 성격과 수행에서 혁신을 통하여 패러다임의 변환을 이뤄내는 것이다. 군사혁신에 의한 패러다임 전환이란 현재 군사강국의 핵심적 역량을 무력화시키거나 새로운 역량을 만들어내는 것이다. 단순히 과학기술과 무기체계가 앞서는 것만으로는 부족하며, 이를 꾸준히 양산하고 적절한 작전개념으로 뿌리내려야 활용하는 국가가 승리를 쟁취할 수 있다.

역사적으로 현재의 군사강국이 군사혁신을 끌어내는 경우는 그다지 많지 않다. 새로운 기술은 처음 개발한 국가보다 처음 전투에서 사용한 국가에게 커다란 이점을 가져준다. 즉 군사혁신은 선도가 중요한 것이 아니라 실현이 중요하다. 이를 위해 국제분쟁과 주변국 동향을 살피고 군사혁신의 향방을 꾸준히 추적할 필요가 있다. 그리고 어느 나라보다 빠른 실행으로 전투에 적용할 수 있도록 해야 한다.

아직 전쟁은 끝나지 않았고, 우크라이나 군의 선전과 러시아의 고전이 계속될지 예측하기 어렵다. 그러나 교훈은 명백하다. 러시아처럼 첨단무기를 가졌다고 군사혁신이 보장된 것은 아니며, 우크라이나처럼 창의적 전술과 유연한 운용으로 진정한 군사혁신을 이뤄야 승리할 수 있다. 기술과 무기만으로 혁신이 이뤄지지 않으며, 사람이 바뀌어야 진정한 군사혁신이다.

저자소개

양 욱 | 아산정책연구원 외교안보센터 연구위원

서울대학교 법과대학을 졸업했으며, 국방대학교에서 국방전략과 군사전략으로 석·박사 학위를 취득 후에 현재 아산정책연구원에서 재직 중이다. 군사전략과 무기체계 전문가로서 방산업계와 민간군사기업 등 주로 민간영역에서 활동해왔으며, 대한민국 1세대 민간군사기업 중 하나인 인텔엣지주식회사를 창립하여 운용했다. 회사를 떠난 후 TV와 신문 등 언론매체를 통해 다양한 군사이슈와 국제분쟁 등을 해설해왔으며, 무기체계와 군사사에 관한 다양한 저술활동을 해왔다. 특히 북한의 군사전략과 WMD 무기체계를 분석해왔고, 이러한 활동을 바탕으로 국방부, 외교부, 합참, 육·해·공군 등의 정책자문위원으로 활동해오고 있다. 현재는 육군사관학교와 한남대학교 국방전략대학원 등에서 군사혁신론, 현대전쟁연구, 전쟁과 비즈니스 등을 강의하며, 각 군과 정부에 자문활동을 계속하고 있다.

10

우크라이나 전쟁 교훈에 기초한 한국군 전력건설 발전방향

방 종 관 장군(전 육본기획관리참모부장)

Ⅰ. 서언

1989년, 리케(Arthur F. Lykke Jr.)는 군사전략(Military Strategy)을 아래 그림[233]과 같은 모형으로 제시하면서 2가지를 강조했다. 첫째, 군사전략은 '다리가 3개 달린 의자'처럼 목표(Objectives) · 방법(Concept) · 수단(Resources)로 구성된다. 둘째, 이들 요소가 '균형'을 이루어야(must find balance) 군사전략이 성공할 수 있다. 만약, 3가지 요소 사이에 불균형(Risk)이 발생하면 의자가 넘어지듯이 군사전략, 더 나아가 국가안보(National Security)의 실패 가능성이 높아진다고 경고한 바 있다.

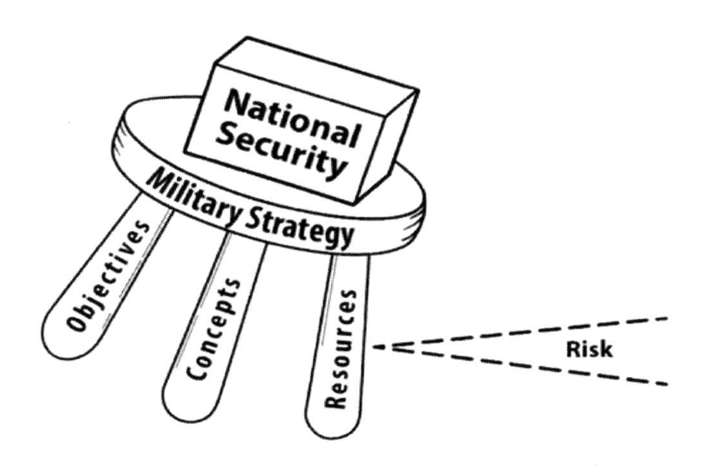

'목표'는 궁극적으로 달성하고자하는 최종적인 상태를 의미한다. 통상, 함축적인 용어를 사용하여 1~2 문장으로 표현될 수도 있다. 하지만, 목표는 방법과 수단에 지향점을 제공한다는 측면에서 매우 중요하다. '방법'은 목표를 어떻게 달성할 것인가에 대한 해답이다. '수단'은 최종 목표를 달성하는 과정에서 투입하는 자원이다. 수단에는 유 · 무형적 요소가 모두 포함한다. 무기체계 · 병력구조 · 부대구조 · 교육훈련 등이 대표적이다. 따라서 '무기체계'는 군사전략에서 수단의 일부인 것이다. 물론, 그 중요성은 군

233) Arthur F. Lykke Jr., Toward an Understanding of Military Strategy, in US Army War College Guide to Strategy.

사과학기술의 발전과 함께 더욱 증대되고 있다. 그럼에도 불구하고, 무기체계는 수단의 일부로서 목표 · 방법 등과 균형을 유지해야 한다.

더욱이, 크레피네비치(Andrew F. Krepinevich)는 군사혁신을 정의[234]하면서 방법과 수단들 사이에서 긴밀한 상호 연계성(예: 작전수행개념 ↔ 무기체계 ↔ 부대구조)을 강조한 바 있다. 따라서 본 연구에서는 이러한 이론을 토대로 우크라이나 전쟁의 교훈을 전력건설에 초점을 맞춰 분석하고자 한다. 그리고 분석의 틀(Framework)로서 균형성과 연계성을 활용할 것이다.

Ⅱ. 우크라이나 전쟁의 시사점

1. 러시아: 목표 설정과 재원배분의 실패, 낙후된 무기체계 설계 개념

1991년, 소련은 엄청난 규모의 낡은 군대를 유산으로 남겼다. 하지만, 러시아의 열악한 경제 여건은 군사력의 현상유지조차 어렵게 만들었다. 2000년대부터 국제 에너지 가격이 상승하면서 러시아 경제도 호전되기 시작했다. 2009년까지, 러시아군의 장비 현대화 비율은 여전히 9% 수준에 머물렀다. 무기체계 현대화는 2010년대에 집중적으로 진행되었다. 2020년, 쇼이구(Sergei Shoigu) 국방장관은 장비 현대화 비율이 70%까지 향상되었다고 자랑한 바 있다. 당시, 대부분의 서방 군사전문가들도 러시아군의 이러한 변화를 성공적이라고 평가했다.

하지만, 우크라이나 전쟁을 통해 드러난 실상은 이러한 평가를 무색하게 만들었다. 러시아군의 전력건설은 3가지 측면에서 문제가 있었다. 첫째, 목표 설정의 실패이다. 2000년 11월, 푸틴 대통령은 "러시아군이 체첸 같은 지역에서 신속하게 승리할 수 있도록 기동성 있고, 효율적이어야 한다."고 강조한 바 있다. 문제는 우크라이나가 체첸에 비해 인구는 약 30배, 영토는 약 45배에 달한다는 점이다. 즉, 푸틴이 설정한 전력건설의 목표와 우크라이나 전쟁의 규모 사이에 심대한 간격이 존재한다. 러시아가 특별군사작전의 범위를 우크라이나 전 지역에서 동남부로 축소(3월)하고, 부분 동원령을 선포(9월)한 것은 이러한 간격을 줄이기 위한 불가피한 조치였다. 그리고 전력건설의 목표에

234) 군사혁신(RMA)이란 새로운 군사기술(new technology)이 다수의 군사체계(military system)에 적용되고, 이것이 혁신적인 작전수행개념(innovative operational concept), 군 구조의 변화(organizational adaptation)와 결합(combined with)됨으로써 군사적 대결의 특성과 수행을 근본적으로 변화(fundamentally alters)시키는 것이다. (Andrew F. Krepinevich Jr., Cavalry to Computer; the Pattern of Military Revolutions, The National Interest, No. 37, Fall. 1994.)

오류가 있었음을 스스로 인정하는 것이다.

둘째, 예산 배분의 실패이다. 러시아 국방부의 공식문서 「State Armament Programme 2020」(2010년 발간, 약칭 SAP 2020)을 통해 실상을 알 수 있다. 이 문서는 2011~2020년(10년간), 러시아가 어떤 무기체계를 개발하고, 어느 정도의 예산을 투입하며, 얼마나 생산할 것인지를 수록하고 있다. 해당 문서에 수록된 전력 건설의 분야별 예산 비중[235]은 아래와 같다.

(단위: %)

총계	육군	해군	공군	전략 미사일	항공우주방어	기타
100	14	26	21	6	17	14

도표를 통해, 해 · 공군과 항공우주 분야의 예산 비중이 매우 높다는 사실을 확인할 수 있다. 반면, 육군은 14%에 불과하다. 이로 인해, 2020년 러시아군 전체의 장비 현대화 비율이 70%로 상승한 시점에도 육군은 50~60% 수준으로 가장 낮았다. 특히, T-14(Armata) 신형 전차는 2010년대 후반에 개발을 완료하고, 2020년까지 2,300대를 생산할 계획이었다. 하지만, 2015년 군사 퍼레이드에 시제품이 등장한 이후, 2022년 말까지도 개발조차 완료되지 못하고 있다. 기술적인 요인도 있지만, 육군에 대한 낮은 비율의 예산 배분이 악영향을 미친 것으로 보인다. 만약, T-14 신형 전차(대전차미사일 위협에 대비한 능동방호체계 장착 예정)가 계획대로 개발 · 생산되었다면 러시아 육군에 상당한 도움이 되었을 것이다. 우크라이나 전쟁이 지상전 중심으로 전개되고 있음을 고려하면 더욱 그러하다.

셋째, 무기체계 설계 방식이 시대 변화를 따라가지 못했다. 소련은 전통적으로 무기체계의 '양'을 '질'보다 중요하게 생각했다. "양은 그 자체로 질을 포함하고 있다."는 레닌의 말이 대표적이다. 예를 들면, 소련의 전차는 기동성 · 화력의 극대화를 추구하면서도 생존성은 최소한으로 고려한다. 반면, 서방국가는 기동성 · 화력 · 생존성의 균형을 추구한다. 덕분에, 서방국가 전차 1대 비용으로 소련은 전차 2~3대 생산이 가능했다. 1985년 기준, 전차의 양적 측면에서 소련은 미국을 4:1(약 5만 2천대 : 1만 3천대) 이상 압도하고 있었다. 이러한 방식의 무기체계 설계는 승리를 위해서라면 대규모 장비

235) Anna Maria Dyner, 'Assessment of the Russian Armed Forces' State Armament Programme in 2011~2020, (The Polish Institute of International Affairs, 2021), p.9.

피해와 이에 수반되는 인명 손실도 감수할 수 있다는 것을 전제로 한다.

하지만, 냉전이 해체되면서 러시아도 군대의 규모를 줄일 수밖에 없었다. 전차도 냉전 시대에 비해 1/5 수준인 약 1만대로 감축되었다. 한편, 권위주의적인 정치체제에서도 주기적인 선거가 있기 때문에 인명손실에 대한 부담은 과거와 비교할 수 없을 정도로 커졌다. 이러한 시대변화에도 러시아군의 무기체계 설계 방식은 '냉전시대'를 벗어나지 못하고 있다. 실제로, 러시아 전차의 방호능력은 여전히 취약하며, 디지털화 · 자동화도 서방국가에 비해 낮은 수준이다. 결국, 이러한 취약점들이 우크라이나 전쟁에서 전차의 대규모 손실과 이에 따른 전 · 사상자의 급증으로 나타나고 있다.

2. 우크라이나: 위협인식의 부재로 방황, 비대칭 전력 건설에 집중

1991년 독립 당시, 우크라이나의 재래식 군사력은 러시아를 제외하면 유럽에서 최강이었다. 실제로, 전차 6,500대 · 장갑차량 7,000대 · 화포 7,200문 · 항공기 2,000대를 보유했다. 걸프전쟁(1991년)에 투입된 다국적군(미군 포함)보다 큰 규모의 군사력이다. 그리고 23년이 지났다. 2014년 3월 11일, 크림반도를 빼앗길 위기에 직면한 상황에서 우크라이나 국방장관이 의회에 보고한 실상은 충격적이었다. "즉각 투입할 수 있는 병력이 6천명에 불과하다"고 실토했던 것이다. 당시 전차 · 장갑 차량은 엔진이 작동하지 않거나 연료가 부족했고, 배터리조차 없는 경우도 다수였다. 항공기는 약 15%만 임무수행이 가능했다.

1991~2014년, 우크라이나 군이 실질적으로 와해된 근본 원인은 '위협인식의 부재'에 있었다. 독립 초기, 극단적인 인플레이션과 경제침체가 무기체계의 현대화를 불가능하게 만든 것도 일부 사실이다. 하지만, 2000년대부터 경제가 호전되기 시작했음에도 정치권은 전력건설을 위한 예산투입의 필요성을 느끼지 못했다. 2005년 말, 우크라이나 국회는 국방부가 제출한 「5개년 전력건설계획」(독립이후 최초 작성) 관련 국방예산 증액을 거부했다. 더욱이, 정부조차 부족한 국방예산을 보충한다는 명목으로 군사 장비를 무분별하게 매각함으로써 군사력을 스스로 약화시켰다. 특히, 2008년 러시아의 조지아 침공을 인접에서 목도하면서도 본격적으로 대비하지 않았다는 것은 위협 인식이 극단적으로 이완되었음을 증명하고 있다.

2014년, 우크라이나는 크림반도를 상실하고 돈바스 분쟁에 직면하고 나서야 위협을 재인식하기 시작했다. 이후의 전력건설은 '비대칭 전략'[236]에 기초를 두고 추진되었다.

넵튠(Neptune) 지대함 미사일이 대표적인 사례이다. 2014년부터 러시아 흑해 함대의 압도적 위력에 노출된 우크라이나는 비대칭적인 무기인 '지대함 미사일'로 관심을 돌렸다. 우크라이나 입장에서 대칭적으로 전투함정을 건조하는 것은 기술적으로나 경제적으로 비효율적이었기 때문이었다. 넵튠 미사일이 모형으로나마 처음으로 등장한 것은 2015년 키이우에서 열린 무기체계 전시회였다. 이후 힘겨운 개발과정을 거쳐, 2021년에 겨우 24발만 배치할 수 있었다. 2022년 4월 14일, 우크라이나는 넵튠 지대함 미사일과 또 다른 비대칭 무기인 TB-2(2019년 튀르키예에서 도입) 무인기를 효과적으로 연계 · 운용함으로써 러시아 해군의 자존심인 모스크바 함(만재 배수량 11,500톤)을 격침시킬 수 있었다. 그 외에도 미국이 제공한 재블린(Javelin) 대전차미사일, 스팅어(stinger) 휴대용 단거리 지대공미사일 등도 러시아 기갑부대와 항공기에 대한 비대칭 무기로 위력을 발휘하고 있다.

Ⅲ. 한국군 전력건설 발전방향

1. 방법 측면: 명확한 목표 설정, 위협 재평가, 방위사업제도 혁신, 전투실험 활성화 등 필요

모든 일에는 '방법'과 '내용' 측면이 있다. 전력 건설은 하나의 거대한 시스템으로 작동한다. 따라서 한국군 전력 건설에 대한 개선방안을 먼저 제시하고자 한다. 첫째, 목표의 적절성을 점검해야 한다. 목표는 '위협'과 이를 극복한 '최종상태'가 포함되어야 한다. 예를 들면, 1 · 2차 세계대전 사이기간 독일군은 '프랑스 전역에 대한 단기석권'을, 1970~80년대 미군은 '바르샤바 조약군의 진격 저지'를 전력 건설의 목표로 설정한 바 있다. 앞에서 살펴본 바와 같이, 우크라이나를 침공한 러시아군의 전력 건설도 목표 측면에서 오류가 있었다. 2006년의 '국방개혁에 관한 법률'은 한국군의 구조(전력 포함)를 '기술 집약형으로 개선한다.'라고 명시하고 있다. 국방혁신 4.0에서도 '첨단 과학기술군'이다. 하지만, 이는 첨단 과학기술의 적용을 강조하는 일반론이자 당위론이다. 따라서 전력건설의 목표로서 부적절하다. 만약, 대외문제 등을 고려하여 이러한 용어 사용이 불가피하다면, 합동참모본부의 기획문서(비밀)에서라도 방향성이 분명한 전력건설의 목표가 명시되어야 한다.

---

236) 통상, 약자가 강자의 우세한 전투력 등 장점을 회피하고 약점을 노림으로써 승리 가능성을 높이는 전략이다. 비대칭 전략은 방법 · 수단 · 의지 등의 관점에서 분석이 가능하고, 외부의 지원이 중요하다.

둘째, 명확한 목표 설정을 위한 선행과정으로서 '위협의 재평가'가 필요하다. 위협인식의 부재로 혹독한 대가를 지불하고 있는 우크라이나를 반면교사로 삼아야 한다. 또한, 새로운 정부가 출범할 때마다 한국군의 전력 건설 방향에 많은 편차가 발생하는 것은 위협에 대한 인식의 차이 때문이다. 예를 들면, 북한의 비핵화가 가능하다고 전제하는 것과 불가능하다고 전제하는 것, 일본을 잠재적 적국으로 보는 것과 안보를 위해 협력해야 할 대상으로 보는 것의 차이는 목표 설정에 상당한 영향을 미친다. 이는 국방부 차원의 전력 건설 혹은 군사혁신 차원을 넘어 '국가 대전략(Grand Strategy)'과 연계될 수밖에 없다. 따라서 범국가적이고, 정파를 초월한 '위협의 재평가'와 이에 기초한 '국가 대전략 차원의 결단'이 필요하다. 미국의 공화당과 민주당이 중국의 위협과 대응전략에 대해서는 거의 일치된 견해를 보이고 있다는 것이 좋은 사례가 될 수 있다. 이와 연계하여, 범정부 차원의 정보기관 개편도 필요하다. 정보기관 사이에 존재하는 '사일로 현상(Silo Effect)'을 극복하고, 급변하는 환보환경에 능동적으로 대응하기 위한 것이다. 9.11 테러 직후 미국과 2018년 호주의 사례가 좋은 참고할 수 있다고 생각한다.

셋째, 방위사업 제도를 혁신하고, 기관별 역할을 재정립해야 한다. 현(現) 방위사업 절차의 가장 큰 문제점은 기술발전과 사업추진 속도의 격차에 있다. 따라서 미국 · 독일 등 군사 선진국처럼 기술적 특성 · 예산 규모 등에 따라 최적 경로를 따라갈 수 있도록 사업절차를 5~6개로 다양화해야 한다. 또한, 국방부는 전력건설 관련 모든 정책 기능을 총괄하고, 방위사업청은 조달청처럼 순수 사업조직이 되어야 한다. 이를 위해, 국방부에 '2차관' 직책 신설이 필요하다. 그리고 합동 차원의 전력 건설을 주도해야 하는 합참의장이 현행작전에 매몰될 수밖에 없는 것은 구조적인 문제점이다. 이를 개선하기 위해, 합참 차장 계급을 3성에서 4성으로 격상(2작전사령관은 4성에서 3성으로 하향)하여 미래 업무를 전담시키는 것도 가능하다. 또한, 전력건설에 현장의 목소리가 충분히 반영될 수 있도록 소요결정 권한의 일부를 각 군에 위임하고, 연구개발 예산의 일부를 각 군에 할당하는 것도 바람직하다.

넷째, 전투실험을 활성화해야 한다. 미래 준비는 '완벽한 예측'이 아닌 '불확실성의 감소'에 중점을 두어야 하기 때문이다. 전투실험은 급진주의자들을 진정시키고, 소극적인 사람들에게 건전한 '자극제'가 될 수 있다. 특히, 전투실험 과정에서 다양한 아이디어가 수렴되고, 검증될 수 있으며, 추진방안에 대한 설득력이 높아질 것이다. 이러한 관점에서, 국방혁신 4.0 추진과제의 하나로 각 군이 전투실험 부대(특히, 육군의 아미타이거 4.0 실험여단)를 출범시키는 것은 중요한 의미를 가진다. 이를 더욱 활성화시키기 위해서는 전투실험 부대를 민간에게 적극적으로 개방할 필요가 있다. 이를 통해, 모든 전력건설 관계자들이 수시로 모여서 집단지성을 발휘할 수 있는 민 · 군 협업의 플랫폼으로 발전시켜야 한다.

2. 내용 측면: 한국형 3축 체계의 우선순위 정립, SM-3와 경 항공모함은 부적합, 유 · 무인 협업 및 기반 체계, 개별 전투원 관련 전력에 관심 필요

2022년 12월, 국방부는 2건의 보도 자료를 배포했다. 2023~2027년 국방중기계획(전체 예산 331.4조원)의 방위력개선비 107.4조원, 2023년도 국방예산(전체 예산 57.0조원)의 방위력개선비 약 17조원이 공개되었다. 중기계획과 연도예산은 공통적으로 한국형 3축 체계를 강조하고 있다. 예를 들면, 2023년도 한국형 3축 체계(Kill Chain, KAMD, KMPR) 전력 건설을 위한 예산은 전년대비 9.4% 증가한 5조 2,549억원에 달한다. 북한 핵 위협의 시급성과 심각성 등을 고려하면 한국형 3축 체계 전력건설에 중점을 두는 것은 당연하다. 하지만, 3축 체계 전력이라고 해서 다다익선(多多益善)이 되어서는 곤란하다.

첫째, 한국형 3축 체계를 위한 예산투입에도 일정한 기준(Guideline)이 필요하다. 앞에서 제시한 러시아의「SAP 2020」사례처럼 '기회비용(機會費用)'의 원리가 작동하기 때문이다. 우선, 북한 핵 위협에 대응하는 주 수단은 미국의 확장억제이고, 한국형 3축 체계는 보조수단이라는 현실을 인정해야 한다. 재래식 무기의 정확도가 살상력이 아무리 발전해도 '핵은 핵으로'라는 기본적인 한계를 극복하는 것은 불가능하기 때문이다. 따라서 한국형 3축 체계가 확장억제의 신뢰성 강화, 독자적인 핵무장 잠재력 확보, 핵무기 공유체계, 독자적인 핵무장 등에 대한 논의를 약화시키는 기재로 작동해서는 안 된다. 또한, 한국형 3축 체계에 대한 예산투입이 한국군의 전반적인 재래식 전쟁 수행능력을 심각하게 약화시키는 결과를 초래하지 않도록 유의해야 한다. 그리고 한국형 3축 체계의 내부 우선순위는 대량응징보복(KMPR) · 킬 체인(Kill Chain) · 미사일방어(KAMD) 순(順)이 되어야 한다. 북한이 한국형 3축 체계 중에서 어떤 능력에 더 큰 심리적으로 압박감을 느낄 것인지를 생각하면 쉽게 이해할 수 있다. 특히, 대량응징보복 전력은 킬 체인에도 운용될 수 있고, 미사일 방어는 기술적 한계 등으로 인해 '완벽'이 아니라 '정도'의 문제이기 때문에 더욱 그러하다.

둘째, SM-3[237] 도입은 바람직하지 않다. SM-3는 단순한 하나의 첨단 무기체계가 아니라, 미국이 추진하고 있는 미사일방어체계(IAMD)에 한국이 가입하는 것을 의미한다. 2023년, 국방예산의 최초 정부(안)에는 SM-3 예산이 포함되어 있지 않았다. 하지만, 국회 국방위원회 논의 과정에서 '사업비'로 100억원이 신규 반영되었다가, 최종적으로는 '사전 조사비용' 명목으로 4천 4백만원이 편성되었다. 하지만, 기존 THAAD + 패트리어트 조합과 비교할 경우, SM-3는 THAAD 보다 효율성 · 신뢰성 측면에서 불리하다. 더욱이, 한국은 국산 장거리 지대공미사일(L-SAM)의 성능을 THAAD와 유사한 수준까지 향상시키는 것을 목표로 진화적 개발을 추진하고 있다. 결정적으로, KDX-Ⅲ 2차 사업을 통해 건조 예정인 이지스 구축함 3척에는 'SM-6'[238] 장착이 이미 결정되었다. KDX-Ⅲ 1차 사업을 통해 건조된 이지스 구축함에도 동일한 미사일을 장착하는 것이 합리적이다. 그럼에도 불구하고 한국이 SM-3 도입을 결정한다면, 미국과 담대한 '주고받기'가 전제되어야 한다. 예를 들면, 핵 추진 잠수함 건조 혹은 사용 후 핵 물질 재처리 권한 관련 미국의 양해 정도는 얻어 낼 수 있어야 한다. 이러한 전제조건이 없다면, 향후에도 SM-3 도입은 바람직하지 않고 공감도 얻기 어려울 것이다.

셋째, 경 항공모함은 주변국 위협 대비 '비대칭 전략' 관점에서 합리적이지 않다. 기존의 논의 과정에서 생존성, 운용유지 문제 등은 이미 지적되었다. 우크라이나 사례처럼, '비대칭 전략'의 관점이 더욱 중요하다. 예를 들면, 2021년도 기준 중국의 GDP는 한국의 9배, 국방예산은 5배 이상이다. 이 격차는 앞으로 더욱 확대될 가능성이 높다. 중국도 미국을 상대로 전력을 건설하면서 비대칭 전략에 충실했음을 알 수 있다. 중국이 핵 추진 잠수함을 보유한 시점은 1974년이다. 중국이 러시아 중형 항모를 개조하여 배치한 시점이 2012년이다. 핵 추진 잠수함과 중형 항공모함 사이의 '약 30년'이라는 시간 간격을 주목해야 한다. 중국이 항공모함 보유에 착수한 것은 가까운 미래에 미국의 국력을 추월할 가능성이 가시화되는 시점이었다. 더욱이, 한국이 핵 추진 잠수함을 보유하는 것과 경 항공모함을 보유하는 것 중에서 중국이 부담스러워하는 것은 어느 쪽일까? 이러한 논리로 접근하면 결론은 그리 어렵지 않다. 향후에도 주변국 위협에 대비한 한국의 전력 건설은 '비대칭 전략'에 더욱 충실할 필요가 있다. 즉, 극초음속 대함 순항미사일 · 대함 탄도미사일 · 대 위성 요격미사일 · 핵 추진 잠수함 등이 대표적이다.

---

237) 함정 탑재 중간단계 고고도 요격 미사일로서 사거리 2,500km, 고도 1,200km이다. ICBM · 저궤도 위성도 일부 요격이 가능한 것으로 평가된다.

238) 함정 탑재 종말단계 저고도 요격 미사일로서 사거리 400km, 고도 34km이다. 항공기 및 탄도미사일 방어 외에도 극초음속 미사일 방어와 대함 초음속 미사일로 운용될 수 있도록 개발되고 있다.

넷째, 유 · 무인 협업체계의 발전은 혁신적인 접근방법을 필요로 한다. 무인체계의 원조(元祖)격인 '무인기(일명, 드론)'가 우크라이나 전쟁을 통해 어떤 위상을 갖게 되었는지를 고려하면 그 중요성을 쉽게 공감할 수 있다. 이제 무인기는 강대국의 전유물 혹은 게임체인저가 아니라, 소총 · 기관총 같은 보편적인 무기체계 가운데 하나가 된 것이다. 하지만, 지난 30년 동안 무인기 전력을 건설하면서 한국이 범한 시행착오는 총론만으로는 결코 성과를 낼 수 없음을 보여주고 있다. 종합적인 발전계획(Road map)의 부재, 핵심기술 확보지연, 복잡하고 경직된 사업절차 등이 대표적이다.[239] 유 · 무인 협업체계의 기술적 기반인 인공지능(AI)에서도 이와 같은 시행착오가 반복될 가능성이 높다고 생각한다. 특히, 인공지능 기술은 민간이 주도할 수밖에 없고, 발전 속도와 범위 또한 차원을 달리하기 때문에 더욱 그러하다. 따라서 혁신적인 접근방법이 필요하다. 구체적인 기술적 검토, 광범위한 전투실험, 민군협업 기반의 진화적 개발 등이 수반되어야 성과를 낼 수 있다고 생각한다.

다섯째, '기반전력'의 발전을 합동참모본부가 주도해야 한다. 기반전력은 제병협동 및 합동작전에서 공통적으로 활용되기 때문에 각 군의 관심도가 낮을 수밖에 없다. 전장기능 측면에서는 전장인식 · 지휘통제 · 방호 분야, 전장영역 측면에서는 우주 · 사이버 · 전자전 등이 여기에 포함된다. 우크라이나 전쟁에서 미국의 정보지원, 스타링크 등이 어떤 위력을 발휘하고 있는지를 고려하면 쉽게 이해할 수 있다. 앞에서 강조한 유 · 무인 협업체계도 기반전력이 제대로 구축되어야 실제 전투현장에서 위력을 발휘할 수 있다. 특히, 한반도 작전환경에 부합하는 전술제대 정보 및 네트워크, 방호체계 등에 더 많은 관심을 가져야 한다. 예를 들면, 수풀투과 레이더, 휴대용 전자전 장비, 저궤도 통신위성 등이 대표적이다. 또한, 개전 초기에 예상되는 적의 대규모 방사포 및 미사일 공격으로부터 전략자산을 지킬 수 있는 방호시설도 중요하다. 산악 갱도와 연결된 공군 비행장[240] 등이 하나의 사례가 될 수 있다.

한편, 한반도에서 대규모 인명피해를 수반하는 전쟁은 정치적 · 군사적으로 감내하기 어렵다는 현실을 직시해야 한다. 따라서 전차의 능동방어체계(대전차미사일 방어를 위한)처럼 기존 무기체계의 방호능력 향상에도 추가적인 관심을 가져야 한다. 또한, 현대전에서는 센서의 발달과 살상력의 증대로 적에게 발견되는 즉시 피해를 입을 수밖에 없

---

239) 세부적인 내용은 2023년 1월 27일 중앙일보 기사, "앞서갔던 한국 무인기… 튀르키예 보다 10년 뒤처졌다, 이유 셋"을 통해 확인이 가능하다.

240) 대만의 '가산(佳山) 비행장'이 대표적이다. 중국의 대만 침공을 가정한 워 게임(War Game)에서 이러한 방호시설과 연계된 대만 공군력의 생존 여부가 결정적인 영향을 미치는 것으로 분석되었다.

다. 따라서 무기체계의 설계 단계부터 적의 가시광선, 열상장비, 전자전 장비 등에 노출이 최소화 될 수 있는 대책을 강구해야 한다.

여섯째, 개인 전투원이 하나의 소규모 '부대(Unit)'라는 인식 하에 전력건설이 추진되어야 한다. 병역자원의 급격한 감소, 인명 중시 사상 확산 등으로 개별 전투원의 임무수행 능력과 생존성에 대한 관심은 더욱 고조될 것이다. 우크라이나 전쟁을 통해서 확인할 수 있듯이 소총 조준경, 야시장비, 무전기, 방탄복 등은 개별 전투원에게 기본 장비가 되고 있다. 군사 선진국에서는 블랙 호넷(Black Hornet)[241] 같은 손바닥 크기의 초소형 무인기가 분대단위 이하에 보급되고 있다. 향후에도 이러한 추세는 더욱 강화될 것이며, 관련 예산도 증가할 것이다. 따라서 개별 전투원의 임무수행 능력과 생존성 향상을 위한 전력건설에 각별한 노력이 필요하다.

Ⅳ. 결 언

결론적으로 전력건설은 시스템적 사고를 필요로 한다. 왜냐하면, 무기체계는 군사전략의 수단으로서 목표 · 방법과 '균형'을 유지해야 할 뿐만 아니라, 부대구조 · 교육훈련 · 조직문화 등과 긴밀하게 '연계'되어야 하기 때문이다. 이러한 관점에서, 러시아는 목표 설정과 재원배분에 실패했으며, 무기체계 설계개념도 시대의 변화를 따라가지 못했다. 우크라이나는 위협인식의 부재로 혹독한 대가를 치르고 나서야 서방의 지원 하에 비대칭 전력을 발전시키고 있다.

한국의 전력건설은 방법적인 측면에서 명확한 목표의 설정, 이를 위한 위협의 재평가, 방위사업 제도 혁신, 전투실험의 활성화 등이 긴요하다. 내용적인 측면에서는 북핵 대비 한국형 3축 체계의 우선순위 정립이 필요하고, 현 시점에서 경 항공모함과 SM-3의 전력화를 추진하는 것은 부적합하다고 생각한다. 또한, 인공지능 기술을 적용한 유 · 무인 협업체계, 강건한 기반전력 구축, 개별 전투원의 임무수행 능력 및 생존성 향상 등에 더 많은 관심이 필요하다. 조만간 발표될 예정인 '국방혁신 4.0 기본계획'에 이러한 교훈이 반드시 반영되어야 한다고 생각한다.

---

241) 길이 16.8cm×폭 12.3cm, 무게 32g, 작전반경 2km, 비행고도 약 100m 이하, 소음이 없다.

저자소개

방종관 | 한국국가전략연구원(KRINS) 전력개발센터장

국방과학연구소(ADD) 겸임연구원, 서울대학교 미래혁신연구원 산학협력교수, 한국국방연구원(KIDA) 객원연구원 등으로 무기체계·국방혁신 등을 연구하고 있다.

1988년 육군사관학교 졸업하고 포병 소위로 임관하였으며, 2021년 육군 소장으로 전역했다. 이라크 파병을 포함하여, 각급 제대 지휘관과 국방부 군사보좌관, 합동참모본부 전력기획과장, 전력기획 1처장, 전략기획차장, 육본 기획관리참모부장 등 국방부·합참·육본에서 정책·전략·전력기획 업무를 수행했다. 미국 합동참모대학·광운대학교 방위사업학과 박사과정을 수료하고,「히틀러의 비밀무기 V-2」(번역, 일조각, 2010년)을 출판하였다. '러시아 군사혁신이 한국의 국방혁신 4.0에 주는 시사점: 아서 리케의 군사전략 이론 관점에서(한국국가전략 제7권 제3호, 2022년 11월)' 등을 포함한 다수의 논문이 있다. 중앙일보·KBS·YTN 등에서 국방 분야 기고·전문 패널로 활동하고 있다.

11 우크라이나 전쟁 시사점과 한국의 핵방호체계
- 핵방호교육과 대피시설을 중심으로

박 재 완 박사(국민대학교 교수)

Ⅰ. 서 론

러시아의 우크라이나 침공으로 전세계 안보정세에 많은 영향을 미치고 있다. 특히 러시아 푸틴은 전술핵무기 사용 위협까지 하면서 핵사용 문턱(nuclear threshold)이 낮아지고 있고, 전 세계는 핵 그림자가 짙게 드리우고 있다. 특히 구 소련과 러시아의 핵교리를 그대로 모방하고 있는 북한의 김정은도 반면교사(反面教師)로 러시아의 전술핵무기 사용 위협을 눈여겨 지켜보고 있을 것으로 판단된다.

한반도 안보뿐만 아니라 동북아 정세, 전 세계의 핵비확산 정책에 가장 큰 영향을 미치는 것은 날로 고도화되어가고 있는 북한의 핵·미사일 위협이다. 특히 지속적인 북한의 핵·미사일 위협은 대한민국의 가장 큰 안보위협이다. 30년 넘게 북한의 완전한 비핵화를 위한 국제사회의 다각적인 노력은 결실을 맺지 못했다. 국제사회의 노력과 협상에도 불구하고 북한의 완전한 비핵화는 요원해졌고, 오히려 핵능력만 날로 고도화되어가고 있다. 세계 안보정세도 코로나19 팬데믹에 더해 러시아의 우크라이나 침공과 날로 첨예하게 대립하고 있는 미국과 중국의 패권경쟁도 한 치 앞을 내다 볼 수 없을 정도로 매우 불안정한 상황이다.

2022년 9월 8일 최고인민회의 제14기 제7차 회의를 통해 '조선민주주의인민공화국 핵무력 정책에 대하여'(이하 핵무력정책법)을 법제화하면서 공세적이고 선제적인 핵공격 교리를 채택하였다. 세계 유일의 핵 선제공격 교리이다. 북한은 지속적으로 핵·미사일 능력을 고도화하고 있으며, 2013년 핵보유국법을 대체하는 〈핵무력정책법〉을 2022년 9월 8일 법령으로 공포(公布)하며 공세적이고 선제적인 핵공격 위협 수위를 높이고 있다.

그리고 북한은 2022년 12월 26일부터 31일까지 6일 간 당 중앙위원회 제8기 제6차 전원회의 결정서를 통해 한국을 명백한 적으로 규정하고 핵무기의 제 2사명도 결행하게 될 것이라고 엄포를 놓기도 했다. 공세적인 핵사용 의지를 재천명하고 전술핵무기 대량생산의 중요성과 필요성을 강조하고 핵탄두 수량을 기하급수적으로 증강할 것을 강조하기도 했다.

2022년 5월 새롭게 출범한 한국의 윤석열 정부와 미국의 바이든 행정부는 최단시간

만에 한·미정상회담을 개최해 북한의 핵·미사일 위협에 대한 공감대를 형성하고 확장억제전략의 신뢰성 제고 등 다각적인 노력을 통해 비정상을 정상으로 되돌리고 있다. 하지만 현실적인 위협이 된 북한의 핵·미사일 위협에 실질적인 대응을 위해서는 더 많은 시간과 노력이 필요해 보인다. 북한의 핵 위협에 대응하기 위해 한·미의 확장억제정책의 신뢰성을 제고하는 차원에서 2022년 9월 16일 한·미 외교, 국방차관급으로 하는 확장억제전략협의체(EDSCG) 3차 회의가 4년 만에 개최되기도 하였다. 미국은 2022년 10월 12일 국가안보전략서(NSS, National Security Strategy)를 발표하였고,[242] 10월 27일에는 국방전략서(NDS, National Defense Strategy), 핵태세검토보고서(NPR, Nuclear Posture Review), 미사일검토보고서(MDR, Missile Defense Review)를 각각 발표하였다.[243] 미국의 모든 안보전략서는 단호하게 북핵 위협에 단호하게 대응하겠다고 천명하고 있지만, '과연 미국이 서울을 방어하기 위해 워싱턴을 희생할 수 있겠는가?'라는 진부한 화두가 대두되듯이 확장억제전략의 신뢰성에 대한 의구심은 아직도 여전하다. 그리고 한국의 자체적인 대비를 위한 한국형 3축체계가 완벽하게 작동하기 위해서도 상당한 제원과 시간이 필요할 것으로 판단된다. 이제는 억제와 요격에 실패했을 경우에 대비한 국가핵방호체계의 획기적인 발전이 필요하다.

국방부는 2023년 1월 11일 대통령에게 2023년 주요업무 추진계획보고를 통해 북한의 핵 위협 대비 한미동맹의 억제력을 보장한 가운데, 어떠한 도발에도 압도적으로 승리할 수 있는 강력한 대응능력과 태세를 구축하기 위한 2023년 국방정책 추진방향을 보고했다.[244] 이것은 2022년 7월 22일 보고한 국방부 업무보고에서의 고도화되고 있는 북한의 핵·미사일 위협에 대응하기 위한 '전방위 국방태세 확립과 대응역량 확충'방안은 연장선상에 있다.[245] 대응방안 보고에는 한·미 연합의 정보감시태세와 대응태세를 긴밀하게 유지하고, 다양한 감시·정찰 자산의 강화, 압도적 한국형 3축체계 능력과 태세 확충, 수도권을 위협하는 북한 장사정포 대응역량 강화가 포함되었다. 특히 압도적 한국형 3축체계 능력과 태세 확충을 위한 다양한 능력 확보와 조기 전력화를 계획을 발표했다.[246] 하지만 용어만 기존 한국형 3축체계로 환원되었을뿐 한국형 3축체계가

---

242) U.S. The White House, *National Security Strategy*, October 12, 2022.

243) U.S. DoD, *2022 National Defense Strategy, 2022 Nuclear Posture Review, 2022 Missile Defense Review*, October 27, 2022.

244) 대한민국 국방부, "힘에 의한 평화 구현, 2023년 주요업무 추진계획," 2023.1.11., 국방부 보고자료, p.5.

245) 대한민국 국방부, "국방부 업무보고, 윤석열정부 국방정책방향과 세부 추진 과제 보고," 2022.7.22., 국방부 보도자료, pp.2-3.

246) 윤석열정부는 2022년 5월 18일 이전 문재인정부의 핵·WMD 대응체계를 폐기하고 이전 '한국형 3축체계'를 부활했다. 박대로, "尹정부서 부활 '3축체계' 미완성…무기 보강 필요,"『NEWSIS』, 2022년 5월 22

제대로 작동하기 위한 전력의 목표수준에는 이르지 못한 실정이다. 이 한국형 3축체계가 완성되기 위해서는 상당한 시간과 노력, 재원이 필요할 것으로 판단된다. 그러면 3축체계가 완성되기 전에 북한의 핵·미사일은 어떻게 대응해야 할 것인지에 대한 의문과 우려가 생긴다.

2023년 2월 8일 대통령 주재로 7년만에 중앙통합방위회의가 개최되었다. 이번 회의에서 북한의 핵·WMD 위협과 고강도 도발 대비 대응역량 강화와 국민보호 대책을 심층 깊게 논의했다.[247] 이번 회의를 통해 대통령을 중심으로 대한민국 수호의지를 확인하고 북한의 핵·WMD 위협으로부터 민·관·군·경·소방 통합방위를 위한 제 작전요소를 통합하는 총력안보를 강조하고, 국민의 생명과 재산을 보호할 수 있는 대책을 논의하기도 했다.

러시아의 우크라이나 침공으로 핵사용 문턱이 낮아지고 있고, 푸틴을 반면교사로 삼은 김정은의 공세적인 핵독트린으로 현실적이고 실질적인 위협이 되어버린 북한의 핵위협, 특히 미국의 개입을 억제(deterrence)하기 위한 전략핵무기(strategic nuclear weapons)와 차원이 다른, 한국을 목표로 하고 전장에서 실질적인 능력(war-fighting capabilities)으로 사용하고자 하는 북한의 전술핵무기(tactical nuclear weapons)의 위협에 대응하기 위한 특단의 대책이 필요한 상황이 되어버렸다. 특히 억제와 예방, 요격에 실패했을 경우 어떻게 방호하고 피해 최소화를 위해 대처할지에 대한 진지한 논의가 필요하다. 이에 본 연구에서는 우크라이나 전쟁 시사점(핵사용 문턱의 낮아짐, 전술핵무기를 실전전력으로 활용)을 통해 핵방호 교육과 대피시설을 중심으로 한국의 핵방호체계 발전방안을 모색하고자 한다.

Ⅱ. 우크라이나 전쟁과 북한의 핵전략 변화

2022년 2월 24일 러시아의 우크라이나 침공으로 세계의 핵 사용 문턱(nuclear threshold)은 어느 때보다 낮아졌다는 평가를 받고 있다. 핵 사용 문턱은 말 그대로 핵을 사용하기 위한 최소한의 도덕적, 정치적 한계선을 의미한다. 핵무기는 그 자체로 모든 것을 파괴할 수 있기 때문에 핵무기는 억제(deterrence)를 위한 용도이지 실제 전장

일자.

247) 2023년 2월 8일 영빈관에서 대통령 주재로 제 56차 중앙통합방위회의에서 '북 핵·WMD·미사일 위협과 고강도 도발 대비 대응역량 강화, 국민보호 대책' 주제토의를 진행하였다.

에서 사용하기 위한 실전능력(war-fighting capabilities)으로 간주되지 않았다. 말 그대로 핵금기(nuclear taboo)가 작동했었다.

하지만 최근 여러 정황으로 인해 핵 문턱이 낮아지고 있다는 평가이다. 그 정황은 여러 곳에서 나타나고 있다. 우선 우크라이나 전쟁 과정에서 러시아가 여러 차례 핵 위협을 가함에 따라 상상할 수 없던 일로 여겨지던 핵무기 사용이 다시 가능성의 영역으로 들어온 것이라는 우려이다.[248]

그리고 푸틴의 공공연한 핵 사용 위협과 더불어 주목할 점은 미국의 2022년 핵태세검토보고서(2022 NPR)이다. 러시아의 우크라이나 침공에도 일부 영향을 받은 것이지만, 미국은 2022 NPR의 공개본을 통해 핵무기 선제사용 금지(NFU, No First Use) 정책이나 단일목적(sole purpose) 핵사용 정책을 명시하지 않고 기존의 모호성을 유지했다. 이런 미국의 정책은 적국의 핵무기 사용뿐만 아니라 핵무기가 사용되지 않는 극한 상황(extreme circustance)에서도 미국과 미국의 동맹국 및 파트너의 중요한 이익을 방어할 것이라고 명시하면서 핵사용의 모호성이 그대로 유지되었다.[249] 이것은 미국의 신형 저위력 핵무기(low yield nuclear weapons) 개발과도 깊은 연관성을 가지면서 핵 사용 문턱을 낮추는 영향을 보이고 있다.[250]

더욱 심각한 상황은 북한의 핵능력 고도화와 핵전략 변화이다. 북한은 30년 넘게 진행된 비핵화 협상기간 동안에도 핵능력을 지속적으로 발전시켜왔다. 2017년 11월 29일 화성-15형 시험발사 성공과 더불어 '국가 핵무력 완성'을 선포하고 핵능력 고도화와 더불어 탄도미사일 개발에도 쉼없이 박차를 가하고 있다. 2021년 8차 당대회의 사업총화보고와 국방발전전람회, 당대회 열병식을 통해 대륙간탄도미사일(ICBM)뿐만 아니라 미니 SLBM, KN-23 신형 전술지대지 미사일(북한판 이스칸데르), KN-24 단거리 지대지 미사일(북한판 에이태킴스, ATACMS), KN-25 초대형방사포와 극초음속미사일 등 다양한 투발수단을 시험발사하고 있다. 급기야 화성-17형의 다탄두핵탑재가 가능한 ICBM까지 선보이고 있다.

북한은 핵능력 고도화와 더불어 핵전략 변화도 꾀하고 있다. 공세적이고 선제 핵공격

---

248) 김정섭, "우크라이나 사태로 본 핵전쟁의 문턱-저위력 핵무기와 제한핵전쟁 논쟁,"『세종정책브리프』No. 2022-07, 2022.4.22., pp.3-6

249) U.S. DoD, Fact Seet: 2022 Nuclear Posture Review and Missile Defense Review, March 28, 2022.

250) 미국의 저위력 핵무기는 전술핵무기와 달리 전술적 용도 등으로 구분하는 것이 아닌 위력으로 구분하는 것이다. 대표적인 저위력 핵무기는 잠수함발사탄도미사일(SLBM)인 Trident-II에 탑재되는 위력 5-7kt의 W76-2와 다양한 전투기와 폭격기에 탑재되고 위력이 0.3/1.5/10kt 등 위력 조절이 가능한(dial yield) 중력 폭탄(gravity bomb) B61-12가 있다. 박재완, "확장억제 신뢰성 제고를 위한 미국의 저위력 핵무기 개발 및 함의,"『한국과 국제사회』제5권 5호, 2021.10.31., pp.184-185.

전략을 포함한 북한의 핵전략 변화는 한국에게 심대한 위협이 되고 있다. 북한은 이미 1단계 핵무기 연구개발과 2단계 핵무기 운용 준비를 이미 마쳤고, 3단계 핵전력의 작전 운용과 4단계 핵전력 현대화를 질주하고 있는 것으로 판단된다.[251] 더욱 우려스러운 점은 북한의 한국을 대상으로 한 전술핵무기 개발이다.[252]

Ⅲ. 국가핵방호체계 고찰

북한의 핵·미사일 위협에 대한 현실적 대응방안을 강구하기 위해서는 많은 고민을 안겨줄 것으로 예상된다. 그리고 이미 많은 논의와 검토를 통해 외교·정책·전략·군사적으로 대응방안이 제시되었다.

하지만 명확하고 명쾌한 현실적 대응방안을 강구하지 못한 상황이다. 국가 핵안보체계 구축을 위한 현실적 대응방안에 대해 아래와 같이 제시한다. 먼저 밝혀 둘 것은 핵이 없는 한국의 입장에서 현실적인 대응방안을 강구하는 것은 거의 불가능에 가까울 정도로 제한적이라고 할 수 있을 것이다.

북핵 문제를 해결하기 위한 가장 기본은 억제와 예방이며, 이를 위해서는 국제사회와의 공조가 필수적이다. 비록 북한의 완전한 비핵화 협상이 요원하다고 할지라도 포기해서는 안된다. 더욱 적극적으로 국제사회와의 협력을 통해 대응방안을 강구해야 한다. 북한의 완전한 비핵화를 위한 협상과 대북 제재 등 국제사회와 공조하여 수 많은 노력을 기울였음에도 불구하고, 그동안의 북한 비핵화 노력이 무색하게 되었다. 하지만 희망고문(希望拷問)이 될수 있을지 모르지만 그렇다고 희망의 끈을 놓을 수는 없다. 국제사회의 핵확산금지조약(NPT) 체제와 국제연합(UN)의 일원으로 복귀할 수 있도록 국제사회와 협력해야 할 것이다. 하지만 이 방안은 현실적인 대응방안으로서 미흡한 측면이 없지는 않다.

특히 확장억제전략을 구상함에 있어 한·미 등 국제사회의 시각보다 북한의 시각에서 접근하려는 창의적인 노력이 필요하다. 왜냐면 북한체제의 특수성을 감안해서 억제전략을 구상해야 억제가 작동할 수 있기 때문이다. 북한이 처한 특수성은 이전 비핵화 협상에 성공한 나라들과 북한이 처한 안보환경과의 차이, 북한이 핵개발에 투자한 기회비용과 동인, 북한은 시장경제 등 당근 효과가 작동하지 않는다는 점, 북한 지도자의 결심

251) 함형필, “북한의 핵전략 변화 고찰: 전술핵 개발의 전략적 함의,” 『국방정책연구』 제37권 제3호, 2021, pp.25-26.
252) 박재완·심윤섭, “북한의 전술핵무기 개발과 함의,” 『한국과 국제사회』 제5권 제6호, 2021.12, pp.383-402.

유도방안 등이 있을 것이다.253)

하지만 재래식 전력으로 북핵을 대응하는 것에도 한계가 있고, 핵금기(nuclear taboo)에 따른 확장억제의 신뢰성도 의심받고 있는 실정이다. 이러한 미국의 확장억제 실행력과 신뢰성 제고 측면에서 미국이 개발하고 있는 저위력 핵무기에 주목할 필요가 있으며, 한국의 억제·대응능력 강화를 위한 방안을 적극적으로 모색할 필요가 있다.254) 이를 위해 한·미는 맞춤형 억제전략 발전과 미국의 확장억제 공약의 실행력을 제고해야 한다. 한·미 연합 억제·대응능력을 강화하기 위해 현실적이고 실질적인 방안을 고민해야 한다. 이제는 나토의 핵공유와 같이 핵동맹으로 격상시키고, 확장억제전략협의체(EDSCG)보다 긴밀하고 계획단계부터 한국이 간여할 수 있는 고위급 핵계획그룹(NPG) 발전 등이 있어야 할 것이다.

북한의 핵미사일이 발사되기 전의 발사 왼편 전략(left of launch strategy)을 모색할 필요가 있다. 억제전략이 제대로 작동하지 못해 억제에 실패하더라도 핵·미사일이 발사되기 이전에 무언가의 조치를 취해야 한다. 발사되기 이전의 전략이 발사왼편 전략으로 최근에 많이 언급되고 있는 선제타격도 그 일환이 될 수 있다. 하지만 선제타격이 이론적으로 합리적으로 보일 수 있지만 정확한 정보와 첩보에 근거하지 못하면 실패할 확률이 높고, 오인식에 기반한 선제타격이나 예방공격은 오히려 선전포고와 같은 부작용을 초래할 수 있다. 선제타격 방안도 물리적인 타격방안 이외에도 심리전, 사이버전자전과 같은 비물리적이고 스마트한 발사 왼편 전략을 구사할 수 있다.255)

북한의 핵미사일이 발사되기 전의 전략이 발사 왼편 전략이라고 한다면, 발사 이후는 발사 오른편 전략(right of launch strategy)이라고 할 수 있다. 이제는 예방과 요격뿐만 아니라 북한이 핵미사일을 발사한 이후의 발사 오른편 전략이 필요하다. 발사 오른편 전략은 북한의 핵·미사일 발사 이후 미사일 방어를 통한 요격과 피격시의 방호로 구성될 것이다.256) 하지만 날아오는 핵·미사일을 하늘에서 중간에 요격(intercept)하는 것은 기술적인 문제뿐만 아니라 요격체계를 구축하기 위한 천문학적인 예산이 소요될 뿐만 아니라 한반도의 짧은 종심으로 인해 그 효과를 장담하기 쉽지 않다. 더구나 북쪽

253) 박재완, "북한 대량살상무기 폐기를 위한 협력적 위협감소 프로그램 적용방안," 『한국과 국제사회』 5권 2호, 2021.4.30.

254) 박재완, "확장억제 신뢰성 제고를 위한 미국의 저위력 핵무기 개발 및 함의," 『한국과 국제사회』 5권 5호, 2021.10.31.

255) 2016~2017년 북한의 무수단 미사일 시험발사에 대해 9회 중 7회를 실패하게 만들었던 미국의 발사 왼편(left of launch) 작전의 성공적인 사례는 시사하는 바가 크다. 송운수, "사이버억지 군사전략이 필요하다," 『국방일보』, 2021년 3월 4일자.

256) 핵방호 및 피해 최소화 방안은 아홉째 대응방안에서 별도로 기술하였다.

에서 날아오는 핵·미사일도 감시하고 탐지하고 요격하는 것도 만만치 않은데, 최근에 선보인 소형 SLBM을 동해나 서해, 남해에서 발사한다면 거의 속수무책이다. 이뿐만 아니라 측면기동, 활공도약 등의 변칙적인 궤적(trajectory)을 보이는 북한판 이스칸데르(KN-23), 북한판 에이태킴스(ATACMS, KN-24), 신형 대구경조종방사포(KN-25), 극초음속미사일 등 다양한 전술핵무기 투발수단을 선보이고 있다.

핵전 상황을 고려한 실질적 작전계획의 발전도 필요하다. 2021년 12월 2일 한·미 국방장관은 제53차 한·미안보협의회의(SCM)를 통해 기존 작전계획 5015를 대폭 수정·보완하는 새로운 전략기획지침(SPG)을 승인했다. 그리고 전략기획지시(SPD)를 통해 작전계획을 더욱 구체화할 것이다. 명백히 현존하는 위협이며 점증하는 북한의 핵 위협에 대한 대응, 국방혁신 4.0에 따른 한국군 변화와 함께 전시작전통제권 전환에 따른 연합지휘체계의 변화를 반영한다고 한다. 북한의 핵 위협이 반영된 작전계획을 다시 수립하는 것은 그만큼 북한의 핵·미사일 위협이 위중하다는 반증일 것이다. 2015년 작계5015가 만들어질 당시의 상황과 현재의 상황이 많이 달라진 것도 사실이다.

또한 효율적이고 실질적인 작전계획이 수립되려면 대응을 위한 아측의 가용자산과 시설 등 능력이 충분해야 한다. 한·미연합작전계획도 중요하지만 더욱 우선되어야 할 것은 민·관·군 통합작전이다. 물론 통합방위협의회가 있기는 하지만 핵·미사일 위협에 대한 대응방안이 제대로 갖추어져 있는지, 무엇이 미흡한지부터 파악하고 조치해야 한다. 이것은 국방부만의 문제가 아니라 범정부, 범부처가 합심해서 국민을 보호하기 위한 대책을 강구해야 한다.[257] 비상대비계획인 충무계획, 핵민방위 운용, 예비전력의 창의적 운용, 국가비상기획위원회와 비상기획관 제도 등의 발전과 시설과 장비·물자 준비, 핵방호 및 피해 최소화를 위한 핵사후관리 등 민·관·군 통합과 총력전 태세가 필요하다.

북한 핵·미사일 위협에 대한 세부적이고 실질적인 정보역량의 강화가 필요하다. 북한의 핵·미사일에 대응하기 위한 가장 기본적이고 중요한 사항이 정보역량의 강화이다. 발사 왼편 전략이나 발사 오른편 전략이 성공하기 위한 가장 중요한 요소가 바로 정보역량일 것이다. 북한의 동향을 제대로 살필 수 있는 정찰감시자산이 필수이다. 충분한 군사위성과 정찰감시자산을 확충해야 한다. 물론 이 분야도 천문학적인 예산이 투입될 것으로 예상된다. 그리고 수많은 과학적 정보·첩보 수집자산과 체계가 있지만 가장 확실한 인간정보(HUMINT) 수집체계도 제대로 가동되도록 해야 한다.

북핵 정책에 대한 전반적인 재정비가 필요하다. 이제껏 해결하지 못한 북핵 문제를

---

257) 박재완 등, 『북한 비대칭 군사위협에 대한 정부의 대응방안』, 2020년 행정안전부 정책연구보고서, 2020.12.

해결하기 위해 우선적으로 대북 정책과 북핵 정책에 대한 전면 재검토가 필요하다. 북한 핵을 절대로 용납하지 않겠다는 '북핵불용(北核不容)' 원칙의 단호한 의지부터 천명해야 한다. '북핵 불용'을 근간으로 삼으면서 북한의 궁극적인 비핵화가 실현되도록 외교적인 노력을 기울이되 군사적인 대비 및 대응방안도 적극 강구해야 한다. 대북 정책과 북핵 정책을 재정비함에 있어 진영논리가 배제되어야 한다. 정권에 따라 대북 정책과 북핵 정책이 부침(浮沈)을 거듭하는 이유는 정책의 지속성과 연속성 차원에서 보장받지 못한 측면이 있다.[258)]

북한의 비핵화 협상이 요원하고 북한이 사실상의 핵보유국으로 부상한 현 상황에 대해 북한을 핵보유국으로 인정하는 것과는 별개로 북핵 위협에 대한 대비책은 필요하다. 말 그대로 정치적 상황과 군사적 대비상황을 구분해야 하며, 이러한 상황은 많은 딜레마를 야기할 것으로 판단된다.

북핵 대응을 위해 전반적인 포괄적 전방위 억제 및 방호대책 강구가 필요하다. 어느 한 분야로 대응책이 완비될 수 없다. 모든 가용한 수단을 강구해야 한다는 측면에서 포괄적 전방위 대책이 필요하다. 포괄적 전방위 억제 및 방호(Comprehensive Full Spectrum Deterrece & Protection)는 현실화된 북핵 위협에 대한 현실적이고 실질적인 대비방안을 시급히 마련해야 한다. 모든 가용자산과 수단을 활용하여 지금 당장 실행할 수 있는 모든 대책을 적극적으로 강구해야 한다. 한·미동맹에 근거한 맞춤형 억제전략 발전과 미국의 확장억제 실행력 제고 등 소위 전방위 억제(full spectrum deterrence)와 예방뿐만 아니라 대비와 대응, 핵방호와 핵 사후관리 전반에 걸친 모든 방책을 총동원해야 한다. 필요하다면 억제를 위해 나토식 핵공유(nuclear sharing)보다 더 진화된 한국형 핵공유나 핵동맹을 추진하거나 자체 핵무장 방안도 이제는 진지하게 논의해야 한다. 당장 핵을 갖지 못하면 추후 단기간 내에 핵무장을 할 수 있는 잠재적 능력이라도 갖추어 나가야 한다. 그리고 핵억제나 예방, 핵·미사일 요격을 핵심으로 하는 동맹의 포괄적 미사일 대응전략인 4D(탐지, 결심, 격퇴, 방어)가 실패할 경우에도 대비해야 한다.

이를 위해 제안하는 것이 '포괄적 전방위 억제 및 방위'이다. 포괄적 전방위 억제 및 방위는 억제·예방, 대비·대응, 방호·사후관리(복구)로 구분할 수 있다. 우선 억제·예방이 최선의 방책이긴 하지만 완전한 성공을 보장할 수 없다. 특히 북한과의 비핵화 협상 등을 통해 억제·예방이 더욱 어려워지고 있다는 평가를 할 수 있다. 억제·예방을 위해

---

258) 박재완, "역대 한국정부의 대북정책이 한반도 군비통제에 미친 영향과 향후 추진방향," 『군사연구』 149집, 2020.6.30., pp.191-222.

서는 확고한 의지표명으로 선제적인 억제·예방 효과를 극대화해야 한다. 결국 가장 중요한 자산인 한·미동맹을 기반으로 적극적이고 선제적인 맞춤형 확장억제전략을 가동해야 한다. 그리고 포괄적이고 전방위적인 억제가 되도록 외교·정보·군사·경제(DIME) 요소를 총동원해야 할 것이다. 특히 북한이 핵을 포기할 때까지 고강도의 대북 제재를 UN 등 국제사회와 공조해서 유지해야 할 것이다. 대북 제재의 실효성을 높이기 위한 차원에서 중국의 협조와 동참이 필수적이나 미·중의 패권경쟁으로 그 효과를 장담하기 힘든 상황이다. 대북 제재의 효과를 위해서라도 통찰과 지혜를 발휘하여 북·중의 디커플링(decoupling) 방안과 대책을 강구할 필요가 있다.

Ⅳ. 국가핵방호체계 발전; 핵방호 교육과 민방위 대피시설

1. 국가핵방호체계 발전방안

국가핵방호체계 구축과 더불어 실질적인 핵방호 및 피해 최소화 방안을 신속하게 강구해야 한다. 북한의 비핵화를 통한 예방과 억제가 최선의 방책이긴 하지만, 예방과 억제가 실패할 경우도 이제는 대비해야 한다. 북핵 대응을 위해서는 북한 비핵화를 통한 예방과 억제가 최상책이다. 하지만 북한 비핵화가 요원한 실정이고, 선제타격이나 요격도 사실상 장담할 수 없다는 현실을 인식해야 한다. 앞선 모든 대응이 제대로 작동하지 않을 경우, 성공하지 못할 경우를 대비하기 위해서라도 핵방호, 핵사후관리, 핵민방위 등이 제대로 작동되도록 해야 한다.

핵방호 대책을 강구하기 위해서는 시설물 구축 등 천문학적인 예산이 투입되고, 군비경쟁의 늪에 빠질 우려도 있다. 하지만 정치적이고 절대무기인 핵사용 문턱(nuclear threshold)이 낮아져 이제는 현실적인 위협이 되었다. 특히 북한의 다양한 투발수단을 활용한 전술핵무기는 실제 전장에서 사용이 가능한 핵무기로 판단된다. 군의 전투력 보존뿐만 아니라 국민의 생명과 재산을 보호하기 위해 핵방호와 피해 최소화 방안이 강구되어야 한다.

만약 핵으로 공격당하면 어떻게 방호하고, 핵무기에 의한 대량피해가 발생하면 어떻게 복구하고 피해를 최소화할 것인지에 대해서도 국가적인 대비방안이 강구되어야 한다. 세부적인 핵방호 및 피해 최소화 방안은 다음과 같다.

핵 및 방사능전하 작전수행을 위한 작전계획 발전이 필요하다. 예방과 억제를 위한 한국형 3축체계(3K), 사이버전자전 등에 의한 사전 무력화 전략과 함께 방호(P)를 위한 전반적인 국가핵방호체계를 강화하고, 핵 및 방사능전하 작전수행을 위한 작전계획을 발전시켜야 한다. 작전계획을 수립함에 있어 가장 기본은 작전계획의 가정사항에 북한이 개전 초기부터 다양한 표적에 대해 전술핵무기로 공격할 것이라는 점을 반영하여야 한다.

〈그림 1〉 한국의 3축체계와 방호(3K+P)

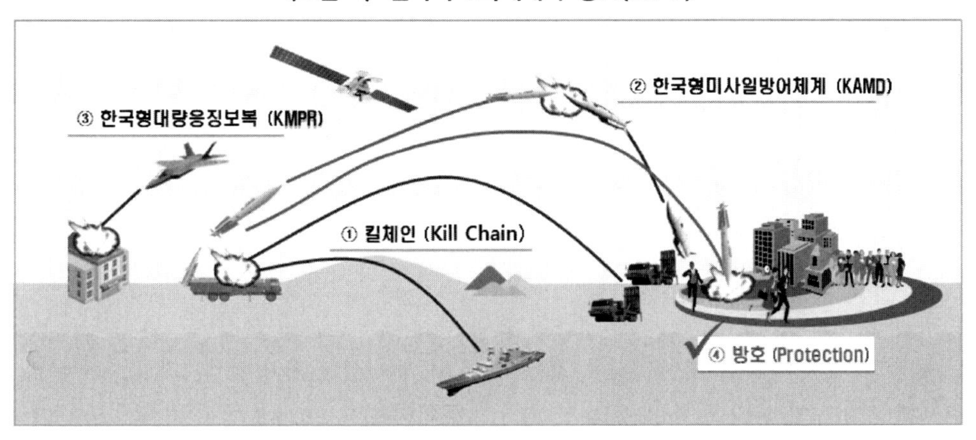

현재도 작전계획 5015를 제로베이스(zero-base)에서 검토하고 있고, 전략기획지침(SPG, Strategic Planning Guidance)과 전략기획지시(SPD, Strategic Planning Directive)를 통해 발전시키고 있는 이 부분에 핵방호와 피해 최소화를 위한 사후관리 지원 계획이 포함되고 세부적으로 발전되어야 한다. 그리고 작전계획 수립에 있어 북핵 위협과 핵 및 방사능전하 작전의 실상을 제대로 이해해야 한다. 감수할 위협과 극복할 위협을 구분해서 대비해야 할 것이다. 핵무기의 효과 중 폭풍이나 열효과는 시설물의 지하화를 통해 일부 피해를 감소시킬 수 있으나 핵폭발 지상원점(Gound-Zero) 주변의 피해는 일부 감수해야 할 위협이다.

핵방호 시설물 구비와 EMP 방호대책 강구가 필요하다. 핵방호에 있어서 기본적인 시설물이 구비되어야 한다. 시설물의 지하화뿐만 아니라 방폭시설, 공기정화시설(공조시설)과 추가적으로 EMP 방호시설도 구비되어야 한다. 천문학적인 예산이 투입되는 것은 자명한 사실이나, 기존에 구비된 시설물을 최대한 활용하고, 진지공사 시행 간에 최대한 엄체호, 유개호 등으로 구비하는 기본적인 노력도 필요하다.[259)]

---

259) 방사능 낙진으로부터 방호하고 피해를 최소화하기 위해서는 최소 2주 이상의 기간동안 체류할 수 있는

특히 핵 폭발시 초기의 열이나 폭풍효과에 대한 피해를 줄이는 방법은 시설의 지하화가 지대한 영향을 미친다. 그리고 각종 전투시설물과 전투진지 등의 유개호, 모래 마대나 콘크리트 건물 등 견고한 시설물일수록 그 피해를 줄일 수 있다. 이러한 유개호는 핵무기 공격에 의한 피해뿐만 아니라 장사정포에 의한 포병화력이나 공중폭격 등에 대한 피해를 현저히 줄일 수 있다. 전자기펄스(EMP) 방호를 위한 시설물에 대한 대비도 해야 하지만, EMP 방호시설에 대한 대비는 추가적인 검토와 예산, 실행 가능성 등에 대한 추가 검토가 필요하다.

북한은 2017년 6차 핵실험 후 주요내용을 발표하면서 '핵무기의 EMP 위력'이라는 해설 기사를 게재하면서 EMP 사용에 대한 위협을 가하기도 하였다.260) 만약 EMP로 공격하게 된다면 전자기기를 가진 전투장비와 지휘통제통신(C4I) 시설뿐만 아니라 금융, 발전, 교통, 통신 등 국가기반시설에 대한 심대한 피해를 입힐 것이며, 이에 대한 위협에 대한 대비방안이 철저하게 강구되어야 한다.261)

EMP방호를 위해서는 우선 EMP에 대한 이해가 선행되어야 한다. EMP방호를 위해 낙뢰대비수준으로 대비하는 것은 대단히 위험하다. 그리고 EMP는 핵무기에 의한 EMP도 있지만, 별도의 고출력 에너지를 활용하는 EMP탄이나 EMP발생장치가 있다.262) 각종 C4I 장비뿐만 아니라 거의 모든 장비가 EMP에 영향을 받게 되어 EMP에 의한 피해의 심각성은 날로 늘어나고 있다. 한국의 핵방호에 있어서 아킬레스건이라고 할 수 있는 분야가 바로 EMP방호라고 해도 과언이 아닐 것이다. EMP방호를 위한 발전방안으로 기존 천문학적인 예산이 투입되는 시설방호 개념에서 탈피하여 장비방호 개념으로의 전환이 필요하다. 장비방호장치는 항공기 등 장비가동을 멈출 수 없는 장비에 대해 내장형 EMP방호장치가 필요하고, 일부 장비가동을 멈춰도 큰 피해가 없는 기동장비에는 외장형 EMP방호장치가 필요하며, 전산장비 등 많은 방호장치가 소요되어 일부 피해를 감수하더라도 많은 장비 보호를 위한 교류전류용 EMP방호장치 등의 개발이 필요하다.263)

핵폭발에 의한 방사능오염지역 작전준비가 필요하다. 핵무기에 의해 가장 많은 피해를 발생시키는 분야는 방사능낙진에 의한 피해이다. 군사작전에 지대한 영향을 미칠 뿐

시설물 구비가 필요하다.

260) "핵무기의 EMP 위력," 『북한 노동신문』, 2017년 9월 4일자.

261) 박재완, "북한의 EMP 위협과 한국의 대응방안," 『한국군사』 5호, 2019.6, pp.93-129.

262) 핵무기에 의한 EMP는 고도 30km 이상의 고고도에서 핵폭발이 있어야 핵폭발시 발생하는 감마선과 30km 상공의 전리층의 충돌로 핵EMP가 발생한다.

263) 이 부분에 대해서는 한국원자력연구원과 국방과학연구소 민군협력진흥원 등에서 개발을 적극 검토하고 있다.

만 아니라 민간인 피해도 가장 광범위하게 나타날 수 있으며, 이에 대한 대비가 절대적이다. 방사능오염지역에서 작전을 하거나 활동을 위해서는 우선 방사능으로부터 보호를 받을 수 있도록 임무형보호태세(MOPP)를 적용하는 것은 물론 고준위 방사선 선율과 선량으로부터 방호할 수 있는 대책이 강구되어야 한다. 핵 및 방사능전하 작전을 수행하기 위해서는 핵 및 방사능작전통제, 임무형보호태세 등 방호, 방사능오염지역작전을 위한 각종 탐지장비, 의료조치 등 통합적으로 발전시켜야 한다.

특히 방사선은 인체의 오감으로 감지할 수 없기 때문에 각종 방사능측정기가 필요하다. 대표적인 방사능측정기로 휴대용방사능측정기(PDR-1K)가 군에 편제되어 있으나 대대급 1대 편제와 전력화된지 20년 이상 경과 등으로 인해 기능발휘가 제한되어 추가적인 대책이 강구되어야 한다.[264]

그리고 핵 및 방사능테러와 대량살상무기(WMD) 제거작전으로 전력화를 추진 중인 방사능작전세트에 대해서도 긍정적인 검토와 신속한 전력화를 위한 대책이 강구되고 지휘관심이 필요하다. 방사능작전세트는 방사능측정기 2종과 방사능방호복, 방사능방호약품 3종에 대해 방사능전하 작전을 수행하는 일부 요원용으로 전력화를 추진하고 있다.

2. 핵방호 교육 및 대피시설 발전: 핵민방위 체계 및 민방위 대피시설

핵민방위에 대한 개념과 제도 등 전반적인 발전이 필요하다. 핵방호와 피해 최소화를 위한 가장 기본적인 것이 조직과 인력적인 측면에서 핵방위(nuclear cilvil defense)가 필요하고, 시설적인 측면에서 민방위 대피시설이 필요하다.[265] 핵민방위의 중요성이 많이 강조되고 연구되었지만 실행에 옮기지 못하고 있다. 2016년 대통령실과 합참주도로 '북한 핵 위협 대비 정부종합대책'을 수립하고 세부 추진방안을 마련하였으나 실행에 옮기지 못했으며 핵민방위의 필요성만 언급되었을뿐 세부적인 법제화 방안 등은 미흡하였다.

우선 핵민방위 교육대상의 확대이다. 기존 민방위대 소집대상은 만 20에서 40세 남

264) 기본적으로 대대1대 편제를 중대급으로 확대할 필요가 있고, 기존 PDR-1K 노후화 등으로 신형방사능측정기(방사능측정기-II)가 새롭게 전력화를 추진하고 있으나 야전배치까지 앞으로 10년 이상 소요될 것으로 판단되어 추가 대책이 필요하다.

265) 민방위는 민방위기본법에 의한다. 민방위기본법은 1975년 7월 25일부터 공포되어 시행중이 법률로 전시·사변 또는 이에 준하는 비상사태나 국가적 재난으로부터 주민의 생명과 재산을 보호하기 위하여 민방위에 관한 기본적인 사항과 민방위대의 설치·조직·편성과 동원 등에 관한 사항을 규정하고 있다. 만 20세가 되는 해의 1월 1일부터 만 40세가 되는 해의 12월 31일까지 군 복무를 마친(예비군까지 포함하여 마친) 남성이 민방위 소집 대상이고 전시근로역 판정을 받은 남성 역시 소집 대상이다.

성으로 하고 있다. 소집대상과는 별개로 전 국민보호를 위한 핵민방위 교육대상은 남녀노소를 불문해야 한다.

민방위는 평시에는 민간인 신분이지만 전쟁이 발발하면 군인으로 신분이 변경되는 예비군과 달리 전시에도 민간인 신분이고, 군복이나 무기를 지급받지 않아서 국가에서 전투원으로 취급하지 않는다. 국방부에서 관할하는 예비군과 달리 민방위는 행정안전부에서 관할하기 때문에 군인과는 무관하다. 1975년에 창설되어 지금까지 시행하는 중이다. 민방위 편성 대상은 만 20세가 되는 해의 1월 1일부터 만 40세가 되는 해의 12월 31일까지 예비군까지 군 복무를 마친 남성이 민방위 소집 대상이고 전시근로역 판정을 받은 남성 역시 소집 대상이다. 총 인원은 2018년 12월 기준 약 362만 명이다.

민방위와는 별개로 병역이 아닌 국민으로서의 국방 의무에 따라 '비상자원관리법'에 따른 '비상대비자원 관리법 시행규칙' 중에 '인력자원 관리 직종'을 보면 '인적자원'으로서 성별 불문 20세부터 60세까지의 국민들은 전시 또는 이에 준하는 비상 상황이 생기면 국가의 자원을 효율적으로 활용할 수 있도록 대비한 계획의 교육 및 훈련 등에 동원됨을 규정하고 있다. 이에 따른 훈련은 1년에 7일로 하고 '비상대비자원 관리법 시행규칙' 상 훈련 면제 대상에는 전 국민보호를 위해 핵민방위 교육 대상을 남녀노소를 불문하고 모두 포함된다.

핵민방위는 핵무기 공격으로부터 피해를 최소화하는데 필요한 방법은 크게 소개(evacuation, 또는 이탈)와 방사선 차단이 가능한 민방위 대피시설(civil defense shelter)로 대피하는 것이다. 이러한 소개와 대피의 적시성을 보장하려면 체계적이고 신속한 경보와 안내(warning and communication)가 필요하다.[266]

2022년 11월 2일에 북한은 휴전 이후 처음으로 북방한계선(NLL) 이남 공해상에 단거리탄도미사일(SRBM) 한 발을 발사하였다. 낙탄지점은 NLL 이남 26km, 속초로부터 57km 이격된 공해상이었다.[267] 북한의 탄도미사일 발사로 인해 울릉도에 공습경보가 발령되었으나 총체적인 난국을 보였다.[268] 경계경보도 발령되지 않았고, 공습경보 발령 이후 대피 안내와 방송은 상황이 종료된 이후에 조치가 취해졌다. 뿐만 아니라 공습경보 사이렌 경보음 청취 후 무슨 상황인지도 알지 못했으며, 대피하라고만 하지만 실제 대피할 지하 대피시설을 알지 못했으며, 시설도 미구비되어 우왕좌왕하는 모습이었다.

266) 박휘락, 『북핵억제와 방어』 (서울: 북코리아, 2018), p.280.

267) 영해는 썰물 때의 23개 직선기선을 기준으로 12해리(22km), 대한해협은 3해리임.

268) 북한은 08:51 발사, 08:55 공습경보 발령, 09:19 대피 안내, 09:36 대피방송으로 대응했으나 실제 09:08 공습경보가 해제되었으며 주민은 나중에 인지하였고, 학교는 정상수업을 진행하였으며, 극히 일부 주민과 관광객만 영문도 모른체 지정 대피소 및 지하시설로 대피

경보전파는 중앙민방위경보통제센터의 제1, 2 민방위경보통제소의 민방공 및 재난경보체계를 활용한다.[269] 경보의 경우 핵공격 이전에 공격이 임박하다는 사실을 알려주는 전략적 경보와 핵무기 발사 사실을 알려주는 전술적 경보로 구분할 수 있다.[270] 이러한 경보를 접수 후 국민들은 핵폭발로부터 피해를 최소화할 수 있는 조치를 취하게 된다.

〈그림 2〉 2022년 11월 2일, 울릉도 공습경보 발령 상황

그 조치는 소개(이탈)와 대피가 되며 통상 지하시설에 구축된 민방위 대피시설로 대피하며 대피소로 이동하면서 낙진의 영향이 최소화될 수 있는 2주간 생활할 수 있는 필요한 준비물을 구비해야 한다. 준비물은 생존관련 각종 물품이며, 대피호 구축재료, 식수, 음식, 위생물품, 의약품 등이다.[271]

핵민방위와 더불어 민방위 대피시설이 구비되어야 한다. 특히 경보전파에 따라 핵피

---

269) 경상남도, 『2018년도 민방위·재난 예경보 업무추진 계획』, 2018, pp.21-27.

270) 박휘락, 앞의 책, p.280.

271) 세부적인 준비물은 박휘락, 앞의 책, p.282 참조.

격으로부터 초기 피해를 최소화할 수 있도록 민방위 대피시설로의 대피 등이 이루어져야 한다. 전국 1만 7,000곳 이상의 대피시설이 구비되어 있다고 하지만 핵·WMD 위협에 대응하기 위한 것이 아니라 항공기나 폭탄 등 재래식 위협에 대응하기 위한 민방공시설이라 그 기능발휘도 미지수이고, 구조적인 기능발휘 뿐만 아니라 핵공격시 열과 폭풍뿐만 아니라 방사능낙진으로부터 방호하기 위해서라도 최소 14일에서 21일간 대피해서 기본적인 의식주와 위생적인 거주가 가능하도록 구비되어야 한다. 물론 전 국민을 모두 21일간 대피시킬 시설을 구비하는 것도 선택과 집중의 문제이지만, 더욱 시급한 것은 그 시설이 존재하는지도, 어디에 있는지도, 그리고 대피하는 방법 등의 요령도 모른다는 사실이다.

〈그림 3〉 우크라이나 국민들의 지하시설 대피 모습

러시아와 우크라이나 전쟁에서 눈여겨 볼 만한 것은 우크라이나 국민들의 지하시설 대피 모습이다. 일부 지하철 등을 활용하는 우크라이나 국민도 있기는 하지만, 우크라이나가 구 동구권의 바르샤바 조약기구 국가와 마찬가지로 미·소 냉전시대 구축한 지하 대피시설을 활용하고 있다는 점이다. 물론 러시아의 공습으로 피해를 입은 모습들이 실상황으로 중계되고 있지만 피해가 적은 이유는 바로 미·소 냉전시대 구축한 지하 대피시설 덕분이다. 유럽의 영세중립국인 스위스와 핀란드, 덴마크 등의 사례를 참고해서 적용방안을 강구해야 할 것이다.272) 이러한 대피뿐만 아니라 응급구호, 의학적 조치, 구호와 더불어 정부와 지자체는 핵 사후관리(consequence management)를 수행할

272) 행정안전부에서 다양한 연구용역으로 실태를 분석하고 발전방안을 검토하였으나 최종적으로 예산, 지자체와의 협조 등으로 구체적인 정책반영은 미흡한 실정이다.

수 있도록 핵민방위 등을 준비하고, 연습하고, 숙달할 수 있어야 하며, 군에서도 사후관리 지원을 위한 대비 및 대응을 준비해야 한다.[273]

또한 효율적이고 실질적인 작전계획이 수립되고 아측의 가용자산과 시설 등 능력이 충분해야 한다. 한·미연합작전계획도 중요하지만 더욱 우선되어야 할 것은 민·관·군 통합작전이다. 물론 통합방위협의회가 있기는 하지만 핵·미사일 위협에 대한 대응방안이 제대로 갖추어져 있는지, 무엇이 미흡한지부터 파악하고 조치해야 한다. 이것은 국방부만의 문제가 아니라 범정부, 범부처가 합심해서 국민을 보호하기 위한 대책을 강구해야 한다.[274] 비상대비계획인 충무계획, 핵민방위 운용, 예비전력의 창의적 운용, 국가비상기획위원회와 비상기획관 제도 등의 발전과 시설과 장비·물자 준비, 핵방호 및 피해 최소화를 위한 핵사후관리 등 민·관·군 통합과 총력전 태세가 필요하다.

민방위 대피시설은 다양한 기능을 보유해야 하지만 현실적인 문제로 방폭이나 방열 기능보다 방사능 낙진으로부터 방호할 수 있는 낙진 대피소(fallout shelter)의 기능을 우선 구비해야 한다. 낙진 대피소는 외부공기의 유입을 막을 수 있는 밀폐기능과 2주간 기본적인 생활을 할 수 있도록 기능이 구비되어야 한다.

〈그림 4〉 2주간 낙진 대피 이유(7-10법칙, Seven-Ten Rule of Thumb)

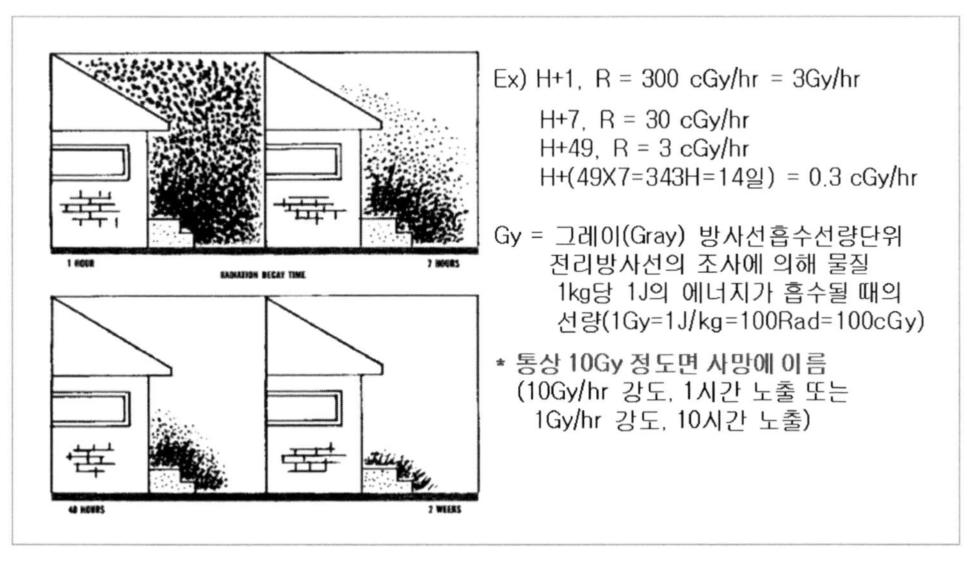

---

273) 박재완, "민·관·군 통합 화생방 사후관리 수행방안 연구," 『2018년 육군교육사 군사학술연구용역』, 2018.12.

274) 박재완 등, 『북한 비대칭 군사위협에 대한 정부의 대응방안』, 2020년 행정안전부 정책연구보고서, 2020.12.

민방위 대피시설은 정부지원 민방위 대피시설과 공공용 민방위 대피시설이 있다. 정부지원 민방위 대피시설은 연평도 포격도발 계기로 유사시 주민의 생명보호를 위한 대피공간으로 확보하고 있다. 접경지역 및 서해 5도 15개 시·군에서 238개소(화생방방호시설 7개소 포함)가 있다. 필수 비치품목은 조명 및 손전등, 양초 등의 대피용물자와 주민대피용 방독면, 응급처치품을 구비하고 있다. 공공용 민방위 대피시설은 전국 17,000여 개소를 운용하고 있다. 공공용 민방위 대피시설은 민방위 사태 발생 대비 국민의 생명과 재산을 효율적으로 보호하기 위함이며 권장 비치품목은 라디오, 응급처치비품 등 비상물폼을 준비토록 하고 있다. 충무사태 선포 등 위협을 고려 권장 구비품목을 필수 구비품목으로 조정할 필요가 있다.

〈그림 5〉 정부지원 민방위 대피시설과 공공용 민방위 대피시설

정부지원(접경지역 등) **공공용**

핵 피격에 따른 방사능오염지역 작전 등에 대한 훈련 및 연습, 피해 최소화 시행 준비가 필요하다. 교리발전과 작전계획 수립뿐만 아니라 더욱 중요한 것은 훈련과 연습이다. 특히 군부대뿐만 아니라 범정부적으로 지자체를 중심으로 전 국민에 대한 훈련과 연습이 이루어져야 한다. 특히 민방위의 날 행사를 내실있게 추진해서 대비태세를 갖추어야 할 것이다. 훈련 내용은 기본적인 경보전파, 대피 및 소산 등 핵민방위훈련, 응급구조, 의학적 조치, 구호 등 다양한 상황에 대한 훈련 및 연습이 필요하다. 특히 핵방호 행동요령 교육방법도 동영상이나 만화 등 국민이 부담없이 접근할 수 있도록 컨텐츠와 교육방법도 다변화하고 그 내용을 내실화해야 한다.

그동안 북한을 자극하거나 국민을 불안하게 만든다면서 핵민방위는커녕 기본적인 민방공조차 방치하다시피 했다. 미국의 경우 2017년 11월 29일 북한이 화성-12형을 발사한 직후인 12월에 하와이에서는 민방위 대피훈련을 실시했다. 일본도 북한이 탄도미사일을 발사할 때 마다 공습경보를 발령하고 대피훈련을 실시한다. 2022년 10월 14일 북한 탄도미사일이 본토 상공을 통과하자 경보발령(J-Alert, Em-Net)과 철도와 지하철을 중단하는 등 실제 핵민방위 훈련을 실시했다. 하지만 서울 등 한국에서는 외국인이 이해하지 못할 정도로, 이상하리만치 태평이라는 것이다.

〈그림 6〉 미국 하와이 주민대피 대국민 홍보 및 교육자료

핵민방위가 제대로 작동하고 민방위 대피시설을 제대로 활용하기 위해서도 훈련 및 연습, 피해 최소화 시행준비와 더불어 기본적인 전 국민 소양교육이 필요하다. 지진이나 해일, 태풍 피해와 같은 재난안전교육과 같이 방송이나 다양한 방법을 활용하여 전 국민 핵민방위 교육이 필요하다. 교육에서는 핵무기 피해효과나 낙진 방호 요령 등 실상을 제대로 이해할 수 있도록 해야 하고, 경보나 안내체계 구축과 더불어 실질적인 운용이 될 수 있도록 해야 한다. 경주 지진피해 이후 SNS를 통한 재난문자와 경보전파 시스템이 업그레이드 되었듯이 또다시 소 잃고 외양간을 고치는 우(愚)를 범해서는 곤란하다. 이것을 지자체별, 학교나 관공서, 기관별 권장사항으로 교육해서는 곤란하다. 필요하다면 법제화를 통해 기본 소양교육을 의무화할 필요가 있다.[275]

V. 결 론

러시아의 우크라이나 침공과 핵무기 사용 엄포, 미국의 저위력 핵무기 개발 및 배치, 미·중의 패권경쟁, 북한의 핵질주 등으로 이제껏 절대무기로 치부되던 핵금기(nuclear taboo)가 깨지면서 핵 사용 문턱(nuclear threshold)이 낮아지고 있고, 한반도 주변에 핵 그림자(nuclear shadow)가 짙게 드리우고 있다. 북한 김정은의 핵 선제사용 엄포 등으로 한국은 핵 인질(nuclear hostage)의 공포를 마주해야 할 상황이다.

북한은 핵·미사일 능력 고도화를 통해 핵무기 연구개발 및 핵무기 운용준비를 마치고 다양한 투발수단을 활용한 핵전력 작전운용과 핵전력 현대화를 지속적으로 추진하고 있다. 핵개발 수준에 따라 공세적이고 선제적인 핵사용 교리의 핵 독트린을 천명하였다.

북한 핵·미사일 위협에 대한 국가핵방호체계 및 발전방안은 다음과 같다. 첫째 국제사회의 공조, 둘째 한·미동맹의 실질적 억제전략 구사, 셋째 발사 왼편 전략(left of launch strategy)의 구사, 넷째 발사 오른편 전략(right of launch strategy) 필요, 다섯째 실질적 작전계획의 발전, 여섯째 정보역량 강화, 일곱째 북핵 정책 재정비, 마지막으로 포괄적 전방위 억제 및 방위대책 강구를 제시하였다.

특히 북한의 핵능력 고도화에 따른 국가핵방호체계 발전을 위해 첫째 핵 및 방사능전하 작전수행을 위한 작전계획 발전, 둘째 핵방호 시설물 구비와 전자기펄스(EMP) 방호, 셋째 방사능오염지역 작전준비, 넷째 핵민방위 발전, 다섯째 민방위 대피시설 구비, 여섯째 교육훈련 및 연습, 사후관리 시행 준비를 제시하였다.

북한의 핵·미사일 능력 고도화에 따라 핵정책 및 핵전략이 더욱 공세적으로 진화하고 있고 북한의 핵위협은 더욱 현실적인 위협이 되었다. 그리고 국제정세 또한 핵사용 문턱(nuclear threshold)이 낮아지고 있는 상황을 고려하여 국가핵방호체계의 조속한 구축과 실질적인 핵방호 및 피해 최소화가 이루어 질수 있도록 범정부적인 노력과 국방분야에 대한 특단의 대책을 강구해야 할 것이다.

275) 모든 교육을 법제화를 통해 의무화하는 것에 대한 많은 반발과 반론이 제기될 수 있으나 국가가 국민에게 국방의 의무, 납세의 의무를 부과하듯이 국가도 국민의 생존에 대한 기본적인 책무를 다해야 할 것이다.

저자소개

박재완 | 국민대학교 정치대학원 안보전략 교수

서울대학교 응용화학석사, 조선대학교 정치외교학과에서 「북핵문제 해결을 위한 미·중의 역할과 한국의 군사적 대응전략 연구」로 정치학 박사 취득 후 화생방방재연구소장으로 재직 중이며, 국민대학교 정치대학원 안보전략 교수, 북극성안보연구소 핵안보연구센터장으로 재직 중이다. 주요 저서로는 「다시 뛰자! 대한민국」(공저, 유원북서, 2021), 「핵전하 작전」, 「핵 및 화생방 작전」, 「대량살상무기 제거작전」 등 핵·WMD 관련 교범 58권을 집필하였고, 「북한의 전술핵무기 개발과 함의」(2021), 「북한의 WMD 폐기를 위한 CTR 적용방안」 등 SCI 논문 2편을 포함 80여 편의 논문을 집필하였다. 그리고 「비전통 위협 국방 대응체제 발전연구」(2020, 국방부) 등 20여 건의 정책연구와 「북핵문제에 대한 대관세찰, 그리고 통찰」 등 다수의 칼럼과 「북핵 위협 분석 및 대응방안」, 「대량살상무기 이해」 등 200회 이상의 강연을 수행하였다. 그리고 2023년 2월 8일 제 56차 중앙통합방위회의에서 핵·WMD 전문 패널로 참가하여 핵·WMD 위협에 대한 국민보호 대책을 발표하기도 했다.

12

우크라이나 전쟁으로 보는 미래 사이버전 대응방안

박 종 일 장군(전 사이버사령부 연구소장)

Ⅰ. 서 론

러시아의 대대적인 사이버 공습으로 시작된 우크라이나 전쟁이 1년째 지속되고 있다. 러시아가 지난해 2월 24일 '특별군사작전'을 선포하고 수도 키이우를 압박할 때만 해도 많은 사람들은 며칠이나 몇 주 안에 전쟁이 끝날 것으로 예상했다. 1년이 지난 지금 러시아군과 우크라이나군의 사상자가 도합 20만 명을 넘었고 피란민은 1,000만 명을 헤아리고 있지만, 종전이나 휴전에 대한 기약조차 없이 치열한 교전이 이루어지고 있다. 러시아가 우크라이나 침공 1년째인 2월 24일 전후를 '디데이'로 50만 명의 병력을 동원하여 대규모 총공세를 벌일 것이라는 전망이 있는 가운데 핵전쟁의 공포마저 감돌고 있다.[276)]

우크라이나 전쟁은 재래식 무기에 의한 교전, 드론에 의한 폭격, 미사일 공격, 경제전, 가짜뉴스와의 전쟁, 사이버전 등 상상할 수 있는 거의 모든 전쟁 수단이 동원된 하이브리드전(hybrid warfare)의 정수를 보여주고 있다.

러시아는 전쟁 이전부터 전문 해커를 동원해 사이버 공격을 감행해 왔다. 러시아의 사이버 선제타격으로 시작된 전쟁은 초기에 우크라이나의 주요 웹사이트들을 일시적으로 무력화시키고, 금융기관에 디도스 공격[277)]을 가하는가 하면 통신, 에너지 등 국가기반체계를 파괴하는 공격도 하였다. 눈에 보이지 않는 사이버공간의 기습이었지만 러시아의 사이버 공격은 재래식 군사작전 이상으로 우크라이나 국민에게 전쟁 공포를 심어주었고 전쟁에 미친 파급력은 상상을 초월할 만큼 컸다. 러시아는 전쟁 개시 24시간 이내에 사이버 공격을 통해 우크라이나 전력과 통신시설을 마비시키고 주요 정부기관 웹사이트를 교란해 전쟁 수행을 방해하려는 계획을 가졌었고 개전 초기만 해도 1주일 내 우크라이나 내의 통신, 방송, 에너지 등 대부분 인프라가 암흑 속에 빠져들 것이란 전망이 우세했다. 그러나 이러한 시도는 우크라이나의 강력한 방어에 막혀 대체적으로 실패한 것으로 평가된다.[278)]

---

276) https://www.seoul.co.kr/news/newsView.php?id=20230203019003(검색일: 2023.2.1.)
277) 디도스(DDoS) 공격: 웹사이트 또는 네트워크 리소스 운영이 불가능하도록 악성 트래픽을 대량으로 보내는 공격
278) https://biz.heraldcorp.com/view.php?ud=20221214000687(검색일: 2023.2.1.)

러시아와 우크라이나 사이의 사이버전은 사이버전 역사상 가장 치열하고, 대규모로 장기간 지속되고 있는데 현대의 전면전에서 사이버전이 실제로 어떻게 전개되고 군사적으로 어떤 비중을 차지할 수 있는지를 보여주는 첫 사례이다. 또한 AI가 사용되고 우주공간으로 전장이 확대된 이번 사이버전은 다가올 미래 사이버전의 예고편 역할을 하고 있다. 이 글에서는 러시아와 우크라이나 전쟁의 사이버전을 살펴보며, 미래에 전개될 사이버전 양상을 전망해보고 대응방안을 제시하고자 한다.

Ⅱ. 러시아의 사이버 공격 유형

러시아는 사이버전을 통한 하이브리드전의 선두주자로서 침공 전후 및 전쟁 장기화 등 시기에 따라 다양한 사이버 공격을 통하여 하이브리드전의 중요 수단인 사이버전을 어떻게 수행하고 물리적 전쟁수단과 통합하는지 보여주었다. 미래 사이버전 양상을 전망해볼 수 있는 러시아의 주요 사이버 공격을 파괴형 공격, 마비형 공격, 사이버 심리전 및 정보수집 공격 등 유형별로 분류하여 살펴본다.

1. 파괴형 공격[279]

파괴형 공격(destructive attacks)은 랜섬웨어 공격과 달리 데이터나 디스크를 영구적으로 삭제함으로써 일상적인 운영을 마비시키는 공격으로 조직에 극심한 피해를 입히는 것을 목적으로 한 공격이다. 와이퍼(wiper)라고 불리는 멀웨어들이 이런 공격에 사용되는데 러시아는 GRU, SVR, FSB 등의 조직을 활용하여 악성파일을 유포하는 작전을 장기간 준비하였다.

러시아는 우크라이나 침공에 앞서 위스퍼게이트(WhisperGate), 헤르메틱와이퍼(HermeticWiper) 등 파괴형 악성코드를 유포해 금융, 국방, 항공, IT 등 여러 기관에 수백대의 PC 데이터를 삭제, 파괴하는 등 대규모 공격을 하였다. 위스퍼게이트는 MBR(Master Boot Record)를 지우는 삭제형 멀웨어이고 헤르메틱와이퍼는 MBR(Master Boot Record), MFT(Master File Table)를 암호화·변조하여 내부 데이터를 삭제 파괴하는 시설파괴형 멀웨어이다.

2022년 2월 24일 라우터와 모뎀을 지우는 데이터 와이퍼 멀웨어인 AcidRain 공격

279) https://www.somansa.com/security-report/security-note/202212_wiper/(검색일: 2023.2.2.)

으로 우크라이나와 주변 지역에 공급되는 GPS와 상업용 위성통신의 신호 교란이 발생했다. 미국의 통신기업 비아샛(Viasat)이 운용하는 통신위성 KA-SAT의 기능이 마비되어 사용자들은 2주 이상 인터넷 접속 장애가 있었으며 9,000여 명의 프랑스 가입자, 유럽의 약 13,000명이 영향을 받았다. 또한 독일 내 5,800개의 에네르콘 풍력 터빈의 원격 감시나 제어가 중단되었다.

2022년 3월 23일 우크라이나 내 주요 기관을 대상으로 감염 후 PC 내 모든 주요 정보, 부팅, 시스템 구성에 필요한 모든 데이터를 한순간에 삭제하는 더블제로(Double Zero)라는 시스템 파괴형 멀웨어 공격이 발생했다. 2022년 4월 8일 러시아 APT 해킹 조직 샌드웜(Sandworm)이 Industroyer2와 CaddyWipe라는 이름의 악성코드를 통해 우크라이나 변전소를 공격하였다. 해당 악성코드는 시스템의 작동을 방해하고, 동시에 데이터를 파괴하고 복구할 수 없게 만드는 와이퍼 멀웨어인데 이번 해킹시도가 전력 공급에는 영향을 미치지 않았다고 한다. 만약 공격이 성공했다면 약 200만 명의 사람들이 피해를 볼 수 있었다.

2. 마비형 공격

침공 전인 2022년 2월 15일 러시아는 우크라이나의 국방부, 군대, 최대 상업은행인 프리바트방크, 대형 국영은행인 오샤드방크 등을 대상으로 하는 디도스 공격을 수행했다. 은행의 모바일 애플리케이션(앱) 및 ATM 기기에도 영향을 끼쳤고 사이버 공격을 받은 은행은 몇 시간 동안 인터넷뱅킹이 제대로 작동하지 않는 피해를 당했다.

침공 이후에는 우크라이나 IT Army 모집 사이트, 우크라이나 금융 및 정부 기관 10개 사이트를 대상으로 한 디도스 공격이 계속되었다. 해커들은 디도스 공격을 통해 우크라이나의 일부 웹사이트를 손상시킨 것으로 알려졌다.[280)]

2022년 3월 29일에는 우크라이나의 인터넷 제공 기업인 Ukrtelecom가 대규모 디도스 공격을 받아 우크라이나 전역에서 인터넷 중단 현상이 발생했다. 이로 실시간 네트워크의 연결성이 13% 이하로 떨어졌다. 공격 후 얼마 지나지 않아 Ukrtelecom의 대처로 인터넷은 네트워크 인프라 보호 및 군대 조직 등을 우선순위로 하여 재개된 것으로 알려졌다.

우크라이나 인프라가 심각하게 훼손돼 인터넷 연결이 원활치 않게 되자 우크라이나를 지지하는 국가들과 우크라이나 통신 인프라를 지원하는 위성통신 사업자를 대상으

---

280) https://www.cctvnews.co.kr/news/articleView.html?idxno=232318(검색일: 2023.2.7.)

로 하는 러시아의 디도스 공격이 많이 발생하였다. 남아메리카의 벨리즈는 우크라이나를 지원한다는 공식 발표를 한 바로 그 날 벨리즈 역사상 가장 큰 디도스 공격을 받았다. 우크라이나 지지 성명을 발표한 대만에 대한 디도스 공격 횟수도 역대 최고치를 기록했으며, 북대서양조약기구(NATO) 회원 가입을 발표한 러시아와 근접한 이웃 국가인 핀란드를 겨냥한 디도스 공격이 258% 늘었다. 폴란드, 루마니아, 리투아니아, 노르웨이도 친러 해킹 단체인 킬넷(Killnet)이 연계한 디도스 공격의 표적으로 떠 올랐다.[281] 2022년 10월 킬넷(Killnet)이 미국의 주요 공항들이 운영하는 웹사이트들에 디도스 공격을 했다. 킬넷의 디도스 공격으로 영향을 받은 공항은 LA국제공항(LAX), 시카고 오헤어국제공항, 하츠필드잭슨국제공항, 인디애나폴리스국제공항 등이다. 대부분 수시간 동안 웹사이트가 접속 불능 상태였지만 공항의 운영 자체에는 아무런 영향이 없었다.[282]

3. 사이버 심리전

심리전은 전쟁이 가져다주는 불안감을 극대화하고 군의 사기 저하와 정부에 대한 국민의 신뢰를 약화시키기 위해 활용되는 전통적인 공격인데 정보통신 기술의 발달에 따라 대부분 사이버공간에서 이루어지는 추세이다. 러시아는 이 분야에서 매우 뛰어나다는 평가를 받고 있는데 이번 전쟁에서도 침공 전후로 웹사이트를 해킹하여 공포감을 주는 메시지를 유포하고, 소셜미디어에서 가상의 인물을 만들고, 가짜뉴스를 유포하고 우크라이나를 지지하는 세력을 공격하는 등 활발히 사이버 심리전을 수행하였다.

침공 전인 2022년 1월 14일 러시아의 우크라이나 침공 전 우크라이나 정부 70여 개의 웹사이트에 대규모 해킹 공격이 발생했다. 웹사이트가 우크라이나어, 폴란드어 및 러시아어 등으로 "두려워하라. 최악을 기대하라. 이것이 당신들의 과거이자 현재, 미래다"는 메시지와 함께 개인 정보가 인터넷에 유출되었다는 주장이 적혀 있었으나 사실무근으로 밝혀졌다. 침공 전 우크라이나인과 주변 국가들에 전쟁이 곧 시작될 것이라는 심리적인 불안감을 조성하기 위해 시도된 것으로 보여진다.[283]

2022년 3월 16일 우크라이나 TV 방송국인 우크라이나24가 해킹 공격을 받아 뉴스 생방송 도중 젤렌스키 우크라이나 대통령이 전투를 중단하고 무기를 포기할 것을 촉구했다는 허위 사실을 담은 딥페이크[284] 영상의 내용이 화면 자막으로 송출되었다. 그 후

---

281) https://www.boannews.com/media/view.asp?idx=113209(검색일: 2023.2.2.)

282) https://www.boannews.com/media/view.asp?idx=111324(검색일: 2023.2.7.)

283) https://www.joongang.co.kr/article/25040810(검색일: 2023.2.8.)

이 언론사의 웹사이트에 해당 영상의 캡처 화면과 내용 전문이 올라왔다. 우크라이나24는 이날 자사 웹사이트에 대한 접속이 차단됐으며, 뉴스의 자막 또한 해킹당했다고 밝혔다. 이후 이 딥페이크 영상은 러시아의 페이스북인 브콘탁테(VK)와 텔레그램에서 널리 퍼져나갔으며 페이스북, 인스타그램, 트위터와 같은 사회관계망서비스(SNS) 플랫폼에도 등장했다. 이처럼 러시아는 사이버공간에서 해킹으로 가짜뉴스 전파채널 확보, 딥페이크 등 첨단 AI 기술을 이용한 가짜뉴스로 심리적 불안감 조장, SNS 등을 통한 가짜뉴스의 전파 확대와 같은 고도화되고 체계화된 사이버 심리전을 수행하고 있다.[285]

러시아의 GRU, SVR, FSB가 사이버 심리전을 주도하고, MFA와 MOD 등 정부 기관들도 적극적으로 공격을 진행하였다. 특히 벨라루스 정보부와 연계된 해킹조직 UNC1151은 침공 전·후로 심리전을 사용하는 형태의 공격을 수행했다. 사이버 심리전은 준비 기간이 장기적인 시스템 파괴형 공격과 비교하여 준비 기간이 단기적이고 전쟁 상황을 적시성 있게 반영하여 수행된 것으로 보인다.

4. 정보수집 목적의 공격

러시아는 침공 수 년 전부터 벨라루스 기반 공격그룹 UNC1151, 러시아 기반 공격그룹 섹터C(SectorC) 및 엠버 베어(EMBER BEAR) 등과 연계하여 우크라이나 정부기관과 싱크탱크, 국방 관련 공공기관을 대상으로 사이버 정보수집 활동을 벌여왔다.[286] 기밀문서 등을 탈취하고 조작하여 표적기관에 대한 대중의 불신을 조성하고, 러시아 사이버 작전에 대응하는 정부의 능력을 저하시키고, 침입 중에 얻은 접근정보와 데이터를 무기화하는 것을 목적으로 하였다. 이들은 우크라이나 시민과 군인의 개인 데이터를 악용해 정보작전을 벌였던 것으로 추측되며, 에너지 가격, 세관신청서, 경찰사건 보고서, 군대 내 코로나19 상황 등을 활용한 사회공학적 기법으로 공격하였다. 이들은 MS 익스체인지 서버 취약점, iOS와 사파리 취약점을 이용하였고, 추적을 피하기 위해 상용 VPN을 사용했다.

침공 후 메일로 악성코드 설치를 유도하고 개인정보를 수집하는 악성코드인 Formbook와 다양한 앱을 노리는 광범위한 정보 탈취 기능을 탑재하고 있는 악성코드인 Mars Strealer가 2022년 3월에 발견되었다. 러시아는 침공 이전부터 사용하고 있던 악성코드를 이용하여 국민의 개인정보와 금융정보, 기업정보를 탈취하기 위한 공격

284) Deepfake, 인공지능을 기반으로 활용한 이미지 합성 기술

285) https://www.cctvnews.co.kr/news/articleView.html?idxno=232239(검색일: 2023.1.31.)

286) https://www.datanet.co.kr/news/articleView.html?idxno=171055(검색일: 2023.2.2.)

을 하였다. 수집한 개인정보는 우크라이나 국민으로 가장하여 허위 사실을 유포하는 글을 작성하는 등의 심리전 공격을 위해 사용되기도 하였다.

정보수집을 목적으로 하는 러시아발 사이버 공격은 우크라이나의 국경을 넘어서 미국과 우크라이나를 지지하는 국가들을 대상으로 이루어졌다. 러시아 공격자들의 네트워크 침투 행위가 42개국에서 발견되었는데 128번 정도의 시도가 있었고, 29%의 성공률을 기록했다. 우크라이나에 지원하기로 한 내용과 그 시기 등에 대한 정보를 수집하기 위한 목적의 공격으로 추정된다.[287]

Ⅲ. 우크라이나의 대응

러시아는 전쟁을 전후하여 강력한 사이버전을 통해 우크라이나의 정부 및 군사기능과 국가 기반시설의 통제권을 장악하여 계획대로 전쟁을 단기전으로 끝내려 했다. 반면 우크라이나 정부와 군은 사이버전 준비가 미흡하였으나 즉각적인 국제협력으로 피해를 복구하고, IT Army를 모집하여 방어를 보강하고, 공세 전환의 계기를 마련함으로써 자국이 보유한 사이버 능력보다 훨씬 높은 수준의 대응을 할 수 있었다. 미래 사이버전의 양상을 전망해볼 수 있는 우크라이나의 대응을 살펴본다.

1. 비상대응 및 복구

우크라이나의 비상대응과 복구는 주로 우크라이나를 지지하는 국가와 글로벌 IT기업들의 지원에 의해 이루어졌다. 우크라이나는 EU에 요청하여 EU 6개국인 리투아니아, 크로아티아, 폴란드, 에스토니아, 루마니아, 네덜란드에서 지원하는 8~12명의 전문가로 구성된 사이버 신속 대응팀(CRRT, Cyber Rapid-Response Team)을 파견받았다. CRRT는 러시아의 사이버 공격으로부터 우크라이나의 통신 및 인터넷 기반체계 방호를 지원하였다.[288]

러시아의 공격으로 정상적인 통신위성의 기능이 차단되자 우크라이나는 테슬라의 일론 머스크에게 저고도 위성 인터넷망인 스타링크를 요청하였고, 일론 머스크가 이에 적극적으로 호응하여 3일 만에 스타링크 단말기와 계정이 우크라이나에 도착해 정상적인

287) https://www.boannews.com/media/view.asp?idx=110805(검색일: 2023.1.25.)

288) http://m.ddaily.co.kr/m/m_article/?no=232213(검색일: 2023.1.31.)

인터넷 서비스를 제공할 수 있었다.

마이크로소프트는 자사의 위협정보센터(TIC) 분석을 통해 러시아의 우크라이나 침공 수 시간 전에 FoxBlade라는 악성코드가 우크라이나 정부와 금융기관에 사이버 공격을 감행할 것이라는 계획을 탐지하여 미국과 우크라이나에 통보하여 대비토록 하였다. 마이크로소프트는 악성코드를 찾아 추적하는 것은 물론 악성코드를 방어하고 없앨 수 있는 다양한 방법을 우크라이나에 제공했다. 주 단위로 러시아의 사이버 공격 현황을 공유하고 공격에 사용된 악성코드 중 가장 위험한 것의 리스트를 제공했다. 마이크로소프트는 우크라이나 정부와 다른 국내 인프라를 온프레미스 서버에서 클라우드로 옮기는 데 1억 700만 달러를 사용했다.[289]

러시아 침공 직전인 2022년 2월 우크라이나는 사설 클라우드 업체들에 정부 자료를 국경 밖으로 내어 갈 수 있도록 허용하는 법안을 통과시킨 뒤 아마존웹서비스(AWS), 마이크로소프트, 오라클, 구글과 계약을 체결했다. 곧바로 며칠 후 러시아가 침공했고, 정부 자료가 보관돼 있던 키이우의 데이터센터는 러시아 미사일 폭격으로 파괴됐다. 그러나, 이런 공격에도 불구하고 백업 자료들이 이미 다른 유럽 나라들로 이송돼 피해가 없었다고 미하일로 페도로우 우크라이나 부총리겸 디지털 혁신부 장관은 설명했다. 아마존웹서비스(AWS)는 러시아의 우크라이나 침공 후 며칠 내에 스노볼(Snowball)이라 불리는 여행가방 크기의 저장장치를 이용해 토지 등기부터 납세 기록에 이르기까지 정부 자료를 신속히 다운로드해 백업한 뒤 이를 안전한 곳으로 옮겨 클라우드에 업로드했다. 또한, 마이크로소프트는 우크라이나의 컴퓨팅 인프라를 클라우드로 옮겨 보안을 강화하고 더 안정적으로 운영될 수 있도록 지원했다.[290]

2. 심리전 대응

2022년 2월 24일 러시아가 유포한 것으로 추정되는 우크라이나 젤렌스키 대통령이 키이우를 버리고 도주해 탈출했다거나 이미 항복했다는 확인되지 않은 가짜뉴스가 나돌았다. 젤렌스키 대통령은 2022년 2월 26일 '트위터'에 대통령궁 앞에서 총리 및 보좌관들과 함께 찍은 영상을 공개하면서 "우리는 모두 여기 있으며 우리의 독립을 수호한다. 앞으로도 계속될 것"이라고 말하며 결의를 천명함으로써 과거와 달리 신속한 SNS 활용으로 가짜뉴스를 불식시키고 신뢰를 강화할 수 있었다.[291] 또한 SNS에는 처

289) https://www.itworld.co.kr/news/274285(검색일: 2023.2.3.)

290) https://www.segye.com/newsView/20220804519890(검색일: 2023.2.2.)

291) https://news.mt.co.kr/mtview.php?no=2022022618471350475(검색일: 2023.2.2.)

참한 폭격 현장과 무고한 시민들의 희생을 촬영한 동영상들이 하루에도 수백 건씩 올라와서 우크라이나 국민의 저항 의지를 고취시키고 세계적인 공분을 불러일으켜 IT Army를 모집하는 데 일조했다.

우크라이나 방송 송출 탑에 대한 러시아의 포격으로 방송을 통한 정보전파가 중단된 상황에서 휴대전화로 제공되는 '공습경보 앱'은 공습경보를 전파하고, 공습을 피할 대피소를 제시하였는데 가짜뉴스가 범람하는 상황에서 정부가 인정한 공식 정보를 전달하는 창구로서 우크라이나 국민의 생존에 중요한 역할을 하였다.[292]

IT 외신 블리핑컴퓨터에 의하면 2022년 3월 28일 우크라이나 보안국(SBU)에서 침공과 관련된 가짜뉴스를 퍼뜨리는 100,000개의 가짜 소셜 미디어 계정을 운영하는 5개의 봇 팜(Bot Farms)을 식별하고 폐쇄 조치를 취하였다. 이 계정들에는 우크라이나 국민에게 두려움을 심기고 항전 의지를 꺾으려는 의도의 가짜뉴스들이 많았다고 한다.[293]

글로벌 IT기업들은 러시아의 가짜뉴스 전파 채널을 차단함으로써 우크라이나의 사이버 심리전을 지원하였다. 페이스북은 우크라이나 지역에서 뉴스 매체를 가장하여 악성 가짜뉴스를 퍼뜨리는 가짜 계정과 페이지 40여 개를 삭제했다. 페이스북의 모회사인 '메타플랫폼'은 러시아 투데이와 러시아 통신사 스푸트니크 두 언론매체가 가짜뉴스와 선전에 이용한다는 이유에서 러시아의 페이스북 및 인스타그램 접속을 차단하였다. 트위터, 구글은 러시아가 관영 미디어와 SNS를 이용하여 우크라이나 침공을 합리화하는 선전전을 펼치자 사이버공간에서 러시아의 흑색선전이나 가짜뉴스를 차단했다.[294]

전 세계적인 해킹그룹 어나니머스(Anonymous)는 러시아 탱크가 항복하면 그 대가로 5만 2천 달러(500루블)를 비트코인으로 지급하겠다고 제안하였으며, 일부 러시아군은 이 제안을 수락하여 탱크를 몰고 투항하였다.[295]

---

292) https://m.science.ytn.co.kr/program/view.php?mcd=0082&key=202203161223141559(검색일: 2023.2.2.)

293) https://www.ahnlab.com/kr/site/securityinfo/secunews/secuNewsView.do?seq=31612(검색일: 2023.1.30.)

294) https://www.khan.co.kr/economy/economy-general/article/202203011543001(검색일: 2023.2.8.)

295) https://www.cctvnews.co.kr/news/articleView.html?idxno=232193(검색일: 2023.2.2.)

3. 정보전 수행

우크라이나는 부족한 정보를 SNS를 통해 공급받았다. 또 우크라이나는 정보기관에서 운영하는 텔레그램 채널에 러시아군의 이동이나 공격 시간과 지점, 관련 영상 등을 정부 공식 메신저 계정으로 보내 달라는 요청을 하였다. 15초 안팎의 동영상을 공유하는 '틱톡'은 러시아군의 현재 상황을 실시간으로 공유하여 절대적으로 부족한 우크라이나의 정보수집에 기여하고 있다.296) 어나니머스를 비롯한 국제 해커들은 러시아의 위성항법체계인 글로나스(GLONASS)를 해킹하여 러시아군의 군사적 사용을 방해했다. 이로 인해, 러시아군은 미국의 GPS로 대체하여 위치 탐색, 방향 탐지 및 시간 동기화 등에 필요한 정보를 획득 및 활용하고 있다. 그렇지만 사용할 수 있는 GPS 신호는 민수용으로 정밀성과 적시성 측면에서 문제가 있었다.

우크라이나를 지지하는 해커 조직인 사이버 파르티잔(Cyber Partisans)은 벨라루스의 열차관제체계를 해킹하여 러시아의 보급 열차 정보를 실시간 획득했다. 이를 통해, 이들은 러시아로부터 벨라루스로 수송되는 러시아군 군수 물자의 도착을 지연시킬 수 있었다. 이는 재보급 지연으로 러시아군의 작전템포(Operational Tempo)를 둔화시키고, 반대로 우크라이나군에게 차후 작전을 준비할 수 있는 시간을 확보하게 했다.297)

4. 공세적 대응

독립적인 사이버 부대를 보유하지 않은 우크라이나는 러시아의 사이버 공격에 대응하기 위하여 '애국적인 해커'들과 자원봉사자들의 도움이 필요했다. 우크라이나 부총리 겸 디지털 혁신부 장관인 미하일로 페도로프(Mykhailo Fedorov)는 트위터를 통해 "IT Army를 조직하는 데 디지털 인재가 필요하다"고 공개적인 요청을 하였고, 이에 호응한 텔레그램 채널 가입자는 40만 명이 넘었다. 이들은 러시아 주요 웹사이트에 디도스 공격 등을 하면서 공세이전의 계기를 마련하였다.298)

어나니머스는 2022년 2월 25일 러시아 정부에 대한 사이버 전쟁을 공식화하였으며 즉시 크렘린궁, 국방부 등 6개 이상의 정부 기관 웹사이트를 공격하여 마비시켰다. 2022년 2월 26일 어나니머스가 러시아 국영 TV 채널을 해킹해 우크라이나에서 일어나는 전쟁에 대한 진실을 방송했다는 글을 어나니머스 소셜 미디어 계정에 공유하였다.

---

296) https://www.han I .co.kr/arti/economy/it/1033791.html(검색일: 2023.2.5.)
297) https://bemil.chosun.com/site/data/html_dir/2022/03/16/2022031601963.html?related_all(검색일: 2023.2.6.)
298) https://www.yna.co.kr/view/AKR20220316088000009(검색일: 2023.2.2.)

이어 러시아 에너지기업 가스프롬(Gazprom), 국영 언론사 RT 등의 사이트를 다운시키는 데 성공했고 크렘린 공식 사이트와 러시아 정부 기관 및 동맹국인 벨라루스 정부 관련 사이트도 공격했다. 또한 벨라루스 무기 생산 업체 테트레더(Tetradr)의 이메일 200GB 분량을 유출시키고, 러시아 가스 공급 시스템을 관리하는 트빙고텔레콤(Tvingo Telecom) 시스템을 마비시켰다. 또한 러시아에 있는 CCTV를 해킹해 전쟁 중단 메시지를 송출하거나 러시아의 택시 플랫폼 앱을 이용해 모스크바 내 교통을 마비시키기도 했다.[299)]

GhostSec와 AgainstTheWest 등의 우크라이나를 지지하는 해킹그룹이 러시아를 대상으로 해킹에 참여하여 크렘린, 국회, 국방, 정부기관, 항공, 우주, 교통, 중앙은행, 국영기업을 공격하여 서버를 다운시켰으며 관련된 정보를 공개했다. 또한 이들은 친러 성향의 해킹그룹에 대한 사이버 공격도 하였다.

구글은 실시간 교통상황을 제공하는 맵 기능을 우크라이나에서는 하지 않도록 하여 러시아가 우크라이나군과 민간인의 움직임을 알 수 없게 하였다. 또한 구글은 구글맵의 위성 사진을 분석해 러시아군의 동선을 미리 파악해 공개하였다.[300)]

러시아 본토에 대한 우크라이나의 물리적 타격은 부분적이고 제한적으로 이루어졌지만 사이버적 수단에 의한 러시아 본토 공격은 무차별적으로 이루어졌고 러시아는 취약한 사이버 방어의 민낯을 드러냈다.

Ⅳ. 미래 사이버전 양상

인류가 전쟁을 위해 계속해서 새로운 전장을 찾고 신무기를 개발해 왔듯, 미래에 있을 사이버전의 양상도 더욱 다양해질 전망이다. 이번 전쟁은 전면전에 사이버전의 통합, 민간의 사이버전 참여, 사이버 전장 확대, 딥페이크에 의한 여론 조작, 자동으로 공격 대상을 지정·폭격하는 AI가 접목된 자폭형 드론 등장 등 미래 사이버전 양상을 보여주고 있다.

---

299) https://www.cctvnews.co.kr/news/articleView.html?idxno=233356(검색일: 2023.2.2.)

300) https://www.yna.co.kr/view/AKR20220228072800009(검색일: 2023.2.3.)

1. 사이버전과 군사작전의 통합

러시아의 파괴형 사이버 공격들은 독립적인 공격이라기 보다 실제 군사작전과 어느 정도 연계된 패턴을 보였다. 2022년 3월 11일 드니프로의 정부 기관에 사이버 공격이 있었고, 같은 날 드니프로에 러시아의 첫 폭격이 있었다.301) 즉 사이버 공격이 있으면 군사적 공격이 있었다는 것이다. 초기 열세에서 공세로 전환한 우크라이나와 지지세력에 의한 사이버 공격은 러시아의 위성항법체계, 철도망 등을 무력화시켜 결과적으로 우크라이나는 사이버 공격으로 러시아 군사작전의 정지를 유발시켰다. 이번 전쟁을 통해 살펴본 결과, 앞으로 일어날 사이버전은 기존의 군사작전과 함께 통합하여 전개되는 하나의 주요 전쟁 수단으로 자리잡을 전망이다.

2. 민간참여 확대 및 글로벌 사이버전으로 확전

이번 사이버전에는 전쟁 당사국 외에 우크라이나를 지지하는 EU, 미국 등 동맹국과 러시아를 지지하는 중국과 벨라루스 및 킬넷 등 해킹 범죄단체들이 참여하였다. 또한 어나니머스 등 익명의 해커 집단과 자원한 민간인들로 구성된 IT Army, 글로벌 IT·보안 기업 등 다양한 민간이 참여했다. 사이버 공격 대상은 당사국의 목표물뿐만 아니라 당사국들을 지지하는 국가들이나 기업들로까지 확대되어 사이버 세계대전과 같은 양상을 보여주었다. 미래의 사이버전은 하나로 연결된 사이버공간에서 벌어질 만큼 전쟁 당사국 외 이념적, 기술적, 비즈니스적 목적을 가진 다양한 이해 관계자들이 참여하고, 공격 대상도 다양해져 확전이 더욱 쉬워질 전망이다.

3. 우주공간으로 전장 확대

이번 전쟁에서 러시아는 우크라이나 침공 1시간 전 미국 기업 비아샛(Viasat)의 위성에 멀웨어 공격을 감행했다. 이로 인해 우크라이나를 포함한 동유럽 국가 일대가 정전을 겪었고 비아샛(Viasat)의 수많은 터미널이 훼손됐다. 이에 테슬라의 일론 머스크는 위성을 통해 운용되는 스페이스X의 우주 인터넷 스타링크를 제공해 우크라이나군을 도왔다. 매일 15만 명이 스타링크 서비스를 이용하였으며 우크라이나군이 드론 폭격을 하는 데 스타링크가 사용되었다. 이에 대한 보복으로 스타링크에 대한 러시아의 사이버 공격과 재밍이 있었으나 스페이스X는 이를 막아냈다.302) 사이버전의 전장이 지상을 넘

301) https://www.boannews.com/media/view.asp?idx=110805(검색일: 2023.2.4.)

어 우주공간으로 확대됨에 따라 미래 전쟁에서는 위성에 대한 사이버 공격 등 우주공간에서의 사이버전이 급격히 증가할 것으로 예상된다.

4. 가짜뉴스와의 전쟁 심화

인터넷이란 공간과 IT기술의 특성을 활용한 사이버 심리전은 비교적 시간과 공간의 제한 없이 작전 수행이 가능하며 특히 상대국의 리더십을 위협하는 가짜뉴스를 용이하게 유포할 수 있는 치명적인 공격기법 중의 하나이다. 이번 전쟁에서 사이버 심리전과 관련성이 깊은 양상은 가짜뉴스와의 전쟁이다. 양국을 포함한 전세계의 혼란을 부추기는 가짜뉴스와 음모론 등이 SNS와 국영매체 등을 통해 확산되었다. 러시아와 우크라이나 양측 모두 진영과 무관하게 오래된 사진을 재활용하는 등의 방식으로 SNS에서 잘못된 정보를 퍼뜨렸는데 전쟁에 대한 두려움과 불안감 조성, 국가에 대한 불신 조장, 항전의지 저하 등에 큰 영향을 미친 것으로 평가된다. 미래의 사이버전에서는 초연결 네트워크를 통해 딥페이크와 같이 첨단 AI 기술이 접목되어 진위여부 판별이 곤란한 가짜뉴스가 다양한 채널로 대량으로 쏟아져 나와 혼란이 가중될 것으로 예상된다.

5. 디도스 공격의 지속

이번 전쟁에서 러시아는 디도스 공격을 '전투 개시' 용도뿐만 아니라 우크라이나를 지지하는 국가 및 기업들에 대한 공격 용도로 활용하였다. 우크라이나도 러시아에 디도스 공격을 하였는데 특히 IT Army의 경우 공격 명령이 내려오면 30분 이내에 목표를 디도스 공격으로 다운시킬 정도로 디도스 공격은 신속히 이루어졌다. 공격의 용이성과 그 효과로 미래 사이버전에서도 디도스 공격은 중단되지 않고 전략적으로 더 크게, 더 길게 지속될 것으로 예상된다.

6. 와이퍼 랜섬웨어 등 파괴형 공격 강화

이번 전쟁에서 러시아는 전기, 통신, 에너지, 금융 및 공급망 등 국가기반체계에 대해 복구 불가능한 파괴형 공격으로 정부와 군의 무력화를 시도하였다. Stuxnet의 경우와 같이 전통적으로 국가기반체계에 대한 파괴형 공격은 매우 어렵고 국가급 수준의 해킹 조직만이 수행 가능한 것으로 이해되었다. 하지만 이제는 국가기반체계에 대한 사이버

---

302) https://www.asiae.co.kr/article/2022030608555269294(검색일: 2023.2.6.)

공격이 누구나 비용을 지불하면 수행할 수 있는 글로벌 비즈니스 모델로 자리 잡아가고 있는 추세이므로 공급망에 대한 공격이 이전에 비해 훨씬 용이해졌다. 또한 최근 미국의 콜로니엘 파이프라인 해킹을 보아 알듯이 공급망에 대한 랜섬웨어 등에 의한 사이버 공격은 실행의 용이함에 비해 그 파괴력은 상상 이상임을 확인할 수 있다. 앞으로의 전쟁에서는 이와 같은 영향력이 높은 파괴형 사이버 공격이 강화될 것으로 예상된다.

7. AI의 사이버전 무기화 가속

미래의 사이버전에 AI가 활용되면 상상할 수 없는 위협이 될 것이다. 가상 인간을 만들어내고, 사이버 공격용 악성코드 등 멀웨어를 신속히 생산하고 트로이목마 다운로더 이모텟(Emotet)를 활용하여 자동화된 방식으로 순식간에 멀웨어를 확산 가능하게 할 것이다. 기존에 사람을 통해 이루어진 시스템 취약점 분석, 맞춤형 악성파일을 첨부하는 사회공학적 공격 등은 AI를 통해 자동화된 방식으로 신속히 이뤄질 수 있다. 이번 전쟁에서 러시아가 젤렌스키 우크라이나 대통령을 사칭한 딥페이크 영상을 통해 선동을 유도했듯 생산적 적대 신경망(GAN)[303]을 활용하여 AI가 무차별적으로 가짜 영상, 이미지를 배포할 경우 심각한 문제가 발생할 수도 있다.

8. 무인전투체계에 대한 사이버 공격

2022년 10월 17일 우크라이나의 수도 키이우와 북동부 수미 지역에 러시아군이 조종사 없이도 감시·정찰(IRS) 및 표적 폭격 등 임무의 수행이 가능한 온보드 AI가 탑재된 자폭 드론 공격을 감행하여 8명이 사망했다. 2022년 1월, 독일의 사업가 데이비드 콜롬보는 테슬라의 자동차 25대를 원격으로 해킹하여 자동차의 문과 창문을 열고 닫고, 시동을 걸고 보안 기능을 켜고 끄는 등 차량을 마음대로 조종하는 시연을 보였다. ICT 및 AI를 접목해 이동의 편의성와 효율성을 높인 자율주행차·커넥티드카·드론·로봇 등이 인간보다 더 높은 전투력으로 인명 피해를 최소화하며 비용을 절감할 수 있으므로 미래 무인전투체계의 핵심 역량으로 활용될 것이다. AI를 바탕으로 하는 킬러드론, 킬러로봇 등이 해킹이 되어 적의 통제하에 들어가면 돌이킬 수 없는 상황이 발생할 수 있다. 미래 사이버전에서는 무인전투체계에 대한 5G, GPS, 블루투스 등 네트워크 통신을 대상으로 한 사이버 공격과 AI의 학습을 방해하거나 오판, 오인식을 유도하는 등의 공격이 더욱 심각해질 것이다.

---

303) GAN: AI가 실제 이미지를 활용해 가짜의 이미지를 만들어내는 것

9. 스마트폰의 사이버전 무기화 확대

이번 전쟁에서 우크라이나는 스마트폰을 SNS를 통한 사이버 심리전 수행, 앱/문자 등을 통한 공습경보 전파, 우크라이나 국민이 러시아군을 찾으면 정부에 제보하는 E-에너미(E-Enemy) 채팅봇 등에 활용하였다. 우크라이나 군대는 시민들이 올린 영상에 의존해 러시아 군대를 찾고 위치를 파악했고 실제로 텔레그램을 통해 수집한 정보가 키이우 근처 적 수송선을 찾아 파괴하는 데 도움이 됐다고 발표하기도 했다. 또한 화력 지원과 전술 정보 교환에 현대화되지 않은 군용무전기 대신 일반 휴대전화를 이용하는 러시아군의 대화를 도청하여 군사작전에 활용하였다.[304] 2021년 기준 세계 스마트폰 사용자가 53억 명을 돌파했다. 스마트폰이 악성코드에 감염되면 디도스 공격, 악성 스팸 메일 유포, 스파이웨어 설치, 개인 정보 유출 등에 악용되고, 다른 스마트폰을 좀비폰으로 만들거나 특정 사이트를 공격할 수 있다. 특히 군인들이나 주요 지휘관의 스마트폰이 해킹을 당해 위치가 노출되거나 주요 작전정보가 노출되면 치명적인 결과가 초래될 수 있다. 24시간 켜져있는 스마트폰은 미래 전쟁에서 언제든지 사이버전의 표적으로 또는 도구로 이용될 것으로 예상된다.

Ⅴ. 미래 사이버전 대응방안

이번 전쟁이 끝나고 새로운 전쟁이 발생한다면 이번 전쟁에서 나타난 양상을 반영한 새로운 사이버전이 전개될 것이다. 러시아와 우크라이나 사이의 사이버전에서 도출한 교훈과 AI 등 첨단기술이 가져올 새로운 사이버 위협을 고려한 다음과 같은 미래 사이버전 대응방안을 제시해보고자 한다.

1. 군사작전과 연계한 사이버전 수행능력 구축

이번 전쟁은 사이버전이 물리적 전장영역의 다양한 군사작전과 유기적으로 연계, 통합하여 수행된 대표적인 사례이다. 지금까지 우리 군은 전시 사이버공간 방어 임무와 하이브리드전을 준비하기보다 국방 영역의 사이버 위협 대응에 초점을 둔 국방부 네트워크 방어에 안주하고 있는 모습이다.[305] 미래 사이버전 양상에 따른 대비를 위해 군사

304) https://V.daum.net/v/EbfYGHMCjF

305) https://www.news2day.co.kr/article/20221108500174?site_preference=normal

작전 차원에서의 사이버전 수행역량을 강화할 필요가 있다. 전시 물리적 타격과 연계된 사이버 공격을 공공과 민간의 역량으로 방어하는 데 한계가 있으므로 하이브리드전을 대비하여 군 사이버전의 범위를 국방 영역을 넘어 공공영역 및 민간영역 방어 지원까지로 확대하여 대비할 필요가 있다.

2. 사이버 복원력(Cyber Resilience) 강화

모든 공격을 탐지하고 대응할 수는 없으므로 공격 발생 시에도 지속가능성이 담보되는 사이버 복원력을 강화해야 한다. 사이버 복원력이란 사이버공격을 예견하고, 견뎌내며, 공격으로 인해 피해를 당하더라도 빠른 시간 내에 데이터를 복구하는 것을 뜻한다. 사이버 공격을 당하더라도 피해가 확산하지 않도록 조기에 대응하고 작전 중단이 되지 않도록 백업체계를 마련하고 신속한 복구 프로세스를 사전에 훈련하는 등 대응 역량을 강화해야 한다. 우크라이나가 러시아의 침공 직전 글로벌 클라우드 업체들 통해 주요 정부자료를 클라우드에 업로드했던 사례를 보면 클라우드가 복원력 강화에 굉장히 좋은 대안이 될 수 있다. 또한 비아샛(Viasat)의 마비와 스타링크에 대한 사이버 공격과 이에 대한 대응 사례를 통해 볼 때 미래 전쟁에서는 인공위성과 이를 기반으로 하는 통신망의 보안과 복원력의 강화가 매우 중요할 것으로 보인다.

3. 사이버전자전 역량 강화

이번 전쟁에서 러시아와 우크라이나 양국은 모두 드론을 활용하여 정보, 감시, 정찰 및 전차파괴 등의 임무를 성공적으로 수행하였다. 전쟁 초기 러시아에 치명적인 타격을 안겨주며 주목을 받았던 우크라이나의 드론이 러시아군이 전자전 능력을 강화하는 등 방어시스템을 개선하자 점점 전투 효율성이 떨어지고 있다. 미래 전쟁에서는 드론의 사용이 더욱 증가할 것으로 예상됨에 따라 드론 제어권 장악에 의한 강제 탈취, 전파방해, GPS 신호 교란, 허위신호 전송, 악성코드 주입 등으로 적의 드론을 추락 또는 무력화할 수 있는 사이버전자전 역량 강화가 필요하다.

EMP는 강력한 전자기파로 컴퓨터에서부터 위성, 라디오, 레이더 수신기 등 각종 전자기기 내부의 회로를 태워 적의 작전지휘체계 마비시키는 매우 위협적인 공격이다. 러시아의 우크라이나에 대한 핵위협이 사실은 EMP 공격일 것이라는 추정이 있지만 아직까지 공격이 이루어졌다는 보도는 없다. 북한의 EMP 위협은 미래에도 지속될 것으로 예상되므로 EMP 공격으로부터 우리의 정보통신체계와 국가기반체계를 보호할 수 있는

EMP 방호역량 강화가 필요하다. 또한 사이버전자전은 소프트킬로 적의 미사일을 발사 이전 단계에서 무력화하는 발사의 왼편(Left of Launch) 작전을 수행할 수 있는 가장 효과적인 수단이 될 것으로 예상되므로 추진전략 수립이 필요하다.

4. 글로벌 동원 및 관리 역량 강화

물리적 전장과 달리 사이버전의 전장은 너무 광범위하므로 전쟁 발발 시 그 어느 국가나 기업도 러시아의 하이브리드전과 같은 고도의 전략 전술을 독자적인 능력으로 대응하기 어렵다. 사이버전 전담부대도 보유하지 못하였던 우크라이나가 적극적인 국제협력으로 피해를 복구하고, 러시아군의 인터넷 사용을 제한하고, 러시아군의 사이버 심리전에 대응한 사례를 참고로 하여 미래 글로벌 동원역량을 강화할 수 있는 전략을 마련해야 한다.

40만 명에 달하는 IT Army가 모집되었을 때 우크라이나 국방부는 자원봉사자를 방어 및 공격 사이버 부대로 나누어 임무를 부여했다. IT Army는 대체로 단순한 기술을 이용한 디도스 공격에 동원되어 큰 성과를 거두었지만, 러시아군의 전투능력 저하에 결정적인 영향력을 미치지는 못했다는 평가도 있다. 이들에 대한 관리적인 문제로는 IT Army 구성원의 신원을 알 수 없고, 향후 통제불능이 되어 우크라이나 정부가 원치 않는 공격을 할 수도 있고, 우크라이나군의 지시를 받는 해커들이 전투원으로 간주돼 군사적 표적이 될 수 있는 위험 등이 있었다.[306] 미래 사이버전에서 글로벌 리더십을 바탕으로 자발적으로 참여한 민간인력들과 원활히 소통하면서 작전관리, 위험관리를 할 수 있는 역량구축이 필요하다.

5. 첨단 신기술 활용 및 기술보안

"사이버전에서 AI 없이 인간의 지능에만 의존하는 것은 패배하는 전략"이라는 마이클 로저스 전 미국 사이버사령관의 말과 같이 AI기술을 미래 사이버전에서 사이버 공격과 방어, 가짜뉴스 판별 및 차단 등의 분야에 활용할 핵심기술로 개발해야 한다.[307] AI를 넘는 산업계의 게임체인저 이자 미래 사이버전을 새롭게 변화시킬 양자컴퓨팅 활용에 대한 준비도 필요하다. 또한 기업활동과 공공 서비스가 메타버스 기반으로 전환해감에 따라 미래 사이버전의 전장이 곧 메타버스로도 확대될 수 있다는 점을 고려하여 메

---

306) https://mobile.newsis.com/view.html?ar_id=NISX20220316_0001795565#_PA(검색일: 2023.2.1.)
307) https://newsthea l .com/m/detail.html?contid=2022092381370(검색일: 2023.2.1.)

타버스 시대에 걸맞은 사이버보안 대책을 마련해야 한다.

사이버전의 기술적 특성으로 인해 한번 노출된 전술은 다시 사용하기가 어려워진다. 이미 신속히 대응책이 마련되었을 수 있기 때문이다. 이번 전쟁에서 러시아의 대대적인 사이버 공격이 제한적인 효과밖에 얻지 못한 것은 2014년 크림반도를 러시아가 병합할 때부터 이미 비슷한 공격을 경험한 우크라이나의 적절한 대응 때문이라는 분석도 있다. 미래 사이버전에 대비하기 위해서는 아직 경험해보지 못한 최첨단 기술을 활용하는 방안을 마련하고 노출되지 않은 전술에 대해서는 엄격한 보안관리를 하여야 한다.

저자소개

박종일 | (주)하렉스인포텍 CTA

박종일 박사는 (주)하렉스인포텍 CTA로 플랫폼기업의 사이버보안과 글로벌 진출사업을 담당하고 있다. 육군사관학교 졸업 후 뉴욕주립대(SUNY at Buffalo)에서 전자공학 석사학위, 조지아공대(Georgia Institute of Technology)에서 전자공학 박사학위를 받았다. 육군사관학교 전자공학 교수, 정보사령부 지휘관/참모, 사이버사령부 지휘관/참모 및 연구소장을 역임하면서 사이버안보 정책, 연구개발, 작전 등 다양한 실무 경험을 쌓고 2018년 육군준장으로 전역하였다. 주요 연구 분야는 사이버안보, 정보이론, 통신공학 및 인공지능 등이며 전역 후 동국대학교 융합교육원 겸임교수로서 사이버보안 컨설팅과 국가과제 자문위원으로 활동하였다.

13 우크라이나 전쟁에서 드론전이 미래전에 주는 함의

송 승 종 교수(대전대학교, 전 유엔 참사관)

Ⅰ. 서 론

압도적 군사력을 앞세운 러시아군이 길어야 3주일 정도면 약체인 우크라이나군을 압도하고 수도 키이우를 비롯한 우크라이나 전역을 점령할 수 있을 것이라는 예상 속에 벌어졌던 우크라이나·러시아 전쟁(이하, '우·러전쟁')은 1주년을 넘어 앞으로도 상당기간 지속될 것이라는 전망이 우세하다. 일부 전문가들은 정전협정 이후에도 영구분단 상태에서 장기간 적대적 군사대립이 계속되는 '한반도 해법'이 전쟁 종결의 대안으로 거론한다.[308] 우·러전쟁에서 여러 특징적 현상들이 나타나고 있다. 유럽에서 벌어진 21세기 최초의 국가간(inter-state) 전쟁, 21세기에 최초로 벌어진 1차 세계대전 형태의 참호전(trench warfare), 21세기의 빨지산 전쟁(partisan warfare), 탱크 무용론이 본격화된 전쟁, 스타링크(Starlink) 같은 위성인터넷이 연결성을 제공한 최초의 전쟁, 핀란드·스웨덴이 수십년간 고수해 오던 중립국 전통 포기를 유발한 불법적 침략전쟁 등이 그것이다.

그 중에서도 「워싱턴포스트(WP)」는 2회에 걸친 기획연재 기사에서 우·러전쟁을 "인류 역사상 최초의 '알고리즘 전쟁(algorithmic warfare)'"으로 평가했다.[309] 기사의 핵심은 미국 기업인 '팔린티어(Palintir)'가 우크라이나에 제공한 첨단 소프트웨어(S/W)가 스타링크와 결합되어 '디지털 전장에서 전자 킬체인(electronic kill-chain)이 형성'되었으며, 이로써 '전쟁의 혁명(revolution in warfare)'이 이뤄지고 있다는 것이다. 일례로, 치열한 참호전이 벌어지는 바흐무트(Bakhmut) 일대에서, 우크라이나군은 팔란티어가 제공한 실전용 S/W를 사용하여, 노트북 스크린에 업로드된 초고도 해상(解像)의 표적정보("Z" 표시가 된 탱크 등)를 들여다보며 러시아군 표적을 정밀공격했다. 실전에서 가장 필요한 전장정보는 "아군 위치는? 적의 위치와 규모는? 적 표적 공격에 가장 효과적인 무기는?"'등에 대한 실시간 해답이다. 우크라이나 국경 밖에 위치한

---

308) Gideon Rachman, "Ukraine And The Shadow Of Korea," *Financial Times*, 12 December 2022.

309) David Ignatius, "How The Algorithm Tipped The Balance In Ukraine," *Washington Post*, 19 December 2022; "A 'Good' War Gave The Algorithm Its Opening, But Dangers Lurk," *Washington Post*, 20 December 2022.

NATO군 자문관들은 인공지능(AI)을 적용하여 우크라이나로부터 전송된 센서 데이터를 분석하여, 전투에 필요한 정보들(질문에 대한 해답)을 신속하게 우크라이나로 보냈다. 노트북과 스타링크 수신기를 휴대한 소수 군인들로 구성된 '전투작전본부(combat operations center)'가 최전방에서 활동 중인 셈이다.

WP는 "기술의 변혁적 효과(transformational effect of technology on the Ukraine battlefield)"가 우크라이나 전장에서 목격된다고 진단했다. 팔란티어가 개발한 S/W 플랫폼을 통해 전장 곳곳에 설치된 유비쿼터스 센서(무인 카메라 등)를 사용하여, "진정한 치명적 킬체인(a truly lethal kill-chain)"을 만드는 "전쟁의 혁명(a revolution in warfare)"이 이뤄지고 있다는 것이다. 그런데, '전쟁 혁명'의 요체는 드론(또는 무인기)이다. 우크라이나군은 팔린티어가 개발한 표적획득(targeting) 프로그램으로 미사일이나 포병 또는 무장 드론을 선택하여, 화면에 표시된 러시아 표적을 공격한다. 그런 다음 드론을 날려 표적의 피해평가(damage assessment)를 실시하고, 이 데이터를 다시 시스템에 입력한다. WP에 의하면, '마술전쟁(wizard war)' 또는 '비밀 디지털 전투(secret digital campaign)'가 벌어지는 중이다. 그러면서 "다윗(우크라이나)이 골리앗(러시아)과 싸워 이기는 비결이 바로 이것"이라고 진단했다.[310)]

WP가 우·러전쟁에서 "전쟁의 혁명"이 이뤄지고 있다고 분석한 것과 유사하게, 혹자는 드론 기술이 "군사분야의 무인 혁명(unmanned revolution in military affairs)"을 촉발할 수 있으며, 이는 군사 교리, 조직 및 군대 구조뿐만 아니라 지역적·국제적 안정에도 영향을 미칠 것이라고 주장했다.[311)] 다른 학자는 최근의 갈등 사례에서 드론의 '혁명적 효과'가 입증된 것으로 확신하며, 2020년 아르멘-아제르 전쟁에서 활약한 드론을 "마법의 탄환(silver bullet)" 또는 "전술적 게임체인저(tactical game changer)"로 묘사했다.[312)] 「월스트리트저널(WSJ)」은 드론이 "전장과 지정학을 재구성하고 있다는 기사를 게재했다.[313)] 나아가 점점 더 유능해지는 드론의 확산이 머잖아 "국가의 운명을 결정하는 데 도움이 될 것"이라는 주장도 제기되었다.[314)] 상기 주장들에 의하면,

---

310) Ibid.

311) Adam N. Stulberg, "Managing the Unmanned Revolution in the U.S. Air Force," *Orbis*, Vol. 51, No. 2 (2007), pp.251-265.

312) David Hambling, "The 'Magic Bullet' Drones behind Azerbaijan's Victory over Armenia," *Forbes,* 10 November 2020.

313) James Marson and Brett Forrest, "Armed Low-Cost Drones, Made by Turkey, Reshape Battlefields and Geopolitics," *Wall Street Journal*, 3 June 2021.

314) Agnes Callamard and James Rogers, "We Need a New International Accord to Control Drone Proliferation," *Bulletin of Atomic Scientist*s, 1 December 2020,

만일 우리가 드론혁명의 시작점에 있다면, 가까운 미래에 국제정치에 드라마틱한 변화가 발생할 것이다. 일례로 드론이 첨단 군사능력의 획득-운용에 이르는 진입장벽을 획기적으로 낮춘다면, 지난 100년 간 형성된 '부-권력의 연결고리(wealth-power links)'가 약화되거나 사라져, 결과적으로 다수의 국가 및 비국가 행위자가 대규모 전쟁을 수행할 수 있는 '新중세주의(new medievalism)'가 나타날 수도 있다.[315] 또한 군사력의 광범위한 확산은 지역적·국제적 불안정과 갈등의 수위를 높이게 될 것이다. 그래서 혹자에 의하면, "드론이 인적·재정 비용을 대폭 낮추기 때문에" 국가가 정치적으로 "항구적 전쟁상태(keep shooting forever)"에 놓이게 됨에 따라, 항구적 평화가 위협받게 될 것이다.[316] 그러므로, 만일 드론혁명이 진행 중이라면 일국은 국방정책을 대폭 수정해야 한다. 그래서 일각에서는 "대규모 지상전이 무기화된 드론 전단들(fleets of weaponized drones)의 전투로 대체될 것"이라고 주장한다.[317] 후쿠야마(Francis Fukuyama)도 "드론의 사용은 육군력의 본질을 변화시킬 것(the use of drones is going to change the nature of land power)"이며, 따라서 "기존의 군구조를 약화시킬 것"이라고 주장했다.[318]

반면, 일군의 학자들은 "왜 드론이 전쟁의 혁명을 이루지 못했나?"라는 주제를 화두로 삼아, 상기 주장과 반대되는 논리를 제시했다.[319] '군사혁명/군사혁신'에 대한 콜롬비아大 비들(Stephen Biddle) 교수의 견해에 의하면, 변화(change)는 불가피하지만, 연속성도(continuity)도 마찬가지다.[320] 문제는 오늘날 정책·전략과 관련된 대부분의 토론에서 전자만을 과장하고 후자를 무시한다는 점이다. 현대전에서 나타난 드론의 운용사례를 연구한 학자, 정책결정자, 전문가들은 대부분 1960년대 이후 공중전의 향배를 좌우한 결정적 상수인 "가혹한 살상력(unforgiving lethality)과 그것이 현대 군사작전에 미친 영향"을 무시했다. 따라서 공중전의 살상력이 대공방어-공중침투 간 "숨기

315) Hedley Bull, The Anarchical Society: A Study of Order in World Politics (New York: Palgrave, 2002), pp.245-246.

316) Amy Zegart, "Cheap Fights, Credible Threats: The Future of Armed Drones and Coercion," Journal of Strategic Studies, Vol. 43, No. 1 (2020), p.18

317) Ian G. Shaw, "Predator Empire: The Geopolitics of US Drone Warfare," *Geopolitics*, Vol. 18, No. 3 (2013), pp.536-559.

318) Francis Fukuyama, "Droning On in the Middle East," *American Purpose*, 5 April 2021.

319) Antonio Calcara and others, "Why Drones Have Not Revolutionized War: The Enduring Hider- Finder Competition in Air Warfare," *International Security*, Vol. 46, No. 4 (2022), pp.130-171

320) Stephen Biddle, *Military Power: Explaining Victory and Defeat in Modern Battle* (New York: Princeton University Press, 2005).

-찾기(hider-finder, 이하 H-F)"경쟁을 초래한 점에 주목해야 한다.[321] H-F 경쟁은 적에 대한 노출의 제한과 적 표적 탐지에 필요한 일련의 전술·전기·절차(TTP) 및 기술·능력을 완비하지 못한 측에 가혹한 비용을 부과한다.[322] 상기의 견해에 의하면, 드론은 과거와의 단절보다는 공중전 진화의 일부이며, "적 공격에 대한 노출 회피"라는 기본원칙은 드론시대에도 여전히 유효하다. 본 연구의 목적은 "드론이 전쟁의 혁명"을 달성했다는 '드론혁명'의 테제를 사례연구를 통해 검증해 보는 것이다. 여기서는 칼카라 등(Calcara and others)이 적용한 對리비아 공격(2019-2020), 시리아 내전(2011-2021), 아르메니아-아제르바이잔[323] 분쟁(2020)를 제외하고, 오직 우·러전쟁에만 초점을 맞추고자 한다.[324]

Ⅱ. 연구의 분석틀

1. 드론전쟁에 대한 기존의 통념

지난 20년 동안 군사작전에서의 무장드론 운용은 다양한 분석가, 실무자 및 학자들의 관심을 끌었다. 그러나 대부분은 드론의 전술적·작전적 효과를 경험적으로 분석하기보다 "이러한 효과가 이미 존재"한다는 미검증 가정에 기초한 연구·분석을 통해 드론전쟁의 전략적·정치적·존재론적 함의를 도출했다.[325] 상기의 통념에 따르면 드론은 전쟁에서 "중대한 전환점(a major turning point)"을 가리킨다. 예컨대 싱어(P.W. Singer)는 "점점 더 드론이 게임체인저가 되고 있다"고 말했다.[326] 로저스(James Rogers)는 무기 역사에서 드론이 화약과 더불어 가장 중요한 진전을 이뤘다

321) 이러한 "숨기-찾기 경쟁(hider-finder competition)"은 최첨단 센서의 시대에 벌어지는 혁신, 대응전술(countertactics), 대응수단(countermeasures), 대응혁신(counter-innovations) 간의 경쟁을 의미한다. 이와 관련된 핵심 내용은 다음을 참고할 것. Bernard Brodie and Fawn M. Brodie, *From Crossbow to H-Bomb: The Evolution of the Weapons and Tactics of Warfare* (Bloomington, IN: Indiana University Press, 1973), pp.137-178.

322) John A. Tirpak, "Dealing with Air Defense," *Air Force Magazine*, November 1999, pp.25-29.

323) 이하, '아르메니아'는 '아르멘,' '아제르바이잔'은 '아제르'로 약칭함.

324) Calcara and others, 2022.

325) Asfandyar Mir, "What Explains Counterterrorism Effectiveness? Evidence from the U.S. Drone War in Pakistan," *International Security*, Vol. 43, No. 2 (Fall 2018), pp.45-83.

326) Peter W. Singer, *Wired for War: The Robotics Revolution and Conflict in the 21st Century* (New York: Penguin, 2009).

고 주장했다.[327]

상기의 드론혁명 내러티브는 드론이 발휘하는 것으로 가정된 3가지 주요 효과에 기초한다. 첫째, 드론은 공격자에 이점을 제공한다. 가장 큰 이유는 드론이 현대적 방공체계를 '돌파(penetrate)'할 수 있다는 것이다.[328] "드론은 공격자에 유리"하다는 가정이 입증되지 않았지만, 여러 학자들은 드론의 소형·저고도·저속비행 능력으로 인해, 전통적 대공방어체계가 드론 탐지에 어려움을 겪는다고 주장한다.[329] 둘째, 많은 전문가들은 저렴한 비용과 제한적 정교함을 이유로 들며, 드론이 현대 군사작전의 진입장벽을 낮추고, 나아가 따라서 강력한 군사 행위자와 허약한 군사 행위자 사이의 불균형을 상쇄하는 잠재력을 갖는다고 본다.[330] 이들에 의하면, 드론은 군사력을 경제적·산업적 힘(might)으로부터 분리시킴으로써 "빈자의 공군력(poor man's air force)"이 될 수 있고, 자원부족에 허덕이는 행위자가 첨단 군사능력을 획득·개발·사용할 수 있도록 해준다.[331] 셋째, 혹자는 드론 덕분에 일국이 지상군을 전개하지 않고 '원격 진지(standoff positions)'에서 싸울 수 있게 되었다고 믿는다.[332] 나아가 드론은 전장에서 '거리의 폭정(tyranny of distance)'을 제거함으로써 근접전투의 필요성을 감소시키고, 무제한적 무력투사에 대한 물리적 장벽을 제거하며, "지상군 배치(boots on the ground)"에 대한 20세기의 구시대적 믿음을 무효화할 것이다.[333]

---

327) James Rogers, "What Has Been the Most Significant Development in the History of Weaponry?" *BBC History Magazine*, October 2020, p.41. https://www.pressreader.com/uk/bbc-history-magazine/20200903/page/41

328) Michael Mayer, "The New Killer Drones: Understanding the Strategic Implications of Next-Generation Unmanned Combat Aerial Vehicles," *International Affairs*, Vol. 91, No. 4 (July 2015), p.774.

329) Michael J. Boyle, T*he Drone Age: How Drone Technology Will Change War and Peace* (New York: Oxford University Press, 2020), pp.152-167; John V. Parachini, "Drone-Era Warfare Shows the Operational Limits of Air Defense Systems," *RealClearDefense,* 2 July 2020.

330) Keith Hayward, *Unmanned Aerial Vehicles: New Industrial System* (London: Royal Aeronautical Society, November 2013).

331) Nick Waters, "The Poor Man's Air Force? Rebel Drones Attack Russia's Airbase in Syria," *Bellingcat*, 12 January 2018.

332) Fukuyama, 2021.

333) Andrew Mumford, "Proxy Warfare and the Future of Conflict," *RUSI Journal*, Vol. 158, No. 2 (2013), p.43.

2. 연구 설계

연구의 핵심은 우·러전쟁 사례에 ① 공격-방어 균형, ② 드론의 평준화 효과, ③ 군사력 운용 등 3개 종속변수를 적용하여, '드론혁명' 테제를 검증해 보는 것이다.

첫째, 공격-방어 균형. 드론이 공격자에게 이점을 주는가? 일부 학자들은 드론이 적의 대공방어 체계를 돌파할 수 있기 때문에 공격자에 이점을 제공한다고 주장한다. 이들에 따르면 드론은 작은 크기와 기타 물리적 특성으로 인해 현대 방공체계에 의한 탐지·추적·요격이 어렵다. 다른 혹자에 의하면 일국은 저비용 드론을 '소모품(expendable)'으로 만들어, 드론의 대량 운용으로 적의 방공체계를 수량적으로 압도(포화, suturation)할 수 있다. '드론혁명' 테제가 옳다면 다음 3가지 결과 중 적어도 하나가 관찰되어야 한다: ① 드론은 적의 영공을 돌파할 때 소모율이 매우 낮을 것. ② 드론은 방공체계로 보호되는 적 영토에 대하여 공대지 공격을 수행할 수 있을 것. ③ 드론은 적 방공망을 체계적으로 파괴할 수 있을 것.

둘째, 드론의 '평준화 효과(the leveling effect)'. '드론혁명' 테제의 지지자에 의하면, 드론은 생산·조달·사용의 용이성 때문에 군사적 약자 및 자원부족(resource-scarce) 행위자를 강화하여 국제정치에서 '평준화 효과'를 발휘한다. 만일 그렇다면 분쟁 전반에 걸쳐 상대적 약자는 드론에 의존할 가능성이 더 높아야 한다(절대적 측면에서, 또는 다른 무기체계와 관련하여). 한편, 드론의 효과적 사용을 위해서는 적 레이더의 무력화·기만, 방공망 제압, 그리고 장거리 표적의 탐지·획득 및 실시간 통신(특히 가시선을 초월하는 경우)을 위한 추가적 자산이 필요할 것으로 예상된다. 결과적으로 분쟁에서 더 강한 행위자가 드론을 사용할 가능성이 더 높다.

셋째, 군사력 운용 및 근접전투의 필요성 감소(또는 제거). 일부 '드론혁명' 지지자들은 일국이 드론 덕분에 의도한 목표물을 마음대로 파괴할 수 있는 무제한 장거리 정밀타격 능력을 보유하게 된 것으로 믿는다. 결과적으로 드론을 사용하면 지상전투가 불필요해지고, 지상전 수행에 영향을 미치는 요인들(예: 군인의 숙련도)의 적실성이 줄어들 것이다.

Ⅲ. 우크라이나·러시아 전쟁 사례 분석

1. 공격-방어 균형

우·러전쟁은 인류 전쟁사에서 현대적 군사강국이 도합 6천대가 넘는 드론을 전장에서 운용한 최초의 사례다. 개전 초, 우크라이나 전역을 점령하려던 러시아의 전쟁 계획이 실패로 돌아간 이후, 드론은 공격자인 러시아군에게 이점을 제공하기는 고사하고, 반대로 궤멸적 타격을 가해 전쟁 전반의 흐름을 역전시키는 일등공신이 되었다. 쌍방이 운용한 드론의 종류는 다음과 같다. 우크라: Bayraktar TB-2(튀르키예), Switchblade(미국), Punisher, Warmate, Quadcopter Drones, Tupolev Tu-141 Strizh(구소련) 등. 러시아: Shahed-136(이란) Kalashnikov Kyb, Eleron-3SV, Orlan-10, Orion E 등.

개전 초 러시아군은 40마일에 걸친 기계화부대를 앞세워 키이우 북쪽에서 공세를 벌였으나, 30~40명 단위의 우크라軍-예비군-자원봉사자 그룹들은 열화상 카메라가 장착된 소형드론으로 대전차 수류탄 등을 투하하여 공격을 저지시키는데 성공했다.[334] 우크라가 운용한 드론 중에서 TB-2의 활약이 두드러졌다. 우크라는 전쟁이 벌어지기 전인 2021년 7월에 튀르키예産 TB-2를 처음 획득한 이래, 개전 당시에는 약 20대를 보유한 것으로 알려졌다.[335] 우크라이나군은 △ 1단계: 러시아 전차부대와 보급차량을 보호하는 단거리 대공방어체계 격파, △ 2단계: 공중정찰 및 근접항공 임무, △ 3단계: 밀집부대 및 지휘소 제거 등 효과적인 드론운용 계획을 수립했다. 2020년 후반에는 TB-2 10대가 567대 이상의 아르멘군 탱크를 격파했는데, 이번에도 러시아군에 그에 못지 않은 타격을 입힌 것으로 추정된다.[336]

2022년 7월 무렵에 재블린과 TB-2 등의 공격으로 7백대 이상의 러시아 탱크가 파괴되자, "탱크시대의 종말" 또는 "탱크 무용론"마저 거론되기도 했다.[337] 혁혁한 전과를 올리던 TB-2의 활약은 그 무렵부터 현저히 그 기세가 둔화되기 시작했다. 가장 중

334) Julian Borger, "The Drone Operators Who Halted Russian Convoy Headed For Kyiv," *Guardian,* 28 March 2022.

335) David Axe, "Ukraine's Drones Are Wreaking Havoc On Russian Army," *Forbes,* 21 May 2022.

336) Kieran Corcora, "Ukraine Credits Turkish Drones with Eviscerating Russian Tanks And Armor In Their First Use In A Major Conflict," *Business Insider,* 1 March 2o22.

337) Alia Shoaib, "Ukraine's dRones Are Becoming Increasingly Ineffective As Russia Ramps Up Its Electronic Warfare And Air Defenses," *Business Insider*, 3 July 2022.

요한 이유는 러시아가 초반에 당한 굴욕을 교훈삼아 전자전·방공망 체계의 대대적 개선에 나섰기 때문이다. 주목해야 할 포인트는 우·러전쟁을 계기로 안티드론 기술이 크게 성장할 조짐을 보인다는 점이다. 'Precedence Research'에 의하면, 안티드론 시장의 규모는 2021년 약 18억달러에서 2030년에는 126억달러로 700% 증가할 전망이다.[338]

개전 5개월 무렵, 쌍방이 운용한 드론은 안티드론 능력의 개선에 따라 빠른 속도로 격추되었다. 일례로 우크라이나 드론의 평균 수명은 1주일 정도에 불과한 것으로 나타났다.[339] 당시 어느 우크라이나 공군 조종사는 TB-2가 "개전 초 러시아 기갑부대 기동을 저지하는데 일등 공신이었지만, 지금은 러시아군이 효율적 방공망을 구축하여 거의 쓸모가 없다."고 말했다.[340] 이러한 평가는 드론이 전쟁의 승패를 좌우하는 무기체계라는 지배적 내러티브와 모순된다. 예를 들어, 우·러전쟁 초기에 일부 관찰자들은 터키산 드론을 '결정적 무기(decisive weapons)'로 환호하고[341], 우크라이나에 더 많은 TB-2를 제공하기 위한 대중적 모금 행사가 벌어지기도 했다.[342] 드론 관련 논쟁은 대체로 방공의 역할을 무시하지만, 1960년대 이후 전자, 재료 및 추진장치 개선으로 공중 표적을 탐지·추적·요격·파괴하는 방공 능력이 대폭 향상되었다.[343] 그 결과 방공망은 베트남·유고슬라비아에서 미국이 겪은 경험에서 알 수 있듯이 모든 항공기에 치명적 위협이 된다.[344]

1960년대 현대식 방공체계가 개발된 이후, 공중전은 대공방어-공중침투 간 '숨는자-찾는자(hinder-finder)' 경쟁의 양상을 보이고 있다. 이러한 경쟁은 적 탐지 회피에 필요한 일련의 전기·전술·절차(TTP) 및 기술·능력을 숙달하지 못한 자에 불이익을 주는

338) https://www.precedenceresearch.com/anti-drone-market

339) Jack Watling and Nick Reynolds, "Ukraine at War: Paving the Road from Survival to Victory," *RUSI*, 4 July 2022, p.11. https://ik.imagekit.io/po8th4g4eqj/prod/special-report-202207-ukraine-final-web.pdf

340) Jack Detsch, "'It's Not Afghanistan': Ukrainian Pilots Push Back on US-Provided Drones," *Foreign Policy,* 21 June 2022.

341) Gabriel Honrada, "The Turkish Drones Winning the Ukraine War," *Asia Times,* 12 May 2022.

342) Staff Writer, "How Crowdfunding Is Shaping the War In Ukraine," *Economist,* 27 July 2022.

343) Kenneth p.Werrell, *Archie To Sam: A Short Operational History Of Ground-Based Air Defense* (Maxwell AB, AL: Air University Press, 2005). https://www.airuniversity.af.edu/Portals/10/AUPress/Books/B_0028_WERRELL_ARCHIE_TO_SAM.pdf

344) Marshall L. Michell, Clashes: Air Combat over North Vietnam, 1965-1972 (Annapolis, MD: Naval Institute Press, 2007); Benjamin Lambeth, *NATO's Air War for Kosovo: A Strategic and Operational Assessment* (Santa Monica, CA: RAND, 2001).

반면, 탐지된 적 표적은 막대한 비용을 치러야 한다. 대공방어가 강력할수록 공중침투가 더욱 어려워지며, 공중침투 능력이 강력할수록 대공방어가 더 어려워진다. 공중침투의 경우, 'H-F 경쟁'은 적 방공망의 회피·약화·파괴를 수반한다.[345] 드론은 레이더 시스템으로 탐지·추적·교전할 수 있기 때문에, 최신 통합방공체계(IADS)를 갖춘 국가를 상대로 드론을 사용하려면 광범위한 인프라와 작전지원이 필요하다. 이와 관련 3가지가 고려되어야 한다. 첫째, 일국은 사이버공격으로 적 방공망을 약화시킬 수 있다.[346] 둘째, 정보·감시·정찰 능력은 지상기반 방공망의 위치를 탐지하고 이를 미션 플래너(mission planner)들에게 실시간으로 전송하여 피탐지 가능성을 최소화할 수 있는 가능한 경로를 식별할 수 있어야 한다.[347] 셋째, 지원부대는 적 방공 자산이 對레이더 미사일과 배회탄약(loitering munitions)으로 자신들을 목표로 삼도록 적의 방공체계를 기만하여 위치를 스스로 노출시키도록 유인하는 미끼(decoy)를 배치해야 한다.[348] 요컨대, 이러한 방공망 또는 후속목표 공격에 투입되는 모든 항공기는 활성화 상태의 적 레이더를 기만 또는 무력화(blind) 시킬 수 있는 전자전 자산의 지원을 받아야 한다.

첨단기술 시대에 공격부대-방어부대 간의 역동적 상호작용는 중대한 함의를 갖는다. 이는 역사를 관통하는 키워드인 '혁신-對혁신(innovation and counter-innovation)'의 역학을 정밀타격 시대의 상황에 부합되도록 조정해야 하는 긴급성과 일맥상통한다.[349] 과거에는 혁신-對혁신 역학이 방패, 성벽, 갑옷 같은 보다 견고한 방어수단과 장궁에서 대포 포탄에 이르기까지 보다 강력한 무기의 개발로 이어졌다.[350] 오늘날 정확성·파괴력·치명성으로 상징되는 '탄약의 시대'에 경쟁은 방어진지에 숨은 적을 찾아내는 것이다. 잠수함전과 사이버전 추세에도 적용된 'H-F 경쟁'의 원칙은 다른 분야에

---

345) Frank Heilenday, *Principles of Air Defense And Air Vehicle Penetration* (Washington, DC: CEEPress Books, 1988). https://apps.dtic.mil/sti/pdfs/ADA375233.pdf

346) Shane Quinlan, "Jam. Bomb. Hack? New US Cyber Capabilities and the Suppression of Enemy Air Defenses," *Georgetown Security Studies Review*, 7 April 2014. https://georgetownsecuritystudiesreview.org/2014/04/07/jam-bomb-hack-new-u-s-cyber-capabilities-and-the-suppression-of-enemy-air-defenses/

347) Benjamin S. Lambath, *Moscow's Lessons from the 1982 Lebanon Air War* (Santa Monica, CA: RAND, 1985). https://www.rand.org/content/dam/rand/pubs/reports/2007/R3000.pdf

348) James Brungess, *Setting the Context: Suppression of Enemy Air Defenses and Joint War Fighting in an Uncertain World* (Washington, DC: US GPO, 1994). https://apps.dtic.mil/sti/pdfs/ADA421980.pdf

349) Geoffrey Parker, *The Military Revolution: Military Innovation and the Rise of the West, 1500- 1800* (New York: Cambridge University Press, 1996).

350) Tonio Andrade, *The Gunpowder Age: China, Military Innovation, and the Rise of the West in World History* (Princeton, NJ: Princeton University Press, 2016).

서의 통찰력을 얻는 데에도 도움이 될 것이다.[351] 대다수 연구·분석이 드론 및 기타 새로운 항공기술에 충분한 관심을 기울이지 않음을 고려할 때, 이러한 경쟁 역학(competitive dynamics)은 방공의 역할을 드론 전쟁과 관련된 논의의 중심으로 부각시켜야 할 필요성을 보여준다. 방공체계 역사가인 웨럴(Kenneth Werrell)은 이렇게 말했다. "독자들은 항공기를 격추시키는 무기보다 항공기에 더 관심이 많다."[352] 그러나 제2차 세계대전 이후 대공방어의 역할은 아무리 강조해도 지나치지 않는다. 어느 우크라이나 공군 조종사는 이렇게 말했다. "지상배치 방공체계가 이번 전쟁에서 승패를 좌우하는 관건이라고 말하고자 한다. 그런데 이는 앞으로도 여전히 사실일 것이다."[353]

그러나 전반적으로 볼 때, 드론전쟁은 우크라이나에 유리하게 기울기 시작했다. 공격에서는 쌍방이 호각세지(*互角之勢*)를 보인 반면, 방어에서는 우크라이나의 안티드론 기술이 우세했다. 러시아는 재밍·스푸핑의 조합을 사용하는 Borisoglebsk 2 MT-LB 및 R-330Zh Zhitel 같은 안티드론 장비를 도입했지만, 우크라이나가 획득한 최신 드론들은 이들의 전자전 공격을 견딜 수 있었다. 동시에 NATO는 우크라이나에게 광범위한 안티드론 기술의 접근성을 제공했다. 여기에는 록히드마틴(Lockheed Martin)사의 고체위상배열 레이더, 레이시온(Raytheon)사의 드론킬러(drone-killing) 드론 등이 포함되었다. 이처럼 우크라이나의 안티드론 기술이 지난 10년간 비약적 발전을 이룬 반면, 러시아군은 서방측의 기술금수 조치, 국내 산업기반의 정체 등으로 어려움을 겪었다.[354]

우·러전쟁에서 '자폭 드론'의 등장으로 드론의 공격-방어 논의에 새로운 변수가 추가되었다. 작년 9월 중순 우크라이나군은 동북부 하르키우에서 Shahed-136(S-136) 드론을 격추시켰다고 밝혔다.[355] 이는 이란제 드론이 우·러전쟁에서 격추된 최초의 사례다.[356] 사실 S-136은 군사적 가치가 별로 없다. 속도가 느리고(최대 185km/h), 소음

351) Owen R. Cote, *The Third Battle: Innovation in the US Navy's Silent Cold War Struggle with Soviet Submarines* (New Port, RI: Naval War College, 2003); Max Smeets, "Cyber Arms Transfer: Meaning, Limits, and Implications," *Security Studies*, Vol. 31, No. 1 (2022), pp.65-91.

352) Kenneth p.Werrell, *Archie To Sam: A Short Operational History Of Ground-Based Air Defense* (Maxwell AB, AL: Air University Press, 2005).

353) Valerie Insinna, "US-made jEts, Air Defense on Ukrainian Fighter Pilots' Wishlist, But Not Gray Eagle," *Breaking Defense*, 22 June 2022.

354) Shuichi Kurumada, "War in Ukraine Highlights Importance of Cutting-edge Technology in Conflict," *Japan Times*, 5 January 2023.

355) Max Hunde, "Ukraine Shoots Down Iranian-made Drone Used By Russia - Defence Ministry," *Reuters*, 13 September 2022.

356) 일명 '가미카제(kamikaze)' 드론으로 불리지만, 잘못된 표현이다. 가미카제 공격은 태평양전쟁 당시 일본

이 심하고(일명, '잔디깎는 기계(lawnmower)'), 단거리 방공무기(SHORAD)에 취약하다. 일례로 우크라이나군은 금년 초 러시아가 날린 80대의 S-136을 모조리 격추시킬 수 있었다.[357] 그러나 S-136 같은 '자폭 드론'은 우크라이나에 3가지 문제를 안겼다. 첫째, 군사적 목표물보다는 민간 인프라의 파괴·무력화를 노렸다. 본격적인 동계가 시작될 무렵인 작년 10월 말부터 러시아는 매일 20~30대의 자폭 드론으로 주거용 건물, 화력발전소, 변전소를 공격하여, 전기·난방·수도 공급 시설을 파괴했다.[358] 러시아는 드론과 미사일, 로켓으로 1일 100회에 이르는 공격을 퍼부어 발전시설의 40%가 파괴되고, 인구의 25%에게는 전기, 그리고 키이우 시민의 80%에게는 수도가 끊겼다. 주요 언론매체들은 이를 가리켜 러시아에 의한 "추위의 무기화(weaponization of cold)"로 불렀다.[359] 열악한 성능에도 불구하고 전장에서 자폭 드론이 민간인 인프라 공격에 대량으로 투입된 것은 우·러전쟁이 최초의 사례이다. 둘째, 군사 무기인 동시에, 일반인들의 심리적 공포를 노리는 '테러 수단'이다. 젤렌스키 대통령은 러시아가 날린 자폭 드론이 "매일 밤, 매일 아침, 끝임 없이 쏟아져" 우크라이나 국민들에게 공포심을 일으키는 테러 무기라고 비난했다. 특히 드론은 사람들에게 우크라이나 방공망이 드론 공격을 막기에 불충분하다는 불만을 자극할 수 있다.[360] 심리적 공포심은 젤렌스키 정부에 대한 불신 조장, 국민적 사기 저하, 나아가 우크라이나가 전쟁의 조기 종결에 나서도록 압박하는 효과를 거둘 수 있다. 셋째, '드론군집(drone swarms)'의 등장이다. 10월초부터 러시아군은 S-136를 6~12대 단위로 묶어 한꺼번에 날리는 '드론군집' 공격을 시작했다.[361] 우크라이나 방공망은 날아오는 자폭 드론떼를 모두 요격하기에는 역부족이었다. 이러한 드론군집 공격은 우크라이나에게 방공체계 포화(saturation)와 요격 미사일 고갈이라는 2가지 딜레마를 안겼다. '표적 포화(target satuation)'란 저비용의 조악한

조종사가 항공기를 미군 전함에 충돌시킨 자살임무를 말한다. 핵심은 "조종사의 죽음"이다. 그러나 드론은 무인기다. 따라서 '일회용(single-use)'이란 표현이 적절하지만 여기서는 '자폭 드론'으로 표기한다.

357) Matthew Mpoke Bigg, "Ukraine Keeps Downing Russian Drones, but Price Tag Is High," *New York Times,* 3 January 2023.

358) Hugo Bachega and Yaroslav Lukov, "Ukraine War: Blackouts in 1,162 tOwns And Villages After Russia Strikes," *BBC News*, 18 October 2022.

359) Carole Landry, "Winter Cold Becomes a Weapon in Ukraine," *New York Times*, 23 November 2022; Laura King and Tracy Wilkinson, "The Weaponization of Winter: Ukraine Aims to Stop Russia from Regrouping As Temperatures Drop," *LA Times*, 1 December 2022.

360) Staff Writer, "How Russia Is Using Iranian Killer Drones to Spread Terror in Ukraine," *AP News*, 17 October 2022.

361) Sakshi Tiwari, "Russia 'Swarms' Ukraine With Iranian Shahed-136 Kamikaze Drones," *Eurasia Times,* 7 October 2022.

(unsophiscated) 드론군집이 숫자를 앞세워 동시다발적으로 공격함으로써 방공망을 무력화시키는 현상을 말한다. 엄청난 숫자의 드론군집을 집중 투입하는 경우, 현행 방공체계에 극심한 '피로(fatigue)' 나아가 방공의 실패를 초래할 수 있다. 이는 저가·로우엔드(low-end)·저공비행 드론군집이 대량으로 투입되면 첨단 방공망이라도 이들을 모두 막아내기 어려움을 암시한다.[362] 다음으로 요격 미사일의 고갈은 '가성비' 이슈와 직결된다. 일례로 우크라이나는 금년 1월 3일 하루에만 날아드는 80대의 드론을 모두 격추시켰다며, "전례없는 성과"를 거두었다고 밝혔다. 러시아는 작년 9월 이후, 600대의 드론을 발사한 것으로 추정된다. 문제는 탁월한 요격 성공의 지속가능성 여부다. 이유는 지대공미사일 같은 요격무기가 드론보다 훨씬 고가이기 때문이다. S-136은 불과 2만달러인데 비해, 구소련제 S-300 미사일은 14만달러, 미국제 NASAM 미사일은 50만달러에 이른다.[363] 즉, 요격에 소요되는 비용이 최소 7배에서 25배에 이른다는 의미다. 금년 초 러시아는 이란과 이란제 드론의 자국내 생산을 위해 10억달러의 계약을 체결한 것으로 알려진다.[364] 앞으로 우크라이나는 장기소모전이 예상되는 상황에서 상기 딜레마를 해결해야 하는 중대한 도전과제에 직면할 것이다.

마지막으로, TB-2 시대가 단명으로 끝난 점에 주목해야 한다. 전쟁 초, 러시아군은 항공지원이 거의 또는 전혀 없는 상태에서, 고립된 부대단위 기동이 대부분이었기 때문에 드론에게 손쉬운 표적이 되었다. 4월부터 전쟁이 우크라이나 동부 지역에서 치열한 포병 소모전으로 바뀌자, 러시아군은 첨단 대공방어체계를 구축하여 TB-2를 비롯한 드론의 효율성을 급격히 떨어뜨렸다. 한마디로 전장의 구도 자체가 급변한 것이다. TB-2는 러시아가 기본적으로 방공체계를 제대로 갖추지 못한 개전 초반 2~3주 동안에는 매우 효과적이었지만, 그 이후로는 최전방에서 점점 더 쓸모 없게 되었다. 그렇다고 드론이 더 이상 전쟁에서 중요한 역할을 하지 않는다는 말은 아니다. 쌍방은 서방측·이란이 지원한 고가의 첨단 드론, 그리고 전장 상황에 적합하도록 개조한 저가의 기성(off-the-shelf) 드론을 새롭고 혁신적인 방식으로 사용했다. TB-2가 어떤 전과를 거두었는지와 무관하게, 우크라이나에서 "드론전쟁"이 모든 전쟁의 필수적인(integral)

362) Nazargi Mahabob, "Strategic Invisible Waves: A Review on Electronic Warfare," *International Journal of Security Studies*, Vol. 3, No. 1 (2021), pp.14-15. https://www.academia.edu/8884 7778/Strategic_Invisible_Waves_A_Review_on_Electronic_Warfare

363) Matthew Mpoke Bigg, "Ukraine Keeps Downing Russian Drones, but Price Tag Is High," *New York Times,* 3 January 2023.

364) Dion Nissenbaum and Warren Strobel, "Moscow, Tehran Advance Plans for Iranian-Designed Drone Facility in Russia," *Wall Street Journal*, 5 February 2023.

부분이라는 점이 분명해졌다. 오늘날 수십개 국가가 이런 치명적 무기를 사용할 수 있는 능력을 갖추고 있으며 모든 군대가 이에 적응해야 한다. 결론적으로, 상기의 분석 결과는 드론이 공격자에게 일방적 이점을 제공한다는 드론혁명의 테제를 지지하지 않는 것으로 보인다.

2. 드론의 평준화 효과

'드론혁명' 테제에 의하면, 드론은 군사적 약자에게 힘을 실어주는 '평준화 효과'를 제공해야 한다. 우·러전쟁에서 이는 사실인 것으로 평가된다. 우·러전쟁에서 나타난 드론의 평준화 효과는 우크라이나인들의 탁월한 디지털 문해력(digital literacy: DL), 스타링크(Starlink)의 도움, 자원봉사자들의 합류 등으로 분석해 볼 수 있다. 첫째, '디지털 문해력(DL)'이다. SPIRI에 의하면 2021년 기준으로 러시아의 국방비는 659억달러(GDP 4.1%)인데 비해, 우크라이나는 59억달러(GDP 2.0%)[365], 현역군인 숫자에서도 러시아의 83만명에 비해 우크라이아는 20만명에 불과하다.[366] 그 밖에도 러시아는 무기·장비 등 거의 모든 면에서 압도적 우위를 보였다. 그럼에도 불구하고 다윗(우크라이나)이 골리앗(러시아)을 상대로, 2023년 2월 기준으로 러시아에 점령되었던 영토의 20%를 회복하는데 이어, 동부와 남부 전선에서 러시아와 일진일퇴의 공방을 벌이는 상황은 국방비·병력·무기체계 같은 물리적 하드웨어의 비교만으로는 설명되기 어렵다. 그 해답은 러시아군의 무능함·병참·리더십·사기·규율 등 뿐 아니라, 상당부분 우크라이나의 탁월한 '기술적 이해도(technical savvy)'에서 찾을 수 있다. 「포린어페어즈(FA)」는 우크라이나가 역동적 전장 상황에서 러시아군의 움직임을 거의 실시간으로 포착하여, 병력·무기·장비를 저렴한 상업용 드론으로 파괴하는 창의적 방식으로 전쟁을 "재창조(remaking)"하고 있는 것으로 평가했다.[367] Coursera가 발표한 「2022 Global Skills Report」에 의하면, 우크라이나는 기술력(technological skills)에서 세계 10위에 랭크되어 있다.[368] 이는 IT 부문 지원, 사회 전반에 걸친 디지털 문해력(digital literacy: DL) 제고 노력 등에서 인상적 진전을 이룩한 덕분이다. 일례로 2019년부터 우

365) Diego L.D. Silva and others, "Trends In World Military Expenditure, 2021," *SIPRI Fact Sheet*, April 2022.
https://www.sipr l .org/sites/default/files/2022-04/fs_2204_milex_2021_0.pdf

366) "Largest Armies in the World Ranked by Active Military Personnel in 2022," Statista, 8 Feb 2023. https://www.statista.com/statistics/264443/the-worlds-largest-armies-based-on-acti ve-force-level/

367) Lauren Kahn, "How Ukraine Is Remaking War," *Foreign Affairs*, 29 August 2022.

368) "Global Skills Report," *Coursera,* Dec 2022. https://www.coursera.org/skills-reports/global

크라이나 정부는 디지털 온라인 학습 플랫폼인 'Diia.Digital Education Online' 프로그램을 운용하였는데, 수강생의 수료율이 80%에 육박할 정도로 호응도가 매우 높다.[369] 우크라이나가 전장에서 군사적 초강대국인 러시아에게 밀리지 않는 것은 뛰어난 디지털 문해력(DL)이 뒷받침되었기 때문이다. 참고로 상기 보고서에 의하면, 한국은 '경쟁력(competitive)' 면에서 전세계 1위이다. 우·러전쟁에서 우크라이나 사례는 탁월한 디지털 경쟁력이 실제 전장에서 '전력승수(force miltiplier)' 효과를 발휘할 수 있음을 암시한다.

둘째, 스타링크의 도움이다.[370] 러시아는 침략전쟁과 동시에 우크라이나 통신망을 무력화시키기 위해 사이버공격을 벌였다. 하지만 Space-X가 작년 3월 초부터 스타링크를 통해 우크라이나 전역에 연결성(connectivity)을 제공함에 따라, 러시아의 방해공작(해킹 등)에도 불구하고, 우크라이나의 전쟁수행에는 별다른 지장이 초래되지 않았다. 일례로 러시아는 "스타링크 파괴"를 위협했지만, 이는 '미션 임파서블(mission impossible)'이다. 위성 공격의 국제법적 정당성이나 우주로의 확전 위험을 차치하더라도, 저고도위성군집을 '파괴'하려면 최소 4천발의 미사일이 필요하기 때문이다.[371]

스타링크는 우크라이나 C4I의 핵심으로, 매일 15만명 이상이 사용한다. Space-X는 2019년 스타링크 위성 발사를 시작했으며, 단기적으로 네트워크를 최대 12,000개의 위성으로, 장기적으로는 42,000개까지 확장할 계획으로 알려진다. 다른 위성 인터넷 서비스와 마찬가지로, 스타링크로 인터넷 액세스를 제공받으려면 TV 위성 접시와 유사한 수신기(배낭 크기)만 있으면 된다. 스타링크의 장점은 HughesNet 같은 경쟁 제품이 고도 35,000km에서 지구를 공전하지만, 이보다 훨씬 낮은 328~614km의 저고도에서 지구를 공전한다는 점이다. 저궤도 덕분에 Starlink의 데이터는 HughesNet보다 속도가 10배나 빠르다.[372] 우크라이나군은 '우리의 산소'라며, "그것이 없었으면 큰 혼란에 빠졌을 것"이라 밝힐 정도로 전쟁 수행에서 스타링크에 크게 의존했다.

---

369) Valeriya Ionan, "Ukraine's tech excellence is playing a vital role in the war against Russia," *Atlantic Council*, 27 July 2022.

370) 금년 2월 Space-X는 우크라이나군이 스타링크를 러시아군 공격에 사용하여 '군사화(militarization)' 시켰다는 이유로 <u>서비스 중단을 선언</u>. Patrick Tucker, "Decrying Starlink's 'Weaponization,' SpaceX Cuts Support for Ukrainian Military," *Defense One*, 9 February 2023. 그러나 여전히 우크라이나군은 미군의 밀접지원 하에 하이마스(HIMARS) 같은 포병화력으로 러시아군 표적(지휘소, 탄약고, 병영막사 등)에 대한 정밀공격을 계속하고 있어, 스타링크의 대안을 확보한 것으로 추정됨. 이와 관련, 다음의 자료를 참고할 것. Isabelle Khurshudyan and others, "Ukraine's rocket campaign reliant on U.S. precision targeting, officials say," *Washington Post*, 9 February 2023.

371) Sakshi Tiwari, "Killing Starlink! Russian Media Says Over 4000 Missiles Required To Destroy Starlink Service," *Eurasia Times*, 7 October 2022.

372) Fred Schwaller, "Starlink is crucial to Ukraine — here's why," *DW*, 14 October 2022.

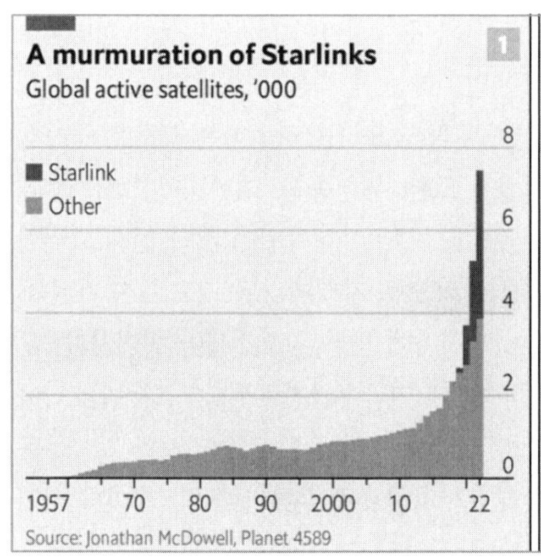

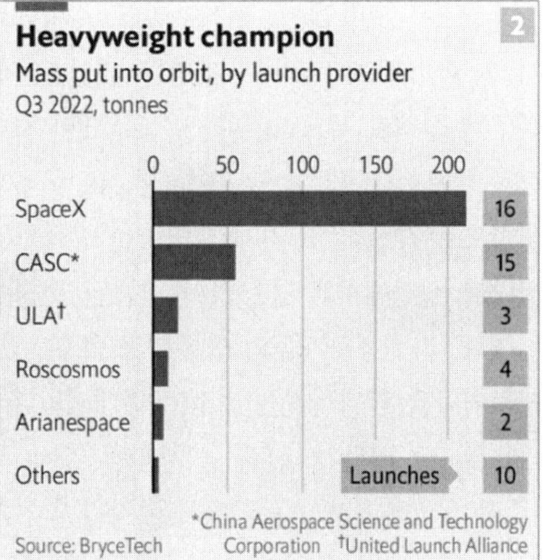

활성화된 위성 숫자(단위: 1천대) **업체별 우주궤도상 발사체 총량**(단위: 톤)373)

스타링크와 드론이 결합되어 가장 드라마틱한 전과를 올린 사례가 작년 4월 크름반도의 세바스토폴 항구에 정박되어 있던 러시아 흑해함대 기함(flagship)인 '모스크바호'를 격침시킨 사건일 것이다. 정확한 이유는 밝혀지지 않았지만, 「워싱턴포스트(WP)」는 "우크라이나군이 이동식 발사대로 넵튠(Neptune) 지대함 미사일 2발을 발사해 순양함을 타격"했으며, 이에 따른 폭발 등 자체 화재로 침몰했다"라고 전했다.374) 이 과정에서 우크라이나군은 드론이 스타링크를 통해 전송된 영상으로 항구 주변의 러시아 함대 움직임과 목표물의 움직임을 정확히 포착한 것으로 알려진다. 특이한 것은 드론이 순양함 공격에 직접 참여하지 않았지만, 이 과정에서 러시아군의 주의를 엉뚱한 곳으로 분산시키는 미끼(decoy) 역할을 했다는 점이다.375) 이로써 드론은 실전에서 '비운동성(non-kinetic)' 활동을 통해 군사작전의 성공에 기여할 수 있는 흥미로운 잠재력을 보여준 셈이다.

나아가 우크라이나군은 스타링크-드론 결합으로 '네트워크 중심전(network-centric warfare: NCW)'을 실전에서 구현하는 놀라운 능력을 보여주었다. 이를 가리켜 「월스트리트저널(WSJ)」은 디지털 기술에 정통하고 디지털 문해력이 높은 우크라이나인들이

---

373) "How Elon Musk's satellites have saved Ukraine and changed warfare," Economist, 5 Jan 2023.

374) Dan Lamothe and others, "Russia Says Flagship Missile Cruiser Has Sunk After Explosion Off Coast Of Ukraine," *Washington Post*, 14 April 2022.

375) Adam Taylor, "'Neptune' Missile Strike Shows Strength Of Ukraine's Homegrown Weapons," *Washington Post*, 15 April 2022.

스타링크를 모바일 앱, 3D 프린터, 소형 상용드론과 결합시켜, 미국을 비롯한 서방국들이 거창하게 NCW라고 명명한 것을 실제로 발휘하는 능력을 보여주었다고 평가했다.[376] 실제로 우크라이나군은 2021년 3월 NCW의 중요성을 강조하는 새로운 군사전략을 발표했다.[377] 우크라이나군 NCW의 핵심은 드론, 위성통신, 내비게이션 시스템의 결합으로 작전적 및 억제적 역량을 강화하는 것이다. 그로부터 1년이 지난 현재 그러한 전략이 실전에서의 유용성이 입증된 전쟁수행 전략으로 자리매김된 것으로 평가된다.

셋째, 자원봉사자들의 합류를 꼽을 수 있다. 러시아에 의한 침략전쟁이 벌어지자, 우크라이나 전역에서 인민전쟁이 전개되었다.[378] 80대 연금수급자로부터 식당주인, 팝아티스트, IT 전문가, 전직 공무원 등, 연령·성별·직업을 가리지 않고 對러시아 저항운동에 뛰어든 우크라이나 국민들은 장갑열차 파괴, 군 지휘소에 수류탄 투척, 레이더 기지 폭파, 친러시아 부역자 살해, 러시아군 물류망에 사보타지 등에 동참했다.[379] 이들은 고전적인 게릴라 지침 매뉴얼로 알려진 "Total Resistance"을 웹사이트에 올려, 은밀저항을 조직하는 방법, 매복을 준비하는 방법, 체포에 대처하는 방법 등에 관한 조언을 공유했다. 이러한 범국민적 저항운동을 배경으로, 자원봉사자, IT 전문가, 비전문가, 드론 동호인 등을 중심으로 'Aerorozvidka(AZ)'라는 명칭의 비밀조직이 활발히 움직이기 시작했다. '공중 정찰(aerial reconnaissance)'이란 뜻을 가진 AZ는 2014년 러시아의 크름반도 침공을 계기로 결성되었다.[380] 2022년 3월 이후, AZ 같은 조직들은 DIY 타입의 홈메이드 드론으로 對러시아 무장저항에 돌입했다. 이는 'DIY 전쟁'으로도 알려진 현상이다.

아마존에서 불과 2천달러에 구입할 수 있는 중국산 쿼드콥터인 'DJI Mavic 3'는 우크라이나군이 러시아군의 첨단 군용드론을 상대하는데 크게 기여했다. 2014년 결성된 AZ에 이번에는 전투경험을 가진 현역 군인들도 다수 합류했다. 이들은 창의성을 발휘하여 저가 상용드론을 근접타격용 정밀 유도무기로 개조했다. 저가 드론의 '혁신적 개조'에는 작동범위 확장기(range extender), 열상장비(thermal imaging systems), 기

376) Sam Schechne, "Ukraine Has Digitized Its Fighting Forces on a Shoestring," *Wall Street Journal,* 3 January 2023.

377) Oscar Rosengren, "Network-centric Warfare in Ukraine: Delta System," *Grey Dynamics*, 3 Feb 2023. https://greydynamics.com/network-centric-warfare-in-ukraine-the-delta-system/

378) Nataliya Gumenyuk, "Ukrainians Are Fighting A People's war — And Everyone Is Involved, From Top To Bottom," *Washington Post*, 7 March 2022.

379) Staff writer, "Ukraine's Partisans Are Hitting Russian Soldiers Behind Their Own Lines," *Economist,* 5 June 2022.

380) Ahmad Ghayad, "This is How Ukraine is Building DIY Drones to Destroy Russian Vehicles!," *Engineerine,* 12 January 2023.

타 경이적 정확도로 러시아 탱크에 대전차 수류탄을 투하하도록 3D 프린터로 제작된 기폭장치 등이 포함된다. 이들 드론은 쉽게 격추될 수 있지만 비용이 저렴하기 때문에 문제가 되지 않는다. 배터리용 리튬 가격이 오르기 시작하자 엔지니어들은 전자 담배의 배터리를 드론에 장착하는 방법을 찾아내어 가성비에서의 장점을 유지했다. 심지어 이들은 중국 전자 상거래 플랫폼 Alibaba에서 구입한 상용 드론으로, 우크라이나 국경에서 150km나 떨어진 로스토프(Rostov)에 위치한 러시아 정유시설에 '가미카제 방식'의 공습을 수행했다.[381] 아울러 2022년 중반 무렵, 우크라이나에서는 드론 운용과 관련된 일종의 '폭발적 혁신(a Cambrian explosion of innovation)' 현상이 벌어졌다. 민간 연구기관들에 의하면 우·러전쟁에서 사용된 600개 이상의 상업용 드론 사례에 대한 데이터베이스가 수집되었다. 모든 혁신이 우크라이나에서만 일어나는 것은 아니다. 공식적으로 러시아군은 군용이 아닌 상용 드론의 사용을 인정하지 않지만, 많은 SNS에서는 개조된 상업 드론을 사용하는 러시아군의 사례가 많이 발견된다. 양측은 공히 저렴하고 개조가 용이한 중국 회사 DJI가 생산한 드론을 가장 선호하였던 것으로 알려진다. 이와 관련 DJI는 2021년 4월부터 러시아와 우크라이나에서 판매를 중단한다고 발표했다. 우크라이나 전장에서 벌어지고 있는 'DIY 전쟁'의 향배는 우·러전쟁 전체의 판세에 상당한 영향을 미칠 것이다. 지금까지의 정황을 종합하면 우크라이나인들의 저항정신과 결사항전 의지에 기초한 AZ 같은 조직들의 활약이 돋보이는 반면, 러시아에서 그에 필적할 정도의 응집력과 자발성에 갖춘 대항조직의 움직임은 뚜렷하게 감지되지 않는다. 요컨대, 자원봉사자들 중심의 'DIY 전쟁' 역시 우·러전쟁에서 약자의 군사적 열세를 보완해 주는 드론의 평준화 현상을 뒷받침하는 것으로 평가된다.

3. 군사력 운용 및 근접전투

드론혁명 테제에 의하면 드론이 배치되면 전통적 군사력 운용수단이 '퇴화(obsolete)'되고, 근접전투의 필요성이 감소 또는 제거되어야 한다. 이와는 정반대로 우·러전쟁에서는 근접전투가 감소·제거되기는 고사하고, 오히려 세월을 거슬러 1차 세계대전 방식으로 되돌아간 양상을 보였다. 이런 측면에서, 아마도 우·러전쟁의 가장 큰 특징 중의 하나는 21세기에 벌어진 1차 세계대전 스타일의 참호전일 것이다. 참호전에서 벌어지는 가장 대표적 전술이 근접전투다. 작년 11월부터 수개월째 교전을 벌여온 도네츠크주 바흐무트 주변에서 전투 양상이 참호전으로 바뀌기 시작했다. 참호전은 서

381) Max Seddon and others, "'Kamikaze' Drone Strike Hits Oil Refinery in Southern Russia," *Financial Times*, 22 June 2022.

로 전진하지 못한 상태에서 참호를 파고 견디며, 쌍방이 주로 포병사격과 기습공격에 의존하여 사상자만 늘어나는 소모전 형태로, 1차 세계대전에서 수천만명의 인명 피해를 유발한 원시적 전투방식이다. 금년 1월부터는 러시아가 용병부대인 '와그너(Wagner) 그룹'을 투입하여 전투가 한층 격렬해졌다. 사실 순수한 군사적 관점에서 바흐무트 일대는 전략적 가치가 별로 없는 지역이다. 그러나 젤렌스키 대통령이 워싱턴을 방문하여, 러시아가 점령한 루한스크의 주요 도시인 세베로도네츠크(Severodonetsk)와 리시찬스크(Lysychansk)를 언급하면서 상황이 급변했다.382) 동시에 러시아의 전략적 계산도 확연히 달라진 것으로 보인다. 러시아의 푸틴 대통령은 우크라이나 침략전쟁을 관장하는 통합사령관을 개전 이래 다섯 번째로 교체하여, 이번에는 게라시모프 총참모장을 신임사령관으로 임명했다. 러시아군은 주요 지휘관·참모의 보직 기간을 최소 3~4년 이상 보장하는 '장기 보직'이 관행이다. '특별군사작전' 총사령관의 평균 보임기간이 3개월 정도에 불과한 것은 러시아군이 수세에 몰렸음을 보여준다.383) 빈번한 총사령관 교체와 러시아 정규군과 갈등관계에 있는 것으로 알려진 와그너 용병집단의 대거 투입은 푸틴의 심각한 위기의식을 암시한다. 요컨대, 현재 참호전/근접전투가 격렬하게 전개되는 이유는 러시아가 바흐무트 일대에 전략적 가치보다는 정치적 가치를 부여하기 때문이다. 이는 부분적으로 러시아가 '매몰비용의 오류(sunk-cost fallacy)'에 빠졌음을 암시한다. 이미 그 일대에서 너무 많은 피해를 입었으므로, "패배는 선택사항이 아니며(losing is not an option)," 약간의 성공을 과시하기 위한 무엇인가가 절실히 필요하다는 의미다.384)

또 하나 흥미로운 현상은 참호전/근접전투에서 드론이 강력한 위력을 발휘하고 있다는 점이다. 여기서 1차 세계대전과 우·러전쟁 간의 결정적 차이점이 드러난다. 예를 들어 1916년 당시에는 어느 쪽도 전진하지 못하는 '정적인 갈등(static conflict)'—기관총과 속사포, 그리고 탁트인 개활지로 인해 용감한 돌격은 곧 자살행위이므로, 참호를 파고 목숨을 부지하는 것이 최우선 과제였던—이었을 것이다. 그러나 우·러전쟁에서의 참호전/근접전투는 '역동적(dynamic)' 형태로 급변했다. 우크라이나군(자원봉사자들 포함)은 스타링크의 도움을 받은 드론으로 확보된 비디오 스트림으로 참호 속의 러시아

382) 당시 젤렌스키 대통령은 미국 방문 길에, "세베르도네츠크와 리시찬스크에서 약간의 성공을 거두긴 했지만, 어떻게 전투 결과가 판가름 날지는 시기상조"라고 언급. Rachel Pannett and others, "Street battles in Severodonetsk; Zelensky Says Russia Holds 20% of Ukraine," *Washington Post*, 2 June 2022.

383) 권윤희, "러軍 마지막 자존심 게라시모프, 올봄 푸틴 구원할까," 「서울신문」, 2023.2.2.

384) Joshua Keating and Kseniia Lisnycha, "Why Does Bakhmut Matter? The Brutal, Monthslong Fight For A Small City In Ukraine," *GRID*, 14 January 2023.

군과 와그너 집단의 움직임을 실시간 손바닥처럼 들여다보며, 저가 상용드론에 장착한 소형 폭발물로 참호/교통호에 숨은 적들에 초정밀공격(수십m 상공에서 1m 이하의 공산오차)을 퍼부었다. 일례로 DJI Mavic 3 같은 저가의 쿼드콥터는 Vog-17 대인(對人) 수류탄을 장착한 '작은 폭격기'로 개조된다. 값싼 폭발물은 거의 무제한으로 확보할 수 있다. 콘크리트 벙커 같은 견고한 구조물의 엄폐를 제공받지 못하는 한, 참호·개인호·교통호 등에 엉성하게 숨은 적들은 공중에서 내려다보는 드론에게는 "독안에 든 쥐"에 불과하다. 요컨대, 바흐무트 일대에서 벌이지는 21세기 근접전투에서 드론은 참호를 거대한 '공동묘지'로 만들고 있는 셈이다.[385]

〈그림 1〉 '바흐무트(Bakhmut) 일대에서 1차 세계대전 스타일의 참호전이 벌어진 지역[386]

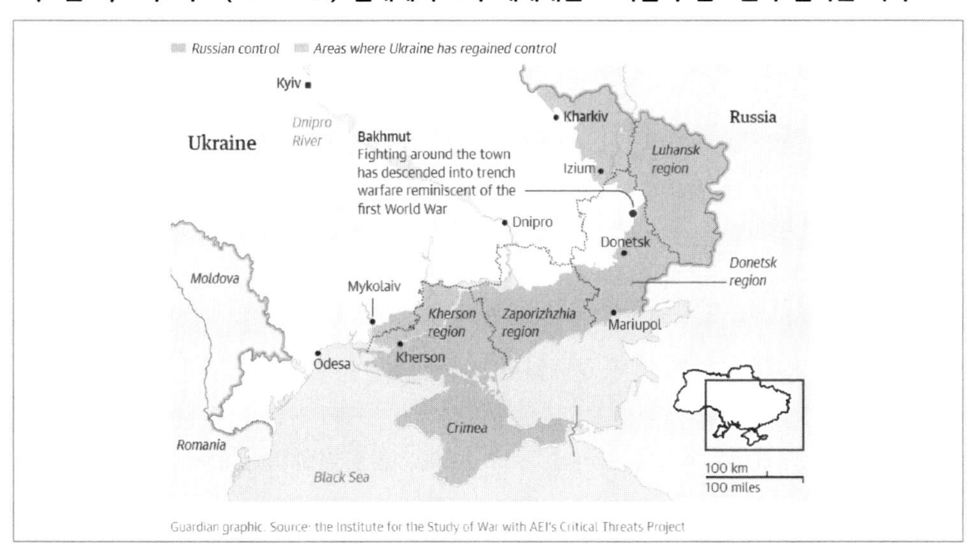

다음은 군사력 운용 측면이다. 드론혁명 테제에 의하면 전투원들의 전기·전술·절차(TTP), 숙련도, 전투원의 역량(competence) 등은 중요한 변수가 아니다. 드론혁명으로 '원격진지'로부터의 공격이 가능해졌으므로, '지상군 배치(boots on the ground)'가 불필요해진 결과다. 그러나 우·러전쟁에서 '역량(competence)'이[387] '최고의 군사

385) David Hambling, "Russia Is Betting On Trench Warfare — But Ukrainian Drones Change The Odds," *Forbes*, 22 November 2023.

386) Peter Beaumont, "Fighting in East Ukraine Descends into Trench Warfare As Russia Seeks Break- through," *Guardian*, 28 November 2022.

387) '능력(capability)'과 역량은 흔히 동의어로 사용되지만 양자 간에는 중요한 차이가 있다. 전자는 어떤 과업을 수행할 수 있는 잠재력인 반면, 후자는 과업을 수행하는 기술의 수준(level of skill)이다. 즉, 역량이란 능력이 잠재력에서 실제적인 과업수행으로 구현되는 과정 및 결과를 말한다.

력'이라는 점이 재확인되었다. 드론혁명은 현대적 군사력 운용과 전투 현장에서 일종의 불연속적 퀀텀 점프가 이뤄짐을 전제로 한다. 그러나 역량의 중요성이 재확인된 것은 전쟁에서 불연속성 못지 않게 연속성에도 주목해야 함을 의미한다. 이번 전쟁을 계기로 우크라이나군의 역량이 2014년 이후 대폭적으로 개선·발전되었음이 드러났다. 이는 러시아의 '하이브리드전' 기습 공격으로, 변변한 저항도 하지 못한 채, 크림반도와 돈바스 일대를 무혈점령 당한 수모에서 교훈을 도출하려 노력한 결과이다.

2014년까지만해도 우크라이나군은 '종이 호랑이' 또는 '허수아비' 수준에 불과했다. 전문가들의 분석에 따르면 당시 10만명이 넘는 우크라이나군 중에서 6천명만이 전투대세를 갖췄을 뿐, 대부분 병사들은 낮은 사기로 인해 대거 탈영한 상태였다. 그나마 동부의 돈바스 전선이 유지되었던 것은 의용사단(volunteer division) 덕분이었다. 러시아 자료에 따르면, 2014년 4월까지 16,000명 이상의 전직 우크라이나 군인·민간인이 러시아 군대에 재취업(re-employed)한 것으로 드러났는데, 이는 사실상 국가를 배반한 반역자들이다. 우크라군 지휘부의 붕괴도 심각한 수준이었다. 많은 고위 국방·안보 관리들이 러시아의 제5열(간첩)이었으며, 전쟁이 발발하자 몇몇 군 고위장교들은 러시아로 망명했다. 일례로 2014년 3월 1일 해군총장에 임명된 베레좁스키(Denis Berezovsky) 중장은 다음날 우크라 해군에게 러시아에 항복할 것을 명령하고, 이 사실이 발각되어 보직해임되자 러시아로 도망쳤다.388) 초기 군사개혁도 실패를 겪었다. 우크라이나는 소련 붕괴 이후 전체 군대의 40%를 '상속'받아, 그 결과 러시아와 긴밀한 유대를 가진 비대하고 낡은 구식군대로 출발했다. 초기 군사개혁은 오로지 군대 규모를 줄이는 데만 집중했다. 2010년대까지 소련식 편제·징집체계·구식무기·군사전략을 답습한데 이어, 2014년까지 NATO의 영향으로 우크라 국방정책·군사전략 문서는 러시아를 '적(enemy)'으로 표현하지도 않았다.389)

우크라이나군은 2014년 이후 '환골탈태'의 과정을 거치며 국방혁신에 돌입했다. 2015년부터 전략문서를 재작성하면서 군사교리·전략에 획기적 변화가 일어났다. 새로운 군사 독트린, 안보·국방 부문 개념과 함께 새로운 국가안보전략들이 발표되었다. 신전략의 양대 목표는 ① 러시아의 무력침략 격퇴, ② 크림반도/돈바스 수복으로 설정되었다. 신전략의 목표 달성을 위해 러시아의 '하이브리드전'에 대응할 수 있는 역량 구축에 착수하였다. 포로셴코(Petro Poroshenko) 전 대통령의 주도 하에, 2016년까지 지

388) Sergei Loiko, "Head of Ukraine's Navy Defects to pro-Russian Crimea," *LA Times*, 2 March 2014.

389) Dmitri Trenin, "The Ukraine Crisis And The Resumption of Great-Power Rivalry," *Carnegie*, July 2014. https://carnegieendowment.org/files/ukraine_great_power_rivalry 2014.pdf

휘통제, 기획, 작전, 의료·군수, 군사 전문주의(professionalism) 등 5개 개혁계획 수립했다. 동 개혁의 3가지 핵심 목표는 ① 군대의 전문화, ② 영토방위군 재창설, ③ 적 후방에서 작전할 수 있는 특수부대 창설 등이었다. 이러한 개혁의 궁극적 목표는 러시아를 '군사적 적대국(adversary)'으로 규정하고, 가능성이 높은 것으로 판단된 러시아의 전면 침공 가능성에 대비하는 것이었다. 또한 부사관(NCO) 제도를 도입 및 활성화하였다. 군사 전문직업주의(military professionalism) 정착의 일환으로, 소련식 '상부비대(top heavy)' 계급구조를 탈피하고, 말단 NCO가 전장에서 결정을 내릴 수 있는 유연한 구조로 전환했다.[390]

우크라 군사개혁의 성과는 3가지로 요약된다. ① 임무형지휘(Mission Command): NATO군 중심의 다국적훈련그룹(JMTG-U)이 9주 프로그램 제공. ② 비대칭 무기체계 도입: △ TB-2 공격드론, △ 러시아의 전자전 무력화를 위해 'Bukovel-AD', 'Nota', 'Mandat-B1E R-330UM' 같은 전자전 장비, △ 러시아군 대대전술단(BTC) 대응을 위해 재블린(Javelin) 대거 운용 등. ③ 독립작전·분권화 위주의 조직편성: 여단 중심의 제병협동 부대 구조 최적화 ☞ △ 독립 작전이 가능하도록 여단 중심의 부대 구조로 지상군의 체질을 변경, △ 대대급 이하, 소부대 중심의 분권화 전투수행에 최적화 등.[391] 상기 관점에서 볼 때, 러시아군이 개전 초 우크라군의 신속한 붕괴를 확신한 이유는 "우크라군이 2014년 시점에 머물러 있을 것이라는 그릇된 가정"에 기초했기 때문이다. 유로마이단 혁명, 야누코비치 축출, 돈바스 휴전 이후 우크라이나 정부가 국방개혁에 최우선 순위를 부여하여 중점적으로 추진한 점을 간과한 것이다. 반면, 러시아군은 2014년에 비해 별로 다른 점을 보이지 못했다. 전문가들은 러시아군 지휘부는 침략전쟁 초반에 우크라이나 정부/군대가 곧바로 항복하거나 붕괴하지 않을 것이라는 점이 분명해지자, 과거 방식의 "전형적이고 낡은 폭력적 무력사용 전술(classic, old-style brute force tactics)"도 되돌아갔다. 전기·수도·통신 같은 필수 인프라 파괴, 민간인 대량 학살로 전쟁범죄 자행, 무차별 민간인 거주지역 파괴로 인도주의적 재앙 유발 등은 고전적인 러시아군 매뉴얼을 따른 결과들이다. 러시아가 우·러전쟁에서 구사하는 수법들은 시리아에서 '성공'을 거둔 것으로 자평하는 '초토화 작전(scorched earth policy)'의 복제판인 셈이다.[392]

---

390) Samo Burja, "How Ukraine Prepared Itself for Total War," *National Interest*, 29 April 2022; Liam Collins, "Why Ukraine's Undersized Military Is Resisting Supposedly Superior Russian Forces," *Conversation*, 11 May 2023.

391) Ibid.

392) Christy Somos, "Death From Above: How Drone Warfare Is Shaping The Battlefield In Ukraine," *CTV News*, 2 Jaunary 2023.

상기의 맥락에서 가장 극명하게 드러난 현상이 러시아군 고위계층, 특히 중·대령과 장군들의 높은 손실률이다. 러시아군은 침략전쟁의 첫 단계부터 과오를 거듭했다. '특수군사작전(special military operation)'이란 명칭을 사용하며 한사코 '전쟁(war)'으로 표현하지도 않았다. 개전 직후, 우크라이나가 전국적 동원태세에 돌입한 것과 대조적으로, 러시아는 전문직업군인과 징병군인이 혼합된 어중간한 형태로 출발했다. 2008년 조지아 전쟁 이후, 군 현대화 작업을 통해 모병제(일종의 전문직업군인)로 전환했지만, 이번 전쟁에서는 다시 대규모 징집병 방식으로 되돌아갔다. 아마도 가장 큰 과오는 첨단기술전쟁을 염두에 두고 군대를 응집력 높은 제대별 조직으로부터 임시방편(ad hoc) 형태의 '대대전술단(BTC)'으로 전환한 점일 것이다. 우·러전쟁이 벌어지자 잠복되었던 문제들이 표면화되었다. 국방개혁 이후의 군대가 국방개혁 이전의 군대보다 '역량' 면에서 현저히 열등한 것으로 드러난 것이다. 전투원들의 역량은 반복적·습관적 훈련의 결과물이다. 특별히 심각한 문제, 즉 리더십 문제가 러시아 군대의 지휘부에서 나타났다. 우크라이나군의 추정에 의하면, 2022년 11월말 현재, 러시아 장교 중에서 최소 10명의 장군과 152명의 중·대령, 그리고 1천명 이상의 소령급 이하 장교가 사망했다. 숫자가 부풀려졌을 수 있지만, 러시아가 상대적으로 단시간에 장교단 전반에 걸쳐 막대한 손실을 입었다는 사실 만큼은 분명해 보인다. 특히 중·대령의 손실은 여러 이유로 부정적 영향을 미친다. 첫째, 중상부 수준의 리더는 'ad hoc' 기반 임시조직(BTC)의 효과적인 통합, 훈련 및 응집력에 필수적이다. 러시아군이 하르키우 전투에서 고전한 이유는 이들의 대량 전·사상으로 BTC 전투력이 현저히 저하되었기 때문이다. 둘째, 중·대령 사상자의 대부분은 주로 공세적·진두지휘 스타일로 전투를 이끌던, 전형적으로 전장에서 가장 유능한 최고의 지휘관들이었다. 마지막으로, 경력의 황혼기에 들어선 장군이나 비교적 신속한 대체가 용이한 하급장교의 손실이 전장에 일정한 영향을 미치지만, 중·대령급 장교들의 대량 손실은 러시아 군대의 전문직업적 효율성에 장기적으로 더 큰 악영향을 미칠 것이다.393)

끝으로 지형적 영향이다. 개전 초반 키이우를 노린 러시아군의 진격은 삼림과 늪지대의 방해를 받았다. 드니프르강 같은 하천의 도하는 러시아군의 전진 속도를 더욱 더디게 만들었다. 심지어 동부전선에서 진격이 좌절된 부대가 후방으로의 철수를 위해 시베르스키도네츠(Siverskyi Donets) 강을 건너는 도하작전 과정에서 대대급 부대가 거의

---

393) Michael G. Anderson, "A People Problem: Learning From Russia's Failing Efforts To Reconstitute Its Depleted Units In Ukraine," *Modern War Institute*, 26 January 2023. https://mw l .usma. edu/a-people-problem-learning-from-russias-failing-efforts-to-reconstitute-its-depleted-units-in-ukraine/

전멸당하는 궤멸적 타격을 입었다.394) 우크라이나군은 교량 파괴, 포병 사격, 러시아군의 움직임 사전 포착 등으로, 도하작전을 시도하는 상대를 '킬존'에 몰아넣어 격멸하였다. 악명 높은 '라스푸티차(rasputitsa)'도 우·러전쟁에서 강력한 지형적 장애물이다. 미국의 CNBC는 우·러전쟁에서 '가장 익숙한' 진흙이 러시아의 최대 장애물로 작용할 수 있다고 분석했다. 매년 봄·가을철 러시아·우크라이나·벨라루스 등지에서는 흑토가 진창으로 변해 통행이 곤란한 '라스푸티차' 현상이 발생한다. 3~5월에는 얼었던 땅이 녹아 진흙탕, 그리고 10~11월에는 해양성 기후의 영향으로 가을비가 내려 늪지대가 형성된다. 이들 국가에는 비포장도로가 많아, 전시에 라스푸티차 시절이 되면 군사작전을 전개하는데 큰 난관을 겪게 된다.395)

다음으로 우·러전쟁에서 벌어진 시가지 전투(urban warfare, 시가전)는 4가지 면에서 새로운 특징을 보였다.396) 첫째, 단지 도심지 작전지역(urban area of operations)에 도착하는 것조차 어렵다는 것이 입증되었다. 지난 20년 이상 이라크·아프간에서 미군에게 상대적으로 '관대(permissive)'하였던 시가전 환경과 달리, 러시아군은 우크라이나 도심지역에 진입하기 위해 사투를 벌였다. 이 과정에서 예상치 못한 막대한 손실을 당하자 러시아는 우크라이나 전역에서 도시마다 소모적인 포위전술(siege tactics)에 의존하고 있다. 둘째, 우·러전쟁의 시가전은 공중·지상·지하를 포함한 다영역에서 전투가 벌어지고 있다. 이는 이라크의 팔루자(Fallujah), 모술(Mosul) 등에서 전개된 시가전이 대부분 지상 영역에 주로 집중되었던 사례와 대조적이다. 셋째, 우크라이나 시가전에서 지난 수십년에 비해 그 능력(전투력)이 월등해진 정규군·비정규군의 혼합부대(mix)가 등장했다. 러시아는 정규군·징집병·용병(와그너 그룹), 심지어 시리아인까지 동원해 작전을 수행했지만, 그 결과로 높은 수준의 사상자가 발생—그 과정에서 민간인 대량 살상, 민간 인프라 대량 파괴도—했다. 미래 시가전은 적이 주로 비정규 전술을 사용하고 낮은 수준의 무기(예: 소화기 및 경화기)만을 보유했던 지난 20년 동안의 시가전과 달라질 것이다. 전략적 경쟁 하의 도시전에서는 미군보다 "덜 제한적인 교전규칙(less restrictive rules of engagement)"이 사용될 것으로 예상해야 한다. 넷째, 비록 모술 전투에서 일종의 전자전(electronic warfare)이 벌어지긴 했지만,397)

394) Charlie Parker, "Russian Battalion Wiped Out Trying To Cross River Of Death," *The Times*, 12 May 2022.

395) Holly Ellyatt, "Russia Is Expected To Launch A New Ukraine Offensive, But It Faces A Familiar Obstacle: Mud," *CNBC*, 10 February 2023.

396) Sam Plapinger, "Urban Combat Is Changing. The Ukraine War Shows How," *Defense One*, 3 February 2023.

397) US Army, "What the Battle for Mosul Teaches the Force," *Mosul Study Group*, September 2017.

우크라이나는 시가전 상황에서 재밍 등으로 상대방의 드론 같은 장비와 통신체계를 겨냥하여 전자적 스펙트럼의 통제를 위해 싸운 최초의 실전 사례로 기록된다.

Ⅳ. 결 론

본고의 분석 결과를 '드론혁명'의 테제에 적용한 검증 결과는 다음과 같다.

첫째, 공격-방어의 균형. '드론혁명' 주창론자들에 의하면 드론은 공격자에 일방적 이점을 제공하고, 군사적 약자를 강화하고, 근접전투와 지상작전의 필요성을 감소 또는 거의 불필요하게 만들어야 한다. 그러나 우·러전쟁의 사례에서 상기의 테제는 단지 부분적으로만 지지되었다. 드론이 군사적 약자인 우크라이나의 전투 역량을 강화해 주었지만, 공격자(러시아)에 일방적 이점을 제공하지 못했고, 근접전·지상전의 필요성을 감소 또는 제거하지 못했다. 우·러전쟁은 인류 전쟁사에서 수천대에 달하는 드론을 러시아·우크라이나 같은 현대적 군사강국이 실전에서 운용한 최초의 사례다. 개전 초반부터 TB-2는 특히 러시아 기갑부대에 궤멸적 타격을 주어 전쟁의 흐름을 반전시키는데 일등공신이 되었다. 그러나 'TB-2 천하'는 단명으로 끝났다. 개전 5개월 무렵부터 안티드론 능력의 개선으로 쌍방이 운용하는 드론이 빠른 속도로 격추되었다. 우크라이나 드론의 평균수명은 1주일에 불과했다. 우·러전쟁에서 드론의 공격-방어와 관련된 'H-F 경쟁'이 전개되었다. H-F 경쟁의 역동적 상호작용은 중대한 함의를 갖는다. 웨럴(Kenneth Werrell)이 말한대로, 대부분은 "항공기를 격추시키는 무기보다 항공기에 더 많은 관심"을 보인다. 그러나 2차 세계대전 이후, "지상배치 방공체계는 전쟁의 승패를 좌우하는 관건"이다.

전반적으로 드론전쟁은 우크라이나에 유리하게 기우는 양상이다. 공격에서는 쌍방이 호각세인 반면, 방어에서는 우크라이나의 안티드론 기술이 우세를 보인다. 우·러전쟁에서 이란제 Shahed-136 같은 '자폭 드론'은 △ 군사적 목표물보다 민간 인프라의 파괴·무력화, △ 일반인의 심리적 공포를 노리는 '테러수단', △ 드론군집(drone swarms)의 등장 등으로, 드론의 공격-방어 논의에 새로운 변수를 추가했다. 특히 드론군집 공격은

---

https://www.armyupress.army.mil/Portals/7/Primer-on-Urban-Operation/Documents/Mosul-Public-Release1.pdf

우크라이나에 방공체계 포화(saturation)와 요격 미사일 고갈이라는 2개 딜레마를 동시에 안겼다. 전자는 저비용의 조악한 드론군집이 숫자를 앞세워 방공망을 무력화시키는 현상이다. 후자는 요격 수단의 '가성비' 문제를 말한다. 일례로 S-136은 2만달러이지만, 이를 격추시키기 위한 요격 미사일의 비용은 7배~25배에 이른다. 이는 장기소모전이 예상되는 상황에서 시급히 해결되어야 할 중대한 도전과제다. TB-2 천하가 단명으로 끝났다고 해서, 전쟁에서 드론의 유용성이 사라지지는 않았다. 우·러전쟁에서 쌍방은 외부(서방측·이란)에서 지원받은 고가의 첨단 드론은 물론, 저가의 기성(off-the-shelf) 드론 모두 전장 상황에 부합되도록 새롭고 혁신적 방법으로 개조하여 사용했다. 요컨대, 우크라이나 사례에서 이제 "드론전쟁"은 모든 전쟁의 필수적인 부분이라는 점이 분명해졌다.

둘째, 드론의 평준화 효과. '드론혁명' 테제에 의하면, 군사적 약자는 드론을 통해 평준화 효과를 얻을 수 있어야 한다. 우·러전쟁에서는 군사적 약자인 우크라이나가 드론을 통해 러시아를 상대로 평준화 효과를 거둔 것으로 평가된다. 즉, 드론혁명의 테제가 지지되었다는 의미다. 이러한 효과는 우크라이나인들의 뛰어난 디지털 문해력, 스타링크의 도움, 자원봉사자들의 합류 등에서 비롯되었다. 일부 전문가들에 의하면 우크라이나는 역동적 전장상황에서 러시아군 동향을 실시간 포착하여, 상업용 저가 드론으로 러시아의 병력·무기·장비를 파괴하는 창의적 방식으로 전쟁을 '재창조'했다. 특히 우·러전쟁은 탁월한 디지털 문해력이 전장에서 '전력승수' 효과를 발휘할 수 있는 가능성을 보여주었다. 스타링크는 러시아의 고강도 사이버공격에도 불구하고 간단없는 연결성 제공으로 우크라이나군의 '산소'로 자리매김되었다. 특히 드론은 러시아 '모스크바호' 격침 사건 당시 상대의 주의분산용 미끼로 이용되어, 실전에서 드론의 '비운동성(non-kinetic)' 운용으로 '운동성(kinetic)' 군사작전에 기여할 수 있는 잠재력을 보였다. 또한 우크라이나군은 스타링크-드론 결합으로 서방측이 '네트워크 중심전(NCW)'으로 명명한 현상을 실전에서 구현하는 실력을 보여주었다. 우크라이나 버전 NCW의 핵심은 드론·위성통신·내비게이션의 결합으로 작전적·억제적 역량을 발휘하는 것이다. 아울러 '인민전쟁(people's war)' 맥락에서 자원봉사자들의 활약도 두드러졌다. 이들은 AZ 같은 비밀결사를 결성하여, 저가·기성품을 개조한 홈메이드 드론으로 對러시아 무장저항을 벌이는 'DIY 전쟁'을 치렀다. 우·러전쟁에서 우크라이나 국민들의 저항정신·결사항전에 기초한 자발적 저항 조직들의 활약이 두드러진 반면, 러시아에서 그에 상응하는 풀뿌리 기반의 움직임은 감지되지 않는다. 요컨대, 자원봉사자들 중심의 'DIY 전쟁' 역시 우·러전쟁에서 약자의 군사적 열세를 보완해 주는 드론의 평준화 현상을 뒷받침하는 것으로 평가된다.

셋째, 군사력 운용과 근접전투. '드론혁명' 테제에 의하면 드론이 배치되면 전통적인 군사력 운용수단이 '퇴화(obsolete)'되고, 근접전투의 필요성이 감소 또는 제거되어야 한다. 전투원들의 전기·전술·절차(TTP), 숙련도, 역량 같은 전통적 군사력 운용수단은 드론혁명으로 '원격진지'로부터의 공격이 가능해지고, '지상군 배치'가 불필요해졌기 때문이다. 그러나 우·러전쟁 사례는 근접전투가 감소·제거되기는커녕 오히려 1차 세계대전 방식의 참호전에서 치열하게 벌어졌고, 마찬가지로 역량(competence)이 '최고의 군사력'이라는 점이 재확인되었다. 요컨대, 드론혁명의 테제가 지지되지 않았다. 바흐무트 같은 지역은 왜 쌍방이 100년 전으로 시계바늘을 되돌려 유혈이 낭자한 참호전을 벌이는지에 대한 흥미로운 통찰력을 보여준다. 전문가들마다 시각차가 존재하지만, 순수한 군사적 측면에서만 보면 바흐무트는 전략적 가치가 별로 없는 지역이다. 대신 쌍방은 이곳에 높은 정치적 가치를 부여했다. 러시아는 '매몰비용'의 오류에 빠진데 비해, 우크라이나는 대통령이 미국 방문시 이곳의 상징적 의미를 부각시킨 결과다. 요컨대, 지금의 참호전/근접전은 러시아는 사상자가 급증하고 대대적인 병력동원이 불가피할 정도로 전세가 악화된 상황에서 '성공'으로 부를만한 무엇인가가 필요한 절박한 사정, 그리고 우크라이나는 서방측으로부터 지속적인 도움을 받기 위해 '승리'로 부를만한 무엇인가가 절실히 필요한 사정이 맞아떨어진 결과로 볼 수 있다. 이러한 1차 세계대전 타입의 참호전/근접전에서 드론이 위력을 발휘하여 주목을 끌었다. 이런 면에서 우·러전쟁은 1차 세계대전과 흥미로운 대조를 보인다. 후자는 어느 쪽도 쉽게 전진하지 못하는 '정적인 갈등(static conflict)'이었다. 그러나 전자에서는 참호전/근접전이 '역동적인(dynamic)' 갈등으로 급변했다. 일례로 우크라이나군은 저가 상용드론을 날려, 비디오 스트림으로 러시아군과 와그너 용병들의 동향을 손바닥처럼 들여다보며, 노출되거나 참호 속에 숨은(엄폐물의 보호를 받지 못한) 적들에게 소형 폭발물로 초정밀공격을 퍼부었다.

또한 우·러전쟁은 전투원들의 '역량'이 전쟁의 승패를 좌우하는 관건이라는, 어떻게 보면 지극히 평범한 진리를 재확인해 주었다. 대개 '혁명'의 컨셉은 퀀텀 점프 같은 불연속적 도약을 암시하지만, 이번 전쟁에서는 불연속적 요인 못지 않게 연속적 요인(예: 전투원의 '역량')의 중요성도 재차 확인되었다. 드론혁명의 테제에 의하면 전장에서 장병들의 전투 역량은 별로 중요한 변수가 아니다. 왜냐하면 드론 자체가 개별 전투원들의 역량·기술·TTP를 초월하는 '혁명적 효과'를 발휘할 것으로 기대되기 때문이다. 그러나 우·러전쟁에서는 그러한 테제가 지지되지 않았다. 이유는 상당부분 우크라이나군이 국방혁신 또는 국방개혁에 성공했기 때문이다. 2014년 러시아가 총한방 쏘지 않고 크름반도를 강탈하던 당시, 우크라이나군은 무능하고 부패한 '종이 호랑이' 또는 '허수아비' 수준에 불과했다. 사실 우크라이나군이 붕괴했던 근원(根源)은 러시아를 '적'으로 간주하지 않는 위협인식의 부재 때문이다. 그러나 그 이후 환골탈태 과정을 겪으며 자기 혁신에 돌입했다. 우크라이나 국방혁신의 성과로는 임무형지휘 개념의 수용, 비대칭 무기체계(TB-2, 재블린 등) 도입, 독립작전·분권화 위주의 조직 편성 등이 꼽힌다. 러시아군이 초반에 우크라이나군의 신속한 붕괴를 '믿어 의심치' 않았던 결정적 이유는 이들이 여전히 2014년 시점에 머물러 있을 것이라는 그릇된 가정에 기초했기 때문이다. 반면, 러시아군은 무기·장비의 현대화, 대대전술단(BTC) 창설 같은 외형적 국방혁신을 이뤘다고 자평하지만, 실제로는 2014년에 비해 별로 달라진 모습을 보이지 못했다. 일례로 침략전쟁 초반부터 공격기세가 좌절되자, 곧바로 과거 방식의 "낡고 전형적인 폭력적 무력사용 전술"로 되돌아갔다. 이러한 시대착오적 수법은 한때 크름반도, 시리아, 체첸, 조지아 등에서 거두었다고 자평하는 손쉬운 '성공'을 복제하려는 '초토화작전' 2.0에 불과하다.

끝으로 지형적 영향이다. 러시아군이 군사작전은 삼림, 늪지대, 강, 심지어 라스푸티차(진흙) 같은 천연장애물의 방해를 받았다. 또한 우·러전쟁에서 나타난 새로운 시가전 양상에도 주목할 필요가 있다. △ 단지 도심지 작전지역(urban area of operations)에 도착하는 것조차 어렵다는 점, △ 우·러전쟁의 시가전에서 공중·지상·지하 및 전자적 스펙트럼이 포함되는 다영역작전이 벌어진 점, △ 과거 수십년에 비해 전투력이 월등하게 향상된 정규군·비정규군 혼합부대(mix)의 등장, △ 시가전에서 재밍 등으로 상대방 드론 같은 장비와 통신체계를 겨냥하여 전자적 스펙트럼 통제를 위해 싸운 최초의 실전 사례인 점 등이 그것이다.

종합해 보면 우·러전쟁에서 '드론혁명' 테제는 ① '공격-방어 균형'에서 부분적 지지(△), ② '드론의 평준화 효과' 지지(O), ③ 군사력 운용과 근접전투는 不 지지(×) 로 밝혀졌다. 이러한 '혼합된 결과(mixed result)'는 다른 사례에서와 다소 상이하다. 칼카라 등(Calcara and others)은 동일한 '드론혁명' 테제를 對리비아 공격(2019-2020), 시리아 내전(2011-2021), 아르멘-아제르 분쟁(2020) 등의 3개 사례에 적용했다.[398] 먼저, 對리비아 공격 사례에서 ① '공격-방어 균형'은 지지되지 않았다. 드론은 공격자에게 이점을 제공하지 않았고, 군사적 약자를 강화하지도 않았으며, 근접전투와 지상작전의 필요성도 제고하지 못했다. ② '평준화 효과'도 지지되지 않았다. 서부 리비아 군

398) Calcara and others, 2022.

사작전 내내 드론은 군사적 약자를 강화해 주지 못했다. 군사적 약자가 전술적·작전적 열세를 극복하는 데에도 도움이 되지 않았다. ③ '군사력 운용과 근접전투'도 지지되지 않았다. 리비아 사례에서 근접전투가 사라지지 않았다. 전투원의 숙련도(proficiency)는 적실성을 상실하지 않았다. 다음으로 시리아 내전에서 ① '공격-방어 균형'은 지지되지 않았다. 드론은 공격자에게 이점을 제공하지 않았고, 군사적 약자를 강화하지도 않았으며, 근접전의 필요성도 제고하지 못했다. ② '평준화 효과'도 지지되지 않았다. 드론은 군사적 비대칭성을 감소시키기보다는 오히려 증폭시켰다. 군사적 약자들은 전투 손실이나 전반적 열세를 상쇄하기 위해 드론으로 눈을 돌리지 않았다. ③ '군사력 운용과 근접전투'도 지지되지 않았다. 근접전의 필요성이 사라졌거나, 전투 승패를 좌우하는데 전투원들의 기량이 덜 중요했다는 증거는 발견되지 않았다. 끝으로, 아르멘-아제르 분쟁에서 ① '공격-방어 균형'은 지지되었다. 아제르는 아르멘이 비해 군사적 강자이다(예, 병력수에서 6.7만명 대 4.5만명). 군사적 강자인 아제르는 TB-2로 획기적인 군사적 성공을 거뒀다. 이를 계기로 '탱크 시대의 종말'이 거론될 정도였다. ② '평준화 효과'는 지지되지 않았다. 드론은 군사적 약자(아르멘)에게 힘을 실어주지 않고, 반대로 강자(아제르)에 유리한 결과를 가져다 주었다. ③ '군사력 운용과 근접전투'은 지지되지 않았다. '드론혁명' 테제의 예상과 달리, 드론 배치로 근접전투의 필요성이 감소·제거되지 않았고, 드론으로 인해 전통적인 군사력 운용 수단이 '퇴화(obsolete)'되지도 않았다. 지형적 특성은 아제르의 공격작전에 도움이 되었다.

구분	對리비아 공격	시리아 내전	아르멘-아제르 분쟁	우·러전쟁
공격-방어 균형	×	×	O	△
평준화 효과	×	×	×	O
군사력 운용 & 근접전투	×	×	×	×

전반적으로 볼 때 '드론혁명' 테제는 공격-방어 균형 면에서만 유의미한 결과를 보인 반면, 평준화 효과에서는 매우 제한적인 적실성, 그리고 군사적 운용 및 근접전투 면에서는 아무런 적실성도 보이지 못했다. 여기서 도출되는 함의는 다음과 같다. 첫째, 4개 사례 연구의 결과에 의하면 드론혁명은 여전히 미완성 상태에 머물러 있다. 다만, 'H-F 경쟁'의 다이내믹스를 고려할 때, 향후 AI와 스텔스 기술이 결합된 소위 '킬러 드론'의 등장은 상기의 방정식을 대폭 변화시킬 수 있는 잠재력을 갖고 있는 점에 유념해야 한다. 그러나 'H-F 경쟁'이 암시하듯, '킬러 드론' 자체가 전쟁의 판세를 송두리째 좌우하

는 '게임체인저'로 등극할 가능성은 별로 높지 않다. '킬러 드론'의 이점을 상쇄하려는 기술이 반드시 뒤따를 것이기 때문이다. 이는 향후 동 분야에서 '드론 군비경쟁'이 본격화될 가능성을 강력히 암시한다. 둘째, '평준화 효과'가 과거 3개의 사례와 달리 우·러 전쟁에서 가시화된 점이 중요하다. 앞으로도 강자의 일방적 우세를 강화시키기보다는 약자의 군사적 열세를 보완할 가능성이 더 높아 보인다. 군사적 약자는 비대칭 무기에 눈을 돌리는 경향이 있으며, 이런 면에서 드론이 유력한 후보가 될 수 있기 때문이다. 셋째, '드론혁명'이 상정했던 군사력 운영과 근접전투의 테제와 관련하여, 4개 사례 모두에서 적실성이 발견되지 못한 점은 불연속적·비약적인 퀀텀 점프 스타일의 군사혁신·군사혁명 못지 않게, 과거부터 유지되어 온 재래식·전통적인 덕목(예: 군사적 역량, 리더십, 사기, 응집력 등)의 연속성에 주목해야 함을 강력히 암시한다. 클라우제비츠에 의하면 전쟁은 "나의 의지를 상대방에게 강요하기 위한 폭력행위"다. 이는 물리적 폭력 못지 않게 의지의 중요성을 강조한다. 우·러전쟁에서 푸틴이 인민전쟁 또는 빨지산전쟁을 벌이며 결사항전하는 우크라이나인들에게 자신의 "의지를 강요"하는데 성공할 가능성은 사실상 전무하다. 이런 의미에서 이번의 무력침략은 푸틴에게 '승리불가한(un-winnable)' 전쟁인 셈이다. 끝으로, 클라인(Ray S. Cline)의 '국력방정식'에 의하면, 국력(P)은 (C+E+M) × (S+W)로 나타난다. (C: Critical Mass, 국토 면적, 인구 규모 등 자연적 조건; E: Ecomony, 경제력; M: Military, 군사력; S: Strategy, 전략; W: Will, 국민의 의지) 여기서 핵심은 (S+W)이다. 아무리 (C+E+M)이 크더라도, 베트남·아프간처럼 (S+W)이 제로로 수렴하는 국가는 패망하게 된다. 과연 러시아와 우크라이나의 그것은 얼마일까?

저자소개

송승종 | 대전대학교 군사학과 교수

대전대학교 교수 겸 한국국가전략연구원(KRINS)의 미국 센터장으로 활동중이다. 육사 졸업(37기) 후 국방대학원(국방대)에서 석사학위, 미국 미주리 주립대(University of Missouri-Columbia)에서 국제정치학 박사학위를 받았고, 하버드대 케네디스쿨의 국제안보 고위정책 과정을 수료했다. 주요 연구분야는 한·미동맹, 미·중관계, 미국 국방·안보정책 및 군사전략, 북한 핵문제, 민군관계 등이다. 국방부 미국정책과장, 유엔대표부 참사관(PKO 담당), 駐바그다드 다국적군사령부(MNF-I) 한국군 협조단장, 駐제네바 대표부 군축담당관 등을 역임하였다. 전역 이후, SSC/KCI 등재·등재후보 저널에 30여편의 논문 게재, 『전쟁과 평화(Peace and Conflict Studies, 공역)』 출간 등, 활발한 학술 활동을 벌이고 있다. 당면 관심사는 우크라이나·러시아 전쟁에서의 교훈 분석(국제정치학적 시각에 초점), 코로나 팬데믹과 우크라이나·러시아 전쟁 이후의 국제질서, 한·미의 인도·태평양전략, 중국 스파이 풍선(Spy Balloon) 사건의 전략적 함의, 북핵 능력 고도화에 따른 우리의 핵무장 필요성·가능성 검토 등이다.

14 우크라이나 전쟁의 다중적 성격과 군사안보 쟁점
- 우주전을 중심으로

김 광 진 장군(전 공대총장)

Ⅰ. 서 론

2022년 2월 러시아의 침공으로 본격화된 우크라이나 전쟁은 해를 넘겨 아직도 계속되는 중이다. 사실 러시아와 우크라이나의 무력 분쟁은 2014년 3월 러시아의 크림 반도 합병과 뒤이은 돈바스 전쟁부터 시자되었다는 것을 감안하면, 현재의 우크라이나 전쟁은 2014년 이래 무력 분쟁이 계속 확전되어진 결과라고 할 수 있다. 우크라이나에서 무력 분쟁이 확전되어진 원인은 지정학적 변화와도 관련이 있다. 강대국의 귀환이라고 알려진 미국과 러시아, 그리고 미국과 중국 간의 지정학적 경쟁이 가열되면서, 미국을 포함한 NATO와 러시아 간의 긴장이 우크라이나에서 점화되었다고도 볼 수 있다. 그리고 우크라이나 전쟁 발발 이전부터 현재까지도 미국이 주도하는 국제 질서 유지 노력은 민주주의 연대라는 모토로 부각되면서, 중국과 러시아의 권위주의 연대와 대립하는 모습이 지속되고 있다. 이와 같은 대립은 동부 우크라이나의 돈바스 지역에서의 분쟁이 러시아의 재래식 침공으로 확전되는 명분이 되어주기도 했으며, 동시에 러시아와 대결하는 우크라이나를 미국과 유럽이 군사적으로 지원하는 당위성을 제공하기도 했다. 그런 가운데, 전쟁의 직접 당사자인 우크라이나와 러시아는 2022년 한 해 동안에도 전쟁의 목표를 여러 차례 변화시켜왔다. 현재 우크라이나는 정권 생존이나 러시아의 침략 저지 수준을 넘어서서 2014년 이후로 빼앗긴 영토 탈환까지 전쟁 목표를 확대한 것처럼 보이고, 러시아는 2022년 점령지에 대한 국내법적인 합병 절차를 마무리하면서 핵무기 사용까지 암시하는 등 휴전을 위해 양보할 가능성을 보여주지 않고 있다.

이처럼 우크라이나 전쟁은 세계의 지정학적 대결이라는 배경 속에서 2014년 이래 무력 분쟁이 계속 확전되는 듯한 형국이라 할 수 있다. 그리고 무력 분쟁의 확전은 폭력의 범위만이 확대되는 것이 아니라, 군사력이 운용되는 전장 영역도 확대되고 중첩되고 있는듯 해 보인다. 사실 전장 영역 확대와 중첩이라는 현상을 입증하기 위한 증거와 경험적 데이터는 아직 충분하지 않은 상태이기는 하다. 그럼에도 이와 같은 전장 영역의 확대와 중첩은 1990년대 이후 군사혁신의 방향으로 제시되어 온 네트워크 전쟁 양상이기도 하므로, 2020년대 국방혁신을 준비하고 있는 우리의 입장에서는 관심을 가질 필요가 있다. 현대사에서 가장 최근에 일어난 전쟁이기도 한 우크라이나 전쟁에서 첨단 군사기술 발전의 최종상태라고도 할 수 있는 네트워크 전쟁 양상이 과거의 예측처럼 일어나고 있는지를 살피는 것은, 국방혁신의 교훈 도출 차원에서도 중요하다고 할 수 있다. 사실 현재까지 우크라이나 전쟁에 대한 평가와 분석들은 첨단 군사기술이나 무기체계의 효과보다는 한계를 더 많이 강조하고는 했다. 그럼에도 불구하고 이 전쟁에서는 네트워크 전쟁 양상이라 할 수 있는 지상, 해상, 공중, 우주, 사이버, 전자전, 심리/인지전 등 다양한 다중적 전장 영역이 연결되는 모습도 등장하고 있어 보인다. 특히 전장 영역 중 우주 영역에서는 우크라이나 전쟁이 지금까지와는 다른 새로운 양상이라는 평가도 나타나고 있다. 그중의 하나는 우주를 군사적으로 활용하는 분쟁의 새로운 형태가 등장했다는 평가이다. 우주의 군사적 활용이 세계에 알려진 것은 1990년대 이후 미국이 압도적인 우주 역량을 바탕으로 일방적인 군사적 우세를 달성하면서부터인데, 그 당시부터 미국은 우주력을 거의 갖추지 못한 상대들과 대결해왔다. 그런데 우크라이나 전쟁에서는 미국 다음의 우주력을 보유했다고 알려진 러시아에 대해 우크라이나가 서방 국가와 민간 기업이 보유한 우주력을 활용해 맞대응하는 현상이 나타났다. 즉 지금까지의 전쟁에서는 월등한 우주력을 지닌 강대국에 의한 일방적인 우주력의 군사적 투사만 있어왔다면, 우크라이나에서는 전쟁 당사국들이 대등한 우주력을 활용하여 최초로 우주력의 쌍방향 군사적 투사라는 현상이 등장했던 것이다.[399] 그리고 우주 영역에 대한 또 하나의 평가는 우주력의 군사적 투사를 위해 정부와 군 보유 우주자산에만 의존하지 않고, 민간 기업이 보유한 상업 우주자산도 적극적으로 활용하게 된 현상과 관련이 있다. 사실 국가의 우주력은 과학기술 발전 목적의 민간 우주력과 군사안보 목적의 국방 우주력, 그리고 기업의 영리 추구를 목적으로 하는 상업 우주력으로 구분할 수 있는데, 그동안의 전쟁에서 국방 우주력만 활용했다면, 우크라이나 전쟁에서는 상업 우주력 활용이 중요했다. 즉 우크라이나 전쟁부터 사상 최초로 민간 기업이 보유한 상업 우주력이 조직적으로 전쟁에 기여하게 된 것이다.[400]

이와같이 우크라이나 전쟁에서는 지정학적 대결로부터 시작된 분쟁의 확전 현상과 함께, 우주 영역의 본격적인 전장 영역으로의 편입을 통해 다양한 전장 영역들이 서로 연결되는 네트워크 전쟁 양상을 찾아볼 수 있을 것으로 기대된다. 따라서 이 글에서는 오늘날 우리가 추진하고 있는 국방 혁신에 도움이 될 시사점을 찾는다는 관점에서, 우크라이나 전쟁의 확전 단계에 따라 다중적인 전장 영역들의 상호 연결에 주목하여 네트

399) David T. Burbach, "Early Lessons from the Russia-Ukraine War as a Space Conflict", Atlantic Council, August 30, 2022

400) Jeremy Grunert, "Sanctions and Satellites: The Space Industry after the Russo-Ukrainian War", War on the Rocks June 10, 2022

워크 전쟁 양상의 존재 여부를 식별하고자 하며, 그런 가운데 우주 영역의 역할 변화도 함께 조망하고자 한다. 이때 우크라이나 전쟁의 확전 단계는 당사국들의 전쟁 목표 변화를 기준으로 구분하여 4단계 이상으로 분류하기로 한다. 제1단계 전쟁의 시작은 2013년 11월 우크라이나 정권 교체를 불러일으킨 유로마이단 혁명의 출현을 거쳐 2014년 3월 러시아의 크림 반도 합병과 4월 돈바스 전쟁 발발까지의 기간을 지나면서부터로 규정했다. 이 시기에 러시아와 우크라이나는 공식적인 직접 대결은 회피하며, 친러 민병대와 우크라이나 친정부 민병대를 직간접적으로 지원하였고, 전쟁의 목표는 각각 돈바스 지역 분리 독립과 분리 독립의 저지였다. 우크라이나 전쟁의 제1단계는 2022년 2월에 러시아가 전쟁 목표를 키이우 정권 교체로 전환하여 국경을 넘어 직접 침공을 시작하면서 종결되고, 그때가 전쟁의 제2단계의 시작이라고 할 수 있다. 전쟁의 제2단계는 우크라이나의 저항으로 인해 러시아가 전쟁 목표를 전환하게 됨에 따라 종료된다. 러시아는 4월부터 키이우 정권 교체가 아니라 돈바스 지역 점령지역 확대로 전쟁 목표를 변환했고, 이때가 우크라이나 전쟁의 제3단계 시작으로 볼 수 있다. 이 시기에 러시아는 침공군을 재편성하여 우크라이나 동부와 동남부 점령지역을 확대해나가는 공격에 돌입하였고, 우크라이나는 종심 방어로 대응했다. 그리고 8월에 우크라이나가 방어에서 공격으로 전환하면서부터 전쟁의 4단계가 시작된 것으로 볼 수 있다. 우크라이나는 반격 작전으로 북동부 등에서 잃었던 영토 일부 탈환에 성공하며, 러시아의 침략 중지이었던 전쟁 목표가 2014년 이래 상실한 영토 회복으로 변화되었다. 이렇게 3단계와는 구분되는 우크라이나의 전쟁 목표에 따라 제4단계가 시작되었다. 그리고 2023년 2월 현재의 시점에서는 러시아가 전쟁 목표를 전환할 가능성이 있는데 그럴 경우 전쟁은 4단계를 지나 5단계로 확전될 것으로 보인다. 사실 2022년 12월에 들어서서 러시아는 특수군사작전이라는 명칭 대신에 전쟁이라는 표현도 사용하며, 지휘부 재편 등 전쟁 목표를 재설정하는 듯한 모습도 보여주고 있다. 러시아의 전쟁 목표 변화 여부는 러시아의 군사작전이 본격화된 이후에 판단될 수 있을 것으로 보인다. 이 글에서는 이렇듯 4단계까지 구분되는 우크라이나 전쟁의 확전 과정 속에서 네트워크 전쟁 양상과 우주력 활용의 변화를 식별하고자 한다.

Ⅱ. 우크라이나 전쟁의 단계별 확전

1. 제1단계, 2014.4월~2022.2월

우크라이나에서의 전쟁 행위 시작은 2013년 유로마이단 혁명에 뒤이은 크림 반도 합병과 돈바스 지역 내 도네츠크 주와 루한스크 주의 독립선언부터로 볼 수 있다. 2014년 3월에 국적없는 군복을 입은 러시아의 리틀 그린 병사들이 크림 반도를 점령하였을 때, 우크라이나는 군사적 저항을 하지 못했다. 당시는 유로마이단 혁명으로 인한 야누코비치 대통령의 탈출 이후 임시로 설립된 과도 정부 시기였다는 것도 하나의 원인이었다. 또한 우크라이나 정부는 크림 반도 내의 우크라이나 정규군들을 신뢰할 수도 없을 뿐 아니라, 크림에서의 군사적 저항은 러시아의 전면 침공을 불러일으킬 수 있다는 미국과 독일의 조언도 있었으므로 저항을 포기하였다.[401] 그러나 이어서 돈바스 지역에서 친러 분리주의자들의 도네츠크 공화국과 루한스크 공화국의 독립 선언이 발생하자, 곧이어 유로마이단 혁명을 이끌었던 세력의 저항과 반대가 뒤따랐다. 즉 돈바스 지역 주민들은 크림에서와는 달리 친러시아와 친우크라이나 정부로 분리되어진 것이다. 따라서 우크라이나 정부는 크림 반도 사태 당시와 같은 고민없이 신속한 군사 조치를 결정할 수 있었다. 그 결과 우크라이나 정부는 4월15일부터 친러 민병대를 상대로 한 군사작전을 개시하였고, 러시아도 친러 민병대에게 무기를 지원하면서 동시에 개인 자격으로 군인들을 합류시키면서 돈바스 전쟁이 시작되었다. 이 시점에서 러시아는 돈바스 지역의 루한스크, 도네츠크 두 공화국의 분리 독립과 러시아 연방으로의 편입이라는 목표를 갖고 있었고, 우크라이나는 이와 같은 분리 독립 저지가 목표였다.

이렇게 돈바스 전쟁으로 알려진 제1단계 전쟁이 시작되는 시점에 러시아와 지정학적 대결 중에 있던 미국과 NATO는 우크라이나의 친 서방 정책을 지지하기 위한 군사 지원을 하고 있었다. 2014년부터 NATO는 연간 평균 1만명 수준의 우크라이나 군대를 NATO식으로 훈련시키기 시작했으며, 이 훈련은 러시아의 침공이 시작된 2022년까지 8년간 지속되었다.[402] NATO 지원과는 별도로 미국은 우크라이나 군을 훈련시키기 위한 미군들의 교대 방문 프로그램(State Partnership Program)을 2014년부터 시작한 상태였다.[403] 이러한 미군과 NATO의 훈련 지원을 통해 우크라이나 군은 2014년 이

---

401) Ilmari Käihkö, "A Conventional War: Escalation in the War in Donbas", Ukraine, The Journal of Slavic Military Studies 34:1(2021), p.36.

402) John J. Mearsheimer, "The Causes and Consequences of the Ukraine War", Horizons: Journal of International Relations and Sustainable Development 21 (Summer 2022), p.20.

후부터 군구조와 훈련 분야를 중심으로 사실상 개혁 수준으로 변화되어 갔다. 우크라이나 군 지휘통제 체계는 NATO 스탠더드를 준수하게 되었고, 예비 전력의 증강과 함께 실전적이고 지속적인 훈련체계를 발전시켜 나갔다.[404] 이와 함께 미국으로부터의 무기 지원도 2017년에 재블린 대전차 미사일 등 방어무기를 제공한 것을 시작으로 지속되었고, 미국과 우크라이나의 협력 관계는 2021년 11월 전략적 파트너십을 체결하는 것을 포함하여 계속 강화되어갔다.

이와 같은 서방의 지원 속에서 우크라이나는 돈바스 전쟁 기간 중에 친 우크라이나 정부 민병대의 창설과 확대를 지원하면서 친러 민병대에 대한 군사작전을 지속했으며, 자체적으로 군의 훈련과 조직력 강화도 계속해 나갔다. 그 결과 러시아의 직간접적 지원과 무기 지원을 받고 있는 도네츠크와 루한스크 공화국 소속 친러 민병대와 이들에게 개별적으로 합류한 러시아군은 돈바스 지역에서의 군사적 우세 달성에 실패하고 만다. 이런 식으로 돈바스 전쟁이 전개되는 중에 전장 영역 별 대결도 등장했는데, 여러 전장 영역에서의 대결이 서로 연결되는 현상을 찾아볼 수 있다면 전쟁 당사국들이 네트워크 전쟁을 위한 체계를 활용하고 있다는 근거가 될 수 있다. 실제로 전쟁 기간 중 러시아는 국내외적으로 정치적 지지와 군사적 우세를 달성하기 위해 사이버 공간과 대중매체 속에서 다양한 정보 조작을 시도하는 정보심리전을 전개했다. 러시아의 정보심리전은 우크라이나 국민과 국제여론의 심리와 인지 영역에서의 우세를 달성하기 위한 노력이었고, 군사작전과 함께 병행되면서 군사와 비군사 수단의 혼용이라는 의미의 러시아 식 하이브리드 전쟁으로 전 세계에 널리 알려졌다. 그러자 우크라이나는 정보심리전을 러시아의 하이브리드 전쟁 노력 중 중요한 위협으로 간주하고, 2015년부터 정부 주도의 정보심리전 체계를 구축하기 시작했다.[405] 우크라이나와 러시아의 정보심리전은 다중적인 전장 영역 중 하나인 심리/인지 영역에서의 대결이기도 했는데, 미디어 플랫폼 뿐 아니라 사이버 공간에서의 내러티브도 전달해야 했으므로 사이버 영역에서의 대결과도 연결되어졌다. 이러한 심리/인지 영역과 사이버 영역의 연결은 전쟁 기간 중에 다른 전장 영역에서의 대결과도 연계되어져 갔다. 전쟁 기간 중 돈바스 지역에서의 군사 활동과 함께, 특히 2021년 2월부터 가시화된 러시아군의 국경선 집결 상황은 미국과 NATO 공중 및 우주 정찰 자산에 의해 감시되어왔다. 그런 가운데 미국은 우방국과 국제여론의 결집이라는 정보심리전 목표를 위해 상당한 정찰 감시 정보를 대외적으로 공

403) David Barno and Nora Benshel, "The Other Big Lessons That The U.S. Army Should Learn From Ukraine" War on the Rocks, June 27, 2022.

404) Lee Hsi-min, "Taiwan Must Make Up for Lost Time" Foreign Policy 2023 (Winter). p.44

405) 송태은, "2022년 러시아-우크라이나 전쟁의 정보심리전" 국제정치논총 62;3(2022), p.229.

개했다.[406] 이것은 정보심리전이 전개된 심리/인지 및 사이버 영역이 정찰 감시 활동이 일어나고 있는 공중 및 우주 영역과 연결되고 있음을 의미한다. 사실 우크라이나는 정찰위성을 보유하지 않았으며 공중 정찰 자산으로는 러시아 영토 내부 감시에 제한이 컸으나, 미국과 NATO의 우주 및 공중 자산이 우크라이나의 필요를 충당해줄 수 있었다. 그리고 그 결과 러시아의 정보심리전에 대응하는 우크라이나의 노력은 공중과 우주 영역에서의 감시 정찰 활동과 연계되어질 수 있었던 것이다.

이처럼 돈바스 전쟁에서의 우크라이나의 노력이 우주, 공중 영역과 심리/인지 및 사이버 영역을 통해 연결되고 있었다는 것은 표면화되지는 않았지만 실재하고 있는 우크라이나군의 네트워트 전쟁 수행 역량을 인식할 수 있게 해준다. 우주를 포함한 다중 전장 영역에서의 다양한 수단들이 정보심리전을 매개체로 연결되어지고 있다는 것은 네트워크 전쟁 양상이 존재한다는 근거가 될 수 있다. 그리고 네트워크 전쟁을 기술적으로 구현하기 위해서는 네트워크 체계의 작동을 지원할 수 있는 광대역 통신망도 필요했는데, 전쟁의 제1단계 확전을 지나면서 우크라이나군이 네트워크 기반 체계를 유지하기 위한 예비 통신망으로 우주 기반 통신체계를 사용했다는 것이 알려졌다. 우크라이나는 미국의 바이어셋(ViaSat) 회사에서 제공하는 우주 기반 통신망을 활용했는데, 이 사실은 2022년 2월24일 러시아의 우크라이나 침공 바로 한 시간 전에 러시아가 통신망을 사이버 해킹하면서 전세계적으로 알려졌다. 러시아의 사이버 해킹으로 인해 우크라이나군이 바이어셋 위성들로부터 제공받는 인터넷 터미널을 사용하고 있다는 것도 알려지게 되었던 것이다. 이와 같은 현상들은 모두 우크라이나 전쟁 1단계에서도 우주 기반 통신망 활용을 포함한 네트워크 전쟁 양상이 실재하고 있다는 의미일 수 있다.

사실 우크라이나 전쟁의 제1단계에서는 우크라이나군의 네트워크 전쟁 역량은 명확하게 식별되지는 않는다. 네트워크 전쟁 양상이라고 인식될만한 현상보다는 우크라이나와 러시아 지원을 받는 민병대들을 앞세운 지상전투, 상대방 국가와 국제여론을 대상으로 한 정보심리전과 사이버전이 주요 현상으로 부각되었다. 그럼에도 지상 전투 현황과 러시아 국경 지대의 군사력 집결 등 군사활동에 대한 공중 영역과 우주 영역으로부터의 정찰 감시 노력과 사이버 영역 및 심리/인지 영역에서의 우세를 달성하기 위한 정보심리전 노력은 서로 연결되고 있었던 것은 확실하다. 그리고 우크라이나군은 다중 전장 영역을 연결하는데 필요한 우주 기반 광대역 통신망도 확보하고 있었는데, 이러한 노력들은 모두 네트워크 전쟁의 기반 능력 확충을 위한 것이라고 할 수 있다. 전쟁의 제1단

406) Joshua Rovner, "Putin's Polly: A Case Study of an Inept Strategist" War on the Rocks, March 16, 2022.

계에서 이러한 우크라이나의 네트워크 기반 체계 능력을 명확히 찾는 것은 쉽지 않지만, 전쟁이 제2단계로 넘어간 이후 우크라이나군의 저항에서는 네트워크 체계의 활용이 더 분명하게 식별될 수 있었다. 이것은 1단계 전쟁에서 미국과 NATO의 지원 속에서 우크라이나의 네트워크 전쟁 기반 체계가 구축되었으며, 제2단계 전쟁에서 우크라이나는 네트워크 체계를 본격적으로 가동하며 러시아의 군사적 우월함에 맞설 수 있었다는 의미이기도 하다.

2. 제2단계, 2022.2월~2022.4월

2022년 2월24일에 러시아는 키이우 정권 교체로 전쟁 목표를 전환하여 우크라이나 국경을 넘어 진격을 개시하면서, 우크라이나 전쟁은 본격적인 재래식 전쟁으로 확전되어 제2단계에 접어들었다. 러시아는 키이우 장악을 위해, 3개 방면에서 대대전투단(Batallion Tactical Group)의 80퍼센트 규모를 투입했고 동시에 비슷한 규모의 예비전력(Rosgvardia)과 루한스크 및 도네츠크 공화국 민병대를 동원하여 침공하였다.[407] 러시아의 목표는 키이우 점령과 함께 우크라이나 정권의 교체였으므로, 돈바스 지역의 분리 독립과 연방 편입이라는 제1단계 전쟁 목표와는 구분되어졌다. 러시아군의 침공은 100발 이상의 단거리 탄도미사일과 공중 및 해상 발사 순항미사일 공격을 동반하며 시작되었다. 그리고 러시아 항공우주군 항공기들의 지원 속에서 공수부대와 스페츠나츠 등 특수부대가 키이우 인근 안토노프 국제공항을 점거하면, 공항을 통한 병력 증원과 함께 국경을 돌파하여 진군하는 지상군이 합류하여 우크라이나의 심장부를 장악하는 것이 러시아의 주요 계획이었다. 이를 위해 러시아 지상군은 북부에서 키이우 북서 방면과 동부 방면을 향해 진군했고, 동부에서는 하르키우를 포위하고 이지움을 공격했으며, 남부에서는 남서 방면의 미콜라이브와 동남 방면의 마리우폴을 포위 공격하였다. 이때 러시아군의 미사일, 포병, 항공기로 구성된 화력은 우크라이나를 압도했고, 항공우주군의 항공기와 지상군의 전차 숫자와 성능에서도 크게 우월했었다.

따라서 우크라이나 지상군은 시간과 공간을 교환하는 방식을 원칙으로 하여, 주요 거점에서는 방어와 반격을 실행했지만, 대체로 분산된 소규모 단위 부대들이 치고 빠지는 차단 공격 방식으로 저항하였다. 우크라이나군이 이와 같은 방식의 전투로 러시아군의 전진을 저지하기 위해서는 분산되어 작전 중인 소단위 부대들에 대한 지휘통제가 가능해야 했고, 각급 부대들의 생존과 반격에 필요한 최소 단위의 화력지원도 적시적으로

407) Rob Lee and Michael Kofman, "How the Battle for the Donbas Shaped Ukraine's Success", Foreign Policy Research Institute December 23, 2022.

이루어져야만 했다. 이와 같은 도전적인 환경 속에서 우크라이나 지상군은 안토토프 국제공항에서의 역습에 성공하여 러시아군의 키이우 주변 집결을 차단하는데 성공했다. 그리고 러시아 지상군에 대한 소규모 단위부대의 치고 빠지기 식 차단 공격에 있어서도, 서방이 지원한 대전차 무기와 무인 공격기들을 적시적으로 활용하며 효과적인 작전을 수행했다. 여기에 러시아군의 군수지원 문제도 겹치면서 러시아군의 전진은 사실상 좌절되고 말았다. 같은 시기에 우크라이나 공군 항공기보다 질적으로 우세한 러시아 항공우주군의 공격에 맞서야 했던 우크라이나의 방공부대들은 공중공격을 회피하는 이동과 동시에 방공작전을 수행해야하는 도전에 직면하고 있었다. 이런 상황 속에서 우크라이나 지상 이동형 방공부대는 신속한 이동과 재편성을 통해 생존했을 뿐 아니라 초전 3일 이후부터는 러시아 항공우주군에 대한 방공작전까지 수행할 수 있었다. 결국 우크라이나 지상 이동형 방공부대는 생존하여 3월초부터 실효적인 방공작전을 수행하며, 러시아 항공우주군에게 공중우세를 허용하지 않았고, 아울러 러시아 전투기들이 방공무기의 피격을 회피하기 위해 초저고도 비행이나 야간 공격으로 전환하도록 강요하는데 성공했다.[408]

우크라이나 전쟁의 제2단계에서 러시아 지상군의 전진이 좌절되고 러시아 항공우주군이 공중우세 확보에 실패한 것은 러시아의 정보 판단 오류로 인한 부적합한 공격 계획의 결함과 군수지원에서의 심각한 문제와도 관련이 있다. 그러나 그런 상황 속에서도 우크라이나 지상군 소규모 단위부대들의 효과적인 저항과 지상 이동형 방공부대의 생존과 방공작전 수행에는 주목할 필요가 있다. 이와 같은 우크라이나군의 성과는 전선을 따라서 뿐 아니라 전선 넘어서까지 분산되어 작전 중인 소단위 부대들에 대한 전반적인 지휘통제가 작동했다는 것을 의미한다. 그리고 러시아 지상군에 대한 차단 공격에 필요한 다양한 대 전차 무기체계들이 시간적으로 유효하게 활용되었다는 것도 의미하고, 지상 이동형 방공부대들이 분산하여 신속하게 이동 후 재편성하는 것도 가능했다는 것이기도 했다. 이것은 우크라이나의 분산된 소단위 부대들이 네트워크로 연결되어 있었다는 뜻이다. 실제로 우크라이나의 네트워크 전쟁 수행을 위한 기반 체계는 제1단계 전쟁 당시부터 미국과 NATO의 지원을 받아 구축되어왔다. 그래서 제2단계 전쟁 시점에서는 이미 준비된 우크라이나의 네트워크 전쟁 기반 체계가 작동했고, 그로 인해 러시아군의 전면 침공 앞에서도 우크라이나군의 소규모 부대 단위 저항이 효과적일 수 있었던 것으로 보인다.

---

408) Justin Bronk, Nick Reynolds and Jack Watling, "The Russian Air War and Ukrainian Requirements for Air Defense" Royal United Services Institute Special Report 7, November 22, 2022.

사실 제2단계 전쟁 시작과 함께 우크라이나의 네트워크 전쟁 기반 체계는 도전에 직면하기도 했다. 러시아는 전면 재래식 침공 개시와 함께 사이버 공격을 감행하여, 제1단계 전쟁부터 우크라이나 네트워크 기반을 보조해주던 바이어셋 우주 기반 통신망을 해킹했기 때문이었다. 그러나 우크라이나의 네트워크 기반에 필요한 우주 기반 통신망은 다국적 민간 우주기업으로부터 지원받을 수 있었다. 민간 우주기업인 스페이스 X 회사가 자사 소유 2000여개의 저궤도 소형 위성군으로 구성된 스타링크(Starlink) 시스템을 통해 우주로부터의 통신 서비스를 제공해주었던 것이다. 이것은 민간 우주 기업이 보유한 상업 우주력이 전쟁에 직접적으로 기여한 첫 사례이기도 했다. 이와 같은 상업 우주력의 지원 속에서, 제1단계 전쟁에서부터 준비되고 훈련되어왔던 우크라이나의 네트워크 기반 체계는 효율적으로 가동될 수 있었던 것으로 보인다. 또한 제1단계 전쟁 시절 군사 분야 개혁을 통해 우크라이나는 상당한 예비 전력을 갖추고 있었고, 특히 돈바스 전쟁을 경험한 인적 자원들을 활용해 새로운 훈련 소요 없이 신속하게 병력을 증강시킬 수 있다는 장점도 지니고 있었다. 이처럼 우크라이나는 상업 우주력 지원 속에서 네트워크 전쟁을 수행할 수 있게 되었고, 러시아에 비해 훈련된 병력 충원 분야에서의 장점도 지닐 수 있어 우크라이나군의 저항은 높은 수준으로 조직화될 수 있었다.

결과적으로 제2단계 전쟁에서 우크라이나는 네트워크 기반 체계의 활용 덕분에 소규모 단위 저항부대와 지상 이동형 방공부대의 이동과 차단 작전이 효과를 발휘할 수 있었던 것이다. 그리고 이 효과는 러시아 지상군의 진격 저지와 러시아 항공우주군이 소극적인 작전으로 돌아서게 되는데도 영향을 미쳤다. 이때 우크라이나군의 네트워크 기반 체계는 민간 기업인 스페이스 X가 제공한 우주 기반 통신망에 일정 부분 의존하고 있었고, 미국과 유럽의 민간 우주 기업들이 제공해주는 위성 영상들을 우크라이나의 감시 정찰 정보로 활용하고 있었다. 이 시기에 맥사테크놀로지와 플래닛랩스 등 민간 우주 기업들은 회사가 보유한 지구관측 위성을 통해 러시아군 활동에 관한 영상정보를 우크라이나에 제공했었던 것이다. 이와 같은 우주 영역에서의 민간 우주 기업으로부터 지원은 우크라이나의 네트워크 전쟁 역량을 강화시켜 주었고, 그 덕분에 우주를 포함한 다중적 전장 영역들의 연결은 더 공고해질 수 있었다. 이러한 전장 영역의 연결과 결합은 심리/인지 영역까지 확대되었는데, 당시 러시아와 우크라이나는 미디어 플랫폼과 SNS 플랫폼을 통해 국제 여론을 상대로 한 정보심리전이 한창이었다. 그런 가운데 2022년 3월에 들어서서 러시아의 제2단계 전쟁 목표 달성이 어려워짐과 함께, 러시아의 군사적 실패의 홍보와 주권 국가 침략이라는 러시아의 국제 규범 위반에 대한 비난이 커지면서 정보심리전에서도 우크라이나가 우위에 서기 시작했다. 이것은 네트워크 기반체계를 통해 우주 영역으로부터 심리/인지 영역까지의 연결이 되어진 것을 의미하고, 다중 전장 영역이 연결되면서 우크라이나의 전쟁 수행 노력의 성과도 더 커지고 있었다. 그런 가운데 러시아는 제2단계 전쟁 목표를 포기하게 되고, 3월25일부로 전쟁 목표를 키이우 정권 전복에서 돈바스 점령으로 전환하였고, 그에 따라 러시아 화력 타격 주요 표적도 우크라이나 지휘통제 거점으로부터 우크라이나의 전반적인 민간 인프라로 전환되었다.[409] 즉 우크라이나에 대한 상업 우주력의 지원 속에서 우크라이나군 네트워크 전쟁 수행 능력이 활성화되면서, 분산된 우크라이나 소단위 부대들의 작전적 효과도 증대되며 러시아군의 제2단계 전쟁 목표도 좌절된 것이다. 이어서 러시아의 전쟁 목표도 전환됨에 따라 우크라이나 전쟁은 제3단계로 진입하게 되었다.

3. 제3단계, 2022.4월~2022.8월

우크라이나 전쟁의 제3단계에 들어서서, 러시아군은 전쟁 초기 장악한 동남부 점령지를 공고히 하고 돈바스 지역에서의 점령지를 넓히기 위해 부대를 재편성하였다. 러시아군의 공격은 4월에 다시 시작되었고, 돈바스 지역에서는 이지움 남쪽의 우크라이나군 포위에 집중하였다. 이때 우크라이나군은 러시아의 공격에 맞서 종심방어를 수행하면서, 제3단계 전쟁은 기동전 성격이 사라지고 소모전에 가까워졌다. 전쟁의 형태가 소모전이 되면서 병력 소요도 증가되었다. 당시 우크라이나군은 돈바스 전쟁을 경험한 인력들이 상대적으로 풍부하여 훈련을 위한 시간이 불필요한 예비 전력을 동원할 수 있었다. 반면, 러시아는 바그너 그룹 등 민간군사기업 활용 폭을 넓히면서 도네츠크와 루한스크 공화국 민병대 충원을 확대하였다. 전쟁이 소모전 형태라는 것은 전선의 큰 변화가 없는 가운데 양측이 상당한 화력 타격을 주고 받았음을 의미한다. 러시아는 장거리 로켓과 포병, 그리고 탄도 및 순항 미사일로 우크라이나 민간 인프라까지 포함한 표적을 향해 대규모 화력을 활용하여, 우크라이나군의 대응 화력도 소모시키며 국민의 사기도 저하시키려 했다. 특히 전선에서 우크라이나군의 화력 열세가 심각했기 때문에, 미국과 NATO의 적시적인 무기 지원이 요구되는 상태이기도 했다. 따라서 5월 중순에 미국이 155밀리 포병 시스템 지원으로 우크라이나 화력 체계를 보강하기 위한 지원을 시작했고, 7월에 이동식 다련장 로켓 하이마스(HIMARS) 체계를 지원하면서부터 GPS 유도 포탄을 신속하게 대응 사격하는 방식으로 러시아군 포병이나 탄약 집적소에 대한 대화력전에서 성과를 거둘 수 있었다.[410]

---

409) Lawrence Freeman, "Why War Fails" Russia's Invasion of Ukraine and the Limits of Military Power" Foreign Affairs 101:4(Jul/Aug 2022), pp.10-23.

이 시기 러시아는 루한스크 주 전역을 차지하기 위한 공격을 진행하며 러시아군의 화력 우세를 최대로 활용하기 위해 하루에 5만발에서 6만발이라는 막대한 포탄을 사용하며 소모전을 수행하고 있었다.[411] 당시 러시아군의 포탄 소모도 심각했는데, 우크라이나는 미국으로부터 지원받은 하이마스 체계로 러시아에 대한 대화력전을 수행하여 러시아군의 포탄 소모를 더 심화시키려 했다. 그런 의도를 달성하기 위해서는 우크라이나군의 GPS 유도 포탄이 러시아의 탄약 집적소를 포함한 주요 표적에 정확히 명중하는 것이 중요했고, 이때 우주로부터의 GPS 지원은 우크라이나의 정밀 타격을 성공시키기 위한 중요한 기능이었다. 즉 우주 영역과 지상 영역이 밀접하게 연결된 형태의 전쟁이 여전히 진행되고 있었던 것이다. 우크라이나는 2단계 전쟁 당시와 같이 우주로부터 스페이스 X의 스타링크 통신 지원과 맥사테크놀로지 등의 위성 영상 정보를 활용하며, 다중 전장 영역을 연결시키는 네트워크 전쟁을 수행하고 있었던 것으로 보이다. 지상 영역에서의 종심방어를 위한 대화력전에서 우주로부터의 GPS 지원에 기반한 정밀타격이 중요했던 것은 네트워크 전쟁의 한 실례로 볼 수 있다. 당시 대화력전에 대한 우주로부터의 지원이 부각되면서, 우크라이나에 대한 민간 우주 기업의 상업 우주력 지원이 러시아에게 있어서도 위협으로 인식되어지기 시작했다. 그런 가운데 4월에 러시아 전 총리 메드베데프가 스페이스 X 기업 소유 스타링크 위성 시스템이 우크라이나군을 직접 지원하고 있으므로, 스타링크 위성 파괴를 요구했다는 언론 보도가 나왔다.[412] 당시 러시아는 대위성 공격(Anti-Satellite Attack) 능력을 실제 실험을 통해 이미 과시하였으므로, 직접 위성 공격 능력은 충분히 갖추고 있었다. 그러나 스타링크 시스템과 같이 수많은 위성으로 구성된 군집위성을 물리적으로 파괴시키는 대위성 공격은 비효율적이기도 했으므로, 러시아의 위성 공격은 사이버 공격으로 제한되었었다.[413] 당시 러시아의 사이버 공격은 스타링크를 포함한 민간 우주 기업들의 상업 우주력을 마비시킬 수는 없었고, 결국 러시아는 우주에서의 우세는 확보하지 못한 상태로 전쟁을 계속할 수 밖에 없었다. 즉 우크라이나는 제3단계 전쟁에서 우주와 지상 영역을 포함한 다중 전장 영역의 연결을 강화시키는 네트워크 전쟁 방식으로 러시아와의 소모전에 맞섰고, 이때 우크

---

410) Andrew S. Bowen, "Russia's War in Ukraine: Military and Intelligence Aspects" Congress Research Services Report R47068, September 14, 2022.

411) Rob Lee and Michael Kofman, "How the Battle for the Donbas Shaped Ukraine's Success", Foreign Policy Research Institute December 23, 2022.

412) John Varga, Oliver Trapnell, and Jack Walter, "Ukraine: Russia Set to Launch Space War to Destroy Elon Musk's Starlink Satellites" Express, April 16, 2022.

413) David T. Burbach, "Early Lessons from the Russia-Ukraine War as a Space Conflict", Atlantic Council, August 30, 2022

라이나의 대화력전 수행에 중요했던 우주 영역으로부터의 GPS 지원은 러시아가 우주 우세 확보에 실패한 덕분에 지속될 수 있었던 것이다. 그런 가운데 2022년 8월부터 우크라이나는 방어에서 공격으로 전환하면서, 전쟁 목표 역시 2014년 이래 상실한 전 영토 탈환으로 확대했고, 그에 따라 전쟁의 4단계가 시작되었다.

4. 제4단계, 2022.8월~2023.2월

2022년 8월부터 우크라이나는 방어에서 공격으로 전환하였는데, 전면적인 공격에 앞서 특수군과 지역 민병대의 침투와 함께 드론과 미사일 공격을 수행했다. 그리고 8월 29일에 우크라이나군의 공세는 남부지역 헤르손 주에서부터 본격적으로 시작되었다. 당시 러시아군은 정예 공수부대를 남부지역으로 재배치하며 대응해 나갔고, 우크라이나의 다음 반격이 예상되었던 이지움 전선도 강화시켰다. 그런 가운데 북동부 하르키우 지역의 러시아군은 예비대 없이 우크라이나의 공격에 노출되는 상황이 되고 말았다. 하르키우 지역에는 훈련과 장비가 부족한 루한스크 공화국 민병대가 다수 배치되어 있었고, 그런 상황에서 9월초 들어 우크라이나의 하르키우 공세가 시작되었다. 우크라이나군의 공세는 상당히 성공적이어서 제2단계 전쟁에서 나타났던 기동전이 다시 전개되었고, 하르키우 주의 러시아군은 대부분 패퇴하였으며 우크라이나군은 이지움까지 진격하였다.[414] 하르키우에서의 성공과 함께 우크라이나의 전쟁 목표는 러시아군의 침략 중지가 아니라 러시아로부터 상실한 전체 영토 회복으로 확대되었고, 따라서 전쟁의 3단계와 4단계가 구분되어졌다. 전쟁의 4단계에서는 반격에 성공한 우크라이나가 전쟁 목표를 확대한 가운데, 러시아에게는 돈바스 점령이라는 목표가 변화하지 않았기 때문에 양국간 휴전을 위한 협상의 여지도 현저히 줄어들게 되었다. 2022년 9월 갤럽의 우크라이나 여론 조사 결과는 국민의 70퍼센트가 승리를 달성할 때까지 전쟁이 계속되어야 한다고 대답했고, 90퍼센트 이상의 국민이 크림 반도를 포함한 영토 회복을 승리로 간주한다고 했다.[415]

이처럼 우크라이나의 전쟁 목표가 제2단계에 비해 확대됨에 따라, 우크라이나는 더 많은 서방의 무기 지원이 필요해졌다. 따라서 전쟁 초기 방어무기 제공부터 시작된 미국의 무기 지원은 대화력전 무기 지원 단계를 거쳐, 미국제 방공무기인 패트리어트와 전차와 장갑차 등 기동무기 지원까지 확대되었다. 그런 가운데 남부 지역 헤르손 주에

414) Andrew S. Bowen, "Russia's War in Ukraine: Military and Intelligence Aspects" Congress Research Services Report R47068, September 14, 2022.

415) R.J. Reinhart, "Ukrainians Support Fighting Until Victory", Gallup News October 18, 2022.

서 러시아군은 큰 피해 없이 철수작전을 성공시켜 병력을 보존할 수 있었다. 이렇게 보존된 러시아 병력은 동부 지역 전선을 보강하여 바흐무트에서의 러시아 공격작전이 시작되도록 했다. 그리고 러시아는 겨울을 앞둔 우크라이나 정부와 국민에게 압박을 가하기 위해 9월부터 민군 표적을 거의 가리지 않는 전략적 타격작전을 시작하여, 순항미사일과 이란제 자폭형 드론으로 우크라이나 전기와 수도 시스템 등 민간 인프라에 대한 공격도 확대시켜 나갔다. 러시아는 대량의 저비용 자폭형 드론과 첨단 기술의 장거리 미사일을 혼합하여 전략적 타격작전을 수행했고, 이것은 우크라이나 방공부대가 보유한 방공무기 탄이 심각하게 소모되는 상황까지 이어졌다.

그리고 제4단계 전쟁에 들어서서 러시아는 장거리 정밀타격 무기들이 소모되면서, 항공우주군 항공기들의 우크라이나 침투가 더 필요해졌다. 그래서 러시아 항공기 활동을 제한시키고 있는 우크라이나의 이동형 지상 방공부대들을 표적으로 한 킬 체인 작전을 수행하려 하는 중이다. 이에 맞서 우크라이나는 미국으로부터 도입하는 패트리어트 방공무기에 대한 훈련을 신속히 완료하여 방공부대 전력을 증강시키고, 동시에 자폭 드론 요격까지 포함한 통합 공중 미사일 방어체계를 형성하려고 노력 중이다. 이와 같은 킬 체인 작전과 통합 공중 미사일 방어체계를 위해서는 러시아와 우크라이나 모두 다중 전장 영역이 연결되는 네트워크 전쟁 능력의 고도화가 요구된다고 보여진다. 그러나 현재까지 러시아의 킬 체인 작전을 위한 네트워크 전쟁 수행은 그다지 효과를 발휘하지 못하고 있다. 러시아군은 우크라이나의 이동형 지상 방공부대의 이동, 은폐, 방공작전 절차 진행 속도를 따라잡지 못하고 있는 것으로 보이는데, 그 원인 중의 하나는 러시아 우주 능력의 한계에도 있는 듯 하다. 러시아 우주 자산은 킬 체인 작전에 필요한 감시 정찰 정보를 충분히 제공하지 못하고 있으며, 우주로부터 정밀타격에 필요한 PNT 정보를 제공하는 러시아 GLONASS 시스템에 의존하는 정밀 무기들도 많은 오류를 발생하며 효과적인 타격을 못하고 있는 상태이다.[416] 이때 러시아의 킬 체인 노력에 맞서야 하는 우크라이나의 이동형 지상 방공부대 역시 통합 공중 미사일 방어 능력의 완성도를 높이기 위해서는 우주로부터의 조기 경보와 감시 정찰 정보를 필요하는 것은 러시아 상황과 유사하다. 즉 우크라이나에서도 3단계 전쟁에서처럼 우주를 포함한 다중 전장 영역을 연결하는 네트워크 전쟁 수행 능력이 통합 공중 미사일 방어 역량을 위해 활용되어져야하는 것이다. 다만 러시아와 달리 군사 위성을 보유하지 못한 우크라이나의 경우는 우주에서의 필요를 서방의 지원과 민간 우주 기업의 협력을 통해 충족해야하는 상황

416) David T. Burbach, “Early Lessons from the Russia-Ukraine War as a Space Conflict”, Atlantic Council, August 30, 2022

이라는 점에서 차이가 있다. 현재의 시점에서 볼 때, 우크라이나의 계속되는 서방에 대한 무기 지원 요청이 수용되고 있으므로 우주로부터의 지원에 기반한 우크라이나의 네트워크 전쟁 능력도 개선될 소지는 있어 보인다. 반면에 러시아의 경우는 자체 우주력을 활용하여 킬 체인 효과 개선에 필요한 네트워크 전쟁 능력을 강화시켜야 하는데, 이를 위해서는 러시아 연방 우주국(Roscosmos) 산하의 민간 우주력이 보다 확장되고, 정찰 감시 능력을 확충하기 위한 우주 자산의 생산과 발사를 증가시킬 필요가 있다. 특히 2014년 이래 미국의 경제 제재로 인해 우주 자산 생산에 필요한 주요 부품이 부족해진 상태를 극복하기 위해서는 우주 자산 생산에서의 국산화율 향상 노력이 시급할 수 있다. 2022년 12월 러시아의 푸틴 대통령은 전쟁의 장기화를 언급한 바 있는데, 이것이 러시아의 전쟁 목표 전환을 의미한다면 전쟁의 다음 단계로 확전이 뒤따를 것으로 보인다. 현재 우크라이나와 러시아는 모두 병력 부족 상태로 곤란을 느끼고 있는 만큼 새로운 전쟁 목표가 등장할 수도 있다. 그럴 경우, 우크라이나 전쟁에서의 네트워크 전쟁 양상에서도 새로운 변화도 동반될 수 있을 것이다.

Ⅲ. 시사점과 정책 제언

지금까지 살펴 본 우크라이나 전쟁의 단계별 확전 과정에서는 전쟁 당사국의 목표 전환과 함께 네트워크 전쟁 양상이 계속 식별되었으며, 그런 가운데 우주의 군사적 활용이 중요한 역할을 해왔던 것을 찾을 수 있다. 이와 같은 현상속에서 미래 국방혁신에 시사점이 될 내용들을 찾을 수 있다. 첫 번째 시사점은 전쟁에서 원하는 목표를 달성하기 위해서는 최신 군사기술과 결합된 군사력 운용에만 의존해서는 어렵다는 것이다. 전쟁에서 국가가 직면하는 도전은 전쟁의 복잡성으로부터도 비롯되는데, 전쟁의 복잡성은 클라우제비츠가 제시한 전쟁의 3중성(trinity)으로부터 기인된다고 볼 수 있다. 전쟁의 3중성은 전쟁이 군대, 정부, 국민이라는 세가지 속성으로 집약되며, 그 결과 전쟁 수행이 군사작전, 정치외교, 국력을 동원하는 사회경제라는 3개 분야 노력으로 환원될 수 있음을 내포한다. 따라서 전쟁의 복잡성이라는 도전에 국가가 제대로 대처하기 위해서는 군사작전 뿐 아니라 정치외교와 사회경제 영향력까지 종합적으로 고려할 필요가 있는 것이다. 우크라이나 전쟁이 제1단계에서 제2단계로 전환된 것은 우크라이나에 대한 서방의 지원이 가중되며 러시아의 목표 달성이 곤란해졌던 것에도 원인이 있다. 그리고 전쟁의 제2단계에서 러시아가 목표 달성에 실패한 것 역시 제1단계에서 우크라이나가 서방의 정치외교적 지원 속에서 충분히 지원받고 훈련된 탓이기도 하다. 그리고 전쟁의 제2단계와 3단계에서는 우크라이나와 러시아는 모두 심각한 인력 부족을 포함한 자원 부족이라는 도전에 직면했고, 사회경제적으로 국가의 인력을 훈련된 병력으로 전환하는 경쟁에 돌입해야 했다. 이 시기의 화력 소모전을 감내하기 위해 우크라이나의 경우 무기 지원을 얻기 위한 정치외교적 노력이 있었다면, 러시아는 자체 방산 기업에 대한 생산량 증가 노력이 있었다. 이처럼 군사작전 측면에 해당되는 첨단 군사기술의 군사 조직 결합의 중요성에 못지 않게 정치외교적이면서 사회경제적인 요인이 전쟁의 확전에 영향을 미칠 수 있는 것이다. 따라서 국방혁신에 있어서도 군사기술과 결합된 조직 혁신과 함께 동맹국과 우방국들 간의 정치외교적 협력 관계와 지속적인 인력과 자원 동원을 위한 국내 민간 사회 및 방산기업과의 협력 여건 마련도 중요한 것이다.

둘째, 우크라이나 전쟁에서는 병력 충원 소요를 해결하기 위한 동원과 훈련, 그리고 저가의 무인기와 같은 저비용 무기체계를 효율적이면서도 대규모로 활용했던 노력이 눈에 뜨인다고 일컬어진다. 그런데 이와 같은 노력들은 병력과 다수의 무기체계가 분산된 가운데서도 표적과 위협의 특성에 맞춰 적절하고 효율적으로 활용할 수 있게 해주는 기반 체계를 필요로 하는 것도 사실이다. 이와 같은 기반 체계는 우크라이나의 경우 2014년 이래 NATO 스탠더드를 준수하기 위해 구축해 온 네트워크 전쟁 능력이라고 말 할 수 있다. 우크라이나 전쟁은 표면적으로는 첨단 무기체계들이 조합된 네트워크 전쟁이라는 기존의 군사혁신 이미지와는 차이가 있어 보인다. 지금까지 공개된 우크라이나 전쟁에 대한 주요 분석들과 미디어의 관심에서 네트워크 전쟁 양상은 거의 다루어지지 않았기 때문이기도 하다. 그럼에도 우크라이나군이 2단계와 3단계 전쟁에서 생존하고 저항할 수 있었던 근본적인 동력은 지상 이동형 방공부대를 포함한 소규모 단위 부대들이 러시아 지상군과 항공우주군에 대한 효율적으로 저항했고, 그와 같은 저항이 우크라이나 전역에서 분산된 형태로도 통일된 지휘통제 내에 있을 수 된 능력에 기반하고 있다. 그리고 이러한 능력은 우주로부터 지원되는 통신 연결망 등을 통해 우주, 공중, 지상, 사이버, 전자, 심리/인지 전장 영역을 모두 연결시켜주는 네트워크 체계로 요약될 수 있다. 우크라이나는 제1단계 전쟁부터 서방의 지원과 훈련을 통해 네트워크 체계를 구축해왔고, 제2단계 이후부터는 민간 우주 기업의 상업 우주력의 긴급 지원까지 받아가며 네트워크 체계를 유지해나갔다. 그 결과 우크라이나는 러시아의 전쟁 목표 변환을 강제할 수 있었고, 제4단계 전쟁에서와 같이 우크라이나의 전쟁 목표를 확대시킬 수 있었다. 이처럼 네트워크 전쟁 양상은 우크라이나에서와 같이 정치외교와 사회경제 영향력이 강하게 작용하며, 기동전과 소모전이 반복하여 장기적으로 나타난 전장에서도 중요한 역할을 했음을 알 수 있다. 따라서 국방혁신 차원에서 네트워크 기반 구축 노력은 지속되어야 할 것이며, 특히 우주를 포함한 다중 전장 영역의 연결이라는 관점에서 인력과 자원의 충원과 훈련 분야까지 포함하는 네트워크 능력을 발전시킬 수 있는 길을 모색해야 할 것이다.

셋째, 우크라이나 전쟁 2단계 초기에 군사 위성을 보유하지 못한 우크라이나가 민간 우주기업들의 도움으로 위성으로부터의 통신 지원과 정찰 지원을 받으며, 궁극적으로는 전쟁에서 필요한 네트워크 체계를 유지해나간 경험에 주목할 필요가 있다. 우주에서의 분쟁이라는 관점에서 민간 기업으로부터 제공되는 상업 우주력이 전쟁에 직접 기여한 우크라이나 사례는 민간 다국적 기업과의 전쟁 협력이라는 새로운 가능성을 보여주고 있다. 즉 민간 다국적 기업이 보유한 능력은 정부 대 정부 협력이나 국내법이 정한 제도적 틀 안에서의 정부와 기업 간 협력이라는 범위를 넘어서서, 전쟁 당사국과 다국적 기업과의 직접 거래를 통해 활용할 수 있게 된 것이다.

우주 분야에서 이와 같은 상황이 등장한 것은 우주 자산들에 적용되는 기술들이 대부분 민군 이중용도 기술이며 IT 분야의 첨단 기술이 점차 민간 기업이 소유하게 되었다는 것과 관련이 있다. 즉 민간 기업이 보유한 우주 자산의 성능이 군이나 정부 보유 우주 자산에 거의 뒤처지지 않은 수준이 되어진 것이다. 또한 뉴 스페이스 시대에 들어서서 우주 위성의 저비용 생산이 가능해지고, 재사용 우주발사체처럼 우주 투사 비용도 감소되면서 상업 목적의 우주 개발과 투자가 늘어나며, 민간 기업 소유 우주 자산 숫자가 폭발적으로 증가한 것도 또 하나의 이유이다. 이와 같은 변화들로 인해 우주 자산의 경우 상업용 우주 자산과 군사 목적의 우주 자산의 성능상의 차이는 감소하고, 양적으로는 상업용 우주 자산이 더 많아짐에 따라, 상업 우주력이 군사적으로 유용해지게 된 것이다. 이러한 현실로 인해 향후 상업 우주 자산 역시 우주 군사작전의 대상이 될 가능성도 있어 상업 우주력에 대한 군사적 보호를 심각하게 검토해야 할 때가 다가온다고 할 수도 있다. 즉 우크라이나 전쟁에서는 상업 우주력과 국방 우주력 간의 혼합 현상이 강해지는 듯이 보이며, 그에 따라 민간 우주 기업들도 군사작전의 행위자가 될 수도 있으며 동시에 군사작전의 표적이 될 수도 있음을 나타내주고 있다. 즉 우주 영역에서 국가 행위자와 민간 행위자 간의 차이점이 사라져가고 있고, 상업 우주력과 국방 우주력 간의 구별 역시 모호해지고 있는 것이다. 사실 이전부터 우주 기술은 대부분 민군겸용 기술이고, 스핀 오프와 스핀 온 현상을 통해 군과 민간이 서로 기술 혜택을 누리고 있었던 것은 사실이다. 그러나 이제 상업 우주력은 잠재적 전략 우주력이라는 차원을 넘어서서 직접적인 국방 우주력으로 전용 가능한 역량이 상당하다는 것을 보여주고 있으며,

그에 따라 군사작전에서의 활용 요구도 커져가고 있음을 알려주고 있다. 이것은 국내외 민간 우주 기업들과의 협력 관계가 미래의 우주전에 있어 중요하다는 의미이기도 하다. 즉 우주 영역에서의 전쟁을 위해서는 국가 행위자의 우주력 배양과도 함께 세계 우주 시장에 존재하는 민간 행위자들과의 평시 네트워킹 역시 중요하게 된 것이다.

그리고 대부분의 국방 우주력을 포기하고 민간 우주력만 육성하던 우크라이나가 전쟁 발발 이후 해외 민간 우주 기업들에게 의존하는 현상은 국방 우주력의 중요성을 역설적으로 보여준다고 할 수 있다. 우크라이는 전쟁 발발 이후 국방 우주력을 즉각적으로 복원하거나 재건하는 것은 시간적으로나 재정적으로 불가능하였고, 결국 우크라이나는 해외 상업 우주력을 대체 능력으로 활용할 수 밖에 없었다. 이것은 평시 국방 우주력 건설의 중요성을 의미하기도 한다. 오늘날 우주 영역에서 민간 기업의 자산과 국가 소유 자산이 혼재하고는 있지만, 기술적이고 재정적인 이유로 인해 군과 정부가 소유한 미사일 방어, 대 위성 공격과 관련된 국방 우주력은 상업 우주력으로 대체하는 것이 여전히 어려운 현실이다. 직접적인 위성 공격의 경우 위성 파괴로 인한 파편이 다른 위성 궤도들을 침범하면서 이처럼 상업 우주력이 여전히 대체할 수 없는 국방 우주력의 영역은 존재하고 있는 것이다. 즉 우크라이나 전쟁은 상업 우주력의 새로운 역할과 함께 평시 국방 우주력 건설의 필요성도 보여주고 있는 것이다.

15 우크라이나 전쟁으로 보는 하이브리드-정보전 발전 방향

송 운 수 장군(전 777사령관)

Ⅰ. 문제의 제기

현재 1년째 진행 중인 우크라이나 전쟁은 세계전사에서 아직 경험하지 못한 새로운 융복합 전쟁양상인 '하이브리드 전쟁(Hybrid Warfare)' 방식이 전개되고 있다. 향후 미래 전쟁양상이 어떻게 변화될 것인가를 가늠해볼 수 있는 분수령이 되고 있다.

하이브리드전과 유사한 '차세대전'의 개념을 제시한 러시아의 '게라시모프 독트린'을 보면, 앞으로는 대규모 전면전 보다 국지전이나 제한전의 가능성이 증가하는 상황에서 분쟁의 방식도 변화되어 비군사적인 방식이 광범위하게 활용될 것임을 강조하고 있다. 전쟁선포를 시작으로 육·해·공군이 상대방과 교전해서 적을 괴멸시키는 것을 목표로 하는 재래식 전쟁 대신, 공식적인 전쟁선포도 없이 평시 작전부대가 그대로 시작할 것이며, 이 경우 군사적 대결보다는 심리전과 정보전이 강조되고 민간 전투대원이 활용될 것이라고 전망했다.417)

러시아의 이러한 전쟁 개념을 바탕으로 이번 우크라이나에서의 전쟁양상을 보면, 군사력에 의한 전쟁 개시 이전에 사이버 공격으로부터 시작되어 국제 해커들이 개입한 사이버전, SNS를 통한 여론전, 민간 빅테크 기업 및 민간위성의 전쟁참여, 영상을 통한 원격 정상외교 등 다양한 군사·비군사적 방식이 광범위하게 전개되었다. 즉, 군사와 비군사, 전투원과 비전투원, 정부와 민간, 무력과 비무력의 구분이 모호하고, 모든 수단과 방법이 복합적으로 동원되고 있다. 또한, 역정보와 허위정보, 정보의 차단, 사이버심리전에 의한 정보의 조작 및 왜곡 등 정보통제를 통해 정치외교적 혼란을 야기시키는 특징을 보이고 있다. 따라서 이러한 특징들을 두고 '하이브리드전' 또는 '정보전'이라는 이름으로 논의가 한창 이루어지고 있다.

본 연구에서는 이러한 우크라이나 전쟁에서의 새로운 양상에 대하여 '하이브리드-정보전'이라는 명칭으로 접근하고자 한다. 일반적으로 보면, 정보전의 개념도 하이브리드전의 개념 속에 포함하여 '하이브리드전'이라고 통칭하는 경우가 대부분이다. 그러나 본 고에서는 하이브리드전 개념과 연계하여 '정보전'의 비중을 강조하고자 한다. 그 이유는 두 가지이다. 하나는, 정보전의 개념이 우크라이나전에서만 보더라도 사이버 수

417) 김경순, "러시아의 하이브리드전: 우크라이나사태를 중심으로", 한국군사, 제4호, 2018, pp.70-71.

단, 다양한 SNS 및 민간위성 등 그 수단이 확대되어 정보작전의 영역이 넓어졌을 뿐만 아니라 그 효과가 매우 높아졌고, 또 하나는, 확대된 정보전의 개념에 따라 교리 및 수행방안에 대한 보다 큰 발전이 요구되기 때문에 정보전의 중요성과 발전소요를 강조하기 위함이다.

상기와 같은 배경에서 본 연구는 다음과 같은 문제를 제기하고자 한다. 첫째, 하이브리드-정보전 현상을 어떻게 정의할 것인가? 둘째, 하이브리드-정보전의 수행방식을 어떻게 유형화할 수 있나? 셋째, 한반도 상황에서는 어떻게 적용될 수 있을까? 넷째, 그러면, 우리의 발전과제는 무엇일까? 이러한 의문에 연구의 중점을 두고자 한다.

Ⅱ. 우크라이나에서의 복합적인 전쟁양상

2022년 우크라이나 전쟁에서 등장한 하이브리드-정보전 전쟁의 주요 양상은 기존의 군사적 분쟁 이외에 사이버전, SNS 등을 활용한 심리전, 정보조작, 민간위성 및 민간기업의 전쟁 참여 등 여러 형태의 공세가 결합된 다양한 양상들이 나타나고 있다.

1. 군사공격 개시 이전 사이버공격

우크라이나전에서는 군사공격 이전에 사이버전이 먼저 전개되었다. 러시아가 우크라이나를 공식적으로 침공한 날은 2.24일이다. 하지만 러시아는 실제 무력 침공 이전에 네 차례의 사이버 공격을 먼저 감행했다. 러시아는 1.13일과 14일에 대규모 해킹 공격으로 우크라이나 외교부, 에너지부, 재무부를 포함한 7개 부처와 국가 응급서비스 등 70여 개의 웹사이트를 해킹하여 정부 시스템을 마비시켰다. 2.15일과 23일에도 우크라이나의 국방부, 주요 부대, 대형 상업은행 등을 대상으로 하는 대규모 DDoS 공격을 수행하여 국방, 금융 등 국가 기능을 마비시켰다. 러시아는 2008년 조지아 침공 때와 2014년 크림반도 점령 때도 사이버 공격을 먼저 감행하였고, 2015년과 16년, 17년에도 우크라이나에 대하여 러시아 소행으로 의심되는 대규모 사이버 공격을 시행하였다.[418]

418) 디지털데일리, “러시아의 우크라이나 침공으로 부각된 사이버전쟁”, 2022.3.2.일자.

2. SNS를 통한 여론전

물리적인 군사력인 총과 대포 외에도 개인 휴대폰과 틱톡, 유튜브, 페이스북 등이 활용되어 우크라이나 안팎에서 '민간인'들이 정보전과 심리전에 동참했다. 최전선의 전쟁 상황과 시민들이 겪는 전쟁참상이 휴대전화로 실시간에 전 세계적으로 중계됨으로써 이를 보는 세계인의 분노를 자아내게 되었다. 또, 러시아 MI-24 공격헬기가 초저공 비행을 하다 우크라이나 휴대용 대공미사일에 피격된 직후 화염에 휩싸여 추락하는 모습을 포착한 우크라이나 국방부의 영상이나, 진격하다가 도로상에서 처참하게 파괴된 러시아 전차들의 휴대폰 영상들은 세계적인 관심을 끌었다. 현재 전세계 대부분의 언론은 우크라이나 국방부와 시민들이 SNS 등을 통해 올린 영상이나 사진들을 주로 보도함으로써 우크라이나에 대한 러시아의 침공이 부당하다고 느끼는 전 세계 시민이 모두 전투원으로 참여할 수 있는 전쟁이 된 것이다.[419]

3. 세계 해커들과 국제해커조직인 '어나니머스' 참여

러시아와 우크라이나 뿐만 아니라 세계 해커들과 민간 빅테크 기업들이 전쟁에 참여하고 있다. 결사 항전하는 우크라이나 정부의 부총리겸 디지털 장관의 요청에 의하여 민간 IT군대들이 모집됐다. IT군대는 창설 호소 2주 만에 약 30여만 명의 해커들이 자발적으로 동참하여 러시아를 대상으로 사이버공격에 가담했다. 특히, 대표적인 국제해커조직인 '어나니머스'가 러시아에 사이버전쟁을 선포하면서 정부기관과 방송사를 해킹하며 전쟁 중단을 요구하고 있다.

CNBC 등 외신들에 따르면 어나니머스는 지난 2월 24일 러시아 블라디미르 푸틴 정부에 사이버 전쟁을 선포했다. 이들은 사이버전을 시작한 지 하루만에 러시아 국방부 웹사이트를 마비시키고 데이터베이스(DB)를 탈취하는 데 성공했다고 주장했다. 그 이후 대표적으로 러시아 에너지기업 가즈프롬(Gazprom), 국영 언론사 러시아투데이(RT), 크렘린 공식 사이트를 포함한 러시아 정부 기관과 동맹국인 벨라루스 정부 관련 사이트를 다운시켰다고 주장했다. 또한, 벨라루스 무기생산 업체 테트레더(Tetraedr)의 문서와 이메일을 유출하고 러시아 통신 서비스 트빙고 텔레콤(Tvingo Telecom)에서 제공하는 가스 공급을 차단했다고 주장했다. 우크라이나전은 전 세계가 지켜보고 있는 상태에서 소위 'IT 국제민병대'들이 사이버전을 전개하는 전쟁의 양상을 나타내고 있

419) 조선일보, "소셜미디어 여론전, 민간위성 활약… 하이브리드전이 전쟁판도 바꾼다." 유용원의 군사세계, 2022.3.9.일자.

다.[420]

4. 민간 빅테크(기업)들의 전쟁 참여

우크라이나 디지털 장관은 또 사이버 공간에서 러시아를 고립시키려는 시도에 나섰다. 소셜미디어에 구글, 애플, 넷플릭스, 인텔, 페이팔 등 70개 이상의 IT회사를 상대로 메시지를 올려 '디지털 참전'을 요청했다.

해커들 이외에 마이크로소프트, 트위터, 메타, 넷플릭스, 유튜브 등 소위 전 세계의 빅테크 기업들도 동참하여 우크라이나를 지원하고 있다. 애플은 러시아에서 애플페이를 제한했는데 모스크바의 한 지하철역에서는 당황한 시민들이 실물표를 사기 위해 갑자기 몰려든 장면이 포착되기도 했다. 우크라이나 주민 안전을 위해 애플 지도상에서 현지 교통상황 및 실시간 사건을 알려주는 기능도 사용할 수 없게 했다. 구글은 러시아에 악용될 수 있는 지도의 교통정보를 중단하고, 페이스북은 러시아 국영 매체의 접속을 차단했다. 페이스북과 인스타그램은 "푸틴에게 죽음을"과 같은 침략자들을 향한 폭력적 혐오 표현도 한시 허용하기로 했다.[421]

5. 민간위성이 전쟁에 적극 참여

민간위성이 전쟁에 적극 참여하고 있다. 현재 6,000여 개의 위성이 지구를 돌고 있다. 그 중 2022년 1월 현재 미국 민간위성은 2,800여 개로 전 세계 위성의 절반 이상이 민간위성이다. 과거에는 군사위성들만 수집하던 고급 군사정보들을 이제는 군사위성보다 숫자가 훨씬 많은 민간위성들이 촬영한 고품질 사진들을 통해서 러시아 부대의 배치와 이동상황이 실시간에 전 세계에 생중계 되고있는 것도 처음있는 일이다. 뿐만 아니라 테슬라 최고경영자 머스크는 스페이스-X를 통해 추진하고 있는 초고속 인터넷망 구축 사업 '스타링크'를 우크라이나에 지원하여 우크라이나의 군사 통신을 지원하고 있다.[422]

6. 허위정보 등을 통한 정보조작

이번 우크라이나 전쟁에서 또 다른 중요한 양상이 가짜뉴스 즉, 허위정보와의 전쟁이

420) e경제뉴스, "현대전쟁의 기본이 된 사이버전", 2022.3.7.일자.
421) 중앙일보, "미국 빅테크도 참전했다…러시아와 사이버전쟁", 2022.3.2.일자.
422) 중앙일보, 위의 기사.

다. 여기에는 역정보, 허위정보, 대중매체 정보조작 등이 포함된다. 러시아의 우크라이나 침공이 거세지는 가운데 양국을 포함 전 세계의 혼란을 부추기는 가짜뉴스와 음모론 등이 사회관계망서비스(SNS)와 국영매체 등을 통해 확산되었다. 러시아의 주요 허위정보를 보면, 우크라이나는 나치의 동조세력이며, 이들이 서방의 꼭두각시 정부를 내세워 친러정부를 대체하고 서방의 후원을 받아 사회혁명을 주도하고 있다고 비난하는 등으로 미디어를 조작하여 여론을 분열시켰다. 또, 우크라이나의 주요 허위정보는 주로 전쟁 영웅담에 대한 것이다. 우크라이나 시민들이 수도 키이우에서 러시아 탱크 2대를 파괴했다. 러시아군에 맞서기 위해 우크라이나 시민들이 게릴라전 전술을 사용하고 있다. 국경수비대원 13명이 러시아 전함의 항복 권고에 결사 저항하다 전원 전사했다 등이다. 우크라이나는 주로 고위 관료들의 사회관계망 계정을 통해 이와 같은 허위정보를 전파하였다.[423]

7. 영상을 통한 정상 외교

우크라이나 젤렌스키 대통령은 직접 유엔총회, 미국 의회, 일본 의회, 한국 의회 등 23개국의 의회에서 대면 또는 비대면 영상을 통해 우크라이나를 지원해달라고 호소하며, 많은 나라들로부터 성공적인 지원을 받고 있다. 사이버 외교전에서 우크라이나는 러시아를 압도하고 있으며, 이 또한 이번에 처음 등장하는 새로운 하이브리드전 유형이라고 평가되고 있다.[424]

Ⅲ. 하이브리드-정보전의 특징과 수행방법

우크라이나에서 전개되고 있는 상기와 같은 복합적인 전쟁양상은 '하이브리드전' 또는 '정보전'의 특징을 보이고 있다. 크게 보면, 정보전의 특징들도 하이브리드전의 일부분으로 포함하여 볼 수도 있다. 그러나 과학기술의 발전으로 인해 정보전의 개념과 영역이 확대되고 광범위하게 전개되고 있다는 점으로 고려하여 본 고에서는 정보전을 하이브리드전 개념에 포함하지 않고 상호 연관성을 가지고 있는 유형으로 분류하여 특성을 살펴보고자 한다.

423) 조선일보, 앞의 기사, 2022.3.9.일자.
424) 위의 기사.

1. 하이브리드전의 개념과 수행방법

하이브리드전은 기존의 재래식 전쟁에 비정규전이나 사이버전 외에도 심리전·여론전 등이 혼합된 전쟁의 형태로 모든 수단과 방법을 동원하여 상대국에게 물질적 정신적 심리적 타격을 입혀 자국의 의도나 목적을 달성하고자 하는 전쟁의 방식이라 할 수 있다.425) 하이브리드 전쟁방식은 사실 이미 2008년에 조지아를 침공했던 러시아로부터 시작되었다. 특히, 2014년 크림반도 합병은 총 한 방 쏘지 않고 성공해 하이브리드전의 진수를 보여준 것으로 평가돼왔다. 그러나 현재 진행 중인 러시아의 우크라이나 침공은 한 걸음 더 진전된 이른바 '하이브리드 전쟁'의 대표적 사례로 꼽힌다.

우크라이나가 SNS를 통해 처참하게 파괴된 러시아 전차, 전투기 등의 모습이 담긴 SNS전, 러시아군 포로 모습을 공개한 심리전, 우크라이나 민간인의 피해를 알리는 여론전, 젤렌스키 우크라이나 대통령이 SNS 등을 통해 결사항전 의지를 밝히는 것은 물론 미 의회 지도부 및 의원들과 직접 통화, 우크라이나에 대한 지원을 호소하는 외교전 등이 대표적인 모습이다. 이와 같이 SNS를 통한 심리전, 여론전, 외교전 그리고 역정보, 허위정보 등 정보조작 등을 통한 융복합적인 하이브리드 전쟁이 전개되고 있다.

따라서 이러한 하이브리드전은 몇 가지 특징이 있다. 첫째, 군사력 뿐만 아니라 사이버전, 여론전, 심리전, 정보전 등 비군사적인 방법이 복합적으로 적용되고 있다는 점이다. 둘째는, 군인 뿐만 아니라 민간인들이 전쟁에 참여하는 현상이 확대되고 있다는 점이다. 즉, 민간 해커들의 사이버전 참여, 개인이 휴대영상이나, 페이스북 등을 통해서 전쟁에 참여하는 결과가 되고 있다. 셋째는, 전쟁이 국제화되고 있다는 점이다. 즉, 러시아와 우크라이나 전쟁당사국 뿐만 아니라 세계적인 해커집단 또는 빅테크 기업 뿐만 아니라 민간위성들까지도 전쟁에 가담하는 결과가 되고 있기 때문이다.

그러면, 이러한 하이브리전의 양상을 어떻게 유형화할 수 있을까?

NATO는 하이브리드 위협을 구체화하여 다음 4가지 특징을 갖고 있는 개인 또는 집단으로 보았다. ① 글로벌화된 환경에서 보다 유리한 협력의 기회 포착, ② 전략적 효과를 노리고 언론매체에 빈번한 역정보 및 허위정보 유포, ③ WMD, 테러리즘, 간첩행위, 사이버 공격, 범죄행위 등, 다양한 수단과 방법 구사, ④ 국제법, 국내법, 교전규칙 등의 허점을 활용한 도전 등이다. 이와 관련하여 NATO는 하이브리드 위협은 분쟁의 전 영역에 걸쳐 NATO 안보정책과 보다 넓은 안보환경 사이에 존재하는 간극을 이용하고자 기도할 것으로 판단하고 있다.426)

---

425) Marcel H. Van Herpen, Putin's Wars: The Rise of Russia's New Imperialism, Rowman & Littlefield, 2014, pp.205-237.

이러한 NATO의 분류를 고려하여 하이브리드전의 양상을 유형화하면 다음과 같은 네 가지 형태로 분류할 수 있다.

첫째, 사이버전이다. 단순히 당사국간의 사이버전만을 의미하는 것이 아니다. 우크라이나전에서 보는 것처럼, 국제 해커들의 자발적인 참여, 어나니머스와 같은 국제 해커 집단의 참여 그리고 민간 빅테크 기업들의 사이버전 지원 등을 포함하는 활동영역이다.

둘째, 여론전이다. 국영TV, 신문 등 고전적인 언론 뿐만 아니라 유튜브, 틱톡, 페이스북 또는 개인 휴대전화 등을 통해서 세계적인 여론을 만들어 내기도 하기 때문이다. 즉, 시민들이 페이스북에 올린 시민들의 참상을 알려주는 영상 하나가 세계적으로 반러시아적인 여론을 만들어 내기도 하기 때문이다.

셋째, 비정규전이다. 러시아는 크림반도 사례에서 마스크를 착용하고 부대마크를 가린 유령부대를 투입하고 이들을 현지의 자원병(volunteer) 또는 자경단이라고 주장하며 러시아의 개입 의혹을 일축했다. 즉, 정체불명의 병력을 투입함으로써 즉각적인 대응을 하지 못하도록 기만하는 효과를 가질 수 있기 때문이다.

넷째는, 외교전이다. 우크라이나 젤렌스키 대통령은 이번 전쟁 동안 UN 및 서방 국가들의 정상들 간에 영상외교를 통해서 가장 성공적인 지원을 받아내는 성과를 얻었다. 이러한 외교전도 과거 전쟁양상에서는 볼 수 없었던 하이브리드전의 또 하나의 특징이다. 뿐만 아니라 동맹국 및 우방국들로부터 직접 전쟁에 참여하지 않더라도 신속하고도 대규모적인 군사지원을 받아서 전투에 투입하는 것도 또 하나의 외교전이다. 이 가운데 '사이버 공격'은 주요 국가시스템의 마비에서부터 허위정보와 심리전까지 가능케 하는 하이브리드 전쟁의 핵심 수단이다.

이러한 하이브리드전의 다양한 유형들이 수행되는 방법에도 몇 가지 공통적인 특징이 있다.[427] 첫째, 하이브리드 행위자들이 적대국으로부터의 군사적 대응을 촉발하기 직전의 문턱(threshold)에는 미치지 않는 경계선에서 교묘하고 신중하게 활동한다는 점이다. 죽, 곧바로 정규전으로 대응하기 곤란할 정도로 애매하고 교묘하게 수행한다는 것이다.

둘째는, 적대 사실을 인정하지 않는 것이다. 러시아의 경우 개입 사실을 집요하게 부인하여 서방측의 판단에 혼란을 조성함으로써 크림반도와 나중에는 돈바스 지역의 점령을 재빨리 '기정사실'로 굳히기 위한 귀중한 시간을 벌었다.

셋째는, 확전 경고를 병행함으로써 상대방으로 하여금 위축되게 만드는 방법이다.

426) 송승종, "하이브리드 전쟁과 북한에 대한 시사점", 국방연구, 제59권 제4호, 2016. p.132.

427) 송승종, 위의 논문, pp.147-149 참조.

즉, 러시아는 상황이 악화되면 핵무기를 사용할 수도 있다는 의도를 언론을 통해 흘리면서 서방국가들이 군사적으로 개입하지 못하게 하거나 우크라이나로 하여금 전쟁지속 의지를 감소시키게 만드는 효과를 노리고 있다는 점이다. 이것은 고도의 전략심리전을 노리는 방법으로 하이브리드전의 승수효과를 창출하는 방법이 될 수 있는 것이다.

2. 정보전의 수행방법

우크라이나 전쟁은 매우 특이한 모습과 성격을 띠고 있다. 가장 특징적인 것은 여론을 이용한 선전전 등 심리·정보전의 활용이라고 볼 수 있다. 전쟁 당사국들과 서방 국가들은 상대방 비방, 자국의 성공적 작전을 선전하기 위해 언론, 외교, SNS 일인 방송 등을 총동원하고 있다.

앞에서 언급한 것처럼, 정보전도 크게 보면 하이브리드전에 포함되는 개념이다. 그러나 그 수단이 확대됨에 따라서 영역이 광범위해지고 효과가 증대되고 있기 때문에 하이브리드 개념에 포함하기보다는 상호 보완적인 개념으로 용어를 함께 사용함로써 정보전의 효과성을 강조하는 것이 현실적이라고 본다. 여기서 말하는 정보전이라는 용어는 단순히 군사적인 차원에서의 군사정보를 수집-분석-생산하는 일반적인 정보생산의 개념이 아니라 보다 폭넓은 개념으로 사용하고 있다. 정보전은 세계적 기술의 발전과 각종 정보매체 및 사회 시스템의 발전으로 정보전의 개념과 범위가 점차 확대되고 있기 때문이다. 한국 합참에 의하면, 정보전(Information Warfare)은 특정한 목표를 달성하기 위하여 적에 대하여 정보작전이 수행되는 실제적 활동이며, 정보작전(Information Operations)은 정보 우위를 달성하기 위해 전·평시 가용한 수단을 통합하여 아측의 정보 및 정보체계는 방어하고, 상대의 정보 및 정보체계에 공격을 가하거나 영향을 주는 작전으로 정의한다. 심리전(심리작전: Psychological Operation)도 정보전에 포함되는 개념이다. 심리전은 국가 정책의 효과적인 달성을 지원하기 위하여 아측이 아닌 기타 모든 국가 및 집단의 견해, 감정, 태도, 행동을 아측에 유리하게 유도하는 선전 및 기타 모든 활동의 계획적인 사용을 말한다.[428] 그러나 이러한 정의는 군사정보 위주의 제한적인 범위를 가지고 있다.

정보전과 관련하여 미국에서는 이미 알려진 지휘통제전, 정보작전, 전자전, 심리전, 사이버전, 전략커뮤니케이션 등 다양한 교리들을 발전시켰다. 특히, 정보작전(IO: Information Operations)에서는 적의 의사결정 능력을 비롯한 구체적인 대상을 표적

428) 합참, 합동참고교범 10-2 합동연합작전 군사용어사전, 합동참모본부, 2006, pp.408-409.

으로 설정하고 있고, 인지적·정보적·물리적 영역까지도 포함하고 있다. 또한, 정보작전은 네트워크중심전, 전자전, 작전보안, 군사기만, 심리전 등과 물리적 공격의 일부도 포함하고 있다. 요컨대, 정보전의 주요 수단은 정보작전, 심리전, 전략커뮤니케이션 등으로 나타난다.

정보전과 관련하여 박상선은 전략적 수준과 작전적 수준의 정보전으로 분류를 시도했다. 즉, 전략적 수준의 정보전은 전략목표를 달성하고 외교정책 목표를 달성하기 위해 공공외교, 선전·문화전, 심리전, 분란전 등으로 분류하고, 작전적 수준의 정보전은 작전목표를 달성하기 위해 전략커뮤니케이션, 정보작전, 사이버전, 공보전, 민사작전 등으로 분류하였다. 이처럼 세계적 기술의 발전과 각종 정보매체 및 사회 시스템의 발전으로 정보전의 개념과 범위가 점차 확대되고 있다.[429]

따라서 정보전의 유형은 육·해·공 3차원에서의 전통적인 정보전의 개념으로 보기보다는 심리전적인 영역과 사이버전의 영역 더 나아가서 정치외교적인 영역에서 폭넓게 이해할 필요가 있다. 특히, 우크라이나 전쟁에서 가장 두드러지게 나타나고 있는 심리전 영역에서의 정보조작, 사이버 영역에서의 사이버심리전, 전략정보 차원에서의 전복전, 및 민간위성에 의한 표적정보 제공 등은 기존 정보전의 개념과 영역에서 좀 더 비중있게 볼 필요가 있다.

첫째, 정보조작 등을 통한 정보작전이다. 여기에는 역정보, 허위정보, 대중매체 정보조작 등이 포함된다. 대중매체 정보조작으로 러시아는 우크라이나가 파시스트와 나치의 동조세력이며, 이들이 서방의 꼭두각시 정부를 내세워 친러 정부를 대체하고 사회혁명을 주도하고자 한다고 비난하는 등으로 미디어를 조작하여 우크라이나 내에서의 여론을 분열시키고, 지도부를 혼란에 빠트렸다. 또한, 이번 전쟁에서 정보조작과 관련이 깊은 또 다른 양상은 허위정보 즉 가짜뉴스와의 전쟁이다. 앞에서 소개한 바와 같이, 러시아의 우크라이나 침공이 거세지는 가운데 양국을 포함 전세계의 혼란을 부추기는 가짜뉴스와 음모론 등이 사회관계망서비스(SNS)와 국영매체 등을 통해 확산되었다. 러시아의 주요 허위정보는 우크라이나 네오 나치들이 민간인을 방패 삼아 러시아군을 공격했다. 미국이 우크라이나에서 생화학무기 실험실을 운영했다는 등 다양하다. 우크라이나의 주요 허위정보는 러시아군에 맞서기 위해 우크라이나 시민들이 게릴라전 전술을 사용하고 있다는 등 주로 전쟁 영웅담에 대한 것이다.

둘째, 전략적 차원에서의 전복전(subversion warfare)과 같은 민사심리전이다. 전복전의 중점은 국제기관 및 정보원을 활용하여 상대국의 첩보 수집, 능력 범위 내에서 전

429) 박상선, "한국의 정보전: 선택 가능성에 대한 전략적 이슈," 한국군사, 제5호, 2019, p.62.

복전 실행으로 상대국의 전쟁 지속능력을 파괴하는 것이다. 러시아는 우크라이나 인구의 약 25%를 차지하는 이점을 활용하여 다양한 첩보활동 및 전복전을 전개하고 있다. 미국도 2014년 이후 '저항작전개념(Resistance Operating Concept)'을 만들어 우크라이나의 특수부대와 훈련받은 민간 요원 등을 활용하여 게릴라전을 수행하도록 했다. 이에 따라 우크라이나는 비전통적 수단을 활용하여 크림반도 지역의 비행장 폭파, 국경지대 일대 러시아 도시지역에 화재 발생 등 혼란을 발생시켰다.430)

셋째, 전투정보차원에서의 민간위성에 의한 표적정보 제공이다. 전투정보활동의 중점은 인간, 영상, 신호 등 각종 정보 자산을 이용하여 적의 기도와 위치를 식별하여 작전부대를 운용하거나 표적을 타격하고, 또한, 적 통신망 감청 또는 허위 명령 하달로 아군에 유리하게 적 행동을 유도하는 것이다. 이번 우크라이나 전쟁에서는 미국의 군사위성뿐만 아니라 빅테크 기업에서 상용으로 운용하는 민간위성으로부터 러시아 부대 운용 및 부대 위치 정보를 지원받으면서 러시아 전차부대를 궤멸시키는 등 커다란 정보지원을 받았다.431)

3. 하이브리드-정보전의 유형 및 수행방법 종합

앞에서 언급한 것처럼, 넓은 의미에서 보자면 정보전도 하이브리드전 개념의 일부로 볼 수 있다. 그러나 정보전의 통신수단과 기술의 발전으로 정보전의 개념이 보다 확대되고 있다는 점, 정보전의 각 활동들이 조직적이고 체계적으로 이루어지고 있다는 점, 그리고 그 효과와 비중이 점점 커지고 있다는 점 등을 고려해 보면, 하이브리드전과 함께 별도의 영역으로 강조하고 구체적으로 연구할 필요가 있다.

이러한 관점에서 위에서 살펴 본 우크라이나 전쟁에 있어서의 하이브리드-정보전의 유형과 수단 및 방법을 종합해 보면 아래 도표와 같다. 이러한 도표로 정리해보는 목적은 하이브리드 전쟁양상을 좀 더 구체적으로 이해하고 더 나아가서 한반도에 적용을 위한 연구 및 군사적 대응책을 강구하기 용이한 가이드를 제공하기 위해서이다. 그 세부 유형들과 방법들을 하나하나 체크해보면서 구체적인 대책 및 방안들을 준비할 필요가 있기 때문이다.

430) 김규철, "우크라이나 전쟁에서 러시아의 정보전 활동", 슬라브문화 제38권 4호, 2022, p.47.
431) 김규철, 위의 논문, p.49.

〈표 1〉 우크라이나 전쟁에서의 하이브리드-정보전 유형과 방법

구 분	유 형	세부 유형	수단 및 방법
하이브리드전	1.사이버전	① 국제 IT민병대	개인해커 및 집단해커(어나니머스)
		② 민간 빅테크기업 동참	애플, 구글, 테슬라 등
		③ 자국내 해커	
	2.여론전	① SNS	유튜브, 틱톡, 페이스북 등
		② 개인 휴대폰	문자, 동영상
		③ 신문, 방송 등 공식매체	
	3.비정규전	① 국적불명 군인	표시없는 군복병력
		② 민간게릴라전 참여	주민 전투 참여
	4.외교전	① 영상 정상외교	화상회의(UN연설, 정상회담)
		② 무기 지원 외교	군사외교
정보전	1.정보작전	① 역정보	SNS, 사이버, 언론
		② 허위정보(가짜뉴스)	
		③ 대중매체조작	
	2.민사심리전	① 국가전복	SNS, 사이버, 언론, 주민
		② 주민홍보여론전	
	3.민간위성 정보지원	① 민간위성 적정보지원	표적정보 제공
		② 민간위성 아통신지원	스타링크 위성
	4.군사정보 지원	① 군사위성 정보지원	표적정보 제공
		② 전자전 지원	통신, 신호정보 지원

Ⅳ. 한반도에서의 하이브리드-정보전 발전방향

1. 한반도 상황에 주는 시사점

러시아의 우크라이나 침공 목적과 하이브리드전의 양상은 세계적인 관점에서 보면, 중국의 대만 침공 가능성도 현실화될 수 있다는 국제적인 우려가 높아지고 있는 가운데, 한반도에서의 전쟁 발발 가능성도 배제할 수 없다는 우려를 확대시키고 있다.

이러한 관점에서 볼 때, 이번 우크라이나 전쟁에서의 복합적인 전쟁양상이 국제정치

적으로 시사하는 바가 적지않은 가운데 한반도 상황에 대해서도 다음과 같은 몇 가지 중요한 군사적 함의를 내포하고 있다.

첫째, 북한이 만일 한반도에서 전쟁을 야기한다면, 향후의 전쟁은 핵 및 재래식 전쟁과 병행하여 하이브리드 전쟁이 될 것이라는 점이다.

둘째, 북한은 전면전이 아닌 하이브리드전 성격의 애매모호한 전쟁을 전개할 수도 있다는 점이다. 즉, 전면공격을 하지않은 가운데 사이버전과 정보전 등을 통해서 국가전복을 도모하는 '하이브리드-정보전'을 전개할 수 있다는 것이다,

셋째, 정부와 민간의 구분이 애매해지고 전투원과 비전투원의 구분이 모호해진다. 즉, SNS를 통한 민간인들의 전투참여 그리고 해커와 민간 기업들 더 나아가서 국제적인 빅테크 기업들도 전쟁에 동참할 수 있다는 점이다. 인터넷과 사이버 수단을 통한 전쟁, 국가 및 민간위성을 통한 정보의 공유가 확대될 것이기 때문이다.

넷째, 따라서 우주 영역을 포함하여 사이버 영역 및 온라인상에서도 국제적 협력 및 동맹의 중요성이 증대되고 있다는 점이다.

러시아의 우크라이나 침공 전쟁의 가장 큰 특징 중의 하나는 사이버전쟁이 전면전보다 더 먼저 전개되었다는 점과 사이버전에 전 세계 해커들과 빅테크들이 광범위하게 동참하였다는 점이다. 이와 관련하여 CNBC는 이번 사이버 대전은 누구나 원하면 참전할 수 있는 '인류 최초'의 전쟁이라고 의미를 부여했다. 이번 전쟁에서 사이버전은 러시아와 우크라이나 사이의 전쟁이 아니라 러시아와 서방 진영과의 세계대전이 되어버렸다. SNS라는 정보의 수단과 이 수단을 통한 빠른 정보의 전파는 세계적인 여론을 불과 몇 일 사이에 형성함으로써 글로벌 빅테크는 러시아에게 등을 돌렸고, 거센 국제적 비난이 러시아에게 쏠렸다. 수십만 명의 IT군대와 어나니머스가 러시아에 사이버전쟁을 선포하는 등 사이버전과 민간위성까지 지원된 정보전이 사이버 세계대전을 만들게 된 것이다.

따라서 이제는 전쟁의 승패는 무력전에 의해서만 결정되는 것이 아니라 무력전과 비무력전을 효과적으로 통합할 때 가능하다는 점과 한반도애서도 비무력전만으로 전쟁이 종결될 수도 있다는 점을 시사하고 있다.

2. 한반도 적용을 위한 정책제언

따라서 한반도에서도 우크라이나에서 경험하고 있는 '하이브리드-정보전' 개념의 새로운 전쟁양상을 대비하지 않을 수 없다. 우선 다음과 같은 방향으로 검토되어가야 할 것으로 보인다.

첫째, 한·미 사이버동맹 및 사이버 국제안보 협력을 강화해야 한다. 사이버공격은 전

쟁보조 수단이 아니라 주된 전쟁수단이 되고 있기 때문에 이제는 온라인상에서의 동맹이 물리적인 동맹 이상의 중요한 의미를 갖는다. 또한, 미국 이외의 우방국들과 글로벌 IT기업 및 국제 해커들과도 필요시 그들의 지원을 받아 협조된 사이버작전을 수행할 수 있는 준비가 되어 있어야 한다.

둘째, 정보작전에 대한 구체적인 준비가 필요하다. 정부의 신뢰를 저하시킬 수 있는 적의 예상되는 허위정보, 역정보 등에 대한 대비와 아군의 사안별 역정보, 기만정보, 대중매체 조작 등 정보작전 요소들을 활용할 수 있는 가이드라인을 가져야 한다.

셋째, SNS를 통한 여론전 및 심리전에 대한 준비가 필요하다. 개인휴대폰을 비롯한 유튜브, 틱톡, 페이스북 등 SNS 수단이 정보 수집 및 공유의 중요한 수단이 되었고, 전 세계를 대상으로 하는 국제적인 여론전의 수단이 되었다. 따라서 전면전 뿐만 아니라 국지도발과 같은 상황에서도 SNS 수단을 국내외적으로 활용할 수 있는 기본적인 매뉴얼이 필요할 것으로 보인다.

넷째, 확대된 '하이브리드-정보전'에 대한 교리발전 및 대응력 강화이다. 하이브리드전 개념에 의한 정부-민간 전쟁수행 능력의 통합, 군사-비군사 전투력의 통합, 정규전-비정규전의 통합 등 하이브리드 전쟁수행 교리를 발전시켜야 한다. 기존의 재래식 인간, 신호, 영상정보 등 군사정보 수단에 의한 정보 뿐만 아니라 사이버수단에 의한 군사정보수집 및 공유, 민간위성에 의한 군사정보공유, 언론 및 SNS 수단을 통한 역정보, 허위정보 등 정보조작 등은 군사정보 영역의 확대를 가져왔다. 특히, 역정보 또는 허위정보의 전파와 심리전으로 사회 혼란을 부추기고 정부의 신뢰를 무너뜨려 전의를 상실케하는 정보작전 효과는 미사일과 전투기 등에 의한 물리적인 피해 이상의 전쟁효과를 보여주기 때문에 이러한 정보조작을 통한 정보전에 대한 교리와 구체적인 방안 및 대비책을 강구해야 한다.

V. 맺음말

2022.2.24.일부터 현재 1년째 전개되고 있는 러시아-우크라이나 전쟁은 아직 우리가 경험해보지 못한 융복합적인 전쟁양상이 전개되고 있다. 사이버전과 정보전을 중심으로 하는 '하이브리드전'의 대표적인 사례가 되고 있다고 평가되고 있는 것이다.

본 고에서 강조하고 있는 정보전의 개념도 크게 보면 하이브리드전의 개념에 포함된다고 볼 수 있지만, 좀 더 자세히 보면, SNS를 통한 정보조작 및 심리전 등 새로운 양상의 정보전의 대두, 사이버 수단에 의한 군사정보 수집 및 공유의 확대, 그리고 민간위성을 통한 군사정보의 확대 등 기존의 군사정보전의 개념보다 확대된 정보전의 특성이 매우 두드러지게 나타나고 있다. 따라서 정보전의 개념을 하이브리드전 개념에 단순히 포함하기 보다는 하이브리드전의 개념과 연계하되 정보전의 개념을 좀 더 강조할 필요가 있다.

이러한 관점에서 본 고에서는 우크라이나 전쟁을 단순히 '하이브리드전'이라고 통칭하기 보다는 '하이브리드-정보전' 이라는 용어로 접근하고, 하이브리드-정보전의 유형과 방법들을 구체적으로 제시하였다. 이 융복합적인 하이브리드-정보전이 지금 시대의 국제정치적 환경을 고려할 때 장차 전쟁의 주요한 양상이 될 수 밖에 없을 것이다. 즉, 핵무기와 미사일 등 대량살상 및 대량파괴 능력이 확대되고 있는 지금의 글로벌 사회에서는 국가 간에 무력을 통한 전면전의 가능성이 점차 어려워질 수 밖에 없다. 오히려 대량살상에 대한 부담을 줄이면서도 국가 기능을 마비시키고 적의 전쟁의지를 무력화시키는 전쟁수행 방법이 더 현실적일 수 있다.

따라서 앞으로의 전쟁은 미사일에 의한 전면적인 화력전 이전에 사이버전에 의해 조용한 암흑에서부터 전쟁이 시작되거나, 완전한 전면전으로 확대되기 전에 전쟁도 아니고 평시도 아닌 경계선상의 애매모호한 하이브리드-정보전쟁 상태가 될 지도 모른다. 특히, 핵·미사일을 비롯해 미국과 중국의 지원을 받는 세계 최고 수준의 전투력이 상호 대치하고 있는 한반도의 경우는 더구나 완전한 전면전쟁의 가능성보다는 '하이브리드-정보전'과 같은 '경계선 전쟁'이 될 가능성을 배제할 수 없다.

따라서 한반도에서의 장차전에 대비하기 위해서는 핵·미사일 및 재래식 전쟁 대비와 병행하여 우크라이나 전쟁에서 경험하고 있는 '하이브리드-정보전' 개념의 융복합적인 전쟁 가능성에도 동시에 대비해야 하는 과제를 안고 있다.

저자소개

송운수 | 한국외국어대학교 국가안보학 교수

학군 24기로 임관, 1야전군사령부에서 정보처장을 거쳐 777사령관 및 정보학교장을 역임하고 34년간의 군생활을 마치고 육군 소장으로 전역함.
고려대학교에서 국제정치학 석사, 단국대에서 국제정치학 박사학위를 취득하고 현재는 한국외국어대학교 정치행정 대학원 외교안보학과에 국가안보학 교수로 재직중임.
저서로는 『사이버 군사전략 개관』(진영사, 2022)가 있으며, 주요 논문으로는 '사이버 억지 수단으로서의 사이버전자전 작전수행개념'(한국군사학논집, 2021), '발사의 윈편작전과 한반도 사이버 억지전략 제언'(전략연구, 2021) 등 다수가 있음.

16 우크라이나 전쟁 군수지원과 군수 발전방향

박 주 경 장군(전 군수사령관)

Ⅰ. 군수분야 전쟁 준비[432)]

1. 러시아군의 전쟁 준비

가. 러시아군의 국방개혁과 군수분야 문제점

2008년 10월말 안드레이 세르듀코프 러시아 국방장관은 군을 개조하는 국방개혁안을 발표하였다. 이에 따라 2012년까지 러시아군 전체 병력 규모를 100만명으로 줄이고. 기존에 사단으로 운용되었던 군 조직을 여단 단위로 재편하였으며, 대규모 동원체제 모델을 폐기하고 상비군체제로 전환하였다.

러시아군의 국방개혁은 지속지원 분야도 포함이 되었는데 군 조직 중 병참 및 보조 시스템의 경우 민간 업체들에게 최대한 이양하는 계획과 군수부대에 보다 많은 민간인력 충원, 의무학교 폐지, 부대별 의무시설 통폐합, 수백 개 감편부대 대신 60개 군사장비 보관기지 건설 그리고 통합군수지원체제 구축 등이다.[433)]

이러한 러시아의 국방개혁은 다음과 같은 몇 가지 문제점이 나타났다.

첫째, 가장 큰 문제는 러시아의 고질적인 부정부패이다. 러시아가 군을 현대화하기 위해 자원을 배정했는데(2010년 국가무장계획만으로도 2010~2020년에 약 6,260억 달러를 투자), 판단이 어렵지만 일부 추정에 따르면 배정된 자금의 최대 40%를 비리로 투입하지 못했다고 한다.[434)]

러시아에서는 횡령이나 뇌물 수수의 형태로 자격이 없는 공급 업체와 장비 또는 유지

---

432) 본 문서는 2022년 3월 25일 육사 화랑회관에서 개최된 '러시아의 우크라이나 침공 진단과 시사점(국방혁신을 위한 정책 제언)' 세미나에서 필자가 발표한 '우크라이나 전쟁: 군수지원 차원에서 본 시사점과 정책 제언',「전략연구」 2022년 7월호 '우크라이나 전쟁: 군수지원 차원에서 본 시사점과 정책 제언'과 2022년 12월 1일 KIDA 군수발전 세미나에서 발표한 '우크라이나 전쟁의 군수지원 시사점 및 군수 발전 방향'을 바탕으로 내용을 보완 및 최신화하여 작성하였다.

433) 러시아는 국방개혁에서 군 조직을 총참모장이 군을 직접 지휘하는 통합군 체제에서 군관구 사령관이 책임구역의 부대들을 통합 지휘하는 합동군 체제로 전환했다.(윤지원, '러시아 국방개혁의 구조적 특성과 지속성에 대한 고찰: 푸틴 3기 재집권과 국가안보전략을 중심으로',「세계지역연구논총」 36권 3호(한국세계지역학회, 2018년 9월), p.88) 통합군수지원체제 구축은 군관구 사령관이 예하 육·해·공 부대 및 경찰, 국경수비대까지 작전통제함에 따라 기존의 육·해·공 각 군종별 군수지원체제를 재조정하고, 3개 군종 통합군수지원체제 구축 및 통합지원기구 창설을 추진하였다.(김태웅, 앞의 글, p.23 참조)

434) Alexander Crowther, 'Russia's Military: Failure on an Awesome Scale', (CEPA, 2022.4.15.)

보수 계약을 체결함으로써 표준 이하의 장비를 구입하기도 하고, 저품질 대체품을 구입하기도 한다. 이러한 부패가 러시아 군대의 군수분야에 부정적 영향을 미쳤고, 이번 우크라이나 전쟁에서 나타나는 것처럼 보인다.[435]

예를 들어 영국 데일리메일 등 외신에 의하면 러시아군이 방산 비리로 군용 트럭과 장갑차 등에 값싼 중국산 타이어를 사용해 진격이 느려진 것으로 전해졌다.[436] 러시아군이 보급받은 전투식량은 심지어 유효기간이 20년이 지난 것도 있었다.

둘째, 2014년 크림반도 합병 이후 국제사회의 제재로 러시아의 경제 사정이 나빠져 개혁에 필요한 만큼의 충분한 국방비를 투입하지 못해 개혁의 속도를 지연시키는 결과를 초래한 것으로 판단된다.[437]

셋째, 국방비 투입의 우선순위 문제이다. 러시아는 국방개혁 과정에서 무기 현대화를 위해 10년간 600억 달러를 투입, 현대화율을 35%에서 70%로 2배 증가하였다.[438] 2010~2019년 러시아는 총 군사비의 거의 40%를 무기 조달에 지출했다. 이것은 NATO의 모든 회원국을 포함한 대부분의 다른 국가보다 훨씬 더 많은 몫이다. 그러나 러시아는 미국에 비하여 부족한 국방비로 핵무기나 외부에 선전하고 과시가 가능한 최첨단 무기 도입에 우선을 두고 국방개혁을 추진한 것으로 판단된다.[439]

푸틴은 최근 몇 년간 지르콘과 킨잘과 같은 극초음속 미사일, Su-57과 같은 스텔스 전투기 등에 대해 자랑했다. 하지만 서방 전문가들은 이번 전쟁에서 러시아가 전투에서 손실된 트럭을 대체하기 위해 민간트럭을 사용하는 현상을 보고 항공기와 전차 등 최첨단 무기체계를 과시하려는 러시아군이 과시효과가 떨어지는 트럭을 소홀히 했다고 평

---

435) Brad Lendon,'What images of Russian trucks say about its military's struggles in Ukraine', (CNN, 2022.4.14.)

436) 한명오, '중국산 타이어에 진격 발목 잡힌 러시아군', (국민일보, 2022.5.2.) 시카고 대학의 칼 무스 교수는 "NATO군은 미쉐린 XZL 타이어를 사용하는데 러시아군은 미쉐린 XZL 타이어와 똑같이 생긴 중국산 '황해 YS20'을 쓰고 있다"고 말했다. 중국 최대 전자 상거래 업체인 알리바바에서 미쉐린 XZL 타이어는 개당 약 533달러(약 67만 원)에 판매되고 있다. 중국 황해 YS20은 약 208달러(약 26만 원)로 미쉐린 XZL 타이어보다 절반 이상 저렴하다.

437) 러시아의 GDP는 2012년 21,915억 달러, 2013년 22,884억 달러, 2014년 20,488억 달러에서 2015년 13,567억 달러, 2016년 12,806억 달러, 2017년 15,751억 달러로 감소하였다.(외교부,『2021 러시아 개황』, '러시아의 국방정책' (2021. 10), p.82). 러시아 국방비는 2014년 크림반도를 병합한 이후인 2016년 GDP의 4.0%로 정점을 찍고 이후 2019년까지는 감소세에 있었다.(강병철, '러, 작년 국방비 82조원 지출…우크라 침공 앞두고 대폭 증액', (연합뉴스, 2022.5.2.))

438) 외교부,『2021 러시아 개황』, '러시아의 국방정책' (2021. 10), p.70

439) https://www.sipr I .org/commentary/topical-backgrounder/2020/russias-military-spending-frequently-asked-questions. 참고로 2022년 세계 국방비 순위에서 미국은 7,700억 달러로 1위이고, 러시아는 중국에 이어 3위이지만 1,540억 달러로 미국과 큰 차이가 난다. (근거: GLOBAL FIREPOWER 2022, https://www.globalfirepower.com/countries-listing.php)

가한다.[440] 또한 러시아군은 군용 통신장비가 부족하여 다수의 상용 통신장비를 사용하기도 하였다. 뿐만 아니라 러시아는 구소련에서 많은 재래식 무기를 물려받았는데 다수가 현대화되지 않고, 심지어는 군사장비 보관기지 등에 보관이 되어 있는데 관리 상태가 부실하여 이번 우크라이나 전쟁에서 문제가 발생하기도 하였다.

넷째, 선전(홍보)과 실제의 차이이다. 러시아가 계획으로 발표한 내용과 실제 구현된 것과는 많은 차이가 있다. 러시아는 조달 계획을 연기하거나 축소하기도 했는데, 예를 들어, 러시아는 2011~2020년 국가무장계획에서 2,300대의 새로운 Armata 전차와 최소 55대의 신형 Su-57 전투기 도입을 예상했지만 2019년까지 실제로 생산된 소수의 Armata 전차와 Su-57 항공기는 여전히 프로토타입 및 사전 생산 버전이었고 작전부대에는 보급되지 않았다. 대신 사용 중인 구형 무기가 업그레이드 되었으며, 구형 무기 유형의 생산이 계속되었다. 신형무기들이 계획대로 도입되었다면 러시아 군대의 능력을 크게 향상시켰을 것이다.[441]

다섯째, 러시아가 조달 계획을 연기하는 이유는 예산 등의 문제도 있겠지만 냉전 이후 연구인력, 기술 등 방위산업의 기반이 무너진 것도 한 요인일 것으로 판단된다.[442] 또한 2014년 이후 서방의 제재로 반도체 등 유도무기, 통신장비, 각종 전투장비의 부품 수급에 큰 차질을 보이고 있는 것도 원인으로 작용하고 있으며, 전시에 필요한 장비의 추가 생산이나 부품 공급에도 영향을 미치고 있는 것으로 보인다.

여섯째, 병력 규모의 축소와 군수부대의 아웃소싱이 미치는 영향이다. 러시아의 군수원칙(Logistics Principles)은 구소련 시대 공세작전 개념인 "제대 원칙(echelon principle)"에 기반을 두고 있는데, 이에 따르면 1제대가 전투력이 저하되면 2제대가 투입되고, 교체된 1제대는 물자기술지원여단(MTS)의 지원을 받아 인원, 장비 및 물자로 재편성되어 다시 전투준비를 완료하게 된다. 그러나 러시아는 국방개혁으로 구소련

---

440) Brad Lendon, 앞의 글. 군대는 병사들을 최전선으로 수송하고, 탱크에 포탄을 공급하고, 미사일을 운반하기 위해 트럭이 필요하다.

441) https://www.sipr I .org/commentary/topical-backgrounder/2020/russias-military-spending-frequently-asked-questions. Su-57은 2019년에 처음 항공우주군에 인도되어 시험 중에 있다.(국방부, 『2020 국방백서』, p.17.)

442) 러시아가 대륙간 탄도미사일 Boulava, 위성항법시스템 Glonass 등 무기체계 개발 과정에서 실패하는 일들이 많았다. 방위산업 분야의 생산 사슬이 끊기면서 대량 무기 생산이 힘들어진 것이 반복된 실패의 원인으로 지적된다. 소련이 해체된 뒤로 수천 명의 과학자들이 러시아를 떠났다.(성일권, 앞의 글, pp.235~237). 한편, 한국 외교부의「2021 러시아 개황」에 의하면 러시아가 2013년부터 방산 관련 R&D 투자비를 대폭 증액하고 있으므로 방위산업은 회복되고 있을 것으로 판단되지만, 아직까지는 새로운 무기체계들을 생산하는 것이 제한되고, 재정 제약은 싸고 기존에 증명된 무기체계들을 획득하도록 강요하고 있다.(Andrew S. Bowen, 'Russian Armed Forces: Military Modernization and Reforms', CRS, (2020.7.20.))

물류 시스템을 상당한 규모로 축소 및 아웃소싱하였기 때문에 장기전을 위해 다제대를 동원하고 유지할 능력이 없다.[443]

일곱째, 부대 편성의 문제이다. 러시아는 2014년 우크라이나 동부지역 분쟁에 개입하면서는 '대대전술단'(BTG) 개념을 선 보였다. 이는 전면전이 아닌 지역분쟁에 개입하는데 최적화된 부대이다. 전체 병력은 약 600~1,000명이다. 병사들의 3분의 1은 지원병으로 근접전투가 가능한 전차·보병·포병·전자전 부대 등에 배치되고, 3분의 2는 복무기간 1년의 징집병으로 전투지원 및 전투근무지원부대에 배치된다. 대대전술단의 취약점은 작전수행 병력이 부족하여 경계, 정찰 등을 기동력과 화력이 부족한 현지 민병대에 의존하는 것이다. 또한 정보, 지휘통제, 정비, 의무 관련 조직이 취약해서 작전지속 능력이 부족하다. 따라서 공격작전 과정에서 적 지역 종심 깊이 진출하는 것은 제한될 것으로 예견하였다.[444]

여덟째, 징집병의 전문성 문제이다. 전략 및 국제연구센터에 따르면 러시아군 100만명 중 약 25%가 1년 복무하는 징집병으로, 군수분야의 많은 직책을 담당하고 있다. 그러나 동기부여도 잘되지 않는 징집병들이 1년 만에 군사 시스템 유지관리 방법을 배우기는 어렵다.[445] 뿐만 아니라 러시아는 서구 군대 대비 부사관이 부족하여 정비 등에서 취약점이 있다.

나. 러시아군의 평시 군수분야 전쟁 능력과 준비 상태

첫째, 군수부대 규모와 능력 면이다. 러시아군은 서부방면에서 공격작전을 하기에는 평시 군수부대 능력이 부족한 것으로 판단된다. 미국의 워게임 전문가가 2021년 11월 발트 3국이나 폴란드에 대한 가상적인 침공을 상정하여 군수 능력을 분석하였는데 러시아군 전투부대가 보급 없이 작전 가능한 기간은 2~3일에 불과하다고 판단하였다. 따라서 러시아군 군수부대의 능력으로는 재보급을 위한 정지기간 없이 한 번의 신속한 공격으로 최대한 넓은 땅을 점령하고 이를 기정사실화 하기 어렵다. 러시아군 부대는 동급의 서방 부대에 비해 훨씬 더 많은 포병과 방공, 대전차 장비를 보유하고 있어 더 많은 보급 소요가 필요하지만 러시아군의 군수지원 부대는 다음 표에서 보듯 서방 동급 부대에 비해 그 규모가 작다.[446]

---

443) Per Skoglund, Tore Listou, Thomas Ekström, 'Russian Logistics in the Ukrainian War: Can Operational Failures be Attributed to logistics?', (Scandinavian Journal of Military Studies)

444) 방종관, '미군도 못해본 파격…지역분쟁 딱 맞춘 '푸틴 대대전술단' 위력', (중앙일보, 2022.02.15.)

445) Brad Lendon, 앞의 글

446) https://warontherocks.com/2021/11/feeding-the-bear-a-closer-look-at-russian-army-

기동 제대	미국 지원 제대	러시아 지원 제대
대대	중대	소대
연대	대대/대	중대
여단	대대	대대
사단	여단	대대
군단	여단	없음
제병협동군	해당 없음(N/A)	여단

대대전술단의 경우 700~900명 중 약 150명만 지원병력으로 간주될 수 있다. 물론 상급 군수지원부대의 지원을 기대할 수 있겠지만, 러시아 지원병력 규모는 전투병 1인당 약 10명의 지원병을 전개하는 미군에 비하면 많이 부족하다.[447]

이런 단점을 보완하기 위해 서방에는 없는 철도여단을 운영하지만, 철도를 통한 군수지원은 방어전에서만 쓸 수 있고 적(敵) 지역을 공격할 때는 사용할 수 없다. 현재 러시아군이 보유한 트럭으로는 150km 이상의 보급선을 유지하는 것이 불가능하다. 유류의 경우 전술송유관을 이용해 비교적 빠르게 공급할 수 있으나, 전술송유관이 설치되려면 적어도 3~4일이 소요되므로 최소 한 번은 트럭을 통해 유류보급을 받아야 한다.

이러한 러시아의 군수부대는 러시아의 '능동방어(active defence)'시스템에 적합하게 국내 또는 국경 인근지역에서 운용이 용이하지만, 원정 군수(expeditionary logistics)를 수행하기 위한 조직, 훈련 또는 장비 구비는 미흡하다.[448]

둘째, 경험 면이다. 러시아는 미군 대비 대규모 전면전에 대한 경험이 부족하다. 구소련 시절 아프가니스탄 전쟁(1979~1989년)은 최초 6개사단, 최대 135,000명의 병력을 투입하였지만, 대부분의 전투가 무자헤딘 게릴라를 상대로 한 산악전투였으므로 우크라이나 전쟁과는 군수지원에서 차이가 있다. 러시아가 준비 부족으로 패배한 1차 체첸 전쟁(1994~1995년)은 최초 투입 규모가 지상군 6,000명(전쟁 기간 7만 명)에 불과하다. 2차 체첸 전쟁(1999~2000년)은 최초 투입 규모가 5만 명(전쟁 기간 8만 명)으로 1차 체첸 전쟁 패배 후 잘 준비하여 승리한 경험이 있지만 역시 규모는 최초 15만 명이 투입된 우크라이나 전쟁보다 적다. 2008년 조지아 전쟁에서 러시아군 7만 명이

---

logistics/

447) Bonnie Berkowitz and Artur Galocha, 'Why the Russian military is bogged down by logistics in Ukraine', (The Washington Post, 2022.3.30.)

448) https://icds.ee/wp-content/uploads/dlm_uploads/2022/06/ICDS_Brief_Russias_War_in_Ukraine_No3_Ronald_Ti_June_2022.pdf

투입되는데 조지아의 국력이나 국방력은 우크라이나와 차이가 있다. 2014년 크림반도 합병과 돈바스 전쟁은 전면전이라 할 수 없다.

셋째, 군사문화 면이다. 소련이나 러시아는 비전투원을 천시하고, 보급(군수)을 소홀히 하는 문화가 있다. 이로 인해 비전투병과는 지원과 투자가 부족하다. 구소련의 '대량군(大量軍)주의'라는 군사사상도 러시아의 군수 준비에 영향을 미친 것으로 보인다.[449] 러시아(구소련)는 장비의 수에 중점을 두고 대량생산에 관심을 가지지만 상대적으로 정비에 대한 관심은 부족하다. 러시아군은 장비가 고장이 날 경우, 후속하는 정비부대에 맡겨 선별적으로 수리하되, 나머지는 폐기한다. 그리고 필요하다면 부대를 추가 투입하는 방식이다. 또한, 러시아군은 연료·탄약만을 중시하고 다른 분야는 크게 고려하지 않는다.[450]

이번 우크라이나 전쟁에서 수십억 원을 호가하는 신형 이동식 미사일 트럭인 판치르 S1이나 다른 전투차량들의 타이어가 심하게 손상된 사진은 타이어를 장기간 관리하지 않아 발생하는 현상으로 러시아의 평시 군수 준비상태를 말해준다.[451]

넷째, 러시아의 중앙집권화된 명령체계와 보급시스템도 문제로 작용한다. 이번 우크라이나 전쟁에서도 투입된 지휘관들이 상황에 맞게 융통성을 발휘하지 못하고, 우왕좌왕하면서 본부로부터 군수지원과 작전지침을 기다리는 군사적 실책을 범하였다.[452] 러시아의 보급시스템은 청구보급(Pull logistics)이 아닌 할당보급(Push logistics)인데, 이는 사용자의 요구보다는 사전 결정된 사용량에 의해 보급되는 시스템으로, 변화가 많은 전장에서 취약점이 나타난다.[453]

다섯째, 군수부대의 현대화 면이다. 러시아 군대는 컨테이너, 팔레트와 지게차를 사용하는 기계화된 시스템보다는 물류를 처리하기 위해 대규모 인력에 의존한다. 이로 인해 러시아 물류는 서구 군대보다 약 30% 비효율적이다. 작업시간이 길어지면 우크라이

---

449) 투하체프스키(1893~1937)가 내놓은 전략사상이 '대량군주의적 기계화' 이론이다. 이 이론은 기동부대를 대량으로 투입해 빠른 시간 안에 승기를 잡는다는 것인데, 이 전술을 구사하려면 성능 좋은 전차를 대량으로 제작할 수 있는 능력이 있어야 한다. 소련은 이 이론을 적용하여 독소전역에서 승리할 수 있었다.(신동아(2007.8.27), "특명 "북한 급변 사태시 10시간 내 평양 점령!"")

450) 방종관, '전쟁 중인데 차량 대열이 64㎞…러군의 졸전, 그뒤엔 이 키워드', (중앙일보, 2022.04.19.). 미군은 한정된 규모의 최첨단 장비와 부대를 지속해서 운용하는 방식이다. 그래서 전투부대의 자체 정비능력을 중요시할 수밖에 없다.

451) 미 국방부 출신 전문가인 Trent Telenko는 버려진 러시아 차량들이 유난히 타이어 옆면이 찢어진 것이 많은데, 차량을 장기간 보관할 때 제대로 관리하지 않고 직사광선에 노출됐을 때 발생하는 현상이라고 했다.(https://twitter.com/TrentTelenko/status/1499164245250002944)

452) 김종하, '우크라 전쟁과 육군 군수지원체계의 중요성', (아시아경제, 2022.09.26.)

453) https://icds.ee/wp-content/uploads/dlm_uploads/2022/06/ICDS_Brief_Russias_War_in_Ukraine_No3_Ronald_Ti_June_2022.pdf

나 군대가 타격하는 기회를 제공하기도 한다.[454]

여섯째, 이전 전쟁 이후 전쟁 물자 보충 면이다. 전쟁 개시 후 영국 이코노미스트는 "정밀 유도무기 재고가 충분치 않아 러시아 제트기가 구식 폭탄을 싣고 저공비행을 하는 경우가 많다"고 했는데, 러시아는 시리아전 등 이전의 전쟁에서 정밀 유도무기를 다수 소모하였고, 투자 부족으로 추가적인 생산이 부족했던 것으로 보인다. 정밀 유도탄약 대신 구식탄약을 사용하게 되면 목표물 타격이 어려워 탄약의 소모가 늘어나게 된다. 이는 보급량의 증가를 의미한다. 구식탄약을 공중에서 지상으로 타격하기 위해서는 비행고도를 낮출 수밖에 없는데 이는 우크라이나군의 대공화기 표적이 되기 쉬워 러시아군이 제공권을 장악하지 못하는 이유의 하나로 판단된다.

한편, 정밀 유도무기의 성능도 문제인데 러시아 PGM은 60%의 실패율을 겪고 있는 것으로 분석된다.[455] 유도무기의 실패율이 높으면 그만큼 정밀 유도무기나 재래식 탄약의 소요가 많아진다.

다. 우크라이나 전쟁 자체에 대한 군수분야 전쟁 준비

우크라이나 전쟁 중, 특히 초기에 러시아는 군수분야에서 많은 문제점을 나타내었는데 이를 군수 전쟁 준비라는 측면에서 살펴보면 다음과 같다.

첫째, 가장 큰 문제점으로 러시아군은 전쟁이 조기 종결될 것으로 오판한 것으로 보인다. 오판했더라도 군은 항상 예비계획을 준비해야 하는데 그러지 못했다.

우크라이나군에 사로잡힌 러시아군 포로 상당수는 침공 사실을 모르고 훈련으로 알고 있었다고 한다. 심지어 공격명령이 침공 직전에 하달되었다고 한다. 훈련과 실전은 다르고 준비도 다르다. 훈련으로 알고 준비한 것이 실전에 제대로 적용되기 어렵다. 실전 준비가 미흡한 상태에서 갑작스러운 공격 지시는 후방에 보급품이 충분히 있더라도 전방 지원에 시간 소요 등 많은 문제점을 야기한다. 갑작스러운 공격 지시 때문인지는 명확하지 않지만, 이번 전쟁에서 대대전술단 중 상당수가 포병이나 통신 등 제대가 완편되지 않은 상태로 작전에 투입된 것으로 보인다.[456]

둘째, 장기 사전훈련과 공격개시 일자의 변경이다. 러시아군은 2021년 3월 돈바스 우발상황에 대비한다는 명목 하 '불시 전비태세검열' 형태로 훈련을 시작하였고, 이는

---

454) Brad Lendon, 앞의 글. 2018년부터 세계은행이 발표한 물류 성과 지수에서 러시아는 160개국 중 75위에 그쳤다.

455) Alexander Crowther, 앞의 글

456) https://www.youtube.com/watch?v=7g0B47aIAkY

공격이 개시된 2022년 2월까지 이어졌다. 장기간에 걸친 훈련은 물자의 소모를 많게 한다. 또한, 미국이 2월 16일을 공격개시일로 예상한 것이 맞다면, 러시아는 공격을 위해 준비했던 물자들을 2월24일까지 추가로 소모한 결과가 된다. 또한, 미국의 공격개시일 공개로 기습 효과가 사라져 우크라이나가 방어준비 시간을 확보하게 됨으로써 이를 극복하기 위한 지원 소요도 증가하게 되었을 것이다.

셋째, '우크라이나'라는 나라 자체에 대한 준비 부족이다. 러시아군은 우크라이나의 자연과 도로 등 환경에 대한 준비가 미흡했다. 우크라이나는 면적 6,035만 5천㏊로 유럽에서 러시아 다음으로 넓다. 한반도의 약 3.5배 크기이다. 인구도 4,319만여 명이다.[457] 국토가 넓으므로 보급선이 길어진다. 우크라이나는 평지이지만 포장도로가 제한되고, 우회로도 라스푸티차 현상 등으로 제한된다.[458] 키이우(인구 295만 명), 하르키우(인구 143만 명) 등의 도시는 보급 소요를 증가시킨다.

넷째, 작전계획과 지원계획의 적절성 문제이다. 러시아군이 속전속결을 기도했다면 1개 축선에 주공(主攻) 임무를 부여하고, 1개 축선에 조공(助攻) 임무를 부여해 전투력을 집중운용했어야 한다. 하지만 러시아군은 광활한 우크라이나 전장에서 전체 약 15~20만 병력, 120여 개의 대대전술단을 북부·동부·남부 3개 축선으로 분산해 운용함으로써 모든 축선에서 충격력이 부족해지고 공격 기세가 둔화되는 결과를 초래했다고 본다. 전투력지속작전 측면에서 넓게 분산된 3개 공격 축선에 동시 병행적으로 원활한 군수지원을 보장하는 데는 어려움이 있다.[459]

2. 우크라이나군의 전쟁 준비

가. 우크라이나군의 국방개혁[460]

소련 붕괴 후 우크라이나는 유럽에서 가장 큰 군대 중 하나를 물려받았다. 군은 780,000명의 병력, 6,500대의 탱크, 1,100대의 전투기, 500척 이상의 함선을 보유했다. 또한, 176개의 대륙간 탄도 미사일과 1,000개 이상의 전술 핵무기를 보유하여 미국과 러시아에 이어 세계에서 세 번째로 많은 핵무기를 보유하고 있었다.

---

457) 외교부,『우크라이나 개황』, '우크라이나 개관' (2020.2) 등 자료를 참고로 일부 수치 최신화

458) 라스푸티차는 '진흙의 계절'로, 비나 눈의 융해로 진흙이 생겨 3월 중·하순과 10월 중·하순부터 볼 수 있는 현상으로, 몽골, 나폴레옹, 독일의 러시아 침공 시 영향을 미친 것으로 유명하다.

459) 유용원·류제승, '〈심층 인터뷰〉 러시아군 고전 원인 등 우크라이나 전쟁 분석 및 교훈', (유용원의 군사세계, 2022.3.8.)

460) Denys Kiryukhin, 'The Ukrainian military: From Degradation to Renewal' (https://www.fpr I.org/article/2018/08/the-ukrainian-military-from-degradation-to-renewal/)

당시 우크라이나 관리들은 이 방대한 군대를 불필요한 것으로 보았다. NATO는 적에서 파트너로 바뀌었고, 소련의 해체로 러시아와의 무력 충돌 가능성이 낮아졌다. 한편, 우크라이나는 심각한 경제 위기를 겪었고 대규모 군대를 지원할 여유가 없었다. 따라서 1990년대 최초의 군 개혁은 군대와 인력을 줄이고 국제적 압력 하에 핵무기를 포기하는 것이었다. 2013년 초 우크라이나 군대는 184,000명의 병력, 약 700대의 탱크, 170대의 전투기 및 22대의 전함으로 축소되었다.

그러나 2014년~2015년 러시아와의 전쟁으로 돈바스에 대한 우크라이나 주권을 회복하고 우크라이나 영토를 효과적으로 방어할 수 있는 군대의 필요성이 대두되었다. 이에 따라 2014년에 새로운 개혁이 시작되었다. 군은 서구 교관의 지원을 받아 NATO 표준에 맞게 개혁되었다.[461] 우크라이나군의 장교들은 2015년 돈바스 내전에서 러시아의 지원을 받는 도네츠크와 루한스크의 반군들을 상대로 실전 경험을 쌓을 수 있었다.[462]

개혁 과정은 '개혁'이라고 하지만 '새로운 군대의 창설'에 가까웠다. 가장 중요한 것은 우크라이나가 NATO와 러시아 양면외교에서 공식적으로 NATO 회원국을 전략적 국가 목표로 선언했고, NATO 회원국과의 호환성을 달성하기 위해 군의 관리방식(예: 인력양성, 군수 및 의료지원)을 변경했다.

정부는 역대 최대로 국방비를 늘렸다. 2013년 우크라이나의 국방비는 약 19억 달러였지만 2015년에는 31억 달러였다.[463] 러시아와 대치를 생각하면 자금이 충분하지는 않지만 국방비 증가는 우크라이나가 군의 규모와 전투준비태세를 크게 높이는 데 도움이 되었다. 병력은 25만 명이 되었고, 병력들은 징집병에서 다수가 장기복무 직업군인으로 전환되었으며, 훈련 수준을 높이기 위해 외국의 지원을 받아 수많은 훈련을 했다. 또한, 우크라이나군은 정보전과 심리전을 위한 부대를 창설하고 국토방어체계를 개혁했다.

국방개혁 과정에서 많은 국가들이 우크라이나에 물질적, 기술적 지원을 제공하고 군사훈련 및 의료인력을 지원했다. 특히, 미국은 군사전문가, 수십억 달러의 재정지원, 방

---

461) 국방 개혁은 미국 및 NATO 국가들의 지원·협조하 진행되었으며, △국방부 및 총참모부에 군사 고문단 파견, △JMTG-U(Joint Multinational Training Group-Ukrain) 프로그램에 의한 우크라 군 장병 교육, △'Rapid Trident(지상군)', 'Sea Breeze(해군)', 'Clear Sky(공군)' 등 미국 및 NATO 군과의 연례 연합훈련을 통해 연합작전 능력을 강화하였다.(외교부,『우크라이나 개황』, '국방 분야' (2020.2))

462) 돈바스 내전에 참여한 장교들 중 실적과 전공이 뛰어난 젊은 장교들이 고속 승진을 하여 군수뇌부를 형성하였고, 이들이 나토군과의 군사교류를 통해 NATO 국가의 군사기술까지 익히면서 우크라이나 전쟁에서 러시아 군수뇌부보다 전략전술이 더 우수한 모습을 보여주고 있다.

463) 우크라이나 국방비는 2020년 최대치에 이른 후 코로나-19로 인해 2021년 소폭 감소되었다.

탄복, 전투식량, 통신장비 및 레이더, 험비, Javelin 대전차 미사일, 대포병 레이더 및 각종 정보자산과 훈련 시스템 등을 제공했다. 우크라이나 자체적으로는 대함미사일(넵튠)을 개발 및 실전 배치하고, 무인기 바이락타르(TB2)를 도입하였다. 우크라이나군은 이러한 국방개혁을 통해 비록 러시아에 비해 충분하지는 않지만 1991년 독립 이래 가장 높은 수준에 도달해 있었다.

우크라이나의 국방개혁에도 한계가 있는데, 서방은 우크라이나 육군의 일차 목표가 침략 격퇴로 보고 지원을 하는데, 우크라이나는 영토 회복으로 보았다. 또한, 자금 부족, 부패, 역사적으로 러시아와 연결되었던 군수산업의 붕괴, 잔존한 구소련이나 러시아 군사문화 등도 한계로 작용하고 있다.

나. 우크라이나의 평시 군수분야 전쟁 능력과 준비 상태

먼저 방위산업 면에서 우크라이나는 항공우주산업, 로켓·미사일, 레이더, 기갑장비, 가스터빈 엔진 등 구소련 시대부터 축적해온 우수한 방산 원천기술 및 제조능력을 보유하였고, 세계 10위권의 방산제품 수출국가이다. 그러나 2014년 러시아와의 방산협력 중단 이후 대외 방산수출은 감소하고 있다.[464] 과거에는 각 무기체계별 부품을 분업 형태로 우크라이나와 러시아에서 생산하여 수출입을 통해 상호 공유하였지만, 현재는 협력 중단으로 부품 조달이 곤란하여 수출 금액 감소로까지 영향을 주고 있는 중이다. 우크라이나는 '기술 독립' 차원에서, 그동안 러시아로부터 공급받던 부품의 상당부분을 국산화하고 있는 중이었다.[465]

다음으로 보유 장비 면에서 우크라이나 지상군의 주력 전차는 1970년대 생산한 T-64와 초기형 T-80 전차였다. 해군은 소련 말 건조한 대잠 호위함 1척 외에는 군함이라 부를 만한 것이 사실상 없다시피 했다. 공군 역시 1980년대 소련이 남기고 간 구식 Su-27과 MIG-29 정도가 전력의 전부였고, 전투기·헬기 등은 수량이 적었다. 그러나 지상장비는 비록 구형이긴 하지만 수는 많았다.[466] 소련 시절 우크라이나는 소련 전체 군수품 생산의 30%를 담당했다. 전쟁 전 우크라이나는 국토 전역에 소총과 기관총, 대전차로켓 등 무기가 넘쳐났다. 개전 초 우크라이나 정규군은 각 지역 무기고를 열어 시민들에게 무기를 쥐어줬다. 무기를 받은 시민들은 정규군과 함께 자신의 거주지 주변

---

464) 방산수출 2013년 세계 8위, 2018년 세계 12위. 참고로 한국은 2013년 10위권 밖이었으나 2018년 11위로 상승

465) 외교부,『우크라이나 개황』, '국방 분야' (2020.2)

466) 전차는 2,596대, 장갑차는 12,303대, 야포는 2,040대를 보유했다. 반면 전투기는 98대, 헬기는 34대에 불과했다.(장성구, '러시아-우크라이나 군사력 비교', (연합뉴스, 2022.1.24.))

에 방어진지를 구축하고 러시아군을 기다렸다.[467] 우크라이나군은 소련(러시아) 장비 운용 및 정비 능력을 보유하고 있었다.

한편, 충분하지는 않지만 국방개혁을 통해 서방으로부터 지원받은 추가적인 전투장비와 물자를 상당량 보유하고 있었다. 또한, 생필품도 영토 내이기 때문에 비교적 확보가 쉬운 입장이었다.

다. 우크라이나군의 우크라이나 전쟁 자체에 대한 군수분야 전쟁 준비

미국이 사전 러시아의 침공 정보를 제공했지만 우크라이나는 러시아가 실제 전쟁을 일으키리라고는 생각을 하지 못한 듯하다. 그러나 국방개혁과 2021년부터 이어진 러시아의 군사훈련 기간 우크라이나군은 일정 수준의 견고한 방어전 태세와 효과적인 보급망을 갖추어 개전 후 러시아의 진격을 오랫동안 저지할 수 있었다.

한편, 러시아군 공격과 관련하여 우크라이나군은 항공기는 우방국에, 방공장비는 자국 학교나 백화점 등 민간시설로 사전 대피시키고 치장물자로 기만하였다. 개전과 동시에 러시아가 타격한 국경 인근 우크라이나군 주둔지의 군사장비는 야적장에서 가져온 치장물자가 대부분이었다. 러시아군이 정찰 미흡으로 이를 제대로 식별하지 못하여 초기 전투 시 큰 성과를 달성하지 못하였다.

Ⅱ. 전쟁 수행 간 군수전

1. 러시아군의 보급·수송 및 정비

가. 러시아군의 보급·수송

3월 초 우크라이나 수도 키이우에서 27km 떨어진 곳에서 러시아군이 며칠째 64km 길게 늘어선 채 진군을 못하고 있는 현상이 보도되었다. 원인으로는 러시아군의 연료 부족, 장비 고장, 예비 부품 및 타이어 등의 보급 실패, 식량 공급 문제와 함께 우크라이나 군의 강력한 저항, 러시아군의 사기 저하 등이 영향을 미쳤을 가능성이 제기되었다. 영국 일간지 텔레그래프는 '라스푸티차' 현상과 관련, 타이어 관리나 유지·보수가 잘 되지 않은 러시아 군용차들이 진흙탕에 갇혀 이동에 어려움을 겪었을 것이라 분석했

---

467) 신인균, '러시아 대대전술단 막은 우크라이나 '인민전쟁' 전술', (동아일보, 2022.3.5.)

다.[468]

러시아군 군수 문제를 먼저 육상 보급수송 측면에서 살펴보면, 러시아 군수에서 주요 역할을 하는 철도 및 파이프라인은 개전 후 한동안 구축되지 않은 것으로 보인다. 대부분의 철도는 도시 지형을 통과하는데 러시아군은 소수의 도시만 점령했기 때문이다.[469]

철도가 러시아군 보급의 핵심임을 알고 있던 우크라이나군은 '전면적인 철로 전쟁'을 통해 개전 초기에 러시아에서 우크라이나 내부로 들어오는 모든 철도망을 파괴하였다. 한편, 러시아군이 동부 돈바스 지역에서 승기를 잡은 것은 산업화된 돈바스 지역의 밀집된 철도망을 이용한 인적, 물적 수송이 유리하게 작용하였다.

다음은 육로수송의 문제이다. 러시아는 공격 전 부대 이동이나 배치는 주로 철도를 활용하였지만 우크라이나 내에서는 주로 육로를 활용할 수밖에 없다. 그러나 육로수송도 원활하지 않았다. 수송을 위한 도로 상태는 좋지 않다. 포장도로나 우회할 수 있는 도로들이 이미 노출이 되어 있는 상태에서 미국 등의 정보자산이 러시아군의 이동 상황을 실시간 감시하여 우크라이나에 제공함으로써 위치가 노출된 러시아군은 우크라이나군이나 민병대의 표적이 될 수밖에 없었다.

러시아에서 병참선 확보는 전시 후방지역 안보를 담당하는 준군사요원인 국가방위군이 수행하는데, 방위군이 늦게 배치되고, 즉시 병참선을 확보하지 못했다.[470]

러시아의 호송작전도 미비하였다. 러시아군은 전쟁 초기에 무장 차량과 병력들이 취약한 군수 차량과 함께 다니면서 보호한다는 호송의 기본을 지키지 않았다. 또한, 작전지역이 확대되고 병참선이 신장되는데 상급부대 차원의 후속 군수지원 보장을 위한 중간 군수기지 운용도 미흡했다.[471]

다음은 공중수송 측면이다. 제공권이 장악되어 있다면 공중보급이라도 시도할 수 있었을 텐데 그마저도 어려웠다. 공항 점령도 우크라이나의 항전에 막혔고, 점령한 공항도 공격을 받아 피해가 발생하였다. 헬기는 우크라이나군 공격으로 많은 피해가 나 헬기 보급도 원활하지 않았다.

다음은 해상수송 측면이다. 해상수송은 튀르키예에 의해 보스포루스 해협이 봉쇄되

---

468) 이하린, '키이우 앞 멈춰있던 64㎞ '미스테리' 차량 행렬…뿔뿔이 흩어졌다'(매일경제, 2022.3.11.).

469) Alex Vershinin, 'RUSSIA'S LOGISTICAL PROBLEMS MAY SLOW DOWN RUSSIA'S ADVANCE—BUT THEY ARE UNLIKELY TO STOP IT', (Modern War Institute at West Point, 2022.3.10.)

470) Alex Vershinin, 앞의 글

471) Bonnie Berkowitz and Artur Galocha, 앞의 글. Alex Vershinin은 러시아가 보급이 멀어지지 않도록 40~60km 간격으로 정비소, 의무센터, 보급소 등을 포함하는 소규모 기지를 설치해야 했다고 지적했다.

어 시행이 어려웠다. 보스포루스 해협은 1936년에 맺은 몽트뢰 조약에 의거하여 튀르키예가 권한을 가지고 과거부터 어떤 나라든 군함이 통과하는 것을 매우 엄격하게 통제하던 곳이었다.

2022년 4월 14일 우크라이나군의 넵튠 대함미사일에 의한 모스크바함 피격 이후 러시아 함선들은 추가 피해를 우려해서 대피하였고, 활동에 많은 제약을 받으면서 러시아의 제해권도 더욱 약화되었다. 우크라이나가 보유한 대함미사일은 경제 사정으로 수량이 소수(최소 2개 포대로 추정)에 불과하지만, 6월 이후 덴마크와 미국 등이 하푼 대함미사일을 추가 지원한 상태로 러시아 함선의 활동은 제한되고 있다. 이후에도 우크라이나군은 7~8월에는 드론으로, 10월에는 드론과 무인수상보트로 흑해함대를 공격하는 등 러시아 흑해함대의 전투력과 활동을 제약하고 있다.

한편, 대대전술단은 개전 당시 3일치 보급품만 받았는데, 전투가 길어지자 즉각 연료와 탄약, 식량 부족 문제가 불거졌다. 2014년 돈바스 지역에서는 친 러시아 반군들로부터 '경계 · 정찰'뿐만 아니라 '보급 · 정비'까지도 일부 지원 받았지만 우크라이나에서는 러시아계 주민들의 지원이 거의 없는 종심지역에서 작전을 수행하다 보니 대대전술단의 보급 · 정비능력 등 한계가 드러나기 시작했다.[472] 또한 120개나 되는 대대전술단이 소규모로 넓은 지역에서 작전을 하다 보니 원래 부족한 러시아의 후속군수지원이 더욱 어려워진 것으로 보인다. 보급능력의 부족뿐 아니라 열악한 통신도 한 몫을 하고 있다.[473]

러시아의 보급 시스템이 할당보급이어서 분산된 소규모 부대들의 소요를 정확히 파악하기도 어렵고, 충족시키기도 어려웠을 것이다. 중앙집권화된 명령체계 속에서 소요를 모르는 상태로 다수의 부대에, 그러지 않아도 부족한 보급품을 할당한다는 것은 쉬운 일이 아니다.

이러한 현상은 주로 수백㎞ 떨어진 러시아에서 보급품을 실어 날라야 하는 북부전선에서 주로 나타났다. 남부 전선의 러시아군은 친러 세력이 장악한 크림반도와 돈바스 지역이 가까워 전쟁 초기부터 상대적으로 보급 상황이 나았다.

작전 초기 러시아군이 심각한 보급 문제에 직면했지만, 작전적 정지 후 재편성을 한 것으로 보이며, 우크라이나는 제한된 공군력으로 러시아 육군 기동부대에 결정적 타격

472) 방종관, '세계 2위 강군도 비틀대는 이유…국방혁신, 러 실패서 배워라', (중앙일보, 2022.3.15.)

473) 3월 7일(현지시간) 영국 일간 더타임스에 따르면 FSB 내부고발자가 보내왔다는 보고서와 서한에는 "러시아군 전사자가 이미 1만명을 넘었을 수 있지만, 러시아군 주요 사단과의 통신이 끊긴 탓에 러시아 정부조차 정확한 사망자 수를 파악하지 못하고 있다"는 내용이 담겼다. '[우크라 침공] 러 비밀보고서 유출?…"이번 전쟁, 출구 없어" (연합뉴스, 2022.3.7.) 서구에 비해 인명을 덜 중시하는 러시아지만 사상자 파악이 이 정도라면 정확한 보급 소요의 파악은 더욱 어려울 것이다.

을 할 수 없다는 한계가 있었다. 3월 25일 러시아 국방부의 '군사작전 1단계 종료 및 향후 돈바스 해방에 집중' 발표 이후 미사일·드론 공격을 제외하면 러시아 기동부대는 돈바스 지역에 집중하여 보급 여건은 개선된 것으로 보인다.

4월 이후 러시아의 보급 관련 언론 보도는 초기에 비해 현격히 감소하는 추세를 보이다가 9월 동부전선의 핵심요충지 이지움 탈환 전후나 동원령 발령 이후 다시 증가세를 보였다. 하르키우주의 이지움은 4월 러시아군이 점령한 뒤 돈바스 공세를 위한 군수 보급기지로 활용해 왔었는데 우크라이나군이 9월 11일 탈환하였다. 이지움으로 가는 러시아군의 보급로를 차단한 것이 탈환의 주요 요인이었다. 러시아가 버리고 간 수 많은 장비와 물자들은 우크라이나가 노획하여 사용하였다.

러시아의 보급 문제가 다시 크게 대두된 것은 2022년 9월 21일 동원령 발령 이후이다. 푸틴 대통령은 이지움에서 러시아군이 패배한 직후, 2차 세계대전 이후 처음으로 군사 부분 동원령에 서명하여 병력 30만 명을 배치하는 법적 근거를 마련했다. 그러나 러시아군은 동원 후 예비군이 사용할 무기 및 장비가 준비되지 않았다.

한편, 전문가들은 러시아가 10월 크림대교 폭발과 흑해함대 공격, 11월 헤르손 탈환 등에 대한 보복으로 그때마다 한꺼번에 많은 양의 미사일을 사용하여 재고가 부족해질 것으로 판단하고 있다. 러시아는 10월 키이우 등 지상 목표물 공격에 S-300 등 지대공 미사일을 사용하였는데 일부 서방전문가는 "지상공격 순항미사일 비축분이 부족한 것 같다"고 판단하였다. 러시아의 방산 기반 붕괴와 서방의 첨단 수리부속 수출 통제 등 제재로 러시아가 전쟁 이전 수준으로 미사일과 장비를 보충하는 것은 오랜 시간이 소요될 것으로 판단된다.

러시아가 이란산 드론(Shahed-136)을 사용하는 이유도 서방의 경제 제재로 미사일 재고가 바닥나고 미사일과 드론 생산이 중단된 영향으로 보기도 한다. 러시아와 이란은 모스크바에서 약 970㎞ 떨어진 공업도시 옐라부가에 무인기 공장을 설립하고, 이란의 기술력을 동원해 최소 6000대의 드론을 생산할 것으로 알려졌다.[474] 러시아는 이란으로부터 드론뿐 아니라 미사일도 지원받기 위한 조치를 취하고 있는 것으로 추정된다.[475] 러시아는 벨라루스군이 보유한 T-72A전차와 미사일, 탄약 등을 지원받기도 하였다.

미 백악관은 북한도 중동·아프리카행을 위장하여 러시아에 수백만 발의 탄약과 로켓 등 무기를 지원하는 것으로 보고 있다.[476] 북한은 포탄뿐 아니라 러시아군을 위한 군복

474) 송현서, '이란이 러시아 편드는 이유는?…"양국, 함께 '드론 공장' 설립"', (서울신문, 2023.2.6.)

475) 11월 7일 영국 경제주간지 이코노미스트는 우크라이나 정보당국 관계자 등을 인용해 "러시아는 이란으로부터 파테(Fateh)-110과 졸파가르(Zolfaghar) 미사일을 들여오기로 합의했다"고 보도했다.(정희윤, '우크라 "러, 이란 탄도미사일 구매…북부 국경에 배치"', (The JoongAng, 2022.11.8.))

과 방한화도 만들어 화물열차로 수송하는 등 잇달아 러시아 후방 지원에 나선 것 아니냐는 의혹이 있다. 북한이 강계뜨락또르종합공장과 만포장자강공작기계공장 등 전국 군수공장에 재래식 포탄 추가 생산 지시를 하달하였는데, 이는 러시아 수출용인 것으로 의혹을 받고 있다.[477] 북한이 러시아 민간 용병회사인 와그너 그룹에 무기를 제공했다는 위성사진이 증거로 공개되기도 하였다.[478]

한편, 월스트리트저널에 의하면 2022년 튀르키예 업체 최소 13곳이 미 제재 대상인 러시아 업체 최소 10곳에 러시아군에 필요한 전차용 고무·발전기 등 1천850만 달러 상당의 물자를 수출했고,[479] 중국도 러시아에 헬기 항법장치·전투기 부품·통신방해 장비 등 군사장비를 공급해 우크라이나 침공을 지원하고 있다.[480]

나. 러시아군의 정비

러시아군의 정비에서 문제점은 다수 장비 투입, 장비 노후, 사전 정비 등 준비 미흡, 예상보다 많은 장비 피해와 길어지는 작전기간으로 소요는 많은데, 정비 여건은 열악하고 능력은 부족한 점 등이 복합적으로 나타난 현상으로 판단된다.

첫째, 투입장비의 수량 면이다. 우크라이나 전쟁은 산악전이 아닌 광활한 국토에서 펼쳐진 평지 전투이므로 부대의 주력은 전차와 장갑차 중심의 기동전을 전개하였다. 즉 많은 수의 장비가 투입되었다는 뜻이다. 영국 싱크탱크 국제전략문제연구소에 따르면 이번 전쟁에 러시아가 초기에 동원한 탱크는 2,927대로 우크라이나 탱크 858대의 3.4대 1이었다. 이외에도 전투장갑차, 보병수송장갑차 비율은 각각 4.3대 1, 9.7대 1에 달했다.[481] 키이우 인근에서 멈춘 64km 대형은 투입된 부대의 규모를 말해준다. 장비의 수가 많을수록 정비 소요는 많아진다.

둘째, 러시아군의 정비에서 기본적인 문제는 장비의 노후이다. 러시아군이 우크라이나 전쟁에 개전 후 투입한 전차는 T-72계열, T-80계열, T-90계열이다. 이 중 T-72는 1973년에 최초 배치되었다. 이번 전쟁에서 많은 수의 T-72계열 전차가 손실을 보고 있다. 이유는 우크라이나군의 타격이나 운용 미흡도 있겠지만 오래된 전차의 유지관리도 문제로 작용한 것으로 판단된다. T-80계열은 기본형이 1976년 채택이 되고 1984

---

476) 문병기, '美백악관 "北, 러시아에 무기 지원…중동·북아프리카行 위장"', (동아일보, 2022.11.2.)
477) 한국국방외교협회, '주간 국제 안보군사 정세',(2022-11-3호, 통권 224호)
478) 한국국방외교협회, '주간 국제 안보군사 정세',(2023-1-3호, 통권 233호)
479) 최재서, '러에 군수품 대준 튀르키예…전차용 고무·발전기 무더기 수출',(연합뉴스, 2023.2.4.)
480) 전명훈, '중국, 러시아에 군사장비 공급해 우크라 침공 지원',(연합뉴스, 2023.2.5.)
481) 이상규, '미 육군도 채택했다는 '3대 1 원칙' 지킨 러시아, 승리 못한 치명적 실수', (매일경제, 2022.5.16.)

년 소련군 주력전차로 운용되기 시작했다. 현재 러시아의 주력 전차인 T-90 조차도 1993년 최초 생산이 되기 시작했다.[482] 전차뿐 아니라 장갑차 등 다른 전투장비들도 생산된지 오래되어 유지보수 문제가 따른다.

러시아는 2022년 5월 말 헤르손 등에 T-62M 계열을 실전 투입하였다. 이 전차들은 러시아 정규군이 아니라 돈바스 지역에서 징집된 친러 의용군들에게 주로 지급되는 것으로 알려졌다. T-62전차 배치는 주력전차인 T-72/80/90 및 T-64 손실로 전차가 부족하기 때문이기도 하지만 동시에 주력 전차들을 그만큼 격전지의 정규군에게 더 돌리기 위한 수단이기도 하다.[483] T-62의 투입은 러시아군의 보급과 정비를 더 어렵게 만들 수 있다. T-62를 위한 부품이나 115mm포탄(러시아군 주력전차 탄약은 125㎜)의 공급이 원활할지 의문이기 때문이다.[484] 러시아군이 심각한 전차 부족으로 1951년부터 생산하기 시작하여 2010년까지 운용하다가 치장물자로 보관 중인 PT-76 경전차를 실전에 투입하려 한다는 보도도 있었다.[485]

러시아는 서방의 군사장비 전용에 대한 제재로 첨단장비와 반도체의 수급이 원활하지 못한 상황으로 T-72/80/90 등 신형전차의 추가 생산도 힘든 상황이다. 전쟁 전 조준장비나 야시장비 상당수를 공급해왔던 프랑스 방위산업 탈레스사의 장비 수출 중단과 범용반도체 공급이 막혀버린 것이 결정적 요인으로 작용한다.

셋째, 사전 정비 미흡도 문제점으로 판단된다. 러시아군은 2021년 3월 돈바스 우발상황에 대비한다는 명목 하 '불시 전비태세검열' 형태로 서부·남부군관구 병력을 러시아-우크라 인근 국경 지역에 집결, 대규모 군사훈련을 실시하였다. 쇼이구 국방장관은 전비태세 검열 이후 돈바스 지역의 상황 악화 대비 목적으로 우크라이나 국경 인근에 일정 규모의 병력을 상시 배치토록 지시하였다.[486] 그로부터 1년 동안 러시아군은 수많은 야전훈련과 병력 배치를 위한 부대 이동을 하였다. 빈번한 야외기동과 장비 대기는 장비의 고장을 일으키고, 수명을 단축시킨다. 러시아나 우크라이나의 도로 상태로

482) 한국국방안보포럼, 무기백과사전(https://terms.naver.com/entry.naver?docId=5147517&cid=60344&categoryId=60344)과 무기의 세계 (https://terms.naver.com/entry.naver?docId=3574192&cid=59087&categoryId=59087)에서 발췌하여 정리

483) 홍희범, 'T-62투입, 웃을 일만은 아니다', (월간PLATOON, 2022.6.22.)

484) 홍희범, '러시아, T-62 우크라이나 투입준비?', (월간PLATOON, 2022.5.25.) T-62는 1961년부터 생산을 시작해 1975년 생산을 중단한 기종이다. 러시아는 2022년 5월 기준 약 2,500대의 T-62를 보유한 것으로 알려졌으며 이 중 900대가 '동원 예비', 즉 비교적 신속하게 동원 가능한 상태로 치장된 상태라고 전해진다.

485) 홍희범, '러시아군, PT-76까지 투입?', (월간PLATOON, 2022.6.7.)

486) 두진호, '우크라이나 전쟁 평가 및 시사점', (국방대학교 군사전략학과 세미나, 2022.3.16.)

보아 포장도로보다는 야지기동이 많을 것인데, 이로 인해 장비 고장은 더욱 많아진다. 물론 러시아가 국경 인근에 군수기지를 건설하였다고는 하지만 15만 병력과 많은 장비들이 주둔지에서 멀리 이격하여 정비를 제대로 받았을지가 의문이다. 더욱이 그런 상태에서 침공이 갑작스럽게 결정되었고, 장비를 실제 운용하는 장병들은 훈련으로 인식하고 전쟁에 투입되었다.

넷째, 예상보다 많은 피해를 보았고, 작전기간도 길어지고 있다. 우크라이나 발표에 의하면 2023년 2월 3일 기준 러시아군이 피해를 본 군사 장비는 전차와 장갑차 9,603대, 대포와 박격포 2,215문, 다연장포 460문, 대공포 222문, 항공기 294대, 헬기 284대, 무인기 1,536대, 차량 5,068대 등이다.[487]

다섯째, 정비 상황과 능력도 부족하다. 기동거리가 신장되었고, 부대는 분산되어 있어 정비를 위한 수리부속 보급이나 정비인원 투입 시간이 늘어난다. 정비 소요는 많은데 그러지 않아도 부족한 러시아군의 정비 능력으로는 조치에 한계가 있다. 러시아군은 탱크와 장갑차들이 자주 고장 나는 바람에 멈춰서야 했고, 부품이 없어 수리도 못 하는 상황까지 벌어졌다.[488]

구난도 어렵다. 전차를 구난하기 위해서는 구난전차나 다른 전차가 투입되어야 하는데 다른 전차를 투입하는 것은 근접전투 상황에서 불가능하다. 작전지역이 장악되지 않으면 우크라이나군이나 민병대의 위협이 상존하기 때문에 정비부대가 이동이나 정비를 하기 위한 여건도 열악해진다.

그러나 러시아는 아직까지는 손실을 대체할 수 있는 다수의 예비 장비를 보유하고 있다. 러시아 공장은 전투지역에서 멀리 있어 부품 수급 등이 제한되기는 하지만 손실을 대체할 수 있다.[489] 참고로 BBC에 의하면 2020년 기준 러시아는 전투기 1,511대, 공격헬기 544대, 전차 12,240대, 장갑차 30,122대, 야포 7,571대를 보유하였다.[490]

문제는 러시아가 우크라이나에만 집중하여 국가 총력전을 펼칠 수 있느냐 하는 점이다. 아프가니스탄에 집중하여 멸망의 길을 자초한 구소련의 사례를 상기할 필요가 있다. 러시아가 구소련과 달리 계속 강대국으로서 명맥을 유지하려면 장비 투입에도 일정 수준의 한계를 설정할 수밖에 없을 것이다.

2. 러시아의 우크라이나 군수·산업·기반시설 파괴와 보급로 차단

---

487) 한국국방외교협회, '주간 국제 안보군사 정세(23-2-1호, 통권235호)'

488) 이장훈, '졸전 거듭한 러시아군, 퇴로 없는 '제2 아프간戰' 수렁 빠지나', (주간동아 1331호, 2022.3.19)

489) Alex Vershinin, 앞의 글

490) 장성구, '[그래픽] 러시아-우크라이나 군사력 비교', (연합뉴스, 2022.1.4.)

러시아는 우크라이나의 군수지원 및 전쟁지속 능력을 약화시키고 저항의지를 꺾기 위해 우크라이나의 군수시설, 산업 및 사회기반시설 등을 집중 타격하고 있다. 이러한 양상은 전쟁 초·중기에는 주로 군사분야와 산업시설을 중심으로 이루어졌으나 후반기로 오면서는 전력 등 사회기반시설 파괴로 바뀌고 있다. 이는 전쟁이 장기화되면서 군뿐 아니라 우크라이나 국민들의 저항의지 약화가 목적이 되면서 발생한 현상으로 보인다. 러시아의 작전 중 일부를 살펴보면 다음과 같다.

2022년 전반기에는 칼리닙카 군수창고와 탄약고, 하르키우에 있는 전투차량 공장의 일부, 델라틴의 미사일과 항공기용 탄약이 저장된 대규모 지하시설, 미콜라이우의 군 연료 저장소, 지토미르 기갑장비 제작정비 공장, 비자르 넵튠 미사일 생산공장, 오데사 공항 및 군수물자 보관 시설, 리시찬스크 소재 정유공장, 드네프르 일대에 있는 석유 저장기지들을 공격했고, 철도와 변전소 등도 타격했다.

러시아 해군은 키이우로 연결되는 우크라이나 해상 물류의 핵심인 오데사에 대한 해상교통로 차단을 시도하였다.[491] 러시아 공군은 7월 9일 기준 우크라이나의 156개 지역에서 연료창고, 무기 및 병력에 대해 공격을 실시하였다.[492]

러시아는 10월 8일 크림대교 폭발 사건 후 10일부터 이란산 자폭 드론과 미사일 84발 등을 동원해 우크라이나의 인프라 시설을 집중 공격하였다. 10월 29일 드론에 의한 흑해함대 공격에 대한 보복으로 10월 31일에는 우크라이나 전역에 미사일 50기를 발사하여 키이우 등 주요 도시의 발전소, 철도 및 수도 등 주요 기반시설을 타격했다.[493] 11월 10일 헤르손 탈환에 대한 보복으로 11월 15일에는 약 100발의 미사일로 우크라이나 주요 도시에 미사일 공습을 했다.[494]

러시아 미사일 재고가 문제가 되겠지만, 이러한 유형의 러시아 군사작전은 지속될 것이다.[495] 보급이 차단되고, 산업시설과 기반시설이 파괴된 상태에서 전쟁이 장기화되면 국력이 약한 우크라이나에 불리하게 작용할 수밖에 없다. 결국 서방의 지원과 우크라이나 국민들의 전쟁의지가 관건이 될 것으로 보인다.

3. 우크라이나의 러시아 보급로 차단작전

491) 두진호, '우크라이나 전쟁 평가 및 시사점', (국방대학교 군사전략학과 세미나, 2022.3.16.)
492) 한국국방외교협회, '주간 국제 안보군사 정세'(22-7-2호, 통권206호)
493) 권윤희, '하루 8570억원어치 보복 미사일 쐈다…푸틴 '쩐의 전쟁'', (서울신문, 2022.11.1.)
494) 조성흠, '헤르손 빼앗긴 러, 개전후 최대 규모 공습…"700만 가구 정전"', (연합뉴스, 2022.11.16.)
495) 러시아는 2022년 12월 16일 76발, 29일 120발 등 우크라이나 전역에 미사일 공격을 하였다.

우크라이나군은 러시아군의 보급과 통신이 약점임을 알고 보급과 통신을 노렸다. 민병대에게까지 러시아군 연료트럭 정보를 주고 타격하도록 했고, 러시아군이 연료 및 보급트럭들을 민간트럭으로 위장하자 그 정보도 공유했다.496) 아마추어 무선통신가, 해커, 우크라이나군은 러시아군이 구형 비암호화 아날로그식 무전기를 많이 사용하는 것을 알고 해킹하여 정보를 획득하였다.497) 영국 텔레그래프는 민간 데이터 정보업체가 제공한 러시아군 통신감청 내용을 보도했다. 러시아군이 무전기가 부족하여 일반전화나 무전기를 사용하고, 심지어 중요한 부대들에 보급된 무전기조차 보안이 취약한 중국산 무전기라고 한다. 일부 시민들은 도로이정표를 없애거나 방향을 바꾸어 길 잃은 러시아군을 우크라이나군이 미리 화망을 구축한 '킬 존(kill zone)으로 유도하였다.498)

5월에는 동부전선에서 러시아군의 보급로를 차단하기 위해 하르키우 동남쪽 두시간 거리에 위치한 돈바스의 관문격인 이지움 공격을 시작했다. 이후에는 지속해서 러시아 점령지의 탄약고와 강·철도를 통한 러시아의 보급작전을 방해하였다. 8월에는 헤르손 보급을 차단하기 위해 헤르손 시내와 외곽으로 통하는 교량을 공격했다. 우크라이나는 크림반도에서 헤르손과 자포리자로 연결되는 철도도 공격 목표로 삼았다. 우크라이나 게릴라부대들은 러시아의 주요 보급망인 철도·공항·탄약저장소·곡물창고 등을 파괴하는 활동을 지속하였다.

우크라이나의 러시아 보급로 차단작전 가운데 앞에서 살펴 본 9월 이지움 탈환 이후 중요한 사건들만 추려보면 다음과 같다.

10월 8일에는 2014년 크림반도 합병 후 러시아 승리의 상징이자 본토와 연결이라는 전략적 목적으로 건설된 크림대교가 폭발하였다.499) 크림대교 폭발로 인해 러시아는 보급 차질이 발생하였다.500) 크림대교 중 철교는 9일부터는 점차적으로 통행이 재개되었지만 완전 복구까지는 상당한 시간이 소요될 것으로 판단된다.

서방의 무기 지원, 크림대교 폭발의 영향과 우크라이나의 보급로 차단작전이 성공하여 11월 10일에는 남부의 요충지 헤르손이 탈환되었다. 돈바스와 크림반도를 육로로

---

496) 우크라이나군 총참모부 SNS 공식발표에 의하면 2월 27~3월 27일 한달 간 우크라이나는 러시아군 유류 수송차량 총 73대를 파괴하였다. 참고로 1만리터 유조차 1대 파괴 시 전차 1개대대(30대)가 200km를 기동하지 못한다.

497) https://www.youtube.com/watch?v=b4wRdoWpw0w

498) 신인균, '러시아 대대전술단 막은 우크라이나 '인민전쟁' 전술', (주간동아, 2022.3.7.)

499) 2018년 도로교, 2019년 철도교 건설

500) 러시아가 우크라이나 남부 전선에 대한 보급을 지속하는 경로가 크림대교와 크림반도를 통하는 철도와 도로만 있는 것은 아니다. 다만 안전성, 신뢰성, 수송 용량 등에서 상당한 격차가 생기는 것은 불가피하며, 이는 러시아의 전쟁 수행 능력에 영향을 줄 수밖에 없다.(민서연, '"크림대교 붕괴는 푸틴에게 큰 타격…군수지원 차질도 예상"', (조선비즈, 2022.10.9.))

연결하는 전략적 요충지인 헤르손 탈환을 위해 우크라이나는 러시아군의 탄약저장소와 헤르손으로 이어지는 모든 교량, 철도에 집중 포격을 하여 파괴하는 등 보급로 차단작전을 시행하였다.[501]

우크라이나군은 제한된 러시아 본토(접경지역) 공격도 시행하고 있다. 2022년 4월 1일에는 헬기미사일로 벨고로드주 정유시설을 타격하였고, 6월 23일에는 자폭드론으로 로스토프주 정유시설을 타격하였으며, 10월에도 벨고로드주 탄약고와 유류시설을 포격하였다. 이는 러시아의 지속지원에 영향을 미칠 것으로 판단된다.

한편, 러시아군이 유기한 장비들은 우크라이나군이 노획하여 재정비 및 재사용하고 있다. 우크라이나에서는 러시아군의 취약점을 알고 보급로 차단과 유기된 장비 획득을 장려하였다. 우크라이나 국가부패방지국(NAPC)에서는 노획한 러시아군 장비들이 과세 신고 대상이 아니라고 선언했다.[502] 젤렌스키 대통령도 "러시아는 우리 군수물자의 주요 보급처 중 하나"라고 말하기도 했다.

우크라이나군은 소비에트연방(소련) 시절 개발된 동일한 무기체계를 사용하기 때문에 별도의 적응 훈련 없이도 노획 장비를 곧장 전력화하고 있다. 상태가 좋지 않은 나머지 장비들은 수리를 진행하거나 분해해 예비용 부품을 확보하는 데 쓰이고 있다. 우크라이나군은 대량의 소련제 포탄도 노획한 것으로 전해졌다.

우크라이나군이 노획한 장비는 서방이 우크라이나에 제공한 무기의 양을 훨씬 뛰어넘는다.[503] 2022년 10월 기준 우크라이나군 전차의 절반 이상이 노획한 러시아제이고 보병사단 대다수를 전쟁 중에 노획한 기갑 장비를 편제해서 기갑사단으로 개편할 정도다. 러시아군이 철수를 하면서 적이 사용하지 못하도록 주요장비에 대한 파기 또는 비군사화를 제대로 하지 않은 것이 급박한 전장상황 때문인지 몰라도 우크라이나를 돕는 양상으로 나타나고 있다.

4. 국제사회의 러시아 제재와 우크라이나 지원

정보화 시대에 국제사회는 개방되고 연결되어 있다. 언론을 통해서뿐만 아니라 SNS를 통해서도 전장 실상이 생생하게 전파되고 국제여론에 영향을 미치고 있다. 2014년 크림반도 점령이나 돈바스 전쟁과는 달리 이번 우크라이나 전쟁에서 러시아는 국제사

501) 권영은, '우크라, 이번엔 남부전선 돌파… 러군 보급로 차단 직전', (한국일보, 2022.10.4.)
502) 정윤주, '우크라 부패방지국 "러시아군 탱크 등 노획해도 비과세"', (연합뉴스, 2022.3.3.)
503) 박양수, '허겁지겁 달아난 러군, 노획한 전차와 야포로 재무장한 우크라…열세 뒤집나', (디지털타임스, 2022.10.6.)

회의 호응을 얻지 못하고 있다. 이러한 영향으로 각국 정부를 포함하여 심지어 민간단체까지 국제사회는 러시아에 대한 제재를 강화하고 있고, 우크라이나를 적극 지원하고 있다. 이는 러시아가 전쟁에 필요한 자금과 물자 획득을 어렵게 하고, 반면 우크라이나에게는 유리하게 작용하고 있다.

먼저, 국제사회는 대러시아 제재 활동으로 외교(Diplomacy), 정보(Information), 군사(Military) 및 경제(Economy) 분야에서 러시아의 전쟁수행능력과 전쟁지속능력을 약화시켰다. 우선 러시아에 대한 포괄적인 경제 제재가 진행되었다. 또한, 유럽연합의 사이버 신속 대응팀은 러시아의 사이버 공격으로부터 우크라이나의 기반시설을 방호했고, 이후 공세로 전환하여 어나니머스와 같은 국제 해커들이 러시아의 기반시설을 역으로 공격했다. 그 결과, 러시아의 위성항법체계, 철도망 등이 무력화되어 우크라이나를 침공한 러시아군의 작전적 정지를 발생시켰다.[504]

대규모 전쟁은 경제에 큰 부담으로 작용하기 때문에 러시아의 힘만으로는 곤란하고 국제사회의 지원이 필요하다. 그러나 국제사회의 압력 때문에 러시아에 지원을 하고 있는 나라들은 북한, 이란, 벨라루스, 튀르키예 그리고 중국 정도이다.

다음은 우크라이나에 대한 지원이다. 위기에 직면한 나토 회원국을 비롯한 유럽의 중립 국가들은 직접적인 군사 개입보다는 군사지원을 선택했다. 이들은 헬멧, 방탄복 등과 같은 개인방호장비를 제공했다. 또한, 우크라이나군이 러시아군의 강력한 기계화부대에 대응할 수 있도록 재블린, NLAW 등의 대전차 무기를 제공하고, 스팅어 등의 대공무기를 지원했다.

우크라이나의 위기는 서방 국가들이 우크라이나에 포병무기를 지원하면서 반전됐다. 155㎜ 자주포 및 견인포 4종(Krab·CEASER·M777·FH70) 약 150문, 대구경 다연장로켓 2종(HIMARS·M270A1) 약 50문이 지원되었다. 서방국가의 포병무기는 양적으로는 적었으나, 질적으로 러시아군을 능가했다. 6월 말부터, 우크라이나군은 하이마스 다연장로켓 등을 활용하여 러시아 포병 및 탄약 저장시설 200여 개소를 파괴함으로 대화력전의 주도권을 확보할 수 있었다.[505] 특히, 하이마스는 게임체인저 역할을 하였다.

2023년 2월 미국 국방부는 우크라이나에 사거리가 150㎞인 '지상발사소직경폭탄(GLSDB)' 미사일을 포함한 22억 달러 상당의 추가 무기 지원 계획을 밝혔다. 또한 영국이 '챌린저' 14대, 미국이 '에이브럼스' 31대, 독일이 '레오파드' 14대, 노르웨이·네덜란드·스페인·폴란드 등이 '레오파드' 등 전차 지원 의사를 밝혔다. 다만 이러한 추가

---

504) 조상근, '우크라이나-러시아 전쟁 분석(2) #2. 러시아 전쟁 수행에 영향을 미친 DIME 요소', (2022.03.18.) '우-러 전쟁 분석 (1), (2)에 관련 내용이 세부적으로 잘 제시되어 있다.

505) 방종관, '러 벌벌 떠는 하이마스, 문제는 포탄 물량…한국에 던져진 고민', (중앙일보, 2022.10.7.)

무기들은 인도까지 상당한 시간이 소요될 것으로 판단된다.[506]

미 국방부는 독일에 우크라이나 군수지원 통제센터를 설립하고, 2차대전 당시 발동한 적이 있는 '무기대여법(Lend-Lease Act)'을 81년만에 허용하여 우크라이나에 군수물자를 무제한으로 지원할 수 있는 길이 열리게 되었다.[507]

한편, 폴란드에는 50개국의 정비팀이 상주하면서 M-777 곡사포 등 미군 지원 무기를 수리 중인데, 뉴욕타임즈 9월 보도에 의하면 미 국방부가 우크라이나군 훈련·장비지원 전담 지원사령부를 독일에 설치 예정이며, 설치되면 독일뿐 아니라 폴란드 등의 지원팀도 통제할 예정이라고 하였다.[508]

한국 정부도 화생방 장비인 방독면과 정화통, 방탄 헬멧, 천막, 모포, 전투식량, 의약품, 방탄조끼 등의 인도적 지원 및 비살상용 군수품을 지원하였다. 우크라이나에 살상무기를 지원하지 않는다는 것이 한국정부의 방침이다. 한국 국방부는 11월 11일 우크라이나를 지원하고 있는 미국과 155㎜ 포탄 10만 발 수출을 협의 중이라고 밝혔다. 러시아의 침공을 받은 우크라이나에 대한 지원으로 탄약 재고에 빨간불이 켜진 미국의 수요에 따른 것이다.

우크라이나 국방장관 레즈니코프는 11월 12일 인터뷰에서 한 해 동안 서방으로부터 무기 1,320만 점을 지원받았다고 하였다. 그러나 우크라이나는 여전히 무기와 탄약의 부족을 호소하고 있고, 지원 국가들도 보유량이 소진되고 있어 지원 속도가 느려지고 있다.[509]

한편, 국제사회로부터 암호화폐가 기부되자 우크라이나 정부는 전쟁 비용을 확보할 수 있게 되었다. 또한, 글로벌 숙박 공유 업체, 패스트푸드 업체, 제약·바이오텍·의료기기들의 기부 덕분에 가격 급등으로 곤란해진 의식주 문제를 해결할 수 있게 되었고, 동시에 이 비용만큼 전쟁 비용도 절약할 수 있게 되었다. 결과적으로 우크라이나는 글로벌 기업, 국제기구, NGO 등 국제사회의 지원을 바탕으로 글로벌 전시경제체계를 구축하여 전쟁지속능력을 갖추게 된 것이다. 이처럼 글로벌 기업과 커뮤니티들이 전쟁의 새로운 주체로 등장하였다.[510] 젤렌스키 대통령도 각국 대통령 등 지도부와 직접 통화하

---

506) 한국국방외교협회, '주간 국제 안보군사 정세'(23-1-4호, 통권234호)

507) 한국국방외교협회, '주간 국제 안보군사 정세'(22-7-2호, 통권206호), (22-5-3호, 통권198호), (22-5-2호, 통권197호), (22-5-1호, 통권196호)' 종합하여 재정리

508) 한국국방외교협회, '주간 국제 안보군사 정세', (2022-9-4호, 통권 218호)

509) 한국국방외교협회, '주간 국제 안보군사 정세', (2022-11-2호, 통권 223호)

510) 조상근, '우크라이나-러시아 전쟁 분석(1) #2. 우크라이나 전쟁 수행에 영향을 미친 DIME 요소', (2022.03.11.). 한편, 우크라이나 디지털 혁신장관인 미하일로 페드로프가 트위터로 스페이스X 최고경영자인 일론 머스크에게 위성인터넷 서비스인 스타링크 개통을 요청하여 제공되었고, 이는 이번 전쟁에서

여 우크라이나에 대한 전투기 지원, 러시아산 석유 수입 금지 등을 추진하였다.[511]

세계 각국에서도 구호물자 등 여러 형태로 도움을 주었다. 주한 우크라이나 대사관은 본국에 보내기 위해 국내 동호인들이 개인 구매한 미군 등의 전투복과 방탄복, 방탄헬멧을 비롯한 개인전투장비를 기부받았다. 이 장비들은 우크라이나에선 돈을 주고도 구하기 힘들기 때문이다.[512] 미국 각지에서 밀려드는 구호물품과 소총 등 기부 물품은 하루 수만t에 달하고, 기부 행사를 통한 모금도 이루어졌다.[513]

하지만 이러한 외국의 지원이 원활하게만 이루어진 것은 아니다. 우크라이나의 부패 문제와 지원장비 · 물자 접수 체계 미비로 지원된 무기가 암시장에서 밀매되어 분쟁지역·테러단체·범죄조직에 유입 가능성이 제기되었다. 이에 서방진영은 추적시스템 구축 등 대책 마련에 고심하여, EU 집행위원회는 무기밀매에 대처하기 위한 'EU 지원센터'를 몰도바에 설치했다.[514]

또한, 소련식 무기와 지원받은 서방의 무기가 혼재되어 유지와 보수에 어려움을 겪기도 하고, 사용설명서의 언어와 작동법이 다른 무기체계 숙달에도 노력이 투자되었다. 심지어 잘못된 장약 및 포탄을 사용하여 장비 고장이 다수 발생하였다.

Ⅲ. 한국군 군수 발전방향

1. 국방혁신 과정에서 군수에 대한 인식 전환

가장 중요한 점으로 국방혁신 과정에서 군수분야 중요성에 대한 인식의 전환이 필요하다. “아마추어는 전략을 얘기하고, 프로는 군수를 얘기한다” 이번 우크라이나 전쟁을 통해 가장 많이 회자되고 있는 전쟁 격언이다.[515]

우리군의 국방개혁이나 전쟁 준비는 러시아군과 다를까? 우리군은 러시아처럼 부패하지 않았고, 지금까지 많은 발전을 이루었다. 그러나 우리군도 러시아와 유사하게 국

큰 역할을 하였다.

511) 유용원, ‘소셜미디어 여론전, 민간위성 활약… 하이브리드전이 전쟁판도 바꾼다’, (유용원의 군사세계, 2022.3.9.)

512) 김형준, ‘[안보열전]우크라 침공 열흘째, 우리군은 뭘 배워야 할까’, (CBS노컷뉴스, 2022.03.5.)

513) 정시행, ‘기저귀부터 소총까지… 美, 우크라이나 돕는 기부 행렬’, (조선일보, 2022.3.24.)

514) 송병승, ‘우크라이나 쓰라고 줬더니…"암시장서 무기 밀매" 우려’, (연합뉴스, 2022.7.13.)

515) 이 격언은 제2차 세계 대전 시 미국 Omar Bradley 장군이 말한 것으로 알려져 있다.

방개혁을 하면서 장비를 운용하기 위한 '완전성'보다는 외부 홍보가 가능한 새로운 장비, 큰 장비의 획득이나 장비 획득 수량에 치중한 경향이 있다. 또한, 전쟁 준비를 하면서 전투부대에 비해 군수부대를 경시하는 풍조는 크게 다르지 않다.

물론 한정된 자원을 배분하다 보면 우선순위를 정할 수밖에는 없다. 미래 대비는 중요하다. 그렇지만 '현존전력들이 기능을 발휘할 수 있는가?'를 함께 따져야 한다. 러시아군처럼 전차가 있어도 차량이 부족하면 탄약이나 유류를 보급할 수 없고, 차량이 있어도 타이어가 낡아 터지면 기동하지 못한다. 미래전력과 현존전력의 균형이 필요하다. 그런 의미에서 한국군 국방혁신 과제나 국방부 별도 과제로 '현존전력 내실화'를 추가하고 실질적으로 검토하는 계기를 마련하는 것이 필요하다고 본다.

현재 군이 추진 중인 '국방혁신 4.0'은 '기술 만능주의'에 경도됐다는 우려가 나온다. 국방혁신 4.0은 AI와 무인로봇 등 4차 산업혁명 기술을 접목한 첨단 과학기술군 건설을 핵심 목표로 내걸었다. 각 군에선 앞다퉈 드론봇(드론+로봇), 자율주행 체계와 같은 미래 복합전투 체계를 도입할 채비를 서두르는 분위기다. 일각에선 공상과학영화 속 최첨단 과학군이 머잖아 실현되고 북핵 위협 등에도 대처할 수 있을 것이라는 장밋빛 전망을 내놓고 있다. 그러나 군 안팎에서 기대하는 수준의 4차 산업혁명 기술이 적용된 무기체계는 단기간에 실현될 수 없는 것이 현실이다.516)

첨단기술의 동원에도 불구하고 우크라이나 전쟁에서는 재래식 전력의 중요성이 부각되고 있다. 첨단기술 우위의 무기를 조달하는 것이 중요하다. 그러나 첨단무기 개발·획득에 치중하면서 재래식 기반전력을 너무 취약하게 만드는 실수를 범하지 말아야 한다. '기본에 충실하자'는 우리 군도 되새겨야 할 가장 값진 교훈이다.517)

2. 획득 및 비축체계 보완 및 발전

가. 국외 획득 체계 보완 및 발전

현대의 전면전은 국가 총력전으로 전개된다. 특히 전쟁이 장기화될 경우는 국가의 역량을 총동원해야 할 뿐만 아니라 외국의 지원이 절실하다. 이번 우크라이나 전쟁에서 우크라이나는 외국의 지원에 절대적으로 의존하고 있고, 군사강국인 러시아마저 외국의 지원을 받고 있다. 한국군도 전시 초기에는 동원에 의존하고, 이후에는 전시조달을 통해 부족함을 보충하며, 전시조달의 상당 부분은 국내가 아닌 국외조달에 의존할 수밖에

516) 윤상호, '국방개혁 성공의 필요충분조건', (동아일보, 2023.1.10.)
517) 이석수, '우크라이나 전쟁이 던진 숙제, 미래에도 중요한 재래식 전력', (한국일보, 2023.2.6.)

없는 현실이다. 우크라이나 전쟁 교훈을 한국에 적용하여 발전시킬 사항은 다음과 같다.

첫째, 군수품 생산을 위한 해외 원자재 조달원의 안정성을 확인해야 한다. 우크라이나는 2014년 러시아와의 방산협력 중단 이후 부품 조달이 곤란하여 수출 금액 감소가 발생하였고, 러시아도 서방의 제재로 무기 생산 차질이 발생하고 있다. 우리나라는 전시에 공급망에 문제가 없을까? 북한에 우호적이거나 중립적인 국가들이 평시와 동일하게 한국에 필요한 물품들을 제공할 것인가 의문이다. 그러므로 주요 품목(전시 필수품목)을 선정하고, 국내 수급 가능성 및 대체 조달원을 파악해 둘 필요가 있다. 탄약이나 무기체계는 상대적으로 문제가 적은 편이지만 방탄이나 난연 등 소재를 포함한 물자와 전력지원체계 장비 중 통신, 항공(드론), 특장차량 부품 등은 확인이 필요하다. 공급망 문제는 군수품에만 국한된 것이 아니라 국민들의 생필품에도 동일하게 적용되어야 할 것이다.

둘째, 정보화시대에 맞는 획득 활동을 발전시켜야 한다. 이번 우크라이나 전쟁에서는 초연결된 정보화 시대에 맞는 획득 활동이 대두되었다. 첫째는 글로벌 기업과 커뮤니티들이 전시지원의 새로운 주체로 등장하였고, 둘째는 젤렌스키 대통령이 외국 지도자와 직접 소통하여 지원을 요청하였으며, 디지털 혁신장관도 스타링크를 요청하여 지원받았다. 따라서, 우리나라도 전시에 활용할 수 있는 글로벌 기업과 커뮤니티를 사전 확인하여 평시에 공적영역과 민간영역 등의 교류협력을 강화하고, 전시에도 협력을 유도할 수 있는 방안을 사전 검토해 둘 필요가 있다. 이는 관·군뿐 아니라 민(民)과 협력하여 발전시킬 부분이다. 국가지도자의 직접적인 획득 활동은 국방부와 공조대책을 포함하여 범정부적 SC 대책과 함께 발전시켜야 한다.

셋째, 노획 북한장비의 활용에 대해서도 지속적으로 발전시킬 필요가 있다. 우크라이나군의 무장에서 가장 큰 비중을 차지하고 있는 것이 러시아군으로부터 획득한 무기이다. 아마 우리나라는 우크라이나처럼 많은 북한 노획 장비를 활용하지는 않겠지만 유사시 군뿐 아니라 시민군 등도 활용할 수도 있을 것이다.

넷째, 획득 품목에 대한 사전 검토이다. 우크라이나는 서방으로부터 재블린, 화포, 전차 등 다수의 무기를 지원받았거나 받을 예정이다. 우리나라도 전쟁이 장기화하거나 긴급할 경우 외국의 무기 지원을 받을 수밖에 없다. 우리나라 무기체계와 동일한 품목은 문제가 없다. 그러나 다를 경우 탄이나 연료의 보충대책, 정비 등의 지속지원분야와 교육훈련 기간 등 충분한 사전 검토가 필요하다. 우리군이 군사연습 기간에 포함하여 숙달하고 있지만 보다 세분화된 절차 훈련이 필요할 것으로 보인다.

다섯째, 획득된 물품들의 접수 및 분배체계 수립이다. 우크라이나는 전쟁 초기에 서방의 무기 등 다수 군수품을 제대로 수용 및 분배하지 못하여 제공국들의 의구심을 사기도 하였다. 우리나라는 우크라이나보다는 체계적일 것으로 판단된다. 정식적인 군(軍) 조달체계를 통해 접수된 품목들은 군수계통을 통해 절차를 연습하되 접수 능력을 검증하면 된다. 그러나 민간지원 품목들은 누가 어떻게 접수하고 분배할 것인가가 정부 차원에서 검토되어야 할 것으로 보인다. 우크라이나 전쟁에서는 물품뿐 아니라 암호화폐도 기부되었는데 자금 지원에 포함하여 접수 대책이 필요할 것으로 판단된다.

나. 국내 획득 체계 보완 및 발전

국내 무기체계나 전력지원체계 획득에서 향후는 저장관리나 수송 소요의 감소 등 지속지원을 고려하여야 한다.

첫째, 정밀유도탄약 개발 및 수량 확대이다. 러시아군은 정밀유도탄약이 부족하여 재래식탄을 많이 사용하다 보니 목표물 타격도 어렵지만 수송 물량도 증가하는 문제점이 발생하였다. 우리군은 정밀유도탄약의 비싼 획득 비용을 고려하여야 하겠지만 전시(戰時) 효과와 평시 관리비용, 전·평시 수송비용 등을 종합적으로 판단하여 적정량을 확보할 필요가 있다.

아울러 정밀유도탄약의 신뢰성 문제도 확인이 필요하다. 러시아 PGM은 60%의 실패율을 보였으며, 심지어 2022년 6월에는 미사일이 발사지점으로 유턴해서 아군에게 타격을 입힌 사례가 있다.[518] 우리군도 2022년 10월에 현무-2의 오발 사례가 발생하였으며, SM-2 등 유도탄 결함이 문제가 되고 있다.[519] 정밀유도탄약의 신뢰성 문제는 전시 타격효과 감소, 탄약 사용량의 증대뿐 아니라 평시 무기체계 수출에도 영향을 미치는 요소로 관계기관이 합심하여 조속히 개선할 필요가 있다.

둘째, 사거리가 길고 정밀도가 높은 포를 평시에 개발하여 보급하여야 한다. 우크라이나는 서방무기에 잘못된 장약 및 포탄을 사용하여 장비 고장이 다수 발생하였다. 이는 외국 무기체계에 대한 교육훈련의 부실일수도 있지만 장사거리를 사격하고자 하는 의도가 작용했을 수도 있다. 사거리가 길수록 나의 안전이 보장되고 피해가 감소하기 때문이다.

셋째, 수송을 줄이기 위해 하이브리드 엔진, 태양전지, 효율성 높은 배터리 등 연료를 덜 쓰는 수단을 강구해야 한다. 미국 등 선진국은 차세대 전차를 개발하면서 하이브리

---

518) 고득관, '"왜 유턴하지?"…부메랑처럼 되돌아온 러시아 미사일', (매경닷컴, 2022.6.26.)

519) 이종윤, '방사청 '현무-2·에이태큼스·SM-2' 등 미사일 실패, 후속조처 질타', (파이낸셜뉴스, 2022.10.13.)

드 엔진 도입을 검토하고 있다. 우리나라도 국방부를 중심으로 검토되고 있는데 빠른 시일 내 개발이 이루어졌으면 하는 바램이다.

넷째, 해외 의존을 줄이기 위한 국내 생산 강화이다. 요미우리 신문에 의하면 일본 정부는 쇠퇴 경향에 있는 방위산업을 포괄적으로 재정지원하고, 그래도 사업 계속이 곤란한 경우에는 공장 등의 제조시설을 국유화할 수 있는 방침을 세웠다.[520] 미국이나 유럽 각국도 우크라이나 전쟁을 계기로 그동안 평화 분위기에서 방위산업체의 생산 능력을 줄이고 소홀히 하였던 무기체계 획득 및 국내 방위산업 발전을 위한 노력을 새로이 시작하고 있다. 북한과 마주하고 있는 우리나라의 방위산업은 우크라이나 전쟁으로 호황을 맞고 있지만, 향후 적정 공장 가동을 위한 소요 창출 및 지원 등 검토가 필요할 것으로 보인다.[521]

다. 비축 체계 보완 및 발전

첫째, 비축에 관한 상위조직 차원의 관심과 군수, 기획, 전력, 작전, 동원 등 종합적 노력이 필요하다. 한국군 군수의 특징 중 하나는 평시 업무가 전시 업무에 비해 훨씬 중요하게 취급되고, 또 비중도 크다. 전시 업무가 소수 실무진 위주로 이루어지는데 비축도 그러한 분야 중 하나이다.

한국 국방부는 2018년 군수혁신 과제의 하나로 비축제도 발전을 선정하고 군수,기획, 작전, 동원을 망라한 비축제도 개선 TF를 구성하는 등 비축제도 발전을 위해 다양한 노력을 경주하고 있다. 그러나 아직까지 군수분야 단독의 업무로 인식되어 비축 소요 판단, 계획 수립 등 제반 비축 관련 업무에 기타 분야의 관심이 부족한 경향이 있다. 하지만 비축계획은 전시조달계획, 자원동원운영계획 등 다른 전시계획에 긴밀히 연관되어 있으며 군수, 기획, 전력, 작전, 동원 등을 종합적으로 검토함으로써 그 실효성이 극대화될 수 있다.

한국군에 비해 미군은 비축에 관해 훨씬 강화된 노력을 하고 있다. 미군은 비축과 관련하여 차관 및 합참의장 주재의 회의체를 운영한다. 획득기술 군수차관과 합참의장이 임명하는 GPMCWG(Global Pre-positioned Materiel Capabilities Working Group)가 그것이다. GPMCWG는 군수, 기획, 작전, 동원 분야의 인원, 즉 인력/준비

---

520) 한국국방외교협회, '주간 국제 안보군사 정세'(22-12-5호, 통권230호)

521) 이일환 한양대 겸임교수는 우리의 방위산업체들이 현실화된 '산업전쟁'시대에 부응할 태세가 되어 있는지를 점검하길 제언했다. 방위산업에서 새로운 생산능력 배양은 그리 쉽지 않고, 노동집약적이어서 새로운 기술을 훈련시키는 데도 오랜 시간이 걸리며, 공급체인 구축도 어렵기 때문이다.(이일환, '우크라이나 전쟁은 '산업전쟁'이다', (경기신문, 2022.7.15.))

태세차관실, 비용분석평가국장실, 각 군, 국방군수본부(DLA), (필요시) 전투사령부의 관계자들로 구성된다. 이들은 비축물자와 관련된 합동 쟁점을 해결하는데 중점을 두며, 더불어 비축물자의 소요 결정이나 입지 선정 등 비축 관련 중요 안건들에 대해서도 검토를 수행한다. 그리고 국방부 장관이 사전배치 재고의 상태에 관해 연례적으로 의회에 보고해야 한다.[522]

이러한 미국조차도 그동안 포탄 비축량을 지속적으로 줄여, 우크라이나 지원을 위한 무기와 탄약이 부족한데 생산 능력은 따라가지 못하고 있다. 우크라이나 전쟁 결과 미 육군은 군수품 비축을 위해 오래된 무기 생산 공장과 병기창을 개선하기 위한 계획을 세웠다. 군수품 비축을 위해 미 의회도 중요 군수품의 비축량을 법적으로 설정할 것을 검토하고 있다.[523]

둘째, 비축·치장장비에 대한 관리 강화 및 장비의 실효성 검토이다. 러시아는 국방개혁에서 수백 개 감편부대 대신 60개 군사장비 보관기지를 건설하고, 해체되는 부대에서 남는 장비들을 모아 관리하였다. 우리나라도 국방개혁을 추진하며 동원사단이나 동원지원단 등으로 해체부대 장비가 전환되어 관리된다. 그러나 우크라이나 전쟁에서 보았듯이 러시아는 장비 관리가 취약했고, 심지어는 타이어가 관리가 되지 않아 기동에 제한을 주기도 했다. 우리나라도 관리전환 되는 장비가 많아지면 부하가 걸리고 장비관리가 쉽지 않다. 관리인력 등을 포함한 시스템을 잘 구축해야 한다. 이 기회에 비축·치장장비 실제 가동 능력도 재판단할 필요가 있다. 예를 들어 비축된 장비 중 M48 계열은 1950년대 설계되었고, M48K계열도 1978년부터 배치되었다. 운용에도 제한이 많고, 예비군들이 다루기도 어렵다. 탄약·수리부속 보급과 정비 등 후속군수지원도 쉽지 않다. 야포도 비슷한 상황이다.

미군은 '전투가 준비된, 더 많이 작전 가능한 비축제도'를 지향하고 있다. 이를 위해 비축품의 성능개량, 관리환경 개선 등 비축품의 상태 제고 노력과 동시에 비축품의 불출속도 향상을 위한 노력, 즉 구성이 완료된 상태로 비축품을 보관하거나 신속한 불출

522) 권남연 · 장지홍, '미군의 사전배치 재고 전략 검토: 국방 비축제도에 대한 시사점을 중심으로', (한국국방연구원, 국방논단 1738호, 2018.12.27.). 한국 비축 관련 정책실무회의는 군수관리관 주재 회의로서 과장급 위원들로 구성된다. 참고로 미 육군은 전투여단을 위한 장비, 지원물자, 기타 재고 등을 사전배치하는 APS(Army Prepositioned Stock) 프로그램을 운영 중이다. 왜관에 위치한 주한미군기지 캠프캐롤에도 미 육군의 비축물자가 배치되어 있으며, 이는 APS-4에 속한다. 미 해군의 해상수송사령부는 육군 APS-3을 지원하는 선박을 포함하여 총 16척의 사전배치선박을 운영 중이며, 그를 통해 각 군 및 국방군수본부(Defense Logistics Agency, DLA)를 지원하고 있다. 미 공군은 직접 임무지원을 위한 물자와 장비, 전략 항공기 등을 전 세계의 전방지원기지에 비축하는 WRM 프로그램을 운영하고 있다. 오산과 군산에 위치한 주한미군기지에도 WRM을 비축 중이며 수원, 대구, 광주, 김해에 위치한 한국군과의 공동운영기지 COB(Co-located Operating Bases)에도 일부 WRM을 비축하고 있다.

523) 최현호, '우크라이나 전쟁으로 본 미래 전쟁을 위한 핵심 교훈들', (월간 국방과 기술, 2022.8.17.)

을 위한 훈련을 수행하고 있다. 우리 군도 전시 초기 적기지원을 목적으로 하는 비축품을 그 목적에 맞게 잘 활용하기 위해서는, 비축품의 전투준비태세 제고에 가일층의 노력을 기울여야 한다.[524]

셋째, 비축·치장장비뿐 아니라 비축 원자재에 대한 정확한 소요 파악 및 확보, 관리 대책도 강구되어야 한다. 최근 육군 군수사에서 이에 대한 검토가 이루어지고 있는 것은 다행이라고 보며, 충분한 검토를 기대한다.

3. 군수부대 편성 및 능력 보강

첫째, 한국군 군수부대의 편성률 보강 또는 동원체제의 정비가 필요하다.

육군 군수부대의 평시 편성률은 대략 30~50% 미만으로 동원율은 전투부대에 비해 현저히 높다. 병력 자원 감소 때문에 어쩔 수 없다고는 하지만 현재의 군수부대는 편성률이 너무 낮아 동원이 되기 전 전쟁 지원, 특히 전쟁 초기 지원이 어렵다. 동원으로 보강한다고 하지만 동원 준비도 아직 구호에만 그칠 뿐 실제 문제점을 해결하지 못하여 보완이 필요하다. 현재 상태로 전시 초기에 동원이 제대로 될까 하는 의구심이 든다. 육군의 경우 국방개혁으로 인적자원이 많이 감소하는데 북한의 위협, 병력수는 변화가 없다. 동원이 아니고는 보완할 방법이 없다. 그런데 우리군은 동원을 소홀히 한다. 지원능력을 고려하여 동원보충대대나 안정화사단 등의 실효성도 검토해야 한다. 계획만으로 전투가 되지 않는다. 동원체제 정비가 절실하다.

그렇지만 인구감소로 병력 자체가 현저히 줄어드는 현실을 무시하고 무작정 병력 증강만을 호소할 수는 없다. 따라서 위의 대책과 병행하여 군수부대 자체적으로도 AI를 활용한 자동화, 스마트화, 무인화 등 첨단과학을 적극적으로 도입하여 인력을 대체하고, 업무 효율을 높이도록 노력해야 한다.

둘째, 한국군 군수부대의 C4I와 통신능력을 보강해야 한다. 우크라이나 전쟁에서 러시아군은 통신장비가 노후하거나 부족하여 민간 통신장비를 사용해 보안에 취약했다. 한국군도 훈련 시 많이 통제를 하지만 상용장비를 사용한다. 편리해서 그런 것도 있지만 실제 장비가 부족해서 그러기도 한다. 전투부대를 포함하여 통신장비의 보강이 필요하지만 군수부대의 통신능력은 전투부대에 비해서 더 부족하다. 동원되는 군수부대와 인원들이 사용할 통신장비는 더욱 열악하다. 차라리 전차 1대, 비행기 1대를 덜 사더라도 빠른 시간 내 통신장비를 보강해야 한다. 전시에 군수부대가 지원을 위해 빈번하게

524) 권남연 · 장지홍, 앞의 글

이동하는 전투부대를 찾으려면 GPS 등 위치 식별 방법도 보강되어야 한다. 전시에 전투부대와 정보를 공유하려면 C4I도 보강되어야 한다.

셋째, 전문성 있는 군수인력 획득 및 양성을 위한 조치가 필요하다. 러시아군도 1년 근무하는 징집병들이 전투근무지원부대로 배치되는 구조인데, 한국군도 인력 배치에서 군수부대는 항상 후순위다. 반면 인력 감축은 1순위인데, '국방개혁 2.0' 추진과정에서도 군수부대는 우선 삭감 대상이었다. 육군에서 2011~2012년 조직진단에 의해 군수부대의 규모를 37% 삭감한 후 군수부대 운용에 문제점들이 발생하여 인력을 추가 보강해야 했다. 평시에도 그런데 전시에는 더 큰 문제가 발생할 수 있다. 전군적으로 인적자원이 부족한 것이 현실이지만 군수부대는 숙련이 필요하다. 예를 들어 전차 정비 시 정비인력의 숙련도에 따라 정비인시가 달라진다.

한편, 군수 관련 병과 및 특기 인원이 축소되어 장교, 부사관의 상위계급 진급에 애로가 발생하고 있다고 한다. 이러한 현상은 군수분야에 우수자원 지원이 감소하고 전문성이 약화되는 악순환을 야기한다. 적정 진출에 대한 검토가 필요하다.

넷째, 러시아군 대대전술단의 보급 문제가 이번 전쟁에서 많이 노출이 되었는데, 한국군 기계화부대의 대대, 여단을 지원하기 위한 군수부대의 실질적인 능력도 보강이 필요하다. 한국군 대대급은 러시아만큼 깊은 종심에서는 거의 독립작전을 수행하지 않지만, 편조해서 TF를 편성하여 보병보다 종심 깊은 지역에서 작전을 수행하는 것은 유사하다.[525] 한국군 기계화부대의 전투근무지원 조직도 규모가 작게 편성되어 있다. 편조를 하게 되면 성격이 다른 장비들이 혼합되어 탄약, 수리부속 등의 보급과 정비가 더욱 어려워지는데 한국군 사단이나 여단 군수부대의 편성으로는 모든 축선의 부대들을 지원하기 제한된다. 예를 들어 정비를 위해서는 정비인력, 구난차 등 정비장비, 공구, 수리부속 등이 SET화가 되어야 하는데 이 중 하나라도 부족하면 정비가 되지 않는다. 한국군 사단이나 여단의 정비부대 능력으로는 다축선의 예하부대 지원을 위한 SET화가 어렵다.

다섯째, 국방혁신 시 군수부대 민영화에 대해 신중히 접근해야 한다. 병력이 줄어드는 상황에서, 경제성과 효율성을 극대화하려면 일정 부분 민영화는 필요하다. 그러나 평시 '경제성'에만 입각해 '효과성'을 소홀히 하면 전시 대비가 어렵다.

미군 국방개혁 시 군수부대를 대체한 PMC는 이라크전에서 제 역할을 못하였고 비리 문제도 불거졌다. 2014년 우크라이나 사태에서는 러시아의 PMC가 일정 역할을 한 것으로 보이지만 이번 우크라이나 전쟁에서는 활약을 확인하기 어렵다. PMC는 결국 우군

525) 한국군 기계화부대에서는 기갑수색부대만 평시 편성으로 되어 기보대대보다 종심작전 수행

지배지역 또는 우군 우호세력이 다수인 지역에서 안전할 때 효과를 발휘하는 것이다.

4. 전쟁지속능력 보존 대책 강구

첫째, 육·해·공군 군수사령부의 정비창, 보급창 등 대형 군수기지의 피해 예방 및 복구 대책이다. 러시아는 우크라이나의 전쟁 의지와 보급능력을 파괴하기 위해 주요 군수기지와 방산시설들을 잇달아 공격하고 있다. 북한군도 전시에 한국군의 주요 군수기지를 타격할 가능성이 크다. 대비하여야 한다. 군수부대 이동이나 피해복구 기간에는 지원이 제한되므로 그에 대한 대책도 마련해야 한다.

군수부대만이 아니라 방산시설(주요장비 공장), 민간 대형 산업시설이나 물류기지에 대한 대비도 필요하다. 방산시설의 피해 예방 및 복구 대책은 방산기업만이 아니라 군과 정부 관련 기구가 합심하여 수립하여야 한다. 전시에 군시설과 방산시설을 서로 교차 활용하거나 대체 가능한 민간시설을 사전 검토할 필요가 있다. 반면 아군이 적 주요 군수기지 및 방산시설 등을 전시에 타격하는 방안도 마련하여야 한다. 이를 위해 북한의 군수·방산·산업·기반시설 현황을 파악하고 목록화하여 사전 준비할 필요가 있다.

둘째, 우크라이나 전쟁에서 러시아군은 보급로를 확보하지 못해 많은 피해와 보급에 차질이 발생하였다. 군수부대 활동을 위한 경계는 자체 경계, 상급부대 경계부대지원, 지역책임부대의 지원으로 구분할 수 있다. 상급부대 차원의 관심이 필요하다. 그러나 전시 초기에 작전을 수행하는 전투부대가 충분한 지원병력을 차출하기는 쉽지 않기 때문에 군수부대 자체도 호송 시 경계력을 보강할 필요가 있다.

저자소개

박주경 | 前 육군 군수사령관

육군사관학교 졸업, 국방대학교 군사전략과 석사 학위 후 현재 KIDA 전력투자분석센터 자문위원과 국방자원연구센터 평가위원으로 활동하고 있다. 미국 안보지원센터 FMS 과정, 하버드대 케네디 스쿨 국제안보 고위정책(SMG) 과정 그리고 서울대학교 공과대학 미래안보전략기술 최고위 과정을 수료했다. 주요 경력으로 초대 백신 수송지원본부장, 육군 참모차장, 육군 군수사령관, 국방부 군수관리관, 제11기계화보병사단장, 육군 군수사령부 계획운영처장, 합참 군수부장, 제7기동군단 참모장, 육군본부 군수참모부 군수관리과장, 제26기계화보병사단 참모장과 여단장, 2군단 군수참모, 제30기계화보병사단 군수참모와 대대장, 육군본부 시험평가단 보병화기시험장교, 육군대학 교무처 교육통제장교 / 군수교관 등을 역임하였다. 주로 기계화부대와 군수분야에 근무하였으며, 야전과 국방부, 합참, 육군본부, 군수사령부 등 군수분야 모든 정책부서를 경험한 군수전문가로 평가되고 있다.

17 우크라이나 전쟁 관련 예비전력 평가와 우리의 대응

장 태 동 박사(국방대예비전력 센터장)

Ⅰ. 서 언

2월 24일이 되면 러시아가 우크라이나를 침공 한지 꼭 1년이 된다. 세계 2위의 군사강국 러시아의 손쉬운 승리로 끝날 것 같았던 전쟁이 예상과는 달리 장기전의 양상으로 분위기가 흐르고 있다는 것을 눈 여겨 볼 필요가 있다.

우크라이나가 이번 전쟁에서 선전하고 있는 이유를 살펴보면, 우크라이나 대통령을 비롯한 지도자들과 각계각층 공인들의 솔선수범과 결사 항전의지 표명, 그리고 남녀노소 구분 없는 전 국민들의 전쟁에 참가하겠다는 불굴의 의지가 바로 우크라이나 국민들을 하나로 단합시켰고, 이것이 곧 유리한 전황으로 이끌 수 있었던 抗戰 원동력이라 할 수 있을 것이다.

그러나 우크라이나와 러시아 양국 모두 전쟁의 상흔은 매우 커지기만 하고 전쟁의 끝은 한치 앞도 내다 볼 수 없는 국면으로 치닫고 있는 형국이다. 전쟁은 일어나지 않도록 사전 억제하는 능력을 갖추는 것이 더욱 중요한 것이라는 게 이번 전쟁의 참담한 실태를 보면서 되새겨야 할 교훈이 아닌가 생각하게 된다. 전쟁 억제를 위해서는 평시 전쟁의 상대국보다 월등히 앞선 상비전력을 갖추고 있으면 최상의 방책이 될 수도 있겠으나, 예산 등 국가적 능력을 고려 시 제한된다는 것도 여러 국가들의 사례에서 잘 알 수가 있었다. 그렇다면 가장 경제적 군 구조이면서 전쟁이 발생하면 최상의 전력이 예비전력인바, 잘 갖춰진 동원태세와 즉각 활용 가능한 예비전력 부대들의 대비태세가 전쟁억제와 전쟁 발발 시 승리를 가져 주는 최선의 방안이라는 것도 상기할 필요가 있겠다.

이제 1년이라는 장기간의 전쟁을 치루고 있는 두 국가의 전쟁 참상을 살펴 우리에게 주는 전쟁의 교훈을 도출해 보고, 특히 전쟁승리의 결정적 요인인 예비전력 분야에 주는 시사점 위주로 분석하여, 이를 토대로 우리나라의 예비전력 혁신방향에 대한 정책적 제언을 해 보고자 한다.

Ⅱ. 우크라이나와 러시아 豫備戰力 능력 평가

전쟁 당사자 우크라이나와 러시아의 군사력을 비교해 보면 아래 도표와 같다.

현재까지 투입된 총 병력은 우크라이나가 정규군 약 20여만 명, 러시아가 주변 우방국 병력 포함 약 22여만 명을 투입하고 있다. 예비전력 중 예비군의 숫자가 우크라이나 100여만 명과 러시아 200여만 명으로 적정수준을 보유하고 있었지만, 미흡한 동원체제와 평시 훈련이 제대로 되지 않은 예비군의 관리 및 유지로 당장 전투에 투입하여 운용하기에는 제한되고 있다는 것이 양국의 공통적인 문제점으로 식별되고 있다.

또 하나 여기서 눈여겨봐야 할 문제점이라면, 양 국가가 예비전력으로 예비군의 병력 숫자만 유지했을 뿐 적정규모의 예비전력을 상황에 따라 동원하고 전선에 투입하는 예비전력 운영계획[526]이 제대로 준비되지 않았다는 것도 유추해 볼 수가 있겠다.

한마디로 우크라이나와 러시아 두 나라 공히 평시 예비전력 육성에는 관심이 매우 부족했다는 것을 알 수가 있었다.

〈표 1〉 양 국가의 예비전력 비교(저자 정리)

구 분	우 크 라 이 나	러 시 아
전쟁 동원 병력	정규군 20만 명(+)	정규군 22만 명(+)
상비군	20여만 명	100만 명
예비군	100만 명(+)	200만 명
병역제도	징병제	징병·모병 혼합제
국방비	54억 달러	617억 달러

Ⅲ. 우크라이나-러시아 전쟁을 예비전력 관점에서 본 시사점

이번 전쟁에서 예비전력 관점에서 본 시사점이라면, 예비전력이 현대전에서도 여전히 전쟁 승패의 핵심으로 중요하다는 것을 제대로 보여주고 있다는 것이다.

526) 동원운영계획, 전시훈련계획, 작전계획 등을 말한다.

개전 초기 주도권을 가지고 있었던 러시아의 경우에도 전쟁의 장기전化를 예상하지 못하고 현존 전력으로만 단기 속전속결[527]이 가능하리라는 오판 하에 총 60개 대대 전술단[528] 위주로 공격부대를 편성하여 원정 공격작전을 하다 보니 작전거리 신장에 따른 작전지속지원의 한계에 봉착하게 되었고 지리한 싸움을 할 수밖에 없는 상황으로 빠져들고 있다는 것이다. 그리고 2022년 9월 21일 전쟁이 시작된 후 약 7개월이 지나고 나서야 예비군을 대상으로 부분동원령을 선포하기에 이른다. 러시아는 100만 명이 넘는 상비병력을 보유하고 있는 상황이었음에도 적시적인 상황조치가 되지 않았던 것이다. 우크라이나에게 계속되는 군사적 패배와 전쟁의 장기화에 따른 병력 및 장비의 손실속에서 수년 동안 단 한번도 제복을 입지 않았던 예비군 2,500만 명 중 약 30만 명에 대한 부분동원을 실시하였고 보충훈련도 없이 전투에 투입하고 있는 실정이 된 것이다.

그러나, 우크라이나는 달랐다. 전쟁이 시작되고 개전 9시간 만에 러시아군이 수도 키이우 인근까지 진격하자, 젤렌스키 대통령은 즉기 키이우와 주요 도시에 총동원령을 선포했다. 우크라이나의 정규군은 약 20여만 명, 예비군은 100여만 명으로 추산하고 있으나 러시아의 침공이 임박한 2022년 2월 11일 우크라이나 국방부는 예비군과 의용군 수를 150만 명에서 200만 명으로 증가시키는 조치를 취하는 등 국가 예비전력을 제대로 활용할 준비를 적기에 진행해 나갔던 것이다.

언론 보도 등을 통해서 보는 우크라이나 예비군은 장비 물자도 부족하고, 훈련도 제대로 되지 않았다는 등 전력이 약하다고 평가하였으나, 지난 8년간의 돈바스 전쟁에서의 실전 경험이 풍부하였고 우크라이나 민병조직의 경우에는 미국 특수부대인 그린베레의 훈련지도를 꾸준히 받아오는 등 상당한 수준의 전투력을 보유하고 있다고 평가되어 졌다.

이렇게 러시아와 우크라이나의 전쟁수행 능력을 예비전력 역할 관점에서 분석해 보면 확연한 차이를 식별할 수가 있을 것이다.

러시아는 상비전력이 주요 핵심전력으로 운용되고 있으며, 전체 2,500만 명 예비군 중 일부만을 부분동원하여 상비전력의 부족분을 채우겠다는 개념 즉, 예비전력을 보조적 전력으로 운용하고 있음을 알 수가 있었다.

반면, 소수의 상비전력을 보유한 우크라이나는 약 20여만 명의 상비전력은 러시아와의 전쟁 초기전력으로 대응시키는 데 주력하고, 국가 총동원령 선포를 통해 100여만 명

527) 러시아 대통령 푸틴은 개전과 동시에 우세달성이 가능하며 4일 이내에 전쟁을 종결하고 의도했던 목적 달성이 가능할 것으로 판단하였다.

528) 러시아의 대대 전술단은 1개 대대로도 독립작전 수행이 가능한 독특한 편제로, 병력은 1,000명 정도, 1개 전차 중대, 3개 차량화 보병중대, 2~3개의 포병 중대와 방공중대, 전투근무지원대 등으로 구성되어 있다.

의 예비군을 200만 명으로 증가시켜 예비군을 총동원함으로써 국가 총력전으로 러시아의 공격에 대응하고 있다는 것이다.

이렇듯 우크라이나-러시아 전쟁에서 우크라이나가 군사력의 열세에도 불구하고 전쟁을 유리하게 이끌고 있는 원동력은 핵심전력을 상비전력이 아닌 예비전력 중심으로 운용하고 있다는 사례를 통해 우리는 교훈과 시사점을 도출해야 할 것이다. 즉, 우리나라의 경우에도 상비병력의 감축은 불가피한 상황에서 예비전력이 국가 총력전 수행에서 얼마나 중요하며 비상상황 발생 시 효과적으로 동원하고 조직화하여 전력을 발휘할 수 있도록 준비하는 것이 곧 전쟁에서 승리를 가져다주는 핵심임을 명심해야 한다는 것이다.

또한, 준비가 되어있지 않은 예비전력은 병력 숫자가 아무리 많아도 큰 효용성이 없다는 것 또한 우리에게 주는 커다란 시사점이라고 할 수 있겠다. 첨단과학기술이 반영된 현대전 추세를 고려한다면, 우크라이나 예비군들이 장비와 물자의 부족으로 나무총을 가지고 사격술을 배우는 모습 등은 同時代를 살고 있는 우리들에게도 충격적일 수밖에 없었다. 어떻게 했으면 예비전력을 이런 수준까지 방치를 했을까하는 의구심마저 들게 하는 대목이다. 러시아와는 역사적으로든, 지정학적으로든 국경을 맞대고 있어 잦은 분쟁 등 끊임없는 대결관계에 있어 왔다는 나라가 말이다. 참으로 한심하고 한편으로는 측은한 모습이기도 하다. 국민들과 예비군들의 정신적 대비태세는 잘 준비되어 있었지만, 동원된 예비군들이 전투장비와 물자가 없어서 전쟁준비를 제대로 못하고 있었다는 것은 평시 전쟁을 상정한 준비태세의 허술함을 여실히 보여주고 있는 것이다. 이 또한 우리에게 평시에 예비전력을 강화하여 전쟁대비의 핵심전력으로 육성 및 정예화해야 한다는 교훈으로 전해주는 대목이기도 하다.

우크라이나 지도자와 국민들은 지난 수십 년간 전쟁 없는 평화가 지속되는 동안 전쟁에 대비해야 한다는 절박성과 국가안보의 중요성에 대한 안보의식이 점차 약화되었고, 그 결과 지금의 참혹한 전쟁 지옥을 경험하고 있는 것이 당연한 결과임에도 다시 되돌릴 수 없다는 것이 답답할 따름일 것이다.

전쟁이 발발한 이후 우크라이나 시민들은 자원해서 예비군 동원에 참가하고, 자기 돈으로 값비싼 개인 전투 장비를 구매하는 등의 의지표현으로 전쟁의지를 고양시켰었다. 그러나 초기 전투에서 러시아의 침공에 거의 무방비로 당할 수밖에 없었던 무기력함의 이유는 먼저, 우크라이나군 전체 병력이 120만여 명이고 그중에 예비군이 100만여 명으로 숫자상으로는 방어에 충분한 규모였음에도 불구하고 즉각 활용할 수 있도록 준비되지 않은 군사력이었다는 것이다. 만약에 우크라이나가 "평화를 원하거든 전쟁에 대비하라"는 교훈을 잘 상기하고 평시부터 전쟁 준비를 잘 해 왔었더라면 러시아의 초기공격을 충분히 막아낼 힘이 있었다는 것이다. 하지만 전쟁을 대비하지 않고 평화의 달콤함에 심취해 있어서였던지 우크라이나는 전쟁의 초기전투에서 연속되는 패배의 결과로 이어졌다는 것이 이를 잘 증명해 주고 있다. 우크라이나가 초기 대응에 실패했던 요인들을 다시 한번 요약해 보면 다음과 같다. 먼저, 동원령 선포절차의 부실과 예비전력 운영계획이 제대로 수립되어 있지 않아, 러시아 공격을 받고나서야 동원령을 선포하는 등 초기 대응에 실패하였고, 전쟁 개시 후 추가 소요되는 자원에 대한 동원즉응태세가 정립되지 않았다는 것이다. 즉, 예비군들의 관리와 훈련이 부실했으며, 무엇보다도 예비군용 장비와 물자, 무기 비축량이 절대 부족해서 실제 전쟁이 발발한 후에는 국토 방어를 위한 예비군들의 역할이 필요했지만 즉각 활용할 수 있는 예비군들의 무장과 훈련 수준이 아니었다는 것이다. 우크라이나 시민들의 높은 애국심을 충분한 장비와 물자로 적기에 뒷받침 할 수만 있었더라면, 러시아의 위협은 개전초기에 제거되고, 큰 피해 없이 우크라이나가 원하는 방향으로 전쟁이 마무리 되었을 것이라는 전문가들의 예상이 있기도 했기 때문이다.

Ⅳ. 북한 예비전력의 강점과 남한 예비전력의 취약점

우크라이나와 러시아의 예비전력 능력 비교와 전쟁을 수행하면서 나타난 두 나라의 예비전력 분야에서의 시사점들을 고찰해 보았다. 그렇다면 우리 한반도에서의 전쟁을 상정했을 때 우리의 주적 북한의 예비전력 능력은 어느 정도 수준이고, 우리의 예비전력과 비교했을 때 북한의 강점은 무엇이고, 또한 우리의 취약점은 어떠한 것들이 있는지에 대해 알아볼 필요가 있다. 동원체계와 예비전력 부대들의 능력에 주안을 두고 비교해 보았다.

먼저, 북한 동원체계의 강점을 총괄적으로 정리해 보면 다음과 같다.

첫째, 북한은 동원조직의 간편성과 효율성이 우수하다는 것이다. 정치체제 및 행정조직은 평시에도 전시체제를 유지하고 있다. 특히, 군사 및 행정조직은 당에서 직접 통제하고 있다. 당의 지시나 명령은 법률 이상의 효력을 발휘하고, 동원을 위한 별도의 법규 제정이나 동원집행기구를 설치할 필요가 없다는 것이다.

둘째, 북한은 평시부터 전시체제를 완비하고 있다는 것이다. 동시 피해 방지를 위해 군수공장을 지하화하고 생산 공장들을 지방으로 분산시키고 위장조치 함은 물론, 인구 및 주요기관이 강제적으로 지방에 분산 배치되어 있다. 또한 전쟁물자의 비축, 대공훈련 강화 및 대피시설 확장 강화, 방독면 등 개인 보호 장구의 준비, 직장조직을 동원조직으로 편성하는 등 언제든지 전시체제로 전환할 수 있는 만반의 준비가 되어있는 병영국가라는 것이다.

셋째, 북한은 물자동원의 신속성을 보장하고 있다는 것이다. 북한은 모든 자원이 평시부터 국가소유로 되어 있기 때문에 이미 동원된 상태나 마찬가지라고 할 수 있다. 따라서 물자동원도 단지 이미 생산, 포장되어 있는 물품들을 효과적으로 저장관리, 작전지역역 및 부대로 수송을 한다라는 의미로 해석해야 할 것이다. 어려운 경제사정에도 불구하고 4~6개월분의 전쟁 물자를 비축하는 등 신속한 물자동원 체제를 구축하고 있는 것이다.

넷째, 북한은 全 인민 총동원체로서 현역 이외에도 모든 남녀에게 병역의무를 장기간 부과하고 있으며, 상시 병력동원태세를 갖추고 있다고 할 수 있다. 교도부대는 북한 예비전력의 핵심전력으로서 타 부대에 비해 정예화 되어 있으며, 현역군 증강 및 후방지역방어 임무를 수행하고 있다. 또한 주민에 대해서는 거주이전 및 여행을 통제함으로써 부족한 병력을 보충할 수 있으며, 동원령 선포시 즉각 동원체제가 준비되어 동원속도까지도 보장된 제도적 장치를 가지고 있다 하겠다.

이를 토대로 동원체계를 국가동원의 지휘조직 및 기구편성과 운영실태, 군사동원의 핵심인 인원동원과 물자동원의 전쟁 등 국가 비상사태시 동원의 실효성 위주로 남·북한 능력을 비교함으로써 북한의 강점과 남한의 취약점을 도출해 보았다.

먼저, 동원조직 및 기구편성과 운영실태에 대하여 알아보면 다음과 같다.

북한의 강점은 평시에도 전시와 같은 태세를 갖추고 있어 비상시 즉각 전시체제로 전환이 가능하여 동원속도 보장이 가능하다라는 것이다. 평시에서 전시상태로 국면 전환시 敵을 타격하는 군사행동과 국가의 전시상태선포(전시 동원령 선포, 선전포고 등), 국가기구와 사업체계를 전시체제로 개편하는 사업이 동시에 진행된다. 북한의 전시동원은 전시 또는 그에 준하는 국가비상사태시 최고사령부의 총체적 지휘 하에 국가內 모든 인적·물적 자원을 국가보위 및 통일완수에 기여하도록 통제, 관리 운용하는 것이며 최고사령관의 명령으로 전시상태가 선포되면서 동시에 진행된다고 할 수 있다.

반면, 남한의 취약점으로는 국가동원의 최 상위 기관이 과거 총리직속의 비상기획위원회에서 행정안전부의 1개 국(비상대비기획관실)으로 약화[529]되어 있어 국가 차원의

529) 2008년 작은 정부를 추구했던 '김영삼 정부'에서 규모가 축소되고 기능이 약화되었다.

동원 Control Tower로서의 역할에 한계가 있을 것으로 예상하고 있다. 또한 동원업무가 정부부처별로 광범위하게 분산되어 있다 보니 중앙집권형 동원자원 관리와 집행에 있어서도 많은 어려움을 내포하고 있다 하겠다. 이러한 영향으로 하부조직까지도 편성이 약화 약화되어 있으며, 국가동원 관련 전 분야 담당자가 참석하여 실시해야 하나 형식적이고 제한적으로 하고 있는 동원전쟁 연습의 부실에 따른 실무자들의 훈련 부족과 잦은 보직교체로 인한 업무의 연속성과 전문성 결여 등도 매우 심각한 취약점으로 분석할 수 있겠다.

인원동원 면에서의 북한의 강점은 평시부터 전시체제를 완비하여 주민들을 교도대, 노농적위군, 붉은청년근위대로 편성하고 관리 및 훈련을 실시하고 있으며, 지역 및 직장 단위로 예비군들이 개인화기와 전투장구류를 보유함으로써 동원의 신속성을 보장하고 있다. 또한, 평시 주민들의 거주지 이전과 여행을 통제하고 거주지가 이전이 되더라도 시·군 군사동원부에서 대상자를 호출하여 예비역으로 재등록하도록 하는 등 철저하게 관리하고 있다.

반면, 남한의 취약점으로는 국민들의 거주이전의 자유가 완전 보장되어 있어 평시에 개인들이 직업과 학업 등의 다양한 사유로 '주소지와는 다른 개인별 희망지역에서 거주[530]'하다 보니 동원령 선포 후 지정된 부대로 소집되는데 많은 시간이 소요될 것으로 예상된다. 또한 잦은 주소지 이전으로 동원지정 부대와 보직이 변경됨으로써 부대의 완전편성과 구성원들의 동화교육에 많은 제한이 있을 것으로 예상하고 있다.

물자동원 면에서의 북한의 강점은 전쟁 물자를 생산 및 도입하는 과정에서부터 종류에 따라 의무적으로 비축하도록 규정함으로써 전시 4~6개월간 전쟁지속이 가능한 비축물자를 보유하여 전쟁의 장기화와 외부의 도움 없이도 전쟁을 지속할 수 있는 전시 생산능력을 구비하고 있다. 또한 비축시설의 생존성 보장을 위해 각 지역별로 분산배치하고 지하화하거나 위장을 통해 노출을 억제하고 있다. 생산시설 또한 평시부터 국가소유의 상태로 되어 있어 지휘통제가 용이하고 전쟁물자의 생산지시가 원활히 이행될 수 있는 체계를 유지하고 있다는 것이다.

반면, 남한의 취약점으로는 全 정부부처가 분야별로 동원자원을 관리하도록 되어있고, 주무부처인 행정안전부가 자원관리 정부부처를 강력하게 통제하도록 되어있다. 그러나 현재의 작은 조직과 기능으로는 중앙집권적 통제가 제한될 수밖에 없는 상황이다 보니, 동원령 선포 등 동원절차와 동원자원에 대한 집행 절차가 복잡하고 지연되어져서

530) 병무청에서 동원지정시 주소지 단위로 배정지역을 설정하고, 배정지역과 연계하여 소요부대로 동원지정 하다보니 주소지와 거주지가 다른 예비군의 경우 역방향 이동 등 입소시간 지연사유 잠재.

동원소요에 적시적으로 지원하는데 문제가 있을 것으로 예상이 되고 있다. 또한, 산업동원 업체의 전시 생산체제로의 전환을 위한 평시 원·부자재 확보와 생산시설 확충을 위한 설비와 운용인력 확보계획 등 물자동원 전반에 대한 실효성에 의문이 제기되고 있다.

다음으로 북한 예비전력부대[531] 역량 분야의 강점을 총괄적으로 정리해 보면 다음과 같다.

북한은 총 762만여 명의 조직화된 전력을 보유하고 있는 것으로 알려져 있다. 全 주민을 14세부터 60세까지 예비전력으로 편성하여 군사훈련을 실시함으로써 병력의 우위를 유지하기 위한 준비를 하고 있다. 이는 남한 예비전력 310만여 명[532] 대비 2배 이상에 달하는 전력으로 예비전력 수로는 세계 최고 수준에 해당되는 병력을 보유하고 있다고 할 수 있다. 예비전력 부대들의 군사훈련기간은 남한 예비전력인 동원 · 지역 예비군훈련 대비 10~20배 수준으로 부여함으로써 북한 예비전력들의 군사훈련 수준을 정규군 수준까지 높이려는 노력을 지속하고 있다. 평시부터 전시체제를 완비하여 교도대, 노농적위군, 붉은청년근위대를 편성하고 관리 및 훈련을 실시하고 있으며, 지역 · 직장단위로 개인화기와 전투장구류를 보유케 함으로써 동원의 신속성을 보장하고 있다. 교도사단의 경우 아군 동원사단 대비 22%나 높은 평시 30%의 편성률을 보이고 있어 신속한 동원 및 완편, 즉각 임무수행에 용이할 것으로 볼 수 있다. 전쟁물자는 생산 및 도입하는 과정에서부터 종류에 따라 의무적으로 비축하도록 규정함으로써 전시 4~6개월간 전쟁지속이 가능한 비축물자를 보유하여 전쟁의 장기화와 외부의 도움 없이 전쟁을 지속할 수 있는 전시 생산능력을 구비하기 위한 사업을 지속 추진하여왔다. 또한 비축시설의 생존성 보장을 위해 각 지역별로 분산배치하고 지하화하거나 위장을 통해 노축을 억제하고 있다. 생산시설은 평시부터 국가소유의 상태로 지휘통제가 용이하고 전쟁물자의 생산지시가 원활히 이행될 수 있는 체계를 보유하고 있다.

이를 토대로 남·북한 예비전력 부대 역량에 대해 규모와 편성, 교육 훈련, 사기 및 복지 분야 등 전투력 발휘의 핵심요소 위주로 상호 비교하여 북한의 강점과 남한의 취약점을 아래와 같이 도출하였다.

먼저, 북한 예비전력부대 규모 및 편성 면에서의 강점으로는 북한은 762만여 명의 예비전력을 보유하고 있는 것으로 알려져 있다. 북한 내 全 주민을 14세부터 60세까지 예비전력 부대로 편성하여 임무에 맞는 군사훈련을 실시함으로써 병력의 우위를 유지

---

531) 북한 예비전력부대는 우리의 동원사단과 유사한 교도부대, 지역방위사단과 유사한 노농적위대, 그리고 우리는 보유하지 않고 있는 붉은청년근위대(중·고등학생으로 편성)등이 식별되고 있다.

532) 예비군 275만 명에 전환복무자 약 35만 여명을 추가 포함시 약 310만 명으로 추정하고 있다.

하기 위한 준비를 하고 있다. 이는 남한 예비전력 310만 명 대비 2배 이상에 달하는 전력으로 숫자로는 세계 최고 수준으로 평가되는 병력을 보유하고 있다고 할 수 있다. 또한 장기간 동일 보직에 근무토록 하여 동원 즉시 전투력 발휘가 가능한 체제를 구비하고 있다. 평시부터 주민들을 교도대, 노농적위군, 붉은청년근위대 등으로 편성하여 관리하는 체계로 평시부터 전시체제로 유지하고 있다. 그리고 교도사단의 경우에는 아군 동원사단 대비 22%나 높은 평시 30%의 편성률을 보이고 있어 신속한 동원 및 완전편성이 가능하고, 소집 즉시 전투에 투입하여 임무수행이 가능하다는 점 등이 강점으로 평가할 수 있겠다.

남한의 취약점으로는, 예비군 규모가 약 310만 여명으로 북한의 50% 수준으로 절대적 열세 상태이며, 예비전력부대의 핵심인 동원사단의 경우 평시 병력이 약 8% 수준으로 편성되어 있어 북한 교도사단의 30% 수준밖에 되지 않아 또한 열세에 있다는 것이다. 그리고 전체 예비군을 유지하기 위한 소요대비 장비와 물자가 부족하고 무기체계 또한 상비사단이 전력화한 후 물려받은 것들로서 도태직전의 기동 및 화력 장비가 다수를 차지하고 있는 점 등이 취약점으로 평가할 수 있겠다.

북한 예비전력부대 교육훈련 면에서의 강점으로는 연간 30~60일간 훈련을 시킴으로써 남한보다 10~20배 많은 훈련기간과 훈련의 강도 또한 우세한 것으로 평가할 수 있겠다.

남한의 취약점으로는, 연간 3~4일간 부대로 소집되어 훈련하고 있으나 절대시간이 부족하여 기동 및 화력 등 핵심 주특기자들은 본인들의 무기체계에 대해 기본적인 숙달도 하지 못하고 있으며, 거주이전의 자유보장 등으로 동원지정 자원들이 자주 교체[533] 되다 보니 잦은 보직교체에 따른 훈련 숙달을 위해 많은 시간이 소요될 것으로 판단하고 있다.

북한 예비전력부대 사기 및 복지 등 작전지속지원 면에서의 강점으로는 10년 이상 복무한 예비군들에게는 공산당 입당 기회를 제공하고, 대학에 입학할 수 있는 자격을 부여하고 있는 등 개인적으로 신분 상승의 기회를 제공하고 있다.

그리고, 근무 성적이 우수한 사람들에게는 좋은 직장에 우선 배치되는 등 파격적 인센티브를 부여함으로써 우수자원 확보와 복무의욕 고취 제도를 시행하고 있다. 또한, 공산주의 국가 특성상 수령과 당 중심의 강한 정신동원으로 철저하게 무장되고 있음을 강점으로 자랑하고 있다.

---

533) 동원예비군은 주소지 단위로 동원지정이 원칙이어서 직장 이전 등의 사유로 주민등록상 주소지가 변경되면 동원지정부대도 변경되고 있다.

남한의 취약점으로는, 예비군들이 국군조직법상 구성원으로 미 포함되어 있어 예비전력부대들의 전력화 근거가 마련되어 있지 않아 예비군들이 국방의무를 이행하는 데 있어서도 자긍심이 결여되어 있다 보니 일부 일탈행동들이 고스라니 표출되고 이로 인해 국민들의 신뢰를 떨어뜨리는 상황이 초래되고 있다.

그리고, 예비군들의 동원지정 부대와 보직이 자주 교체[534]되다 보니 자기 부대에 대한 소속감과 애착심, 협동심 등에도 많은 문제점들이 잠재해 있다고 생각해야 할 것이다.

예비군들의 장비와 물자도 현역 때 사용하던 신형장비가 아니라 구형장비가 지급됨으로써 해당 부대로 동원소집 후 편제장비 숙달을 위한 시간이 많이 소요되다보니, 전방군단에서 요구하는 시간에 정확하게 지정된 장소로 증원해 줄 수 없다는 상황도 매우 심각한 취약점으로 평가할 수 있겠다.

또한, 평시 예비군 훈련의 대가로 지불되는 보상비가 수십년 前 수준으로 물가 상승률도 제대로 반영되지 않다보니 근로자 최저 임금도 안되는 비현실적 예산이 편성[535]되어 있다는 것이다. 그리고, 예비군들이 부대로 소집 및 훈련 중에 부상을 당하여 치료를 할 때 현역과의 차별 등 열악한 복지제도 등은 예비군 사기저하의 직접적 원인이라 할 수 있겠다. 이는 G7 국가인 우리나라 대한민국의 國格에 맞지 않는 예비군들의 사기 및 복지수준으로 평가할 수밖에 없을 것이다.

Ⅴ. 우리의 대응방향(예비전력 혁신과제를 중심으로)

지금까지 우크라이나 전쟁 교훈과 시사점, 그리고 남·북한의 예비전력을 비교하여 북한 예비전력의 강점과 우리의 취약점을 도출해 보았다.

이를 토대로 미래의 급변하는 세계 안보정세를 반영하고, 한반도 주변 안보위협에 최적화하는 우리의 대응방향(예비전력 혁신)을 제시해 보고자 한다.

이와 연계하여 우리 예비전력의 혁신 방향을 분야별로 제시하면 다음과 같다.

먼저, 동원체계 혁신을 위한 쟁점 요소로서 "동원체계 개선, 관련 법령 보완, 동원 전쟁연습 체계 구축" 등에 주안을 두고 정리해 보았다.

534) 년 단위로 분석 시 약 40%의 예비군들이 부대와 보직이 변경되는 실태이다.

535) 일일 훈련수당이 근로자들 최저임금 수준도 되지 않는 매우 열악한 상태로 평시 생업을 포기하고 軍務를 명예롭게 생각하는 예비군들에게 더 이상 '애국 Pay'를 강요해서는 안 될 것이다.

〈표 2〉 동원체계 분야 혁신과제(연구자 정리)

핵심요소	혁 신 과 제
동원체계 개선 (조직 / 기구 강화)	• 국가 및 군사동원 조직의 강화 : 前 비상대비기획위원회 수준 • 군 조직도 정부조직과 연계하여 동원조직 편성 보강 * 예비전력 조직 인력보강 및 전문가 양성
동원 실효성 보장	• 군 지휘관 요구에 최적화된 동원자원 지정(직접 동원지정) • 작전계획과 충무 및 동원운영계획의 일치화 • 핵심부대는 동원지정 부대 및 보직고정으로 동원즉시 전투력 발휘보장 * 예비전력 실무자들의 임무수행능력 향상
관련 법령 보완	• 국군조직법 개정: 예비군을 국군의 구성요소로 포함(자긍심 고양) • 분산된 관련 법령을 예비군법으로 일원화 → 동원기본법 제정
동원 전쟁연습 체계 구축	• 컴퓨터 모의 동원전쟁연습 체계 구축(국방동원체계 기반 활용) * 동원전력사령부(미래 국군 동원사[536])예하에 체계 및 조직 신설 • 분기 1회 인원 및 물자동원 전쟁연습 실시(정부부처 참가) • 년 1~2회 연합연습과 연계한 실전적 훈련과 평가 실시 * 戰時 미군을 지원하는 예비전력(RSO 등)의 실효성 검증 병행

첫째, 동원체계 개선 및 실효성 보장이다. 이를 위해, 동원조직 및 기구 강화로서 현재, 행정안전부 1개 국(비상대비기획관실)으로 약화 편성된 국가급 비상대비 전담조직을 과거 국가 비상기획위원회 수준으로 강력하게 편성하여 국가 동원 지휘의 Control Tower로서 역할을 수행할 수 있게 해주어야 하고, 군 내에서도 현재의 육군 동원전력사령부를 국군 동원사령부로 확대편성하고 임무와 기능을 정비하는 등 조직정비와 담당자들의 직무수행 역량을 함양해야 할 것이다. 또한, 결국 사람들이 일을 하는 것이므로 국가 동원사무에 종사하는 공무원과 군인들이 제대로 임무수행 할 수 있도록 평소 훈련을 통한 임무수행능력 함양 등으로 실제 동원 시 실무자 주도의 동원 집행 실효성이 보장되어야 할 것이다.

둘째, 동원 관련 법령의 보완이다. 우선 시급한 것은 예비군들을 국군조직법에 포함시키는 개정안을 입법기관에 상정하고 관철시켜야 한다는 것이다. 국가 방위를 위해 평시부터 헌신하는 예비군들이 국군의 일원으로 포함되지 않고 있다는 모순적 행태는 우리 예비군들이 평시 훈련참석 의무와 비상상황 발생 시 전투에 참가해야한다는 당위성 문제에서 혼란을 초래할 수가 있다는 것이다. 그리고 예비군으로서 자랑스러운 복무의식 제고와 예비군들의 사기 고양 면에서 문제가 많음을 인식하고 관련 기관과 협의 하

536) 현재의 육군동원전력사령부가 동원집행의 Control Tower 역할을 제대로 수행할 수 있도록 국방부 직속으로 구조를 변경하고 편성을 보강하여 기능사 역할부대로 개편되어야 한다.

에 조치가 되어야 할 것이다.

다음은, 현재의 동원관련 법령의 실태가 시대 상황과 국민들 눈높이에 맞질 않고 예비군들의 불편을 초래하는 조항들이 많다는 것이다. 관련 법령 전체를 보면서 법령간 상호 충돌요소 발생 여부 등을 종합적으로 판단하여 법령을 개정(大觀小察) 했어야하나 그러질 않고 소요가 생길 때마다 해당 법령만 단편적으로 개정하다보니 법령 間 상호 출돌 요소 잠재 등 거의 누더기 형태의 법령[537]이 될 수밖에 없었다는 것이다. 따라서 이와 같이 복잡하게 얽혀있는 관련법령들은 통합하여 단일법인 가칭, 동원기본법[538]으로의 제정이 절실하다 하겠다.

그리고 동원의 실효성 분야에서도 군 긴요 부대들의 동원병력과 소요물자의 동원지정은 군 지휘관들이 직접하고 지정부대와 보직도 고정시켜 그야말로 역전의 용사(베테랑)들과 최상의 물자가 결합되어 동원과 동시에 최상의 전투력을 발휘할 수 있도록 제도적 보완이 시급하다고 할 수 있겠다.

셋째, 동원전쟁 연습 및 예비군 훈련의 강화이다. 동원의 대상은 국민들이기 때문에 국가가 필요하다고 해서 생업에 종사하는 국민들과 장비 물자 등을 아무 때나 동원하여 훈련하는 것이 제한될 수밖에 없다는 것이다. 이런 문제점들을 해소하기 위하여 컴퓨터 모의 동원전쟁 연습체계를 구축하고 담당 조직과 구성원들을 대상으로 주기적 훈련을 실시하고, 이를 토대로 전시 계획을 검증하고, 담당자들의 임무수행능력도 향상시켜야 한다는 것이다.

다음은, 예비전력부대 역량 강화 분야로서 "예비군 편성 및 구조 발전, 훈련 및 운영체계 보완, 지원여건 개선" 위주로 정리해 보았다.

537) '누더기 형태의 법령'이라 함은 관련 법령 상호간에 충돌요소도 많고, 개정 소요가 있을 때마다 법령 내용 위주로 단편적으로 개정작업을 하다 보니 법령 제목과 내용이 시대와 상황에 부합하지 않는 것이 많이 남아있다는 의미이다.

538) 병역법, 예비군법, 전시자원동원에 관한 법률, 부분동원에 관한 법률(안) 등 상호충돌, 시대상황에 부합하지 않는 법들에 대해 이런 문제점들을 모두 해결할 수 있고, 가장 실효성 있는 형태로의 단일 기본법이 필요하다는 것이다.

〈표 3-3〉 예비전력부대 역량 강화 혁신과제(연구자 정리)

핵심요소	혁 신 과 제
편성 및 구조 발전	• 예비군 규모 최적화 및 상비군 수준으로 전력화(先 합참에서 소요검토) • 예비군 편성 조정 : 1~4년차 동원예비군, 5~6년차 지역예비군, 7~8년차 대기예비군 ⇒ 1~3년차 상비예비군, 4~5년차 대기 예비군 • 장비·물자 부족분 우선 확보 추진, 현역과 호환성 유지 • 지역예비군은 예비군 100% 편성부대로 운용 * 예비군 사이버 부대 및 예비군 여단·대대 창설 등 • 인구감소에 대비한 현역과 예비역 통합복무제도 추진 • 비상근예비군제도 조기 정착 및 운용 직위 확대 * 임무와 기능에 따라 현역 + 예비군 차등화 편성
훈련 및 운영 체계 보 완	• 동원예비군훈련 기간 확대 : 4박 5일 / 장기적 연 2주간 훈련 • 지역예비군훈련 기간 확대 : 기본 연 2일(16H), 작계 1일(6H) • 훈련대상 축소 및 과학화 훈련방법 확대 적용 • 예비전력 임무를 비상사태시 동원 대비, 평시 위기시 지역방위 대비, 비군사적 지원, 국제평화 활동 및 작전 참가로 확대 * 메타버스 기반의 최첨단 훈련체계 도입
지원여건 개 선	• 예비전력 적정예산 확보 : 예산획득 구조 개선, 무기·장비 개선은 방위력개선비로 전환(특별회계 설치 방안 검토) • 예비군 육성지원 제도적 보장 : 법령 및 제도 개선 추진 • 의료·복지, 취업교육 등 예비군(국민) 체감 양질의 복지대책 마련 * 현역과 예비군 동질성 회복 차원의 접근(헌신에 부합한 보상) * 국민이면서 전투원인 예비군에 대한 이미지 재설정 정책 필요

첫째, 예비전력부대[539]의 편성 및 구조의 발전이다. 이를 위해, 예비군 규모와 편성을 최적화하고, 예비군도 상비군과 동일한 수준으로 무장도 시켜야 한다. 그리고 인구감소에 대비하여 순수 예비군으로 편성된 '사이버 예비군부대'와 '예비군 여단 및 대대'를 신편하고, '비상근예비군제도 확대 등 예비역들의 군 부대 재복무 제도의 발전적 확대' 등 미래 안보상황 변화에 적극적으로 대처해야 할 것이다.

둘째, 예비훈 훈련 및 운영체계 보완이다. 동원예비군 중 핵심자원들은 훈련기간을 확대(4박 5일 → 2주간)하고, 현재 추진 중인 권역화·과학화 훈련장 구축은 조기에 완성하여야 할 것이다. 그리고 장기적 계획으로 예비군들 대상 전투수행 훈련도 최첨단 과학기술인 메타버스를 활용하여 실제와 매우 유사한 전투상황을 연출해 주는 실전적 과학화 훈련체계로 발전시켜나가야 할 것이다. 선진국 훈련시스템을 벤치마킹하고, 민

539) 예비전력부대란, 평시의 부대 편성률이 매우 저조(30% 이하)한 동원위주 부대로서 동원사단, 동원보충대대, 지역방위사단, 군수부대 등을 말한다.

간의 첨단 과학기술을 우리 상황에 맞게 조기에 적용시켜 IT 강국에 부합한 훈련체계로 혁신되어야 할 것이다. 예비군의 임무와 역할도 기존 전통적 안보위협에 추가하여 비전통 위협까지도 대비할 수 있도록 편성과 운영개념을 혁신해야 할 것이다.

셋째, 예비전력 혁신을 위한 지원여건 향상이다. 먼저, 지금까지 예비군들의 애국 Pay에 의존해 왔던 훈련과 소집 보상비를 예비군들이 체감할 수 있도록 현실화 해야 하고, 예비전력 혁신 소요예산의 적기 지원과 관련 법령과 제도의 개선이 선행되어야 한다는 것이다. 즉, 사기 및 복지분야를 포함한 지원여건 분야도 G20 국가 국격에 부합한 수준으로 혁신되어야 한다는 것이다. 또한, 북한 예비전력에 대한 전문 연구조직의 신설이 절대적으로 필요함을 느꼈다.

Ⅵ. 결 언

이번 전쟁에서 우크라이나, 러시아 모두 전쟁의 핵심전력으로 예비전력을 평시에 제대로 준비하지 않았을 때는 엄청난 참혹한 대가를 치뤄야 한다는 것을 잘 보여주고 있다. 우크라이나는 90여만 명의 예비군을 보유 하고 있었지만, 이들을 무장시킬 장비와 물자가 부족한 상태이다 보니 훈련도 제대로 안되었고, 대통령과 국민들의 전쟁의지는 매우 강력했으나 정작 예비군들은 무장을 하고 싸울 준비를 할 수가 없었다는 답답한 상황에 직면했었다. 그런 결과로, 국가 지도자인 대통령까지 직접 나서서 서방국가에 장비와 물자를 구걸하는 비참한 상황에 직면해 있는 것이 현재의 우크라이나의 전황 국면이다. 여기에서 주는 시사점은 평시에 예비전력을 제대로 준비해 두지 않은 나라는 반드시 비참한 운명에 처해질 수밖에 없다는 것을 잘 보여주고 있다는 것이다.

러시아의 경우에도 舊 소련연방의 체제 붕괴로 국력이 약화되면서 동원체제 구축과 예비전력부대 육성을 소홀히 한 결과 충분한 예비전력 없이 버거운 전쟁을 치루고 있는 것이 또한 현실이다. 이는 엄청난 예비군 자원들을 가지고 있었고, 두 번의 부분동원령을 선포하였지만 동원체계의 미 작동으로 동원대상자들이 해외로 도주하거나, 동원 입소를 회피하는 모습들이 언론에 그대로 보도되고 있는 등 적기에 병력보충을 해 주지 못하는 상황으로 악화되었고, 이로 인해 전선의 부대 전투력은 급격히 약화 될 수밖에 없었다는 것이다. 또한, 전쟁이 장기화되고 보급선이 신장되면서 전투원들의 장비 및 물자 보급에도 어려움을 겪고 있어 일부 지역에서는 유류가 제대로 보충되지 않아 전차와 장갑차 등 기동장비가 멈춰 섰고, 피복과 침구류, 식량 부족 등으로 추위에 노출되고 굶주린 병사들의 모습들이 언론에 노출되면서 전 세계는 이번 전쟁에서 러시아의 패배를 조심스레 예측하는 상황에까지 이른 것이다. 아무리 군사력 세계 2위 국가라 하더라도 전쟁 지속의 핵심인 예비전력을 준비하지 않은 대가를 제대로 치루고 있는 것이다.

지금도 전쟁 중인 한반도, 지정학적 특성상 전통 및 비전통 위협은 더욱 증대되고 있는 안보상황에서, 우크라이나 사태가 주는 시사점과 군사력을 제대로 준비하지 않았을 때의 뼈아픈 역사적 사실을 교훈을 잘 새겨야 할 시점이라고 생각한다.

주변국 사례에서도 우리가 배워야할 교훈들을 도출할 수 있겠는데, 먼저 중국과 대치하고 있는 대만의 경우에도 초강대국 중국의 오판으로 기습 공격 時를 대비하여 총통 주도로 강력한 예비전력 혁신을 추진하고 있는데, 대표적으로 예비군 부대를 확충하고, 예비군들의 훈련도 두 배 이상 늘려 강화하는 등 준비된 예비전력으로 對 중국 방어계획을 발전시키고 있다는 것이다.

또한, 유럽의 여러 나라들도 2차 대전 이후 폐지했던 예비군 제도를 부활시켜 정예화하는 등 러시아의 우크라이나 침공과 같은 우발사태에 대비하고자 예비전력을 강화하고 있다는 매우 의미 있고 비중 있는 소식이 전해오고 있는 상황이다.

하지만 우리나라의 경우는 어떠한가? 예비전력 혁신에 대해 너무 안일하다는 것을 지적하지 않을 수 없다. 예비전력은 산소와 같다고 한다. 산소는 문제가 없으면 그 중요성과 고마움을 잊고 산다. 그러나 산소가 없어진다면 지구상의 모든 생명체는 죽음을 맞을 수밖에 없듯이 예비전력이 준비되지 않으면 우리나라가 사라질 수 있다는 것을 다시한번 상기해야 할 것이다.

평시에 잘 준비된 예비전력을 가지고 있던 나라들은 오랫동안 평화와 번영의 시간을 누릴 수 있었다는 것도 역사적 교훈[540]에서도 찾아 볼 수 있었다. 더 늦기 전에 국가 지도자들이 주도하고 국민들이 공감하는 예비전력 혁신을 주문해 본다.

만시지탄(晩時之歎), 때늦은 한탄(恨歎)이라는 뜻으로,
시기가 늦어 기회를 놓친 것이 원통해서 탄식함을 이르는 말이다.

540) 국민의 1% 이상 군대(예비전력)을 보유할 때 다른 나라의 침략을 억제할 수 있었고(고구려, 통일신라), 1% 미만일 때에는 외적의 침략을 받아 전 국토가 피폐되는(왜란, 호란, 6.25전쟁 등) 역사적 경험과 교훈이 있었다.

저자소개

장태동 | 국방대예비전력 센터장

1988년 육사 44기로 임관했으며, 현재는 국방대학교 국가안전보장문제연구소 예비전력연구센터장으로 재직 중에 있음. 현역 때에는 미국 예비군 분야 연수 후 국방부, 육군본부 등에서 예비전력분야 정책업무를 수행하였으며, 2018년부터 동원전력사령부 창설과 부대를 안정화 시키는데 기여하였음.

주요 연구실적으로는, 국방정책(예비전력 분약) 관련하여 '지역방위 다기능 임무수행 예비군부대 편성 방안, 동원전력사령부 임무 및 역할 확대방안, 육군 군수동원지원단 창설 방안, 모병제 시대를 대비한 병역제도(예비군 제도와 연계) 혁신방향, 新 개념의 지역방위 예비군 제도 발전 방안' 등에 대한 연구와 세미나 및 발간, 정책부서에 주기적으로 정책 제언을 실시해 오고 있음.

18 우크라이나 전쟁을 통해 본 전쟁 전략적 커뮤니케이션 - 전쟁 취재 보도를 중심으로

윤 원 식 박사(전 국방부 부대변인)

Ⅰ. 머리말

러시아의 침공으로 시작된 우크라이나 전쟁이 1년이 넘도록 계속되고 있다. 전쟁 당사국은 물론 전문가들도 예단치 못한 상황이다. 러시아는 세계 2위의 군사력을, 우크라이나는 세계 22위의 군사력을 보유하고 있다. 외형적 군사력의 차이는 매우 크다. 병력 수만으로도 개전 당시 기준으로 135만 명 대 50만 명이다. 그럼에도 불구하고 단시일 내에 전쟁을 종결짓고 목적을 달성코자 했던 러시아는 국내외적으로 곤욕을 겪고 있다.

우크라이나 전쟁의 전황에 대해서 세계인들은 신문이나 방송 같은 매스 미디어(mass media)를 통해서, 또는 SNS(social network service)로 불리는 유튜브, 페이스북, 트위터, 블로그 같은 소셜 미디어(social media)를 통해 보고 듣고 있다. 양측의 군사작전 진행 상황이나 군인 및 민간인 사상자 현황, 각종 시설 및 건물의 피폭 현장 등이 상세히 보도되고 있다. 그러한 보도를 통해서 전쟁에 대한 국내외 여론이 형성되고 형성된 여론은 다시 전쟁에 직간접인 영향을 미치고 있다.

오늘날 세계는 국제정치의 역학관계가 첨예하게 작용되고 있어 비단 우크라이나 전쟁 뿐만 아니라 국가 간의 전쟁은 어느 지역에서의 전쟁이든 단순한 군사력의 우위만으로 전쟁의 승패가 결정되는 것은 아니다. 따라서 우크라이나 전쟁을 타산지석으로 삼아 우리의 국가안보전략과 전·평시 국가위기관리 분야를 더욱 체계적으로 실효성 있게 발전시키는 계기가 되도록 해야 한다.

한반도 안보상황은 북한의 핵 개발과 장거리 미사일의 실용화 등으로 인해 갈수록 우려가 커지고 있다. 특히 북한의 7차 핵실험이 핫이슈로 고조되고 있는 가운데 북한은 중장거리 미사일의 지속적인 발사와 무인기 침투 등 다양한 형태의 도발과 위협을 일삼고 있다. 이러한 시기에 동북아 정세는 물론 전반적인 국제정치의 역학관계를 잘 비교분석하여 남북 관계에 대입하고 응용하기 위한 연구 등의 관심과 대비는 중요하다.

우크라이나 전쟁 발발 1년을 계기로 전·평시 국가안보전략 구현을 위한 핵심 메시지 개발과 미디어를 통한 전달 및 확산, 여론 형성 등과 관련된 전략 커뮤니케이션(Strategic Communication, 이하 SC)에 대한 공론화는 매우 시의적절한 의제

(agenda)이다. SC는 국력의 제반요소를 통합운영하여 국가안보전략을 구현하기 위한 포괄적이고 광범위한 개념이지만, 이 글에서는 군사안보 수준에서 대언론 위주의 전쟁전략커뮤니케이션으로 국한해서 살펴보고자 한다.

Ⅱ. 전쟁취재와 언론보도, 위기관리 커뮤니케이션

전쟁은 언론의 가장 큰 뉴스거리이다. 전쟁의 규모가 크든 작든 그것은 인간의 생명과 재산에 대한 직접적인 피해를 유발하는 것이기에 먼 나라에서 벌어지고 있는 국제뉴스임에도 불구하고 언론은 뉴스 가치가 높다고 보고 큰 비중으로 취급하고 있다.

오늘날 언론의 전쟁보도 방식이 매우 다양해졌지만 여전히 가장 큰 영향력을 가진 것은 신문 방송 등의 매스미디어이다. 그 중에서도 특히 TV 방송의 위력은 과거나 지금이나 여전하다. 베트남전이 TV를 통해 전쟁의 참상이 시청자들의 안방으로 보도된 최초의 전쟁이다. 걸프전은 '미디어에 의한 대리전쟁'이라고도 불릴 정도로 언론의 비중과 역할이 컸다.

언론의 전쟁 취재와 관련하여 가장 비교가 되는 것은 1960년대의 베트남전과 1990년의 걸프전, 2001년의 이라크전이다. 베트남전 당시에 미군은 언론 취재에 비협조적이고 주로 통제적인 측면에서 다룸으로써 언론의 불만을 야기하게 되었고 제한된 정보로 인해 왜곡보도도 많았다. 결국 TV보급의 대중화와 더불어 언론의 반전여론 조성이 전쟁 전반에 영향을 미치게 되었다.

걸프전은 공동취재단(pool)을 구성하여 언론 취재를 지원하였는데 이것은 통제에 주안을 둔 언론정책으로서 제한적인 취재 허용과 보도검열 방식으로 인해 언론의 많은 불만을 야기하게 되었다. 반면에 이라크전에서는 임베딩(embedding) 시스템을 적용했는데 이것은 걸프전과는 달리 언론취재의 적극적인 공개 및 안내에 주안점을 둔 제도이다. 일종의 종군 취재 또는 동행취재와 같은 개념으로 부대와 함께 동행하면서 취재하는 방식을 적용하였다.

이러한 전쟁에서의 언론취재 지원 방식들은 군사작전 이외의 작전으로서 여론전과 심리전에서 우위를 차지하여 전쟁을 유리하게 이끌기 위한 일종의 전략적 커뮤니케이션의 한 수단이자 방법이다.

오늘날의 전쟁은 ICT 기술의 발달로 언론의 전쟁보도는 매스 미디어 뿐만 아니라 트위터나 페이스북, 유튜브 같은 개인 미디어가 스마트폰의 일상 생활화와 더불어 전투 수행과 거의 동시에 지구촌 곳곳으로 전파되고 있다.

이러한 개인 미디어가 생산, 전파하는 뉴스는 때로는 객관성이 부족하고 보는 사람이나 생산자의 주관적 관점에서 게이트 키핑(gate keeping 취사선택)될 소지도 많다. 뿐만 아니라 개인이나 조직이 특정 의도를 가지고 실제 사실과는 다르게 왜곡, 확대 또는 축소, 과장이나 편파적인 정보를 취급하게 될 가능성도 배제할 수 없다. 물론 사실과 거리가 먼 정보나 뉴스들은 진실과 사실을 추구하는 미디어의 여러 수단과 방법을 통해 궁극적으로는 바로잡아지거나 걸러지게 될 것이다. 그러나 일정한 시간이나 국면 동안에는 의도한 바대로 특정 여론 형성이나 심리전 등의 효과와 영향력을 미칠 수 있게 된다.

여론전의 가장 대표적인 예는 베트남 전쟁이라고 할 수 있다. 막강한 군사력을 보유하고 압도적인 화력으로 전쟁을 주도했던 미국이 여론전에 밀려 미국민들 사이에서 전쟁의 참상과 부도덕성으로 인해 반전 여론이 일게 되어 베트남에서 미국이 철수함으로써 마침내 우세한 군사력을 가졌던 베트남은 패하고 베트콩의 승리로 전쟁은 끝이 났다. 당시 피폭 장면 사진이나 TV에서 보도된 베트남 전쟁의 모습이 실상과 다소 다른 면이 있었다 하더라도 대중들의 뇌리에는 실제 현상 그 자체보다는 언론에 의해 재 가공된(현실재구성, reconstruction of reality) 모습으로 인지되고 인식되어 있다. 특히 네이팜탄에 화상을 입은 소녀가 벗은 채 울부짖으며 달려가는 장면은 엄청난 반향을 불러 일으켰다. 그러나 실제로 이 소녀는 안전한 곳에서 숨어 있던 중에 다른 아이들과 함께 구경하러 나왔다가 언론에 노출된 것이다. 경위야 어찌 되었건 간에 전쟁에 대한 비인도적인 모습으로 언론에 의해 재 가공되어 표출됨으로써 세계를 경악시킨 대표적인 사례이다.

심리전은 개인적인 이해관계나 스포츠 경기에서의 승패나 경기력에서의 우위를 점하고자 하는 상황으로부터 국가 간의 협상이나 전쟁에 이르기까지 그 수준과 범위가 매우 다양하다. 전쟁에서의 심리전은 전쟁 수행에 대한 대의명분과 정당성을 합리화하기 위한 선전활동과 동맹국 및 동조세력의 결집, 상대국의 사기를 저하시키고 국제 여론을 자국에 유리하게 하기 위하여 수행하는 것으로서 전략적, 전술적 수준에 이르기까지 다양하게 전개될 수 있다. 즉 자국에게 유리한 전쟁 환경 조성과 적국에게 불리한 상황

조성 및 국내외 여론을 유리하게 만들기 위한 수단과 도구, 폭이 매우 광범위하다.

심리전은 백색 심리전과 흑색 심리전의 두 가지 유형으로 구분해 볼 수 있다. 백색 심리전은 아군에게 유리한 정보나 사실(fact)을 반복 강조하여 상대국의 사기를 저하시키고 아군의 전의와 우방국의 지원 및 협력을 최대화 시키는데 활용되는 유형이다. 반면에 흑색 심리전은 허위 또는 왜곡 과장된 정보를 유포하여 특정 국면에 대한 상대국의 전의를 저하시키고 국지적으로 유리한 상황을 조성하고자 하는 심리전의 유형이다.

'전쟁의 첫 번째 희생자는 진실이다'(the first casualty of war is truth) 라는 말이 있다. 전쟁에 대한 언론의 보도는 객관성과 중립성 보다는 편견과 이념, 의도가 그만큼 많이 작용되어 나타나기 때문이다. 전쟁 때는 일반 국민이나 대중들은 전투 현장에 접근하기가 곤란하다. 개인의 안전과 군사작전에 미치는 영향이 크기 때문에 종군취재 기자 등 다양한 미디어 수단에 의해 알려지는 정보를 접하는 게 일반적이다. 언론을 통한 전쟁보도가 얼마나 중요한가 하는 것은 바로 이 때문이다.

따라서 전쟁 수행의 직접 당사국이나 주변의 이해관계국들은 전쟁을 보도하는 매스미디어 뿐만 아니라 개인 미디어나 소셜 미디어에 대해서도 관심을 가져야 여론 형성이나 시시각각의 이슈에 대해서 적시에 제대로 된 대응을 할 수 있다. 전쟁에 대한 언론의 취재 및 보도는 어떤 형태이든 국가안보에 직접적인 영향을 미치게 되는 핵심적인 위기관리 사안이자 전략커뮤니케이션의 대상이다.

Ⅲ. 국가안보 위기관리와 전략커뮤니케이션

개인이나 조직의 여러 위기 가운데서도 국가안보 위기는 가장 핵심적인 위기관리(crisis management) 대상이자, 언론 및 국민과의 관계에 있어서 매우 중요한 위기커뮤니케이션(crisis communication) 사안이다.

위기관리(crisis management)는 갈등관리(conflict management), 쟁점관리(issue management) 등의 유사한 의미가 있는데 위기관리는 이들 의미를 모두 포함하는 포괄적인 것으로서, 위기상황에 직면했을 때 체계적으로 대응하려는 조직의 움직임이라고 할 수 있다.

또한 위기관리는 어떠한 위기가 발생되거나 발생될 우려가 있을 때 이를 효과적으로 예방하거나 대응, 복구하여 피해범위를 최소화시키고 위기 이전의 상태로 되돌아가게 하는 것이라 할 수 있다. 특히 국가안보 위기와 관련해서는 국가안보를 위협하는 요소가 무엇인지, 그리고 어느 위협 요소가 더 중요한지는 시대에 따라 환경에 따라 달라질 수 있다. '위협'은 그 정도와 시기에 따라 곧바로 '위기'로 이어질 개연성이 내포되어 있으므로 어떠한 대내외적인 위협이든 주의를 기울이지 않을 수 없다.

위기 커뮤니케이션(Crisis Communication)은 위기관리 커뮤니케이션(Crisis Management Communication)과 같은 의미로 쓰이기도 하고 또는 구분해서 쓰이기도 한다. 구분한다면 위기의 단계와 커뮤니케이션의 내용이 어떤 것이냐에 의해 구분될 수 있다. 즉 위기관리를 목적으로 하는 커뮤니케이션 활동 중에서 거시적·통합적 접근 방법으로 위기관리의 전 단계에 걸쳐 이루어지는 포괄적인 커뮤니케이션 활동은 '위기관리 커뮤니케이션'으로 볼 수 있다. 반면에 특정 위기 상황이 발생하여 종료될 때까지의 미시적·부분적 쟁점관리(issue management) 차원에서 당면 위기에 대한 대응 및 사후 조치 과정에서 이루어지는 커뮤니케이션 활동은 '위기 커뮤니케이션'으로 구분하는 게 일반적이다.

국가안보는 전통적 안보 관점에서 안보의 운용 주체인 군과 군의 군사적 운용에 대한 감시자이자 비판의 주체인 언론과의 관계에 따라 많은 영향을 받고 있다. 즉 국가안보 의제(agenda)에 대한 언론의 보도성향과 보도행태가 어떠한 방향으로 설정되느냐에 따라 국가안보에 대한 국민의 인식이 달라지기 때문이다.

언론이 국가안보와 관련된 의제(agenda)를 어떤 관점과 프레임(frame)으로 보도 하느냐에 따라 미디어 수용자들의 평가와 이미지 형성에 결정적인 영향을 미치게 된다. 오늘날 매스 미디어로 대별되는 정보화 사회에서 언론의 보도는 인터넷을 통한 온라인과 오프라인을 통해 실시간으로 전 세계에 확산 전파될 만큼 파급력과 영향력이 커졌기 때문에 잘못된 고정관념을 형성하는데도 크게 작용하고 있다.

특히 국가 간의 무력분쟁이나 전면적인 전쟁 같이 국가안보에 직접적인 영향을 미치는 사안은 언론의 취재와 보도가치 면에서 우선순위와 중요도가 매우 높은 아젠다(agenda)이기에 더욱 중요하다.

언론이 특정 의제나 이슈를 뉴스로 채택하여 보도하는 과정에는 미디어를 통해 생산(제작), 유통(전파)을 거쳐 수용자(독자, 시청자)들에게 소비(구독)되는 전 과정에 걸쳐 미디어의 여러 가지 기능과 원리가 작용되고 있다. 따라서 전쟁을 비롯한 국가안보관련 위기관리 의제에 대한 언론보도와 언론보도를 위한 정책 담당자들의 위기관리 차원의 커뮤니케이션 전략은 곧 전략 커뮤니케이션 구현의 수행 방안이라 할 수 있다.

평시 국가 간의 부분적인 군사적 충돌이나 또는 전면적인 전쟁 발생시 군과 정부의 위기관리의 첫 번째 열쇠는 언론을 통해 형성되는 여론관리에 달려 있다. 심지어 사실 여부와는 상관없이 특정 여론의 향방이 전쟁 전반에 영향을 미치게 된다. 현대전이 여론전, 미디어전이라고도 불리는데는 이러한 속성 때문이다.

현대전·여론전은 군과 정부의 공보 시스템이나 매스 미디어 외에도 개인과 민간 기구에 의한 개인 미디어나 SNS를 이용한 소셜 미디어가 자국과 전쟁 상대국은 물론 제3국의 세계인들에게 직간접적으로 미치는 영향이 매우 크므로 군사작전 못지않게 큰 비중을 차지하고 있다. 따라서 언론의 취재 및 보도를 위한 위기관리전략 즉 전략커뮤니케이션을 발전시켜야 한다.

우크라이나 전쟁을 보다 생생하고 현장감 있게 보도하기 위해 각국 언론은 신변의 위험을 무릅쓰고 현장에서 취재에 열을 올리고 있다. 그러나 전장에 있는 기자들이라고 해도 전쟁의 전체 국면을 다 취재하지는 못한다. 기자 개인의 신변에 대한 안전 문제도 있고, 작전현장에 대한 접근도 제한적이다. 따라서 취재 기자가 어디에서 무엇을 취재하여 보도하든 간에 기자 스스로가 처한 상황에서 나름대로의 기준에 의해 취사선택(gate keeping)할 수 밖에 없다. 기자가 전쟁에 대해 어떤 과정을 거쳐 취재되었든 간에 전쟁 관련 보도는 시청자 독자들에게 매우 인상 깊게 전달된다. 그리고 그렇게 제작되어 전달된 정보는 곧이어 여론으로 형성되게 된다.

경우에 따라서는 보도된 내용이 실제와 차이가 있거나 다를 수도 있다. 역설적이게도 그러한 정보의 차이는 곧 미디어를 통한 여론전의 중요성을 반증하는 것이다. 팩트(fact)와 페이크(fake)가 쉽게 구별이 안 되므로 어떤 특정한 의도를 달성하기 위한 목적에서 미디어를 최대한 활용하고자 하는 것이 여론전이기 때문이다.

언론은 어떤 사안에 대해 특정한 측면에서의 관점을 디자인하고 제공해준다. 첫 번째 관점 디자이너가 현장의 취재 기자이다. 해당 언론사의 이데올로기나 취재 기자 개인이 어떤 관점과 프레임(framing)을 설정하고, 어떤 아젠다에 중점을 두고(agenda setting), 원래의 팩트를 의도에 맞게 현실을 재구성(reconstruction of reality)[541] 하느

---

541) 의제설정이론(agenda setting theory)은 매스미디어가 특정 이슈에 대해 반복적인 뉴스보도를 통해 공중(시청자, 독자)에게 해당이슈가 중요하다고 느끼게 한다는 이론, 게이트키핑 이론(gatekeeping theory)은 어떤 정보(이슈)가 미디어를 통해 보도되는 과정에서 정보유통 통로에 있는 여러 단계의 게이트키퍼에 의해 취사선택(filtering)과정을 거치게 된다는 이론, 프레이밍(framing theory)이론은 미디어가 어떤 이슈나 사건을 취재 보도하는 과정에서 특정 프레임(틀)을 통해 보도함으로써 수용자(시청자, 독자)들에게 특정한 이미지를 형성하게 된다는 이론, 현실 재구성(reconstruction of reality)은 어떤 이슈나 사건에 대해서 수용자(시청자, 독자)들이 인식하는 것은 미디어 보도가 실제 현실과 다르더라도 미디어에 의

냐에 따라 지지나 반전, 성원이나 비판으로 이어진다. 언론 분야에 있어서의 전략 커뮤니케이션 수행 준비와 대비가 중요한 것은 이러한 미디어 이론의 원리가 작용되고 있기 때문이다.

설득과 공감을 불러 일으켜 의도한 목적을 달성코자하는 전략커뮤니케이션을 한마디로 정의하기는 쉽지 않다. 또한 다방면에 사용될 수 있는 용어이다. 전략커뮤니케이션의 분야는 PR, 광고, 마케팅 같은 분야가 있는가하면, 국가 간의 전쟁, 군중들에 대한 선전선동, 각종 선거, 특정 목적의 허위정보나 가짜뉴스 생산 전파 등의 분야가 있을 수 있다. 전략커뮤니케이션의 수단 또는 수행방법은 브리핑, 기자회견, 같은 전통적인 매스 미디어 외에도 트위터, 페이스북, 유튜브 같은 SNS를 통한 개인 미디어등 다양하게 전개될 수 있다. 전쟁에서의 전략커뮤니케이션은 국가 총력안보 차원에서 관심을 가지고 준비해야 할 사안이다.

Ⅳ. 전쟁 전략커뮤니케이션 발전 방안

1. 우크라이나 전쟁에서 보는 전략커뮤니케이션

우크라이나가 SC를 위해 어떤 조직과 기구를 가동하고 있는지에 대한 본질과 내부 여건은 확인할 수 없으나, 결과적으로 나타나는 현상과 효과만을 중심으로 살펴보면 몇 가지 눈에 띄는 것을 찾아볼 수 있다.

우크라이나 전쟁에서 볼 수 있는 전략커뮤니케이션 수행의 주체(who)는 젤렌스키 대통령 개인이다. 개전 초기부터 지금까지 젤렌스키 대통령의 일관된 핵심 메시지(what)는 두 가지이다. 대내적으로는 국민의 '결사항전 의지를 결집'시키고, 대외적으로는 서방 국가들에게 '반러 연합전선 구축을 통한 무기 지원'을 촉구하는 것이다. 그것의 수행 수단(how)으로는 기존의 매스미디어 뿐만 아니라 개인 미디어로 분류되는 각종 SNS이다. 그는 가용한 수단과 방법을 통원하여 자국민과 세계인들을 대상(whom)으로 한 여론전과 심리전을 효과적으로 수행하고 있다.

처참하게 파괴된 러시아 전차, 전투기 등의 모습이 담긴 SNS전, 러시아군 포로 모습을 공개한 심리전, 우크라이나 민간인의 피해를 알리는 여론전 차원에서 젤렌스키 대통령이 늘 전투복장 차림으로 동분서주하면서 순발력 있게 세계인들을 향해 무기지원 호

해 보도(재구성)된 그대로 인식하게 된다는 것이다.

소 등은 매우 인상적이다. 대통령 그 자체가 뉴스메이커인데다가 개인적인 역량이 뛰어나 전쟁 전략커뮤니케이션에서 매우 커다란 역할과 기능을 하고 있다.

국민의 결사항전 의지와 서방세계의 반러 연합전선 구축을 위한 SC의 주체가 되고 있는 우크라이나 젤렌스키 대통령

젤렌스키 대통령의 미디어 전략은 미국을 비롯한 영국, 독일 등의 서방국가와 제3국의 국가들에게 형식과 내용에 구애받지 않고 군사적, 경제적인 도움과 지원을 호소하는 것으로서, 상당한 효과를 얻고 있는 것으로 평가되고 있다. 젤렌스키 대통령의 이러한 활동들은 전략 커뮤니케이션 차원에서 볼 때 아주 효과적인 것으로 평가된다. 젤렌스키 대통령 개인의 캐릭터가 코미디언으로 활동한 경험과 미디어에 대한 친숙도 등 개인적인 커뮤니케이션 역량이 탁월하여 자국민은 물론 서방세계의 여론을 움직이는데 가장 밑받침이 되고 있다는 것도 중요하게 작용하고 있다.

지난 1년 간의 전쟁 동안 젤렌스키 대통령은 우크라이나 국민은 물론 전 세계를 대상으로 100여 차례 이상의 연설을 했는데, 그 중의 일부 주요 연설문을 엮어서 최근에 『우크라이나에서 온 메시지: 젤렌스키 대통령 항전 연설문집』이라는 제목의 책으로 나왔다. 일각에서는 우크라이나 침공에 여론을 주목하게 한 젤렌스키 대통령의 연설에는 뛰어난 수사법, 진정성 있는 메시지, '공감'이 있어, 푸틴의 총보다 강했다고 평가하기도 한다.[542]

542) 중앙일보, 2023년 2월 11일

푸틴 총보다 강했다…전세계 사로잡은 젤렌스키 32초 연설

중앙일보 | 입력 2023.02.11 15:00 업데이트 2023.02.11 17:25

이보람 기자 구독

" 우리는 그 어떤 세력도 물리칠 것입니다. 우리는 우크라이나이기 때문입니다. "

전 세계인들은 이제 우크라이나를, 젤렌스키를 안다. 외신은 그가 자국민을 비롯해 전 세계로 보낸 메시지를 두고 "이 시대의 게티즈버그 연설" "젤렌스키의 연설은 푸틴의 총보다 강하다" "처칠(영국 전 총리)이 된 채플린(미국 코미디언)"이라고 극찬했다.

출처: 중앙일보 2023년 2월 11일자

2. 한국의 군사안보 분야 전략커뮤니케이션 발전 과제

전략커뮤니케이션은 2000년대 9.11 테러 이후에 미국에서 등장한 개념[543]으로 국력의 제반 요소를 통합하여 국가전략 목표를 달성하기 위한 수단과 절차, 과정 전반을 일컫는다. 또한 경영전략이나 광고홍보 전략 등의 분야에서도 많이 사용하고 있는 용어이다. 미 국방부는 '미국의 국익 및 전략목표 증진에 유리한 환경을 조성, 강화, 유지하기 위해 국력의 제반 수단을 긴밀히 동시통합시키는 정부 차원의 절차와 노력'[544]으로 정의하고 있듯이 매우 포괄적이고 광범위한 개념이다.

이러한 SC를 국가안보 차원으로 범위를 좁혀보면 SC는 언제 왜 필요한가 하는 의제를 우선적으로 생각해 볼 수 있다. SC는 전·평시 모두 필요하나 특히 안보상황이나 여건이 불분명하고 애매할 때, 전환기에 접어들 때, 특정 위기가 발생하거나 전쟁 시에는 반드시 필요하다. 이러한 상황에서는 여러 고려 요소가 많아지고, 기존의 전략이나

543) 김철우·이근수, "국방부 전략커뮤니케이션 체계 정립방안", 한국국방연구원 연구보고서 안2010-2851, 2010, p.26.

544) DoD, *QDR Execution Roadmap for Strategic Communication*, September, 2006, p.3, 김철우·이근수 위의 책 p.31에서 재인용.

정책 또는 방침을 수정해야 하는데 이를 둘러싸고 대립과 갈등, 의견충돌 등 찬반양론이 늘 있을 수 있기 때문에 국가안보 위기관리 측면에서 사전에 예측하고 준비하고 대비해 놓아야 한다.

국가안보에 대한 위기관리를 위한 전략이나 정책 결정은 무엇보다도 최고 정책 결정자의 정치적 신념 체계나 철학, 심리적 성격, 특정 상대나 특정 정보에 대한 인지적 편향성 등에 의해 크게 좌우된다. 또한 정책결정 집단의 '집단 사고'(group thinking)에 의해서도 많은 영향을 받는다. 경우에 따라서 집단사고는 특정 방향으로 편향될 가능성이 있다. 즉 집단사고는 응집력 높은 집단 구성원들 중에서 핵심 구성원 위주의 일치된 사고방식을 통해 정책이 결정되는 것인데, 주로 최고 결정권자의 권위주의적 리더십과 특정 신념에 대한 일종의 과잉충성으로 인해 발생할 소지가 높다는 것이다.

전쟁 시의 중요한 정책 결정이 상대방의 능력과 의도에 대한 잘못된 인식이나 해석 또는 선입견으로 인한 오인과 오판으로 인해 잘못 정책 결정을 할 개연성이 있다. 우크라이나 전쟁에 임하는 러시아 푸틴 대통령의 핵무기 사용 우려 같은 것이 좋은 예이다. 이러한 우를 범하지 않기 위해서나 또는 이에 효과적으로 대비하기 위해서는 전략커뮤니케이션을 제도화하여 활용해야 한다.

SC를 우리말로는 정확히 표현하기 어려운 면이 있다. 등장 배경과 내포하고 있는 의미와 개념이 포괄적이기 때문이다. 영어식 표현 그대로 '전략커뮤니케이션'이라고 하는 것이 가장 적합한 표현이지만, 굳이 한글로 표현한다면 '전략대화', '전략적 소통', '소통전략'이라는 용어를 쓸 수 있는데 어떤 용어도 SC가 추구하고 있는 본래의 함축성과 의미를 제대로 담은 표현이 되지는 않는다. 따라서 이를 상황에 따라 중의(重意)적으로 사용하는 것도 전략적일 수 있다. 그야말로 그 자체가 전략적인 용어이기 때문이다.

또한 SC의 구현을 위해서는 구체적으로 누구(who)가 주체가 되어, 누구를 대상으로(whom), 어떤 메시지로 무엇을(what), 어떤 수단과 방법으로 어떻게(how) 할 것인지가 설정되어야 한다. 이러한 논점에서 SC의 의미와 개략적인 구현 형태를 도출해 볼 수 있다.

SC의 주체는 젤렌스키 대통령 같은 최고 정책 결정자 개인이 될 수도 있고 국가안보실이나 국방부 같은 특정조직이 될 수도 있다. 개인이든 조직이든 역할과 기능을 효과적으로 수행할 수 있으면 된다. 그러나 아무래도 뉴스 가치가 큰 최고 정책 결정권자가 주체가 되는 것이 더욱 효과적일 것이다.

SC의 적용 대상이나 범위는 내부(내부 구성원, 국민), 외부(적국 및 관련국가), 제3자(이해관계 당사자 및 국가)로 설정할 수 있다. 그리고 이 각각의 대상들을 설득하고 강요할 수 있는 적합한 핵심 메시지가 있어야 한다. 이러한 것을 위해 안보 전문가들로 구성된 제도적 기구가 구성되어 SC의 주체(who), 대상(whom), 목표(what)에 대해서 영속성 있는 국가안보에 대한 위기관리 전략이 수립되어야 한다.

SC는 국가안보전략 구현과 위기관리를 위한 관련부서 및 정책결정자들 간의 일관성 있는 메시지 관리가 중요하다. 시간과 공간, 국제정치의 지형 변화에도 이 메시지는 변함없이 각 대상들에게 각인되어져야 한다. 그 대상은 우리 국민을 비롯한 내부 구성원들과, 상대국, 주변이 이해관계국들이다. 개발된 메시지는 효과적으로 활용되어야 한다. 아무리 좋은 메시지를 개발하였더라도 이것이 내부 구성원, 외부 상대방, 이해관계 당사자 등에게 직간접적으로 전달되거나 노출되지 않으면 메시지로서의 기능을 발휘할 수 없다.

따라서 정책결정자나 관련 당국자 또는 여론지도층 그룹(opinion leader)들에 의해 지속적으로 반복하여 노출되도록 해야 한다. 대내외에 노출되도록 하는 가장 효과적인 수단은 여전히 언론 즉 mass media이다. 즉 언론의 의제설정 기능을 적극 활용하여 이러한 메시지가 계속 의제화 되도록 해야 한다. 그러기 위해서는 주도부서에서 정책 당국자와 관련 학계, 전문가들이 참석하는 각종 세미나, 워크숍, 기고문 등을 통해 공론화 되도록 여건을 조성해 주어야 한다. 일종의 상품 개발 후의 마케팅을 위한 광고 내지는 홍보인 셈이다.

2015 UFG연습 때 군사령부 주요 직위자를 대상으로 전황브리핑 훈련 모습

특히 한반도 안보상황을 염두로 한 전쟁 전략커뮤니케이션 수행 차원에서 반드시 발전시켜야 할 분야가 언론과의 소통전략 즉 커뮤니케이션 전략이다. 앞에서 예를 든 베트남 전쟁이나 걸프전, 이라크전을 수행할 때 미 정부 당국이 언론과의 커뮤니케이션 즉 전쟁 취재에 대한 방침과 지원 방식에 따라 여론의 향방과 전쟁의 승패에 영향을 주었다는 점을 간과해서는 안 된다.

한반도 안보 상황은 우크라이나 보다 더욱 첨예한 상태다. 정전상태의 지속과 남북 간의 직접적인 군사적 대결 및 북한의 각종 위협과 도발에 대한 전·평시 대비태세에 대한 국가안보전략 차원의 SC가 절실히 필요한 상황이다. SC구현을 위한 제반 여건과 조직 체계 등이 선행되어야 마땅하나, 군사안보 분야의 실제 수행 측면에서 단기 과제로 시행 가능한 언론 커뮤니케이션 분야부터 정비하고 발전 방안을 도출할 필요가 있다.

전쟁 국면에서 국내외 언론의 취재와 보도를 어떻게 통제하고 지원할 것인가 하는 부분에 대해 심각하게 고민하고 발전시켜야 한다. 종래와 같이 '종군기자단'이라는 형태로 운영할 것인지 아니면 이라크전 때의 미국이 운영했던 임베딩 (일종의 '동행취재단' 개념) 방식으로 할 것인지에 대해 체계를 세워야 한다. 즉 한반도와 같이 좁은 지역에 최소한 2000여명의 내외신 기자들이 취재할 경우 이에 대한 취재지원 방법과 규모, 통제 및 지원을 위한 인력 배치와 장비 지원 등에 대해 구체화하고 대규모 훈련 및 연합 연습시 적용해 봐야 한다.

또한 정부 차원의 전시홍보본부와 국방부가 운영해야하는 전쟁보도본부의 역할과 기능을 재점검해야 한다. 특히 전쟁보도본부는 어느 장소에 어떤 규모로 어떻게 운영할 것인지에 대해 구체적인 계획 발전이 필요하다. 뿐만 아니라 전쟁보도본부에서 수많은 내외신 기자들에게 전황을 브리핑해야 하는데 지금 국방부·합참을 중심으로 한 전쟁지도본부 구성원들 중에 걸프전 당시 미국의 슈와츠코프 대장처럼 전황 브리핑을 자신 있게 할 수 있는 고위 장성들은 미디어 역량을 충분히 갖추고 있는지 등에 대해 '불편한 진실'을 마주하고 대비책을 강구해야 한다. 그리고 부족한 부분의 역량을 키우고 평상시 훈련과 연습을 통해 경험을 축적해 놓아야 한다. 예나 지금이나 당장의 눈앞에 쌓인 현안 업무에 치여 아주 중요하고 필요한 대책을 경시해서는 안 된다.

언론 취재 및 보도와 관련하여 비록 전쟁 국면이 아니더라도 평시 안보위기관리 측면에서 대책도 간과해서는 안 된다. 예를 들면 2010년도에 발생한 '천안함 피격사건' 이나 '연평도 포격전'을 계기로 2012년 9월에 제정 공포된 '국가안보 위기 시 군 취재 보도 기준'[545]을 더욱 발전시켜 지금의 상황에 맞게 적용해 나가야 한다. 이 보도 기준은 전쟁 상황이 아닌 평소의 군사위기 상황 발생 시에 군의 취재지원과 언론의 취재 규칙 준수를 위해 군과 언론 사이에 합의한 최초의 보도준칙이기에 의미가 크다. 이 보도준칙은 군을 대표하여 김관진 국방부장관이, 언론을 대표하여 김종률 한국기자협회장이 각각 양측 관계관들의 배석 하에 서명하였다.

---

545) 윤원식, "국가안보 위기시 군 위기커뮤니케이션에 관한 연구", 경기대 박사학위 논문, 2017, pp.143~151

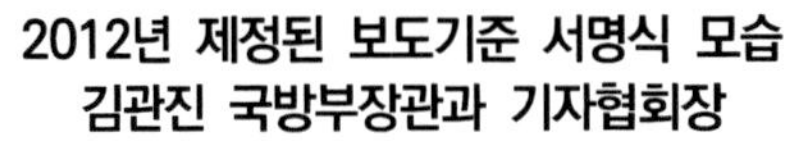
2012년 제정된 보도기준 서명식 모습
김관진 국방부장관과 기자협회장

1991년 걸프전 당시 전황을 브리핑하는
슈와츠코프 대장

Ⅴ. 맺음말

전략커뮤니케이션은 군 뿐만 아니라 사회에서도 다양하게 정의되고 사용되고 있다. 민간 기업에서는 주로 고객을 대상으로 한 마케팅 차원에서 일종의 고객과의 '소통 전략' 즉 '커뮤니케이션 전략'이라는 관점에서 관심과 연구가 이루어지고 있다. 이에 비해서 군에서의 SC는 여러 가지 복합적·중의적 의미를 내포하고 있는 전략적 용어라는 점에서 그 특성과 모호성을 잘 활용해야 할 필요가 있다.

거시적으로는 전쟁 승리를 위한 전략 커뮤니케이션은 군사작전을 수행하는 군과 정부 뿐만 아니라 국민 모두를 아우르는 국가 총력전 차원에서 수립되고 수행되어야 한다는 것이 기본 전제이다.

아울러 미시적인 차원에서는 국가 차원의 전략커뮤니케이션 달성에 기여할 수 있도록 군사안보를 책임지고 있는 군은 제대별, 국면별, 상황별, 형태별로 다양한 방법과 수단으로 SC를 수행해야 한다. 이를 위해서는 군은 평소부터 SC가 활성화 되도록 조직과 체계를 정비하고 군사훈련 및 연합·합동 연습 시에 실전적인 훈련과 연습을 해야 한다. 그렇게 될 때 특정 위기상황 발생 시[546] 또는 전면적인 전쟁 상황 발생 시에 곧바로 대입하여 적용할 수 있다.

안보상황의 변화와 미디어 환경의 변화로 인해 국가안보 위기관리 커뮤니케이션의 이론과 실제는 많이 다르다. 미디어 관련 전략커뮤니케이션도 이론을 바탕으로 평상시 실전적인 연습이 병행되지 않으면 탁상공론에 불과하다.

---

546) 가까운 예를 들면, 2002년도 제2연평해전, 2010년도에 발생한 '천안함 피격 사건'이나 '연평도 포격전' 같은 상황

따라서 어떤 것도 담보되지 않는 한반도의 안보환경에 대해 다양한 상황을 상정하고 국가안보 전반의 각 수준별, 단계별 SC 기구를 통한 예측과 준비와 대비 및 훈련이 필요하다. 특히 군사안보 분야에서 효과적인 SC 구현을 위해서는 전·평시 국가안보전략 구현을 위한 군 위기관리 차원의 전략커뮤니케이션에 대한 연구와 관심, 분야별 전문가들의 지혜를 모아 발전책을 강구해 나가야 한다.

언론분야는 제반 요소가 어우러진 각종 대안과 전략을 대내외에 표출함으로써 SC의 실효성을 높이는 대표적인 분야이다. 미국이나 영국, 이스라엘처럼 언론분야의 현역과 예비역, 학계 전문가들로 구성된 협의기구 같은 것이 있으면 더욱 발전할 수 있을 것이다.

저자소개

윤 원 식 | 재향군인회 홍보실장

육사 제42기로 졸업, 연세대 대학원(신문방송학과)에서 석사, 경기대 정치전문대학원(외교안보학과)에서 박사 학위 받음.
군 재직시 국방부 대변인실 공보과장 겸 부대변인으로 군과 언론 간 최초의 보도준칙인 '국가안보 위기 시 군 취재보도준칙'을 제정하였다. UFG 등 대규모 군사연습 및 훈련시 주요 직위자 미디어 트레이닝과 모의 전황브리핑 연습 체계를 한국군에 처음 도입 적용토록 하였다. 전역 후 다수의 논문 기고 및 필진으로 활동. 30여 년간 국방부 합참 등 정책부서와 각급 야전부대에서 실제 경험을 바탕으로 쓴 저서 '에피소드와 사례로 풀어 본 『군과 언론 이야기』'를 펴냈다.

3부

우크라이나 전쟁 이후 국제방산 시장 변화와 한국의 방위산업

19 우크라이나 전쟁 이후 글로벌 방산시장의 변화와 전망

장 원 준 박사(산업연구원)

Ⅰ. 서론

작년 2월 24일 러시아의 전격적인 우크라이나 침공이 개시된 지 1년이 지나가고 있다. 세계 2위 군사대국 러시아의 일방적 승리로 끝날 것이라는 전망과는 달리, 미국과 NATO의 군사지원에 힘입은 세계 22위 우크라이나군의 선전으로 전세를 쉽사리 예단하기 어려운 형국이다. 러-우 양국은 2023년 2월 현재 우크라이나 동부 전선에서 춘계 대규모 공세를 준비하고 있어 당분간 전쟁 상황은 지속될 것이라는 전망이 우세한 실정이다.

〈그림 1〉 러시아-우크라이나 전쟁 상황(2023.2)

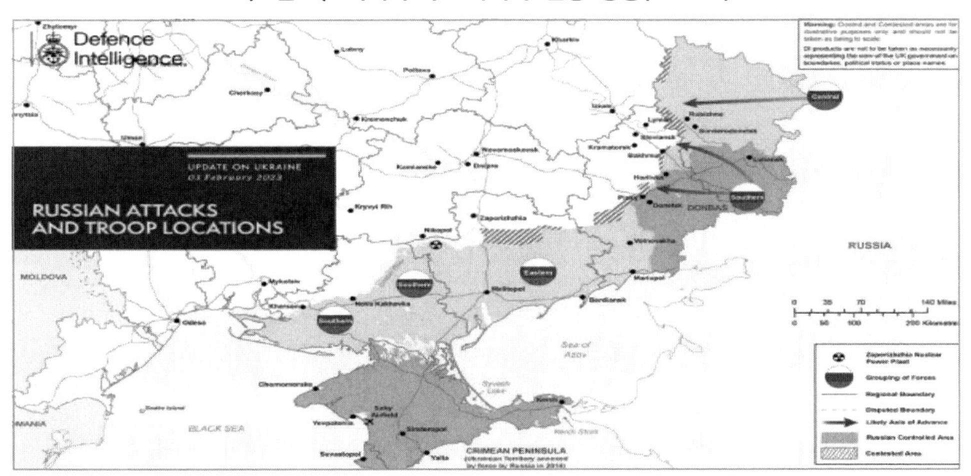

자료: 영국 국방부(2023)
주: 2023년 2월 3일 기준

이러한 러-우 전쟁 장기화 추세에 따라 글로벌 방산시장도 요동치고 있다. Janes, Forecast International, Aviation Week 등에서는 앞다퉈 러-우 전쟁 이후 주요국들의 국방예산 급증 추세와 글로벌 무기수요 증가세를 업데이트하고 있다. 바야흐로 글로벌 방산시장은 러-우 전쟁을 전후로 크게 상반되는 결과를 보여주고 있다. 이에 따라, 본 고에서는 우크라이나 전쟁 이후 글로벌 방산시장의 최근 동향과 전망을 분석해 보고, 이에 대한 시사점 도출과 함께 방위산업 관점에서의 정책 제언을 제시하고자 한다.

Ⅱ. 우크라이나 전쟁 이후 글로벌 방산시장 동향과 전망

1. 글로벌 국방예산 측면

먼저, 우크라이나 전쟁 이후 미국, 독일, 폴란드, 일본 등 주요국들의 국방예산이 급증하고 있다. 먼저 유럽 권역에서는 우크라이나와 인접한 폴란드와 발트 3국, 체코, 헝가리, 슬로바키아, 루마니아 등 동·북유럽 국가들을 중심으로 앞다퉈 국방예산을 증액하고 있다. 특히, 폴란드는 올해 국방예산을 북대서양조약기구(NATO) 최고 수준인 국내총생산(GDP)의 4%까지 확대하겠다고 밝혔으며 수년 내 GDP의 5%까지 높일 계획이다[547] 독일은 작년 1,000억 유로(113조원)의 특별방위예산 긴급 편성과 아울러, 같은 기준 1.4%에 불과한 GDP 대비 국방예산 비중을 수년 내 2%까지 올릴 계획이다.[548] 프랑스도 국방예산을 과거 7년(2019~2025) 대비 향후 7년(2024~30)간 4,000억 유로(553조원)로 36% 증액하겠다고 밝혔다.[549] 영국 총리도 작년 6월 국방예산을 GDP 대비 2.5% 수준으로 늘리겠다고 약속했다.[550] 헝가리도 올해 국방예산을 전년 대비 무려 56% 증액한 5조 2천억 원 규모로 책정했다.[551] 이에 따라, NATO 동맹국 대부분은 우크라이나 전쟁 이후 수년 내에 NATO 가이드라인인 GDP 대비 국방예산 비중을 2% 이상으로 시급히 상향하고 있는 실정이다.

547) 연합뉴스(2023), “폴란드 올해 국방예산 GDP의 4%로 확대… 나토동맹국 중 최대”, 2023.1.31.
548) 이데일리(2023), “미국·유럽·일본, 우크라전 이후 국방비 대폭 올려”, 2023.1.30.
549) 데일리안(2023), “우크라이나전 장기화에 강국 국방비 늘린다… 프랑스 7년간 36% 증액”, 2023.1.21.
550) 주간동아(2023), “우크라이나 특수에 미 방산업체 잭팟”, 2023.2.4.
551) 더구루(2022), “헝가리 내년 국방예산 56% 증액… 방산협력수요 증가”, 12월 18일.

〈그림 2〉 NATO 동맹국들의 GDP 대비 국방예산 비중 추이(2014 vs 2022)

(단위: %)

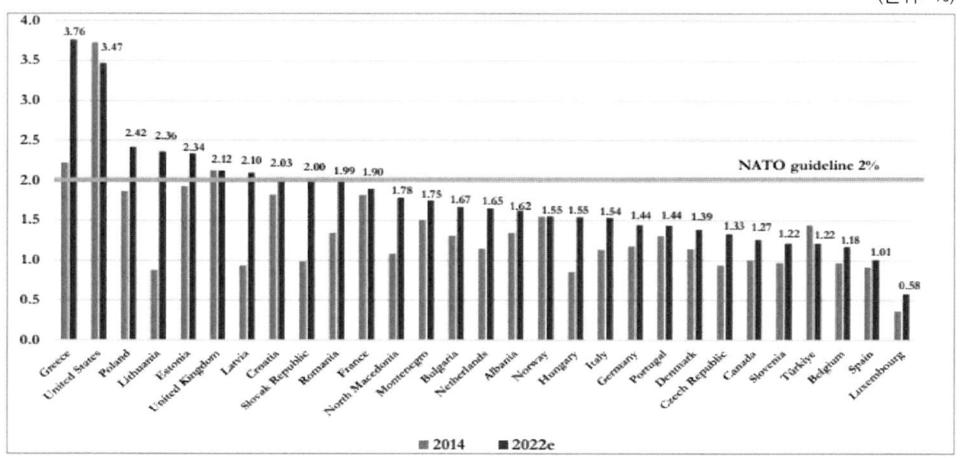

자료: NATO, 'Defense Expenditure of NATO Countries (2014~22), 2022.6.27.

북미 권역에서는 전 세계 국방예산의 39%[552]를 차지하고 있는 미국이 2023년도 국방수권법(NDAA)을 통해 역대 최대규모인 8,580억 달러를 책정했다.[553] 이는 전년(7,780억 달러) 대비 9.2% 증액된 결과로 미 바이든 행정부 요구액보다 450억 달러가 많은 규모다.[554]

아시아·태평양 권역에서 일본은 2027년까지 현재 GDP 대비 1%에서 두 배 수준인 2%까지 증액하겠다고 발표했다.[555] 작년 12월 일본 각의에서는 2023년도 방위비를 전년 대비 26% 증가한 65조원 규모로 편성했다. 아울러, 2027년까지 방위관련예산을 국내총생산(GDP)의 2% 수준인 11조 엔(약 106조 원)까지 증액시키겠다고 밝혔다. 일본이 향후 5년(2023~27)간 방위비를 약 43조 엔(약 412조 원)으로 올릴 경우, 미국, 중국, 인도에 이어 세계 4위권 국가로 부상할 전망이다.[556] 중국도 지난 해 국방예산을 전년 대비 7% 올린 1조 4,505억 위안(약 280조원)으로 편성했다.[557] 이를 통해 중국은 향후 대만을 둘러싼 남중국해의 긴장 고조 및 미국의 인도·태평양 전략 대응 등을

552) 2021년 기준

553) 뉴스 1(2022), '미 국방수권 법안, 바이든 서명 앞둬…주한미군 현 수준으로 유지', 12월 18일.

554) 미 국방수권법(NDAA)에 포함된 국방예산은 미 에너지부 예산을 포함하고 있어 미 국방부 주관의 국방예산은 전체의 93~95% 수준이다(뉴시스(2022), '미국, 국방수권법 예산은 국방부 예산과 다르고, 더 크다', 12월 16일 등 참조)

555) 연합뉴스(2022), "일본 5년 뒤 방위비 GDP 2% 확보, 재원 논란에 증세시기 미정", 12월 16일.

556) 상동. 인도의 최근 국방예산 증액 수준을 비교하여 일부 내용 수정.

557) 조선비즈(2022), '중, 국방예산 7.1% 늘려… 시진핑 군사력 강화 지시 실현', 2022.3.5.

위해 국방비 지출을 확대할 계획이다.558) 이에 대응해 대만은 올해 국방예산을 전년 대비 13% 증액한 4,151억 대만 달러(18.6조원)로 편성했다. 최신 전투기 구매 특별예산까지 합치면 5,863억 대만 달러(26.4조원)로 역대 최대규모다.559) 인도도 올해 중국견제 강화 등을 목적으로 전년 대비 13% 증액한 89조원의 국방예산을 편성했으며 이는 미국, 중국에 이어 세계 3위 규모다.560)

이렇듯, 2022년 2월 러-우 전쟁 발발 이후 동·북유럽과 북미, 아시아·태평양, 중동 등 전 세계적으로 국방예산 증액이 확대되고 있다. Aviation Week(2022)은 작년 10월 글로벌 국방예산 전망치를 크게 수정해서 발표했다. 2023년 전 세계 국방예산은 기존 전망치를 크게 상회하는 2조 2,000억 달러 이상으로 추정된다고 밝혔다. 아울러, 러-우 전쟁이 장기화될 경우, 향후 10년간 전 세계 국방예산은 누적 기준으로 기존 전망치 대비 무려 2조 달러(2,450조원) 넘게 증가할 것으로 전망하고 있다.

〈그림 3〉 글로벌 국방예산 전망(2010~2032)

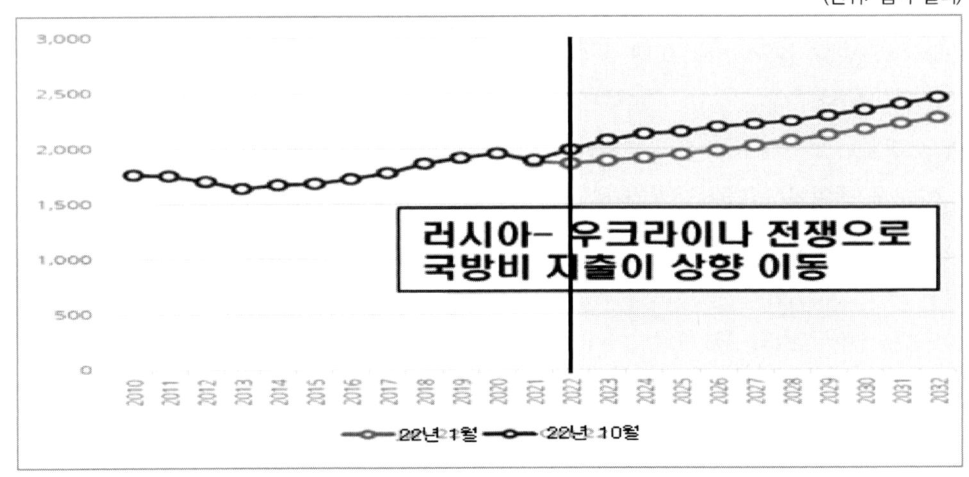

자료: Aviation Week(2022)를 기초로 산업연구원 작성(https://aviationweek.com/)
주: 경상가 기준

558) SIPRI(2022), “Military Expenditure by country”; Janes(2021), “Defense Budgets Spreadsheet 2010~2030”.

559) 동아일보(2022), “대만, 내년 국방비 18.6조 12.9% 대폭 증액…‘중국 침공 대응’”, 2022.10.4.

560) 연합뉴스 (2023), “중국견제 강화… 인도, 국방예산 13% 증액한 89조원 편성”, 2023.2.2.

2. 무기획득예산 측면

러-우 전쟁 이후 글로벌 국방예산 증가 추세와 비례하여 무기체계 개발과 생산, 운영유지를 포함하는 무기획득예산도 가파른 상승세를 보이고 있다. Aviation Week(2022)에 따르면, 2021년 글로벌 무기획득 예산은 약 5,500억 달러로 전 세계 국방예산의 약 28% 수준이다. 반면, 러-우 전쟁 이후 글로벌 무기획득예산은 크게 증가하여 2023년에는 6,600~6,800억 달러 수준에 이를 전망이다. 이러한 증가세는 전 세계적인 국방예산 증가추세와 함께 당분간 지속될 것으로 보이며, 2032년에는 7,500억 달러를 상회할 것으로 보인다. 이는 향후 10년(2023~2032)간 누적 기준으로 기존 전망치 대비 5,400~6,000억 달러 증가한 수치다.

〈그림 4〉 글로벌 무기획득예산 전망(2010~2032)

(단위: 십억 달러)

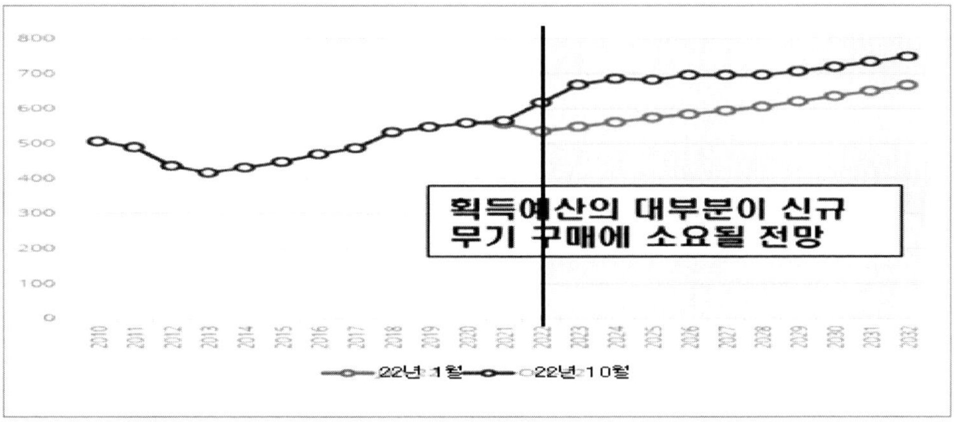

자료: 상동.

다음 〈그림 5〉는 NATO 주요국들의 국방예산 대비 무기획득예산 비중을 나타내고 있다. Janes(2022)에 따르면, 2025년 NATO 동맹국 중 무기획득예산 비중이 가장 높은 국가는 루마니아로 40%를 상회할 것으로 전망된다. 이어서, 네덜란드와 독일이 최근 국방예산 급증과 방산업체들의 무기생산 증가로 40%에 근접할 것으로 예상된다. 미국의 2023년 무기획득예산은 국방예산의 32% 수준인 2,760억 달러[561] 수준으로 예상된다. 2025년에는 우크라이나에 대한 무기 원조와 탄약류, 미사일 등의 추가생산[562]

561) 우크라이나에 대한 군사원조를 제외한 금액

562) 머니투데이(2023), "한국전쟁 이후 최대… 미 재래식 포탄 생산 6배 늘리는 이유", 2023.1.25.

등을 포함하여 무기획득예산 비중이 34~35% 수준까지 증가할 전망이다. 아울러, NATO 주요국인 프랑스, 영국, 폴란드, 노르웨이, 캐나다 등도 2025년에는 국방예산 대비 무기획득예산 비중이 30%를 상회할 전망이다.

〈그림 5〉 NATO 주요국의 국방예산 대비 무기획득예산 비중 전망(2025)

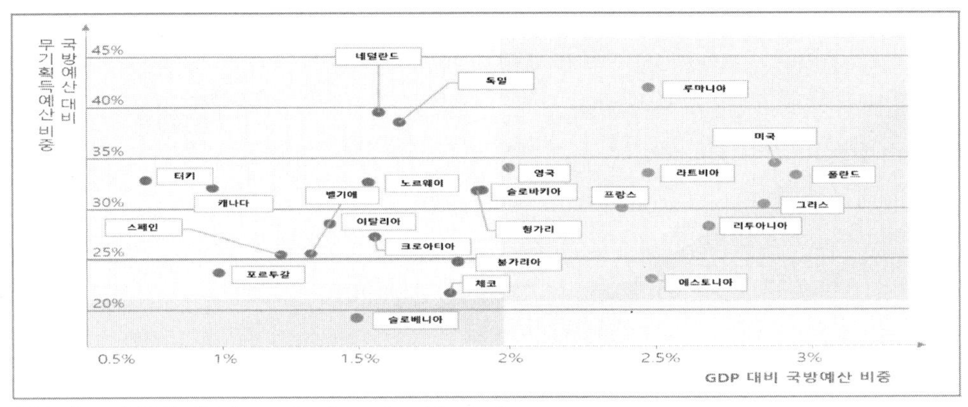

자료: Janes(2022), "Defence funding after Ukraine".

이 외에도, 중국은 국방예산의 약 30%를 무기체계 연구개발과 생산, 운영유지를 위한 획득예산으로 사용하고 있다. 이에 따라, 최근 높은 국방예산 증가율(연 6~7% 수준)을 유지할 경우, 무기획득예산은 2022년 기준 80~90조원 수준이며 수년 내 100조원을 넘을 수 있을 것으로 전망된다. 아울러, 최근 전 세계적인 유가 회복세에 따라 사우디아라비아, UAE 등 중동 주요국들의 무기 획득 예산도 증가할 전망이다. 실제로 작년 사우디아라비아 빈 살만 국왕의 한국 방문과 금년 1월 윤석열 대통령의 UAE 방문 등에 따라 수송기 공동개발사업을 포함한 대공 유도무기, K-2 전차 등의 무기구매 협상이 가속화되고 있다.[563)]

이러한 전 세계적인 무기획득예산 증가는 궁극적으로 첨단 무기체계에 대한 연구개발과 주요 무기체계의 구매 수요를 촉발시켜 향후 수년간 '글로벌 방위산업의 골드러시(Gold Rush of Global Arms Industry)' 시대를 견인할 것으로 보인다.

3. 글로벌 무기수요 측면

글로벌 국방예산과 무기획득예산의 급증 추세는 필연적으로 주요 구매국들의 무기수

563) 문화일보(2023), "UAE 300억 달러, 원전·방산·에너지에 신속·효율 투자", 2023.1.31.

요(수입) 증가로 이어지고 있다. 러-우 전쟁 이후 글로벌 무기수요는 폴란드 등 동·북유럽의 무기수요 급증이 두드러지는 가운데, 중동, 아시아·태평양, 북미 등 전 세계적으로 증가하는 추세를 보이고 있는 것으로 분석된다.

먼저 러-우 전쟁 이후 무기구매를 주도하는 국가들은 단연 동·북유럽 국가들이다. 폴란드는 우크라이나 인접국임과 동시에 북으로 러시아 칼리닌그라드, 벨라루스와 국경을 접하고 있다. 이에 폴란드는 작년 한국의 K-2 전차 등 4종에 대해 총 계약규모가 최대 450억 달러에 달하는 초대형 무기거래 계약(framework agreement)을 체결했다. 세부적으로 K-2 전차(1,000대, 230~280억 달러)와 K-9 자주포(648문, 50~60억 달러), FA-50 경공격기(48대, 30억 달러)와 다련장 로켓 천무(288문, 75~85억 달러)이며 작년 이에 대한 124억 달러의 1차 이행계약을 체결했다.[564] 아울러, 폴란드는 미국의 M1A2 전차 250대(60억 달러) 등 추가적인 무기 계약을 체결하여 러시아의 군사 위협에 대응하기 위한 적극적인 군사력 증강에 집중하는 상황이다. 아울러, 핀란드와 스웨덴은 작년 7월 NATO 가입의정서에 서명했으며, 조만간 국방예산을 GDP의 2% 수준까지 올릴 계획이다. 2023년 2월 현재 터키의 NATO 가입 승인 거부로 애로를 겪고 있으나, 조만간 이를 해결하고 NATO 가입을 적극 추진한다는 입장에는 변함이 없다.[565] 또한, 러시아, 벨라루스와 인접한 구 소련 공화국인 발트 3국도 미국, NATO와의 안보동맹 강화와 에스토니아의 K-9 자주포 추가구매(18문) 등 첨단 무기구매를 확대할 계획이다.[566] 루마니아도 지난 2월 7일 한화에어로스페이스와 K-9 자주포, 레드백 장갑차, 탄약 플랜트에 이르는 대규모 MOU를 체결하여 향후 방산수출이 매우 유력한 상황이다.[567] 이 외에도 우크라이나 인접국인 헝가리, 체코, 슬로바키아 등에 이르기까지 러-우 전쟁에 따른 무기 수요는 당분간 계속될 것으로 보인다.

북·동유럽과 함께 아시아·태평양 권역에서 중국의 군사 위협에 대응한 대만, 일본 등 주요국들의 무기수요도 크게 증가하고 있다. 작년 8월 미 펠로시 하원의장의 대만 방문 이후로 중국의 대만 군사위협 수준은 크게 증가하고 있다. 작년 8월 중국은 대만 주변 해역 전체를 군사훈련장으로 삼아 중국의 미사일이 대만 상공을 넘어 발사하기도 하였다.[568] 지난 미 CSIS 보고서(2023)에서는 수십 여 차례의 시뮬레이션을 통해 미국과 중국의 군사적 충돌 결과를 발표해 전 세계적인 주목을 받았다.[569] 결과적으로 중국이

564) 주요기업 인터뷰(2023.1) 및 보도자료를 종합하여 산업연구원 추정
565) 세계일보(2023), "핀란드 볼 낯 없어… 스웨덴, 나토 가입 실현에 올인", 2023.2.4.
566) 파이낸셜 뉴스(2022), "한화에어로 K9 자주포 글로벌 흥행… 에스토니아 향후 18문 추가", 2022.12.12.
567) 동아일보(2023), "K-9 자주포에 반했다. 한화에어로, 루마니아와 방산 MOU", 2023.2.7.
568) MBC 뉴스(2022), "중국 미사일, 대만 상공 넘었다…반발, 경고", 2022.8.5.

대만 영토를 점령하지는 못했지만, 미국과 중국, 심지어 일본까지 군사적 피해는 막대했다. 심지어, 보고서에서는 미국이 대만해협에서의 중국과의 군사적 충돌로 글로벌 위상이 크게 손상되는 결과로 이어질 수 있을 것으로 전망했다.

전통적 대규모 무기수입국인 인도(세계 1위)[570]와 사우디아라비아(세계 2위), 이집트(세계 3위) 등의 무기수입 다변화 추세도 우크라이나 전쟁이 가져다 준 커다란 변화 중 하나로 분석된다. 인도는 과거 러시아가 무기수입 1위 국가였으나, 우크라이나 전 이후 러시아 제재에 따라 무기 수입선을 다변화하고 있다. SIPRI(2022)에 따르면, 인도는 과거 5년(2012~16) 대비 최근 5년(2017~21)간 러시아로부터의 무기 수입이 47% 감소하였는데, 향후 러-우 전쟁의 여파로 러시아산 무기 수입은 더욱 줄어들 것으로 보인다. 실제로 인도는 최근 러시아 Su-57 전투기 구매를 취소하고 미국과 유럽으로 무기 구매처를 다변화하는 방안을 검토하는 것으로 알려졌다.[571][572] 아울러 지난 1월 미국과 인도 양국은 러시아와 중국 견제를 위한 '핵심·신흥기술에 대한 이니셔티브'를 발표, 인도 내 GE사의 제트엔진 생산과 M777 곡사포, 스트라이커 장갑차의 인도 생산 및 단계별 기술이전을 검토하기로 합의했다.[573] 사우디아라비아와 UAE도 미국과 NATO의 러시아 제재에 따라 무기 수입선을 한국, 이스라엘 등으로 다변화하고 있는 추세다. 이집트도 최근 미국 제재에 따른 러시아 Checkmate 전투기(Su-75) 구매가 거의 불가능해짐에 따라, 그 대안으로 미국과 프랑스, 한국으로 구매선 변경을 검토하고 있는 것으로 알려졌다.[574]

4. 글로벌 무기공급 측면

러-우 전쟁 이후 무기공급(수출) 측면에서는 전통적 무기수출강국인 미국(세계 1위)[575]의 독주와 러시아(세계 2위)의 추락, 중국(세계 4위)의 정체, 신흥강국인 한국(세계 8위), 이스라엘(세계 10위), 터키(세계 12위) 등의 급부상으로 요약된다. 먼저, 세계

569) Mark, F. Cancian et al.(2023), "The first battle of the next war: Wargaming a Chinese Invasion of Taiwan", CSIS, 2023.1.

570) 최근 5년(2017~21) 기준이며 이하 동일.

571) 조선일보(2022), "러 무기 수입 큰손 인도, 미, 유럽산 무기로 다변화", 5월 19일.

572) Bulgarian Military.com(2022), "CAATSA kills Su-75 Checkmate – no longer machinery, no semiconductors", 2022.11.7.

573) 이데일리(2023). "미국인도, 중 견제 가속화… 반도체, 방산 기술협력 강화", 2023.2.1.

574) Bulgarian Military.com(2022), "CAATSA kills Su-75 Checkmate – no longer machinery, no semiconductors", 2022.11.7.

575) 최근 5년(2017~21) 방산수출실적 기준(SIPRI, Arms Transfer DB, 2023.2)

1위 무기수출국인 미국 국무부 제시카 루이스 정치·군사담당차관보는 2022년 미국 방산수출이 '역대급 증가세'를 기록했다고 밝혔다. 미 국무부는 작년 12월 자국 방산업체들의 무기수출액이 2,056억 달러(246조원)을 기록하여 전년 대비 49% 증가했다고 발표했다.[576] 세부적으로, 폴란드의 M1A2 에이브럼스 전차(250대, 60억 달러), 그리스의 다목적 전투함(69억 달러), 인도네시아의 F-15 전투기(139억 달러), 독일의 F-35 전투기(84억 달러), 대만의 하푼 및 사이드와인더 미사일(11억 달러) 등을 포함한다.[577] 이러한 미국의 역대급 무기수출 실적의 주요 요인으로는 러-우 전쟁 발발과 중국의 군사위협 증가, 러시아와 중국 제재에 따른 방산시장 점유율 하락, NATO 및 대만, 일본 등의 무기구매수요 확대 등으로 분석된다.

〈표 1〉 주요국 무기수출 실적 종합(2022)

(단위: 억 달러)

무기수출국	무기수입국	무기체계명	금액
미국	인도네시아	F-15 전투기	139
	독일	F-35 전투기 및 미사일	84
	호주	C-130 수송기, 고속기동포병로켓시스템(HIMARS)	67.4
	스위스	F-35 전투기 및 미사일	65
	폴란드	M1A2 전차(250대)	60
	한국	치누크 헬기, MK-54 경어뢰 등	12.8
	일본	SM-6 극초음속 함대공미사일, AIM-120 공대공미사일 등	7.4
	대만	하푼 지대함 미사일, AIM-9 공대공미사일 등	11
	핀란드	AIM-9 공대공미사일, AGM-154 JDAM 미사일 등	3.2
	소계		2,056
한국	폴란드	K-2 전차, K-9 자주포, 천무, FA-50 경공격기	124
	이집트	K-9 자주포	20
	소계		173
이스라엘	폴란드 외	무인기, 레이다, 미사일 등	110+
터키	우크라이나 외		43

자료: 미 국방안보협력국(2022); Haaretz(2022); 보도자료 종합하여 산업연구원 작성
주: 수주 기준

576) 한겨레, "우크라 전쟁 등 삼박자 호황에 미 무기수출 49% 급증, 2023.1.26.

577) 미 국방안보협력국(DSCA), 2022.

미국에 이어 한국은 러-우 전쟁 이후 글로벌 방산시장에서 가장 주목받는 무기수출 국가로 주목받았다. 특히, 폴란드는 한국과 2022년 K-2 전차(980대), K-9 자주포(648문), FA-50 경공격기(48대) 및 다련장 로켓(천무, 288문) 등을 계약했으며 그 중 약 124억 달러의 1차 이행계약을 체결했다.[578] [579] 이에 따라, 한국은 2022년 한해에만 무려 173억 달러의 무기수출 계약을 체결하여 미국에 이어 세계 2위 수준의 무기수출 실적을 올린 것으로 파악된다. 이러한 한국의 무기수출 급증의 주요 요인으로는 K-2 전차, K-9 자주포 등 일부 수출주력제품의 높은 가성비와 다른 우방국 대비 신속한 납기능력, 상대적으로 우수한 기술이전 및 산업협력(절충교역) 제공 능력 등으로 분석된다. 2023년에도 한국은 폴란드와 K-2 전차 등 4종에 대한 2, 3차 이행 계약(300~350억 달러) 등을 통해 전년도 최고 실적을 경신하기 위해 매진할 것으로 보인다.[580]

이스라엘도 우크라이나 전 이후 폴란드를 포함한 우방국들의 무기수요가 급증하고 있다. Haaretz(2022)에 따르면, 이스라엘은 2021년도 113억 달러의 무기수출(수주 기준) 실적을 올렸다고 발표했다[581]. 이스라엘은 2022년에도 주력수출제품인 무인기, 레이다, 유도무기들을 중심으로 2021년 실적을 경신할 것으로 전망된다. 터키는 러-우 전쟁간 대단한 활약을 펼친 무인기(바이락타르 TB-2)를 중심으로 무기수출을 확대하고 있다. Defense News(2022)에 따르면, 2022년 터키의 무기수출은 43억 달러(수주 기준)을 넘어 역대 최고 실적을 올렸다.[582] 구체적으로 바이락타르 TB2 무인기가 우크라이나를 포함하여 세계 27개국에 수출되었으며, 전년 대비 수출증가율은 99.3%를 기록했다.

578) 1차 이행계약이며, 향후 무기계약 규모는 최대 40~50조원에 달할 전망이다.(헤럴드경제, 2022), "불황 모르는 방위산업… K-방산 내년에 더 기대, 왜?", 12월 10일.)

579) 파이낸셜 뉴스, "빠른 납기 앞세운 K방산, 폴란드 무기 인도 속도", 2022.12.4.

580) 산업연구원, 주요 방산업체 인터뷰 결과, 2023.1.

581) Haaretz, "Israeli arms exports skyrockt amid Ukraine War, Iran and Abraham Accords", 2022.11.22.

582) Defense News, "Turkish defense exports pass $4 billion in 2022, says procurement boss", 2022.12.31.

Ⅲ. 종합 및 정책 제언

1. 종합

작년 2월 러시아의 우크라이나 침공은 지난 30여년간 지속되어 온 '탈냉전 시대'를 끝내고 새로운 '신냉전(New Cold War) 시대'를 여는 서막으로 작용하고 있다. 글로벌 방위산업도 러-우 전쟁(2022)을 기점으로 전 세계적으로 국방예산과 무기획득예산이 급증하는 등 당분간 2차 세계대전 이후 가장 큰 호황세가 지속될 전망이 우세하다.

이렇듯 러-우 전쟁 발발 이후 전 세계적으로 무기 수요는 급증하고 있으나, 이를 충족시킬 수 있는 공급이 충분치 않은 상황은 당분간 계속될 수 밖에 없어 보인다. 향후 10년(2023~32)간 국방예산은 매년 2.2~2.5조 달러, 같은 기준 무기획득예산은 매년 6,000~8,000억 달러에 이를 전망이다. 폴란드 등 동·북유럽, 대만, 일본, 호주, 인도, 그리고 중동의 사우디아라비아, UAE, 이집트 등에서의 무기수요는 크게 확대될 전망이다. 반면, 무기구매국들이 요구하는 높은 성능과 품질, 합리적인 가격, 신속한 납기능력, 안정적 군수지원, 그리고 기술이전과 산업협력(절충교역) 등을 충족시킬 수 있는 국가는 한국을 포함하여 손으로 꼽을 정도다. 독일, 영국, 프랑스, 이태리 등 주요 무기수출국들도 우크라이나 무기지원에 따른 자국 전력공백 보충 수요로 기존 구매국들의 수요에 충분히 대응하지 못하고 있기 때문이다. 설상가상으로 기존 무기수출강국이었던 러시아와 중국이 러-우 전쟁과 미중 전략경쟁 등에 따른 우방국들의 각종 제재 등으로 무기수출이 급감하고 있는 추세다.

요약해 보면, 최근 러-우 전쟁 발발은 글로벌 방위산업 측면에서도 유래가 없을 정도의 커다란 변화를 가져다 준 것으로 평가된다. 당분간 이러한 글로벌 국방예산과 무기획득예산의 급증 추세는 안보위협이 큰 국가들을 중심으로 대규모의 무기 구매수요를 촉발시킬 전망이다. 반면, 이를 충족시킬 공급은 충분치 않을 것으로 보이며, 이는 한국, 터키 등 글로벌 방산수출시장을 확대하려는 신흥 무기수출국들에게 다시 오기 어려운 천재일우의 기회를 제공할 것으로 전망된다. 말 그대로 '글로벌 방위산업의 골드 러시 시대(The Era of Gold Rush in the Global Defense Industry)'를 선점하기 위한 주요 무기수출국들의 선의의 경쟁이 확대될 것으로 보인다.

〈표 2〉 러-우 전쟁 이후 글로벌 방위산업 동향 및 전망 종합

구분	최근 동향 및 전망
국방예산	• 2032년 전 세계 국방예산은 2조 5,000억 달러 예상 • 향후 10년(2023~32)간 누적 기준으로 기존 전망치 대비 2조 달러(2.450조원) 증가 전망
무기획득예산	• 2032년 전 세계 무기획득예산은 7,500억 달러 전망 • 향후 10년(2023~32)간 누적기준으로 기존 전망치 대비 5,400~6,000억 달러 증가 전망
무기수요(수입)	• (유럽) 폴란드, 체코, 스웨덴, 핀란드 등 동북유럽 주요국 중심으로 무기수요 급증 추세 • (아시아·태평양) 대만, 인도, 호주, 일본, 인니 등을 중심으로 미국, NATO 국에서 대량 무기 구매 • (중동) 사우디아라비아, UAE, 이집트 등을 중심으로 무기수요 확대 등
무기공급(수출)	• (미국) 2022년 무기수출액은 2,056억 달러(246조원)으로 역대급 증가세 기록 • (한국) 2022년 폴란드 124억 수출 등 총 173억 달러로 역대 최대실적, 27년까지 글로벌 방산수출 4대강국 진입 목표 • (이스라엘) 무인기, 레이다, 미사일 등을 중심으로 2021년 113억 달러 수출, 2022년 역대 최대치 경신 전망 • (터키) 2022년 무기수출은 43억 달러로 역대 최고실적 달성 등

자료: 산업연구원 작성

2. 정책 제언

1) 권역별 방산수출 거점국가 확대

앞서 살펴본 바와 같이, 작년 러-우 전쟁을 계기로 전 세계는 당분간 '신냉전(New Cold War)' 시대에서 민주주의 진영과 권위주의 진영의 충돌과 갈등이 심화될 것으로 보인다. 이에 따라, 글로벌 방산시장에서 주요국들의 무기 수요가 급증되는 호기를 살려 나갈 '맞춤형 방산시장 확대 전략' 마련이 필요한 시점이다.

방산수출의 특성상 무기체계는 한번 사용하면 야전배치 및 운영유지까지 30여년 이상 사용해야 한다. 이를 고려하여 작년 폴란드의 대규모 무기수출을 지렛대로 삼아 권역별 무기수출 거점(Hub) 마련에 역량을 집중해 나가야 할 것이다. 산업연구원(2022)에 따르면, 지난 10여년간 우리나라는 북미의 미국, 아시아/태평양의 인도네시아, 인도, 필리핀, 오세아니아의 호주, 중동의 터키, UAE, 사우디, 이라크, 유럽의 폴란드와 핀란드, 아프리카의 이집트와 세네갈, 중남미의 콜롬비아, 페루 등 15개국 이상의 방산수출 거점(Hub)을 확보했다. 이를 기초로 거점국가와 긴밀한 방산협력을 통해 기술이전, 현지생산, 더 나아가 주변국 수요를 고려한 무기체계의 공동개발과 생산, 공동수출에 이르기까지 전략적 방산협력을 강화해 나가야 할 것이다.

〈표 3〉 우리나라 방산수출 거점국가 현황

권역명	국가명	주요수출실적	수출유망품목
북미	미국	창정비, 탄약, 절충교역 부품류 등	소형함정, 탄약, 자주포, 공동개발 등 (RDP-MOU 추진 중)
아시아·CIS 태평양	인도네시아	훈련기, 잠수함 창정비 등	KT-1, 209잠수함, KFX 공동개발 등
	인도	K-9 자주포	군수지원함, K-9 자주포, 전차, 유도무기 등
	필리핀	경공격기, 호위함, 군용차량 등	견인포, 수송함, 중고장비 등
오세아니아	호주	장갑차, K-9 자주포	천무, 장갑차(레드백) 등
중동	터키	훈련기, 차기 전차기술, 전차엔진 등	KT-1, K-9 자주포 등
	UAE	천궁-II, 대전차 무기류 등	T-50, 유도무기, 성능개량 등
	사우디	전차 기술수출 등	천궁-II, 호위함, 비호복합, 유도무기 등
	이라크	훈련기, 비행장, 탄약, 국방통신망 등	KUH 등
유럽	폴란드	K-9 자주포, K-2전차, FA-50 경공격기	장갑차, 유도무기 등
	핀란드	K-9 자주포	K-9 자주포 등
아프리카	이집트	K-9 자주포	탄약플랜트, K-2 전차, FA-50, 호위함 등
	세네갈	T-50 훈련기	FA-50 등
중남미	콜롬비아	해상용 무기 등	탄약 플랜트, 수상함, FA-50 등
	페루	KT-1 훈련기 등	T-50, 수상함, 209잠수함 등
계		15개국	

자료: 방산업체 인터뷰 종합, 2022. 1; KIET, 2014/2018/2020 방산수출 10대 유망국가, 2018, 2020을 기초로 KIET 재작성

2) 새로운 수출주력제품 발굴

작년 우리나라는 역대 최대인 173억 달러의 무기수출 계약으로 전 세계에 '자유민주주의의 무기고(Arsenal of Democracy)' 로서의 위상을 알렸다. 이러한 방위산업의 역량을 지속적으로 강화하고 유지하기 위해서는 현재의 K-2 전차, K-9 자주포, 천무 외에도 새로운 수출주력제품을 발굴하고 이를 수출과 연계시키는 노력이 배가되어야 할 것으로 보인다.

이를 위해서는 기존 수출주력제품에 대한 신속 성능개량을 통해 러-우 전쟁이 보여준 미래전에 필요한 성능들을 지속적으로 업그레이드해 나가야 할 필요가 있다. 예를 들어, K-9 자주포나 천무의 사거리 연장이나 K-2 전차의 대전차 방어체계 마련 등이

가능할 것이다. 구매국들의 성능개량 수요를 반영하여 업체 스스로 R&D 투자를 하는 경우, 정부가 이를 지원할 수 있는 방안 마련을 검토할 필요가 있다. 예를 들어, 미국의 업체자체 연구개발(IR&D) 제도를 벤치마킹하여 업체가 사전 개발된 기술이 향후 국내 소요가 확정된 무기체계에 반영될 경우, 이를 일부 인정해 주는 제도 도입도 가능할 것이다.

또한, 국내 개발된 제품 중 글로벌 경쟁력이 검증된 제품들의 해외 홍보와 마케팅을 강화할 필요가 있다. 산업연구원(2022)의 무기체계 경쟁력 실태조사 결과에 따르면, 국내 70여개 주요 방산제품 중 글로벌 경쟁력(미국=100)이 90% 이상인 품목은 30여개가 넘는 것으로 조사되었다. 주요 품목으로 현궁(대전차화기), 탄약류, 비궁(로켓포), 군수지원함, 레드백 장갑차, 비호복합, 신궁, 120미리 자주박격포, 대공포 등을 포함하고 있다. 이에 따라 러-우 전쟁에서 필요성과 효과성이 검증된 무기체계들을 중심으로 K-9 자주포, 천무 등을 잇는 제 2, 3의 수출주력제품으로 성장시켜 나가야 할 것이다.

3) 방산수출 틈새시장 공략 강화

러-우 전쟁을 통해 기존 방산수출강국인 러시아와 중국의 위상이 크게 줄어들고 있는 것도 우리나라에는 상당한 호기가 될 수 있다. SIPRI(2023)에 따르면, 최근 5년(2017~21)간 러시아의 주요 무기수출국은 인도(70.7억 TIV), 중국(53.4억 TIV), 이집트(32.0억 TIV), 알제리(28.3억 TIV), 베트남(10.2억 TIV), 이라크(7.3억 TIV) 등으로 파악된다.[583] 중국도 같은 기간 파키스탄(29.3억 TIV), 방글라데시(9.8억 TIV), 태국(3.12억 TIV), 미얀마(3.1억 TIV), 사우디아라비아(1.9억 TIV) 등이 주요 무기수출국이다.

이에 따라, 러-우 전쟁 이후 러시아와 중국의 무기수출 경쟁력이 저하되는 상황에서 주요 경쟁제품에 대한 홍보와 수출 마케팅을 강화하는 노력을 배가할 필요가 있다고 판단된다. 예를 들어, 러시아의 제 1 무기수출국인 인도는 러시아의 제제로 인해 무기수입선을 미국, 이스라엘 등으로 다변화하고 있다. 우리나라의 대표적 무역파트너로 거듭난 베트남도 현재의 상황이 커다란 기회가 될 수 있다. 이집트와 태국, 사우디아라비아 등에서도 중국과 러시아의 경쟁 무기체계 들을 면밀히 살펴 국내 유망 무기체계의 진출을 적극 도모해 나가야 할 것으로 보인다.

아울러, 최근 탄약류와 미사일 분야에서 자국 공급물량이 충분치 않은 미국, 캐나다 등 우방국들을 중심으로 긴밀한 협력을 통해 이에 대한 공동생산 협력을 강화하는 방안도 중요한 틈새시장이 될 수 있을 것으로 판단된다. 정부 국정과제인 한미 상호국방조달협정(RDP-A)을 조속히 체결하여 세계 최대 방산시장인 미국과의 탄약류, 미사일 및

583) SIPRI(2023), SIPRI Arms Transfers DB, 2023.2.6.

주요 무기체계의 공동개발과 생산을 확대함으로써 최근의 글로벌 방산시장의 호기를 살려나가야 할 것이다.

4) 방산공급망 리스크 대응체계 구축

러-우 전쟁은 미국, 독일 등을 포함하여 주요국들의 방위산업기반의 취약점들을 드러내고 있다. 주요국들이 우크라이나 군사지원에 집중하면서 재블린, 스팅어, HIMARS 등 주요 미사일과 탄약류 부족이 심각한 상황이다. 최근 미 CSIS(2023)에서도 미국 방위산업기반이 취약하여 일부 장거리대함미사일은 전쟁 개시 후 1주일도 안 돼 바닥을 드러낼 것이라고 경고하고 있다.[584] 이에 따라, 우리나라도 주기적인 방산공급망 조사체계를 구축하여 잠재적인 공급망 리스크를 식별하고 이를 관리할 수 있는 토대를 마련할 필요가 있다. 향후 방위사업청을 중심으로 방위산업 기반조사를 통해 공급망 관련 취약분야를 식별하고 이에 대한 조기경보시스템 구축(산업부 공동), 핵심소재, 부품에 대한 산업생태계 구축 등 보다 체계적인 공급망 리스크 대응체계를 구축해 나가야 할 것이다.

5) 컨트롤 타워 강화를 통한 '글로벌 4대 방산강국' 진입

앞서 살펴본 바와 같이, 러-우 전쟁 장기화와 글로벌 안보 불안정성 확대 에 따라 글로벌 방위산업은 향후 수년간 커다란 호황을 누릴 수 있을 것으로 보인다. 이에 따라, 우리나라도 방위산업의 정부간 계약(GtoG) 특성을 고려하여 선진국 수준의 방위산업 컨트롤 타워를 구축해 나가야 할 것이다. 2022년 8월 윤석열 대통령은 취임 100일 기자회견에서"우리나라를 미국, 러시아, 프랑스에 이어 세계 4대 방산수출국에 진입시켜 방위산업을 전략산업화하고 방산강국으로 도약시키겠다"고 밝혔다. 이를 위해서는 새 정부 국정과제에 포함된 방산수출 과제 적극 추진이 긴요할 것이다. 특히, 범부처 방산수출지원체계 구축과 맞춤형 기업지원, 도전적 R&D 환경 조성과 방산수출방식 다변화, 한미 RDP-A 체결 등에 집중할 필요가 있다. 이를 통해, 향후 구매국들의 다양한 무기 수출 전제조건인 대응구매(countertrade), 수출절충교역(산업협력), 수출금융(financing) 등에 대한 범부처 측면에서의 해결책 마련을 적극 추진해 나가야 할 것이다. 아울러, 대규모 방산수출 등 주요 방위산업 현안에 대해서도 대통령 수시 보고 등을 통해 방위산업 컨트롤 타워를 선진국 수준으로 강화함으로써 2027년까지 '글로벌 방산수출 4대 강국' 진입에 국가적 역량을 모아 나가야 할 것이다.[585]

---

584) CSIS(2023), "Empty Bins in a Wartime Environment: The Challenge to the U.S. Defense Industrial Base", 2023.1.

〈표 4〉 정부 방위산업 관련 국정과제 종합(2022)

구분		세부 내용
목표		• 첨단전력 건설과 방산수출 확대의 선순환 구조 마련
주요 내용	① 범정부 차원의 방산수출 지원체계 마련	• 국가안보실 주도 범정부 방산수출협력체계 구축 (기존) 방위산업발전협의회 → (개편) 방위산업발전범정부협의회
	② 맞춤형 기업지원을 통한 수출경쟁력 강화	• 방위산업의 첨단산업화: 성장단계별 풀패키지 지원, 우주방산전문기업 육성, 국가 경제안보 핵심품목의 수입선 다변화, 비축 확대 및 국산화 • 도전적 R&D 환경 조성: 방산기술혁신펀드 조성, 업체 기술개발 여건 개선 및 방산혁신 클러스터 확대 • 맞춤형 수출지원 사업: 수출형 방산물자 부품, 성능개량 지원, 선제적 부품 국산화 확대 및 민군기술협력사업 추진체계 강화
	③ 방산수출방식 다변화	• 스마트 방산협력 패키지(완제품, 공동개발, 기술이전) 마련 • 구매국별 맞춤형 수출전략 수립
	④ 한미 상호국방조달협정(RDP-MOU) 체결을 통한 방산협력 확대	• 방산분야 상호 시장개방을 바탕으로 미국 글로벌 공급망 참여기회 확대 및 안보동맹 공고화

자료: 대통령직인수위원회(2022), 윤석열 정부 11대 국정과제, 대통령직인수위원회.

저자소개

장원준 | 산업연구원 성장동력산업연구본부 연구위원

육군사관학교를 졸업한 후, 미국 공군대학원(AFIT)에서 군수관리 석사 학위를, 서울대학교 기술정책대학원에서 경제학 박사 학위를 마치고 현재 산업연구원 연구위원으로 재직 중이다. 주요 경력으로 산업연구원 방위산업연구부장, 국가과학기술심의회 제 1기 국방전문위원, 미 국제전략문제연구소(CSIS) Visiting Fellow 등을 거쳐 현재 한국혁신학회 부회장, 한국방위산업학회 이사, 2022년 자랑스런 방산인(방산학술상), 그리고 국방부, 방위사업청, 산업자원부, 중소기업벤처부 및 창원, 대전, 충남, 논산 등에서 방위산업 자문위원으로 활동하고 있다. 주요 저서로는 '글로벌 IT 기업의 방위산업 진출동향과 시사점(2022)', 글로벌 방산수출 Big 4 진입을 위한 K-방산 수출지원제도 분석과 시사점(2022)', '2021 Defense Acquisition Trends, CSIS(2021), '4차산업혁명에 대응한 방위산업의 경쟁력 강화전략(2017)', '주요국 방위산업 관련 클러스터 육성제도 분석과 시사점(2018)', '2018~22 방위산업 육성 기본계획 연구(방위사업청)(2017)', '국방 연구개발 투자의 경제효과 분석(국방과학연구소)(2020)', '2021~25 충남 국방산업 육성계획 수립연구(충남도청)(2021)' 등 100여편 이상의 논문과 보고서가 있으며, 방송, 기고, 강연 등을 통해 방위산업 분야에서 활발한 활동을 하고 있다.

---

585) 국방과 기술(2023), "2023 방위산업 주요이슈와 전망", 2023.2.를 기초로 수정보완 작성

20 우크라이나 전쟁 이후 미국 방산전략 평가와 전망

장 광 호 박사(전 주미군수무관)

Ⅰ. 개 요

바이든 정부 신국방외교 정책의 핵심은 동맹국 중심의 긴밀한 협력을 통한 대중·러 패권경쟁 우위 확보에 의한 글로벌 안보 강화 유지다. 즉, 유럽은 나토(NATO), 아시아·태평양 지역은 쿼드(Quad) 국가인 일본·호주·인도 그리고 한국 등 핵심 동맹국들과의 안보협력 강화를 통해 지역의 평화와 안정을 추구하는 전략이다.

이를 기조로 미국은 우크라이나 전쟁에서 우크라이나를 지원하기로 결정하고 천문학적인 원조를 수행하고 있다. 미국은 23년 1월 6일 우크라이나 전쟁과 관련한 37억5천만 달러, (약 4조 7천억 원) 규모의 지원안을 발표했다. 이번 예산에는 우크라이나에 대한 직접적인 무기와 물자 지원뿐 아니라 무기 제공 등으로 우크라이나를 돕는 다른 유럽 국가들에 대한 자금도 포함됐다. 직접적인 무기 지원 액수는 28억5천만 달러(약 3조 6천억 원)로, 여기엔 25mm 기관포와 토(TOW) 대전차 미사일 등이 장착된 '탱크 킬러'로 알려진 경량 탱크급 전투 역량을 가진 브래들리 장갑차 50대가 처음 포함됐다. 또한 미국이 지원할 무기에는 500기의 대전차 미사일, M113 수송용 장갑차 100대, 지뢰방호 장갑차(MRAPS) 55대, 소형전술차량인 험비 138대, 고속기동포병로켓시스템(하이마스)와 방공 시스템용 포탄 등도 포함됐다. 무기 지원액과 별도로 우크라이나군의 현대화와 장기적인 역량 구축을 위해 사용될 2억2천500만 달러(약 2천800억원)를 포함했고 아울러 우크라이나에 무기를 지원하는 유럽 동맹국의 자금을 지원하기 위한 목적으로 6억8천200만 달러(약 8천600억원)가 책정됐다.

우크라이나의 전쟁 수행 능력 향상을 위해 미국이 주도적으로 무기 등을 제공하고 있지만, 북대서양조약기구(NATO·나토) 동맹들도 적지 않은 지원을 하고 있다. 토니 블링컨 국무장관은 성명에서 "2021년 8월 이후 우크라이나에 대한 28번째 무기와 장비 지원"이라면서 "조 바이든 정부가 출범한 이후 우크라이나에 대한 지원액은 249억 달러, 약 31조 3천억 원에 달한다"고 말했다. 러시아-우크라이나 전쟁에서는 전세가 뒤바뀔 때마다 상징적인 무기가 등장했다. 지난해 2월 24일 러시아군이 우크라이나를 침공하면서 탱크를 앞세워 수도 키이우로 진격할 때 우크라이나군이 이를 격퇴하는 데 공을 세운 무기는 재블린 대전차 미사일과 스팅어 지대공미사일이었다. 또 지난해 여름 우크라이나군이 반격에 나서 동부와 남부 전선에서 상당한 전과를 올린 것은 고속기동포병 로켓시스템(HIMARS·하이마스) 덕분이었다. 하이마스는 포격전 중심이던 당시 전투에서 러시아군의 화력을 잠재우는 데 결정적 역할을 했다.

이렇게 대량 물량전을 통해 우크라이나의 생존력은 보존시킨 미국의 방산 능력 평가를 통해 향후 미국의 방산 전략을 전망하고자 한다.

Ⅱ. 우크라이나 전쟁 이전 세계 방산 수출입 동향 및 전쟁 영향

1950년 이후부터 1991년 소련이 해체될 때까지 미국과 소련이 압도적인 무기 수출국이었다. 아래 그림은 전 세계 무기 수출에서 세계 5대 무기수출국(미국, 프랑스, 독일, 러시아, 중국)의 수출 점유율을 추적한 것이다.

그림에서 볼 수 있듯이 1990년대 러시아의 수출 점유율이 프랑스나 독일의 점유율에도 미치지 못하는 양상이었고 2000년대 들어 러시아의 무기 수출이 급격히 증가하고 있으나 흥미로운 점은 나토의 주요 3개국(미국, 독일, 프랑스)이 매년 러시아나 중국의 무기 수출 비중을 상회하고 있다는 점이다.

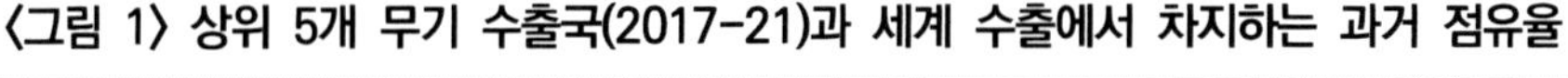
〈그림 1〉 상위 5개 무기 수출국(2017-21)과 세계 수출에서 차지하는 과거 점유율

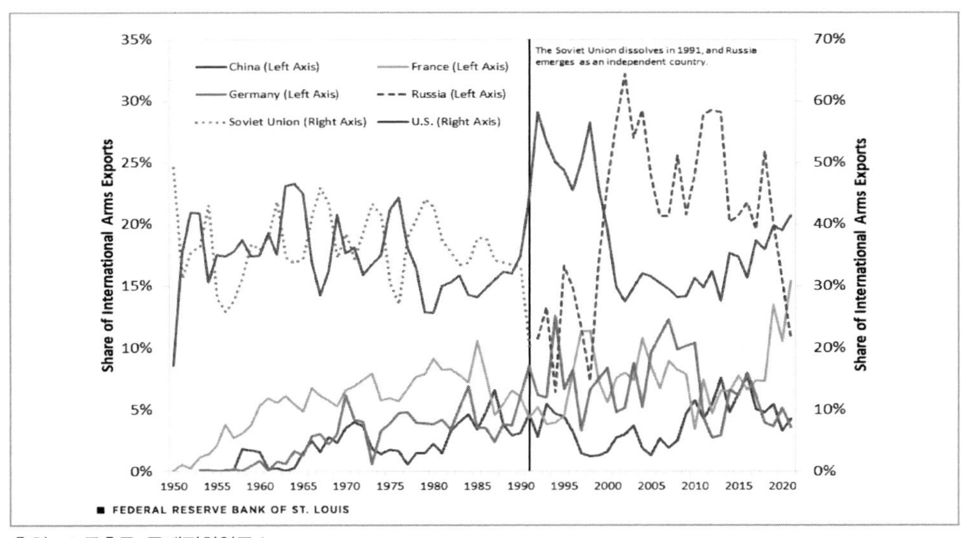

출처: 스톡홀름 국제평화연구소

다음 그림은 세계 최고의 무기 수입국들에 대한 대응 데이터를 보여준다. 2017년부터 2021년까지 세계 5대 무기 수입국과 1950년까지의 점유율을 보여준다. 무기를 가

장 많이 수입하고 수출하는 나라는 중국뿐인데, 이는 중국이 강력한 국방 생산기지를 가지고 있지만 여전히 국방의 필요에 따라 특정 무기를 수입하고 있음을 시사한다. 이 주요 무기 수입국 그룹에서는 인도와 사우디아라비아가 지난 10년 동안 번갈아 최대 수입국으로 올라섰다. 인도는 파키스탄, 중국과 오랫동안 국경 분쟁을 벌여온 큰 나라이고 사우디는 페르시아만 지역에 있다. 페르시아만 지역은 세계 석유 시장뿐만 아니라 이란, 이스라엘, 이집트를 포함한 인근 지역의 안보에도 매우 중요하다.

〈그림 2〉 상위 5개 무기 수입국가(2017-21)와 세계 수입에서 차지하는 과거 점유율

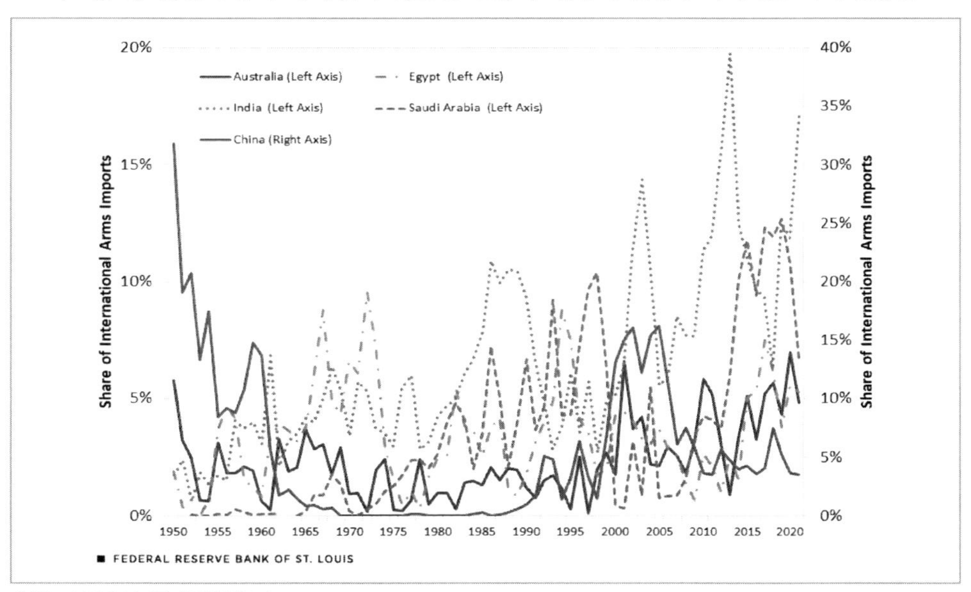

출처: 스톡홀름 국제평화연구소

상위 무기 수출국가들에 대한 데이터에 비추어 볼 때 두 가지 흥미로운 질문이 제기된다. 미국의 가장 큰 무기 수입국은 누구일까? 그리고 이 같은 나라들도 러시아로부터 무기를 수입하나?

아래의 첫 번째 파이 차트는 2017년부터 2021년까지 일본이 미국의 무기 수입국 중 수입액이 가장 많았고 사우디아라비아와 한국이 그 뒤를 이었다. 사우디는 석유시장의 주요국이고, 사우디의 안보는 미국의 이익에 매우 중요하다. 마찬가지로 태평양 지역에서 미국의 안보 이익은 일본과 한국의 방위력과 관련이 있다.

〈그림 3〉 미국 무기 주요 수입국가, 2017-2021

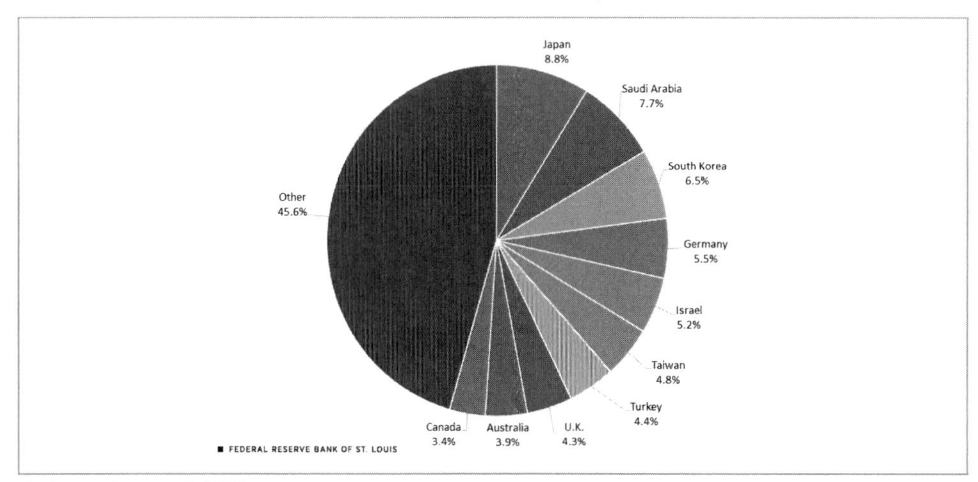

출처: 스톡홀름 국제평화연구소

한편, 아래의 두 번째 파이 차트는 2017년부터 2021년까지 인도와 중국이 러시아 무기 수입국 중 가장 큰 나라였다는 것을 보여준다. 인도는 소련과 오랜 국방 관계를 맺고 있으며, 현재 러시아와의 무기 무역은 부분적으로 그러한 관계의 유산이다. 중국은 미국에 이어 세계 2위의 국방 예산을 보유하고 있으며, 첨단 무기를 러시아 국방 생산망에 의존하고 있다. 인도, 중국, 러시아 간의 이러한 무기 무역 상호의존은 두 아시아 강대국들이 러시아-우크라이나 전쟁을 종식시키기 위해 러시아에 정치적 압력을 행사하도록 하기 위한 미국의 외교 정책 이니셔티브를 복잡하게 만든다.

〈그림 4〉 러시아 무기 주요 수입국가, 2017-2021〉

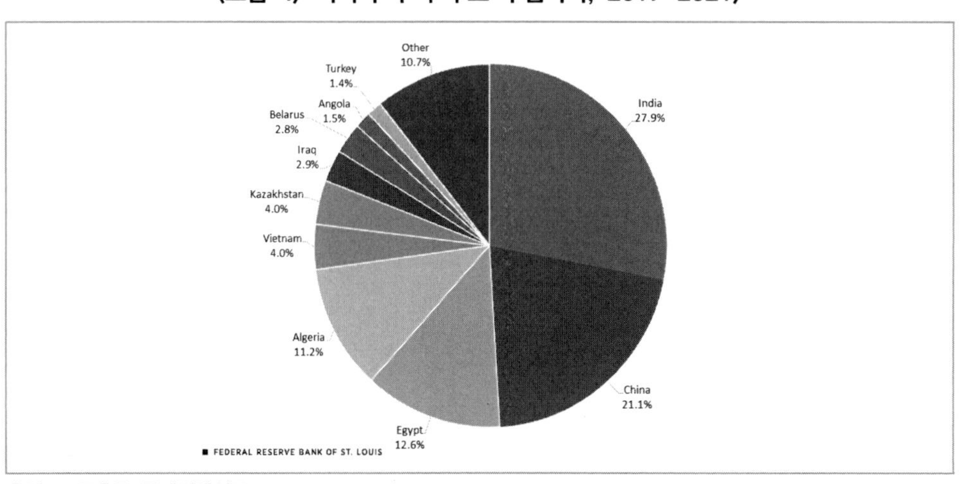

출처: 스톡홀름 국제평화연구소

위에서 살펴본바와 같이 무기 무역은 국제 정치와 안보 분야에서 국가들을 연결시킨다. 미국이 세계 최대 무기 수출국이고 미국과 동맹국들이 우크라이나 방위에 힘을 실어주고 있다는 점은 우크라이나에 유리하게 작용한다. 한편, 러시아는 그 자체로 지배적인 무기 생산국이며, 무기 무역을 통해 인도 및 중국과 연결되어 있다. 이러한 국제적 연계는 무엇보다도 러시아-우크라이나 전쟁의 신속한 정치적 해결을 위한 길을 복잡하게 만든다. 이 분쟁의 인적, 경제적 손실은 기하급수적으로 증가하고 있으며 상호 수용할 수 있는 정치적 합의를 통해서만 억제될 수 있을 것이다.

Ⅲ. 우크라이나 전쟁을 통해 들어난 미국의 탄약 공급망 문제

러시아와의 전쟁에서 우크라이나가 절실히 필요로 하는 포탄을 제공하기 위해 중동분쟁에 사용하기 위해 이스라엘에 비축한 방대한 양의 미국 탄약을 사용하고 있다.

우크라이나 분쟁은 양측이 매일 수천발의 포탄을 발사하는 등 포병 중심의 소모전이 됐다. 우크라이나는 기존에 보유하고 있던 구소련 시절 무기의 군수품이 부족하여 미국과 다른 서방 동맹국들이 기부한 포와 탄환을 사용하는 것으로 방향을 틀었다.

포병은 우크라이나와 러시아 모두에게 지상 전투 화력의 중추이며, 전쟁의 승패는 어느 쪽이 먼저 탄약이 바닥나느냐에 달려있다고 군사 분석가들은 말한다. 미국의 비축량이 부족하고 미국의 무기 제조업체들이 아직 우크라이나의 전장 작전 속도를 따라가지 못하고 있는 상황에서, 미 국방부는 그 격차를 메우기 위해 두 개의 대체 포탄 공급에 의존했다.

우크라이나의 전쟁 노력을 지속시키기 위해 두 대체국가에서 수십만 발의 포탄을 확보한 것은 미국의 산업 기반 한계와 우크라이나에 공세적인 군사 원조를 보내지 않겠다고 공개적으로 약속한 두 중요한 동맹국들의 외교적 민감성에 관한 문제이다. 이스라엘은 러시아와의 관계를 해칠 것을 우려해 우크라이나에 대한 무기 공급을 지속적으로 거부해 왔으며, 미 국방부가 비축한 군수품을 회수할 경우 우크라이나 동맹으로 보일 수 있다는 우려를 표명했음에도 불구하고 이스라엘과 미국 관리들은 우크라이나로 보내질 30만 발 중 절반 가량은 이미 유럽으로 운송됐으며 결국 폴란드를 통해 인도될 것이라고 언급했다.

나토(북대서양조약기구) 국가들을 포함한 수십 개국의 국방 및 군 고위 당국자들이 독일 람슈타인 공군기지에서 만나 우크라이나에 탱크와 다른 무기들을 보내는 문제를 논의할 준비를 하고 있는 가운데, 미국은 올해 키이우를 통해 충분한 양의 포탄을 공급하기 위해 준비하고 있다.

지난달 외교정책연구소가 발표한 또 다른 분석에 따르면 우크라이나가 지속적으로 충분한 물량의 포 병 탄약과 부수장비를 공급받으면 러시아가 점령한 영토를 되찾을 가능성이 높다. 우크라이나군에 충분한 포탄을 제공하고 장거리 정밀타격무기, 서방 탱크 및 장갑 전투 차량, 연합 무기 운용 훈련 등을 제공하는 것은 우크라이나군의 전반적인 전투력을 높이기 위해 미국 주도로 이루어지는 대규모 노력의 일환이다. 미국은 지금까지 100만발이 조금 넘는 155mm 포탄을 우크라이나에 보내거나 보내겠다고 약속했다. 익명을 요구한 미국 고위 관리는 이 중 절반도 안 되지만 상당 부분이 이스라엘과 한국의 비축탄약에서 나온다고 말했다. 또한 독일, 캐나다, 에스토니아, 이탈리아를 포함한 다른 서방 국가들도 우크라이나에 155mm 포탄을 보냈다.

미 국방부 관리들은 탄약을 우크라이나에 제공하더라도 미국의 적정 탄약 비축량이 수준 이하로 떨어지지 않도록 해야 한다고 말했다. 이스라엘 고위 관리들에 따르면, 미국은 이스라엘에게 자국 영토의 창고에서 가지고 온 것을 보충하고 심각한 비상사태가 발생했을 때 즉시 탄약을 수송하겠다고 약속했다.

지난해 미 국방부가 비축된 군수품을 철수하는 방안을 처음 제기했을 때 이스라엘 관리들은 러시아의 반응에 우려를 표했지만 결국 전쟁이 길어지면서, 펜타곤과 이스라엘은 약 30만 발의 155mm 포탄을 옮기기로 합의했다.

미국은 우크라이나가 탄약을 보다 효율적으로 사용하는 것을 돕고 있다. 우크라이나군은 미국과 다른 서방국가들이 제공한 155mm 포탄 중 3분의 1가량이 수리를 위해 고장날 정도로 많은 포탄을 발사해 왔다. 그리고 우크라이나군은 HIMARS 로켓포와 같은 정밀 로켓포을 제공받아 보다 전문적으로 공격할 수 있게 되었다.

미 국방부는 2년 안에 포탄 생산을 5배 이상 늘리기 위해 노력하고 있으며, 우크라이나 전쟁으로 인한 부족분을 보충하고 향후 분쟁을 위한 비축량을 늘리기 위해 수 십억 달러를 투자하면서 재래식 탄약 생산을 한국 전쟁 이후 볼 수 없었던 수준으로 끌어올리고 있다. 육군 보고서에 따르면, 공장 증설과 신규 생산자 유입을 수반하는 이 노력은 미국 국방 산업 기지에 대한 "거의 40년 만에 가장 적극적인 현대화 노력"의 일환이라고 한다. 화포 생산에 대한 새로운 투자는 부분적으로 현실에 대한 양보이다. 미 국방부가 소규모 고가의 정밀 유도 무기로 전쟁을 치르는 데 초점을 맞춘 반면, 우크라이나는 주로 무유도탄을 발사하는 데 의존하고 있기 때문이다.

러시아가 2월 24일 우크라이나를 침공하기 전, 미 육군은 한 달에 14,400발의 무유도 포탄을 생산해 미군의 전쟁 준비에 대비했다. 그러나 우크라이나에 대한 지원의 필요성으로 인해 미 국방부는 9월에 생산 목표를 세 배로 늘린 후 1월에 다시 두 배로 늘려서 결국 한 달에 9만 개 이상의 포탄을 만들 수 있게 되었다.

육군의 탄약 생산 확대 결정은 전쟁이 아무리 오래 지속되더라도 미국이 우크라이나를 지원할 계획임을 보여주는 가장 분명한 신호다. 미국이 우크라이나에 보낸 탄약에는 155mm 포탄뿐만 아니라 HIMARS 발사대용 유도 로켓, 수천 개의 대공미사일 및 대전차 미사일, 소형 무기용 1억 개 이상의 탄약이 포함되어 있다. 국방부는 포탄 제조를 위한 새로운 시설들에 자금을 지원할 예정이며, 자동화, 근로자 안전 개선, 궁극적으로는 군수품 제조의 신속화를 위해 향후 15년간 매년 약 10억 달러를 정부 소유의 무기 생산 시설을 현대화하기 위해 사용할 예정이다. 8월부터 의회는 육군에 19억 달러를 할당했다.

지난해 말 의회 보고서에 따르면 제2차 세계대전이 끝날 때까지 미국은 약 85개의 탄약고를 보유했다. 현재 미 국방부는 이 작업의 대부분을 정부 소유의 공공업체가 운영하는 6개의 육군 탄약 공장에 의존하고 있다. 군의 탄약 인프라는 "평균 80년 이상 된 시설로 구성되어 있다"며 그 중 많은 부분이 여전히 2차 세계대전 당시 건물, 경우에 따라서는 같은 시기의 장비로 운영되고 있다고 2021년 작성된 육군 현대화 보고서에 나와 있다.

위트만 의원은 미 국방부 고위 관리들 앞에서 한 발언에서 "러시아의 우크라이나 침공은 우리의 공급망이 얼마나 취약하고 취약한지를 드러냈으며, 특히 군수품 공급망과 관련하여, 현재 군수품 보충을 위해 노력하고 있는 것은 분명한 비상사태"라고 말했다. 미국의 포탄 생산은 주로 민간 방산업체가 운영하는 4개의 정부 소유 시설에서 이루어지는 복잡한 과정이다. 탄피는 제너럴 다이내믹스가 운영하는 펜실베니아 공장에서 만들어지고, 이 탄피들의 화약충전물은 테네시 주 BAE 시스템즈 근로자들에 의해 혼합된 후 아이오와 시골의 아메리칸 오드넌스가 운영하는 공장에서 포탄에 장입하는 반면, 추진제는 남쪽의 BAE에 의해 제조된다. 지난 11월 육군은 온타리오에 본사를 둔 IMT 디펜스사와 3억9100만 달러 규모의 포탄 제조 계약을 발표하고 제너럴 다이내믹스에 155mm 포탄의 새 생산라인을 텍사스 갈랜드 공장에 건설하라는 명령을 내렸다. 이 증산된 모든 생산량은 미 수송사령부가 우크라이나 국경으로 수송할 수 있는 만큼 신속하게 운용될 것으로 보인다.

미국은 우크라이나 전쟁을 계기로 전쟁물자 공급망의 중요성을 절실히 깨달았으며 미국내 탄약생산의 취약점을 파악하고 현대화를 통한 공급물량을 증대하여 미래를 대비하는 큰 교훈을 얻었다.

Ⅳ. 우크라이나에 대한 주요 무기 공급 현황

바이든 행정부는 오랜 저항을 뒤집고 우크라이나에 M1 에이브럼스 탱크를 공급하기로 했다. 이는 러시아로부터 영토를 되찾기 위한 주요 수단이 될 것이다. 우크라이나전 초기 미 국방부 관리들은 우크라이나가 광범위한 훈련과 정비를 필요로 하는 첨단 탱크를 어떻게 유지할지에 대한 우려를 언급하며 에이브람스를 보내는 것에 대해 우려를 표명했다. 독일도 미국과 함께 레오파드를 보내기로 결정했다. 많은 유럽 국가들은 유럽 대륙 전역에 약 2,000대의 독일제 레오파드를 사용하고 있으며 우크라이나는 최근 몇 주 동안 러시아군에 대항하기 위해 탱크가 필요하다고 주장해왔다. 레오파드, 에이브럼스 탱크는 영국이 제공한 챌린저 2 탱크와 함께 우크라이나 전쟁의 게임체인저가 될 것이다.

폴란드 국방장관은 레오파드 탱크를 우크라이나에 제공하는 방안에 대해 공식적으로 허가해 줄 것을 요청했다고 밝혔다. 또 다른 국가들도 독일이 동의할 경우 같은 조치를 취할 것임을 시사했다. 많은 군사 전문가들은 탱크가 우크라이나군의 중요한 무기가 될 수 있다고 보고 있다.

지난해 가을 전장에서 우크라이나군의 잇단 영토 탈환 작전이 성공한 이후, 전쟁은 극심한 소모전 양상으로 바뀌었다. 전쟁 초기에 새로 건설된 러시아군의 방어선을 뚫고 러시아군이 점령한 영토를 탈환하고 봄에 예상되는 러시아군의 공격에 대비하기 위해 탱크가 필요하다

우크라이나의 동맹국들은 러시아의 침략으로부터 키이우를 방어하는 것을 돕기 위해 점점 더 정교한 무기를 제공했지만, 그들은 모스크바를 자극할 것을 우려하여 중화기를 보내는 것을 꺼려해 왔다. 11개월 전 러시아의 전면적인 침공이 시작된 이후, 그들은 신중하게 그들의 지원을 보정하려고 노력해왔고 포병, HIMARS 로켓포 시스템, 패트리어트, 그리고 가장 최근에는 미군이 사용하는 장갑 전투 차량이 포함되었다.

우크라이나는 현재 보유하고 있는 소련식 탱크는 러시아군을 추방하기에 충분하지 않다고 주장하며 우크라이나군의 군사 목표를 달성하기 위해 수개월 동안 중무장한 서방제 탱크를 요구했다.

V. 우크라이나 전쟁으로 인한 한국의 방산 수출 확대 및 미국의 입장

최근 한국이 폴란드 등 유럽 국가와 잇따라 대규모 무기 수출 계약을 체결하자 미국 방산업계가 오랜 고객을 잃을까 불안한 눈빛으로 보고 있다고 미 정치매체 폴리티코가 보도했다. 폴란드는 작년 7월 한국에 K2 전차, K9 자주포, FA-50 경공격기 등 총 148억 달러 규모의 무기를 발주할 예정이라고 발표했으며 8월에는 다연장로켓 천무 288문을 구매하기로 했다. 에스토니아는 이미 한국에 K9 자주포 18문을 주문했으며 최근 독일 레오파드 전차를 선택한 노르웨이도 K2 전차 구매를 고려했었다.

폴란드를 비롯한 유럽 국가들은 우크라이나 전쟁으로 현실이 된 러시아의 위협에 맞서 첨단무기를 신속히 확보할 필요가 있으나 전통적으로 거래해온 미국 방산업계가 주문을 맞출 능력이 안되자 한국으로 눈을 돌렸다. 원래 폴란드도 미국에서 하이마스(HIMARS) 다연장로켓 500문을 도입하려고 했으나 인도에 몇 년이 걸린다는 답변에 단념했다. 마리우시 브와슈차크 폴란드 부총리 겸 국방부 장관은 한화디펜스와 천무 계약을 체결하는 자리에서 "불행히도 제한된 생산능력 때문에 우리가 수용 가능한 기간에 (HIMARS) 장비를 인도받는 게 불가능했다. 그래서 우리는 검증된 파트너인 한국과 대화를 시작했다"고 밝혔다.

한국의 무기수출 계약 규모, 그리고 신속한 납기가 미국 방산업계의 관심을 끌었다. 미 방산업계에는 한국의 무기 수출이 폴란드로 끝나지 않을 것이란 우려를 하고 있다. 한국산 무기는 미제보다 저렴한데다 미군 장비와 상호 운용이 가능하다. 또 한국이 K2 전차 800대를 폴란드 현지에서 생산하기로 하는 등 기술 이전에 적극적인 점도 유럽 국가에 매력적이라고 평가했다.

미국에서 한국과 유럽의 방산 협력에 대해 부정적인 시각만 있는 게 아니다.

맥스 베르크만 미국 전략국제문제연구소(CSIS) 유럽 담당 국장은 미국이 인도·태평양으로 시선을 돌리는 상황에서 "유럽과 아시아의 동맹이 관계를 강화하는 것은 미국에 실질적인 혜택이 있다"고 진단했다. 그는 유럽이 오랫동안 미국산 무기의 의존하는 바람에 자체 방산 역량이 약화했다면서 "미국 방산업계가 시장 점유율 감소 가능성 때문에 걱정하는 것은 이해하지만 더 넓은 국가안보 관점에서 보면 유럽의 문제는 심각하다"고 말했다.

Ⅵ. 미국 방산 기반

우크라이나 전쟁을 통해 미국은 대규모 주요 분쟁지역에서의 군수품 사용이 제한된다는 점을 명확하게 파악하였다. 현재 미국의 방위 산업 기반은 대두되는 현존 위협에 적절하게 준비되어 있지 않으며 평화 시 환경에 더 적합한 템포로 운용되고 있다. 예를 들어 CSIS 워게임에 따르면 미국은 주요 분쟁지역 개입 시 정밀 유도무기와 같은 일부 탄약이 부족할 것으로 분석되었고 이는 미국이 장기간의 분쟁을 지속하는 것을 어렵게 만들 것이라고 예측하고 있다. 일부 미국 정부의 추산에 따르면 잠재 분쟁 대상인 중국이 군수품에 막대한 투자를 하고 최신 무기체계 및 장비를 미국보다 5~6배 빠르게 획득하고 있기 때문에 심각성이 극대화될 것이라고 보고 있다.

실제로 우크라이나 전쟁은 미국 방위 산업 기반의 심각한 문제점을 드러냈다. 우크라이나에 지원했던 Singer 지대공 미사일, 155mm 화포 및 탄약, Javelin 대전차 미사일 시스템과 같은 일부 유형의 무기 시스템 및 군수품의 재고를 고갈시켰고 국방부는 우크라이나에 보낸 무기의 일부만 계약하여 보충은 더디었다. 유럽과 많은 미국 동맹국과 파트너도 대규모 전쟁에 대비하기에는 부족한 방위 산업 기지를 보유하고 있다. 특히 유럽은 국방분야를 미국에 크게 의존하고 있으며 만성적으로 부족한 국방예산을 편성하고 있다. 미국은 재래식 전쟁을 위한 무기체계와 군수품에 충분한 투자를 이어오지 않아 국방부의 획득 시스템은 재래식 전쟁에 필요한 핵심 무기 체계 비축에 투자할 인센티브를 창출하는데 어려움을 겪고 있다. 우크라이나 전쟁에서 알 수 있듯이 강대국 간의 전쟁은 장기간의 산업 전쟁이 될 가능성이 높다.

우크라이나 전쟁에서 저쟁 물자 소비율은 충분한 양의 군수품과 무기체계를 생산하기 위한 방위산업 기반이 부족하다는 것을 드러냈다. 우크라이나에 제공된 많은 무기시스템과 군수품이 미국 비축물자에서 제공되었기 때문에 향후 우발 상향 또는 기타 작전상 필요에 따라 사용해야할 일부 비축량이 고갈되었다. 예를 들어 2022년에 우크라이나로 이전된 자블린 수량은 2015년부터 2022년까지 7년 동안 생산한 량이고, 스팅어 수량은 지난 20년 동안 미국 이외의 수입국가를 위해 제작된 총 수와 맞먹은 수량이다. 또한 미국이 지원한 무기 중 가장 강력한 화력 중 하나인 155mm 화포의 탄약은 2023년 1월 현재 최대 1,074,000발을 제공하여 보관 중인 155mm 탄약의 가용성을 크게 줄였다.

긍정적인 요소는 전쟁을 겪으며 미 국방부 획득 고위직들이 사태의 심각성을 파악하고 해결책을 내놓기 시작했다는 것이다. 라프란트 미획득운영유지 차관은 방산분야 공급망 문제를 공개적으로 인정하고 이를 해결하기 위한 정책을 발표하였으며 미 육군성 장관 및 미 육군 획득 최고 책임자는 향 후 몇 년 동안 155mm 탄약 생산을 3배로 늘이겠다고 약속했으며 HIMARS 추가 생산을 위해 4억3,100만 달러의 계약을 체결하였다. 또한 2023 회계연도 국방수권법에서 우크라이나와 잠재적으로 대만을 지원하는데 중요한 군수품(PAC-3 미사일, AIM-120 공대공 미사일(AMRAAMs), 155mm 탄약, 장거리 대함미사일(LRASM) 등.)에 대해 국방부가 다년 계약을 체결할 수 있도록 승인하였다.

미국은 또한 Stinger 재고를 보충하고 단거리 대공 방어 능력을 위한 차세대 휴대용 대공 미사일로 교체하기 위해 노력하고 있다. BAE 사는 미육군과 다른 나라들의 관심에 따라 M777 155mm 자주포를 재생산하기 위한 검토를 하였으며 몇 년 동안 최소 150대 이상의 주문이 필요함을 분석했다.

우크라이나 전쟁은 강대국 간의 경쟁과 갈등이 미국과 주요 동맹국 및 파트너 국가의 강력한 산업 기반을 필요로 한다는 것을 보여주었다. 방산 시장은 수요 독점 구조로 주문이 감소하면 방산업체는 해외 판매 옵션이 없는 한 비용 절감을 위해 생산 라인을 축소해야하고 중소기업은 방산분야를 떠나거나 폐업할 수 밖에 없다. 부품 또는 하위 부품업체가 폐업하면 공급망에 문제가 발생할 수 있으며 하청업체는 다른 우선순위가 있거나 미국 정부의 제재를 받거나 적대적인 국가가 소유하거나 소재한 국외 업체의 부품에 의존할 수 있는 상황이 발생될 수 있다.

〈그림 5〉 우크라이나에 제공된 미측 무기체계 및 군수품

SYSTEM	MANUFACTURER	STATUS OF PRODUCTION LINE	NUMBER COMMITTED TO UKRAINE	STATUS OF U.S. INVENTORY
Javelin anti-armor systems	Raytheon/Lockheed Martin	Active	Over 8,500	Low, particularly for command launch unit
Stinger anti-aircraft systems	Raytheon	Semi-active	Over 1,600	Low
155 mm howitzers	BAE Systems and other manufacturers	Semi-active	160	Low
155 mm artillery rounds	General Dynamics and other manufacturers	Active	Up to 1,074,000	Low, and U.S. policy prohibits exporting cluster munitions with a dud rate greater than 1 percent
Excalibur precision-guided 155 mm rounds	Raytheon	Active	5,200	Medium
Counter-artillery radars	Raytheon	Active	Over 50	Low
M113 armored personnel vehicles	BAE Systems	Closed	300	Medium
105 mm howitzers	Rock Island Arsenal	Closed	72	Medium
105 mm artillery rounds	BAE Systems and other manufacturers	Active	275,000	High
Harpoon coastal defense systems	Boeing	Active	2	Medium, though current U.S. inventories may not be sufficient for wartime
High Mobility Artillery Rocket Systems (HIMARS)	Lockheed Martin	Active	38	Medium
Small arms ammunition	Various manufacturers	Active	Over 108,000,000	High

군대를 위한 장비, 시스템, 차량 및 군수품의 막대한 소비에는 정비 및 재 보급을 위한 대규모 산업 기반이 필요하다. 주요 문제는 군수 산업 기반을 포함한 미국 방산 기반이 현재 장기 재래식 전쟁을 지원할 준비가 되어 있지 않다는 것이다. 주요 지역 분쟁이 발생될 경우 현재 미 국방부가 계획한 무기체계 절대량을 초과할 가능성이 있는 상당한 양의 군수품을 사용할 것으로 예측된다. 비근한 예로 대만 해협에서 미중 전쟁을 분석한 CSIS 워게임을 20회 반복한 결과 미국은 통상 3주간의 분쟁에서 5,000개 이상의 장거리 미사일을 소비할 것이고 토마호크 지상 공격 미사일, SM-6 함 탑재 미사일, 미 공군이 미래에 생산할 수 있는 장거리 미사일의 재고도 약 1주일 안에 고갈될 수 있다.

동맹국을 살펴보면 미국만이 군수품 문제에 직면한 유일한 국가는 아니다. 더하면 더

했지 충분히 대비한 동맹국은 없다. 최근 미국, 영국, 프랑스군이 참여한 워게임에서 영국군은 불과 일주일 만에 주요 탄약의 국가 비축량을 소진했다.

가능성 높은 차기 전장인 대만의 경우 우크라이나와 달리 섬지역으로 일단 전쟁이 시작되면 무기체계와 군수품의 보급은 중국의 해상 공중 봉쇄 등으로 인해 어렵다고 볼 수 있다. 인도 태평양에서의 전쟁은 더 많은 장거리 탄약의 재고를 필요로 할 것이다.

이러한 문제 중 일부를 신속하게 수정하는 것도 몇 가지 문제가 있다. 첫째로 방산업체는 일반적으로 계약 없이는 재정적 위험을 감수하려고 하지 않는다. 특히 대규모 자본 투자와 인적 요건을 고려할 때 명확한 수요 신호와 재정적 약속 없이는 더 많은 군수품이나 무기체계를 생산하지 않으려 할 것이다. 둘째 주요 전쟁에 필요한 무기체계와 군수품의 공급을 늘리기 위한 노동력과 공급망 제약도 있다. 중국의 희토류, 주조제품의 독점은 공급망을 제한하는 예이다. 셋째로 방산물자 생산의 리드타임은 상당한 제약사항이다. CSIS 연구에 따르면 주요 대형 무기체계의 대량생산 교체 기간은 평균적으로 8.4년이 걸린다. 미사일, 우주 기반 시스템, 조선은 가장 리드타임이 긴 사업들이다.

Ⅶ. 결 언

우크라이나에서 진행 중인 전쟁과 대만 해협을 포함한 중국과의 긴장 고조는 미국이 더 이상 평화로운 환경에 있지 않음을 의미한다.

미국은 보다 탄력적인 방위 산업 기반을 구축하기 위한 조치를 취할 것이다. 총 탄약 요구량을 재평가하여 잠재적으로 두 개 이상의 전역에서 고강도 전투에서 요구하는 수량과 일치하는지 여부를 판단하여 중요한 유도 탄약의 생산을 재개하거나 생산량을 늘리는데 걸리는 시간을 포함한 다양한 수준의 주요 분쟁에서 육상, 해군 및 공군 간의 주요 유도 탄약 소비 비율을 모델링하여 대비할 것이다.

위기의 시대에 리드타임 즉 생산 일정이 너무 길기 때문에 전략적 탄약 비축을 고려할 것이다. 국방물자생산법과 같은 다양한 권한을 이용 전략적 비축을 용이하게 하고 긴급한 경우 대응 시간을 개선할 것이다. 현재 및 미래의 요구사항을 충족하기 위해 지속 가능한 군수품 조달 계획을 수립할 것이다. 강대국을 억지하고 대응하기 위해 타격, 방공, 미사일 방어와 같은 특정 무기 시스템에 대한 투자에 집중할 것이다.

방산업체들에 대한 공급망 확충에 많은 투자를 할 것이다. 을병 업체들에 대한 인적 강화, 생산시설 투자 등을 통해 장기적이고 지속적인 공급망을 유지하는데 중점을 두고 정책을 시행할 것이다.

주요 동맹국에 대한 FMS/ITAR 절차를 간소화할 것이다. 이를 통해 주요 동맹국과 파트너에게 능력을 신속하게 제공하고 중국 및 러시아와 더 잘 경쟁하고 우크라이나에 군사 원조를 제공한 우호국의 무기고를 보충하기 위한 노력의 일환으로 특정 외국 동맹국, 특히 유럽과 인도 태평양에 대한 미국 무기 판매를 가속화할 것이다. 이는 우크라이나 전쟁 발발 후 대만과 유럽국가에 대한 FMS 판매량이 급증한 것이 일례이다.

현재 존재하는 전시 환경에 대한 준비 부족과 미국 방산 공급망 어려움에 대해 국방부와 의회 일부에서 크게 각성하고 있으며, 최근 미 국방부는 미국이 외국에 무기를 판매하는데 있어 존재하는 비효율성을 조사하기 위한 고위 관리들로 구성된 TF를 설치 FMS/ITAR 효율화를 위한 최초의 시도를 하고 있다.

저자소개

장광호 | 국방신속획득기술연구원, 전 주미국제계약지원단장

미 공군대학원 우주공학석사, 서울대학교 경제학 박사학위를 취득하였으며 국방신속획득기술연구원에서 재직 중이다. 방위사업청 개청준비단으로 획득 전문조직인 방위사업청 개청에 기여한 후 국제협력총괄, 방산수출 정책 담당, 초대 주이집트 아중동 방산협력관, 주미 국제계약지원단장 겸 군수무관단장을 역임하는 등 주로 국제방산협력 분야에서 근무하였으며, 또한 다련장사업파트리더로 개발 총책임자로 천무 체계개발완료, 상륙함사업팀장 시 상륙함, 군수지원함, 소해함, 수상함 구조함, 잠수함 구조함 등 각종 해군 함정 사업을 이끌었고, 지상C4ISR사업팀장으로 ATCIS 전력화, 국지방공레이다 개발완료, 대대급 B2CS 전력화 등 다수 사업을 성공적으로 수행 보국훈장 삼일장을 수여받은 바 있다.

21 우크라이나 전쟁 이후 한국 방산 평가와 발전방향

유 형 곤 센터장(국방기술학회)

Ⅰ. 서 론

최근 우크라이나-러시아 간 전쟁 발발과 미-중 간 대립 양상이 격화되면서 글로벌 안보 불안이 심화되고 있고 이로 인해 주요국들의 군비 경쟁이 가속화되고 있다. 그 결과 일부 주요 국가를 중심으로 우리가 주력으로 운용하고 있는 첨단 무기체계의 수요가 단기간 내 급증하고 있는 양상이다.

이와 같은 우호적인 글로벌 방산 시장 환경이 조성되면서 지난 2011년부터 2020년까지 방위사업청이 공식적으로 집계한 수주 기준 국내 방산수출 규모는 연 평균 29.7억 달러 수준이었으나, 지난 2021년에는 72.5억 달러로 급증하였고, 작년(2022년)에는 다시 173억 달러로 급격하게 증가하였다. 그리고 올해 정부는 작년 실적 이상의 수출실적을 달성하는 것으로 목표로 설정한 상황이다.

특히 지난 2022년 달성된 방산수출 173억 달러 중 124억 달러(약 71.7%)가 폴란드 단일 국가와의 계약금액이라는 점에서 최근의 국내 방산수출의 급격한 증가는 러시아의 우크라이나 침공에서 비롯된 유럽 지역의 안보불안에 기인하고 있다고 단정할 수 있다. 현재 국제 정세를 살펴볼 때 우크라이나-러시아 간 전쟁이 단기간 내 종식되더라도 러시아의 군사적 위협 영향권에 놓여 있는 폴란드 등 유럽 지역의 첨단 무기체계 수요는 지속될 것으로 전망되기 때문에 K-2 전차, K-9 자주포 등 국내 주력수출품목의 수출 추세도 당분간 지속될 것으로 기대된다.

그런데 최근 폴란드, 호주 등의 국가에 대해 이루어진 국내 방산수출 사례를 살펴보면 국내 생산된 완제품을 수출하는 전통적인 수출 방식이 아니라 수출물량의 상당한 비중을 수출국 현지에서 조립·생산하여 납품하는 방식이 보편적으로 이루어지고 있다. 즉, 그 동안 수출되는 우리 무기체계의 생산거점은 국내에 국한되어 왔는데 최근 폴란드 등 현지생산 방식의 방산수출이 확대되면서 국내 생산거점도 글로벌 진출이 확대될 것으로 전망된다.

그 동안 국내 획득제도와 방산정책은 사실상 국내 생산기반을 최대한 확대하는 방향으로 추진되어 왔는데 우크라이나 전쟁으로 야기된 최근의 방산수출 양상에 따라 국내 방위산업의 글로벌 진출이 이루어지면서 이제는 기존 획득제도와 방산정책을 재정립해야 할 필요성이 증가되고 있다. 따라서 본 원고에서는 최근의 방산수출 방식의 변화에 따라 국내 방위산업에 미치는 영향을 살펴보고, 국내 방위산업이 글로벌 산업으로 전환되는 과정에서 추진되어야 할 정책 제언을 제시하고자 한다.

Ⅱ. 최근의 방산수출 성과와 동향

방위산업이란 방산물자등을 연구개발 또는 생산하는 산업으로 정의되어 있고, 방위산업물자등은 크게 ①방위산업물자, ②무기체계, ③방위사업청의 수출허가 대상 전략물자 등으로 구성되어 있다[586]. 따라서 방산수출이란 방산물자, 국방과학기술, 전략물자로서 이중용도 품목 중 산업용은 제외한 군용으로 사용되는 품목 등 방위사업청이 수출을 허가하는 품목에 대한 수출을 의미한다[587].

지난 2011년부터 2020년까지 국내 방산수출 규모는 수주금액 기준 연 평균 29.7억 달러로서 약 30억 달러 내외로 지속되어 왔는데 지난 2021년에는 對 호주 K-9자주포/K-10 탄약운반장갑차 수출, 對 필리핀 함정(초계함) 수출 등으로 인해 방산수출 금액이 72.5억 달러를 달성하는 성과가 발생되었다.

그리고 2022년에는 우크라니아-러시아 간 전쟁을 계기로 폴란드에 대규모 수출계약이 체결(약 7조 6,780억원 규모의 K-2 전차, K-9 자주포 계약(2022.8월), 약 4.17조원 규모의 FA-50 경공격기 계약(2022.9월), 약 4.9조원 규모의 천무 계약(2022.11월))됨으로써 방산수출 규모가 역대 최고인 173억 달러를 달성하였다.

〈표 1〉 그 동안의 방산수출 금액 추이(2011~2022)

(단위: 억 달러(수주기준))

2011	2012	2013	2014	2015	2016
23.8	23.5	34.2	36.1	35.4	25.6
2017	**2018**	**2019**	**2020**	**2021**	**2022**
31.2	27.2	30.8	29.7	72.5	173

자료: 방위사업청, 「방위산업 통계연보」(각 연도별), 언론보도 자료 등을 저자가 종합하여 작성

물론 이와 같은 전대미문의 수출성과가 발생된 요인으로는 우호적인 글로벌 시장 환경이 조성된 측면도 있지만 K-9/K-10, K-2, FA-50 등 국내 주력수출품목의 수출경

586) 「방위산업 발전 및 지원에 관한 법률」 제2조(정의)

587) 방산물자교역지원센터, 『방산수출 종합 가이드북(개정판)』, KOTRA자료21-187, 2021.11

쟁력이 매우 높다는 점도 간과할 수 없다.

방산수출 경쟁력은 제품의 경쟁력(가격, 성능, 품질), 업체경쟁력(개발역량, 빠른 납기준수, 마케팅·홍보), 정부 경쟁력(글로벌 위상, 국가간 협력관계)과 함께 부가서비스 경쟁력(수출산업협력 이행 능력, 후속군수지원 용이성, 기술이전 적극성 등) 등이 종합적으로 어우러진 결과로 발생된다.

우리나라는 북한과 상시 대치하고 있는 안보환경 상 우리 군이 운용하는 무기체계에 대해 방산물자·업체 지정제도 등을 운영하여 수명주기 간 국내 생산기반시설·인력이 유지되고, 품질신뢰성도 높고, 수출 이후에도 지속적인 후속군수지원이 가능하다는 고유의 특성이 존재한다. 결국 우리나라는 대규모 수출물량을 신속하게 공급할 수 있다는 기반여건을 보유하고 있기 때문에 작년 폴란드 수출사례와 같이 가성비 높은 국내 주력 수출품목에 대해 대량 및 신속한 납기를 요구하는 수출시장이 마련될 경우 타 국 대비 상대적으로 매우 유리한 입장이다.

따라서 지난 2022년 5월 SIPRI가 발표한 2017 ~ 2021년 기준 방산수출국 순위에서 우리나라는 시장점유율 2.8%로서 8위권을 차지하였으나 현재와 같은 방산수출 추세가 당분간 지속된다면 순위가 상당히 상승하게 될 것이 유망하다. 실제로 정부는 향후 5년 내 세계 4위의 방산수출 강국으로 도약하겠다는 도전적인 목표를 수립한 상황이다[588].

〈표 2〉 방산수출국 순위 및 글로벌 방산시장 점유율(2017~2021년 기준)

순위	수출국	글로벌 수출시장 비중(%)		2012-2016 대비 2017-2021 변화 비율(%)	주요 수출대상국 (%)		
		2017-2021	2012-2016		1위	2위	3위
1	미국	39	32	14	사우디(23)	호주(9.4)	한국(6.8)
2	러시아	19	24	-26	인도(28)	중국(21)	이집트(13)
3	프랑스	11	6.4	59	인도(29)	카타르(16)	이집트(11)
4	중국	4.6	6.4	-31	파키스탄(47)	방글라데시(16)	태국(5.0)
5	독일	4.5	5.4	-19	한국(25)	이집트(14)	미국(6.1)
6	이탈리아	3.1	2.5	16	이집트(28)	터키(!5)	카타르(9.0)
7	영국	2.9	4.7	-41	오만(19)	사우디(19)	미국(19)
8	한국	2.8	1.0	177	필리핀(16)	인도네시아(14)	영국(14)
9	스페인	2.5	2.2	10	호주(51)	터키(13)	벨기에(8.6)
10	이스라엘	2.4	2.5	-5.6	인도(37)	아제르바이잔(13)	베트남(11)

자료: SIPRI, “TREND IN INTERNATIONAL ARMS TRANSFERS, 2021”, 2022.5

588) 에너지경제, “K-방산 올해 '수출 랠리'… 세계 'TOP 4' 노린다”, 2023.1.10.일 기사

Ⅲ. 최근의 방산수출 양상과 향후 전망

1. 최근의 방산관련 관행의 변화

지난 1970년 국방과학연구소가 설립되고 국내 방위산업이 본격적으로 육성되기 시작한 이래 과거 50년 동안 지속되어 온 전통적인 국방연구개발 및 방산수출 방식이 점차 재편되고 있는 양상이다. 국방연구개발은 기존 국방과학연구소 일변도에서 방산업체 및 산학연 주관 확대로 재편되고 있는 양상이고, 첨단무기체계의 신속한 획득 제도 도입과 함께 민수부처와의 공동기획·공동투자를 통해 국방핵심기술을 개발하는 방식도 도입되고 있다. 즉, 무기체계 개발과 관련된 국방연구개발 주체가 정부(국방과학연구소) 중심에서 민간(방산업체 및 산학연)으로 점차 이전, 재편되고 있는 것이다.

방산수출 분야도 양적인 수출규모 확대 뿐만 아니라 수출대상국 및 수출방식 측면에서도 이전과 다른 양상이 나타나고 있다. 우선 수출대상국 측면에서는 그 동안 남미, 동남아 등 저개발국가나 터키 등 일부 개발도상국 위주로 수출이 이루어져 왔는데, 최근에는 폴란드, 호주 등 이미 자국 내 산업기반이 상당부분 갖추어져 있는 선진권 국가들로도 수출이 확대되고 있고, 영국 등 유럽과 미국 방산시장으로도 직접 진출하는 것을 모색하고 있다.

수출 방식 측면에서는 그 동안의 국내개발·국내생산된 완제품의 수출 방식에 그치지 않고 최근에는 폴란드, 호주 등 수출을 계기로 국내개발·현지생산 방식의 수출이 확대되고 있다. 예를 들어, 현재 한화에어로스페이스(구 한화디펜스)는 호주 내에 K-9자주포와 K-10탄약운반장갑차의 호주용 버전인 AS9, AS10를 현지생산하기 위한 공장(호주 질롱시 소재)을 설립하고 있고, 작년 폴란드에 수출된 K-2전차, K-9 자주포, FA-50 등 무기체계도 상당한 물량이 현지 생산될 예정이다.

그리고 수출하는 무기체계 자체도 국내개발·생산된 무기체계를 일부 수출대상국에 맞춤형으로 개조개발하여 수출하는 경우가 일반적이지만 최근에는 호주 수출용 레드백 장갑차 사례와 같이 수출용 무기체계를 국외업체와 별도로 공동개발하여 수출을 추진하는 경우도 발생되고 있다.

따라서 그 동안 우리 군이 소요를 제기하여 결정된 무기체계를 국방과학연구소가 주관하여 개발한 후 양산업체가 수출용으로 일부 개량개발한 후 완제품을 그대로 수출을 추진하는 방식이 일반적이었지만 이제는 우크라이나 전쟁 전후로 업체가 주관하여 개발한 무기체계를 수출대상국 요구에 따라 현지생산하거나 또는 아예 수출용 무기체계를 별도로 개발하여 수출하는 방식으로도 다양화·확대되고 있기 때문에 최근의 양상에 부합하는 새로운 방위산업 육성 및 방산수출 전략을 마련하는 것이 필요한 상황이다.

〈표 3〉 최근의 방산관련 관행의 변화 종합

분야 구분	항목	기존(전통적 방식)	최근 동향	비고
국방기술 개발	기술개발 주체	ADD 주관 기술개발 위주	산학연 주관 기조	‘22년 신규 과제 중 산학연 비중 91% 수준
	기술개발 대상	무기체계 소요 핵심기술 위주	혁신적 첨단국방기술 선 확보 확대 기조	미래도전국방기술 연구개발사업 등
	기술개발 투자 주체	무기체계 소요 핵심기술과제 국방부처 단독 투자	무기체계 소요 핵심기술의 민군부처간 공동투자 추진	과기정통부-방사청 간 기초원천 협력사업 업 추진 중
무기체계 개발	체계개발 주체	ADD 주관 개발 위주	업체주관 개발 확대 기조	일반무기체계는 업체 주관 우선 검토
	개발 방식	국방기획관리체계 (PPBEES) 기반 획득	무기체계 획득의 신속성 확대 기조	시속시범획득사업 및 신속시범연구개발사업 신설 등
방산수출	수출 대상국	남미·동남아 등 저개발국가, 개발도상국 위주	개발도상국 및 방산선진국으로 확대 전망	폴란드, 호주 이외 유럽 및 미국 진출 추진
	수출 방식 및 생산 거점	국내생산 완제품 수출 위주 국산화를 통한 국내 생산거점 마련 우선	구매국의 해외 현지생산물량 요구로 국내 이외 해외 생산거점 확대 전망	폴란드(K-2PL, K-9PL), 호주(AS9/AS10 등) 내 생산거점 마련 중
	수출 대상 무기체계	내수용 개발 후 수출용 개량개발 위주	수출용 무기체계의 국제공동개발 사례 발생	국외업체와 레드백 등 수출용 체계 별도개발

자료: 유형곤 외 2, “방산수출지원제도 고도화 방안”, 2022.10

실제로 최근 대규모 수출이 성사된 폴란드, 호주 뿐만 아니라 SIPRI 기준 주요 방산 수입국인 인도(세계 1위 수입국), 사우디(세계 2위 수입국), UAE(세계 9위 수입국) 등도 무기체계 수입 시 자주국방을 달성하고 지속적인 일자리를 창출하기 위해 자국산 비중을 확대하고 자국 내 생산기반을 마련하도록 요구하고 있는 실정이다. 결국 향후 국내 방산수출 규모가 확대되기 위해서는 첨단 무기체계 소요가 증가하고 있는 유럽 및 중동지역으로 수출이 지속적으로 성사되어야 하는데 이제는 해당국 내에 현지생산을 위한 거점을 마련하고, 해당국 정부 및 업체로의 국방기술이전이 이루어지는 것이 불가피하게 요구되고 있다.

〈표 4〉 우리의 주요 방산수출국의 획득정책 기조

국가	획득정책 기조
폴란드	• 무기체계 구매 시 자국 기업 참여 및 현지생산 요구 (사례: K-9, K-2 전차 등)
호주	• 무기체계 구매 시 현지 생산 및 자국산 부품 사용 요구 (사례: K-9/K-10, 레드백 현지생산 등)
인도	• DAP-2000을 발표하여 무기체계 획득 시 현지생산 또는 자국 부품 적용 확대(최소 50% 이상)
사우디	• 사우디 비전 2030을 발표하여 2030년까지 자국산 비중 50% 달성 목표수립 • 국영방산업체 SAMI를 설립하여 해외업체와의 협력을 통해 현지 생산 확대 추진
UAE	• 2016년 "에미리트 국가전략"을 발표하여 자국산업 육성 및 자주국방 달성 천명 • 현지생산 및 기술이전 요구

자료: 산업연구원, "글로벌 방산수출 구조변화와 우리의 대응전략", 2021(요약정리)

2. 방산수출 방식의 구분 및 특징

앞서 제시한 바와 같이 최근 국내 방산수출 방식은 과거와 다른 양상이 나타나고 있다. 그런데 수출대상 무기체계를 개발한 주체(x축), 수출무기체계가 실제 생산되는 거점(y축)을 기준으로 방산수출 방식을 구분하면 크게 6가지 방식으로 구분될 수 있다. 우선 수출대상 무기체계는 크게 (1)국내개발한 경우, (2)해외공동협력 개발한 경우, (3)해외업체가 개발한 경우 등으로 구분된다. 그리고 생산거점은 (1)국내생산, (2)수출국 현지생산, (3)제3국 생산 등으로 구분된다.

다음 〈그림 1〉 기준으로 세부적으로 살펴보면 각각 다음과 같다.

첫 번째 방식(Type 1)은 국내 개발한 무기체계를 국내에서 생산하여 완제품을 그대로 납품하는 전통적인 수출 방식이다. T-50/FA-50 등 일부 무기체계 이외에는 대부분 국방과학연구소가 주관하여 개발한 무기체계가 수출이 이루어지고 있다.

두 번째 방식(Type 2)은 국내 개발된 장비를 국내업체가 수출국 현지업체와 합작사를 설립하거나 또는 현지업체를 활용하여 수출국 내에서 생산하여 바로 납품하는 방식이다. 최근 수출이 이루어진 폴란드, 호주, UAE 등이 대부분 요구하는 방식으로 해당국으로 생산도면 등 국방기술이전이 수반된다.

세 번째 방식(Type 3)은 수출하는 무기체계가 기존 한국군 소요에 따라 개발된 것이 아니라 국내업체와 글로벌 방산업체가 수출용으로 별도로 맞춤형 개발하고, 수출국 현지에서 생산하여 납품하는 방식이다. 최근 호주 장갑차 획득사업에 도전하고 있는 레드백(Redback) 장갑차가 본 방식에 해당되는데, 아직까지 이러한 사례는 많지는 않지만 향후 더욱 확대될 것으로 전망된다.

네 번째 방식(Type 4)은 해외 방산업체와의 국제공동개발을 통해 획득한 수출용 무기체계를 국내에서 생산하고 완제품을 납품하는 방식이다. KAI와 미국 록히드마틴사와 국제공동개발한 T-50이 본 방식에 해당되는데 아직까지 우리 군이 요구한 무기체계를 국제공동개발하는 제도가 제대로 정립되어 있지 않기 때문에 사례는 제한적이다. 다만 향후 무기체계의 국제공동개발이 활성화될 경우 본 방식의 수출도 확대될 것으로 전망된다.

다섯 번째 방식(Type 5)은 국내개발된 무기체계를 제3국에서 생산하여 수출국에 납품하는 방식이다. 다만 아직까지 국내 개발된 무기체계의 해외 현지생산이 이루어지고 있지 않기 때문에 본 방식에 해당되는 사례는 없지만 만약 폴란드 내에 국내 무기체계의 현지 생산거점이 마련되고 폴란드에서 생산된 국내 무기체계(K-9 자주포, K-2 전차 등)가 유럽지역에 수출된다면 본 방식에 해당된다.

여섯 번째 방식(Type 6)은 외국업체가 개발한 장비를 국내 생산거점을 마련하여 생산하여 수출국에 납품하는 방식으로 아직까지 이러한 사례는 발생되지 않았다.

〈그림 1〉 방산수출 방식 재편에 따른 글로벌 진출 방향 구분

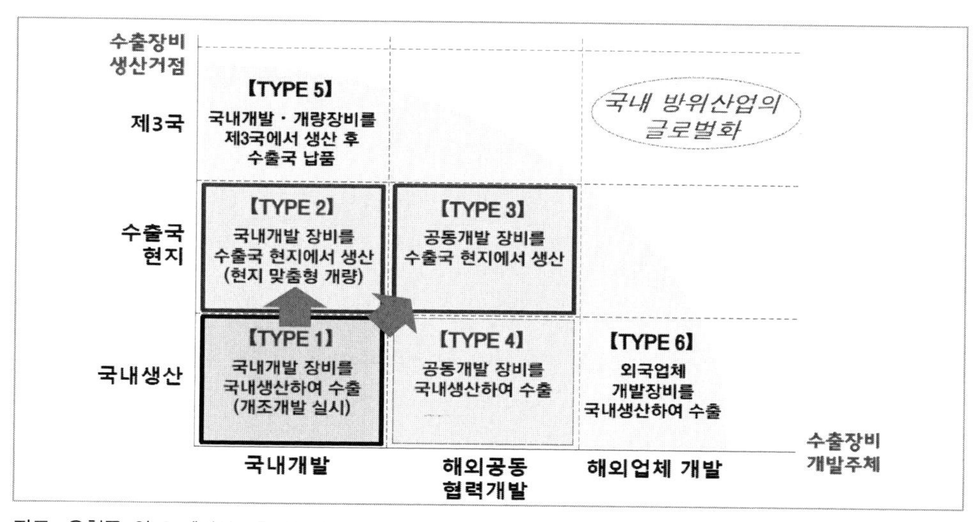

자료: 유형곤 외 2, "방산수출지원제도 고도화 방안", 2022.10

3. 방산수출 방식의 다양화에 따른 향후 전망

현재 해외 방산업체는 본국 내에서만 생산활동이 이루어지는 것이 아니고 이미 수출대상국 현지에 다수의 해외 법인을 설치·운영하고 있고, 그 중에서 제조가 이루어지는 해외법인도 상당수를 차지하고 있다. 예를 들어, Thales사는 모두 67개의 해외법인이 운영되고 있는데, 그 중 73%가 생산이 이루어지는 법인이다. 또한 UT사는 해외법인은 14개가 운영되고 있어서 법인 수는 다소 적지만 그 중 거의 대부분(93%)의 법인에서 생산이 이루어지고 있다.

그런데, 우리나라는 한화에어로스페이스 등 일부 방산업체가 미국, 호주 등에 해외법인을 운영하고 있지만 아직까지 생산활동이 이루어지는 법인은 없으며 이제 조만간 호주에 처음 생산법인이 운영될 예정이다. 따라서 국내 방산업체는 해외 방산업체 대비 아직까지 글로벌 진출이 매우 미비한 상황이다. 다만 앞서 제시한 바와 같이 국내 방산수출 방식이 다양화되면서 이제 국내 방산업계의 글로벌 진출이 촉진될 것으로 전망된다.

〈그림 2〉 주요 해외 방산업체의 글로벌 거점 운영 현황

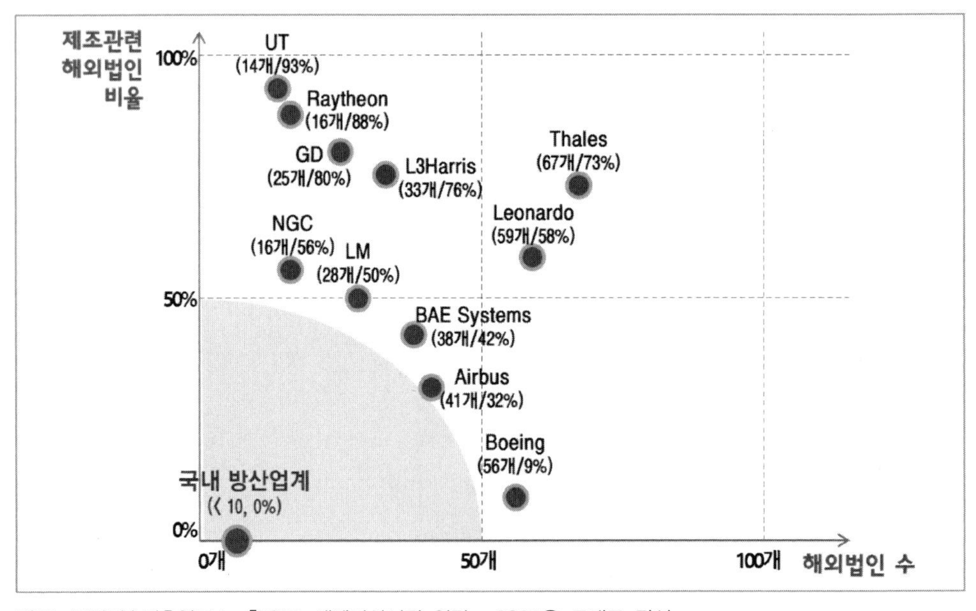

자료: 국방기술진흥연구소, 「2021 세계방산시장 연감」, 2021을 토대로 작성

하지만 국내 방산업체(특히 체계업체)의 현지생산이 확대되면 국내 내수용 무기체계의 공급망 구조와 수출용 무기체계의 공급망 구조가 상이하게 되고, 이로 인해 국내 중

소기업의 비중이 축소되는 결과가 발생될 수 있다. 즉, 현지생산 방식은 수출국 현지에서 생산이 이루어지고 현지업체의 참여가 확대되기 때문에 국내 방산중소기업은 설령 대규모 수출이 성사되더라도 낙수효과가 줄어들게 되고, 수출 확대를 통해 국내 방산중소기업을 육성하는 모델이 제대로 작용되지 못하게 된다.

〈그림 3〉 수출용 무기체계의 공급망 구조 재편 예시

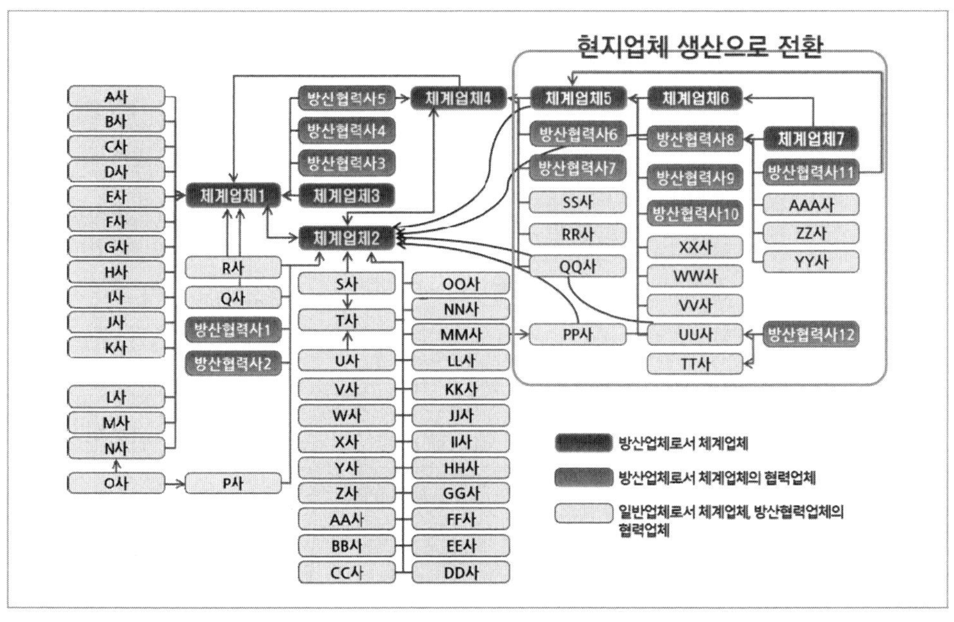

자료: 유형곤 외 2, "방산수출지원제도 고도화 방안", 2022.10

게다가 현지생산 또는 수출용 무기체계의 국제공동개발을 위해 국내 국방기술의 해외 이전이 확대될 것이기 때문에 방산수출의 성과 창출 이면에는 해외이전된 국내 국방기술을 어떻게 충실하게 보호할 것인지도 현안사안으로 대두될 것이다.

다만 방산수출 시 현지생산 및 현지업체를 활용하는 방식은 비록 수출에 따른 낙수효과가 완제품 수출 대비 낮더라도 수출성사를 위해 반드시 요구되고 있고, 근본적으로 국내 방위산업이 글로벌 산업으로 고도화하는 과정이기 때문에 불가피한 측면도 있다. 실제로 자동차, 가전 등 국내 주력수출산업은 이미 해외에 생산거점을 두어 현지 생산법인에서 수출물량을 생산하는 사례가 매우 보편화되어 있다.

게다가 금번 우크라이나 전쟁에서 러시아가 드론이나 미사일을 통해 우크라이나 내 기간시설을 지속적으로 타격하는 사례를 보더라도 국내에서 운용되고 있는 무기체계의 해외 생산거점을 별도로 운영하는 것은 안보적인 측면에서도 바람직하기 때문에 무작정 현지생산 방식을 부정적으로 간주할 것만도 아니다. 실상 우리 내부적으로도 최근 저출산·고령화, 청년층의 제조업 기피 경향, 인건비 증가 등으로 인해 중장기적으로 국내기반의 방산생태계를 유지하는데도 어려움이 발생될 것이기 때문에 해외에 신뢰성 높은 무기체계 공급망을 확보해야 할 필요성에 대한 논의가 더욱 확대되어야 하는 상황이고, 우리 정부도 이러한 추세에 대한 대응이 요구된다.

Ⅳ. 글로벌 진출 확대에 따른 한국 방위산업 발전 방향[589]

1. 정책 제언 1 – 국내 방산업체의 현지거점 설립 및 운영 확대

최근 주요 수출대상국의 무기체계 획득기조를 고려하면 방산수출이 성사되기 위해서는 해당국의 요구에 따라 완제품을 현지에서 생산하는 한편 현지업체가 생산하는 부품을 일정비율 이상 적용해야 하는 방식이 향후에도 지속될 것으로 전망된다.

따라서 국내 방산업체가 수출대상국 내에 현지 생산법인을 단독 또는 현지업체와의 합작사(Joint Venture)를 설립해야 하는 필요성이 증가되고 있다.

하지만 비록 한화에어로스페이스 등 일부 국내 방산업체가 해외 현지법인을 설립하여 운영하고 있지만 아직까지 국내 방산업체 입장에서는 현지에 생산법인을 설립하여 운영하는 것은 상당히 생소한 실정이다. 이에 따라 향후 유망 수출대상국을 중심으로 우리 정부차원에서 수출대상국 현지업체 정보를 종합적으로 파악하여 국내 방산업체에게 제공하고, 국내 방산업체가 현지에 독자법인을 설립하거나 현지업체와 합작사(J/V)를 설립하는 경우 필요한 법률적·행정적·업무적인 사항을 적극 지원하는 것이 필요하다.

나아가 현재 우리 정부는 방산 및 군수분야와 관련하여 주요 수출대상국들과 이미 국제 방산군수협력 양해각서 또는 조약을 체결해 놓은 상황이기 때문에(〈표 5〉 참조) 이러한 국가 간 공식적인 협력 채널을 활용하여 양 국 업체 간 현지 공동개발·생산 협력이 원활하게 이루어질 수 있는 의제를 발굴하고 정기적으로 협의하여 상호 방산협력이 활성화될 수 있도록 뒷받침한다.

---

589) 유형곤 외 2, "방산수출지원제도 고도화 방안", 2022.10에서 발췌하여 제시한 것이다.

〈표 5〉 국제 방산군수협력 체결국 현황(주요 방산수출대상국 사례)

체결국	형식	목적	체결시기	서명권자
미국	기관간약정	방위산업기술 및 방산업체 협력	1988.6.8	국방부장관
필리핀	기관간약정	군수방산협력	1994.6.23	국방부차관
		특정방산물자 조달	2009.10.13	방위사업청장
인도네시아	기관간약정	국방군수 및 방산협력	1995.10.10	국방부 군수국장
		방산협력위원회 설립	2011.9.9	국방부 전력정책관
루마니아	기관간약정	방산·군수협력	1997.11.27	국방부장관
터키	기관간약정	방산협력	1999.11.18	국방부장관
호주	기관간약정	방산협력	2001.8.8	국방부 획득정책관
인도	기관간약정	방산·군수협력	2005.9.13	국방부 획득실장
UAE	기관간약정	방산·군수협력	2010.9.28	방사청 방진국장
노르웨이	기관간약정	방위산업 및 군수지원 협력	2010.9.29	방위사업청장
폴란드	기관간약정	군사기술협력	2014.5.26	방위사업청장
핀란드	기관간약정	방산·물자협력	2016.6.1	방위사업청장
사우디	기관간약정	방산·기술협력	2017.9.8	방위사업청장
	기관간약정	국방획득 및 산업, 연구, 개발 및 기술협력	2019.6.26	방위사업청장
호주/미국	기관간약정	국방연구·개발·시험·평가 분야의 삼자 간 협력	2021.9.9	국방부장관
폴란드	기관간약정	국방연구개발 협력에 관한 양해각서	2021.9.13	방위사업청장
이집트	기관간약정	국방연구개발 협력에 관한 양해각서	2022.2.1	방위사업청장

자료: 방위사업청, 「2022년 방위사업 통계연보」, 2022.7 (주요국가 발췌)

한편 현재 방위사업청 등 우리 정부는 방산수출이 성사될 수 있도록 다양한 지원제도를 시행하여 예산 및 자원을 투자하고 있다. 예를 들어, 내수용 무기체계를 수출대상국의 수요에 부합하도록 개조하는 비용 지원, 방산전시회 참가 비용, 수출허가를 받은 수출품 생산에 필요한 비용 융자지원 등 다양한 수출자금지원 사업을 실시하고 있다. 하지만 아직까지 국내 방산업체가 수출대상국 현지에서 운영하는 법인(단독 또는 J/V 형태)이 방산수출을 위해 수행하는데 필요한 활동을 지원하는 제도는 시행되고 있지 않은 실정이다.

최근의 방산수출 환경을 고려하면 수출이 성사되고 난 이후 뿐만 아니라 수출 계약이 체결되기 이전부터 수출마케팅의 일환으로 수출대상국 현지에 국내업체의 독자법인 또는 합작사를 설립하여 운영하는 것이 필요한 상황이고 나아가 수출국 현지에 국내업체 법인이 마련되면 방산수출이 성사된 이후에도 지속적으로 양 국간에 긴밀한 방산 협력 관계가 조성되는데 기여한다는 측면에서 정부가 현지법인 설립 및 운영에 소요되는 비용을 일정수준 지원하는 것을 검토한다. 예를 들어, 국내업체의 현지 법인이 수출국 내 방산시장조사, 영업, 사업관리 및 후속군수지원 활동 등에 소요되는 비용(인건비, 경비 등) 및 현지생산 비용에 대해 일정 한도까지 방산원가로 보전하거나 방산육성자금 융자 지원사업을 통해 자금을 지원한다.

추가로 국내업체가 기 개발된 내수용 무기체계를 일부 개량하는 것이 아니라 타 글로벌 방산업체 또는 수출대상국 현지업체와 협력하여 수출용 무기체계를 별도 개발하는데 소요되는 비용을 지원하는 전담사업도 별도로 시행하는 것이 국내 방산업체의 글로벌 진출을 촉진하는데 기여할 것이다.

2. 정책 제언 2-글로벌 방산중소기업 육성 역량 강화

국내개발된 무기체계가 완제품으로 수출이 이루어지는 경우에는 당해 무기체계의 국산화율만큼 국내업체로 귀속된다. 예를 들어, K-21 보병전투장갑차의 국산화율은 약 85% 수준(2019년 기준)인데, 만약 본 장갑차가 전량 국내생산되어 수출이 이루어질 경우 전체 수출액의 85%가 국내업체로 귀속된다고 간주할 수 있다.

하지만 수출대상국의 요구에 따라 현지생산이 이루어지고, 현지업체 부품을 적용하게 되면 결과적으로 수출되는 무기체계의 국산화율이 낮아져서 국내 중소기업의 수출물량이 축소되는 결과가 초래된다. 특히 저난이도·범용부품을 생산하는 국내 중소기업이나 조립·가공 등의 업종을 영위하는 국내 중소기업은 수출대상국 내 현지업체로 쉽게 대체될 수 있기 때문에 더욱 취약하다.

결국 높은 기술역량을 기반으로 핵심부품을 개발하는 방산중소기업 또는 가성비 높은 부품을 가공·생산하는 국내 방산중소기업을 육성하고, 이들 부품업체들이 B2B 또는 B2G 방식으로 수출할 수 있도록 국방부품산업을 육성하는 것이 향후 정부의 주요 방산정책 과제로 대두된다.

현재 정부는 방위산업발전기본계획 이외 생산국산화 관점의 "부품국산화종합계획"을 매 5년마다 수립하고 있으나 이제는 기술국산화를 촉진하기 위한 "국방부품산업육성종합계획"으로 재편하여 작성하는 것이 더욱 바람직하다. 그리고 고난이도 핵심부품을 독자적으로 개발, 생산할 수 있는 역량을 가진 글로벌 강소기업을 별도로 지정하여 중점 육성하고 외국정부가 자국 내에서 무기체계를 개발하는 사업을 시행하는 과정에서 국내 부품업체가 참여할 수 있도록 지원하는 방식도 요구된다.

3. 정책 제언 3 – 수출된 국방과학기술 보호역량 강화

최근의 해외 공동협력개발/현지생산 방식의 방산수출 추세를 감안하면 이제 해외에 소재하고 있는 국내업체의 현지법인과 해외업체(합작사) 등으로도 국방기술이전이 확대될 것으로 전망된다. 따라서 이제 국방과학기술을 보유하는 해외거점에도 국내에 소재하고 있는 업체와 동등한 수준으로 기술보호체계를 구축·운영해야 하는 것이 필요하다.

이를 위해서는 우선 정부 차원에서 기술수출 시 국내업체와 국내업체의 현지법인 간, 그리고 현지법인과 현지업체(국외업체 또는 합작사) 간에 기술이전, 이전된 기술자료 관리 및 보호체계 운영에 관한 기준과 업무절차, 역할분담 등이 수록된 가이드라인을 별도로 마련하고, 국내·외 관련 업체들이 본 가이드라인에 따라 기술보호체계를 구축하고 보호 활동을 수행하도록 뒷받침한다.

그리고 수출대상국 현지에서 이와 같은 기술보호체계를 구비하고 보호활동을 수행하는데 필요한 비용의 일부를 정부가 지원(방산육성자금 융자지원 또는 방산원가로 보전)하는 근거를 별도로 마련하여 시행하는 한편 정부가 매년 해당 기술보호체계 구비 및 보호활동 내역에 대한 실태조사·점검을 실시하도록 제도화한다. 만약 기술보호체계 또는 보호활동이 제대로 이루어지지 못하고 있는 경우에는 보완조치를 시행하도록 촉구하고 그럼에도 충분히 기술보호가 이루어지지 못하는 현지법인에 대해서는 향후 수출 시 기술수출 허가심사를 엄격하게 적용하도록 한다.

또한 국내업체의 현지법인 또는 합작사 내 관계자(현지고용인원 포함)를 대상으로도 정기적으로 기술수출 허가제도와 이전된 기술에 대한 보안관리 및 보호활동 등에 관한 교육을 실시하여 국내 국방과학기술에 대한 보호활동이 해외 현지법인 내에서도 전사적으로 이루어지도록 뒷받침한다.

4. 정책 제언 4 – 현지생산과 국내 무기체계 획득과의 연계·활용

향후 국내업체의 무기체계 생산거점이 국내 뿐만 아니라 타 국가로도 확대될 경우 현지에서도 무기체계 및 관련 부품이 생산될 수 있다. 그런데 해외에 구축된 생산거점은 기본적으로 현지국에 수출하거나 또는 인접국가(제3국)에 수출하기 위한 무기체계를 생산하는데 주안점을 두고 운영되겠지만 내수용 제품을 해외에서 생산하는 민수산업과 유사하게 방산분야에서도 현지국에서 수출물량 뿐만 아니라 국내 내수용 무기체계 또는 부품을 생산하는 사례가 발생될 수 있다.

특히 국내에서 무기체계를 생산하는 방식 대비 기 운영되고 있는 해외 생산거점을 활용할 경우 생산원가 절감으로 가격경쟁력이 생기면서도 품질수준이 국내와 동등한 수준이 유지된다면 오히려 국내생산 대비 무기체계의 수출경쟁력이 더욱 높아지게 되고 안보 측면으로도 특히 전시를 대비해 해외에 안정적인 무기체계의 공급원이 추가 확보되는 효과가 나타날 수 있는 것이다.

이로 인해 그 동안 정부는 국내개발된 내수용 무기체계는 최대한 국내생산하고 국내에서 개발하지 못하는 핵심부품은 예외적으로 해외에서 직구매하되 그것도 가급적 핵심부품국산화개발사업 등을 통해 최대한 국내생산(즉, 부품국산화)하는데 주안점을 두어 왔는데 이제 국내업체의 글로벌 생산거점이 확대될수록 기존의 획득제도 및 방산정책을 계속 유지할 것인지에 대해 검토가 필요한 상황이 발생된다.

나아가 그 동안 무기체계 획득 대안은 크게 국내개발할 것인지 또는 해외업체가 기개발된 무기체계를 국외도입할 것인지로 이원화되었지만 향후에는 제3의 획득대안으로서 수출대상국 현지에서 생산되는 무기체계를 내수용으로 전환하여 구매할 것인지도 비교분석이 이루어져야 할 시기가 도래할 수 있다.

다만 내수용 무기체계 또는 부품을 국내업체의 글로벌 현지생산거점에서 생산하여 획득하는 경우에는 국내생산하는 현 방식 대비 국내 생산물량이 축소되어 국내 고용인원이 감소하는 등 다양한 부작용 발생이 우려되기 때문에 향후 정부차원에서 국내업체의 해외 생산거점으로부터 내수용 무기체계 또는 부품을 생산하여 획득하는 방식에 대한 가이드라인을 마련하는 것이 필요하다.

추가로 안보적인 관점에서 전시 상황 등 유사 시에 해외에 구축·운영되고 있는 현지 생산물량을 국내로 우선적으로 전환·활용할 수 있도록 현지 생산법인을 설립하는 시점부터 우리 정부가 해당국 정부와 협의하여 약정을 체결하는 조치도 요구된다.

저자소개

유형곤 | (사)한국국방기술학회 정책연구센터장

포항공과대학교 산업공학 학·석사 학위를 받고 서울과학종합대학원에서 박사수료를 하였다. (사)안보경영연구원 방위산업연구실장을 역임하고 현재 (사)한국국방기술학회 정책연구센터장을 맡고 있다. 방위산업, 민군기술협력, 국방연구개발 및 절충교역 등과 관련된 정책연구를 주로 수행하고 있고, 그 동안 국방부/방위사업청, 과기정통부/산업부, 국방과학연구소, 국방기술진흥연구소, 한국방위산업진흥회 등이 발주한 연구용역을 100건 이상 수행하였다. 현재 방산물자교역지원센터 KODITS 방산수출 산업협력협의회 위원, 한·미국방상호조달협정 범정부 T/F 위원, 제1차 국가연구개발사업 중장기 투자전략 수립위원으로도 활동하고 있다.

러시아의 우크라이나 침공 이후 1년
러시아의 우크라이나 전쟁의 시사점과 한국의 국방혁신

초판 인쇄 2023년 2월 24일
초판 발행 2023년 2월 24일

필 진 현인택
권태환 김광진 김규철 김진형
박재완 박종일 박주경 방종관
송운수 송승종 박철균 안재봉
양 욱 윤원식 이홍석 장태동
장원준 장광호 조현규 유형곤

펴 낸 곳 로얄컴퍼니
주 소 서울특별시 중구 서소문로9길 28
전 화 070-7704-1007
홈페이지 https://royalcompany.co.kr/